KB077906

제2판 지반설계를 위한 **유로코드7 해설서**

DECODING EUROCODE 7

제2판

지반설계를 위한
유로코드7
해설서

Andrew Bond, Andrew Harris 저
이규환 · 김성욱 · 윤길림 · 김태형 · 김홍연 · 김범주 · 신동훈 · 박종배 역

씨
아이
알

이 책의 제1 저자인 앤드류 본드(Andrew Bond; MA MSc PhD DIC MICE CEng)는
유로코드 7 위원회 영국대표, 영국 국가 전략위원회 회원, 영국표준협회(BSI)에
서 출간한 『Extracts from the Structural Eurocodes for students of structural design』
의 공저자 및 「지반공학지(Geotechnical Engineering)」의 전임 편집장을 역임하
였다.

앤드류 본드는 1981년 캠브리지 대학에서 최고우등으로 학사학위를 받았으며
졸업 후에는 WS Atkins & Partners사에서 다양한 분야의 토목, 구조 및 지반 관련
프로젝트에 참여하였다. 1984년 임페리얼 대학에서 석사학위를 받았으며 항타
말뚝의 거동과 말뚝설계에 관한 선구적인 연구로 1989년에 동 대학에서 박사학
위를 취득하였다. 1989년 지반 컨설팅 그룹(Geotechnical Consulting Group, GCC)
에 입사하였으며 1995년에 이사로 승진하였다. GCG에서 근무하는 동안 옹벽
설계 프로그램인 ReWaRD®과 비탈면 보강설계 프로그램인 ReActiv®을 개발
하였다.

앤드류 본드는 1999년에 Geocentrix사를 설립하였고 말뚝설계 프로그램인
Repute®을 개발하였다. 그리고 공식 또는 비공식적으로 유로코드에 관한 다양
한 교육과정을 개설하고 강의를 통하여 많은 사람들에게 관련 지식을 전달하여
왔다. 2006년에는 앤드류 해리스와 공동으로 Geomantix사를 설립하였으며 전
문적인 지반 컨설팅 서비스를 제공하고 있다.

제2 저자인 앤드류 해리스(Andrew Harris; MSc DIC MICE CEng FGS)는 영국표준
협회에서 출간한 『Extracts from the Structural Eurocodes for students of structural
design』의 공저자이며 유로코드 7과 말뚝기초의 설계에 관한 강연을 자주 하고
있다. 앤드류 해리스는 1977년 킹스턴 폴리텍(Kingston Polytechnic)에서 최고우
등으로 학사학위를 받았으며 그 후 Rendel Palmer & Tritton사에서 다양한 분야
의 토목 및 지반 관련 프로젝트에 참여하였다.

1980년 임페리얼 대학에서 석사학위를 받은 후, Peter Fraenkel & Partners사에 들어갔으며 3년간 홍콩과 인도네시아에서 파견근무를 하였다. 1985년에 킹스턴 대학에서 부교수로 시작하여 부학장까지 역임한 후, 2004년에 C L Associates사의 지역책임자로 합류하였다.

2006년 앤드류 본드와 공동으로 Geomantix사를 설립하였으며 전문적인 지반 컨설팅 서비스를 제공하고 있다. 또한 킹스턴 대학의 지반공학부에서 시간강사로 학생들을 가르치고 있다.

유로코드 7 해설서의 원고를 검토해 준 친구들과 동료들에게 진심으로 감사를 표한다.

Tony Barley, David Beadman, Eddie Bromhead, Owen Brooker, Richard Driscoll, Derek Egan, Chris Hendy, Angela Manby, Devon Mothersill, David Norbury, Trevor Orr, David Rowbottom, Giuseppe Scarpelli, Hans Schneider, Ian Smith, Tony Suckling, Viv Troughton, Austin Weltman, Shon Williams, Hugo Wood.

이 책의 오류에 대한 책임은 이 책을 검토해 준 친구들과 동료들이 아닌 우리에게 있다.

또한 실전 예제에 포함된 프로젝트의 정보를 제공해 주신 분들과 위원회에도 감사를 드린다.

Chris Hendy and Claire Seward, Atkins(§2); Viv Troughton, Stent Foundations(§5, §13); Tony Suckling, Stent Foundations, formerly Cementation Foundations Skanska(§5, §13); the Singapore Building and Construction Authority(§5); Donald Cook and Chris Hoy, Donaldson Associates(§7); CL Associates(§13); Bob Handley, Aarsleff Piling(§13).

유로코드 7을 개발하는 동안 많은 유익한 토의를 함께 한 CEN TC 250/SC7의 동료들에게도 감사를 표한다.

Christophe Bauduin, Richard Driscoll, Eric Farrell, Roger Frank, the late Niels Krebs-Oveson, Jean-Pierre Magnan, Trevor Orr, John Powell, Giuseppe Scarpelli, Hans Schneider, Bernd Schuppener, Brian Simpson.

본 서에서 언급하지 못한 SC7의 회원들에게도 감사를 드린다.

영국표준(BS)의 재인용에 대한 승인은 영국표준협회에서 부여한다. 영국표준은 영국표준협회의 온라인상점 https://shop.bsigroup.com에서 PDF 형식의 문서로 다운받거나 이메일(sales@bsigroup.com)을 이용하여 고객 서비스팀에 연락하면 복사본을 받을 수 있다.

본 해설서의 창작과정에서부터 다수의 질의에 대한 답변을 해주시고 출판을 위하여 많은 기여를 해 주신 부편집장 사이먼 베이츠(Simon Bates)와 피츠 맥도날드(Faith McDonald) 편집장에게 감사를 드린다. 이 책이 출판될 수 있도록 처음부터 끝까지 격려를 아끼지 않으신 토니 모어(Tony Moore) 선임편집인에게도 진심으로 감사를 드린다.

특히 해설서의 표지를 포함하여 대부분의 그림을 창작해 준 잭 오퍼드(Jack Offord)에게 심심한 감사를 드린다. 우리가 준 종종 모호하기도 한 기본적인 지침만을 가지고도 매우 독창적이고 매력적인 예술작품을 구현한 잭의 능력 덕분에 이 책의 매력이 훨씬 향상되었다. 본 서의 후기에 있는 뭉크의 혼성곡 "The Scream"은 놀랄 정도로 선명하게 자신의 메시지를 전달하는 그림을 창작해 내는 잭의 능력을 보여 준 좋은 예가 된다.

최종 원고를 교정하고 우리도 발견하지 못한 많은 오류들을 고쳐 준 발 해리스(Val Harris)와 목차와 색인을 작성해 준 재니 본드(Jenny Bond)에게도 감사를 드린다. 이 책의 문맥과 레이아웃의 철저한 검토를 통해 책의 질을 높이는 데 크게 기여한 아스가드(Asgard) 출판사의 앤드류 샤클턴(Andrew Shackleton)에게도 진심으로 감사를 드린다.

마지막으로 이 책을 쓰는 동안 많은 희생을 아끼지 않은 가족들에게도 감사를 드린다. 가족들의 적극적인 지원과 격려는 우리의 노력이 성공적인 결과를 도출하게 하는 데 필수적이었다.

윈스턴 처칠(Winston Churchill 영국총리 1940–45, 1951–55)의 말씀으로 마무리하고자 한다.

> "책(글)을 쓴다는 것은 모험이다. 그것은 처음에 장난이나 재미였다가 당신의 애첩으로 변하고 주인이 됐다가 결국에 폭군이 된다. 그런 노예생활에 익숙해지는 최종단계에서 당신은 그 괴물이 된 폭군을 죽여서 대중에게 내동댕이를 치게 된다."

제1 저자 앤드류 본드
제2 저자 앤드류 해리스
2008년 6월

국내 건설경기 침체 및 건설시장의 한계로 해외건설 시장에 대한 의존도가 점점 더 증가하고 있다. 해외 프로젝트 참여 시 그 나라에서 사용되는 설계기준을 정확히 이해하는 것은 프로젝트의 성공을 위해 매우 중요한 요소이다. 국내 기술자들도 글로벌 경쟁력을 갖추기 위해서는 국제 설계기준 및 표준코드에 대한 명확한 이해와 적용능력을 기르는 것이 필수적이다. 또한 국내 설계기준도 LRFD나 Eurocode와 같은 대표적인 해외 설계기준에 준하는 코드체계를 개발하고 구축하는 것이 매우 중요하다.

유로코드는 유럽표준화위원회(CEN)의 TC 250 기술위원회가 책정한 구조물의 설계방법에 관한 기준이다. 유로코드는 총 60여 권이 넘는 문서로 구성되어 있으며 토목 및 건축 설계방법의 전반적인 내용을 포함하는 매우 포괄적인 기준 체계를 갖추고 있다. 유로코드는 경제활동이 세계화되고 있는 현대사회에서 유럽지역에 한정되지 않고 전 세계적으로 많은 영향력을 미치고 있다.

국내에서도 국토부에 의해 2013년 8월 한국건설기술연구원 내에 설립된 국가건설기준센터를 중심으로 국가건설기준의 글로벌 체계 구축 및 건설기준의 코드화 작업을 진행하고 있다.

전 세계적으로 지반구조물 설계기준이 기존의 허용응력설계법에서 신뢰성 기반의 한계상태설계법으로 전환되고 있다. 한계상태설계법은 북미지역에서 주로 사용되는 LRFD 설계법과 유럽에서 사용되는 유로코드로 나눌 수 있다. LRFD 설계법은 설계모델에 의해 계산된 저항력에 재료나 설계 모델의 불확실성을 반영하기 위해서 저항계수를 곱해 준다. 이와 달리 유로코드에서는 설계 저항력을 이루는 다양한 지반파라미터들에 부분안전계수를 적용하여 저항력의 불확실성을 반영한다. 허용응력설계법에 익숙한 설계자들이 신뢰성 기반의 한계상태설계법을 이해하고 실무에 적용하기는 쉽지 않을 것으로 판단된다. 하지만 한계상태설계법의 도입, 성능설계 및 코드화 작업 등은 멈출 수 없는 세계적인 흐름이기 때문에 국내 지반공학도들도 국제적인 흐름에 뒤지지 않기 위해서는 반드시 습득해야 할 내용이다.

본 역서는 지반공학을 전공하는 대학생, 대학원생 및 현업에 종사하는 기술자들이 쉽게 이해할 수 있는 유로코드 7 지반설계 기준에 관한 해설서가 있으면 좋겠다는 생각으로 『유로코드 7해설서(Decodeing Eurocode 7)』를 번역하게 되었다. 번역은 아무리 잘해도 원서의 내용을 100% 전달하기는 어렵다. 역자들은 최선을 다하여 원본의 내용을 전달하고자 했으며 지반공학을 전공하는 학생 및 기술자들이 유로코드 7을 이해하는 데 조금이라도 도움이 된다면 그것으로 위안을 삼고자 한다.

유로코드 7 해설서에서는 유로코드 7 Part 1과 Part 2에 대한 내용을 상세하게 기술하고 있으며 유럽 및 국제표준에 대한 개략적인 내용들도 제공하고 있다. 유로코드 7에 대한 세부사항을 도표와 다이어그램을 통해 상세하게 보여 주고 있다. 또한 실전 예제를 통해 실제 설계에 적용하는 방법에 대해서도 기술하고 있다. 특히 독자들이 이해하기 쉽도록 유로코드 7의 핵심원칙과 적용규칙을 논리적이고 간단한 방법으로 설명하고 있다.

웹사이트를 통해서 『Decodeing Eurocode 7』의 원문이 무료로 제공되는 만큼 역서에서 발견되는 오역들은 독자들과 함께 지속적으로 고쳐 나갈 것이다. 번역에 대한 오류나 수정사항은 저자나 출판사에 언제든지 이메일 등을 통해 지적해 주시면 감사한 마음으로 개정할 것이다.

본 역서가 2013년 6월 처음 출간된 이후, 유로코드 7 지반설계 기준에 관심이 있는 학생과 실무자들에게 참고도서로 활용되어 왔다. 그동안 독자들을 통해 지적된 오류와 미흡한 부분을 보완하여 개정판을 발행하게 되었다. 이 책이 유로코드 7에 대한 이해를 높이고 국내 지반기술자들의 글로벌 설계역량 강화 및 국내 설계기준의 국제화에 조금이나마 기여했으면 하는 마음으로 지속적으로 보완할 것을 약속드린다.

마지막으로 본 역서의 제2판 출간을 독려해 주신 도서출판 씨아이알 김성배 사장님과 교정작업에 도움을 주신 박영지 편집장님, 출판부 여러분께 감사를 전한다.

2018년 8월

대표 역자 李揆丸

머리말

CHAPTER 1 유로코드 구조물 설계기준

CHAPTER 2 구조설계의 기본

CHAPTER **3** 지반설계 총칙

CHAPTER **4** 지반조사 및 시험

CHAPTER **14** 앵커 설계

CHAPTER **15** 지반공사의 실행

머리말

머리말

"1975년 유럽공동체위원회에서 유로코드를 개발하기로 결정한 이후, 약 25년 이상 개발되어 온 유로코드 구조물 설계기준은 구조물 설계를 위한 유럽코드의 집합체이다. 유로코드는 2010년까지 현재의 영국표준(BS)을 실질적으로 대체하여 건축 및 토목구조물의 설계를 위한 주요한 기본서 역할을 할 것이다."[1]

건설제품지침서 89/106/CE

1988년 12월, 유럽공동체위원회에서는 건설공사에 필수적인 요구사항을 명시한 지침서 89/106/EEC(Construction Products Directive)를 발행하였다.

'건설제품은 사용목적에 맞아야 하고 건설업에 적합해야 하며 경제적으로 합리적인 수명에 대한 다음의 필수 요구조건들을 충족해야 한다.

1. 역학적 저항성과 안정성
2. 화재에 대한 안전성
3. 위생, 건강 및 환경
4. 사용상의 안전성'[2]

유럽표준화위원회(제1장 CEN 참조)는 구조물이나 구조물의 일부 부재에 대한 역학적 거동을 평가하기 위해 통일된 계산법을 수록한 유럽표준(EN) 시리즈를 발행하도록 하였다.[3] 이들 표준 또는 '유로놈(Euronorms)'은 건설제품지침서의 필수요구사항 1과 2 및 4의 적합성을 확인하는 데 사용될 것이다. 이에 더하여 유럽표준은 건설공사의 계약을 구체화하기 위한 기초를 제공하며 향후 건설제품의 통일된 기술시방서 작성을 위한 뼈대 역할을 할 것이다.

유럽표준화위원회(CEN)는 '유로코드 구조물 설계기준(EN Eurocodes로 개칭되었음)'으로 알려진 이들 유럽표준의 개발을 감독하도록 기술위원회(TC 250)를 설립하였다. 유럽표준화위원회의 회원국들은 제10장 컬러판 삽화 1에 보인 바와 같이 실무에서 유로코드를 적용할 것이다.

해설서의 범위

이 책에서는 새로운 주요 지반표준인 유로코드 7이 의존하는 100여 개 이상의 유럽 및 국제표준에 대한 개략적인 내용과 유로코드 7 Parts 1과 2(EN 1997-1, -2)를 상세하게 검토하였다.

관련 문서에는 유로코드 시리즈(EN 1990-1999) 내의 또 다른 56개의 세부표준, 61개의 지반조사 및 시험표준(EN ISO 14688, 14689, 17892, 22282, 22475, 22476, 22477), 그리고 전문지반공사의 실행을 다루는 11개의 표준(EN 1536, 1537, 12063, 12715, 12716, 12699, 14199, 14475, 14679, 14731, 15237)이 포함되어 있다.

그림 0.1과 같이 유로코드 7 해설서의 주요 내용은 다음과 같다. 제1장 유로

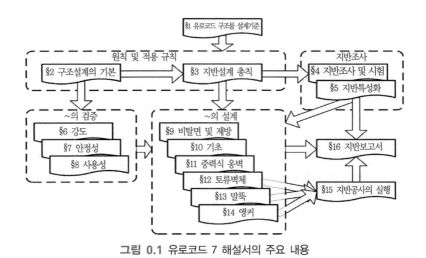

그림 0.1 유로코드 7 해설서의 주요 내용

코드 구조물 설계기준, 제2~3장 구조설계의 기본 및 지반설계 총칙, 제 4~5장 지반조사 및 시험, 특성화, 제 6~8장 강도, 안정성 및 사용성 검증, 제9~14장 비탈면 및 제방, 기초, 중력식 옹벽, 토류벽체, 말뚝 및 앵커, 제15장 지반공사의 실행 및 제16장 지반보고서이다.

해설서의 주요 특징

유로코드 7 해설서의 독특한 특징은 흐름도를 광범위하게 사용한 것이다 (예: 그림 0.1). 이 흐름도는 어떻게 신뢰성이 설계 과정에 도입되는지를 설명하는 데 도움을 주며 마인드맵(예: 그림 0.2)은 흩어져 있는 정보를 합쳐서 일관성 있는 체계로 만들어 준다. 이 책의 제10장에 삽입된 컬러삽화를 통해 흐름도나 마인드맵을 더욱 명료하게 확인할 수 있다.

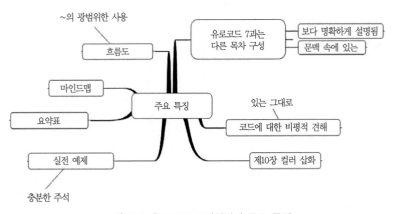

그림 0.2 유로코드 7 해설서의 주요 특징

이 책은 유로코드 7과는 완전히 다른 목차 구성으로 원칙 및 적용규칙들을 제시하여 원칙과 적용규칙이 보다 명확하게 설명되고 합리적으로 자리 잡을 수 있도록 하였다. 유로코드 7에 흩어져 있던 정보는 요약표에 하나로 통합하여 도움이 되도록 하였으며 실무에서 유로코드가 어떻게 적용되는가를 보여 주기 위해 여러 장에 걸쳐 충분한 주석을 단 실전 예제를 제시하였다.

비록, 이 책의 저자 중 한 명이 유로코드 7의 개발에 관여하였지만 이것이 우리가 유로코드를 비판적으로 보는 것을 막지는 못했다. 우리는 코드에 대한 비평적 견해를 있는 그대로 제시할 것이다. 지반기술자들은 이 책을 통하여 유로코드 7의 장점을 잘 알게 되고 매우 긍정적인 생각을 가질 것이라고 확신한다.

본 서의 개요

제1장은 여러 가지 유로코드 구조물 설계기준, 유로코드들 간의 상호연결 관계 및 발행 일정 등에 대해 소개한다. 이 장에서는 유럽표준화위원회(CEN)뿐만 아니라 국제표준화기구(ISO)와 영국표준협회(BSI), 독일표준협회(DIN) 등 다양한 국가표준단체들에 의해 진행되고 있는 유로코드의 표준개발을 위한 폭넓은 배경에 대해 설명하였다.

제2장은 유로코드 구조물 설계기준에서 설명한 대로 구조 설계의 기본에 대하여 기술한다. 이 장에서는 요구조건, 가정, 원칙 및 적용규칙, 한계상태 설계원칙, 설계상황, EQU, STR과 FAT의 극한한계상태, 사용한계상태, 하중조합 및 하중의 영향, 재료의 특성 및 저항, 기하학적 데이터, 시험에 의한 구조해석 및 설계, 부분계수법에 의한 검증 등 유로코드(EN 1990) 서문의 내용들을 비교적 상세하게 기술하고 있다. 또한 조합하중을 받는 전단벽체, 고가교를 지지하는 군말뚝에 작용하는 하중 및 콘크리트 공시체의 압축시험결과 등이 포함된 실전 예제를 다룬다.

제3장은 설계요구조건, 설계의 복잡성, 지반범주, 한계상태, 하중 및 설계상황, 설계 및 시공 시 고려사항, 계산, 규정된 측정, 시험 및 관찰에 의한 지반설계, 감독, 모니터링 및 유지관리, 지반설계보고서를 포함한 유로코드 7 Part 1에 기술된 지반설계 총칙을 제시하였다.

제4장은 지반조사계획, 조사지점의 간격 및 심도, 흙과 암석의 판별 및 분류, 흙과 암석의 샘플링, 지하수 측정, 흙과 암석의 현장시험, 흙과 암석의 실내

시험, 지반구조물 시험 등을 포함하여 유로코드 7 Part 2에서 기술된 지반조사 및 시험에 대해 기술한다. 이 장은 현장작업에 대한 규정, 시추공 검층, 실내시험들에 대한 규정을 포함하여 호텔 단지를 건설하기 위한 지반조사가 포함된 실전 예제를 다룬다.

제5장은 상관관계, 이론, 경험에 의한 지반 파라미터의 유도, 특성값의 획득, 지반특성화를 위한 통계적 방법(장단점)이 포함된 지반특성화에 관한 중요한 주제를 다루고 있다. 이 장은 템스강 자갈, 싱가포르 해성점토, 런던과 램버스 점토에 대한 파라미터의 통계적 결정법에 대한 실전 예제를 다룬다.

제6~8장은 강도의 검증(극한한계상태 GEO 및 STR), 안정성(EQU, UPL, HYD) 및 사용성(사용한계상태)에 대해 다룬다. 이 장에서는 설계의 기본을 검토한 후, 유로코드 7에서 신뢰성이 설계에 어떻게 적용되는지와 각 검증 방법들에 대해 다룬다. 제6장은 유로코드 7에 소개된 3가지 설계법에 대해 설명하고 있다. 제7장은 EQU, UPL, HYD 한계상태의 유사성에 대해 보여준다. 제8장에서는 침하를 결정하는 방법에 대해 다루고 있다. 제7장에서는 EQU(평형), UPL(융기) 그리고 HYP(수압)에 대한 실전 예제가 제시되었으며 강도와 사용성에 대한 실전 예제는 제9~14장에서 다룬다.

제9~14장은 특정 지반구조물의 설계에 대하여 다루고 있다. 제9장은 비탈면과 제방, 제10장은 기초, 제11장은 중력식 옹벽, 제12장은 토류벽, 제13장은 말뚝, 제14장 앵커를 다루고 있다. 각 장에서는 지반조사의 필요범위, 설계상황과 한계상태, 설계기본, 설계법과 부분계수의 적용, 사용성 및 감독, 모니터링, 유지관리와 관련된 문제들을 유사한 방법으로 다루고 있다. 이 책의 주요한 특징은 각 장마다 일반적인 문제들에 대하여 유로코드 7을 어떻게 적용하는지를 실전 예제를 통해 보여 주고 있으며 부분계수 사용 시 발생하는 몇 가지 모호한 점들에 대해서도 강조하여 다루고 있다.

제15장은 매입말뚝, 배토말뚝, 마이크로파일, 쉬트파일 벽체, 지하연속벽, 앵커, 보강토, 쏘일네일링, 그라우팅, 제트그라우팅, 심층혼합처리, 심층 진

동개량 및 연직배수 등 전문 지반구조물 공사의 실행이라는 제목으로 출판된 일련의 유럽표준들에 대한 내용들을 설명하고 있다.

제16장은 유로코드 7에서 정의된 2개의 중요한 지반보고서를 소개하고 있다. 즉 지반조사보고서(GIR)와 지반설계보고서(GDR)이다. 이 장에서는 시추 및 샘플링 기록, 현장조사보고서, 실내시험보고서와 같이 지반조사보고서 작성에 필요한 보고서들에 대해서도 기술하고 있다. 또한 현재 사용 중인 조사방법과의 비교도 포함되어 있다.

마지막 장인 맺음말에서는 EN 유로코드, 특히 유로코드 7이 현재 사용중인 설계법에 미치는 영향에 대하여 요약하였다.

이 책은 비탈면 안정설계를 위한 도표(부록 1), 토압계수(부록 2) 및 실전 예제에 대한 주석(부록 3) 등 3개의 부록으로 구성되어 있다.

이 책의 각 장 끝부분에는 일반적인 지반 구조물 설계에 적용할 수 있는 실전 예제가 포함되어 있다. 이러한 실전 예제가 업무에 도움이 될 수 있도록 계산식의 형식(format)과 표기법(notation)을 설명하는 몇 가지 주석을 부록 3에 추가하였다. 실전 예제를 공부하기 전에 먼저 제시된 주석을 상세하게 읽을 것을 권장한다.

추가정보

이 책에 대한 자세한 정보는 다음의 인터넷 웹사이트에서 얻을 수 있다.

www.decodingeurocode7.com

웹사이트에서는 이 책에서는 포함되지 않은 여러 가지 주제에 대한 토론, 해설서의 오류에 대한 수정 및 추가적인 실전 예제를 찾을 수 있다. 2006년 5월부터 앤드류 본드가 운영하는 블로그에서도 유로코드에 대한 새로운 소식과 향후 전망에 대한 정보를 얻을 수 있다.

www.eurocode7.com

주석 및 참고문헌

1. Institution of Structural Engineers(2004), *National Strategy for Implementation of the Structural Eurocodes,* Institution of Structural Engineers. Quotation taken from p.9. The report can be downloaded from: www.istructe.org.uk/technical/files/eurocodes.pdf.

2. The text of the Construction Products Directive is published on the European Commission's website (http://ec.europa.eu). Follow the links to Enterprise > Industry Sectors > Construction > Directive 89/106/CE or go directly to the following web address:ec.europa.eu/enterprise/construction/internal/cpd/ cpd_en.htm.

3. See Europa website: www.cen.eu.

CHAPTER 1

유로코드 구조물 설계기준

유로코드 구조물 설계기준

'유로코드는 유럽에서 토목 및 구조물 설계 등 다양한 분야에서 활용되는 설계법이 되었으며 토목 및 건축분야의 설계 및 시공에서 매우 중요한 역할을 하고 있다.'[1]

1.1 유로코드 구조물 설계기준의 구성

유로코드 구조물 설계기준은 그림 1.1과 제10장 컬러판 삽화 2와 같이 건축 및 토목구조물의 설계를 위한 10개의 표준서로 구성되어 있다. 이들 표준서 는 58개의 표준서로 세분되며 유로코드를 설계에 적용하고 있는 유럽 각국 에서 발행된 국가별 부속서(National Annexes)가 첨부되어 있다.

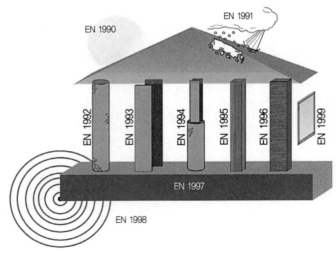

그림 1.1 유로코드 구조물 설계기준
제10장 컬러판 삽화 2 참조

그림 1.1의 건물 외부와 상부에 있는 것은 EN 1990과 1991이며 이들의 핵심부분은 제2장 구조물 설계의 기본에서 다루고 있다.

- 유로코드 0 – 구조물 설계의 기본(EN 1990)에서는 구조물의 안정성, 사용성 및 내구성에 대한 원칙(principle)들과 요구조건(requirement)들을 설정하고 설계와 검증을 위한 기본을 설명하며 구조적 신뢰성과 관련된 지침을 제공한다. 이 코드는 '유로코드 0'으로 지칭되기도 하는데 모든 유로코드의 기본이 되는 기본적인 공학적 접근법에 대해 설명한다.[2]

- 유로코드 1 – 구조물에 작용하는 작용력(EN 1991)에서는 몇 가지 지반공학적 측면들을 포함하여 건축과 토목구조물 설계를 위한 작용력(action)과 설계지침에 관한 내용을 다룬다. 유로코드 1은 4개의 Part로 구성되어 있으며 Part 1은 7개의 세부 part로 구성되어 있다.[3]

그림 1.1에서 건물의 기둥은 '저항력(resistance)' 코드(EN 1992~1996, EN 1999)들인데 이들은 특정한 재료로 시공되는 구조물의 설계를 위한 상세한 규칙(rule)을 제공한다.

- 유로코드 2 – 콘크리트구조물의 설계(EN 1992)에서는 무근, 철근 및 프리스트레스 콘크리트를 이용한 건축 및 토목설계를 다룬다. 유로코드 2는 3개의 Part로 구성되어 있으며 Part 1은 2개의 세부 part로 구분된다.[4]

- 유로코드 3 – 강구조물의 설계(EN 1993)에서는 강(steel)을 이용한 건축 및 토목설계를 다루고 있다. 총 6개의 Part로 구성되어 있으며 Part 1, 3, 4는 각각 12, 2, 3개의 세부 part로 구분된다(총 20개 문서).[5]

- 유로코드 4 – 강합성구조물의 설계(EN 1994)에서는 건축 및 토목공사에서의 강합성구조나 부재의 설계를 다룬다. 이것은 2개의 Part로 구성되어 있으며 Part 1은 2개의 세부 part로 구분된다.[6]

- 유로코드 5 – 목구조물의 설계(EN 1995)에서는 각재, 톱질한 목재, 판재, 기둥 또는 접착된 목재 또는 목재구조제품 또는 접착 또는 기계적 압축재로 연결된 패널

등을 이용한 건축과 토목구조물을 다룬다. 유로코드 5는 2개의 Part로 구성되어 있으며 Part 1은 2개의 세부 part로 구분된다.[7]

- 유로코드 6 – 조적구조물의 설계(EN 1996)에서는 건축과 토목공사의 합성구조 및 부재에 대한 설계를 다룬다. 유로코드 6은 3개의 Part로 구성되어 있으며 Part 1 은 2개의 세부 part로 구분된다.[8]

- 유로코드 9 – 알루미늄구조물의 설계(EN 1999)에서는 알루미늄을 이용한 건축과 토목공사에 대한 설계기준을 다룬다. 유로코드 9는 1개의 Part로 구성되어 있으 며 Part 1은 5개의 세부 part로 구분된다.[9]

마지막으로 그림 1.1에서 건물을 지탱하는 것은 유로코드 7과 8이다.

- 유로코드 7 – 지반설계(EN 1997)에서는 건축과 토목공사의 설계 시 적용되는 지 반공학 측면에 대해 다룬다. 유로코드 7은 2개의 Part로 구성되어 있으며 세부 part는 없다.[10]

- 유로코드 8 – 구조물의 내진설계(EN 1998)에서는 지진발생지역에서의 건축과 토 목설계 및 시공에 대해 다룬다. 유로코드 8은 2개의 Part로 구성되어 있다(세부 part는 없음). EN 1998은 콘크리트 강구조 및 기타 재료에 대한 저항코드의 추가 적인 규칙을 제시한다.[11]

따라서 유로코드는 총 58개의 Part 및 세부 part로 구성되어 있는 10개의 유 럽표준으로 구성되어 있다.

1.1.1 유로코드 사이의 연결 관계

그림 1.2와 제10장 컬러판 삽화 3은 유로코드의 주요 Part 사이의 연결 관계 를 보여 준다(런던의 지하철 노선도 양식). 여기서는 유로코드의 주요 Part (세부 part는 아님)만을 보여 준다.

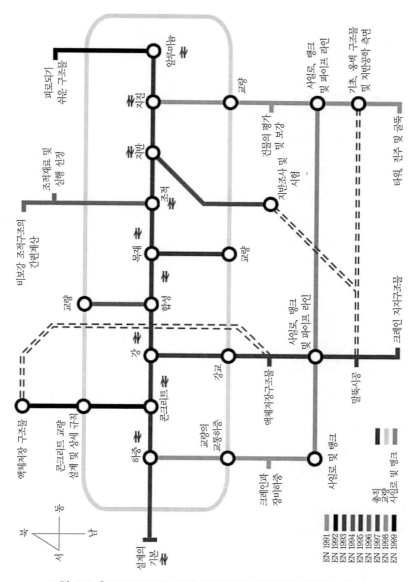

그림 1.2 유로코드 구조물 설계기준의 연결 관계(런던 지하철 노선도)
제10장 컬러판 삽화 3 참조

'중앙선'(제10장 컬러판 삽화 3 빨간색 부분)을 따라 유로코드의 총칙(general rules) 및 규칙을 설명하고 있는 10개의 part(Part 1)가 있다. 예를 들어 EN 1992-1은 콘크리트구조물의 총칙을 제시하고 있다.

순환선 주변(제10장 컬러판 삽화 3 노간색 부분)에는 교량에 대한 규칙을 제시하는 6개의 part(Parts 2)로 구성되어 있다. 예를 들어 EN 1992-2는 콘크리트 교량에 대한 설계와 상세규칙을 제공한다.

북쪽에서 남쪽으로 달리는 점선은 EN 1992-3과 1993-3을 연결하고 있으며 액체저장구조물을 다룬다. 중앙선 아래 서쪽에서 동쪽으로 달리는 회색 라인은 EN 1991-4, 1993-4 및 1998-4를 연결하고 있으며 사일로와 탱크 구조물을 다룬다. 동쪽 4분면을 연결하고 있는 점선은 EN 1993-5, 1997-1, 1997-2, 1998-5를 연결하고 있으며 기초에 관한 것들이다.

1.1.2 유로코드 출판일정

제1세대 유로코드는 유럽공동체위원회의 감독하에 1980년대에 개발되었다. 유럽공동체위원회의 목적은 유럽 전역에 걸쳐 공사설계에 사용되고 있는 각 국가의 표준을 대체할 수 있는 조화된 기술규칙을 만드는 것이었다.[12]

1989년 유럽연합(EU)과 유럽자유무역연합(EFTA)에 속해 있는 위원회와 국가들은 유로코드 구조물 설계기준에 대한 담당을 유럽표준화위원회(CEN, 1.3.2 참조)에 위임하였다.

1991년과 1999년 사이에 유로코드 시험 버전이 예비표준서(ENVs 또는 'EuroNorm Vornorm')로 발행되었다. 예비표준서의 사용기한은 3년으로 예정되었으며 그 기간 동안에 예비표준서는 완전히 합의된 유럽표준(EN 또는 'European Norm')의 자격을 갖추지 않은 상태로 사용될 수 있었다. 이 기간 동안 얻은 경험들은 예비표준서를 수정하는 데 사용되었으며 그 결과 유럽표준으로 승인받을 수 있었다. 많은 예비표준서가 완전한 유럽표준으로 출판되기 전에 상당한 개정작업을 거쳤다.

그림 1.3과 같이 유로코드 구조물 설계기준의 최종판(EN)은 1998년 7월에 작업을 시작하였으나 유로코드 9의 최종판이 관련 제도위원회에서 비준된 2006년 11월('비준일자')까지도 완성되지 않았다. 각각의 표준서들은 유럽 표준화위원회(CEN)의 3가지 공식어인 영어, 불어, 독일어로 출판된 후 각 국가의 표준단체들이 사용 가능한 상태로 출판되었다(1.3.3 참조). 유로코드의 사용 가능 일자는 EN 1990의 2002년 4월부터 EN 1999−1−3의 2007년 5월까지 다양하다.

유로코드 구조물 설계기준의 시행 마지막 단계는 CEN에 가입된 국가에서 국가표준으로 각각의 EN을 발행하는 것이다(1.3.2 및 1.3.3 참조). 2015년 기준으로 유로코드(EN 1990-1999)구조물 설계기준은 유럽의 33개국에서 사용하고 있으며 싱가포르, 남아프리카, 러시아, 중국 등에서 설계에 적용하고 있다.

1.2 향후 전망

유로코드 7은 EN 유로코드 구조물 설계기준의 핵심적인 역할뿐만 아니라 지반조사, 시공 및 지반시험을 포함하는 다수의 유럽과 국제표준의 중심적인 역할을 할 것이다.

그림 1.4와 제10장 컬러판 삽화 4는 유로코드 7과 관련된 표준서들 사이의 연결 관계를 나타내며 이를 영국의 본선 철도 지도상에 표시하였다. 동쪽에서 서쪽으로 운행하는 노선(제10장 컬러판 삽화 4 녹색 부분)에서는 이미 1.1에서 논의된 것과 같이 CEN의 TC 250에 의해 개발된 10개의 EN 유로코드가 있다(1.3.2 CEN에 관한 토의 참조).

북서쪽에서 남동쪽 노선(제10장 컬러판 삽화 4 파란색 부분)에서는 ISO 기술위원회 182와 CEN 기술위원회 341이 공동으로 개발한 지반조사 및 시험에 관한 7개의 표준서가 있으며 이들은 제4장에서 상세히 다룬다(1.3.1 ISO

에 대한 논의 참조).

마지막으로 영국의 동쪽해안을 따라 북에서 남쪽으로 가는 노선(제10장 컬러판 삽화 4 빨간색 부분)에는 CEN TC 288에 의해 개발된 12개의 실행표준(execution standard)이 있는데 제15장에서 자세하게 다루고 있다.

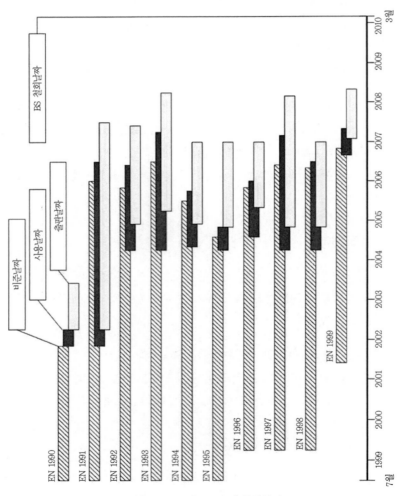

그림 1.3 EN 유로코드의 출판일정

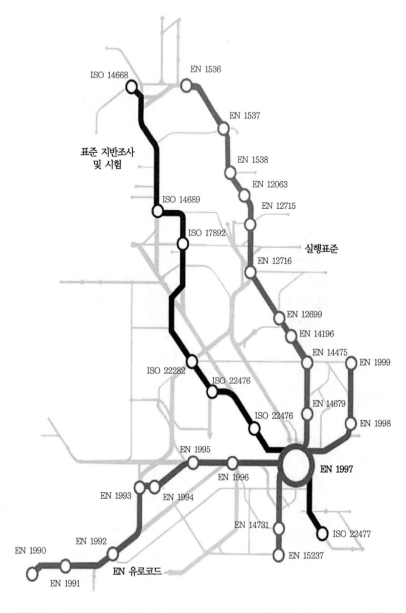

ISO 14668   EN 1536

EN 1537

표준 지반조사
및 시험

EN 1538

EN 12063

ISO 14689   EN 12715

ISO 17892

실행표준

EN 12716

EN 12699

EN 14196

EN 14475

ISO 22282   EN 1999

ISO 22476

EN 14679

ISO 22476

EN 1998

EN 1995

EN 1997

EN 1996

EN 1993   EN 1994

EN 14731

EN 1992   ISO 22477

EN 1990

EN 15237

EN 유로코드

EN 1991

그림 1.4 유로코드 7과 유럽 및 국제표준 사이의 관계(국가철도망 지도에 근거함)
제10장 컬러판 삽화 4 참조

1.3 표준화 기구

1.3.1 국제표준화기구

국제표준화기구('동일한'이란 뜻의 그리스어 'isos'에서 유래하여 ISO로 알려짐)는 1947년에 산업표준의 국제 조정 및 통일을 촉진하기 위하여 설립되었다.[13] 2018년 기준으로 ISO는 161개국으로 구성된 국가표준기관들의 연결망이다(119개 정회원국, 39개 준회원국과 3개 구독회원국으로 구성됨). 그림 1.5는 2018년 현재 가입되어 있는 ISO 회원국들이다.

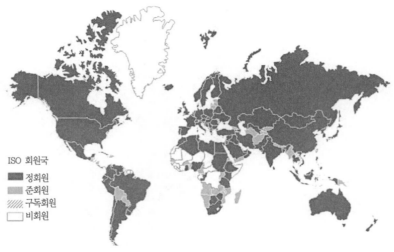

그림 1.5 ISO 회원국

제네바에 본부를 두고 있는 국제표준화기구는 약 200여 개의 기술위원회(TC)와 여기서 파생된 약 500여 개의 소위원회, 그리고 2,000여 개의 실무위원회 및 60여 개의 특별연구그룹으로 구성되어 있다. ISO는 2017년 말까지 22,166여 개의 국제표준과 표준형식의 문서들을 발행하였으며 매년 1,250여 개의 새로운 표준을 발행하고 있다. ISO 표준의 4분의 1은 공학기술과 관련된 분야이며 그다음 4분의 1은 재료기술과 관련된 분야이다.[14]

'ISO 표준은 기존에 것을 다시 새로 만들기 위해 시간을 낭비하지 않는다. ISO는 지식을 정제하여 모두가 사용할 수 있도록 한다. 이러한 방식으로 새롭게 진보된 내용을 보급하고 기술을 전달하여 그것들을 가치 있는 지식의 원천으로 만들고 있다.'[15]

ISO는 오디오 및 비디오 기술을 포함하여 회사의 조직, 관리 및 품질에서 통신까지, 섬유 및 피혁기술에서 농업 및 식품기술까지, 광업 및 광물에서 건설재료까지, 마지막으로 철도공학, 조선공학 및 해양구조물에서 건축 및 토목공학에 이르기까지 다양한 주제에 관한 표준들을 발행하고 있다. 이들 표준서는 ISO로부터 직접 구입하거나 www.iso.org를 통해 구할 수 있다.

1.3.2 유럽표준화위원회

유럽표준화위원회(CEN, 불어로 Committé Européen de Normalisation의 약어임)는 1961년 유럽경제공동체(EEC)와 유럽자유무역연합(EFTA)에 의해 설립되었다.[16]

브뤼셀에 본사를 둔 CEN은 2012년 기준으로 34개국의 국가회원, 7개의 관련 회원(예: 유럽건설산업연맹, FIEC), 카운셀러(EEC와 EFTA를 대표), 3개의 제휴국가(주로 중앙 및 동부유럽 국가), 유럽표준을 국가표준으로 사용하려는 9개의 동반 국가(예: 오스트레일리아, 이집트, 러시아 등 유럽 이외의 국가)들로 구성되어 있다. 그림 1.6과 제10장 컬러판 삽화 1은 2008년 기준으로 가입되어 있는 CEN 회원국들을 보여 주고 있다.

CEN에는 TC 10(엘리베이터, 에스컬레이터, 무빙워크)에서 TC 353(정보, 학습, 교육 및 훈련을 위한 소통기술을 다룸)까지 250여 개의 기술위원회(TC)가 있다. 건축 및 토목공학 분야를 다루는 기술위원회는 다음과 같다.

- TC 124   목구조물
- TC 127   건축물의 소방안전
- TC 135   강구조와 알루미늄구조물의 실행
- TC 151   건설기계 및 건축기자재

- TC 189   토목섬유
- TC 250   유로코드 구조물 설계 기준
- TC 288   전문지반공사의 실행
- TC 341   지반조사 및 시험

이 책에서 우리가 관심을 가지고 있는 기술위원회는 TC 250, 288 및 341이다.

CEN은 2007년 말까지 거의 13,000여 개의 유럽표준을 발행하였다. CEN 표준의 약 16%가 건축과 토목분야이며 약 14%가 재료분야를 다룬다. 이외에는 기계공학과 운송 및 물류분야가 가장 큰 부분을 차지하고 있다.

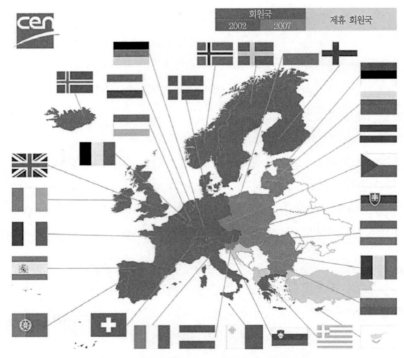

그림 1.6 유럽표준화위원회 회원국(2008년 기준)
제10장 컬러판 삽화 1 참조

CEN에서는 유럽표준을 판매하지 않으며 각 회원국(영국표준협회 BSI 등) 들을 통하여 구할 수 있도록 하고 있다.

1.3.3 국가표준제정기구

ISO와 CEN에 소속된 회원국들은 그들 나라의 국가표준제정기구(NSBs)에 의해 대표되는데 일반적으로 이들은 그들 나라의 표준기준의 제정을 책임지고 있는 기관이다. 각국의 국가표준제정기구는 유로코드를 그들의 국가에 보급하는 데 중요한 역할을 하고 있다.

각국의 국가표준제정기구는 동일한 법적 지위를 가지고 있으며 국가표준으로 유럽표준의 출판에 대한 책임을 담당하고 있다. 국가표준제정기구는 영어, 프랑스어, 독일어로 발행된 CEN 공식문서로부터 유럽표준을 번역할 수 있으나 표준문서에서 벗어나거나 그 본문의 어떤 부분도 변경하거나 수정해서는 안 된다.

국가표준제정기구는 해당 유럽표준을 국가지정표준으로 사용하는 경우, 그 앞에 EN을 덧붙여 사용해야 한다. 예를 들어 EN 1990은 다음과 같이 표기한다.

- 영 국: BS EN 1990
- 프랑스: NF EN 1990
- 독 일: DIN EN 1990

유럽표준(EN)의 지정은 표준의 기술적 내용이 유럽의 모든 국가에서 완전히 동일함을 의미한다.

유럽 각국은 각각의 유로코드에 그 나라에 적합한 제목, 머리말 및 해당 국가의 부속서를 추가할 수 있다.†

---

† 국가별 부속서는 58개의 EN part 중 57개만 필요하다. 건축구조물의 평가 및 개선에 대한 EN 1998-3은 예외이다.

그림 1.7에 예시되어 있고 다음에 설명된 것과 같이 각 국가별 부속서에서는 유로코드에서 누락되어 있는 정보를 제공한다.

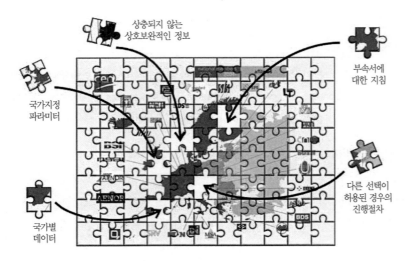

그림 1.7 EN 유로코드의 각 국가별 부속서에서 제공되는 정보

국가지정 파라미터

국가지정 파라미터(NDPs)는 각 국가들이 그들 국가에 맞도록 선택할 수 있게 유로코드에서 허용하는 것이다.[17] 국가지정 파라미터에는 부분계수, 상관계수, 조합계수 및 모델 계수 등이 포함된다.

국가별 데이터

국가별 데이터는 특정 국가와만 관련성이 있는 지리적 특성에 관한 정보를 의미한다. 예를 들어 풍압을 나타내는 도표 등이다.

다른 선택이 허용된 경우의 진행절차

일부 유로코드에서는 초안위원회(drafting committee)에서 단일절차가 합의되지 않는 경우, 복수의 절차를 선택할 수 있도록 허용하고 있다. 유로코드 6은 6개의 실행등급 가운데서 선택할 수 있으며 유로코드 7은 STR 및 GEO 한계상태에 대한 3가지 설계법 중에서 선택할 수 있다(제6장 참조).

국가별 부속서에 대한 지침

국가별 부속서는 관련 유로코드의 부속서에 대한 지침을 제공할 수 있다. 유용한 정보를 제공하는 부속서는 규범(필수적인) 상태로 '승격'될 수도 있지만 단지 유익한 정보로만 남아 있거나 그 나라에서 사용하기에 부적합한 경우에는 무시될 수도 있다.

상충되지 않는 상호보완적인 정보에 대한 참고

국가별 부속서는 '상호보완적인 정보(NCCI)'라 지칭하는 참고문헌을 제공하는데 이는 상충되지 않는 관련된 유로코드를 지원하는 또 다른 설계지침이다. 상호 간에 충돌이 발생하는 경우, 유로코드가 국가별 부속서보다 우선한다.

1.3.4 영국 실무에서 유로코드 7의 역할

각국의 표준기관들이 직면한 중대한 도전과제는 기존의 국가표준을 대신하여 유로코드를 어떻게 각국의 국가표준으로 받아들이는가이다.

그림 1.8은 유로코드 7이 영국의 지반공학 실무에서 일반적으로 사용되는 다양한 종류의 문서와 어떻게 상호작용을 하고 있는지를 보여 주고 있다. 이들을 소위 '예비표준(residual standards)'이라 하는데 이들은 기존에 사용된 영국표준(BS)으로 유로코드 7과는 상충되지 않는다. 예비표준에는 도로국이나 건설산업연구정보협회(CIRIA)의 문서, 발표된 문서(PD) 등 사실상의 표준들이 포함된다. 이들 문서는 위원회가 정보수집용으로 만든 문서이며 지침서, 보고서 및 권장사항 등에 대한 정보를 포함한다.[18]

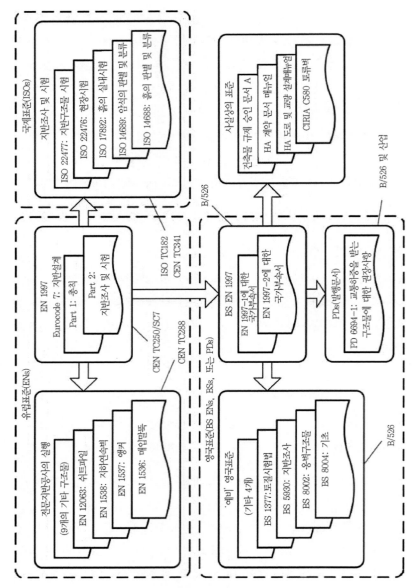

국제표준(ISOs)

지반조사 및 시험
- ISO 22477: 지반구조물 시험
- ISO 22476: 현장시험
- ISO 17892: 흙의 실내시험
- ISO 14689: 암석의 판별 및 분류
- ISO 14688: 흙의 판별 및 분류

사실상의 표준
- 건축물 구계 승인 문서 A
- HA 계약 문서 매뉴얼
- HA 도로 및 교량 설계매뉴얼
- CIRIA C580 토류벽

유럽표준(ENs)

EN 1997
Eurocode 7: 지반설계
- Part 1: 총칙
- Part 2: 지반조사 및 시험

ISO TC182
CEN TC341

CEN TC250/SC7
CEN TC288

전문지반공사의 실행 (9개의 기타 구조물)
- EN 12063: 쉬트파일
- EN 1538: 지하연속벽
- EN 1537: 앵커
- EN 1536: 메이밀록

B/526

영국표준(BS ENs, BSs, 또는 PDs)

BS EN 1997
- EN 1997-1에 대한 국가부속서
- EN 1997-2에 대한 국가부속서

PDs(발행문서)
- PD 6694-1: 교통하중을 받는 구조물에 대한 권장사항

B/526

B/526 및 산업

영국표준
'예비' 영국표준 (기타 4개)
- BS 1377:토질시험법
- BS 5930: 지반조사
- BS 8002: 옹벽구조물
- BS 8004: 기초

B/526

그림 **1.8** 영국국가표준(BSI)에서 유로코드 7의 위치

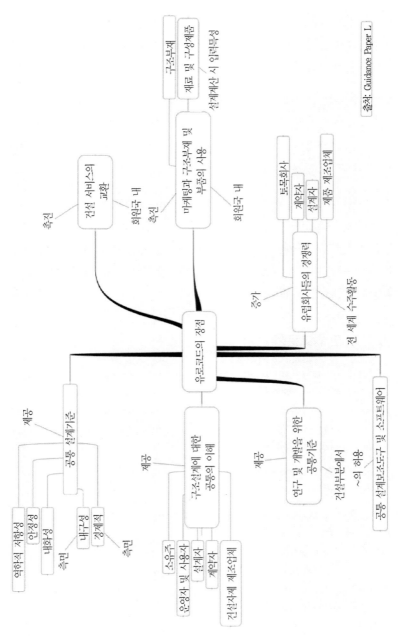

출처: Guidance Paper L

구조부재
재료 및 구성제품
설계계산 시 입력특성

건설 서비스의 교환
회원국 내
촉진

마케팅과 구조부재 및 부품의 사용
회원국 내
촉진
회원국 내

도목회사
제안자
설계자
제품 제조업체

유럽회사들의 경쟁력
증가
전 세계 수주활동
수주활동

유로코드의 장점

공통 설계기준
제공
역학적 저항성
안전성
내화성
측면
내구성
경제적
측면

구조설계에 대한 공통의 이해
제공
소유주
운영자 및 사용자
설계자
계약자
건설상세 제조업체

연구 및 개발을 위한 공통기준
제공
건설부문에서 ~의 허용

공통 설계보조도구 및 소프트웨어

그림 1.9 유로코드의 장점

1.4 핵심요약

21세기 초반에, 유럽의 설계업무에서 유로코드의 중요성은 아무리 강조해도 지나치지 않다.

과거에는 주요 건설재료(강, 콘크리트, 목재, 조적 및 알루미늄)에 대한 설계기준이 거의 동시에 변경되는 일은 없었다. 또한 지반이나 조적(masonary)공학 같은 분야에서 유로코드를 도입한다는 의미는 전통적인(예: 허용응력)설계법에서 한계상태 설계법으로 전환한다는 신호이다.

그림 1.9는 유로코드가 토목공학 설계에 가져다줄 혜택에 대한 내용을 요약한 것이다. 유로코드는 공통의 설계기준, 구조물 설계에 관한 공통의 이해및 건설부분의 연구개발에 대한 공통된 표준을 제공함으로써 세계시장에서유럽기업들의 경쟁력을 증가시키는 역할을 할 것이다. 더욱이 건설 서비스,마케팅 및 구조용 부재를 상호 교환하여 사용하는 것을 촉진시켜 줄 것이다.[19]

1.5 주석 및 참고문헌

1. Quotation taken from the 'Introduction to Eurocodes' page on the European Commission's website(http://ec.europa.eu). Follow the links to European Commission > Enterprise > Industry Sectors > Construction > Internal Market > Eurocodes or go directlyto:ec.europa.eu/enterprise/construction/internal/essreq/ eurocodes/eurointro_en.htm.

2. EN 1990: 2002, Eurocode — Basis of structural design, European Committee for Standardization, Brussels.

3. EN 1991, Eurocode 1 — Actions on structures, European Committee for Standardization, Brussels.
   Part 1: General actions
       1-1: Densities, self-weight, imposed loads for buildings
       1-2: Actions on structures exposed to fire
       1-3: Snow loads
       1-4: Wind actions
       1-5: Thermal actions

1-6: Actions during execution

1-7: Accidental actions.

Part 2: Traffic loads on bridges.

Part 3: Actions induced by cranes and machinery.

Part 4: Silos and tanks.

4. EN 1992, Eurocode 2 — Design of concrete structures, European Committee for Standardization, Brussels.

Part 1: General rules

1-1: and rules for buildings

1-2: — Structural fire design.

Part 2: Concrete bridges — Design and detailing rules.

Part 3: Liquid retaining and containment structures.

5. EN 1993, Eurocode 3 — Design of steel structures, European Committee for Standardization, Brussels.

Part 1: General rules

1-1: and rules for buildings

1-2: — Structural fire design

1-3: — Supplementary rules for cold-formed members and sheeting

1-4: — Supplementary rules for stainless steels

1-5: — Plated structural elements

1-6: — Strength and stability of shell structures

1-7: — Plated structures subject to out of plane loading

1-8: — Design of joints

1-9: — Fatigue

1-10: — Material toughness and through-thickness properties

1-11: — Design of structures with tension components

1-12: — Additional rules for the extension of EN 1993 up to steel grades S 700.

Part 2: Steel bridges.

Part 3: Towers, masts and chimneys

3-1: Towers and masts

3-2: Chimneys.

Part 4:

4-1: Silos

4-2: Tanks

4-3: Pipelines.

Part 5: Piling.

Part 6: Crane supporting structures.

6. EN 1994, Eurocode 4 — Design of composite steel and concrete structures, European Committee for Standardization, Brussels.

Part 1: General rules

1-1: and rules for buildings

1-2: — Structural fire design.

Part 2: General rules and rules for bridges.

7. EN 1995, Eurocode 5 — Design of timber structures, European Committee for Standardization, Brussels.

Part 1: General

1-1: Common rules and rules for buildings

1-2: Structural fire design.

Part 2: Bridges.

8. EN 1996, Eurocode 6 — Design of masonry structures, European Committee for Standardization, Brussels.

Part 1: General rules

1-1: for reinforced and unreinforced masonry structures

1-2: — Structural fire design.

Part 2: Design considerations, selection of materials and execution of masonry.

Part 3: Simplified calculation methods for unreinforced masonry structures.

9. EN 1999, Eurocode 9 — Design of aluminium structures, European Committee for Standardization, Brussels.

Part 1:

1-1: General structural rules

1-2: Structural fire design

1-3: Structures susceptible to fatigue

1-4: Cold-formed structural sheeting

1-5: Shell structures.

10. EN 1997, Eurocode 7 — Geotechnical design, European Committee for Standardization, Brussels.

Part 1: General rules

Part 2: Ground investigation and testing.

11. EN 1998, Eurocode 8 — Design of structures for earthquake resistance, European Committee for Standardization, Brussels.
    Part 1: General rules, seismic actions and rules for buildings.
    Part 2: Bridges.
    Part 3: Assessment and retrofitting of buildings.
    Part 4: Silos, tanks and pipelines.
    Part 5: Foundations, retaining structures and geotechnical aspects.
    Part 6: Towers, masts and chimneys.

12. See EN 1990, ibid., Background to the Eurocode programme.

13. Information taken from the ISO website www.iso.org(see the section entitled 'About ISO').

14. Data taken from 'ISO in figures for the year 2006', available from www.iso.org.

15. Taken from 'ISO in brief' (2006), published by the ISO Central Secretariat, ISBN 92-67-10401-2.

16. Taken from the CEN website www.cen.eu (see section 'About us').

17. See the Foreword to EN 1990, ibid.

18. British Standards Institution (2005) The BSI guide to standardization — Section 1: Working with British Standards.

19. See Guidance Paper L, published by the European Commission on its website (http://ec.europa.eu).

CHAPTER

2

구조설계의 기본

2 구조설계의 기본

'EN 1990은 유로코드 구조물 설계기준 중 첫 번째 기준서이며 안전에 대한 원칙과 요구조건 및 구조물의 사용성과 내구성에 대해 설명하고 있다.'[1]

2.1 유로코드의 내용

유로코드 0-구조설계의 기본(*Eurocode − Basis of structural design*)[2]은 그림 2.1과 같이 6개의 절과 4개의 부록(A − D)으로 구성된다. 그림 2.1의 파이도표에서 각 부분의 크기는 해당 절(section)의 단락 수에 비례한다.

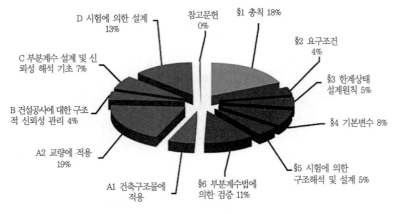

그림 2.1 유로코드의 내용

EN 1990에서는 지반공학 분야를 포함한 건축과 토목분야의 설계 및 검증에 관한 기본을 기술하고 이들의 구조적 신뢰성을 평가하기 위한 지침을 제시하고 있다(그림 2.2 참조). EN 1990에서는 기존 구조물의 구조변경 및 보수

에 대한 설계기준과 사용 중인 구조물에 발생하는 변화에 대한 영향을 평가
한다. 일부 시공분야(원자력 시설 및 댐과 같은 구조물)의 경우, 그들의 독특
한 특징 때문에 EN 1990과는 다른 기준을 적용할 수도 있다.

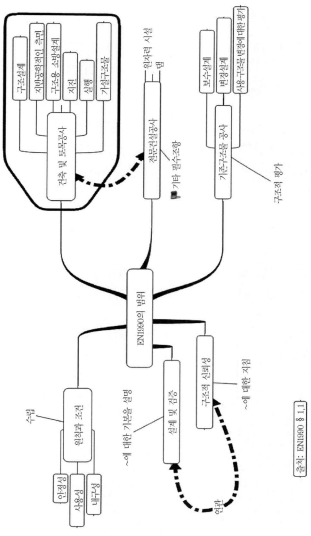

그림 2.2 EN 1990, 구조설계의 기본

2.2 요구조건

구조물의 기본적인 요구조건은 발생 가능한 모든 하중과 영향에 대하여 목적에 맞도록 구조물의 형태를 유지하고 적절한 구조적 저항성과 내구성 및 사용성을 갖는 것이다. 이러한 요구조건은 시공기간과 구조물의 사용기간(working life) 내내 충족되어야 한다.

구조물은 폭발, 충격 또는 사람의 실수와 같은 일로 인하여 손상되는 일이 발생해서는 안 된다. 이와 같이 문제점들은 의뢰인과 관련 당사 간에 협의를 통해 검토되어야 한다.

설계 시에는 위험요소를 줄이거나 제거하여 발생 가능한 피해를 최소화해야 한다. 예고 없이 발생하거나(예: 구조적 중복 및 연성에 의해) 설계 시 실수로 구조부재를 제거하여 발생하는 붕괴는 구조부재를 서로 구속함으로써 피할 수 있다.

구조물의 설계 사용기간은

> 구조물 또는 구조물의 일부가 대대적인 보수 없이 계획된 유지보수에 의해 최초에 의도된 목적으로 사용되도록 추정된 기간을 말한다.　　　　　[EN 1990 § 1.5.2.8]

그림 2.3은 EN 1990(검은 선)에 따라 여러 가지 구조물의 설계 사용기간을 나타낸 것으로 EN 1990에 대한 영국 국가부속서(밝은 선)에 의해 수정된 기

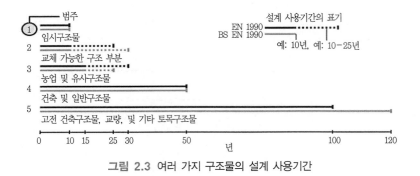

그림 2.3 여러 가지 구조물의 설계 사용기간

간과 비교하였다. 비록, 이것은 피로계산에만 적용되지만 가장 중요한 변화는 구조물의 사용기간이 5년에서 120년까지 확장된 것이다.

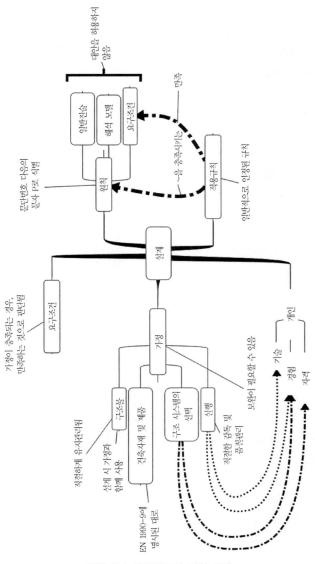

그림 2.4 유로코드에 의한 설계

2.3 가정

EN 1990에서는 구조물의 설계 및 시공방법에 관하여 중요한 가정을 하고 있다(그림 2.4 참조).

적절한 자격, 기술 및 경험을 가진 사람들이 구조 시스템 또는 프레임을 선택하고 구조물을 설계하며 시공할 것이라고 가정한다. 또한 공사감독이나 품질관리가 적합한 수준으로 이루어지고 구조물은 유지관리가 잘 되며 설계시의 가정조건에 따라 사용될 것이라고 가정한다.

이러한 가정조건들은 국가마다 다르기 때문에 EN 1990에서는 이러한 일을 시행하는 데 필요한 '적절한(appropriate)' 자격조건이 무엇인지에 대한 지침은 제시하지 않았다. 마찬가지로 유로코드에서도 '적합한(adequate)' 감독과 규제 수준에 대하여 정의하지는 않았다.

2.4 원칙 및 적용규칙

유로코드 구조물 설계기준의 특징은 원칙 및 적용규칙으로 단락(paragraph)을 분리한 것이다(그림 2.4 참조).

> EN 1990~1999에서는 원칙과 적용규칙을 적용한 설계가 주어진 가정조건을 만족한다면 설계 요구조건을 만족시키는 것으로 간주한다.   [EN 1990 § 1.3(1)]

원칙(Principles) – 단락번호 뒤의 문자 'P'에 의해 구별되며 따라야 할 일반적인 진술 및 정의, 충족해야 할 요구조건 및 사용되어야 할 해석모델을 의미한다. 원칙들에 나타나는 영어 동사는 '~할 것이다(shall)'이다.

[EN 1990 § 1.4(2) & (3)]

적용규칙(Application Rules) – 단락번호 뒤에 문자가 없는 것으로 구분된다. 일반적으로 원칙을 준수하고 그들의 요구조건을 만족하는 규칙으로 인식되고 있다. 적용규칙에 나타나는 영어 동사에는 '~할 수도 있다(may)', '~해야 한다(should)', '~할 수 있다(can)' 등이 포함된다.   [EN 1990 § 1.4(4)]

2.5 한계상태설계 원칙

유로코드 구조물 설계기준은 한계상태원칙에 기초하고 있으며 이 원칙에서는 극한한계상태와 사용한계상태를 구별하여 사용한다.

극한한계상태는 인간과 구조물의 안전성과 관련이 있다. 극한한계상태에는 평형의 붕괴, 과도한 변형, 파열, 안정성의 손상, 구조물의 변형 및 피로 등이 포함된다.

사용한계상태는 정상적인 사용성, 인간의 편리성 및 구조물의 외형 등 구조물의 기능과 관련이 있다. 사용한계상태는 원상회복(예: 처짐) 또는 회복불능(예: 항복)으로 구분한다.

한계상태설계는 어떤 특정설계상태가 관련된 한계상태를 초과하지 않도록 검증하는 것이다(2.6 참조). 검증은 구조나 하중 모델을 사용해서 이루어지는데 이에 대한 세부사항은 다음의 3가지 기본변수들, 즉 하중, 재료특성 및 기하학적 데이터로부터 결정된다. 하중은 하중작용기간과 각각의 설계상황에 대하여 다르게 조합된다.

그림 2.5는 한계상태설계의 다양한 요소들 사이의 관계를 보여 준다.

2.6 설계상황

설계상황은 구조물의 사용기간 동안의 상이한 시점에서 구조물이 처해 있는 조건들이다.

정상적으로 사용되는 경우, 구조물은 영구상황에 있다. 시공 중이거나 보수 중에는 일시적인 상황에 있다. 화재나 폭발과 같이 예외적인 조건에 있는 경우, 구조물은 우발상황 또는 지진상황(지진이 발생한다면)에 놓이게 된다.

[EN 1990 § 3.2(2)P]

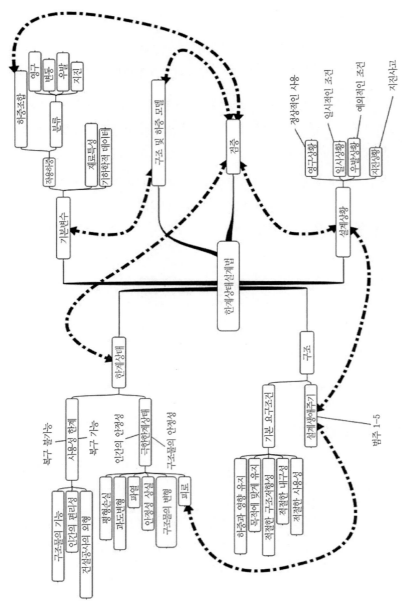

그림 2.5 한계상태설계법의 개요

사회구성원들은 화재나 폭발이 건물에 손상을 초래할 수 있으며 이 경우 보수가 필요하다는 것을 인정한다. 반면에 눈이나 바람 때문에 건물이 손상되어서는 안 된다고 생각한다. 따라서 이들 중 어느 것으로도 건물을 붕괴하도록 해서는 안 된다. 일반적으로 유로코드 구조물 설계기준은 우발이나 지진 상황에 대한 부분계수(발생 가능성이 거의 없는 예외 조건)로 1.0을 규정하고 있다. 이들 계수는 영구나 일시적인 상황(발생 가능성이 훨씬 큰 조건)에 대한 대표적 값인 1.2−1.5보다 훨씬 작다. 여러 가지 설계상황의 개발은 설계에서 요구하는 신뢰성 수준이 무엇인지, 설계상황의 일부로서 고려되어야 하는 하중들이 무엇인지 결정하는 데 도움을 준다.

2.7 극한한계상태

극한한계상태(ULS)는 인간과 구조물의 안전과 관련이 있다.

[EN 1990 § 3.3(1)P]

EN 1990에서는 검증되어야 할 3가지 극한한계상태를 다음과 같이 구분하였다. 즉 평형상태의 손실(EQU); 과도한 변형에 의한 파괴, 구조물의 변형 파열 또는 안정성 손상(STR); 및 피로 또는 기타 시간 관련 영향에 의한 파괴(FAT)이다(지반설계와 관련 있는 GEO, UPL 및 HYD 한계상태는 제6장과 제7장에서 논의됨). 이들 세 글자로 된 머리글자는 구조물의 한계상태에 대한 약어로서 유로코드 전반에서 사용되는데 다음 소절에서 보다 상세하게 정의되어 있다.

2.7.1 EQU 한계상태

EQU 한계상태는 정적 평형상태를 다루는 데 다음과 같이 정의한다.

> 강체로 고려되는 구조물의 정적 평형상태의 상실, 여기서 [하중 또는 하중분포]에 대한 작은 변화도 중요하지만 일반적으로 재료의 강도는 주된 것이 아니다.
>
> [EN 1990 § 6.4.1(1)P(a)]

그림 2.6과 같이 EQU 한계상태는 하중의 불안정 설계영향 $E_{d,dst}$ 이 안정 설계영향 $E_{d,stb}$ 보다 작거나 같은 경우에는 발생하지 않는다.

$$E_{d,dst} \leq E_{d,stb}$$

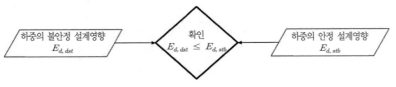

그림 2.6 EQU 한계상태의 검증

예를 들어 도로표지판 기초상부의 높이 $h = 7.5m$ 에서 설계 수평풍하중 $P_d = 250kN$을 받는 고속도로 표지판을 검토해 보자(그림 2.7 참조). 구조물의 앞굽에 대한 불안정(전도) 모멘트 $M_{Ed,dst}$ 는 다음과 같다.

$$M_{Ed,dst} = P_d \times h = 250kN \times 7.5m = 1875kNm$$

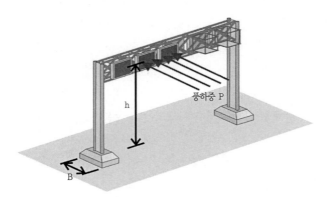

그림 2.7 풍하중을 받는 고속도로 표지판

고속도로 표지판 구조물의 설계자중 $W_d = 1600kN$, 기초폭 $B = 2.5m$ 인 경우, 선단에 대한 설계안정 모멘트(복원 모멘트) $M_{Ed,stb}$ 는 다음과 같다.

$$M_{Ed,\,stb} = W_d \times \frac{B}{2} = 1600kN \times \frac{2.5m}{2} = 2000kNm$$

따라서 다음과 같이 풍하중의 방향으로 EQU 한계상태에 도달하지 않는다.

$$M_{Ed,\,dst} = 1875kNm \leq M_{Ed,\,stb} = 2000kNm$$

이 책에서는 불안정 및 안정 설계영향에 대한 비율로 EQU 한계상태에 대한
'이용률'(utilization factor)을 다음 식과 같이 정의하였다.

$$\Lambda_{EQU} = \frac{E_{d,dst}}{E_{d,stb}}$$

구조물이 설계요구조건을 충족하기 위해서는 이용률이 100%보다 작거나
같아야 한다. 만약 이용률이 100%를 초과하는 경우, 평형조건을 잃지 않을
수도 있지만 유로코드에 의해서 요구되는 것보다는 신뢰성이 작게 된다. 그
림 2.7의 고속도로 표지판 지지대의 경우, 이용률은 다음과 같다.

$$\Lambda_{EQU} = \frac{M_{Ed,dst}}{M_{Ed,\,stb}} = \frac{1875kNm}{2000kNm} = 94\%$$

2.7.2 STR 한계상태

STR 한계상태는 파열이나 과도한 변형을 다루는 데 다음과 같이 정의한다.

> 구조물의 내적 파괴 또는 과도한 변형, 이것은 건설재료의 강도가 지배한다.
>
> [EN 1990 § 6.4.1(1)P(b)]

그림 2.8과 같이 STR 한계상태가 발생하지 않기 위해서는 설계하중 E_d가 대
응하는 설계 저항력 R_d보다 작거나 같아야 한다. 즉 다음 식과 같다.

$$E_d \leq R_d \hspace{3cm} \text{[EN 1990 식 (6.8)]}$$

그림 2.7의 고속도로 표지판 지지대 자중에 의해 발생하는 휨모멘트는 그림
2.9와 같다. 만약 구조물의 최대 설계 휨모멘트 $M_{Ed} = 500kNm$, 단면의
최소설계 휨 저항모멘트 $M_{Rd} = 600kNm$이면 다음과 같이 STR 한계상태

에는 도달하지는 않는다.

$$M_{Ed} = 500kNm \leq M_{Rd} = 600kNm$$

그림 2.8 STR 한계상태의 검증

이 책에서 STR 한계상태에 대한 '이용률'은 하중의 영향과 그에 대응하는 저항력의 비로서 다음 식과 같이 정의한다.

$$\Lambda_{STR} = \frac{E_d}{R_d}$$

설계 요구조건을 만족하기 위해서 이용률은 100%보다 작거나 같아야 한다. 만약 이용률(Λ)이 100%를 초과하는 경우에도 반드시 붕괴되지 않을 수도 있지만 유로코드에서 요구하는 것보다는 신뢰성이 떨어진다. 그림 2.9의 고속도로 표지판 지지대에 대한 이용률은 다음과 같다.

$$\Lambda_{STR} = \frac{M_{Ed}}{M_{Rd}} = \frac{500kNm}{600kNm} = 83\%$$

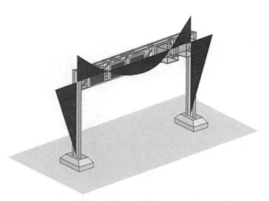

그림 2.9 그림 2.7의 고속도로 표지판 지지대에 작용하는 휨모멘트

2.7.3 FAT 한계상태

재료역학에서 피로는 진행성 및 국부적인 구조적 손상을 의미하는 것으로
재료가 반복하중을 받는 경우에 발생한다. 피로파괴는 주로 풍하중을 받는
도로나 철도교량 및 세장구조물에서 발생한다. 특히 피로파괴는 유로코드
1(작용력[3]), 3(강 구조물[4]) 및 9(알루미늄 구조물[5])에서는 특별한 주목을 받
지만 유로코드 7에서는 다루지 않는다.

2.8 사용한계상태

사용한계상태(SLS)는 구조물의 기능, 인간의 편리성 및 건설공사의 외관과
관련이 있다.   [EN 1990 § 3.4(1)P]

그림 2.10과 같이 사용한계상태가 발생하지 않도록 하려면 다음 식과 같이
침하, 뒤틀림, 변형등과 같은 설계하중의 영향 E_d가 대응하는 한계값 C_d보
다 작거나 같아야 한다.

$$E_d \leq C_d$$ [EN 1990 식 (6.13)]

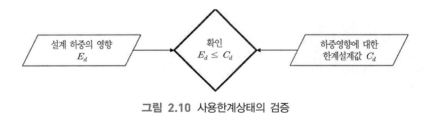

그림 2.10 사용한계상태의 검증

그림 2.7에서 고속도로표지판 기초의 최대 허용 침하량이 $s_{Cd} = 15mm$,
설계하중에 의해 계산된 침하량 $s_{Ed} = 12mm$인 경우에는 다음과 같이 사
용한계상태에 도달하지 않는다.

$$s_{Ed} = 12mm \leq s_{Cd} = 15mm$$

본 해설서에서 사용한계상태에 대한 '이용률'은 다음 식과 같이 하중의 영향

과 이에 대응하는 한계값의 비로 정의한다.

$$\Lambda_{SLS} = \frac{E_d}{C_d}$$

구조물이 사용성을 확보하기 위해서는 이용률이 100%보다 작거나 같아야 한다. 그림 2.7의 고속도로 표지판 기초의 이용률은 다음과 같다.

$$\Lambda_{SLS} = \frac{s_{Ed}}{s_{Cd}} = \frac{12mm}{15mm} = 80\%$$

2.9 작용력, 조합 및 영향

하중과 하중처럼 작용하는 다른 요소를 설명하기 위해 사용되는 단어인 작용력(action)은 뉴턴의 제3법칙인 운동법칙을 상기시킨다.

> '모든 작용에는 똑같은 크기의 반작용이 항상 존재한다.'[6]

유로코드에서 반작용력(reaction)은 영향/결과(effect)로 알려져 있다. 즉 다음과 같다.

작용력/하중(action)	=	원인(cause)
↓	↘	↓
반작용력(reaction)	=	영향/결과(effect)

다음 소절에서는 유로코드 구조물 설계기준에서 정의된 작용력(작용하중, 하중), 하중조합 및 하중에 의한 영향들을 기술한다.

2.9.1 작용력

직접 작용력은 구조물에 작용하는 일련의 힘들이며 간접 작용력은 일련의 변형 또는 가속에 의해 부과된 것이다. 유로코드 구조물 설계기준에서 일반적인 작용력은 기호 F로 표시된다.   [EN 1990 § 1.5.3.1]

그림 2.11과 다음의 표에 정의된 것과 같이 하중은 시간에 대한 변동에 따라 분류된다. 영구('중력')하중은 G, 변동하중(활하중)은 Q, 프리스트레스는 P, 우발하중은 A로 표기한다.   [EN 1990 § 1.5.3.3–5 & 4.1.1(1)P]

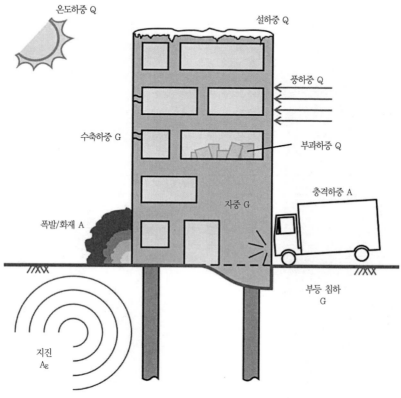

그림 2.11 영구, 변동 및 우발하중을 받는 구조물

하중은 특성값(F_k)으로 설계에 적용되는데 이 특성값은 평균, 상한, 하한 또는 공칭값 중 하나가 될 수 있다.

하중	기간	시간에 따른 변동	예
영구 G	주어진 기준기간 동안 작용할 수 있음	어느 한계치까지는 무시할 수 있거나 변화 없음	구조물 자중, 고정된 장비와 도로포장, 수압*, 수축, 부등침하
변동 Q		무시할 수도 없고 변화가 없지도 않음	건물바닥, 보와 지붕에 부과된 하중, 바람, 눈†, 교통하중†
우발 A	일반적으로 짧음 (사용기간 동안 발생 가능성이 적음)	상당한 크기	폭발, 차량의 충격*, 지진*(기호 A_E)

* 변동할 수 있음, † 우발적일 수 있음

건설공사에서 자중은 구조물의 공칭치수와 특성단위중량으로 구한다. 다음 표는 지반기술자들이 관심을 갖고 있는 재료들의 단위중량이다.

재료		단위중량, $\gamma(kN/m^3)$
콘크리트	무근(normal)	24
	철근(reinforced)	25
강(steel)		$77.0-78.5$
건조모래	교량의 채움재로 사용	$15.0-16.0$
느슨한 자갈(loose gravel ballast)		$15.0-16.0$
기초재료(hardcore)		$18.5-19.5$
분쇄된 슬래그		$13.5-14.5$
돌이나 잡석(packed stone rubble)		$20.5-21.5$
젖은 점토(puddle clay)		$18.5-19.5$

EN 1991-1-1 부록 A에서 인용

2.9.2 작용하중의 조합

대표하중(F_{rep})은 EN 1990과 1991에 제시된 규칙에 따라 특성값(F_k)을 적절하게 조합하여 구한다. 일반하중에 대한 대푯값의 예는 다음과 같다.

$$F_{rep} = \psi F_k$$

여기서 하중조합계수 ψ는 1.0보다 작거나 같다.

영구하중에서 조합계수 ψ는 생략된다. 즉 대표영구하중($G_{rep,j}$)은 하중의 특성값($G_{k,j}$)과 같다. 이때 전체 설계 영구하중(G_d)은 다음 식과 같이 적절한 부분계수 γ_G를 곱한 대푯값들의 합으로부터 구한다(2.13.1 참조).

$$G_d = \sum_j (\gamma_{G,j} \times G_{k,j}) = \sum_j (\gamma_{G,sup,j} G_{k,sup,j}) + \sum_j (\gamma_{G,inf,j} G_{k,inf,j})$$

여기서 아래첨자 sup와 inf는 각각 상한하중(superior)과 하한하중(inferior)을 의미한다.

영구하중과 임시하중이 작용하는 상황에서 일반적으로 '주요' 변동하중($Q_{k,1}$)에 대한 ψ 값은 1.0과 같으나 '동반' 변동하중($Q_{k,i}$)에 대해서는 1.0보다($\psi = \psi_0 < 1.0$) 작다. 이때 전체 설계 변동하중(Q_d)은 다음 식과 같이 적합한 부분계수 γ_Q를 곱한 대푯값들의 합으로부터 구한다(2.13.1 참조).

$$Q_d = \gamma_{Q,1} \times 1.0 \times Q_{k,1} + \sum_{i>1} \gamma_{Q,1} \times \psi_{o,i} \times Q_{k,i}$$

(변동하중의 상한값만 고려하였으며 변동하중의 하한값은 무시하였다.)

그러므로 영구 및 임시설계상황에서 전체 설계하중 F_d는 다음 식과 같다.

$$F_d = \sum_{j>1} \gamma_{G,j} G_{k,j} + \gamma_{Q,1} Q_{k,1} + \sum_{i>1} \gamma_{Q,i} \psi_{0,i} Q_{k,i}$$

EN 1990에서는 다음 식 중 큰 값으로 F_d를 구한다.

$$F_d = \sum_j \gamma_{G,j} G_{k,j} + \gamma_{Q,1} \psi_{0,1} Q_{k,1} + \sum_{i>1} \gamma_{Q,i} \psi_{0,i} Q_{k,i}$$

그리고

$$F_d = \xi \sum_j \gamma_{G,,j} G_{k,,j} + \sum_j \gamma_{G,\infty,j} G_{k,\infty,j} + \gamma_{Q,1} Q_{k,1} + \sum_{i>1} \gamma_{Q,1} \psi_{0,i} Q_{k,i}$$

여기서 ξ는 단지 영구하중의 상한값 $G_{k,sup,j}$에 적용되는 감소계수(별칭, '분배계수')이다.

다음 예는 실무에서 이들 식이 어떻게 사용되는지를 보여 주고 있다. 그림 2.12와 같이 연직 및 수평방향으로 부과하중과 풍하중을 받고 있는 그림 2.7의 고속도로 표지판 기초를 생각해 보자. 고속도로 표지판 기초에 작용되는 하중은 다음 표에 요약되어 있다.

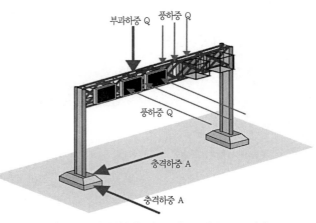

부과하중 Q　풍하중 Q

풍하중 Q

충격하중 A

충격하중 A

그림 2.12 다중하중을 받고 있는 고속도로 표지판

다음 표에서 하중조합1은 부과된 하중이 주요 변동하중($\psi = 1.0$)이고 풍하
중이 동반하중인 경우($\psi_0 = 0.6$)를 가정하였다. 하중조합 2는 풍하중이 주
요변동하중($\psi = 1.0$)이고 부과된 하중이 동반하중인 경우($\psi_0 = 0.7$)를 가
정하였다. 다음 표에서 전체 하중으로 제시된 조합 1과 조합 2의 설계하중
비교에서 하중조합 1은 연직하중이 약간 크지만 하중조합 2는 큰 수평하중
을 갖는다. 도로 표지판의 기초는 2가지 하중조합에 견딜 수 있도록 설계되
어야 한다.

영구 및 임시 설계상황에 대한 하중조합

하중(종류*)	$F_k(kN)$		γ_F	$F_d(kN)$					
				조합 1			조합 2		
	V†	H‡		ψ	V	H	ψ	V	H
자중(G)	140	0	1.35	–	189	0	–	189	0
부과하중(Q)	100	0	1.5	1.0	150	0	0.7	105	0
풍하중(Q)	20	200	1.5	0.6	18	180	1.0	30	300
전체 하중					357	180		324	300

* G=영구, Q=변동
　V†=연직, H‡=수평(고속도로와 평행)

우발상황에서 앞의 식에서 사용된 하중조합계수는 우발상황이 발생할 가능성이 낮기 때문에 약간 감소된다. 전체 설계하중 F_d는 다음 식과 같다.

$$F_d = \sum_j \gamma_{G,j} G_{k,j} + \gamma_{A,1} A_{k,1} + \gamma_{Q,1} \psi_{1,1} Q_{k,1} + \sum_{i>1} \gamma_{Q,i} \psi_{2,i} Q_{k,i}$$

여기서 $A_{k,1}$은 우발하중, ψ_1는 주요 변동하중에 적용(1.0 대신), ψ_2는 동반 변동하중에 적용(ψ_0 대신)된다. 일반적으로 우발상황에서 부분계수 γ_G, γ_Q 및 γ_A는 1.0을 사용한다(2.13.1 참조).

고속도로 표지판 기초가 우발하중을 받는 경우(그림 2.12와 같이 교통 충격하중을 받는 경우)에는 다음 표에 설정된 바와 같이 설계하중에 대한 수정값이 제시된다.

우발설계상황에 대한 하중조합

하중(형식*)	$F_k(kN)$		γ_F	$F_d(kN)$					
				조합 3			조합 4		
	V†	H‡		ψ	V	H	ψ	V	H
자중(G)	140	0	1.0	−	140	0	−	140	0
부과하중(Q)	100	0	1.0	0.7	70	0	0.6	60	0
풍하중(Q)	20	200	1.0	0	0	0	0	0	0
충격하중(A)	50	80	1.0	1.0	50	80	1.0	50	80
전체 하중					260	80		250	80

* G=영구, Q=변동, A=우발
  V†=연직, H‡=수평(고속도로와 평행)

이 수정된 표에서 하중조합 3은 부과하중을 주요변동하중($\psi_1 = 0.7$)으로 풍하중은 동반하중($\psi_2 = 0$)으로 가정한다. 하중조합 4는 풍하중을 주요변동하중($\psi_1 = 0$)으로 부가하중은 동반하중($\psi_2 = 0.6$)으로 가정한다. 설계하중에 대한 결과로 하중조합 3이 하중조합 4보다 부담이 크지만 하중조합 1과 2보다는 부담이 작다.

다음 표는 극한한계와 사용한계상태에서 다른 하중조합에 사용되는 ψ 값을 요약한 것이다.

부가하중에 대한 ψ 값은 EN 1991−1−1, 설하중은 EN 1991−1−3, 풍하중은 EN 1990 부록 A1, 그리고 온도하중은 EN 1991−1−5에 제시되어 있다. 빌딩의 경우, 일반적으로 ψ_0 값은 0.5~0.7, ψ_1은 0.2~0.7, 그리고 ψ_2 값은 0.3~0.6 사이에 있다.

조합		특성하중에 대한 조합계수				
		$\sum G_{k,i}$	P†	$Q_{k,1}$‡	$Q_{k,j}$††	A_k 또는 $A_{E,k}$##
극한	영구	1	1	1	ψ_0	−
	임시					
	우발	1	1	ψ_1 또는 ψ_2	ψ_2	1
	지진	1	1	−	ψ_0	1
사용성	특성	1	1	1	ψ_2	−
	빈번(Frequent)	1	1	ψ_1	ψ_2	−
	유사−영구	1	1	−	ψ_2	−

하중: P†=프리스트레스; Q_1‡=주요 변동; Q_j††=동반변동; A##=우발; A_E=지진

요약하면 대표하중은 검증되어야 할 특정 설계상황에서 특성하중의 다양한 조합을 고려하여 결정된다.

$$\text{특성하중 } F_k \rightarrow \text{조합} = \text{대표하중 } F_{rep}$$

2.9.3 작용하중의 영향

구조공학에서 작용하중의 영향은 구조물과 구조물의 치수에 작용하는 하중의 함수이며 재료 강도에 대한 함수는 아니다. 즉 다음 식과 같다.

$$E_d = E\{F_{d,i}, \; a_{d,j}\}$$

여기서 $E\{\cdots\}$는 작용하중의 영향(E_d)이 설계하중 $F_{d,i}$와 설계치수 $a_{d,j}$에만 의존한다는 것을 의미한다. 이것은 구조물의 선형탄성해석에서는 유효

하지만 소성해석에는 적용되지 않는다. 다음 예를 보면 이 식이 가지고 있는 개념을 이해하는 데 도움이 될 것이다.

그림 2.13은 스팬 중앙에서 부과하중 F를 받고 있는 단순지지 콘크리트보이다. 하중의 작용으로 보에는 처짐이 발생하고 보의 단면에서는 내부응력이 발생한다. 보의 중앙에 작용하는 휨모멘트는 다음 식으로 구한다.

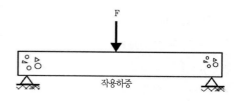

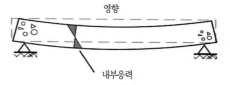

$$M = \frac{FL}{4} + \frac{\rho_c b d L^2}{8}$$

그림 2.13 단순지지보에 대한 작용하중과 영향

여기서 L, b 및 d는 보의 길이, 폭 및 깊이, ρ_c는 콘크리트의 단위밀도이다. 이 식의 두 번째 항은 보의 자중에 의해 발생한 휨모멘트를 나타낸다.

유로코드 항으로 나타내면 다음 식과 같다.

$$M_{Ed} = function\{F, \rho_c, b, d, L\} = E\{F_{d,i}, a_{d,j}\}$$

2.10 재료의 저항력과 특성

2.10.1 저항력

구조부재에 대한 저항력은 다음과 같이 정의된다.

> 역학적인 파괴 없이 하중에 저항할 수 있는 부재(member), 요소(components) 또는 구조물 부재나 요소 단면적의 저항능력　　　　　　　　　[EN 1990 § 1.5.2.15]

구조공학에서 저항력은 구조물 재료의 강도와 그 치수의 함수이지 구조물에 작용하는 임의 하중의 크기에 대한 함수가 아니다. 즉 다음 식과 같다.

$$R_d = R\{X_{d,i}, \ a_{d,j}\}$$

여기서 $R\{\cdots\}$은 설계 저항력
(R_d)이 설계재료강도($X_{d,i}$)와 설
계치수($a_{d,j}$)에만 의존한다는 것
을 의미한다. 이 이론은 긴장되지
않은 보에만 유효하며 긴장된 보
나 기둥에는 적용되지 않는다.

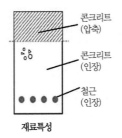

콘크리트
(압축)

콘크리트
(인장)

철근
(인장)

재료특성

저항력

그림 2.13의 예는 이 식이 가지고
있는 의미를 설명하는 데 도움을
준다. 그림 2.14는 단순지지보의
단면을 보여 주고 있다. 보에 작
용하는 하중 때문에 휨이 발생하
는데 이때 단면의 상부는 압축,
하부는 인장(보강철근이 받음)을
받는다.

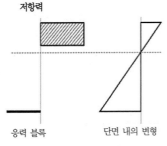

응력 블록   단면 내의 변형

그림 2.14 콘크리트 보의 재료 특성과 저항력

보의 단면이 평면상태를 유지한다고 가정하면 보의 휨 저항력은 다음 식으
로 구한다.

$$M = \frac{A_s f_y d}{4}\left(1 - \frac{f_y A_s}{2 f_c b d}\right)$$

여기서 A_s는 철근의 단면적, b와 d는 보의 폭과 깊이, f_y는 철근의 항복강
도, f_c는 콘크리트의 압축강도이다.

유로코드의 항으로 나타내면 다음 식과 같다.

$$M_{Rd} = function\{f_y, \ f_c, \ A_s, \ b, \ d\} = E\{X_{d,i}, \ a_{d,j}\}$$

2.10.2 재료특성

재료특성은 설계에 특성값(X_k)으로 적용되는데 이는 가상의 무제한 시험에

서 규정된 확률을 초과하지 않는 값을 의미한다.　[EN 1990 § 1.5.4.1 및 4.2(1)]

그림 2.15와 같이 콘크리트나 철근과 같은 기성재료에 대한 시험결과는 정규(일명 '가우시안') 확률밀도함수(PDF)를 따른다. 정규분포는 물리적 특성이 많은 수의 개별적, 변량 효과의 조합에 의존하는 경우에 발생한다.[7] 정규분포는 자연에서 빈번하게 발생하는 현상이며 통계분야에서 가장 중요한 확률밀도함수 중 하나이다. 그림 2.15에서 가로축은 평균으로부터 변수 X의 편차, 연직축은 X의 확률밀도를 나타낸다.

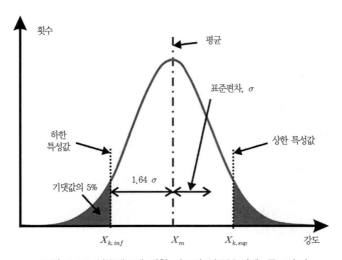

그림 2.15 인공재료에 대한 강도의 정규분포(예: 콘크리트)

하한(inferior) 특성값 $X_{k,inf}$은 발생 가능한 모든 기댓값의 5%가 X 이하인 값으로 정의된다. 다시 말해 X가 $X_{k,inf}$보다 클 확률이 95%라는 의미이다. 재료특성의 크기가 과대평가되는 경우, 사용되는 값은 불안정할 수 있다. 예를 들어 하한 특성값은 재료가 특정하중을 지탱할 만큼 충분한 강도를 가지고 있는지 확인하는 데 사용해야 한다. 강도검사는 설계 시 매우 일반적인 요구사항이기 때문에 X_k를 '특성값'으로 하며 수식어구인 '하한'은 설명이나 기호에서 생략된다.

마찬가지로 상한(superior) 특성값 $X_{k,sup}$은 발생 가능한 모든 기댓값들의 5%가 X 이상인 값으로 정의된다. 다시 말해서 X가 $X_{k,sup}$보다 작을 확률이 95%라는 의미이다. 하한 특성값보다는 적게 사용되지만 재료 특성값의 크기를 과소평가하여 불안정하게 되는 경우에는 상한 특성값도 매우 중요하다. 예를 들어 옹벽에 작용하는 힘은 옹벽배면 흙의 단위중량에 의존하기 때문에 옹벽은 흙의 단위중량의 상한추정치에 대응할 수 있도록 설계되어야 한다. 상한 특성값은 하한치보다는 사용빈도가 적기 때문에 항상 '상한값'으로 한정해야 하며 $X_{k,sup}$로 표시한다.

표준편차에 대한 선행지식이 있는 경우

모집단의 표준편차 σ_X(또는 분산 σ_X^2)를 선행지식으로부터 알고 있는 상태(그러므로 샘플로부터 결정할 필요가 없음), $X_{k,inf}$와 $X_{k,sup}$의 통계적 정의는 다음 식과 같다.

$$\left.\begin{array}{c} X_{k,inf} \\ X_{k,sup} \end{array}\right\} = \mu_X \mp k_N \sigma_X = \mu_X(1 \mp k_N \delta_X)$$

여기서 μ_X는 X의 평균, σ_X는 모집단의 표준편차, δ_X는 변동계수(COV), 그리고 κ_N은 모집단의 크기 N에 의존하는 통계계수이다.

이들 용어는 다음 식과 같이 정의된다.

$$\mu_X = \frac{\sum_{i=1}^{N} X_i}{N}, \quad \sigma_X = \frac{\sum_{i=1}^{N}(X_i - \mu_X)^2}{N}, \quad \delta_X = \frac{\sigma_X}{\mu_X}$$

통계계수 k_N은 다음 식과 같다.

$$k_N = t_\infty^{95\%} \sqrt{\frac{1}{N} + 1} = 1.645 \times \sqrt{\frac{1}{N} + 1}$$

여기서 $t_\infty^{95\%}$는 신뢰도 수준 95%의 무한자유도에 대한 Student t 값[8]이다(그림 2.16 참조).

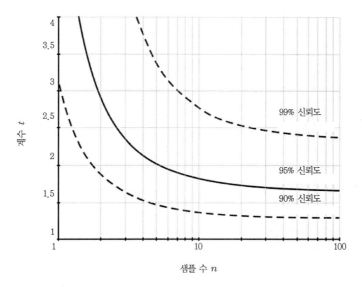

그림 **2.16** 신뢰도 수준 90, 95 및 99%에 대한 Student t 값

k_N의 값은 그림 2.17에 제시된 아래쪽 선에 의해 주어지는데 '기지분산 (variance known)'이라 표시하였으며 100개의 모집단에 대한 1.645와 2개 의 모집단에 대한 ≈2 사이에서 변한다.

이 도표의 사용법을 설명하기 위해 40개의 콘크리트 강도시험에서 측정한 평균 압축강도 $f_c = 38.6MPa$인 경우를 검토해 보자. 기존의 경험에 의해 콘크리트 강도의 표준편차는 $\sigma_{fc} = 4.56MPa$로 가정하였다. k_N에 대한 식에서 구한 $k_{40} = 1.665$(또는 그림 2.17에서 구함)를 이용하여 구한 콘크 리트의 하한 특성강도는 다음과 같다.

$$f_{ck} = \overline{f_c} - k_N\sigma_{fc} = 38.6 - 1.665 \times 4.56 = 31.0MPa$$

콘크리트의 상한 특성강도는 다음과 같다.

$$f_{ck} = \overline{f_c} + k_N\sigma_{fc} = 38.6 + 1.665 \times 4.56 = 46.2MPa$$

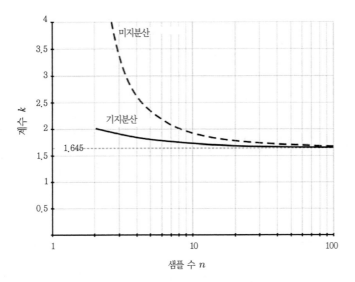

그림 2.17 95% 신뢰도에 대한 5% 분위 결정을 위한 통계계수

표준편차에 대한 선행지식이 없는 경우

처음부터 모집단의 분산을 모르는 경우(그러므로 시료로부터 결정되어야 함), $X_{k,inf}$와 $X_{k,sup}$에 대한 통계적 정의는 다음 식과 같다.

$$\left.\begin{array}{r} X_{k,inf} \\ X_{k,sup} \end{array}\right\} = m_X \mp k_n s_X = m_X(1 \mp k_n V_X)$$

여기서 m_X는 X의 평균값, s_X는 시료의 표준편차, V_X는 분산계수, k_n은 시료숫자에 의존하는 통계계수(라틴 기호의 사용으로 이 방정식은 그리스 기호 μ, σ 및 δ를 사용하는 기지분산의 방정식과 구별된다.)

이들 용어의 정의는 다음 식과 같다.

$$m_X = \frac{\sum_{i=1}^{N} X_i}{N}, \; s_X = \frac{\sum_{i=1}^{N}(X_i - m_X)^2}{n-1}, \; V_X = \frac{s_X}{m_X}$$

주석: 표준편차에 대한 식에서 분모는 $(n-1)$이며 n이 아니다.

통계계수 k_n은 다음 식과 같다.

$$k_n = t_{n-1}^{95\%} \sqrt{\frac{1}{n} + 1}$$

여기서 $t_{n-1}^{95\%}$ 는 신뢰도 95%에서 자유도($n-1$)에 대한 Student t 값이다(그림 2.16 참조).

그림 2.17에 주어진 k_n 값에서 상한선은 '미지분산(variance un known)'이라 하며 100개의 시료에 대한 1.645와 3개의 시료에 대한 >3 사이에서 값이 변한다. 이 곡선의 중요한 특징은 시료의 수가 10개 이하로 감소하면 k_n 값이 급격히 증가한다는 것이다. 제5장에서 상세히 설명한 것과 같이 지반공학적인 문제에 통계이론을 적용하는 것은 매우 중요한 의미를 갖는다.

앞의 콘크리트 강도시험 결과에서 표준편차 s_{fc}를 구한다. 여기서 구한 표준편차 $s_{fc} = 4.56 MPa$로 이전에 가정한 σ_{fc}와 동일하다고 가정한다. k_n 식에서 구한 $k_{40} = 1.706$(또는 그림 2.17에서 구함)을 이용하여 콘크리트의 하한 특성강도를 구하면 다음과 같다.

$$f_{ck} = \overline{f_c} - k_n s_{fc} = 38.6 - 1.706 \times 4.56 = 30.8 MPa$$

콘크리트의 상한 특성강도는 다음과 같다.

$$f_{ck} = \overline{f_c} + k_n s_{fc} = 38.6 + 1.706 \times 4.56 = 46.4 MPa$$

표준편차의 불확실성이 크면 f_{ck}가 좀 더 비관치(pessimistic value)로 나타난다.

2.11 기하학적 데이터

기하학적 데이터도 설계에서 특성값(a_k)으로 적용되는데 설계도면에서는 공칭값(a_{nom})으로 고려된다. 이것은 설계계산이 지나치게 복잡하지 않도록 하는 장점이 있다.　　　　　　　　　　　　[EN 1990 § 4.3(1)P]&[EN 1990 § 4.3(2)]

공칭치수 → 특성치수

비록 기하하적 데이터도 확률변수이지만 일반적으로 변동성은 하중이나 재료특성에 비하여 작다. 그러므로 기하학적 데이터를 기지값으로 다루는 것이 일반적이며 설계도면에 제시된 공칭값은 특성값으로 고려한다. 여기에는 구조부재의 크기, 비탈면의 높이와 경사 및 기초의 심도 등이 포함된다.

구조물의 경우, 부재의 크기는 공칭치수를 사용한다(부재의 변동성은 부분 재료계수에 의해 제공된다). 그러나 구조의 기하학에서 발생하는 결함, 예를 들어 부두기초의 기울어짐과 같은 결함이 고려된다. 이러한 결함은 공사 시 방서에 주어진 허용오차에 근거한다.

공칭치수를 선택할 때 한계상태와 관련하여 보수적인 값을 선택하는 것이 일반적이며 배치(setting out)의 결함, 숙련도 및 기타 시공 시의 문제점들을 고려하여 해석한다. 초기(하중재하, 제작, 배치 또는 조립) 또는 시간의 경과(하중재하 또는 다양한 물리 화학적 원인)[9]에 따라 치수가 크게 변할 것 같은 곳에서 설계치수는 이와 같은 변동성을 반영해야 한다(2.13.3 참조).

2.12 시험결과를 이용한 구조해석 및 설계

구조계산은 관련된 변수들을 가지고 적합한 구조모델을 사용하여 시행해야 한다. 이때 사용되는 모델은 공학적 이론과 실무에 바탕을 두어야 하며 필요한 경우, 실험적으로 검증되어야 한다.　　　　　[EN 1990 § 5.1.1(1)P & (3)]

시험결과를 이용한 설계는 관련된 설계상황에서 요구하는 신뢰도 수준에 도달한다는 전제로 구조해석을 대신하여 사용할 수 있다. 설계 시 제한된 수의 시험결과만을 사용하여 설계하는 경우, 통계적인 불확실성을 고려해야 한다.

　　　　　[EN 1990 § 5.1.1(2)P]

2.13 부분계수법에 의한 검증

2.13.1 하중에 대한 부분계수

대표하중(F_{rep})에 적절한 부분계수(γ_F)를 곱하면 설계값(F_d)으로 전환된다.

$$F_d = \gamma_F F_{rep}$$

여기서 γ_F는 하중크기의 불확실성, 모델 불확실성 및 치수의 변동성이 고려된다. 불리한 하중인 경우에는 $\gamma_F \geq 1$이고 유리한 하중인 경우에는 $\gamma_F \leq 1$이 되며 앞 식은 다음 식과 같이 변환된다(그림 2.18 참조).

$$F_{d,fav} = \gamma_{F,fav} F_{rep,fav}$$

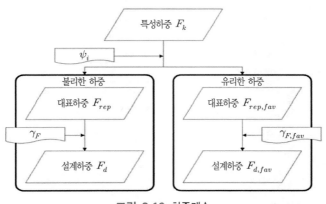

그림 2.18 하중계수

영구 및 임시설계상황에 대한 γ_F 및 $\gamma_{F,fav}$ 값은 EN 1990에서 주어지며 하중의 작용기간에 따라 0.9~1.5 사이에서 변한다(다음 표 참조).

EQU 한계상태에서 영구하중에 대한 계수는 매우 작으며 $\gamma_G = 1.1$을 사용하면 불리한 영구하중의 역효과가 증가하고 $\gamma_{G,fav} = 0.9$를 사용하면 유리한 하중의 도움이 되는 효과가 감소한다. 불리한 변동하중은 계수값이 50% 증가하지만($\gamma_Q = 1.5$) 유리한 변동하중은 무시된다($\gamma_{Q,fav} = 0$).

STR 한계상태에서 불리한 영구하중과 변동하중에 중요한 계수($\gamma_G = 1.35$ 및 $\gamma_Q = 1.5$)가 적용된다. 유리한 영구하중과 불리한 우발하중이 대푯값으로 고려되는 경우, 부분계수는($\gamma_{G,fav} = \gamma_A = 1.0$)이 적용된다. 유리한 변동하중과 우발하중이 무시되는 경우, 부분계수는($\gamma_{Q,fav} = \gamma_{A,fav} = 0$)이 적용된다. 지반설계에서 이들 부분계수는 채택된 설계법을 따른다(제6장 참조).

또한 EN 1990에서는 다음 표에 제시된 마지막 열의 부분계수를 적용하여 EQU 및 STR 한계상태를 동시에 검토한다.

하중 및 기호			부분계수	EQU	STR	EQU+STR
영구	G	불리한	γ_G	1.1	1.35	1.35*
		유리한	$\gamma_{G,fav}$	0.9	1.0	1.15*
변동	Q	불리한	γ_Q	1.5	1.5	1.5
		유리한	$\gamma_{Q,fav}$	0	0	0

* $\gamma_G = \gamma_{G,fav} = 1.0$은 과도한 값이 아님

우발설계상황에서 γ_G, $\gamma_{G,fav}$, γ_Q 및 γ_A의 값은 1.0이며 $\gamma_{Q,fav}$와 $\gamma_{A,fav}$는 0이다.

2.13.2 재료특성에 대한 부분계수

재료의 특성값(X_k)을 적절한 부분계수(γ_M)로 나누면 설계값(X_d)으로 변환된다.

$$X_d = \frac{X_k}{\gamma_M} \text{ (그림 2.19 참조)}$$

여기서 γ_M은 재료특성, 모델의 불확실성 및 치수 변동성의 크기를 고려한다.

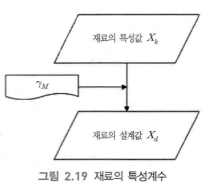

그림 2.19 재료의 특성계수

영구 및 임시설계상황에 대한 γ_M은 저항코드에서 주어지며(EN 1992 - 1999), 재료의 종류에 따라 1.0~1.5 사이에서 변한다. 지반설계에서 이들 부분계수는 STR 한계상태에서 채택된 설계법에 따라 결정된다(제6장 참조).

우발설계상황에서 γ_M 값은 1.0이다.

2.13.3 기하학적 허용오차

기하학적 공칭치수(a_{nom})에서 적절한 안전여유 또는 허용오차 (Δa)를 더하거나 빼면 설계값 (a_d)으로 변환된다(그림 2.20 참조).

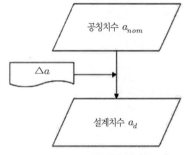

$$a_d = a_{nom} \pm \Delta a$$

여기서 Δa는 기하학적 치수에 대한 불확실성을 고려한 것이다.

그림 2.20 기하학적 파라미터에 대한 허용오차

영구 및 임시설계상황에 대한 Δa 값은 저항코드(EN 1992 - 1999)에서 제시되는데 기하학적 결함에 대한 설계상황의 민감도에 의해 좌우된다.

우발설계상황에 대한 Δa 값은 0이다.

2.13.4 STR 한계상태에 대한 강도검증

그림 2.21은 STR 한계상태에 대하여 앞에서 제시된 흐름도를 조합한 것이다. 왼쪽에는 하중작용(특성값 → 대푯값 → 설계값), 중앙에는 기하하적 파라미터(공칭 → 설계), 오른쪽에는 재료특성(특성값 → 설계값)이 있다. 이 흐름도의 적절한 지점에 조합계수 ψ, 부분계수 γ 및 허용오차 Δa에 대한 값이 제시되어 있다.

구조해석에서는 설계하중의 영향을 결정하기 위해 설계하중과 설계치수를 이용한다. 설계 저항력을 구하기 위해 응력해석 시 재료특성과 설계치수를 사용한다.

STR 한계상태는 설계 하중의 영향이 설계 저항력보다 작거나 같은 경우에 검증이 된다.

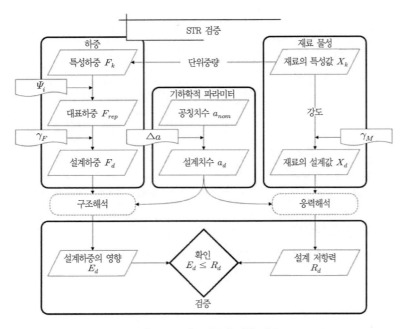

그림 2.21 강도검증에 대한 개요

2.13.5 EQU 한계상태에 대한 안전성 검증

그림 2.22는 EQU 한계상태에 대한 초기의 흐름도를 조합한 것이다. 왼쪽에는 불안정하중(특성값 → 대푯값 → 설계값), 중앙에는 기하학적 파라미터 (공칭값 → 설계값), 오른쪽에는 안정하중(대푯값 → 설계값)이 있다. 이 흐름도의 적절한 지점에서 조합계수 ψ, 부분계수 γ 및 허용오차 Δa가 적용되는 것을 보여 준다.

구조해석 시 불안정하중 및 안정하중에 대한 설계영향을 결정하기 위해 설계하중(불안정 및 안정)과 설계치수를 사용한다.

EQU 한계상태는 불안정하중의 설계영향이 안정하중의 설계영향보다 작거나 같은 경우에 검증이 된다.

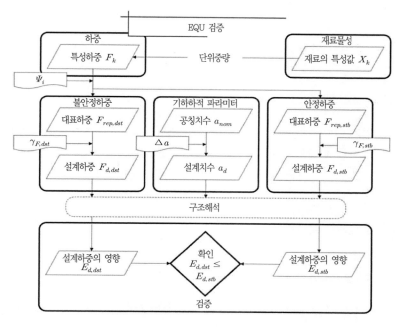

그림 2.22 안정성 검증

2.14 핵심요약

'구조설계는 사람들이 누릴 수 있는 기능적이고 경제적인 그리고 가장 중요한 요소인 안전한 구조물을 만들기 위해 공학적 지식과 과거의 경험이 적용된 반복적인 작업 과정이다.'[10]

유로코드 - 특히 EN 1990은 - 구조물의 안전을 확보하기 위한 포괄적인 틀을 제시하고 있다. 여기에서 구현되는 공학적인 개념은 지난 수십여 년간 실무에서 사용되어 왔으며 대부분의 구조기술자들에게 익숙할 것이다.

유로코드 구조물 설계기준의 영향은 다음과 같이 요약될 수 있다.

  '동일한 원칙(principles), 다른 규칙(rules)'[11]

반면에 유로코드 7은 다음과 같은 규칙을 채택하고 있다.

  '동일한 규칙, 다른 원칙'

2.15 실전 예제

제2장에서는 조합하중을 받는 전단벽체(예제 2.1), 고가 교량의 데크를 지지하는 군말뚝에 대한 하중조합(예제 2.2) 및 콘크리트 공시체의 시험결과를 이용한 강도 특성값의 통계적 결정(예제 2.3)에 대한 문제를 다룬다.

계산의 특정한 부분은 ❶, ❷, ❸ 등으로 표시되며 이들 숫자들은 각 예제에 동반된 주석의 번호를 나타낸다.

2.15.1 조합하중을 받는 전단벽체

예제 2.1은 그림 2.23과 같이 기초에 작용하는 하중조합에 대해 검토하였다.[12] 기초는 상부구조로부터 부과하중을 바람으로부터 수평력과 모멘트를 받는다.

예제 2.1 주석

  ❶ EN 1991에 주어진 변동하중에 대한 조합계수는 하중의 요인과 구조물의 종류에 영향을 받는다.

  ❷ 조합 1에서는 부가하중이 주하중이며($\psi = 1$) 풍하중은 무시한다 ($\psi_0 = 0$).

❸ 풍하중이 포함되지 않기 때문에 모멘트 하중은 작용되지 않으며 기초 하부의 지지력은 일정하다($\Delta q = 0$).

❹ 조합 2에서는 부가하중이 주하중이며($\psi = 1$) 풍하중은 동반하중이다 ($\psi_0 = 0.5$).

❺ 풍하중이 포함되는 경우, 풍하중에 의해 발생된 모멘트가 기초저면에 서의 지지력을 변화시킨다($q_{av} \pm \Delta q/2$).

❻ 조합 3에서는 풍하중이 주하중($\psi = 1$)이며 부가하중($\psi_0 = 0$)은 무시 한다.

❼ 풍하중이 완전특성값에 포함됨에 따라서 모멘트는 조합 2보다 더 큰 변동성을 일으킨다.

❽ 조합 4에서는 풍하중이 주하중($\psi = 1$)이며 부가하중은 동반하중 ($\psi_0 = 0.7$)이 된다.

❾ 풍하중에 의한 지지력의 변화는 조합 3과 같다.

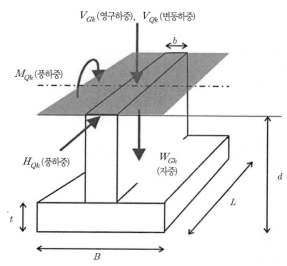

그림 2.23 연직 및 수평력과 모멘트 하중을 받는 전단벽체

예제 2.1

조합하중을 받는 전단벽체
하중의 조합
설계상황
기초의 깊이 $d = 2m$ 인 정사각형 기초위에 두께 $b = 500mm$ 인 전단벽체가 있다. 기초의 폭 $B = 2m$, 길이 $L = 8m$, 두께 $t = 500mm$ 이다. 기초 상부 뒷채움재의 특성단위중량 $\gamma_k = 16.9kN/m^3$, 무근 콘크리트의 단위중량 $\gamma_{ck} = 24kN/m^3$ 이다(EN 1991 – 1 – 1에 따름).

전단벽체는 상부구조물로부터 특성연직하중 $V_{Gk} = 2000kN$(영구하중)과 $V_{Qk} = 1600kN$(변동하중)을 받는다. 또한 풍하중에 의한 특성변동 모멘트 $M_{Qk} = 1200kN$과 특성수평력을 받는다.

기초의 자중(특성하중)
콘크리트 기초의 중량(영구) $W_{Gk_1} = \gamma_{ck} \times B \times L \times t = 192kN$

콘크리트 벽체의 중량(영구) $W_{Gk_2} = \gamma_{ck} \times b \times L \times (d-t) = 144kN$

뒷채움재의 중량(영구) $W_{Gk_3} = \gamma_k \times (B-b) \times L \times (d-t) = 304.2kN$

기초의 전체 자중 $W_{Gk} = \Sigma W_{Gk} = 640.2kN$

자중만에 의한 기초의 평균 압력 $\dfrac{W_{Gk}}{B \times L} = 40kPa$

변동하중/하중영향에 대한 하중조합계수 ❶
빌딩에 작용하는 하중, 범주 B, 사무실 면적: $\psi_{0,i} = 0.7$

빌딩에 작용하는 풍하중, 모든 경우의 하중(BS EN 1990): $\psi_{0,w} = 0.5$

하중/하중영향에 대한 부분계수
불리한 영구하중 $\gamma_G = 1.35$

불리한 변동하중 $\gamma_Q = 1.5$

하중조합 1(주 변동하중＝부과하중, 동반하중＝없음) ❷
전체 연직 영구하중 $G_k = W_{Gk} + V_{Gk} = 2640kN$

연직 설계하중 $V_d = \gamma_G \times (W_{Gk} + V_{Gk}) + \gamma_Q \times 1.0 \times V_{Qk} = 5964kN$

수평 설계하중 $H_{d = \gamma_Q} \times \psi_{0,w} \times 0kN = 0kN$

설계 모멘트 $M_{d = \gamma_Q} \times \psi_{0,w} \times 0kNm = 0kNm$

평균 지지력 $q_{d,av_1} = \dfrac{V_d}{B \times L} = 372.8kPa$ ❸

기초저면의 압력변화 $\Delta q_{d_1} = \dfrac{12M_d}{B \times L^2} = 0kPa$

하중조합 2(주 변동하중＝부과하중, 동반하중＝바람) ❹
연직 영구하중은 변하지 않는다.

연직 설계하중 $V_d = \gamma_G \times (W_{Gk} + V_{Gk}) + \gamma_Q \times 1.0 \times V_{Qk} = 5964kN$

수평 설계하중 $H_d = \gamma_{Q \times} \psi_{0,w} \times H_{Qk} = 187.5kN$

설계 모멘트 $M_d = \gamma_Q \times \psi_{0,w} \times (M_{Qk} + H_{Qk} \times d) = 1275kNm$

평균 지지력 $q_{d,av_2} = \dfrac{V_d}{B \times L} = 372.8kPa$

기초저면의 압력변화 $\Delta q_{d_2} = \dfrac{12M_d}{B \times L^2} = 119.5kPa$ ❺

하중조합 3(주 변동하중＝풍하중, 동반하중＝없음) ❻
연직 영구하중은 변하지 않는다.

연직 설계하중 $V_d = \gamma_G \times (W_{Gk} + V_{Gk}) + \gamma_Q \times 0kN = 3564kN$

수평 설계하중 $H_d = \gamma_Q \times 1.0 \times H_{Qk} = 375kN$

설계 모멘트 $M_d = \gamma_Q \times 1.0 \times (M_{Qk} + H_{Qk} \times d) = 2550kNm$

평균 지지력 $q_{d,av_3} = \dfrac{V_d}{B \times L} = 222.8kPa$

기초저면의 압력변화 $\Delta q_{d_3} = \dfrac{12M_d}{B \times L^2} = 239.1kPa$ ❼

하중조합 4(주 변동하중＝풍하중, 동반하중＝부과하중) ❽
연직 영구하중은 변하지 않는다.

연직 설계하중 $V_d = \gamma_G \times (W_{Gk} + V_{Gk}) + \gamma_Q \times \psi_{0,i} \times V_{Qk} = 5244kN$

수평 설계하중 $H_d = \gamma_Q \times 1.0 \times H_{Qk} = 375kN$

설계 모멘트 $M_d = \gamma_Q \times 1.0 \times (M_{Qk} + H_{Qk} \times d) = 2550kNm$

평균 지지력 $q_{d,av_4} = \dfrac{V_d}{B \times L} = 327.8kPa$

기초저면의 압력변화 $\Delta q_{d_4} = \dfrac{12M_d}{B \times L^2} = 239.1kPa$ ❾

2.15.2 고가교 데크

예제 2.2는 그림 2.24와 같이 고가교 데크 하부의 말뚝기초에 작용하는 하중 조합에 대해 검토하였다.[13]

기초에 작용하는 영구하중은 교량상판의 자중, 피어두부 및 피어, 상부에 가해지는 임의 중량, 침하에 의한 연직력이 포함된다. 데크에 프리스트레스를 가하면 기초에 융기가 발생한다. 변동하중에는 온도영향, 데크와 피어에 작용하는 풍하중 및 교통하중이 포함된다. 우발하중은 자동차의 충격과 지진 등으로 발생한다.

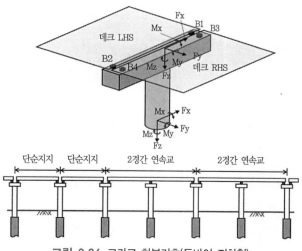

그림 2.24 고가교 하부기초(두바이 지하철)

다음에 제시된 표는 그림 2.24에 정의된 길이방향(x), 가로방향(y) 및 연직방향(z)과 이들 각 요소의 특성하중에 관한 것이다. 단순화를 위해서 모멘트는 무시하였다.

극한한계상태(USL)에서의 영구 및 임시하중, 극한한계상태에서의 우발하중, 극한한계상태에서의 지진하중 및 사용한계상태(SLS)에서의 특성하중에 대한 별도의 표가 제시되었다.

각 표에서는 유로코드 1에서 채택된 관련된 값들과 함께 각각의 하중에 대한 조합계수 ψ와 부분계수 γ_F를 제시하고 있다.

마지막으로 x, y, z 방향의 설계하중은 다음 식을 이용하여 구한다.

$$F_d = F_k \times \psi \times \gamma_F$$

F_x, F_y 및 F_z 요소의 합은 각 표의 하단에 주어진다.

❶ 자중은 영구하중이다. 그러므로 ψ는 생략된다.

❷ 프리스트레스는 하중조합계수 $\psi = 1.0$ 및 부분계수 $\gamma_{P,fav} = 1.0$(유리한 영향을 만들기 때문)을 적용한다.

❸ 이것은 하중조합에서 주 변동하중이므로 $\psi = 1.0$이다.

❹ 이것은 하중조합에서 동반되는 변동하중이므로 $\psi = \psi_0$를 사용한다.

❺ 교량에 대한 규칙 중 하나는 풍하중과 온도하중을 함께 고려하지 않는 것이다. 그러므로 이 하중은 무시한다.

❻ 이 하중은 이와 같은 특별한 하중조합에서는 발생하지 않는다.

❼ 우발설계상황에서 모든 부분계수 $\gamma_F = 1.0$이다.

❽ 이것은 하중조합에서 동반 변동하중이므로 $\psi = \psi_2$를 사용한다.

❾ 교량, 풍하중 및 온도하중은 함께 고려하지 않으므로 어느 것을 포함해야 할지 선택해야 한다. 하중조합에서 풍하중에 대한 ψ_2 값은 0이므로 풍하중은 무시하며 온도하중만을 고려하면 하중부담은 더 커진다.

❿ 사용한계상태 설계에서 모든 부분계수 $\gamma_F = 1.0$이다.

예제 2.2 USL 영구 및 임시 설계상황에 대한 하중조합(주변동=교통하중, 동반=풍하중)

하중(G=영구, Q=변동, A=우발)		특성하중 $F_k(kN)$				조합/부분계수			설계하중 $F_d(kN)$		
		x	y	z	ψ	γ_F			x	y	z
자중(G)❶	상로교 (bridge deck)			6764	−	1	γ_G	1.35	0	0	9131
	피어헤드			1048	−	1	γ_G	1.35	0	0	1415
	피어			852	−	1	γ_G	1.35	0	0	1150
부가하중(G)❶	상부 부가하중			2596	−	1	γ_G	1.35	0	0	3505
	침하			36	−	1	γ_G	1.2	0	0	43
프리스트레스(P)❷				−136	−	1	$\gamma_{P,fav}$	1	0	0	−136
변동하중(Q)	온도❺			404	χ	χ	χ	χ	0	0	0
	바람❹	241	486	284	ψ_0	0.6	γ_Q	1.5	217	437	256
	바람❹	19	19		ψ_0	0.6	γ_Q	1.5	17	17	0
	교통❸	365	100	954	주변동	1	γ_Q	1.35	493	135	1288
우발하중(A)	차량충격❻	500	1000		χ	χ	χ	χ	0	0	0
	지진❻	2357	2146		χ	χ	χ	χ	0	0	0
총 하중									727	590	16652

예제 2.2(계속) USL 우발 설계상황에 대한 하중조합(주변동=충격하중, 동반=교통 및 온도하중)

하중(G=영구, Q=변동, A=우발)		특성하중 $F_k(kN)$				조합/부분계수			설계하중 $F_d(kN)$		
		x	y	z	ψ	γ_F❼			x	y	z
자중(G)❶	상로교 (bridge deck)			6764	−	1	γ_G	1.0	0	0	6764
	피어헤드			1048	−	1	γ_G	1.0	0	0	1048
	피어			852	−	1	γ_G	1.0	0	0	852
부가하중(G)❶	상부 부가하중			2596	−	1	γ_G	1.0	0	0	2596
	침하			36	−	1	γ_G	1.0	0	0	36
프리스트레스(P)❷				−136	−	1	$\gamma_{P,fav}$	1.0	0	0	−136
변동하중(Q)	온도❽			404	ψ_2	0.5	γ_Q	1.0	0	0	202
	바람❾	241	486	284	χ	χ	χ	χ	0	0	0
	바람❾	19	19		χ	χ	χ	χ	0	0	0
	교통❾	365	100	954	ψ_2	0.0	γ_Q	1.0	0	0	0
우발하중(A)	차량충격❸	500	1000		주변동	1.0	γ_A	1.0	500	1000	0
	지진❻	2357	2146		χ	χ	χ	χ	0	0	0
총 하중									500	1000	11362

예제 2.2(계속) USL 우발 설계상황에 대한 하중조합(주변동＝지진하중, 동반＝교통 및 온도하중)

하중(G=영구, Q=변동, A=우발)		특성하중 $F_k(kN)$			하중조합/부분계수				설계하중 $F_d(kN)$		
		x	y	z	ψ		γ_F		x	y	z
자중(G)❶	상로교 (bridge deck)			6764	—	1	γ_G	1	0	0	6764
	피어헤드			1048	—	1	γ_G	1	0	0	1048
	피어			852	—	1	γ_G	1	0	0	852
부가하중(G)❶	상부 부가하중			2596	—	1	γ_G	1	0	0	2596
	침하			36	—	1	γ_G	1	0	0	36
프리스트레스(P)❷				−136	—	1	$\gamma_{P,fav}$	1	0	0	−136
변동하중(Q)	온도❽			404	ψ_2	0.5	γ_Q	1	0	0	202
	바람❾	241	486	284	χ	χ	χ	χ	0	0	0
	바람❾	19	19		χ	χ	χ	χ	0	0	0
	교통❾	365	100	954	ψ_2	0	γ_Q	1	0	0	0
우발하중(A)	차량충격❻	500	1000		χ	χ	χ	χ	0	0	0
	지진❸	2357	2146		주변동	1	γ_A	1	2357	2146	0
총 하중									2357	2146	11362

예제 2.2(계속) SLS 특성 설계조건에 대한 하중조합(주변동＝교통하중, 동반＝풍하중)

하중(G=영구, Q=변동, A=우발)		특성하중 $F_k(kN)$			조합/부분계수				설계하중 $F_d(kN)$		
		x	y	z	ψ		γ_F❿		x	y	z
자중(G)❶	상로교 (Bridge deck)			6764	—	1	γ_G	1	0	0	6764
	피어헤드			1048	—	1	γ_G	1	0	0	1048
	피어			852	—	1	γ_G	1	0	0	852
부가하중(G)❶	상부 부과하중			2596	—	1	γ_G	1	0	0	2596
	침하			36	—	1	γ_G	1	0	0	36
프리스트레스(P)❷				−136	—	1	$\gamma_{P,fav}$	1	0	0	−136
변동하중(Q)	온도❺			404	χ	χ	χ	χ	0	0	0
	바람❹	241	486	284	ψ_0	0.6	γ_Q	1	145	292	170
	바람❹	19	19		ψ_0	0.6	γ_Q	1	11	11	0
	교통❸	365	100	954	주변동	1	γ_Q	1	365	100	954
우발하중(A)	차량충격❻	500	1000		χ	χ	χ	χ	0	0	0
	지진❻	2357	2146		χ	χ	χ	χ	0	0	0
총 하중									521	403	12556

2.15.3 콘크리트 공시체 시험

예제 2.3은 25개의 콘크리트 공시체의 파쇄시험 결과를 이용한 문제로 시험
결과는 그림 2.25의 히스토그램과 같다. 확률밀도함수를 이용하여 히스토
그램의 대표성을 합리적으로 나타낼 수 있다고 가정하였다.

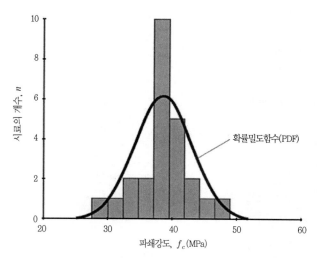

그림 2.25 콘크리트 공시체의 압축강도 시험 결과

예제 2.3 | 주석

❶ 예제에 제시된 데이터는 공학의 확률개념에서 유도되었다. [14]

❷ 이 식에서는 모집단 그 자체보다(이 경우 분모는 n)는 모집단 샘플로
부터 표준편차를 구했기 때문에 분모는 $(n-1)$이다.

❸ 이 식은 이전에 제시된 식보다는 수 계산이 쉽다(동일한 답을 제시함).

❹ 본질적으로 물리적 특성은 변동성이 있다. 여기서는 최솟값을 적용하
여 후속계산에서 비현실적으로 작은 V_X가 사용될 확률이 발생하지 않도
록 한다. 변동계수가 0.1보다 작은 경우, 다음 식을 이용하여 고계 표준편
차를 가정할 필요가 있다.

$$s_X = 0.1 \times m_X$$

❺ t 값은 그림 2.16에서 주어진다.

❻ 통계계수 k_n은 자유도 $(n-1)$를 기초로 하고 있다. 자유도 $n-1$은 샘플의 표준편차로부터 구해야 한다.

❼ 이것은 저항강도를 계산할 때 가장 빈번하게 사용되는 '하한' 특성값이다.

❽ 표준편차는 가정된 변동계수 0.1을 사용하여 구한다.

❾ 통계계수 k_n은 자유도 n을 이용한다.

❿ 표준편차와 통계계수가 미지분산인 경우보다 작기 때문에 특성강도는 ❼에서 계산된 값보다 약간 크다.

예제 2.3

콘크리트 공시체 시험
공시체의 특성강도 결정

시험결과

콘크리트 공시체 강도시험에서 다음과 같은 결과를 얻었다.

38.6, 36.5, 27.6, 30.3, 37.9, 39.3, 41.4, 38.6, 49.0, 32.4, 37.9, 40.7, 44.1, 40.0, 46.2, 37.2, 34.5, 40.0, 42.7, 38.6, 39.3, 40.7, 37.2, 35.2, 39.3MPa. ❶

데이터의 통계적 해석

시험결과의 개수 $n = 25$

시험결과의 합과 평균 $\varSigma X = 965.2 MPa$, $m_X = \dfrac{\varSigma X}{n} = 38.6 MPa$

표준편차 $s_X = \sqrt{\dfrac{\sum(X - m_X)^2}{n-1}} = 4.57 MPa$ ❷

또는 표준편차 $s_X = \sqrt{\dfrac{\sum X^2 - n m_X^2}{n-1}} = 4.57 MPa$ ❸

변동계수 $V_X = \dfrac{s_X}{m_X} = 0.118$

최소 변동계수가 0.1이므로 $V_X = \max(V_X, 0.1) = 0.118$ ❹

콘크리트 강도의 사전정보가 없는 경우(미지분산)

자유도 $(n-1)$에서 95% 신뢰한계에 대한 t 값, $t_{95}(n-1) = 1.711$ ❺

그러므로 통계계수 $k_n = t_{95}(n-1)\sqrt{\dfrac{1}{n}+1} = 1.745$ ❻

이때 콘크리트 강도의 특성값 $X_k = m_X - k_n s_X = 30.6 MPa$ ❼

콘크리트 강도의 사전정보가 있는 경우(기지분산)

변동계수 $\delta_X = 0.1$, 평균값 $\mu_X = m_X = 38.6 MPa$이라 가정한다.

표준편차 $\sigma_X = \delta_X \times \mu_X = 3.86 MPa$ ❽

자유도 n에서 95% 신뢰한계에 대한 t 값, $t_{95}(n) = 1.708$ ❾

그러므로 통계계수 $k_n = t_{95}(n)\sqrt{\dfrac{1}{n}+1} = 1.742$

콘크리트 강도의 특성값 $X_k = \mu_X - \kappa_n \sigma_X = 31.9 MPa$ ❿

2.16 주석 및 참고문헌

1. Gulvanessian, H., Calgaro, J.-A., and Holický, M. (2002) *Designer's guide to EN 1990, Eurocode: Basis of structural design,* Thomas Telford Publishing.

2. N 1990: 2002, Eurocode − Basis of structural design, European Committee for Standardization, Brussels.

3. EN 1991, Eurocode 1 − Actions on structures, European Committee for Standardization, Brussels.

Parts 1 − 4: General actions − Wind actions

Part 2: Traffic loads on bridges

Part 3: Actions induced by cranes and machinery

4. EN 1993, Eurocode 3 − Design of steel structures, European Committee for Standardization, Brussels.

Parts 1 − 9: General rules-Fatigue.

5. EN 1999, Eurocode 9 − Design of aluminium structures, European Committee for Standardization, Brussels.

Parts 1 − 3: Structures susceptible to fatigue.

6. Isaac Newton (1687) *Principia Mathematica:* Laws of Motion 3 (translated from the Latin *'ctioni contrarium semper et aequalem esse reactionem'* by Andrew Motte, 1729).

7. This follows from the central limit theorem, 'one of the most important theorems in probability theory'. See p.168 of Ang, A. H-S., and Tang, W.H. (2006) *Probability concepts in engineering: emphasis on applications in civil and environmental engineering,* John Wiley and Sons Ltd.

8. BS 2846 − 4: 1976 Guide to statistical interpretation of data − Part 4: Techniques of estimation and tests relating to means and variances, British Standards Institution.

9. Gulvanessian, ibid., p.59.

10. From the Wikipedia article on 'tructural design' downloaded January 2008 (see en.wikipedia.org/wiki/Structural_design).

11. Chris Hendy, pers. comm. (2007).

12. The original version of this example appeared in: Curtin, W.G., Shaw, G., Parkinson, G.I., and Golding, J.M.(1994) *Structural foundation designer's manual,* Blackwell Science.

13. Information for this example was kindly provided by Chris Hendy and Claire Seward of Atkins, Epsom (pers. comm, 2007).

14. Ang and Tang, ibid., Example 6.1, pp.250~251. Values converted from ksi to MPa.

CHAPTER **3**

지반설계 총칙

3 지반설계 총칙

'영국의 지반설계 분야에서 코드화의 범위는 다른 분야에 비해 미흡한 실정이다. 영국에 EN 1997(지반설계)가 도입됨으로써 실무분야에 큰 변화가 있을 것으로 기대한다. 지반설계자들에게 코드를 채택하도록 하는 것은 중요한 일이 될 것이다.'[1]

3.1 유로코드 7 Part 1의 범위

유로코드 7 − 지반설계(Geotechnical design), Part 1 총칙[2]은 그림 3.1과 제 10장의 컬러판 삽화 5와 같이 12개의 절과 9개의 부록으로 구성되었다. 이 파이 도표에서 각 부분의 크기는 해당 절의 단락 수에 비례한다. Part 1에서는 지반설계에 대한 전체 구성, 지반 파라미터에 대한 정의, 특성값과 설계값, 지반조사에 대한 총칙, 주요 지반구조물에 대한 설계규칙, 실행절차 (execution procedure)에서 사용되는 몇 가지 가정들을 제시한다.

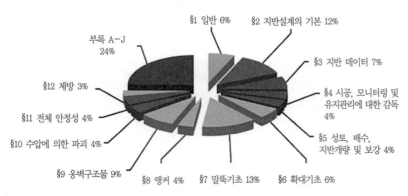

그림 3.1 유로코드 7 Part 1의 내용
제10장 컬러판 삽화 5 참조

다음 표는 EN 1997－1의 6~9절과 11~12절에서 공통부분(흰색)과 다른 부분(회색)의 소절(小節) 제목을 나타낸다.

EN 1997-1에서 사용되는 절과 소절 제목들

§x	공통† 및§11-12	§6 확대 기초	§8 앵커	§7 말뚝기초	§9 옹벽구조물
§x.1	일반				
§x.2	한계상태				
§x.3	하중, 기하학적 데이터 및 설계상황(또는 제목 변경)				
§x.4	설계 방법과 시공에 대한 고려사항(또는 제목 변경)				
§x.5	극한한계상태 설계			말뚝재하시험	토압의 결정
§x.6	사용한계상태 설계			축방향지지말뚝	수압
§x.7	감독 및 모니터링	암반 위의 기초, 추가적인 설계 고려사항	적합성시험	횡방향지지말뚝	극한한계상태설계
§x.8	-	확대기초의 구조설계	현장검수시험	말뚝의 구조설계	사용한계상태설계
§x.9	-	감독 및 모니터링(또는 제목 변경)			

† 특정제목으로 대체된 경우를 제외하고는 공통적인 제목이 §6-9에 적용된다.

지반구조물에 대한 규칙(rule)을 다루는 EN 1997－1의 6~9절과 11~12절은 각 절의 저자가 다르기 때문에 서로 다른 방식으로 그 내용을 다루고 있다. 이로 인해 각각의 지반구조물에 대한 소절의 제목 및 관련된 세부내용에서 불일치되는 현상이 발생한다. 예를 들어 §6.5의 확대기초는 극한한계상태설계에 대하여 상대적으로 짧은 절로 구성되어 있지만 §9.7의 옹벽구조물에서는 많은 도표를 활용하여 보다 상세하게 다루고 있다.

각 절의 배치 순서가 이상적인 것은 아니다. 10절과 11절에서 다루는 주제는 기초형식과 관계없이 어떤 현장에서도 적용할 수 있도록 되어 있다. 10절은 흙과 암석을 통해 흐르는 물과 관련된 문제들을 다룬다(HYD 및 UPL 한계상태). 11절에서는 주로 비탈면 안정에 대하여 다루고, 옹벽 및 기초와 같은 지반구조물과 관련된 문제를 다룬다. 따라서 10절과 11절이 6절의 확대기초 앞에 위치하는 것이 이상적인 순서라고 생각한다.

3.2 설계 요구사항

3.2.1 한계상태설계에 대한 약속

유로코드 7의 가장 중요한 요구사항(requirement)은 다음과 같은 한계상태 설계에 대한 약속(commitment)을 준수하는 것이다.

> 각각의 지반설계 상황에 대하여 관련된 한계상태를 초과하지 않는다는 사실이 검증되어야 한다. [EN 1997-1 § 2.1(1)P]

이것은 유럽의 많은 지반설계자들에게 전체 안전율을 포함한 전통적인 허용응력설계법을 벗어나는 설계원리상의 중대한 변화를 의미한다.

지난 수십여 년 동안 전체 안전율을 사용한 전통적인 지반설계는 만족스러운 결과를 보여 주었으며 이들 설계법에 대한 많은 경험들이 축적되었다. 그러나 단일 안전율을 사용하여 해석상의 모든 불확실성을 설명하는 것이 간편할 수는 있어도 계산상의 다양한 부분에서 발생하는 서로 다른 수준의 많은 불확실성들을 적절하게 제어하기는 어렵다.

한계상태 접근법은 설계자로 하여금 예상 가능한 파괴모드와 불확실성이 존재하는 경우의 계산과정에 대해 보다 엄격하게 생각하도록 한다. 이것은 전체 구조물에 대한 신뢰성을 더 합리적인 수준으로 유도한다. 유로코드 7에서 부분계수는 전체 안전율을 사용한 설계결과와 유사한 결과를 얻도록 선정되어 왔다 ─ 그렇게 함으로써 근본적으로 상이한 설계법의 도입으로 이전의 풍부한 경험이 손상되지 않도록 하였다.

한계상태원리(philosophy)는 강재, 콘크리트 및 목재로 만들어진 구조물 설계에 오랫동안 사용되어 왔다. 과거에는 이들 구조물이 지반과 서로 접하는 경우, 해석하기 어려웠다. 현재 유로코드에서는 흙과 구조물 간의 상호작용을 고려할 때 모든 구조재료(structural materials)에 통일된 접근법을 제시하여 혼란을 줄이고 오류를 경감시키도록 하였다.

한계상태는 계산, 규범적 방법, 실험적 모델 및 재하시험, 관측법 또는 이러한 접근법의 조합에 의해 검증되어야 하며 이에 대한 내용은 이 장의 뒷부분에서 다루고 있다. 모든 한계상태를 명확하게 검토할 필요는 없으나 한 항목의 한계상태가 지배적일 때 나머지는 관리점검을 통해 확인하는 것이 바람직하다.

3.2.2 설계의 복잡성

유로코드 7의 필요조건 중 하나는 모든 설계상황에 대한 위험요소를 의무적으로 평가하는 것이다.

> 지반설계의 복잡성은 관련된 위험성과 함께 밝혀져야 한다. 무시할 정도로 위험성이 작은 가볍고 단순한 구조물 및 소규모 토공과 다른 지반구조물은 구분되어야 한다.
>
> [EN 1997-1 § 2.1(8)P]

무시할 정도의 작은 위험요소가 설계에 포함되어 있을 때에는 과거의 경험과 함께 정성적인 지반조사를 토대로 설계를 한다. 그 외에 다른 모든 경우에서는 정량적인 조사가 필요하다.

유로코드 7 설계와 함께 사용할 수 있는 다양한 위험도 평가방안이 있다. 예를 들어 영국 도로국의 HD22/02[3]에서 제시된 접근법은 설계자로 하여금 프로젝트 또는 프로젝트 내의 작업에 대해 발생 가능한 위험요소를 점검할 것을 요구한다. 각 위험요소의 원인은 상세하게 기술되어야 하며 위험요소의 발생확률과 영향에 대해서는 1에서 4의 척도로 평가한다. 위험등급을 판정하기 위해 이들 두 숫자를 곱하며 이는 설계자가 위험을 완화시키기 위해 필요한 조치가 무엇인지 결정하는 데 도움을 준다. 위험이 허용수준 이하로 감소될 때까지 완화 조치를 반복한다. 여전히 위험성이 높은 경우, 추가적으로 완화 조치를 하거나 프로젝트를 포기하거나 재설계를 고려해야 한다. 이와 같은 위험도 평가는 지반설계의 복잡성과 위험성을 파악하기 위한 유로코드 7의 요구사항을 명확하게 만족시킨다.

3.2.3 지반범주

유로코드 7에서는 지반기술자가 위험도를 효율적으로 분류할 수 있도록 다음에 요약된 바와 같이 3가지의 지반범주(Geotechnical Categories, GC), 설계 요구사항 및 설계절차를 도입하였다. 지반범주는 원칙들(Principles)이 아니라 적용규칙들(Application Rules)에 의해 정의되므로 지반공학적 위험도 평가에 다른 대체방법을 사용할 수 있다.

지반범주(GC)	포함내용	설계 요구사항	설계절차
1	무시할 만한 위험을 가진 작고 상대적으로 간단한 구조물	무시할 만한 불안정성 또는 지반변위, 지반조건은 간단, 지하수 아래 굴착 없음(또는 간단한 굴착)	일반적인 설계와 시공(실행방법)
EN 1997-1에 예제없음			
2	특별한 위험 또는 곤란한 지반 또는 하중조건이 없는 일반적 형태의 구조물과 기초	기본적인 요구사항을 만족하기 위한 정량적 지반 데이터 및 해석	일반적인 현장 및 실내 시험, 일반적인 설계와 시공
예: 확대기초, 전면기초와 말뚝기초, 벽체와 다른 옹벽 또는 흙이나 물을 지지하는 구조물, 굴착, 교량 피어와 교대, 성토와 토공, 지반 앵커와 다른 타이-백 시스템, 단단하고 신선한 암, 특정의 방수나 다른 요구사항 없는 지반에서의 터널			
3	지반범주 1과 2에서 언급하지 않은 구조물 또는 구조물의 일부	유로코드 7의 조항과 규칙의 대안 포함	
예: 매우 크거나 특이한 구조물, 평범하지 않은 위험을 포함한 구조물, 특별하거나 예외적으로 복잡한 지반 또는 하중조건, 큰 규모의 지진이 발생하는 지역의 구조물, 불안정하거나 별도의 지반조사나 특별한 조치가 필요한 지속적인 지반변위가 발생할 가능성이 있는 지역에서의 구조물			

'유로코드 7의 조항(provisions)과 규칙의 대안을 포함한다.'라는 말이 무슨 뜻인지 명확하지 않기 때문에 지반범주 3에 대한 설계 요구사항과 절차는 설명이 필요하다. 유로코드 7은 '대체원칙과 규칙을 사용'(비록 '조항'이라는 단어가 원칙을 포함하더라도)한다고 말하지는 않는다. 이것은 설계 시 유로코드 7의 원칙을 따라야 하지만 표준에 제시된 적용규칙이 그러한 원칙들을

만족시키기에 충분하지 않을 수 있다는 것을 의미한다. 따라서 대안(및/또
는 추가) 규칙이 필요할 수 있다.

해당 프로젝트의 모든 부분을 하나의 지반범주로 분류할 필요는 없다. 실제
로 그림 3.2와 같이 많은 프로젝트들이 지반범주 1과 지반범주 2(경우에 따
라 지반범주 3)가 혼합되어 구성된다.

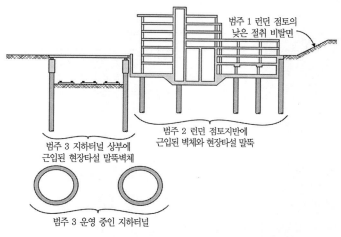

범주 1 런던 점토의
낮은 절취 비탈면

범주 2 런던 점토지반에
근입된 벽체와 현장타설 말뚝

범주 3 지하터널 상부에
근입된 현장타설 말뚝벽체

범주 3 운영 중인 지하터널

그림 3.2 여러 가지 지반범주가 포함된 프로젝트

앞의 표와 같이 유로코드 7은 3가지 지반범주로 구조물을 분류하고 있다. 구
조물의 지반범주는 EN 1997－1의 4절에서 요구하는 감독 및 모니터링 수준
에 영향을 미친다(이 장의 뒷부분에 설명).

지반범주 1의 구조물들은 비정상적인 특징이나 환경과 관련되지 않기 때문
에 평소와 같이 안전한 설계와 시공을 할 수 있다.

지반범주 2의 구조물들은 많은 지반설계 사무실의 주 수입원 역할을 하는데
특별한 설계와 시공은 아니지만 주의 깊은 설계와 시공을 요구한다.

지반범주 3에서 구조물 설계는 특별한 특성 때문에 신중한 판단이 필요하다.

핵심어는 '대규모 또는 특이한', '비정상적 또는 아주 어려운', '대규모 지진', '불안정 가능성' 등이다.

지반조사의 규모와 범위는 다음 표와 같이 구조물의 지반범주를 반영해야 한다. 지반조건이 구조물 또는 그 일부에 대해서 선정된 지반범주에 영향을 줄 수 있기 때문에 지반조사의 규모와 범위는 지반조사 초기에 내업 또는 예비 현장조사를 통해 확정되어야 한다.　　　[EN 1997-1 § 3.2.1(2)P 및 3.2.1(4)]

지반범주	위험도	지반조사 요구사항
1	무시 가능	보통 제한적(현지 경험에 근거하여 검증)
2	예외적이 아님	EN 1997-2 조항적용
3	예외적	지반범주 2 프로젝트와 같은 최소한의 동급 조사규모 지반범주 3 프로젝트 수행 시 추가조사 및 정교한 시험이 필요할 수 있음

3.3 한계상태

지반구조물 설계 시 설계자는 구조물에 영향을 미칠 수 있는 극한 및 사용한계상태를 파악해야 한다. 극한한계상태는 지반 또는 구조물의 파괴로 이어질 수 있다. 사용한계상태는 허용수준 이상의 변형, 진동, 소음, 물 또는 오염원의 흐름 등을 야기한다.

유로코드 7은 부분계수들을 조합하여 극한한계상태를 5개로 구분하였다. 지반의 파괴나 과도한 변형(GEO)과 구조물의 내부 파괴 또는 과도한 변형(STR)에 대해서는 제6장에서 상세히 다룬다. 정적 평형의 손상(EQU), 양압력(uplift)에 의한 평형 손상 또는 과도한 변형(UPL), 그리고 수압에 의한 히빙, 파이핑 및 세굴(HYD)은 제7장에서 다룬다.

극한한계상태는 모든 지반구조물들에 대해서 검토되어야 한다. 즉 지반 또는 관련 구조물에 대한 전체 안정성 손실, 지반과 구조물의 복합파괴 및 과도한 지반변위에 의한 구조적 파괴 등이다.

사용한계상태는 모든 지반구조물에 대해서 검토되어야 한다. 즉 과도한 침하, 과도한 융기(heave) 및 허용 수준 이상의 진동 등이다.

3.4 하중과 설계상황

3.4.1 설계상황

설계상황은 설계계산에 포함되는 하중의 선택과 하중 및 재료특성에 적용되는 부분계수의 선정에 중요한 역할을 한다. 설계상황은 다음과 같다.

> 설계가 실제 조건에서 주어진 기간 동안 해당 한계상태를 만족시킬 수 있는 다양한 물리적 조건
> [EN 1990 § 1.5.2.2]

다음 표는 EN 1990에서 정의된 설계상황을 요약한 것이다.

설계상황	실제조건	기간*	확률	예
영구하중	정상	~설계 사용기간까지	확실함	매일 사용
임시하중	임시	<< 설계 사용기간	높음	시공 또는 보수중
우발하중	예외	매우 짧음	낮음	화재, 폭발, 충격, 국부 파괴
지진하중				지진

* DWL(Design Working Life)＝설계 사용기간

유로코드 7에서 배수와 비배수 지반 사이에서 발생하는 저항 값의 큰 차이를 반영하기 위해 단기 및 장기 설계상황에 대해 고려해야 할 경우도 있다. 언뜻 보아서는 EN 1997－1의 요구사항이 EN 1990의 요구사항에 해당하는 것처럼 보인다. 그러나 일반적인 지반공학적인 문제를 다룰 때 이 2가지 상황을 조합하는 것은 어려운 일은 아니다.

설계상황	실제조건	기간	예
영구하중	정상상태	장기	조립토와 완전배수조건의 세립토 위에 세워진 빌딩과 교량
		단기	세립토의 부분배수 비탈면(설계 사용기간이 25년 이하)
임시하중	임시상태	장기	조립토에서의 임시작업
		단기	세립토에서의 임시작업
우발하중	예외상태	장기	조립토와 배수가 빠른 세립토 위에 세워진 빌딩과 교량
지진하중		단기	느린 배수조건의 세립토 위에 세워진 빌딩과 교량

3.4.2 지반공학적 하중

EN 1997-1은 지반설계에 포함되어야 하는 21가지의 하중(작용력)과 관련된 목록을 제시하였다. 이들 목록에는 흙, 암석 및 물의 중량, 토압과 수압, 하중의 제거 또는 지반의 굴착과 같은 분명한 것들과 굴착에 의한 변위, 기후변화에 의한 팽창과 수축, 그리고 동결작용을 포함하여 온도의 영향과 같은 모호한 것들이 있다.   [EN 1997-1 § 2.4.2(4)]

옹벽구조물은 종종 뒤 채움재의 중량, 상재하중, 물의 중량, 파력과 빙력, 침투압, 충돌하중 및 온도의 영향 등을 포함한 다양한 조합하중을 받는다.
                                                        [EN 1997-1 § 9.3.1]

마찬가지로 대부분의 비탈면은 진동, 기후변화, 식생제거 및 파도의 작용 등을 포함한 다양한 조합하중을 받는다.   [EN 1997-1 § 11.3.2(P)]

제방은 비탈면과 산마루에서 범람, 빙하, 파도 및 비와 같은 침식의 영향을 받는다.   [EN 1997-1 § 12.3(4)P]

전면기초나 군말뚝 설계와 같이 구조적 강성이 하중의 분포에 큰 영향력을 미치는 상황에서는 지반과 구조물 간의 상호작용 해석에 의해 하중분포가 결정되어야 한다.   [EN 1997-1 § 6.3(3) 및 7.3(4)]

압밀, 팽창, 크리프, 산사태 및 지진은 말뚝이나 다른 깊은기초에 상당히 큰 추가적인 하중으로 작용될 수 있다. 이러한 영향을 고려할 때 최악의 경우, 지반강도 또는 강성의 상한값이 필요할 수 있다.   [EN 1997-1 § 7.3.2.1(2)]

예를 들어 부마찰력에 의해 말뚝에 작용하는 하중을 결정할 때 지반 강도의 상한값으로 평가하는 것이 중요할 수 있다. 이 경우, 지반의 강도가 클수록 말뚝에 작용하는 하중은 더 커진다. 따라서 설계하중과 저항력에 대한 하한값(제2장의 '하한')을 평가할 때에는 강도의 상한값(제2장의 '상한')을 고려해야 한다.

3.4.3 유리한 하중과 불리한 하중의 구분

유로코드에서는 유리한(안정) 하중과 불리한(불안정) 하중 사이의 구분을 매우 중요하게 고려하며 각 유형의 하중에 부분계수 γ_F를 반영하고 있다. 제6장과 7장에 논의된 바와 같이 일반적으로 불안정하중은 부분계수($\gamma_F >$ 1)에 의해 증가되나 안정하중은 감소하거나 변하지 않는다($\gamma_F \leq 1$).

그림 3.3에 예시한 T형 중력식 옹벽에 대한 설계를 검토해 보자. 지지력 파괴에 대해 충분한 신뢰성을 확보하기 위해 옹벽의 자중과 옹벽의 뒤꿈치 상단의 흙(W)은 불리한(이것은 옹벽 저판아래의 유효응력을 증가시킴) 하중으로 다루어야 한다. 그러나 활동과 전도에 대해서는 유리한 하중으로 다루어야 한다(옹벽 저판아래에서 유효응력이 감소하고 점 'O'에서 시계방향 복원 모멘트가 증가되기 때문).

그림 3.3에서 가상면 오른쪽에 작용하는 상재하중 q는 지지력 및 활동과 전도에 불리한 요소이다. 그러나 가상면 왼쪽에 작용하는 상재하중 q는 옹벽의 자중 W와 같은 효과를 갖고 있다.

그러나 이와 같이 유리한 하중과 불리한 하중 사이의 차이를 항상 직접 확인할 수 있는 것은 아니다. 옹벽의 경계부에 작용하는 연직 및 수평방향의 수압 U_v와 U_h를 고려해 보자. 수평방향 수압 U_h는 지지력 및 활동과 전도에 대해서 불리한 하중이다. 반면에 연직방향 수압 U_v는 지지력에 유리한 하중이다(W에 반대방향으로 작용하므로). 그러나 활동(옹벽 저판아래에서 유효응력을 감소시킴)과 전도('O'점에서 반시계방향으로 전도모멘트를 증가시킴)에 대해서는 불리한 하중으로 작용한다. 그러나 동일한 계산에서 수압을 동시에 유리한 하중과 불리한 하중으로 취급하는 것은 비논리적이다. 어떻게 수평방향 수압과 연직방향 수압을 다르게 취급할 수 있는가?

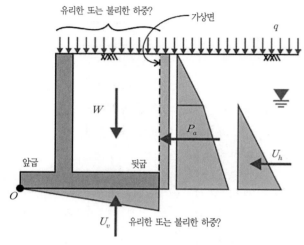

그림 3.3 유리한 하중 및 불리한 하중의 예

유로코드 7에서 이 문제는 '단일소스(single source) 원칙'(사실상 단순히 적용규칙에 대한 설명임)으로 알려져 있다.

> 어떤 상황에서 불리한(또는 불안정) 및 유리한(또는 안정) 영구하중은 '단일소스'에서 기인된 것으로 고려된다. 그렇다면 하나의 부분계수가 이들 하중의 합 또는 이들 영향의 합에 적용될 수도 있다.　　　　　　　　[EN 1997-1 § 2.4.2(9)P 주석]

상기 주석은 합력 U_h와 U_v를 같은 방식, 즉 둘 다 불리하거나 유리한 하중으로 취급되도록 하는데 어느 것을 선택하든 설계조건에 부담이 된다.

'단일소스' 원칙은 제9~14장에 상세하게 설명된 것처럼 아주 일반적인 몇 개의 설계상황의 결과에 큰 영향을 준다. 또한 그림 3.3의 설계계산에서는 전체 중량 W와 수압 U_v를 수중단위중량 $W' = W - U_v$로 대체하여 사용하지 못한다. 자중과 수압을 유리한 하중으로 취급할지 또는 불리한 하중으로 취급할지 선택을 해야 한다. 이것은 앞에서 '유리한'에 대해 논의한 내용과 전적으로 일치하지는 않는다.

3.4.4 수압에 계수가 고려되어야 하는가?

유로코드 7에 따르면 극한한계상태의 경우:

> [수압에 대한] 설계값은 구조물의 설계 사용기간 동안 발생하는 가장 불리한 값을 사용해야 한다.
> [EN 1997-1 § 2.4.6.1(6)P]

사용한계상태의 경우:

> 설계값은 일반적인 환경에서 발생하는 가장 불리한 값을 사용해야 한다.
> [EN 1997-1 § 2.4.6.1(6)P]

대부분의 설계자들은 '가장 최악'의 수압상태에 대하여 첫 번째로 구조물의 사용기간 동안 물리적으로 가능한 가장 불리한 수압으로 정의할 것이다. 두 번째로 생각할 수 있는 정의는 덜 극심한 조건, 즉 예외적인 상황 없이 발생되는 불리한 수압이다. 극한수압은 '우발하중'으로 취급될 수 있다.
[EN 1997-1 § 2.4.6.1(6)P]

대부분의 경우, 수압은 수위를 가정하여 계산하므로 발생할 수 있는 가장 불리한 수위를 선정한다. 유로코드 7에서는 다음과 같이 언급하고 있다.

> 지하수압의 설계값은 특성수압에 부분계수를 적용하거나 또는 특성 지하수위에 안전율을 적용하여 유도할 수 있다.
> [EN 1997-1 § 2.4.6.1(8)]

이 적용규칙의 해석에서 한 가지 문제점은 이 규칙을 사용하는 설계자로부터 강한 논쟁을 불러일으킨다는 점이다. 그림 3.4는 EN 1997-1 §2.4.6.1(8) 의 몇 가지 가능한 해석 예이다.

그림 3.4(a)와 같이 옹벽배면에 지하수위가 있는 중력식 옹벽을 고려해 보자. 지반의 수리학적 지식을 바탕으로 '정상적인(normal) 환경'에서 옹벽배면에서 예상되는 최고수위와 '구조물의 설계 사용기간 동안' 가능 최고수위를 확인한다. 그림 3.4에서 특성수압은 삼각형 분포(b)와 §2.4.6.1(8)의 사용자 해석에 의존하는 '삼각형' (c) − (f)에 의해 실현 가능한 설계수압으로 나타난다.

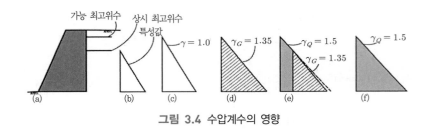

그림 3.4 수압계수의 영향

그림 3.4(c)에서는 수위가 가능 최고수위일 때 그 수압을 설계값으로 고려하므로 계수를 적용하지 않는다($\gamma = 1.0$). 그림 3.4(d)에서는 수압은 영구하중으로 취급되며 계수는 $\gamma_G = 1.35$[†]를 적용한다. 그림 3.4(e)에서는 정상시 최고수위에서 가능최고수위까지 올라가기 때문에 발생하는 추가압력은 변동하중으로 취급하여 $\gamma_Q = 1.5$가 적용되며 빗금 친 부분의 잔류수압은 영구하중으로 취급하여 $\gamma_G = 1.35$를 적용한다. 그림 3.4(f)에서는 모든 수압을 변동하중으로 취급하여 $\gamma_Q = 1.5$를 적용한다.

(d), (e) 및 (f)의 차이는 상대적으로 작으며 우선 합리적인 지하수위를 선정하는 것이 더 중요하다. 그러나 (c)와 (d) 또는 (f)에서 하나를 선택하는 것은 "수압에 계수를 적용해야 하는가?"에 대한 질문에 어떻게 대답하느냐에 달려 있다. 이 질문은 강한 논쟁을 일으킨다. 많은 지반설계자들은 극한값에

[†] 제6장에서 이 계수들을 적용하는 설계방법에 대하여 설명한다.

부분계수를 적용하는 것이 비논리적이라는 것을 잘 알고 있다(특히 가능 최고수위가 지표면에 있는 경우). 일부 지반설계자들은 특히 γ_G를 적용하는 유효토압과 수압을 다르게 취급하는 것도 비논리적이라 생각한다. 실무적인 관점에서 수압이 아니라 유효토압에 계수를 적용하면 수치해석이 매우 어렵게 된다(불가능하지는 않음).

수압에 계수를 적용할 때 선호하는 2가지 방법이 있다. 첫째, 전통적으로 구조설계자들은 저장액체하중[4](retained liquid loads)과 지하수압[5]에 1.2에서 1.4 사이의 부분계수를 적용한다(가능 최고수위가 명확하게 정의된 경우는 1.2, 그 이외는 1.4).

유로코드 1 Part 4[6]에서 탱크가 가동되는 동안에 $\gamma_F = 1.2$를 적용한다. EN 1990[7]에서는 저장된 액체가 유발하는 하중에 대해 영구하중인 경우에 $\gamma_G = 1.35$를 적용하고 변동 지하수압과 자유수압에 대해서 $\gamma_Q = 1.5$를 적용한다. 만약 설계에서 이들 계수가 누락된 경우, 동일한 수준의 신뢰성을 얻기 위해 구조물의 부분재료계수를 적절하게 보정해야 한다.

둘째, 지반설계자들은 수치해석을 수행하는 데 계수화되지 않은 파라미터를 사용하여 수치해석을 수행한 후 휨모멘트와 전단력과 같은 구조적 영향 값의 총합에 안전율을 적용한다. 이런 과정에서 해석자는 유효토압에 적용한 것과 동일한 부분계수를 수압에 적용해 왔다. 만약 부분계수 $\gamma_G = 1.35$를 유효토압에 적용하여(수압에는 적용 안함) 계산한다면 수치해석 결과와는 다른 휨모멘트와 전단력을 얻게 될 것이다.

수압에 계수를 적용하는 문제에 대한 주된 논쟁은 그것이 물리적으로 불합리한 값을 산출한다는 것이다. 즉 기존에 사용되었던 1.2−1.4보다는 유로코드에서 제시된 1.35−1.5의 계수값 사용으로 합리성에 대한 논쟁이 더 심화되었다.

그림 3.5는 설계에서 제시된 신뢰성과 실제현상 사이에서 균형을 제공하는 접근법에 대해 보여 주고 있다.

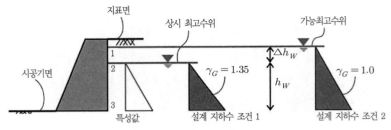

그림 3.5 설계를 위해 제안된 수압

부분계수 $\gamma_G > 1.0$을 유효토압에 적용하고, 간극수압에도 $\gamma_G > 1.0$을 곱하고 상시 최고수위(사용한계)로부터 계산된다. 즉, 안전율은 적용되지 않는다. 그림 3.5에서 이것을 '설계 지하수 조건 1'이라고 한다.

대안으로 부분계수 $\gamma_G = 1.0$을 유효토압에 적용하고 간극수압에도 $\gamma_G = 1.0$을 곱하지만 이때는 가능 최고수위(극한한계)로부터 계산된다. 그리고 나서 적절한 안전율을 적용한다. 그림 3.5에서 이것을 '설계 지하수 조건 2'라 한다.

다음 표는 이러한 접근법을 요약하였으며 옹벽에 작용하는 수압의 상대적 크기를 나타냈다.

'수압에 계수를 적용해야 하는가?'라는 질문은 확정된 규칙이 제안되기 전에 추가연구가 필요하다는 것을 의미하고 있다. 한편, 설계자들은 '상시'와 '가능' 환경에 대한 특성 지하수위값의 선정방법에 따라 어떤 접근법을 선택할지 스스로 판단해야 한다.

한계상태	DWC*	부분계수 γ_G	안전여유 Δh_w	수압
특성	–	1.0	0	$0.5 \times \gamma_w h_w^2$
극한	1	1.35	0	$0.675 \times \gamma_w h_w^2$
	2	1.0	> 0	$0.5 \times \gamma_w (h_w + \Delta h_w)^2$

* DWC(Design Water Condition): 설계 지하수 조건
  γ_w=물의 단위중량: 다른 기호들은 그림 3.5를 참조.

3.5 설계 및 시공 시 고려사항

3.5.1 내구성

재료가 적절하게 보호될 수 있도록 환경조건의 중요성은 반드시 평가되어야
한다. [EN 1997-1 § 2.3(1)P]

3.5.2 시공과 관련된 설계 고려사항

지반구조물의 거동을 지배하는 시험에서 선정된 지반 파라미터와 지반특성 사이에
서 발생 가능한 차이점은 반드시 고려되어야 한다. [EN 1997-1 § 2.4.3(3)P]

설계를 위해 선정된 파라미터는 그들의 적용값(operating value)에 시공 시
발생하는 영향을 반영해야 한다. [EN 1997-1 § 2.4.3(4)]

3.5.3 실행

EN 1997-1의 6-9와 11-12에서 실행(execution)에 대한 약간의 실무적
인 지침이 제시되었으나 상세한 정보를 제공하는 별도의 유럽규격(Euronorms)
을 참조할 것을 권고한다.

흙이 동상에 민감하지 않고 기초가 동상 예상깊이 아래에 있거나 단열처리
에 의해 동상이 제거되었다면 빌딩기초의 동상은 피할 수 있다. §6 확대기초
는 동결보호조치에 관한 지침을 위해 EN ISO 13793[8]을 참조한다.

[EN 1997-1 § 6.4(2 및 3)]

§7 말뚝기초는 말뚝 실행에 대한 지침을 위해 EN 1536, 12063, 12699 및
14199를 참고한다. 이들 기준은 제15장에서 상세하게 다룬다.

[EN 1997-1 § 7.1(3)P]

§8 앵커는 앵커의 실행에 관한 지침을 위해 EN 1537을 참조한다. 이 기준은
제15장에서 상세하게 다룬다. [EN 1997-1 § 8.4-8.5 및 8.7-8.9]

§9 옹벽구조물은 EN 1536, 1537, 1538 및 12063과 관련이 있지만 이들 실행 표준을 언급하지는 않았다. 이들 기준에 대해서는 제15장에서 상세하게 다룬다.

§11 전체 안정성은 EN 1537, 14475, 14490 및 15237이 비탈면 및 절토와 관련이 있지만 이들 실행표준을 언급하지는 않았다. 이들 실행표준에 대해서는 제15장에서 상세하게 다룬다.

§12 제방은 제방에 대한 실행표준을 언급하지는 않았다.

3.6 지반설계

'유로코드는 모든 토목 및 건축공학 재료와 구조물에 대해서 전체 안전율보다는 별도의 한계상태와 부분계수의 사용에 기반을 둔 설계원리를 채택하였다. 이것은 전통적인 지반설계에서 상당히 벗어난 것으로 BS EN 1997–1의 장점은 모든 유로코드 구조물 설계기준이 대체로 동일하여 구조설계와 지반설계를 보다 합리적으로 통합할 수 있다.'[9]

앞에서 언급된 바와 같이 한계상태는 계산, 규범적 방법, 실험적 모델과 재하시험, 관찰법, 또는 이들 접근법의 조합에 의해 검증되어야 한다. 이들 방법에 대해서는 다음 소절(小節)에서 다루고 있다.　　　　[EN 1997–1 § 2.1(4)]

3.6.1 계산에 의한 설계

그림 3.6에 요약된 것처럼 계산에 의한 설계는 몇 개의 요소와 관련이 있다. 이들 요소는 3가지 기본변수, 즉 하중(예: 흙과 암석의 중량, 토압과 수압, 교통하중 등), 재료물성(예: 흙, 암석 및 기타 재료에 대한 밀도 및 강도) 및 기하학적 데이터(예: 기초크기, 굴착 깊이, 편심하중 등)를 포함한다.

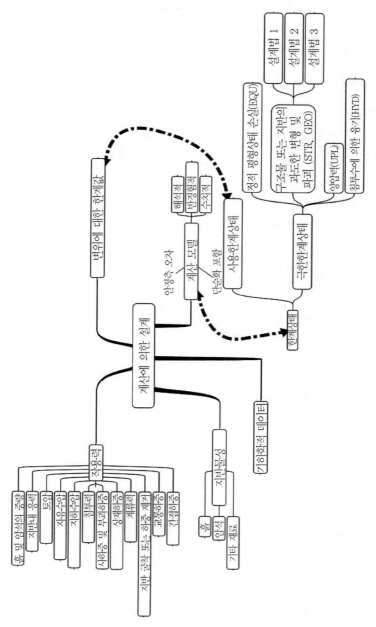

그림 3.6 계산에 의한 설계 개요

계산 모델에 기본적인 변수가 입력되는데 이 모델들은 단순화되어 있는 반면에 '지나칠 정도로 안전측을 따르도록' 요구되고 있다. 이들 모델은 해석적 (예: 지지력 이론), 반경험적(예: 말뚝설계의 α 법), 또는 수치적(예: 유한요소법)인 방법이 될 수 있다.

한계상태가 초과되지 않는다는 것을 검증하기 위해 계산 모델이 사용된다. 사용한계상태에 대해 이들 모델은 예측된 변위가 프로젝트마다 정해진 변위의 한계값을 넘지 않는다는 것을 입증해야 한다. 극한한계상태에서는 하중의 영향이 허용 저항력을 초과하지 않는다는 것을 입증해야 한다. 극한한계상태는 구조물 및 지반의 과도한 변형 또는 파괴(STR 한계상태, GEO – 제7장에서 추가적으로 논의함) 및 평형상실, 양압력(uplift) 및 수압에 의한 파괴(EQU, UPL 및 HYD – 제8장에서 추가적으로 논의함)에 관한 내용을 포함한다. 설계법은 STR 및 GEO를 확인하는 방법으로 선택한다.

3.6.2 규범적 방법에 의한 설계

'규범적 방법(prescriptive measures)'은 한계상태의 발생을 방지하는 보수적인 설계규칙과 엄격한 실행관리가 결합된 것이다.

종종 지역적 관행을 따르는 설계규칙은 건축법, 정부 설계 매뉴얼 및 그 이외의 관련 문서 등을 통해 지방이나 국가기관에 의해 설정되는 것이 일반적이다. 이러한 설계규칙은 EN 1997 – 1에 대한 각국의 부속서로 제공될 수도 있다.

특히 유사한 구조물과 유사한 지반거동을 보이는 유사한 지반조건에서 '비슷한 경험'이 있을 때(또는 기타 확실한 정보) 규범적 방법에 의한 설계가 계산에 의한 설계보다 더 적합할 수도 있다.　　　[EN 1997–1 § 1.5.2.2 및 2.5(2)]

EN 1997 – 1의 부록 G에서 암반에 시공된 확대기초의 추정 지지력을 구하는 간단한 방법을 제시하고 있다. 이 방법은 원래 BS 8004에서 제시되었다.[10]

3.6.3 시험에 의한 설계

유로코드 7에서는 계산, 규범적 방법 또는 관측에 의한 지반구조물의 설계 검증에서 대/소규모의 모형시험에 대한 역할을 인정한다. 그러나 EN 1997 −1에서는 시험과 실제 시공 사이에서 허용되는 차이, 요구되는 시간과 축척의 영향 외에는 시험에 의한 설계에 대해 아주 간단한 지침만을 제공한다.

3.6.4 관측에 의한 설계

유로코드 7에서는 시험에 의한 설계와 유사한 방법으로 지반구조물의 설계 및 시공에 대한 관측법의 역할을 인정하지만 그것을 어떻게 적용하는지에 대해서는 아주 간단한 지침만을 제시하였다. 즉 거동의 한계 설정, 가능한 거동의 범위 평가, 모니터링 계획 수립, 우발적인 상태(contingency)에 대한 대책, 거동이 허용한계를 벗어나는 경우에 대한 조치가 수립되어야 한다. 관측법에 대한 상세한 지침은 CIRIA 보고서 R185[11]와 같은 문서에서 찾아볼 수 있다.

3.7 감독, 모니터링 및 유지관리

유로코드 7에는 구조물의 품질과 안전성을 확보하기 위한 구체적인 요구사항이 있다.

> 시공과정과 그에 따른 작업숙련도는 관리감독이 되어야 한다. 구조물의 성능은 시공과정과 시공 후에도 모니터링되어야 한다. (그리고)구조물은 절적하게 유지관리가 되어야 한다.
> [EN 1997-1 § 4.1(1)P]

EN 1997−1에서는 이들 업무들이 적절하게 이루어져야 한다는 요구조건을 명시하였다. 그러므로 시공 시 감독이 필요 없거나 구조물의 모니터링 또는 유지관리가 필요 없다면 설계에서 그것들에 대한 필요성을 확실하게 제외시킬 수 있다.

그림 3.7은 감독, 모니터링 및 유지관리에 대한 요구사항의 일부로서 유로코드 7에 명시된 조치사항에 대한 개요를 보여 준다. 여기에는 시공과정과 작업숙련도의 감독, 구조물의 성능 관찰, 지반상태 점검, 시공 및 유지관리에 대한 점검이 포함된다.

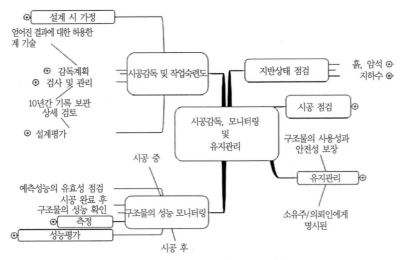

그림 3.7 감독, 모니터링 및 유지관리 개요

3.7.1 감독

그림 3.8은 감독과 검사항목만을 다룬 그림 3.7에 대한 세부사항을 보여 준다. 특히 지반범주에 따른 구조물에 대해 일련의 조치가 요구된다. 이러한 사항은 도표에 숫자로 표시되어 있다(이 도표에서의 지반설계보고서는 제 16장에서 논의됨).

감독은 설계 가정사항의 유효성 검토, 실제와 가정된 지반조건 사이의 차이 점 확인 및 시공이 설계대로 되었는지에 대한 점검을 포함한다. 감독계획에 는 시공결과에 대한 허용한계 및 감독의 형식, 품질 및 빈도가 포함되어야 한다.

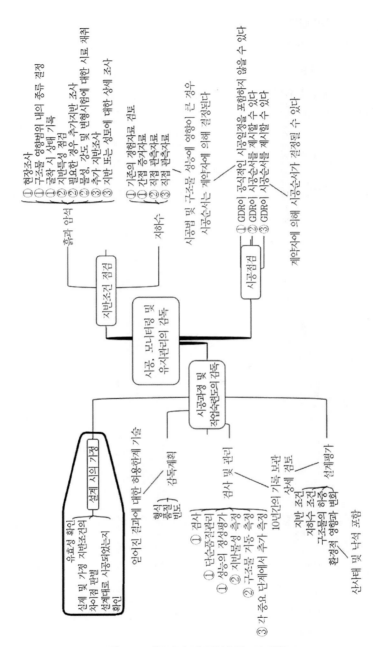

현장조사
① 구조물 영향범위 내의 종류 결정
① 굴착 시 상태 기록
① 지반특성 점검
② 필요한 경우 추가지반 조사
② 물성, 강도 및 변형성에 대한 시료 채취
③ 추가 지반조사
③ 지반 또는 성토에 대한 상세 조사

흙과 암석

① 기존의 경험자료 검토
① 인접 증거자료
② 직접 관측자료
③ 직접 관측자료

지하수

지반조건 점검

시공법 및 구조물 성능에 영향이 큰 경우
시공순서는 계약당사자에 의해 결정된다

① GDR이 공식적인 시공일정을 포함하지 않을 수 있다
② GDR이 시공순서를 제시할 수 있다
③ GDR이 시공순서를 제시할 수 있다

시공점검

계약당사에 의해 시공순서가 결정될 수 있다

시공, 모니터링 및 유지관리의 감독

시공과정 및 작업숙련도의 감독

설계 시의 가정

유효성 확인 및 가정 지반조건의 실제 및 가정 지반조건의 차이점 판별 설계대로 시공되었는지 확인

얻어진 결과에 대한 허용한계 기준
감독계획

형식) 정밀도 빈도

검사 및 관리

① 검사
① 단순공정관리
① 성능의 정성평가
② 지반물성 측정
② 구조물 거동 측정
③ 각 중요 단계에서 추가 측정

10년간의 기록 보관
상세 검토
지반 조건
지하수 조건
구조물의 하중
환경적 영향과 변화
설계평가

산사태 및 낙석 포함

그림 3.8 시공과정 및 작업숙련도의 감독

검사와 관리의 빈도 및 정도, 지반조건과 시공의 점검 등은 모두 구조물이 속하는 지반범주(GC)에 의존한다(3.2.3 참조). 지반의 위험도를 평가하는 데 다른 방법이 사용된다면 점검 및 관리의 빈도는 관련된 위험요소에 따라 적절하게 선택되어야 한다. EN 1997-1에서 감독의 요구조건이 지반범주와 관련이 있다는 사실 때문에 지반 범주의 선택은 피할 수 없다.

3.7.2 모니터링

그림 3.9는 그림 3.7의 세부사항을 보여 준 그림으로 시공과정과 시공 후 구조물의 성능 모니터링에 대해서 다룬다.

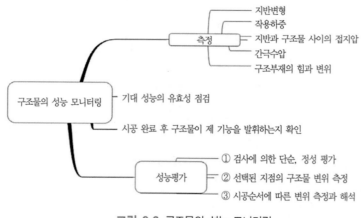

그림 3.9 구조물의 성능 모니터링

모니터링은 지반변형, 하중, 접지압 등의 측정(measurement)과 구조물의 성능평가 등을 포함한다. 이와 같은 평가는 지반범주 1에 포함된 구조물에서는 간단하고 정량적이며 주로 검사에 근거한다. 지반범주 2의 구조물에서는 구조물의 선택된 지점에서 변위를 측정해야 한다. 마지막으로 지반범주 3의 구조물에서 모니터링은 시공순서의 해석과도 관련이 있다. 만약 다른 방법이 지반의 위험도를 평가하는 데 사용된다면 모니터링의 정도는 관련된 위험도를 고려하여 적절하게 선택해야 한다.

3.7.3 유지관리

구조물의 유지관리는 안전성과 사용성이 보장되어야 하며 그에 따른 요구사항은 소유주나 의뢰인에게 명시되어야 한다. 이들 요구사항에는 정기검사가 필요한 구조물의 확인, 사전 설계검토 후 작업 유무에 대한 주의사항 및 검사의 빈도 표시 등이 포함된다.

3.7.4 실무 권장사항

EN 1997-1에서는 감독, 모니터링 및 유지관리에 대해 특정요구조건을 부과하였지만 이러한 요구조건을 충족하기 위해 시행하는 작업에 관한 실무적인 권장사항은 거의 제시하지 않았다.

이것은 Part 1 전체(33개 단락)를 이 주제에 대한 몇 개의 단락으로 세분화하면 다음과 같다. §5 성토, 배수 등 8개 단락, §6 확대기초 2개 단락, §7 말뚝기초 8개 단락, §8 앵커 8개 단락, §9 옹벽구조물 0개 단락, §11 전체 안전성 2개 단락, §12 제방 5개 단락으로 구성되어 있다. 다음에 제시된 표는 감독, 모니터링 및 유지관리에 대하여 EN 1997-1의 §4에서 제시된 정보를 요약한 것이다.

3.8 지반설계보고서

지반설계보고서 및 그에 따른 부록, 지반조사보고서는 제16장에서 상세하게 다룬다.

	지반범주		
	1	2	3
검사 및 관리	구조물의 성능 검사, 간단한 품질관리, 정성적 평가로 제한함	종종 지반물성 또는 구조물의 거동 측정이 요구됨	중요 시공단계마다 추가측정이 요구됨
지반 상태 점검 (흙과 암석)	현장검사, 영향범위의 흙/암석의 종류 결정, 굴착 시 노출된 흙/암석의 특징 기록	지반물성 점검, 추가지반조사가 요구될 수 있음, 지수특성, 강도 및 변형특성을 결정하는 대표시료 채취	추가 지반조사와 지반의 세부사항의 점검 또는 설계에 중요한 성토조건
지하수 상태 점검	기존의 경험 또는 간접 증거에 대한 선행자료에 근거함	시공법 또는 구조물 성능에 크게 영향을 주는 경우는 직접관찰	
시공 점검	일반적으로 공식적인 시공일정은 지반설계보고서에 포함되지 않음(일반적으로 시공순서는 계약자가 결정)	지반설계보고서는 설계 시 예상되는 시공순서를 제시할 수 있음	
성능평가 (모니터링)	간단, 정성 및 검사기반	구조물 선택지점에서의 변위 측정	시공순서에 따른 변위 측정과 해석

3.9 핵심요약

'통일된 지반공학적 방법론에 대해 유럽연합 회원국들 간에 합의가 됨으로써 많은 설계자들에게 익숙하지 않는 개념과 전문용어가 기초 및 다른 지반구조물에 도입되었다.'[12]

유로코드를 처음 읽을 때 많은 기술자들은 유로코드 7 Part 1이 이해하기 어렵다는 것을 알게 된다.[13] 그 이유는 'Eurospeak'가 많이 사용되었기 때문이다(비영어권 유럽인들을 위해 이해가 쉽도록 쓰인 영어).[14] 그러나 유로코드 7은 지속적으로 연구할 가치가 있다. 유로코드 7은 포괄적이고 합리적인 방법으로 구조설계와 일치하는 수많은 훌륭한 원칙들을 제공하고 있지만 여전히 지반공학이 가지고 있는 애로사항과 특성을 인정하고 있다.

3.10 주석 및 참고문헌

1. Nethercott H. et al. (2004) *National Strategy for Implementation of the Structural Eurocodes*, Institution of Structural Engineers.

2. BS EN 1997 — 1: 2004, Eurocode 7 — Geotechnical design, Part 1 — general rules, British Standards Institution, London, 168pp.

3. Highways Agency (2002) *Managing geotechnical risk*, HD22/02.

4. See §2.2.2 of BS 8007: 1987, Code of practice for design of concrete structures for retaining aqueous liquids, British Standards Institution.

5. See Table 2.1 of BS 8110 — 1: 1997, Structural use of concrete — Part 1: Code of practice for design and construction, British Standards Institution.

6. See Annex B.2.1(1) of EN 1991, Eurocode 1 — Actions on structures, Part 4: Silos and tanks, European Committee for Standardization, Brussels.

7. See Table A2.4(B) of EN 1990: 2002, Eurocode — Basis of structural design, European Committee for Standardization, Brussels.

8. BS EN ISO 13793: 2001, Thermal performance of buildings-Thermal design of foundations to avoid frost heave, British Standards Institution.

9. Driscoll, R., Powell, J., and Scott, P. (2007) *A designers' [sic] simple guide to BS EN 1997*, London: Dept for Communities and Local Government.

10. BS 8004: 1986, Code of practice for foundations, British Standards Institution.

11. Nicholson, D., Tse, C-M., and Penny, C. (1999) *The Observational Method in ground engineering: principles and applications*, CIRIA, p.214.

12. Driscoll et al., ibid.

13. DiMaggio, J. et al. (1998) *Report of the Geotechnical Engineering Study Tour (GEST)*, FHWA International Technology Scanning Program.

14. See the slightly tongue-in-cheek article by Stuart Alexander in *The Structural Engineer*, 15th November 2005.

CHAPTER

4

지반조사 및 시험

4 지반조사 및 시험

[유로코드 7 Part 2]는 지반조사 분야에서 요구되는 사항들을 조금 수정한 것이다. 지반조사의 의무적인 기록사항들이 보다 엄격하게 규정될 것이다. 그리고 정보의 적절한 전달이 의무화될 것이다. 변형 평가에 대해 강조를 할수록 지반조사자들은 지반변형 파라미터에 대해 더 많은 고려를 해야 한다.[1]

이 장에서는 지반조사 및 시험의 필수업무에 대해 다룬다. 유럽 전체에서 사용하기 위해서는 일관성 있는 절차를 제공하는 EN 1997－2의 핵심역할이 강조되고 있다. EN 1997－2는 유로코드 7에는 없는 세부적인 정보를 제공하는 ISO 시방서와 같은 보충문서들을 광범위하게 참조하고 있다.

4.1 지반조사 및 시험표준서

4.1.1 유로코드 7 Part 2

유로코드 7－지반설계, Part 2 지반조사 및 시험[2]은 그림 4.1과 제10장 컬러판 삽화 6과 같이 6개의 절과 24개의 부록으로 구성되었다.

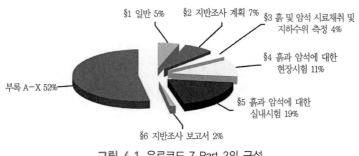

§1 일반 5%
§2 지반조사 계획 7%
§3 흙 및 암석 시료채취 및 지하수위 측정 4%
§4 흙과 암석에 대한 현장시험 11%
§5 흙과 암석에 대한 실내시험 19%
§6 지반조사 보고서 2%
부록 A－X 52%

그림 4.1 유로코드 7 Part 2의 구성
제10장 컬러판 삽화 6 참조

EN 1997−2는 현장조사, 일반시험기준, 지반특성과 현장의 지반공학적 모델 도출에 대한 상세한 규칙, 그리고 현장 및 실내시험에 근거한 계산법에 대한 예를 제시한다.

4.1.2 상호보완적인 표준서

그림 4.2와 같이 EN 1997−2는 ISO TC 182와 CEN TC 341에 의해 공동으로 발간된 새로운 국제 및 유럽표준서들을 광범위하게 참조하였다.

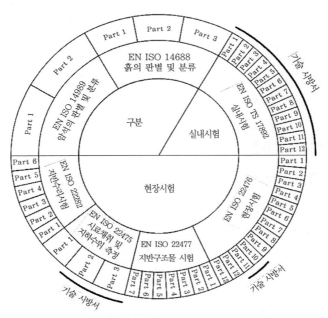

그림 4.2 상호보완적 지반조사 및 시험 표준서

흙과 암석의 판별(identification) 및 분류(classification)는 표준서들 중 두 그룹(EN ISO 14688 및 14689)이 관련되어 있으며 4.3과 4.4에서 상세하게 다루고 있다.

표준서들 중 4그룹(EN ISO 22282, 22475, 22476, 22477)은 현장시험에 대

한 내용을 다루고 있으며 4.7에서 자세한 내용을 기술하였다.

마지막으로 표준서들 중 1개는(EN ISO TS 17892[3]) 실내시험에 대한 내용을 다루고 있으며 4.7.6에서 자세한 내용을 기술하였다.

그림 4.2의 원의 테두리에 나타낸 것처럼 각 그룹 내의 표준서는 여러 개의 part로 구분된다. 전체는 대략 50개의 표준서 (standard) 또는 시방서(specification)로 구성되어 있다.

EN 1997 – 2와 상호 보완되는 표준서의 관계는 그림 4.3과 같다. 이 도표는 EN 1997 – 2가 EN ISO 표준서의 어느 부분을 참조하였는지 보여 준다.

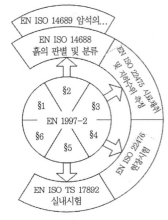

그림 4.3 EN 1997 – 2와 상호보완적
표준서와의 연계

4.2 지반조사 계획

4.2.1 지반조사의 목적

지반조사의 목적은 흙, 암석 및 지하수 상태를 확인하고, 흙과 암석의 특성들(properties)을 결정하며 현장과 관련된 추가자료를 수집하는 것이다.

유로코드 7 Part 1에 의하면

> 지반조사는 필수적인 지반특성을 적합하게 기술하고 그 특성의 신뢰성 있는 평가를 위해 지반과 지하수 상태 등 설계에 사용되는 지반 파라미터에 대하여 충분한 자료를 제공해야 한다.   [EN 1997–1 § 3.2.1(1)P]

그림 4.4는 지반조사의 범위를 나타내고 있다.

EN 1997 – 2에 의하면 지반기술자들은 예비조사에서 현장의 적합성 평가, 대안지역 비교, 공사로 발생하는 변화 추정, 토취장의 확인, 그리고 설계 정밀조사를 위한 계획을 수립할 수 있어야 한다. 이러한 원칙은 그림 4.4에 제시되어 있다.

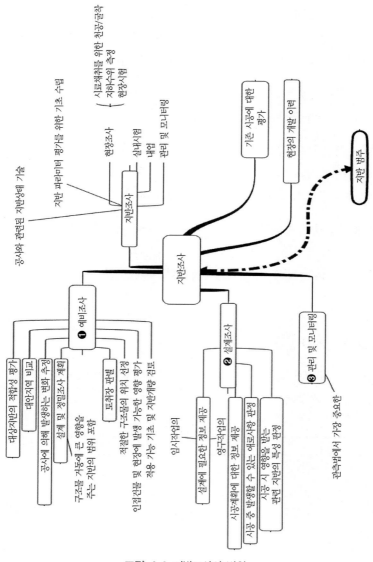

그림 4.4 지반조사의 범위

예비(Preliminary)조사에서 기술자는 적절한 구조물의 위치 선정, 인접건물에 발생 가능한 영향 평가 및 적용 가능한 기초, 그리고 지반개량공법을 고려할 수 있어야 한다.

설계(Design)조사에서는 임시 또는 영구작업을 위한 설계 및 시공방법의 계획에 대한 정보를 제공하고 시공 중 발생할 수 있는 애로사항을 판정하며 공사에 의해 영향을 받는 모든 지반의 특성을 확인해야 한다.

관리조사는 시공관찰(monitor) 및 관리(control)를 위한 것으로 관측 설계법[4]에서 가장 중요하다.

그림 4.4와 같이 지반조사에는 토질조사(자료조사, 현장조사 및 실내시험), 기존 공사에 대한 평가, 현장의 개발이력에 대한 조사가 포함될 수 있다. 필요한 조사의 양은 프로젝트가 속한 지반범주에 의해 결정된다.

지반조사를 위한 예산이 작거나 프로젝트의 규모 때문에 체계적인 지반조사를 보장하지 못하는 경우에는 단 한 번의 지반조사가 시행될 수도 있다. 이러한 상황에서는 한 번의 지반조사에 의해 예비 및 설계조사의 목적이 완수되어야 한다.

4.2.2 지반조사 간격

다음 표에 요약된 것처럼 EN 1997-2의 부록 B.3에 지반조사 간격에 대한 지침이 제시되었다.

구조물		간격	배열
고층건물 및 산업시설		15~40m	격자
대규모 단지		≤60m	격자
선형구조물	도로, 철도, 운하, 관로, 둑, 터널, 옹벽	20~200m	-
댐 및 둑		25~75m	수직분할
특수구조물	교량, 굴뚝, 기계기초	기초당 2~6m	

지반조사간격에 대한 지침은 다른 문헌에서도 이용이 가능하다.[5] 그러나 이와 같은 지침들은 모두 조사의 범위를 평가하기 위한 목적으로 제공되므로 현장의 특정 요구조건을 고려한 수정이 필요할 것이다. 특히 조사지점의 간격은 구조물의 종류와 규모뿐만 아니라 현장에서 예상되는 지질 변화를 반영할 필요가 있다.

4.2.3 지반 조사깊이

EN 1997 – 2의 부록 B.3에서는 고층구조물과 토목 프로젝트, 전면기초, 제방 및 절토, 도로, 비행장, 배수로, 관로 등과 같은 선형구조물과 터널 및 지하공동, 굴착, 차수벽, 말뚝기초 등에서 최하단 하부의 최소깊이까지 조사할 것을 권장하고 있다. 그림 4.5는 권장 조사깊이에 대한 몇 가지 예를 보여 준다.

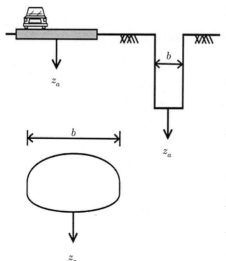

도로(또는 비행장)에 대한 최소 조사깊이 z_a는

$$z_a \geq 2m$$

배수로(관로)

$$z_a \geq 2m, \ z_a \geq 1.5b$$

소형 터널 및 지하공동

$$b < z_a < 2b$$

여기서 b는 그림 4.5와 같이 구조물의 폭을 의미한다.

다른 지반구조물에 대한 권장 조사깊이는 제10~14장에 제시되어 있다.

그림 4.5 도로(상부 – 왼쪽), 배수로(위 – 오른쪽), 터널 및 지하공동(하부)의 최소 조사 깊이

지반조사 깊이의 결정은 지반조사간격과 마찬가지로 기하학적 기준 외에 다른 요소들도 고려해야 한다. 일반적으로 예상되는 하중이 매우 크거나 지질학적으로 상당히 약한 지층이 하부에 존재하지 않는다면 5m 이상까지 암반층을 천공할 필요는 없다. 일반적으로 기초하중에 의해 예상되는 지반 내 응력 증가가 기존 상재하중의 10%보다 작은 깊이까지 조사를 제한한다.

4.3 흙의 판별 및 분류

흙의 판별(identification) 및 분류(classification)는 국제표준 EN ISO 14688에서 다루고 있으며 이 표준서는 기술(Part 1), 분류(Part 2) 및 데이터의 전자식 변환(Part 3)을 다루는 3부분으로 구분된다.[6] EN 1997-2는 EN ISO 14688의 많은 부분을 참조하였다.

4.3.1 흙의 기술

그림 4.6은 EN ISO 14688-1에 따라서 흙을 판별하는 논리를 보여 주고 있다. 주요한 흙의 종류는 매립지(made ground), 유기질토, 화산토, 극조립토(very coarse), 조립토, 세립토로 나뉜다. 극조립토는 세부적으로 큰 전석(boulder), 전석, 율석(cobble), 조립토는 자갈과 모래, 세립토는 실트와 점토로 구분된다. 자갈, 모래, 실트는 조립, 중간, 또는 세립으로 세분화된다.

그림 4.7은 입자크기에 근거하여 이들 기술(description) 사이의 경계를 나타내며 두 문자 약어(예: 자갈 Gr, 모래 Sa, 점토 Cl)로 나타낼 수 있다. 세립토와 조립토의 경계는 0.063mm이며 이는 EN ISO의 체분석에서 사용되는 체의 크기와 동일하고 BS 5930에 제시된 0.06mm보다는 약간 큰 값을 나타낸다.[7]

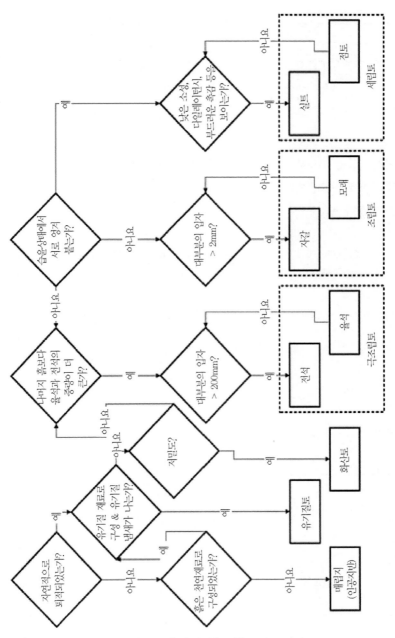

그림 4.6 흙의 판별을 위한 흐름도

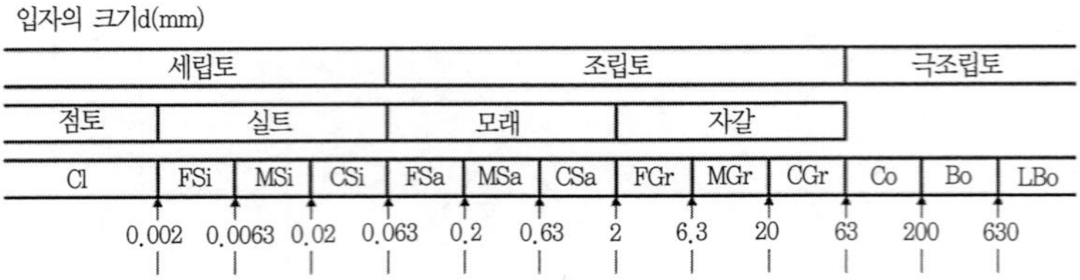

입자의 크기|d(mm)

세립토			조립토			극조립토		
점토	실트		모래		자갈			
Cl	FSi	MSi	CSi	FSa	MSa	CSa	FGr	MGr	CGr	Co	Bo	LBo

0.002 0.0063 0.02 0.063 0.2 0.63 2 6.3 20 63 200 630

그림 4.7 입자의 크기 구분

구성토질의 주요부분은 대문자로 나타내고(예: 모래는 Sa 또는 SAND) 두 번째 부분은 소문자(예: 자갈질 gr)로 표시한다. 이러한 약어에 대한 예는 다음과 같다.

- saGr = 모래질 자갈(sandy gravel) 또는 sandy GRAVEL(영국)
- msaCl = 중간 모래질 점토(medium sandy clay) 또는 medium sandy CLAY(영국)

흙의 입도분포(또는 입도곡선)는 다중입도(multi-graded), 중간입도(medium-graded), 균등입도(even-graded) 및 결손입도(gap-graded)로 기술하며 다음 식과 같이 균등계수 C_U와 곡률계수 C_C에 의해 정량화된다.

$$C_U = \frac{d_{60}}{d_{10}} \ , \quad C_C = \frac{(d_{30})^2}{d_{10} \times d_{60}}$$

여기서 d_n은 입자의 크기로 흙의 $n\%$는 이 입자의 크기보다 작다.

	입도곡선의 모양			
	다중입도	중간입도	균등입도	결손입도
C_U	>15	6~15	<6	높음
C_C	1~3	<1	<1	보통<0.5

4.3.2 조립토의 밀도

EN ISO 14688-2에서 조립토의 밀도는 상대밀도(I_D)에 따라 매우 느슨 (very loose), 느슨, 중간 조밀(medium dense), 조밀, 매우 조밀로 분류되며 다음 식과 같이 정의한다.

$$I_D = \frac{e_{\max} - e}{e_{\max} - e_{\min}}$$

여기서 e는 흙의 간극비, $e_{\max}$는 최대간극비, $e_{\min}$는 최소간극비이다(그림 4.8 참조).

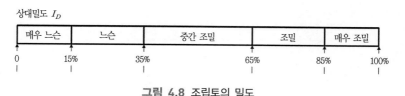

그림 4.8 조립토의 밀도

4.3.3 세립토의 연경도와 강도

세립토의 연경도는 매우 연약(very soft), 연약, 단단(firm), 견고(stiff), 매우 견고로 기술하며 다음 식과 같이 정의된 연경지수 I_C에 따라 분류된다.

$$I_C = \frac{w_L - w}{w_L - w_P}$$

여기서 w는 흙의 함수비, w_L은 액성한계, w_P는 소성한계이다(그림 4.9 참조).

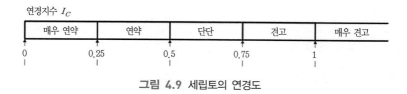

그림 4.9 세립토의 연경도

소성지수 I_P와 액성지수 I_L은 다음 식과 같이 정의한다.

$$I_P = w_L - w_P \ , \quad I_L = \frac{w - w_P}{w_L - w_P} = 1 - I_C$$

세립토의 강도는 극도로 낮음(extremely low), 매우 낮음, 낮음, 중간, 높음, 매우 높음, 그리고 극도로 높음으로 기술하며 현장 또는 실내강도시험에서 측정된 비배수전단강도 c_u에 의해 분류된다.

그림 4.10 세립토의 강도

이것은 기존의 영국지침에서 점토질 흙의 연경도와 강도를 기술하기 위해 사용한 용어 '매우 연약'에서 '고결(hard)'을 수정한 것이다(매우 연약 c_u <20kPa, 연약 20~40kPa, 단단 40~75kPa, 견고 75~150kPa, 매우 견고 150~300kPa, 고결>300kPa). '극도로 낮음'이라는 구분은 이전의 '매우 연약'을 극도로 낮음과 매우 낮음의 2가지 항목으로 세분화하여 영국실무에서 사용하는 새로운 분류이다.

예를 들어 흙의 연경도와 강도가 모두 측정되면 '균열이 있는 견고한 고강도 점토'와 같이 기술할 수 있다. 흙의 연경도는 토질주상도와 실내시험에서 추정된 강도를 토대로 추정할 수 있다.

4.4 암석의 판별 및 분류

암석의 판별 및 분류는 국제 표준 EN ISO 14689에서 다루고 있으며 기술 및 분류(Part 1)와 데이터의 전자식 변환(transfer)(Part 2)의 2가지 항목으로 구분된다.[8] EN 1997－2는 EN ISO 14689를 폭넓게 참조하였다.

4.4.1 암석의 기술

EN ISO 14689−1에 의한 암석의 기술은 BS 5930보다는 국제암반역학회 (ISRM)[9]에 의해 출판된 용어를 기반으로 한다.

암(rock)의 기술은 암석(rock material)과 암반(rock mass)의 두 단계로 구분된다. 암석의 기술은 색깔, 입자크기, 모암(matrix), 풍화 및 변질작용, 탄산염 함량, 암석의 안정성과 일축압축강도를 포함한다. 암반의 경우는 암석의 종류, 구조, 불연속면, 풍화 및 지하수를 포함한다.

4.4.2 암석의 강도

암석의 강도는 극도로 약함(extremely weak), 매우 약함, 약함, 중간 강함 (medium strong), 강함, 매우 강함, 및 극도로 강함으로 기술되며 실내강도 시험인 일축압축강도 q_u 에 의해 분류된다(그림 4.11 참조).

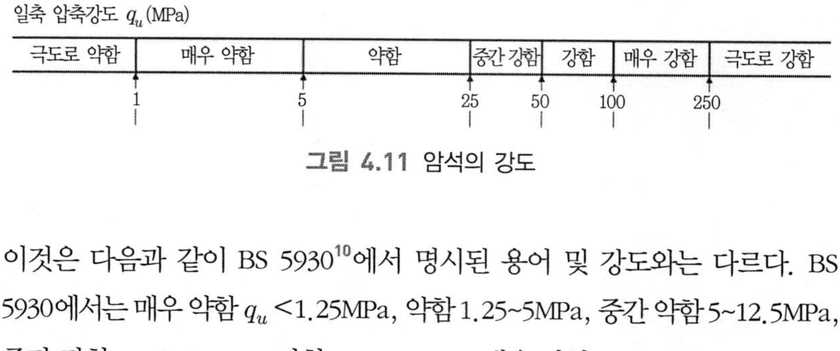

일축 압축강도 q_u (MPa)

극도로 약함	매우 약함	약함	중간 강함	강함	매우 강함	극도로 강함
1	5	25	50	100	250	

그림 4.11 암석의 강도

이것은 다음과 같이 BS 5930[10]에서 명시된 용어 및 강도와는 다르다. BS 5930에서는 매우 약함 q_u <1.25MPa, 약함 1.25~5MPa, 중간 약함 5~12.5MPa, 중간 강함 12.5~50MPa, 강함 50~100MPa, 매우 강함 100~200MPa, 극도로 강함 >200MPa로 구분한다.

4.4.3 불연속면

불연속면은 암반의 공학적인 성능에서 중요한 사항이다. 불연속면을 기술할 때 경사 및 경사방향, 간격 및 암괴의 모양, 연속성, 표면 거칠기, 틈새, 충진물 및 침투를 포함한 여러 가지 특징이 필요하다. 그림 4.12는 암괴의 크기, 불연속 간격 및 층리두께의 세부사항을 나타낸 것이다.

암괴의 평균 길이(mm)

	매우 작음		작음	보통	큰	매우 큰

불연속 간격(mm)

극도로 가까움	매우 가까움	가까움	보통	넓음	매우 넓음

층리두께(mm)

얇게	두꺼운 층상구조	매우 얇음	얇음	중간	두꺼운	매우 두꺼운
6	20	60	200	600	2000	

그림 4.12 암괴의 크기, 불연속 간격 및 층리 두께

사용된 기술용어와 그 용어와 관련된 크기는 BS 5930에 명시된 내용과 동일하다.

그림 4.13은 암반의 틈새 크기에 대하여 EN ISO 14689-1에 제시된 정의를 나타낸 것이다.

틈새 크기(mm)

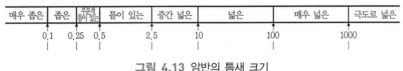

매우 좁은	좁은	꽉붙은 틈이 있는	틈이 있는	중간 넓은	넓은	매우 넓은	극도로 넓은
0.1	0.25	0.5	2.5	10	100	1000	

그림 4.13 암반의 틈새 크기

앞의 내용은 BS 5930과 비교하여 틈새 크기에 대해서 더 많이 세분화하였다. 변화된 내용은 다음과 같다.

- >10mm에 대해서 BS 5930에서는 하나였던 것이 3항목으로 세분화되었다.
- 10mm까지의 범위에서 하나 더 세분화되었다.
- 추가 세부항목이 포함되므로 몇 가지 기술용어가 다르게 정의되었다. 예를 들어 '좁은(tight)'은 0.1~0.5mm가 아니라 0.1~0.25mm이며 '틈이 있는(open)'은 2.5~10mm가 아니라 0.5~2.5mm의 범위를 나타낸다. 2.5~10mm는 '중간 정도로 넓

은(moderately wide)'을 의미한다.

4.4.4 풍화

암석을 기술하는 데 신선(fresh), 변색(disclosure), 붕괴(disintegrated), 분해(decomposed)의 4가지 기본 용어가 사용된다. 이러한 기본 용어는 '완전히' 또는 '부분적으로' 등과 같은 수식어를 사용하여 확장할 수 있다.

암반의 풍화는 신선(fresh), 약간 풍화(slightly weathered), 보통(moderately) 풍화, 심한(highly) 풍화, 완전(completely) 풍화, 잔류토(residual soil)의 6 단계(0~5)로 이루어진다. 특정한 암석 종류에 따라 보다 구체적인 풍화분류 체계가 개발되었고 EN ISO 14689에서는 이들 체계가 표준서에 주어진 일반적인 지침에 따라 사용되도록 하고 있다.

EN ISO 14689에서 채택된 풍화 용어는 BS 5930: 1981에 제시된 구식용어 (outdated term)를 사용하는 BS 5930: 1999와는 상당히 다르다.

4.5 흙과 암석의 시료채취

4.5.1 시료채취 방법

유로코드 7 Part 2에서는 다음에 요약된 것처럼 시료채취 방법을 3개의 항목 (A~C)으로 구분하였다.

범주	시료채취 방법	설명	시료 품질등급
A	튜브샘플러, 회전 코어링, 블록 샘플링	U100 샘플러는 연약점토에 적합하지 않음	1~5
B	SPT 스플릿 스푼, 윈도우 샘플링에 의한 모스탭(Mostap) 시료		3~5
C	벌크백 시료	흙의 구조가 완전히 파괴됨	5

4.5.2 시료의 품질등급

시료의 품질등급(quality class)은 흙과 암석의 특성을 측정하기 위해 필요한 시료의 품질을 정의하기 위해 사용된다. 변형특성의 측정은 대개 1등급 시료의 강도를 가진 1등급 시료로 제한되지만 어떤 흙의 경우에는 2등급 시료가 사용될 수 있다. 5등급 시료는 흙의 종류와 층의 순서를 확인할 때만 사용된다.

4.5.3 파라미터 결정을 위한 시료의 적용범위

다음 표와 같이 EN 1997 – 2는 지반 파라미터를 구하기 위해 범주 A에서 C까지 시료채취의 적용범위(applicability)에 대한 지침을 제시하고 있다. 시료채취 방법을 고려할 때 모든 흙에서 양질의 시료를 얻는 것이 불가능하다는 것을 이해하는 것이 중요하다. 그러므로 어떤 흙의 경우, 범주 A의 시료채취기로는 2등급 시료만 채취가 가능하다.

파라미터 결정을 위한 시료채취 적용범위

시료채취 방법과 품질등급	†	흙 또는 암석 종류		
		암석	조립토	세립토
범주 A 1~5	H	암석의 종류 지층의 연장 입자크기 함수비 밀도 전단강도 압축성 투수성 화학시험	흙의 종류 지층의 연장 입자크기 함수비 화학시험	흙의 종류 지층의 연장 입자크기 함수비 밀도 전단강도 압축성 투수성 화학시험 액성한계
	M	–	밀도 전단강도 압축성 투수성	–

파라미터 결정을 위한 시료채취 적용범위(계속)

시료채취 방법과 품질등급	†		흙 또는 암석 종류	
		암석	조립토	세립토
범주 B 3~5	H	암석의 종류 지층의 연장 입자크기 함수비 밀도	흙의 종류 지층의 연장 입자크기 화학시험	흙의 종류 지층의 연장 입자크기 화학시험 액성한계
	M	–	함수비	함수비
	L	–	밀도	밀도
범주 C 5	H	–	–	–
	M	암석의 종류 지층의 연장 입자크기	흙의 종류	흙의 종류
	L		지층의 연장 함수비	지층의 연장 함수비

† 적용범위: H=높음, M=중간, L=낮음.

4.5.4 최소 시험수량

시험수량은 현장에 대한 기존 자료의 질과 현장지반의 특성에 대한 사전지식의 범위와 관련되어 결정된다. 경험이 많은 곳에서는 최소한의 시험이 요구된다. 또한 시험수량은 평가되는 파라미터의 변동성에 영향을 받는다.

그림 4.14는 각 지층에서 시험해야 하는 최소 시료 개수에 대하여 유로코드 7에서 제시된 값들을 요약한 것이다. 여기서 PSD = 입도분포, 연경도 = 액성한계 시험, P/d = 입자밀도 결정, BDD = 체적밀도 결정이다.

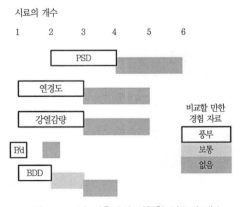

그림 4.14 각 지층에서 시험할 시료의 개수

그림 4.15는 각 지층의 시

료에 대하여 시행해야 하는 최소 시험횟수로 유로코드 7에서 제시한 값을 요약한 것이다. 여기서 TXL ϕ와 TXL c_u는 유효전단저항각과 비배수전단강도를 결정하기 위한 삼축압축시험, DSS는 직접전단시험, E_{oed}는 흙의 계수 결정을 위한 표준압밀시험, k는 투수시험, UCS는 암석의 일축압축강도시험이다.

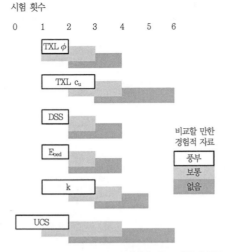

그림 4.15 각 지층에서 시행해야 하는 시험의 횟수

이와 같이 표준서에 제시된 최소 권장기준을 적용하는 데 발생하는 문제는 지층구분에 대한 명확한 정의가 충분하지 않다는 것이다. 즉 단순한 규칙들이 현장기술자의 판단을 대체할 수는 없다.

4.6 지하수 측정

지하수 측정은 국제표준 EN ISO 22475에서 다루고 있는데 실행의 기술적 원리(Part 1)와 기업 및 개인에 대한 자격 요건(Part 2), 제3자에 의한 기업 및 개인의 적합성 평가(Part 3)로 구분된다.[11] 유로코드 해설서 집필 시(2008년 초)에는 Part 1만이 출간되었고 다른 Part는 초안이 승인되기를 기다리고 있었다.

지반수리시험(Geohydraulic testing)은 국제표준 EN ISO 22282에서 다루고 있는데 개념(Part 1), 개방 시스템을 사용한 시추공 투수시험(Part 2), 암반의 수압시험(Part 3), 양수시험(Part 4), 침투시험(Part 5), 폐쇄 시스템을 사용한 시추공 투수시험(Part 6)으로 구분된다.[12] 2008년 초, 유로코드 해설서 집필 시에는 모든 기준이 출판 전으로 초안이 승인되기를 기다리고 있었다.

4.6.1 지하수 측정 시스템의 범위

EN 1997-2의 §3.6에서는 개방(open) 및 폐쇄형(closed) 지하수 측정 시스템에 관한 정보를 제공한다. 개방 시스템에서 지하수의 수두는 관측정에 의해 측정되고 폐쇄 시스템에서 지하수압은 선택된 위치에서 계측기에 의해 측정된다.

4.6.2 계획 및 실행

EN 1997-2의 §3.6.2에서는 지하수 조사의 계획 및 실행 시 고려해야 하는 사항에 대한 지침을 제공한다.

간극수압/지하수 모니터링 장비의 종류 및 측정 위치 선정 시 목적에 부합되도록 하기 위해 특별한 주의가 요구된다. 왜냐하면 여러 가지 다양한 측정 장비가 있지만 그것들이 필요한 정보를 모두 제공해 줄 수 없기 때문에 이것은 매우 중요한 요소가 된다. 예를 들어 지하수위나 간극수압이 급격히 변화한다면 스탠드 파이프형 지하수위계로는 충분하지 않다. 지하수위 기록계(diver)와 같이 일정한 시간간격으로 측정하는 장비가 있어야 한다.

4.6.3 지하수 측정 시스템의 적용범위

EN 1997-2에서는 다음 표에 요약된 것처럼 지반 파라미터와 관련된 지하수 평가를 위한 지하수 측정 시스템의 적용범위에 대한 지침을 제공한다.

폐쇄 시스템에서 얻은 자료의 질과 신뢰도는 개방 시스템에서 얻은 자료보다 우수하다. 하지만 현장 투수시험 결과를 해석하는 데 어려움이 있기 때문에 지하수위 측정 시스템이 현장의 흙 또는 암석의 투수성 평가에는 효과적이지 못하다.

파라미터를 위한 지하수 측정 시스템의 적용성

시스템	†	흙 또는 암석 종류		
		암석	조립토	세립토
개방	H		지하수위 간극수압	
	M	지하수위 간극수압	투수성	지하수위 간극수압
	L			투수성
폐쇄	H	지하수위 간극수압	지하수위 간극수압	지하수위 간극수압
	M		투수성	투수성

† 적용성: H=높음, M=보통, L=낮음

4.7 흙과 암석의 현장시험

국제표준 EN ISO 22476에서는 현장시험을 13개의 Part로 구분하여 다루고 있다.[13]

4.7.1 현장시험 범위

다음 표와 같이 EN 1997－2의 4절에서는 9가지 종류의 현장시험에 관한 정보를 제시한다.

유로코드 7 Part 2의 현장시험

시험			절	부록	EN ISO
표준관입		SPT	4.6	F	22476－3
콘관입	전기식	CPT	4.3	D	22476－1
	전기식(간극수압 측정)	CPTU			
	기계식	CPTM			22476－12
현장 베인		FVT	4.9	I	22476－9
평판재하		PLT	4.11	K	22476－13

유로코드 7 Part 2의 현장시험(계속)

시험			절	부록	EN ISO
프레셔미터 (PMT)	선(Pre)천공	PBP	4.4	E	22476-5
	메나드	MPM			22476-4
	자가천공	SBP			22476-6
	전변위 (Full displacement)	FDP			22476-8
신축성 딜라토미터		FDT	4.5	-	22476-5
동적 프로빙		DP	4.7	G	22476-2
사운딩		WST	4.8	H	22476-10
플랫 딜라토미터		DMT	4.1	J	22476-11

4.7.2 시험목적

각 시험의 목적은 EN 1997-2의 §4.x.1(x는 앞의 표에서 결정함)에 명시되어 있다. 예를 들어 CPT 및 CPTU의 시험목적은 다음과 같다.

콘의 관입과 슬리브에서의 국부적인 마찰로부터 지반의 저항력을 결정하기 위한 것이다. [EN 1997-2 § 4.3.1(1)]

4.7.3 구체적 요구조건

각각의 시험에서 요구되는 구체적 조건은 EN ISO 22476의 해당 부분을 참고한 EN 1997-2의 §4.x.2에 명시되어 있다(앞의 표 참조).

4.7.4 시험결과 평가

각 시험결과에 대한 평가방법은 EN ISO 22476의 해당 부분을 참고한 EN 1997-2의 §4.x.3에 명시되어 있다(앞의 표 참조).

4.7.5 시험결과를 이용한 유도값

EN 1997-2에서는 현장시험에서 유도값(derived value)을 얻기 위해 사용되는 방법에 대한 여러 가지 예제를 제시하였다.

부록 F에서는 다음 식을 이용하여 SPT 타격횟수 N_{60}으로부터 밀도지수 I_D 를 구하는 방법을 제시하였다.

$$\frac{N_{60}}{I_D^2} = a + b\sigma_{v0}'$$

여기서 σ_{v0}' = 지반 내의 초기 유효연직응력, a와 b는 무차원 상수이다. 부록에는 정규압밀 모래에 대한 N_{60}과 I_D의 관계가 제시되었지만 a 또는 b와 관련된 지침은 제시되지 않았다. 또한 밀도지수(I_D)와 규사의 전단저항각 사이의 상관관계도 제시되어 있다.

부록 D에서는 CPT, CPTM 및 CPTU에서 측정된 콘저항력 q_c로부터 전단저항각 φ'와 배수탄성계수 E'를 추정하기 위한 2가지 방법이 제시되었다. 첫 번째는 석영과 장석 모래, 실트질 흙, 자갈에 대해 여러 범위의 q_c에 대한 φ'와 E'의 관계를 표의 형태로 나타냈다. 두 번째는 지하수위 상부에 위치한 입도분포가 불량한 모래에 대한 다음 식이다.

$$\varphi' = 13.5° \times \log_{10}\left(\frac{q_c}{MPa}\right) + 23°$$

부록 K에서는 다음 식과 같이 단순한 지지력 이론을 토대로 평판재하시험에서 구한 극한하중 p_{ult}를 이용하여 비배수강도 c_u를 구하는 방법을 제시하였다.

$$c_u = \frac{p_u - \gamma z}{N_c}$$

여기서 γ = 흙의 단위중량, z = 시험의 깊이, N_c는 원형판에 대한 지지력 계수이다(지표면 부근에서 시행된 시험은 $N_c = 6$, 재하판보다 4배 이상 깊이의 시추공 아래에서 시행된 시험은 $N_c = 9$).

원위치 시험에서 흙의 파라미터를 산정하는 방법들은 단지 하나의 예제일 뿐이며 설계자는 이러한 상관관계에 제한받아서는 안 된다. 일반적으로 인정되고 지역적으로 검증된(substantiated) 상관관계, 경험이나 이론적 해석에 기초하여 유도된 파생 결과 또는 이론적 분석이 있는 경우, 이러한 것들은 코드의 문맥 내에서 사용될 수도 있다.

4.7.6 파라미터를 위한 현장시험의 적용범위

다음 표에 요약된 것처럼 EN 1997-2에서는 지반 파라미터를 결정하기 위한 현장조사 방법의 적용범위에 대한 지침을 제공한다.

현장시험 및 약어		†	흙 또는 암석의 종류		
			암석	조립토	세립토
표준관입시험	SPT	H	–	–	흙의 종류 입자크기
		M	–	흙의 종류 층의 연장 입자크기 함수비 밀도 전단강도 압축성 화학시험	지층의 연장 함수비 밀도 압축성 화학시험 애터버그 한계
		L	–	–	전단강도
간극수압 측정 유무에 따른 콘관입시험	CPT CPTM CPTU	H	–	층의 구조 압축성	지층의 연장 전단강도
		M	–	흙의 종류 지하수위 간극수압 밀도 전단강도	흙의 종류 간극수압 밀도 압축성 투수성
		L	암석 종류	투수성	–
평판재하시험	PLT	H	–	전단강도 압축성	전단강도 압축성
		M	전단강도	–	–
		L	–	–	–
동적 프로빙 경량 보통 중량 초 중량	DPL DPM DPH DPSH	H	–	지층의 연장	–
		M	–	밀도 전단강도 압축성	지층의 연장 압축성
		L	–	흙의 종류	흙의 종류 전단강도

† 적용범위: H=높음, M=중간, L=낮음

비록 앞의 표가 특정 현장시험의 판정에 매우 유용할지라도 제시된 분류 (categorization)에 의문을 가지는 상황이 발생할 수 있다. 예를 들어 표준관 입시험은 세립토의 비배수전단강도 c_u 평가에는 적용성이 낮다. 기존의 c_u 와 SPT 타격횟수 사이의 상관관계는 실내시험에서 구한 c_u 보다는 신뢰도가 낮지만 상당히 우수한 편이다.

4.8 흙과 암석의 실내시험

4.8.1 실내시험 범위

다음 표와 같이 EN 1997 − 2의 5절에서는 흙에 대한 7가지 종류(category)와 암석에 대한 3가지 종류의 실내시험 정보가 제공된다.

시험		절	부록	EN ISO
흙의 분류, 판정, 설명		5.3	M	14688 − 1 14688 − 2
흙과 지하수의 화학시험		5.6	N	−
강도지수시험		5.7	O	TS 17892 − 6
흙의 강도시험	UC UUTX CTX DSS	5.8	P	TS 17892 − 7 TS 17892 − 8 TS 17892 − 9 TS 17892 − 10
압축성 및 변형시험(OED)		5.9	Q	TS 17892 − 5
다짐시험(Proctor, CBR)		5.10	R	−
투수시험		5.11	S	TS 17892 − 11
암석의 분류	판별 및 기술 함수비, 밀도, 간극률	5.12	U	14689 − 1 TS 17892 − 3
암석의 팽창시험(다양)		5.13	V	−
암석의 강도시험 (일축, 점하중, 직접전단, Brazil, 삼축)		5.14	W	−

이 표의 마지막 열에서 표준서보다는 '기술시방서(technical specifications; TS)'에 가까운 EN ISO 자료의 의미를 부여하기 위해 'TS'라는 문자를 사용하 였다. 이들 TS는 제한된 수명을 가지고 있어서 나중에 철회되거나 표준시방

서의 상태로 '승격'된다. 영국에서 실내시험에 대한 EN ISO TS는 BS 1377보다 하급의 문서로 간주되어 영국표준협회는 출판하지 않았다. 따라서 2010년 이전에는 기술사양서의 최종 상태에 대한 결정은 이루어지지 않았다.

4.8.2 시험목적

각 시험목적과 범위는 EN 1997-2의 §5.x.1에 명시되어 있다(x는 앞의 표에서 결정함). 예를 들어 흙의 강도시험 목적은 다음과 같다.

> 배수 및 / 또는 비배수전단강도를 결정하는 것   [EN 1997-2 § 5.8.1(1)]

4.8.3 요구조건

각 시험에 대한 요구조건은 EN ISO 14689 또는 EN ISO-TS 17892의 해당 부분을 참고한 EN 1997-2의 §5.x.2에 명시되어 있다(앞의 표 참조). 기존의 영국 표준 BS 1377은 관련 EN ISO 표준과 충돌을 방지하기 위해 지속적으로 자료를 갱신하였다(특히 원위치 시험을 다루는 BS 1377의 9절). 하지만 집필 시(2008년 초)에는 EN ISO-TS 17892의 요구조건(기술적으로 하급으로 취급)을 BS 1377에 포함시키려는 계획은 없었다.

4.8.4 시험결과의 평가 및 이용

각 시험결과의 평가방법은 EN ISO 14689 또는 EN ISO-TS 17892(앞의 표 참조)의 일부분을 참고한 EN 1997-2의 §5.x.3에 명시되어 있다. 하지만 앞에서 언급한 바와 같이 영국에서 BS 1377은 계속해서 유효하게 사용될 것이다.

4.8.5 파라미터를 위한 실내시험의 적용성

EN 1997-2에서는 다음 표에 요약된 것처럼 일반적인 지반 파라미터를 결정하기 위한 실내시험의 적용 지침을 제시하고 있다.

실내시험 (약어)	†	흙의 종류		
		조립(Gr/Sa)	세립(Si)	세립(Cl)
체적밀도 결정(BDD)		ρ	ρ	ρ
압밀시험(OED)		−	E_{oed} C_c C_v	E_{oed} C_c C_v
	P	E_{oed} C_c	−	k
입도분석(PSD)		k	−	−
단순직접전단(DSS)		−	c_u	c_u
링전단(RS)		c'_R/φ_R	c'_R/φ_R	c'_R/φ_R
병진전단상자(SB)		c'/φ	c'/φ	c'/φ
	P	c'_R/φ_R	c'_R/φ_R c_u	c'_R/φ_R c_u
강도지수(SIT)		−	c_u	c_u
삼축(TX)		E' G c'/φ	E' G c'/φ c_u c_v	E' G c'/φ c_u c_v
	P	E_{oed} C_c		

† 적용범위: P=부분적인

ρ =체적밀도 E_{oed} =오이도미터 계수 C_c =압축지수 c_v =압밀계수
k =투수계수 c_u =비배수전단강도 c'_R/ϕ_R =잔류전단강도 c'/φ =배수유효전단강도
E' =탄성계수   G =전단계수

4.9 지반구조물 시험

지반구조물에 대한 시험은 국제표준 EN ISO 22477의 기준을 적용하며 다음과 같이 7개의 Part로 구분되어 있다. 즉 정재하시험(Part 1~3), 동재하시험(Part 4), 앵커 시험(Part 5), 네일링(Part 6), 보강토(Part 7)로 구분된다.[14] 집필 초기(2008년 초)에 Part 1은 출판이 승인되었으나 다른 part들은 준비 중이거나 일시적으로 중단된 상태였다.

4.10 핵심요약

'유럽표준협회에서는 상당수의 표준서와 기술시방서(technical specifications)를 제시하고 있다. 이러한 문서들은 [지반 및 응용지질] 분야에 큰 영향을 미칠 것이고 현장 및 실내시험에 필요한 모든 항목을 다룰 것이다.'[15]

이에 더하여

'새로운 유럽표준서에 포함되어 있는 흙과 암석의 설명방법도 크게 바뀌었다.'[16]

지난 몇 년간 지반조사 및 시험의 표준화는 엄청난 도약을 경험하였다. 이 주제에 대해 출판된 국제표준서가 다루는 범위와 숫자(40 이상)가 이를 반영하고 있다.

4.11 실전 예제

이 장의 실전 예제들은 현재의 영국지침에서 크게 바뀐 지반조사의 범위를 설명하기 위해 유로코드 7 Part 2에 주어진 지침을 사용한다. 예제 4.1은 잉글랜드 북서부의 호텔 부지에 대한 현장조사를 다루었다. 예제 4.2는 토질주상도에 영향을 미치는 흙의 기술이 어떻게 바뀌었는지 살펴보았다. 예제 4.3은 실내시험에 대하여 다루고 있다.

계산의 특정한 부분은 ❶, ❷, ❸ 등으로 표시되며 이들 숫자들은 각 예제에 동반된 주석의 번호를 나타낸다.

4.11.1 조사지점의 사양

예제 4.1은 5층 호텔 건물 및 주차장 그리고 편의시설로 구성된 호텔 단지가 세워질 잉글랜드 북서지역 현장을 다룬다(그림 4.16 참조). 호텔 건물이 차지하는 지역의 면적은 약 80m×60m이다.

이 호텔 부지의 지질은 웨스트팔리안 함탄층위에 가로놓인 빙하표석점토 또는 모래, 자갈로 구성된 하상퇴적층으로 이루어져 있다. 하상퇴적층은 15m 깊이로 분포되어 측방으로 변화하고 있는 것으로 예상된다.

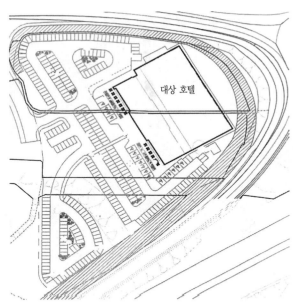

그림 4.16 5층 호텔 신축에 요구되는 적절한 지반조사

❶ 고층 및 공장 건물에 대한 조사 간격은 EN 1997 − 2의 부록 B에 제시되어 있다.

❷ 함수 'ceil'은 가장 가까운 정수로 올림한다. 따라서 ceil$(80/40 + 1) = 3$ 이고 ceil$(60/40 + 1) = 3$이다. 그리고 $3 \times 3 = 9$이다.

❸ 함수 'floor'는 가장 가까운 정수로 내림한다. 따라서 floor$(80/15 + 1)$ $= 6$이고 floor$(60/15 + 1) = 5$이다. 그리고 $6 \times 5 = 30$이다.

❹ 9와 30 사이에서 얼마만큼 조사해야 할지 결정하는 것은 기술자의 판단 문제이다. 호텔 건물이 상대적으로 낮기 때문에 이 범위의 아래쪽의 값 (12)을 선택한다. 유로코드 7에 의하면 12개 모두가 시추지점이 되어야 하는 것이 아니지만 수직 또는 수평방향으로 변화하는 지반의 특성을 판단하기 위해서는 충분한 조사깊이가 요구된다.

❺ 독립기초에 대한 최소 조사깊이는 6m이다.

❻ 얕은 깊이에서 만족할 만한 지층이 나오지 않는다면 전면기초에 대한 지반조사의 최소깊이는 90m가 된다. 이 지역은 함탄층이 지표면에서 15m 이내에 존재할 가능성이 있으므로, 지반 조사깊이는 함탄층(지지층)의 2~5m 내에서 결정될 수 있다(17~20m 깊이). 연약지층을 확인하기 위해 초기 조사위치 중의 한 지점은 최소한 아래층으로 더 깊게 천공되어야 한다. 나머지 조사는 취합된 정보를 고려하여 조정할 수 있다.

❼ 말뚝기초에 대한 최소 조사깊이는 60m이다. 앞의 ❻과 비슷한 이유로 조사깊이가 짧아질 수 있다.

❽ EN 1997−2에서 권장하는 조사 범위는 전통적으로 영국에서 시행되었던 것보다 훨씬 넓다. 이 프로젝트에서는 20개의 시굴공과 함께 최대 13.2m까지 8개의 시추공이 시추되었다. 호텔 부지 내에는 3개의 시추공과 7개의 시굴공이 존재한다. 함탄층 하부를 관통한 시추공은 없지만 몇 개의 시추공은 조밀~매우 조밀한 모래층 또는 자갈층까지 시추하였다.

예제 4.1

조사지점의 사양

설계상황

5층 호텔 및 주차장과 편의시설로 구성된 새로운 호텔 단지에 대한 지반조사 설계를 검토하였다. 호텔 단지의 면적은 B=80m, L=60m이다.

조사지점 수

고층건물 및 산업구조물의 경우, 조사지점은 반드시 최소 $s_{min} = 15m$ 와 최대 $s_{max} = 40m$ 간격을 둔 격자 상에 있어야 한다. ❶

최소 조사지점 수

$$n_{min} = ceil\left(\frac{B}{s_{max}} + 1\right) \times ceil\left(\frac{L}{s_{max}} + 1\right) = 9 ❷$$

최대 조사지점 수

$$n_{\min} = floor\left(\frac{B}{s_{mim}}+1\right)\times floor\left(\frac{L}{s_{\min}}+1\right)= 30 \ ❸$$

건물이 상대적으로 낮기 때문에 이 값들 사이에서 작은 값을 선택한다. 예를 들어 $n = 12$이다. ❹

얕은기초에 대한 조사깊이

얕은기초의 폭 $b_f = 2m$ 라고 가정하면 확대기초를 사용한 경우,

최소 조사깊이 $z_{spread} = \max(6.0m, \ 3 \times b_f) = 6m$ 이다. ❺

전면기초에 대한 조사깊이

전면기초의 폭 $b_{raft} = 60m$ 라고 가정하면

최소 조사깊이 $z_{raft} = \max(6.0m, \ 1.5 \times b_{raft}) = 90m$ 이다. ❻

말뚝기초에 대한 조사깊이

독립말뚝의 직경 $D_F = 600mm$ 이고

무리말뚝의 최소 폭 $b_g = L = 60m$ 라고 가정하면

최소 조사깊이 $z_{pile} = \max(5.0m, \ 3 \times D_{F,} \ b_g) = 60m$ 이다. ❼

요약

$t = 15m$ 에 만족할 만한 지지층이 있다면 최대 조사깊이 $z_{\max} = t + 5m = 20m$ 이다. ❽

4.11.2 토질주상도

예제 4.2는 BS 5930에 따라 작성된 호텔 부지의 대표적인 토질주상도 (borehole log)이다. 다음 주석에서는 토질주상도를 EN 1997 − 2 및 EN ISO

14688과 일치시키기 위해 필요한 변경사항에 대하여 다루고 있다.

예제 4.2 주석

❶ 본 기술(discription)은 유로코드 7 및 그와 관련된 표준들, 특히 EN ISO 14688을 도입한 이후에도 동일한 상태로 남아 있다.

❷ BS 5930에 따르면 '견고(stiff)'란 용어는 점토가 75~150kPa의 비배수 강도(c_u)를 가지는 것을 의미한다. EN ISO 14688에서 '견고'란 용어는 점토시료의 현장조사에서 평가한 흙의 연경도만을 의미한다. 비배수강도가 측정된 곳에서는 추가적인 용어를 덧붙일 수 있다. 예를 들어 $c_u = 40 - 75$kPa에 대해서는 '보통강도(medium strength)' 등이다. 두 번의 삼축압축시험에서 얻은 비배수강도는 59kPa과 72kPa이다. 따라서 이 경우, 유로코드 7에서 호환되는 흙에 대한 기술은 '자갈질 점토화되는 견고한 갈색의 보통강도의 모래질 흙'으로 할 수 있다(Stiff brown medium strength sandy becoming gravelly CLAY)'. 여기서 점토는 약어 'Cl'로 표현할 수 있다. '견고한' 및 '보통강도'라는 용어는 서로 다른 의미를 가진다.

❸ EN ISO 14688에는 이와 같은 기술이 남아 있지만 '조밀한 갈색 clSa와 Gr(Dense brown clSa 및 Gr)'로 축약될 수 있다.

❹ 이 기술은 EN ISO 14688에서 동일한 상태로 남아 있다.

❺ BS 5930에 의하면 표준관입시험의 타격횟수가 30~50의 범위이기 때문에 '조밀한' 모래로 기술할 수 있다. 하지만 유로코드 7 Part 2의 부록 F에서는 상대밀도를 기술하는 용어로 롯드 에너지 및 깊이, $(N_1)_{60}$에 대한 보정 타격횟수와의 연관성을 나타내고 있다. 보정 타격횟수의 범위는 BS 5930과는 다르다. 그러나 상대밀도에 대한 기술은 보정 전의 N 값 및 BS 5930에 주어진 범위를 토대로 해야 한다고 권장[17]하고 있다.

❻ 본 기술은 EN ISO 14688에서도 동일하게 남아 있다(❺ 참조).

토질주상도

디코딩 유로코드 7 by Andrew Bond and Andrew Harris 제4장 지반조사 및 시험							시추공 No. BH 01 1 / 1
프로젝트명 WITLEY HOTEL			프로젝트 No. GEO			좌표: 627366E−127654N	시추 종류 케이블
위치: Warringtion						표고: 15.36m	축척 1:75
의뢰인: Euronorm Ltd						날짜: 03/05/2007	기록자: AJB

굴착 우물	수맥	시료 및 현장시험			깊이(m)	표고(m)	범례	지층기술
		깊이(m)	형식	결과				
								갈색의 잘 부서지는 모래질 표층❶
		0.00~0.80	B					자갈질 점토화되는 견고한 갈색 모래질 흙　　　　　　　❷
		1.00	D					
		1.30	D					
		1.50~1.95	U					
		2.00	D					
		2.50~2.95	SPT B	14				
		3.50~3.95	D					
		4.00	D					
		4.50~4.95	SPT B	17				
		5.50	D					
		6.00~6.45	U					
		6.50	D					
		7.00	D		7.10	8.26		조밀한 갈색 점토질 모래와 자갈❸
		7.50~7.95	SPT B	35				
		8.50	D		8.30	7.06		단단한 갈색의 표석 점토
					8.70	6.66		조밀한 갈색의 세립에서 조립의 자갈질 모래　　　　　　❹
		9.00~9.45	SPT B	44				
		10.00	D		10.10	5.26		조밀한 어두운 갈색의 세립토에서 조립질 모래　　　　　　❺
		10.50~10.95	SPT B	39				
		11.50~11.95	SPT B	46				
					42.00	3.36		시추공 선단 12.00m ❻

비고:

4.11.3 실내시험 사양

예제 4.3은 유로코드 7 Part 2에 따라 호텔 부지에서 요구되는 실내시험의 횟수를 다룬다. 부록 M부터 S에 주어진 지침은 각 지층에서 시행해야 할 시험 횟수를 결정하게 해준다. 시험횟수는 현장에서 예상되는 지반특성의 변화에 의해 결정된다.

4.11.2에 주어진 토질주상도가 대표적이지만 현장에 대한 이전 경험이 거의 없다고 가정하여 얕은기초 또는 말뚝기초의 설계를 하는 데 요구되는 시험의 양을 다음의 표에 나타내었다. 실제로 1개의 시추공에서 채취한 시료를 가지고 모든 실험을 시행할 수는 없다. 대신에 각 지층의 측방방향(lateral extent)에 대한 평가가 시행되어야 하며 다른 시추공에서 채취된 시료(하지만 동일 지층)가 사용되어야 한다. 깊이에 따른 파라미터의 변화를 평가하기 위해 더 많은 시험이 요구될 수도 있다.

예제 4.3 주석

❶ 이 프로젝트에서 점토의 유효응력시험은 필요하지 않다고 가정한다.

❷ 조립질 흙의 유효응력 파라미터를 결정하는 데 실내시험보다는 원위치시험이 더 나을 수도 있다. 유로코드 7에서는 실내시험 대신에 적절한 원위치시험이 사용되는 것을 허용한다.

❸ 4.11.2의 토질주상도에서 표석점토(boulder clay)의 두께가 0.4m 밖에 되지 않으므로 시험시료의 부족으로 인해 명시된 모든 시험을 하는 것은 불가능하다.

❹ 여기서 사용되는 기호 E_{oed}는 압밀계수 c_v 및 압축계수 m_v와 같은 관련된 모든 압밀 관련 파라미터를 의미한다.

실내시험 사양

지층	PSD	Att[†]	De[‡]	c_u	c', φ'	E_{oed}❹
갈색의 잘 부서지는 자갈질 표층(매립토)	−*	−	−	−	−	−
자갈질 점토화되는 견고한 갈색 모래질 흙	4	3	4	5	−❶	4
조밀한 갈색 점토질 모래와 자갈	4	3w	−	−	3❷	−
단단한 갈색의 표석점토 ❸	4	3	4	5	−❶	4
조밀한 갈색의 세립에서 조립의 자갈질 모래	4	3w	−	−	3❷	−
조밀한 어두운 갈색의 세립토에서 조립질 모래	4	3w	−	−	3❷	−

−* 적용 불가능; [†] 액성한계(w_L, w_P); 함수비(w); 숫자 뒤의 w는 함수비; [‡] 밀도

4.12 주석 및 참고문헌

1. Driscoll, R.M.C., Powell, J.J.M., and Scott, P.D. (2008) *EC7-implications for UK practice*, CIRIA RP701.

2. BS EN 1997−2: 2007, Eurocode 7−Geotechnical design, Part 2−Ground investigation and testing, British Standards Institution, London, 999pp.

3. BS EN ISO 17892, Geotechnical investigation and testing-Laboratory testing of soil, British Standards Institution.
   Part 1: Determination of water content.
   Part 2: Determination of density of fine grained soil.
   Part 3: Determination of density of solid particles-Pycnometer method.
   Part 4: Determination of particle size distribution.
   Part 5: Incremental loading oedometer test.
   Part 6: Fall cone test.
   Part 7: Unconfined compression test.
   Part 8: Unconsolidated undrained triaxial test.
   Part 9: Consolidated triaxial compression tests.
   Part 10: Direct shear tests.
   Part 11: Permeability tests.
   Part 12: Determination of Atterberg Limits.

4. Nicholson, D., Tse, C-M, and Penny, C. (1999) *The Observational Methodin ground engineering: principles and applications*, CIRIA R185.

5. See, for example: Clayton, C.R.I., Simons, N.E., and Matthews, M.C.(1984) *Site investigation: A handbook for engineers*, London, Granada Publishing; or Coduto, D.P. (2001) *Foundation design: Principles and practices*, Prentice Hall.

6. BS EN ISO 14688, Geotechnical investigation and testing-Identification and classification of soil, British Standards Institution.
Part 1: Identification and description.
Part 2: Principles for a classification.
Part 3: Electronic exchange of data on identification and description of soil.

7. BS 5930: 1999, Code of practice for site investigations, British Standards Institution.

8. BS EN ISO 14689, Geotechnical investigation and testing-Identification and classification of rock, British Standards Institution.
Part 1: Identification and description.
Part 2: Electronic exchange of data on identification and description of rock.

9. International Society of Rock Mechanics (1980) 'Basic geotechnical description of rock masses', *Int. J. Rock Mech. Min. Sci. & Geomech. Abstr.*, 18, pp.85~110.

10. BS 5930, ibid., see §44.

11. BS EN ISO 22475, Geotechnical investigation and testing-Sampling methods and groundwater measurements, British Standards Institution.
Part 1: Technical principles for execution.
Part 2: Qualification criteria for enterprises and personnel.
Part 3: Conformity assessment of enterprises and personnel by third party.

12. BS EN ISO 22282, Geotechnical investigation and testing-Geohydraulic testing, British Standards Institution.
Part 1: General rules.
Part 2: Water permeability tests in a borehole using open systems.
Part 3: Water pressure tests in rock.
Part 4: Pumping tests.
Part 5: Infiltrometer tests.
Part 6: Water permeability tests in a borehole using closed systems.

13. BS EN ISO 22476, Geotechnical investigation and testing-Field testing, British

4. 지반조사 및 시험 **139**

Standards Institution.

Part 1: Electrical cone and piezocone penetration tests.

Part 2: Dynamic probing.

Part 3: Standard penetration test.

Part 4: Ménard pressuremeter test.

Part 5: Flexible dilatometer test.

Part 6: Self-boring pressuremeter test.

Part 7: Borehole jack test.

Part 8: Full displacement pressuremeter test.

Part 9: Field vane test.

Part 10: Weight sounding test.

Part 11: Flat dilatometer test.

Part 12: Mechanical cone penetration test.

Part 13: Plate loading test.

14. BS EN ISO 22477, Geotechnical investigation and testing-Testing of geotechnical structures, British Standards Institution.

Part 1: Pile load test by static axially loaded compression.

Part 2: Pile load test by static axially loaded tension.

Part 3: Pile load test by static transversely loaded tension.

Part 4: Pile load test by dynamic axially loaded compression test.

Part 5: Testing of anchorages.

Part 6: Testing of nailing.

Part 7: Testing of reinforced fill.

15. Powell, J. and Norbury, D. (2007) 'Prepare for EC7', *Ground Engineering*, 40(6), pp.14~17.

16. Baldwin, M., Gosling, D., and Brownlie, N. (2007) 'Soil and rock descriptions', Ground Engineering, 40(7), pp.14~24.

17. Baldwin et al., ibid.

CHAPTER 5

지반특성화

5 지반특성화

"현실 세계의 문제를 다룰 때 불확실성은 피할 수 없다."[1]

5.1 시험결과를 이용한 설계

지반특성화(Ground characterization)는 현장 또는 실내시험 결과에서 적절한 지반 파라미터를 추출해 내는 과정이다. 최종적으로 이들 값은 이용 가능한 데이터에 불확실성이 반영된 적절한 부분계수를 적용한 후 설계 계산에 이용될 것이다.

그림 5.1과 같이 이 과정은 크게 세 단계로 이루어진다. 간단히 설명하면 유도화는 시험결과를 유도값(X)으로 변환하는 단계, 특성화는 유도값에서 적절한 특성값(X_k)을 선정하는 단계, 마지막으로 계수화는 설계목적으로(X_d) 특성값이 보다 신뢰성을 갖도록 부분계수를 적용하는 단계이다.

이 장의 나머지 부분에서는 총 세 단계 중 처음 두 단계에 관하여 기술하였다. 즉 유도화(5.2)와 특성화(5.3)이다.

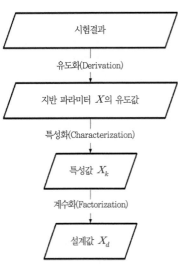

시험결과

↓ 유도화(Derivation)

지반 파라미터 X의 유도값

↓ 특성화(Characterization)

특성값 X_k

↓ 계수화(Factorization)

설계값 X_d

그림 5.1 지반특성화의 개요

5.2 지반 파라미터의 유도

5.2.1 개요

유로코드 7에서 지반 파라미터의 유도값(derived value)은 다음과 같이 정의된다.

> 이론 및 시험을 통한 상관관계 또는 경험에 의해서 얻어지는 값
>
> [EN 1997-1 § 1.5.2.5] & [EN 1997-2 § 1.6(3)]

그림 5.2의 흐름도와 같이 시험결과는 상관관계(예: 모래에서 콘관입저항치와 전단저항각의 관계), 이론(예: 점토에서 삼축압축강도를 평면변형률 강도로 변환) 또는 경험규칙(예: 점토에서 표준관입시험치와 비배수전단강도의 관계) 등을 사용하여 유도값 X로 변환할 수 있다.

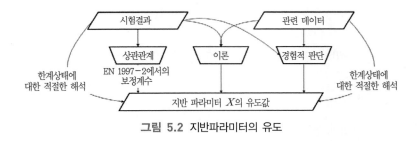

그림 5.2 지반파라미터의 유도

시험결과는 인근 현장의 자료(비교 경험) 또는 현장 재료에 관한 연구결과 등 관련된 자료를 이용하여 보완할 수 있다.

지반기술자가 유도값에 요구되는 한계상태를 알 경우, 유도값을 직접 평가할 수도 있다.

그림 5.3은 2가지 다른 시험에서 유도된 지반 파라미터의 예이다. 즉 표준관입시험의 타격횟수를 이용하여 얻은 비배수전단강도(검은색 기호, SPT)와 비배수 삼축압축시험에서 얻은 비배수전단강도(흰색 기호, TX)[2]이다. 이들

데이터에 관한 내용은 특성값 선정에 관하여 기술한 5.3.5에서 자세하게 설명하였다.

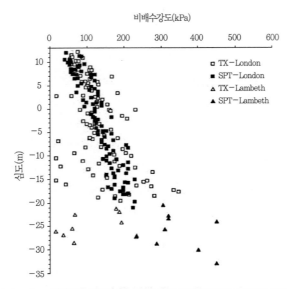

그림 5.3 London 점토(사각형)와 Lambeth 점토(삼각형)에서 유도된 비배수전단강도

5.2.2 상관관계

유로코드 7의 Part 2[3]에서는 일반적인 현장 지반조사 방법과 널리 이용되고 있는 지반 파라미터 사이의 상관관계를 제시하였다.

- 부록 D, 콘관입시험   : ϕ, E', E_{oed}
- 부록 F, 표준관입시험   : I_D, ϕ
- 부록 G, 동적프로브시험: I_D, ϕ, E_{oed}
- 부록 H, 사운딩   : ϕ, E'
- 부록 J, 딜라토미터시험: E_{oed}
- 부록 K, 평판재하시험 : c_u, E_{PLT}, k

여기서 φ는 흙의 전단저항각, E'은 배수조건에서 흙의 탄성계수, E_{oed}는 일차원(압밀)계수, I_D는 상대밀도, c_u는 비배수전단강도, E_{PLT}는 평판재하계수, k는 지반반력계수이다.

상관관계는 두 파라미터 사이의(예: 비배수 영계수 E' 및 전단계수 G) 이론적인 관계나 경험적인 관계에 의해 유도될 수도 있다. 비록 현장시험결과와 지반 파라미터 사이의 관계를 설명하는 이론이 존재하더라도 이들 이론이 흙의 거동을 충분히 모델화(model)하지는 못하기 때문에 지반기술자들은 경험적인 관계에 좀 더 의존하게 된다.

대부분의 상관관계는 특별한 지층 및/또는 지반상황(situation)에 국한되어 있다. 이들 관계를 다른 지층이나 지반상황에 확장하여 적용하는 경우에는 주의가 요구된다.

그림 5.4는 EN 1997 − 2 부록 F에 포함되어 있는 조립재료의 SPT N 값과 상대밀도 간의 상관관계를 보여 준다.

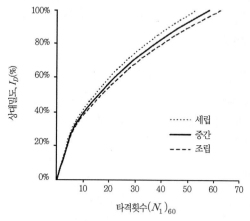

그림 5.4 조립토에 대한 SPT 타격횟수와 상대밀도의 상관관계

5.2.3 이론

이론(theory)이란 '그럴듯한 또는 과학적으로 받아들여지는 일반적인 원리 또는 현상을 설명하는 데 사용되는 원리들'이다.[4]

이론을 통해 측정값에서 파라미터를 유도하거나 지반 파라미터가 다른 파라미터들과 어떤 관계가 있는지 설명할 수 있다.

현장베인시험은 강도가 작은 세립토(예: 연약점토)의 비배수전단강도를 구하는데 널리 사용되는 방법이다. 현장베인시험에서는 토사 내에 관입된 베인 날개를 연속적으로 회전시키는 데 필요한 토크를 측정한다. 흙의 비배수전단강도 c_u 는 다음 식과 같다.

$$c_u = \frac{T}{K}, \quad K = \pi \frac{D^2 H}{2} \left(1 + \frac{D}{3H} \right)$$

여기서 T는 측정된 토크이고 K는 베인의 치수와 형상에 따른 상수(D와 H는 두 베인 날개의 폭과 높이)이다. 식 K에서는 실린더의 끝단과 주면을 따라 분포하는 전단강도가 일정하다고 가정하였다. 대부분의 베인에서 $H/D = 2$이므로 $K = 3.66 D^3$이 된다. 이 식의 근거가 되는 이론은 안전율에 의존하지 않으므로 전통적인 방법에서와 같이 유로코드 7에서도 동일하게 잘 사용될 수 있다.

이론은 다양하게 적용될 수 있으나 종종 특별한 상황에 국한되므로 사용자들은 그러한 제한사항을 이해하여 그 범위 내에서 사용해야 한다. 일반적으로 데이터에만 의존하는 경험적으로 유도된 공식과는 달리 이론은 폭넓은 적용성을 가지고 있다.

실험을 통해 관찰된 현상을 잘 설명할 수 있는 좋은 이론도 있으나 일반적으로 미지수(unknowns)가 증가함에 따라 이론의 신뢰도는 점차 줄어들게 된다.

5.2.4 경험식

유로코드 7이 도입된 이후 기존의 경험식들은 다음 3가지 중 하나에 귀결되게 되었다. 즉 일부는 기존 그대로 사용되고 또 다른 일부는 변경되어 사용되며 나머지는 더 이상 사용되지 않는다.

기존의 많은 경험식들은 지반설계에 부분계수가 널리 사용되기 이전에 개발되었다. 일부 경험식들은 구조물이 과도하게 변형되거나 지반에 큰 응력이 발생하는 것을 막기 위해 개발 당시 어느 정도의 안전율을 내재하고 있었다.

그림 5.5와 같이 Terzaghi와 Peck[5]이 모래지반에서 기초의 허용지지력과 SPT N 값에 대해서 제시한 관계에서 경험적으로 유도된 상관관계의 예를 찾아볼 수 있다. 유로코드 구조물 설계기준은 부분계수 적용에 대한 신뢰성을 확신하기 때문에 지반 파라미터들이 적절하게 보정되지 않는다면 기존 경험식들의 상관관계는 유로코드 7의 틀 안에서는 사용할 수가 없다.

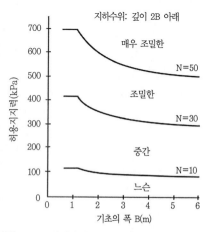

그림 5.5 모래지반에서 SPT 타격횟수와 허용지지력에 대한 Terzaghi와 Peck의 상관관계

그림 5.6은 점토의 표준관입시험값(N), 비배수전단강도(c_u) 및 소성지수(I_p)에 대하여 Stroud와 Butler가 제시한 상관관계로 영국에서 많이 사용된다. 이 상관관계는 유도 시 안전율을 포함하지 않아 수정 없이 적용할 수 있기 때문에 유로코드 7에서 계속적으로 사용할 수 있는 전형적인 예라 볼 수 있다.

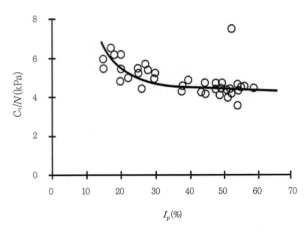

그림 5.6 SPT 타격횟수와 비배수전단강도의 상관관계

5.2.5 지반 파라미터의 직접 측정

지반 파라미터의 직접 측정은 보통 실내시험을 통해서만 가능하다. 예를 들어 강도와 투수성, 강성(배수 또는 비배수)은 삼축압축시험을 통해 직접 결정할 수 있다. 그러나 지반 파라미터를 직접 측정하는 경우에는 유도값에 영향을 줄 수 있는 시료의 교란영향을 고려해야 한다.

5.2.6 기호

유로코드 7 Part 1에서 지반 파라미터에 대해 점착력은 c'(유효응력 기준), 비배수전단강도는 c_u, 정지토압계수는 K_0, 단위중량은 γ, 전단저항각은 φ' (유효응력)가 사용된다. 불특정 물성값에 대해서는 일반적인 기호로 X가 사용된다.

[EN 1997-1 § 1.6(1)]

지반 파라미터에 대한 더 많은 기호들이 유로코드 7 Part 2에 수록되어 있다.

[EN 1997-2 § 1.8(1)]

유로코드 7에서 보다 포괄적인 표준기호에 대한 목록이 제시되지 않아 기술자들이 계산 결과를 상호 검토하거나 동일한 계산을 함께 해야 할 때 혼란스

러울 수 있다고 생각한다. 게다가 하중의 영향과 저항력을 나타내는 데 사용하는 가장 상위 수준의 약어인 E와 R 등의 기호를 제외하고는 지반공학과 구조공학에서 공통적으로 사용되는 기호들을 표준화하지는 못하였다.

이 책에서는 지반공학이 아닌 많은 유로코드에서 사용하는 일련의 기호들을 채택하였다. 특히 주요 변수들에 대해서는 대문자를 사용하였다. 예를 들어

- F: 일반적인 힘
- V: 연직력
- H: 수평력
- M: 휨모멘트
- q: 상재하중
- u: 간극수압

이들 기호들 각각에 적절한 조합과 부분계수를 적용하기 위해 유로코드에서 필요한 추가 정보를 나타내는 첨자를 적용하였다. 예를 들어

- V_{Gk} = 연직력(V), 영구(G), 특성(k)
- $M_{Q,rep}$ = 모멘트(M), 변동(Q), 대표(rep)
- u_{Ad} = 간극수압(u), 우발(A), 설계(d)

설계하중의 영향과 설계 저항력을 의미하는 기호로 E_d와 R_d 대신 기본 기호에 첨자 'Ed'와 'Rd'를 붙임으로써 둘을 구분하였다. 즉 단순히 E_d 대신 M_{Ed}, 그리고 R_d 대신 M_{Rd}를 사용한다.

5.3 특성값의 결정

EN 1990에서는 재료물성의 특성값에 대하여 다음과 같이 정의하였다.

작은 값이 불리한 경우, 특성값은 5% 분위수로 정의되고 큰 값이 불리한 경우, 95%

분위수로 정의되어야 한다.   [EN 1990 § 4.2(3)]

이러한 정의는 강재나 콘크리트 같은 인공재료에서는 잘 적용되나 지반재료와 같이 변동성이 매우 크거나 흙과 암석의 경우와 같이 관련된 물성값을 직접 측정하기 어려운 경우에는 적용하기 어렵다.

5.3.1 지반 파라미터 결정에 통계를 적용하는 문제

지반공학에서는 건설현장마다 각각의 지반조건을 파악해야 하는 어려움이 존재한다. 지반조사를 아무리 많이 시행한다 해도 지반에 대한 모든 정보를 정확하게 얻기가 불가능하기 때문에, 결국에는 지반에 대한 불충분한 정보를 기반으로 설계를 하게 된다. 더욱이 지반재료는 그 자체로 변동성이 매우 크기 때문에, 본질적으로 위치뿐만 아니라 역학적 화학적 특성을 파악하는 데 어려움이 따른다.

> 불확실성의 원인은 크게 (1) 본래의 임의성과 관련된 원인[우연적(aleatory)]과 (2) 실제의 예측과 산정에 따른 부정확성과 관련된 원인[인지적(epistemic)[6]의 두 종류로 분류할 수 있다.

그림 5.7과 같이 중요한 설계 파라미터 값들의 범위가 넓게 분포하는 것이 이례적인 것은 아니다. 게다가 다양한 지반 물성값의 변동계수에 관한 연구들[7]에 의하면 일반적으로 인공재료에 비해 지반재료의 변동계수가 훨씬 크다고 하였다. 이것이 우연적 불확실성의 한 가지 예이다.[8]

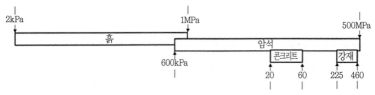

그림 5.7 인공재료와 비교한 자연재료인 흙과 암석의 강도 범위

지반재료와 인공재료의 변동계수(COV)[7]

재료	파라미터		변동계수(COV), %
흙	전단저항계수	$\tan\varphi$	5~15
	유효점착력	c'	30~50
	비배수전단강도	c_u	20~40
	압축계수	m_v	20~70
	단위중량	γ	1~10
콘크리트	보와 기둥의 저항		8~21
강재			11~15
알루미늄			8~14

인지적 불확실성(epistemic uncertainty)은 지반기술자들이 설계 파라미터를 결정할 때 통계적 접근을 정당화할 충분한 시험 데이터를 가지고 있는 경우가 거의 없는 것과 관련이 있다.

1991년, 영국토목학회의 지반분과 이사회에서는 현장조사에 관한 보고서[10]를 출간하고 다음과 같은 제안을 하였다.

'지반조사의 범위(extent), 강도(intensity)와 품질수준(quality)에 관한 국가 지침은 의뢰인, 기획자(planner) 및 기술자의 이익을 위하여 만들어져야 한다. 이러한 지침들은 유로코드 7의 지반범주에 대한 원칙을 따라야 한다.'

유로코드 7의 도입으로 모든 당사자들이 만족하는 적절한 지반조사가 이루어지는 데 고무적인 역할을 할 수 있게 되기를 바란다.

5.3.2 신중한 추정값

EN 1990에 제시된 통계적 정의에 기초하여 지반 파라미터의 특성값을 결정하는 데 본질적인 어려움이 따르므로 유로코드 7에서는 다음과 같이 특성값을 다시 정의하였다.

한계상태 발생에 영향을 미치는 신중하게 추정된 값   [EN 1997-1 § 2.4.5.2(2)P]

신중한 추정값(cautious estimate)이란 도대체 무엇을 의미하는가? 아쉽게도 EN 1997 – 1에서는 이에 대한 설명을 찾아보기 어렵다. 그래서 이를 일반적으로 받아들여질 수 있는 정의로 다시 바꾸어 사용해야 한다.

- 신중한[형용사]: 잠재적인 문제 또는 위험을 피하기 위해 주의 깊은
- 추정[명사]: 근사계산 또는 판단[11]

이들 정의를 결합하면 다음과 같다.

신중한 추정값 = 잠재적인 문제 또는 위험을 피하기 위해 주의 깊게 한 근사계산 또는 판단

'한계상태에 영향을 주는'이라는 말은 지반 파라미터의 특성값에 대한 정의에 추가된 중요한 부분이다. 이것은 각 한계상태에 대해서 하나의 특성값이 존재하지 않고 가능성 있는 여러 개의 특성값이 존재한다는 것을 의미한다.

예를 들어 말뚝기초의 설계를 위해 전단저항각의 특성값을 선택할 때 선단지지력(주로 압축지지)을 구하는 데 사용되는 전단저항각이 주면마찰력(직접전단)을 구하는 데 사용되는 전단저항각보다 더 작은 값을 선택할 수 있다. 따라서 이러한 경우에는

$\varphi_{k,base} < \varphi_{k,shaft}$

EN 1997 – 1의 정의를 따르면 한계상태를 결정하는 것은 설계행위이므로 특성값은 구조물의 설계 이전(예: 지반조사의 일부분)이 아니라 구조물의 설계과정 중에만 선정될 수 있다.

5.3.3 대푯값

BS 8002[12]에서 정의한 대로 유로코드 7의 출간 이전에 영국에서의 옹벽설계는 '대표적(representative)' 토질 파라미터들에 기초하여 이루어졌다.

설계에서 의도한 부분에 적절히 적용될 수 있는 현장의 토질 물성값에 대한 보수적인 추정값

단위중량과 같이 값의 변화가 적은 토질 파라미터에 대한 대푯값은 시험결과의 평균값이 되어야 한다. 변동이 심한 경우(또는 값이 확신을 가질 수 없는 경우)에 대푯값은 사용 가능한(acceptable) 데이터의 하한에서 신중하게 결정된 값이어야 한다.

실제로 BS 8002에서의 대푯값과 유로코드 7에서의 신중한 추정값 간의 차이는 단지 의미상의 차이일 뿐이다.

5.3.4 적절 보수값과 최저 신뢰값

'적절 보수(moderately conservative)'와 '최저 신뢰(worst credible)'라는 용어는 영국에서 가장 보편적으로 사용되고 있는 2가지 설계법으로 단단한 점토지반에 시공된 옹벽의 설계에 관한 세미나에서 처음으로 사용되었다(CIRIA 104).[13]

CIRIA 104에 따르면 토질 파라미터에 적용되는 안전율은 하중 및 기하학적 구조와 함께 토질 파라미터가 어떻게 결정되었는가에 따라 달라진다. 다음 표에서는 두 설계법에 대해 주요한 부분을 요약하였으며 동등한 신뢰수준으로 나타낸 것이다.

CIRIA 104 작성 당시 적절 보수 설계법은 영국에서 경험이 많은 기술자에 의해서 자주 사용되던 방법이었다. 유감스럽게도 CIRIA 104에서는 '적절 보수'가 무엇을 의미하는지에 관해 정확하게 정의하고 있지 않다. 다시 한번 사전적 의미를 찾아보면 다음과 같다.

- 적절히[부사]: 양과, 강도 또는 정도(degree)에 있어서 평균
- 보수적인[형용사]: (추정과 관련하여) 신중하기 위해 의도적으로 추정값을 낮춘[14]

이들 용어를 결합하면 다음과 같다.

- 적절 보수=낮은, 신중한 평균의

파라미터/계수		설계법	
		적절 보수	최저 신뢰
흙	선정	'보수적인 최적의 추정값'	'가장 비현실적인' 값들
하중			'초과 가능성이 매우 낮은' 값들 (그러나 물리적으로 완전히
기하학적 구조			불가능한 것은 아닌)
흙의 강도에 적용되는 안전율(Fs)	적용	넉넉한(generous) 값	덜 보수적인 값
	전응력 해석	1.5(가설공사)	추천하지 않음
	유효응력 해석	1.1~1.2(가설공사) 1.2~1.5(본 공사)	1.0(가설 공사) 1.2(본 공사)
동등한 안전 수준		5% 분위수?	0.1% 분위수

CIRIA 104의 후속인 CIRIA C580에 따르면[15] 이 방법으로 선정된 토질 파라미터 값들은 BS 8002에서 정의된 대푯값(5.3.3 참조) 및 유로코드 7에서 정의된 특성값(5.3.2 참조)과 같다. CIRIA 104의 적절 보수값과 유로코드 7의 신중한 추정값 간의 차이는 역시 단순 의미상 차이이다.

5.3.5 지반의 관련 정도는 얼마나 되는가?

지반 파라미터 X의 특성값을 결정하는 데 중요한 요소는 지반이 한계상태의 발생과 얼마나 많이 관련되어 있는가를 파악하는 것이다.

지반의 일부에서 파괴가 일어난다 해도 구조물은 극한한계상태에 도달하지 않을 수 있다. 예를 들어 힘은 종종 응력이 높은 곳에서 주위의 낮은 곳으로 재분배된다. 이 때문에 한계상태 발생을 좌우하는 것은 재료강도(또는 다른 관련 물성)의 평균값이다. 특성값 X_k는 흙 또는 암석의 관련 영역을 대표하는 X의 공간적(spatial) 평균을 나타내는 값으로 신중하게 추정되어야 한다. 유로코드 7에서는 통계적 관점에서 X의 평균에 대하여 95% 신뢰수준을 요구한다.

관련된 지반영역이 작은 경우에도 특성값 X_k는 관련된 작은 영역(또는 X의 국부적인 값으로 알려진)에서 신중하게 추정된 공간 평균값으로 하여야 한다. 이 값은 평균화가 덜 이루어지기 때문에 큰 지반영역에서 결정된 값보다 훨씬 작은 값을 나타낼 수 있다. 이 경우, 통계학적으로 특성값 X_k는 제2장에서 논의된 5% 분위수에 가깝게 될 것이다.

예를 들어 한 지층(예: 이탄)의 압축성이 다른 지층보다 훨씬 큰, 다층지반상에 있는 기초의 침하를 검토해 보자. 이러한 상황에서는 이탄의 압축계수(m_v)가 전체 침하량의 계산에 큰 영향을 미치기 때문에 특히 해당 층에서의 국부적(local)인 m_v 값이 중요하게 된다.

그림 5.8은 그림 5.3에 제시된 London 점토와 Lambeth 점토의 비배수전단강도에 대해서 말뚝 설계 시 적용 할 특성값에 대한 평가 결과이다.

검은색 기호는 100개의 표준관입시험값에서 유도된 비배수전단강도 c_u를 나타내며 이때 c_u와 SPT N 값 사이에는 다음 식과 같은 관계가 있다고 가정하였다.

$$c_u = 4.5 \times N$$

위 식은 그림 5.6과 같이 소성지수를 이용한 Stroud와 Butler의 상관관계에서 얻은 것이다.

흰색 기호는 U100 시료들에 대해 91개의 삼축압축시험에서 측정된 c_u 값들을 나타낸다. 그림 5.8에서 원 안의 데이터들은 시료의 교란으로 비현실적으로 작은 강도값을 나타낸 것으로 무시되었다.

London 점토(-20m 상부)에서는 95% 신뢰수준으로 말뚝축을 따른 평균 주면마찰력을 계산하는데 적합한 공간 평균 강도의 추정값을 선택하였다. 특별히 데이터가 분산되어 있지 않으므로 선택된 선은 데이터의 중앙에 가깝게 위치하였다. 만약 주면마찰력에 영향을 미치는 국지적으로 작은 값들

에 대해 걱정을 했다면 SPT 결과의 하한에 해당하는 점선을 선택했을 것이
다. 비록 간접적이긴 하나 SPT는 현장의 점토강도를 측정한 것인 반면에 소
량의 시료에 대하여 실내시험에서 직접 측정한 강도는 현장의 조건을 대표
한다고 보기 어렵기 때문에 SPT 결과를 더 중요하게 고려하였다.

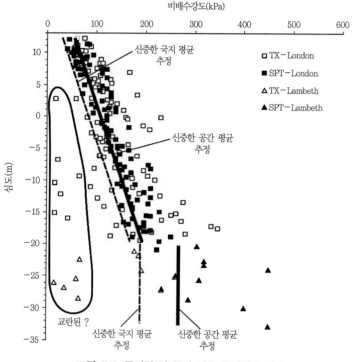

그림 5.8 국지적 및 공간 평균 특성값의 차이

Lambeth 점토(−20m 하부)에서는 말뚝의 선단지지력을 계산하는 데 적합
한 더 작은 영역(−33m 하부까지)에 대한 공간 평균 강도의 신중한 추정값
을 선택하였다. 또한 Lambeth 점토에서는 데이터들의 분산성이 매우 크고
선단저항력과 관련된 지반영역은 상대적으로 작으므로 하부점선으로 나타
낸 국지강도의 추정값을 선택하는 것도 진지하게 고려하였다. SPT에서 얻

은 강도와 삼축압축시험으로 얻은 강도는 서로 차이가 있는데 점선은 삼축압축시험 결과에 더 잘 맞는다.

5.3.6 확실한 경험

유로코드 7에서 특성값을 결정할 때에는 '확실한 경험(well-established)', 즉 오랜 시간에 걸쳐 얻어진 사실이나 사건(events) 및 지식 또는 기술에 대한 실질적인 관찰을 통해 보완해야 한다.[16]

또한 확실한 경험이란 토질 파라미터를 추정하는 데 사용되는 간단한 경험법칙을 포함한다. 예를 들어 다음과 같이[17] 규사와 자갈에 대한 첨두(φ)및 일정체적 전단저항각(φ_{cv})을 구하는 데 사용되는 식들이다.

$$\varphi = 30° + \begin{Bmatrix} 0, \text{둥근 입자} \\ 2, \text{약간 각진 입자} \\ 4, \text{각진 입자} \end{Bmatrix} + \begin{Bmatrix} 0, \text{균등 입도} \\ 2, \text{중간 입도} \\ 4, \text{중간 입도} \end{Bmatrix} + \begin{Bmatrix} 0, \text{N} < 10 \\ 2, \text{N} = 20 \\ 6, \text{N} = 40 \\ 9, \text{N} = 60 \end{Bmatrix}$$

$$\varphi_{cv} = 30° + \begin{Bmatrix} 0, \text{둥근 입자} \\ 2, \text{약간 각진 입자} \\ 4, \text{각진 입자} \end{Bmatrix} + \begin{Bmatrix} 0, \text{균등 입도} \\ 2, \text{중간 입도} \\ 4, \text{중간 입도} \end{Bmatrix}$$

5.3.7 특성값의 표준표

지반기술자들은 시험결과가 없는 특정 지층에 대해 지반 파라미터들을 산정해야 하는 경우가 종종 있다. 이러한 경우는 종종 인공지반 또는 지표면과 가까운 표토, 가끔 나타나는 조립층(자갈이나 모래) 및 얇은 세립층(실트나 점토)인 경우에서 발생한다. 시험결과가 없는 경우, 많은 지반공학 전문서적[18]에 나오는 표준표상의 값들로부터 지반 파라미터를 결정할 수 있다.

다음 '표준표(standard table)'는 점토의 소성지수(I_p)로부터 일정체적 전단저항각(φ_{cv})을 구하는 데 사용된다.[19]

소성지수 I_p	15%	30%	50%	80%
전단저항각 φ_{cv}	30°	25°	20°	15°

이와 같이 유로코드 7에서는 표준표로부터 특성값을 선택할 때 '매우 신중한 값'을 선택하도록 한다. 그러므로 특성값을 선택할 때에는 표준표상에 신중한 값들이 포함될 수 있도록 표준표의 공학적 바탕이 되는 사항을 잘 이해하고 있는 것이 중요하다.

5.3.8 지반특성화의 요약

그림 5.9는 유로코드 7에서 특성값 X_k를 결정하는 방법을 요약한 것이다. 대부분의 상황에서는 지반 파라미터 X에 관하여 신중한 추정값 X_k를 사용하고, 충분한 데이터가 있는 경우에는 통계적인 방법을 사용하는데 95% 신뢰도값(상한 또는 하한값을 적절하게 선택)을 사용하며 데이터가 없는 경우에는 표준표상의 값들을 참고하여 신중하게 결정한다. 모든 경우에 대한 결과값은 확실한 경험을 가지고 검토해야 한다.

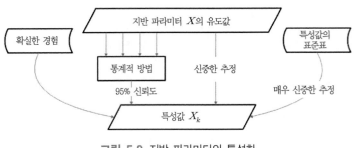

그림 5.9 지반 파라미터의 특성화

5.4 특성값 결정 사례

이 절에서는 현장과 실내시험 결과로부터 특성값(또는 값들)을 결정하는 과정에 대한 연구사례들을 소개한다. 첫 번째(5.4.1 참조)는 London의 2개의 견고한 과압밀 점토층에 대한 사례, 두 번째(5.4.2 참조)는 싱가포르의 연약한 해성 점토층에서의 사례, 그리고 세 번째(5.4.3 참조)는 영국 켄트카운티에 있는 그레이브젠드(Gravesend)의 조밀하고 입도가 양호한 자갈층에서의 사례이다.

5.4.1 Holborn의 London 점토와 Lambeth 점토

그림 5.10은 Holborn에 있는 한 현장에서 시행된 100회 이상의 표준관입시험 결과를 나타내며 해당 지반에 로터리 보링 공법을 이용해 600본 이상의 말뚝을 시공할 예정이었다.[20] (보정 전의) N 값은 London 점토에서는 깊이에 따라 일정하게 증가하였으나(검은색 삼각형), Lambeth 점토(흰색 삼각형)에서는 비슷하게 증가하다 특정 깊이부터 급격히 증가하였다. 이러한 데이터는 런던의 많은 현장에서 나타나는 대표적인 형태이다.

이 책의 집필을 위한 연구의 일환으로 약 100명 이상의 토목 및 지반기술자와 응용지질학자들에게 '한계상태 발생에 영향을 미치는 신중한 추정값'을 의미하는 특성값에 대한 유로코드 7의 정의를 토대로 주어진 데이터를 이용하여 특성선(또는 선들)을 표시해 달라고 하였다. 그림 5.10에 나타낸 선들은 그 결과를 나타낸 것이다.

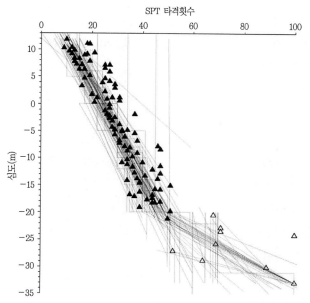

그림 5.10 London과 Lambeth 점토지반의 SPT 결과에 대한 특성값 해석 결과

London 점토(약 −21m 상부)에 대해 대부분 기술자는 타격횟수 7 정도의 폭에 해당하는 뚜렷하고 좁은 폭 안에서 특성선을 선택하였다. 이 구간에 있는 N 값들은 m당 깊이에 따라 1이 약간 넘는 비율로 증가하였다. 그러나 이 구간 밖의 데이터를 선택한 극단적인 경우도 있었다.

Lambeth 점토(−21m 하부)에 대해서 다양한 해석이 이루어졌다. 일부는 깊이에 따라 N 값이 선형으로 증가하는 선(약 3회 타격/m)을 선택하고, 나머지 기술자들은 50과 70 사이의 일정한 값을 가정하였다. 그림 5.10에서 데이터가 불확실한 경우(변동성이 크거나 데이터 수가 적은 경우) 기술자들의 해석이 더 많이 분산되었다.

그림 5.11은 앞에 기술한 Holborn에 있는 현장의 9개 시추공에서 채취된 U100 시료에 대하여 실험실에서 100회 이상의 비배수 삼축압축시험을 시행한 결과이다. 두 점토에 대해 측정된 비배수전단강도 값들은 시험 전 시료 교란의 영향으로 분산성이 매우 크게 나타났다.

그림 5.11에서 점선은 비배수전단강도의 이론적 한계를 나타낸 것으로 비배수전단강도 c_u 와 유효상재압력 σ'_v 및 과압밀비(OCR) 사이에서 다음 식과 같이 간단한 관계를 가정하였다.

$$\left(\frac{c_u}{\sigma'_v}\right) = \left(\frac{c_u}{\sigma'_v}\right)_{nc} \times \text{OCR}^{0.8}$$

여기서 $(c_u/\sigma'_v)_{nc}$는 0.23으로 가정하였다. 이 관계는 지질학적 과정으로 상재하중이 제거된 상태를 가정한다. '최소'로 표시된 선은 5m의 상재하중이 제거된 경우이고 '최대'로 표시된 선은 70m의 상재하중이 제거된 경우이다. 최소를 나타내는 선 아래로 London 점토의 경우 7개 데이터(검은색 사각형)가 있고, Lambeth 점토의 경우 5개의 데이터(흰색 사각형)가 있다. 대상 현장의 점토지반에 대해서 이러한 데이터는 물리적으로 불가능한 값들로 간주될 수 있다. London 점토의 경우, 최대를 나타내는 선 위로 4개의 데이터가 있는데 이 또한 물리적으로 불가능한 값들이다(70m 이상의 상재하중이 제거된다면 가능할 수도 있다).

우리는 전과 동일한 100명의 기술자들에게 '신중한 추정값'에 근거하여 이 데이터에 대한 특성값을 나타내는 선(또는 선들)을 표시해 달라고 요청하였다. 그림 5.11의 가는 실선들은 그 결과를 나타낸 것이다.

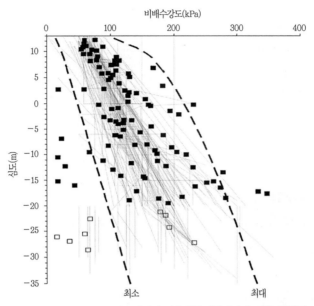

그림 5.11 London과 Lambeth 점토지반의 삼축압축시험결과에 대한 특성값 해석 결과

London 점토에 대한 해석 결과는 구간 폭이 약 +10m의 50kPa로부터 약 −20m의 100kPa까지 증가하였다. 다소 놀랍게도 가장 낙관적으로 c_u 값을 선택한 경우와 가장 비관적으로 c_u 값을 선택한 경우, 그 값이 3배나 차이가 났다. 최소선 아래의 7개의 데이터와 최대선 위의 4개 데이터는(거의 항상) 무시되었다.

Lambeth 점토에서 c_u 값은 50~300kPa 사이로 추정되었는데 이 범위에서 작은 값들은 분명히 최소선 아래에 있는 물리적으로 불가능한 5개의 데이터에 영향을 받았다.

5.4.2 싱가포르 해성점토

그림 5.12는 싱가포르 현장에서 시행된 약 40여 개의 현장베인시험 결과로 주택개발을 위해 현장타설말뚝과 바렛말뚝을 시공하였다.[21] 대상 지층은 연약에서 굳은 해성점토층이 35m까지 존재하고 그 하부는 실트질 모래/모래질 실트층과 사암층의 순서로 구성되어 있다.

해성점토의 예민비는 낮은 정도에서 중간 정도의 값($S_t = 2-7$)을 가지고 있다. 실내시험 결과 현재 압밀이 진행 중(과압밀비 OCR<1)인 것으로 나타났으나 이 결과는 아마도 시료교란으로 인한 오류인 것으로 판단되었다. 별도의 연구에서 싱가포르 해성점토는 약간 과압밀(OCR=1.5~2.5)된 상태로 나타났는데 이는 액성한계가 자연함수비를 초과하는 사실로부터 확인할 수 있었다.

그림 5.12의 데이터는 해성점토의 비배수전단강도 c_u 가 깊이에 따라 일정하게 증가하며 유효연직응력 σ'_v 와의 관계를 나타낸 식(점선으로 표시) 바로 위에 존재하는 것을 보여 주고 있다.

$$c_u = 0.22\sigma'_v$$

이 식은 보통 정규압밀점토의 비배수전단강도를 산정하는 데 사용된다.

Holborn의 연구사례에서와 마찬가지로, 100명의 지반기술자와 응용지질학자들에게 신중한 추정값을 특성값으로 하는 유로코드 7의 정의에 근거하여 이들 데이터에 대한 특성값을 나타내는 선(또는 선들)을 표시해 달라고 요청하였다. 그림 5.12에 제시된 선들은 그 결과를 나타낸 것이다.

대부분의 기술자들은 데이터를 관통하는 직선으로 표현하였지만 일부 기술자들은 계단형으로 표시하는 것을 선호하였다. 해석 결과, 구간의 변화폭은 약 10kPa이었고 깊이에 따라 일정하게 증가하였다.

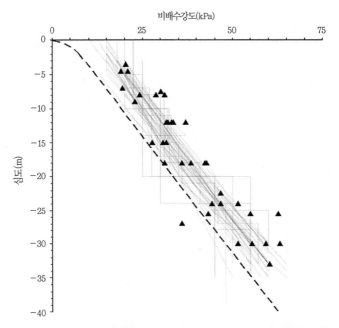

비배수강도(kPa)

그림 5.12 싱가포르 해성점토의 현장베인시험 결과를 이용한 비배수전단강도의 특성값 해석 결과

그림 5.13은 싱가포르 동일 현장의 8개 시추공으로부터 채취된 U100 시료에 대해 80회 이상의 실내 비배수 삼축압축시험을 실시한 결과이다. 측정된 전단강도의 분산이 크게 나타났는데 이는 주로 시험 전의 시료 교란에 의해 발생한 것이다.

또한 그림 5.13에 정규압밀점토에 대해 앞에서 제시한 비배수전단강도와 유효연직응력 간의 관계를 표시하였다. 대부분의 시험결과들은 점선 아래에 존재하는데 현장베인시험 결과와 비교해 볼 때 시료의 채취과정에서 교란이 발생하였다는 것을 알 수 있었다.

이들 데이터에 대해서도 동일한 100명의 기술자들에게 신중한 추정값에 근거해서 특성값을 나타내는 선(또는 선들)을 표시하도록 하였다. 그 결과는 그림 5.13과 같다.

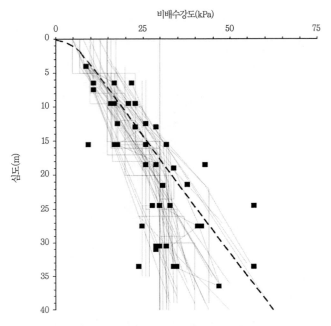

그림 5.13 싱가포르 해성점토의 삼축압축시험 결과를 이용한 비배수전단강도의 특성값 해석 결과

해석 결과, 삼축압축시험결과가 현장베인시험보다 훨씬 분산되어 나타났는데 이는 실내시험에서의 변동성이 더 크다는 것을 의미한다. 기술자들은 특히 20m 이상 깊이에서는 보수적인 해석을 하였으며 c_u 값을 35kPa로 추정한 기술자들이 가장 많았다.

흥미로운 사실은 정규압밀점토에 대해 전형적인 c_u/σ'_v 관계를 나타낸 점선이 베인시험 결과보다 삼축압축시험 결과와 더 잘 일치한다는 점이다. 그러나 실내시험 데이터는 상당히 분산되어 있어 시료 교란(물리적 및 응력이완)의 영향이 컸음을 보여 준다. 현장베인시험에서는 상대적으로 교란이 적게 일어난다. 만약 베인시험 결과에 수정계수[22] 0.8이 적용된다면(흙의 소성지수가 40~60%라는 점에 근거) c_u/σ'_v 관계와 더 잘 일치하게 될 것이다.

5.4.3 그레이브젠드의 템스강 자갈층

그림 5.14는 약 1,000개의 현장항타말뚝을 시공하는 켄트 카운티 그레이브젠드 타운 부근의 현장에서 시행된 약 40회의 표준관입시험 결과이다.[23] 2가지 현장조사('A'와 'B')가 시행되었고 두 조사결과가 뚜렷한 차이를 나타냈다.

그림 5.14의 흰색 기호에서 볼 수 있듯이 A 조사에서 14~22m의 템스강 자갈층에서 얻은 SPT N 값은 깊이에 따라 변화가 거의 없었다. 반대로 검은색 기호에서 알 수 있듯이 B 조사에서는 N 값의 변화가 매우 심하고 깊이에 따라 다소 증가하는 경향을 나타냈다.

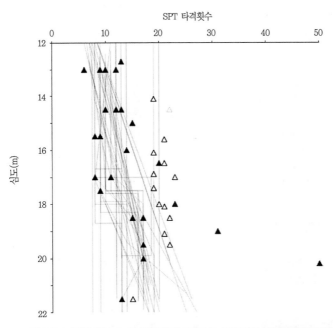

그림 5.14 템스강 자갈층에서 B 조사(검은색 기호)의 표준관입시험결과를 이용한 특값 해석 결과. A 조사(흰색 기호)에 대한 해석 결과는 나타내지 않음

Holborn과 Singapore의 연구에서와 같이 40여 명의 토목 및 지반기술자들에게 '신중한 추정값'에 근거해서 특성값(또는 선들)을 나타내는 선을 표시

해 달라고 하였다. 기술자들에게는 A와 B 조사에 대한 데이터를 구분하여 제공하였다.

많은 기술자들이 변동성이 클 것으로 예상한 지반조건임에도 불구하고 거의 분산되지 않게 나타난 A 조사 데이터의 신뢰성에 의문을 제기했기 때문에 이 사례에서는 A 조사를 무시하였다. B 조사에서 얻은 해석결과는 그림 5.14에서 직선들로 표시되어 있다.

기술자들에게 N 값에 대하여 신중한 추정값으로 특성값을 결정해 달라고 요청했을 때 어떻게 그와 같이 넓은 범위의 해석결과가 도출되었는지 이해하기는 어렵다. 제시된 데이터는 대부분 지반조사에서 얻게 되는 전형적인 형태와 변동성을 나타내었다. 따라서 이러한 사례를 통해 실무에서 설계 파라미터가 결정되는 방법에 대해 중대한 의문을 가질 수 있다.

5.4.4 사례 연구에 대한 결론

앞에서 제시한 사례 연구들을 통해 얻은 결론은 특히 데이터가 분산되어 있는 경우, 기술자들은 신중한 추정값으로 특성값을 결정하는 데 익숙하지 않다는 것이다. 대량의 데이터에 대한 통계적 처리는 기술자들이 특성값을 결정하는데 도움이 될 수 있다(5.5 참조).

5.5 지반특성화를 위한 통계적 방법

'[통계의 사용]은 지반공학 분야에서 관련 경험과 교육을 받은 일부 설계자들만이 활용할 수 있는 높은 수준의 통계학적 기술을 요구한다.[24]

제2장에서 재료 물성 X_k의 특성값을 다음 식과 같이 정의하였다.

$$X_k = m_X \mp k_n s_X$$

여기서 m_X는 X의 평균, s_X는 표준편차, k_n은 샘플 수 n에 의존하는 통계 계수이다.

이 정의는 다음과 같이 간단히 표현될 수 있다.

특성값 = 평균값 ∓ 인지적 × 우연적 불확실성

제2장에 인공재료의 인지적(epistemic)및 우연적(aleatory)불확실성을 결정하기 위한 통계적 방법들을 소개하였다. 다음 소절에서는 인공재료에 대해서 취해진 가정들이 지반과 같은 자연재료의 경우, 어떻게 다르게 적용되는가에 대하여 기술하였다(EN 1990에서 구체적으로 설명됨).

5.5.1 정규 또는 대수정규분포?

매우 많은 수의 개별 또는 변량효과들의 조합에 따라 물리적 특성이 달라질 때 그 특성은 정규(Gaussian) 분포를 갖는다.[25] 정규분포는 자연에서 흔히 찾아볼 수 있으며 통계학 분야에서 가장 중요한 확률밀도함수이다. 예를 들어 콘크리트의 압축강도 및 강철의 항복강도와 같이 많은 인공재료들의 특성은 정규분포를 따른다.

매우 많은 수의 개별 또는 변량 효과들의 곱에 따라 물리적 특성이 달라질 때 그 특성은 대수정규분포를 갖는다. 대수정규분포는 특히 데이터가 음의 값을 띄지 않는 경우에 유용하다. 많은 지반 파라미터(예: 전단저항각, 비배수 전단강도, 30% 이상의 변동계수를 갖는 기타 파라미터들)가 이 경우에 해당하기 때문에 대수정규분포는 지반기술자들에게 특히 중요하다.

그림 5.15는 표석점토(clay till)[26]에서 시행된 콘관입시험 결과이다. 만약 시험결과가 정규분포(그림 5.15에서 점선의 종모양의 곡선)를 따른다고 가정하면 평균 콘관입저항값은 1.99MPa이고 표준편차는 0.73MPa이 된다. 제2장에서 제시된 식을 사용하면 q_c의 하한과 상한 특성값은 다음과 같다.

$$\left.\begin{array}{l} q_{ck,inf} \\ q_{ck,sup} \end{array}\right\} = m_{qc} \mp k_n s_{qc} = 1.99 \mp 1.647 \times 0.73 = \begin{cases} 0.78MPa \\ 3.20MPa \end{cases}$$

그러나 그림 5.15의 한쪽으로 치우친 종모양의 곡선에서 보는 바와 같이 시험결과는 대수정규분포에 더 가까우며 이는 다음 식으로 정의된다.

$$P(X,\ \lambda,\ \zeta) = \frac{1}{\zeta X \sqrt{2\pi}} e^{\left(\frac{-(\ln X - \lambda)^2}{2\zeta^2}\right)},\quad X \geq 0$$

여기서 X는 콘관입저항값, P(X, λ, ζ)는 X에 대한 확률밀도함수, λ는 $\ln(X)$의 평균, ζ는 $\ln(X)$의 표준편차를 나타낸다.

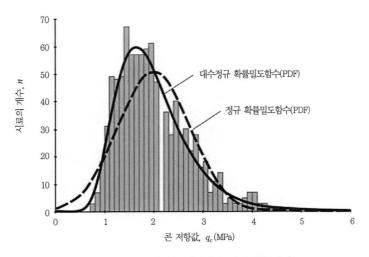

그림 5.15 표석점토에서의 콘관입시험 결과

대수정규분포의 평균 λ_X와 표준편차 ζ_X는 정규분포의 평균 및 표준편차와 다음 식과 같은 관계를 가지고 있다.[27]

$$\lambda_X = \ln(\mu_X) - \frac{\zeta_X^2}{2}$$

$$\zeta_X = \sqrt{\ln\left[1 + \left(\frac{\sigma_X}{\mu_x}\right)^2\right]} = \sqrt{\ln[1 + \sigma_X^2]}$$

이 경우에 $\zeta_X = 0.357$이고 $\lambda_X = 0.624$이다. 하한 및 상한 특성값은 다음과 같다.

$$\left.\begin{array}{l} q_{ck,inf} \\ q_{ck,sup} \end{array}\right\} = e^{\lambda_{qc} \mp k_n \zeta_{qc}} = e^{0.624 \mp 1.647 \times 0.357} = \begin{cases} 1.04 MPa \\ 3.36 MPa \end{cases}$$

대수정규분포에서 하한 특성값은 정규분포보다 32% 크고 상한 특성값은 약 5% 크다.

많은 지반 파라미터들은 대수정규분포에 더 가까우며 제2장에서 제시된 식들에 기초한 통계자료보다 제5장에서 제시된 보다 복잡한 식들에 기초한 통계자료들이 더 선호된다.

5.5.2 95% 신뢰 평균값의 계산

제2장에서는 정규분포의 5% 분위수(초과될 확률이 5%에 해당하는 값)를 기준으로 물성의 상한 및 하한 특성값을 결정하기 위한 통계적 근거에 관해 제시하였다.

5.3.5에서 논의된 바와 같이 대부분 지반설계는 지반 물성값의 공간 평균값이 5% 분위수보다 더 큰 영역을 대상으로 한다. 통계적 관점에서 95% 신뢰한계로 50% 분위수까지 된다.

이러한 조건에서 사전지식을 통해 모집단의 분산을 알고 있어 표본으로부터 결정할 필요가 없는 경우, $X_{k,inf}$ 및 $X_{k,sup}$ 에 대한 통계적 정의는 다음 식과 같다.

$$\left.\begin{array}{l} X_{k,inf} \\ X_{k,sup} \end{array}\right\} = \mu_X \mp k_N \sigma_X = \mu_X (1 \mp k_N \delta_X)$$

제2장에서 정의된 바와 같이 위 식에서 μ_X는 X의 평균, σ_X는 모집단의 표준편차, δ_X는 모집단의 변동계수를 나타낸다. 그러나 통계계수 k_N은 다음 식과 같다.

$$\kappa_N = t_\infty^{95\%} \sqrt{\frac{1}{N}} = 1.645 \times \sqrt{\frac{1}{N}}$$

여기서 $t_\infty^{95\%}$는 Student t 값이고 N은 모집단의 크기이다. k_N에 대하여 제2장에서 제시된 k_n 정의와의 주요 차이점은 제곱근 안의 항이다. 위 식에서는

$1/N$이지만 5% 분위수에 대해서는 $(1/N+1)$을 적용한다.

대안으로 처음에 모집단의 분산을 모르는 상태라 표본으로부터 결정되어야 하는 경우 $X_{k,inf}$ 및 $X_{k,sup}$에 대한 통계적 정의는 다음 식과 같다.

$$\left.\begin{array}{r}X_{k,inf}\\X_{k,sup}\end{array}\right\} = m_X \mp k_n s_X = m_X(1 \mp k_n V_X)$$

제2장에서 정의된 바와 같이 여기서 m_X는 X의 평균, s_X는 표본의 표준편차, V_X는 변동계수를 나타낸다. 통계계수 k_n은 다음 식과 같다.

$$k_n = t^{95\%}_{n-1}\sqrt{\frac{1}{n}}$$

여기서 $t^{95\%}_{n-1}$는 95% 신뢰수준에서 $(n-1)$ 자유도에 대한 Student t 값이고 n은 표본의 크기이다.

k_n의 값은 그림 5.16에 제시되었으며 '기지분산'으로 표시한 하부의 실선에서 k_n 값은 $n=100$일 때 0.164, $n=2$일 때 1.163 사이에서 변동하고 '미지분산'으로 표시한 상부의 실선에서 k_n 값은 $n=100$일 때 0.166, $n=2$일 때 4.464 사이에서 변한다. 비교를 위해 그림 5.16에 표시된 점선들은 제2장에서 기술한 등가의 k_n 값(5% 분위수)을 나타낸다.

그림 5.15의 콘관입시험결과(평균 1.99MPa, 표준편차 0.73MPa)에서 95% 신뢰도의 평균값에 근거한 q_c의 하한 및 상한 특성값은 다음과 같다.

$$\left.\begin{array}{r}q_{ck,inf}\\q_{ck,sup}\end{array}\right\} = m_{qc} \mp k_n s_{qc} = 1.99 \mp 0.054 \times 0.73 = \begin{cases}1.95\,MPa\\2.03\,MPa\end{cases}$$

데이터가 정규분포를 따른다고 가정하면 5% 분위수는 0.78과 3.20MPa이다.

그림 5.16에서 중요한 특징은 n<5 구간에서 곡선들 간에 급격한 차이가 발생한다는 점이다. '미지분산' 곡선은 표본수가 감소함에 따라 급격히 증가함을 보여 준다.

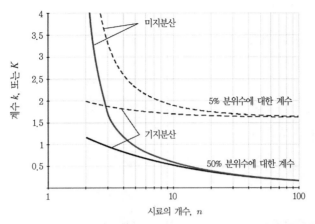

그림 5.16 95% 신뢰 수준에서 50% 분위수를 결정하기 위한 통계계수
(제2장에서 5% 분위수에 대한 계수)

일반적으로 지반조사에서는 각 지층에 대하여 일부 측정값만을 갖게 되므로 이들을 통한 정보에는 본질적으로 불확실성이 크게 존재한다. 과거의 관찰을 통해 지반 파라미터에 대한 분산을 알고 있다면 이러한 불확실성은 줄어들 수 있다. 그림 5.16에서 '기지분산'과 '미지분산'으로 표시된 곡선들 사이의 차이가 이러한 사실을 보여 준다. 그러나 지반조사에 유용하게 사용할 수 있을 정도로 충분한 사전정보를 가지고 있는 경우는 드물다.

5.5.3 깊이에 따라 변하는 파라미터에 대한 통계량

많은 지반 파라미터들은 구속압력에 따라 변하며 지표면 아래에서 깊이에 따라 뚜렷한 상관성을 보인다. 이러한 경우, 앞에서 기술한 단일변수에 관한 통계적 방법들은 다변수에 관한 방법으로 대체되어야 한다.

깊이 z에 따라 변하는 물성 X의 특성값은 다음 식과 같다.

$$X_k = m_X + \left[\frac{\sum_{i=1}^{n}(X_i - m_X)(z_i - m_z)}{\sum_{i=1}^{n}(z_i - m_z)^2} \right] \times (z - m_z) \mp \epsilon_n$$

여기서 m_X는 X의 평균, m_z는 z의 평균, ε_n은 깊이 z에서의 오차이다.

5% 분위수에 대한 오차 ε_n은 다음 식과 같다.

$$\varepsilon_n = t_{n-2}^{95\%} \times s_e \times \sqrt{\left(1 + \frac{1}{n}\right) + \frac{(z - m_z)^2}{\sum_{i=1}^{n} \{z_i - m_z)^2\}}}$$

그리고 50% 분위수에 대해서

$$\varepsilon_n = t_{n-2}^{95\%} \times s_e \times \sqrt{\left(\frac{1}{n}\right) + \frac{(z - m_z)^2}{\sum_{i=1}^{n} \{z_i - m_z)^2\}}}$$

여기서 표준오차 s_e는 다음 식과 같다.

$$s_e = \sqrt{\frac{\sum_{i=1}^{n} \left[X_i - m_X - b \times (z_i - m_z)\right]^2}{n-2}}$$

$t_{n-2}^{95\%}$는 95% 신뢰수준에서 $(n-2)$자유도에 대한 Student t 값이다. 5.7의 실전 예제에서는 이들 식들이 사용되는 예를 보여 주고 있다.

5.5.4 소량의 데이터 처리

앞에서 논의된 기법들은 전제된 가정조건을 만족시킬 만큼의 충분한 데이터가 있다면 지반 파라미터의 특성값을 결정하는 데 사용될 수 있다. 일부 사람들은[28] 데이터의 수가 13개 이상(보통 이렇게 많은 데이터를 갖게 되는 경우는 드물다)은 되어야 통계적 방법을 사용할 수 있다고 주장하며 13개 미만인 경우에는 통계적 기법만을 적용하는 데 회의적인 입장이다.

제한된 지반물성 정보로부터 특성값을 결정하는 간단한 방법은 다음 식을 이용하여 추정할 수 있다.[29]

$$X_k = m_X \mp \frac{s_X}{2} \approx \left(\frac{X_{\min} + 4X_{\text{mode}} + X_{\max}}{6}\right) \mp \frac{1}{2}(X_{\max} - X_{\min})$$

여기서 m_X와 s_X는 X의 평균과 표준편차, $X_{\min}$와 $X_{\max}$는 X의 예측 최소

및 최댓값, X_{mode}는 X의 가장 근삿값을 의미한다. s_X에 대한 항은 X_{max}와 X_{min}가 각각 평균 m_X보다 ±3 표준편차만큼 크거나 작은 값임을 가정한다. 그래서 일반적으로 현장 또는 실내시험에서 극단적인 값들은 측정되지 않는다.

이 식은 자기상관성†을 무시할 수 있는 독립된 흙 시료에 대하여 특성값을 결정할 때 적용이 가능하다. 실제로 시료들은 서로 간의 위치가 '자기상관 거리' 이상 떨어져 있는 경우 독립적이라고 가정할 수 있다. 자기상관거리는 보통 연직으로 0.2~2m(퇴적이력에 의존함), 수평으로 20~100m 범위로 본다.[30]

앞의 근사법에 대한 또 다른 방법에서 X_{max}와 X_{min}가 $m_X \pm 2 \times$ 표준편차라 가정할 때 특성값은 다음 식과 같다.

$$X_k = m_X \mp \frac{s_X}{2} \approx \left(\frac{X_{min} + 4X_{mode} + X_{max}}{6} \right) \mp \frac{3}{4}(X_{max} - X_{min})$$

예제 5.3은 이 식들이 실제로 적용된 예를 보여 준다.

소량의 데이터에 대한 통계해석 결과를 개선(improving)시키는 방법은 다음 식과 같이 파라미터의 측정값과 이전에 얻은 정보를 결합시키는 베이지안 기법을 사용하는 것이다.[31]

$$m'_X = \frac{m_X + \frac{1}{n}\left(\frac{s_X}{\sigma_X}\right)^2 \mu_X}{1 + \frac{1}{n}\left(\frac{s_X}{\sigma_X}\right)^2}, \quad s'_X = \sqrt{\frac{\frac{1}{n}(s_X)^2}{1 + \frac{1}{n}\left(\frac{s_X}{\sigma_X}\right)^2}}$$

여기서 m_X와 s_X는 X의 측정된 평균과 표준편차, μ_X와 σ_X는 사전정보로부터 기대되는 X의 평균과 표준편차, m'_X와 s'_X는 m_X와 s_X의 업데이트된 값이다. 이때 X의 특성값은 다음 식으로 구한다.

$$X_k = m'_X \mp \frac{s'_X}{2}$$

---

† 자기상관(autocorrelation)이란 시계열(時系列) 자료에 내재하는 시점 간의 상관관계, 즉 다른 2가지 변량 사이의 상관관계를 의미한다.

예를 들어 μ_X에 대한 적절한 값은 문헌이나 확실한 경험에서 구할 수 있다 (5.3.6 참조). σ_X 값을 구하는 것은 매우 어려우나 기존 연구에서 실제 데이터를 대신하여 사용할 수 있는 변동계수 σ_X/μ_X(5.3.1 참조)에 대한 적절한 값들이 제안되었다.

5.5.5 통계의 사용이냐 남용이냐?

과학에는 무엇인가 매력적인 요소가 있다.

> 176년의 시간 동안 미시시피강 하류지역은 242마일이 줄어들었다. 즉 연간 1과 1/3 마일이 약간 넘는 얼마 안 되는 거리이다. 하지만 가만히 생각해 보면, 이러한 사실을 통해 고대 어란상 실루리아기 시대, 즉 백만 년 전에는 미시시피강 하류가 마치 낚싯대처럼 멕시코만 위까지 1,300,000마일이나 뻗쳐 있었다고 추론해 볼 수 있다. 이것이 과학의 매력이다. 사소한 사실로부터 전체를 짐작할 수 있게 한다.
>
> 마크 트웨인, 『미시시피강에서의 삶』(1874)

섣불리 지반공학 데이터에 통계를 적용하는 것에 관하여 경고하면서 이 절을 마무리하고자 한다.

> 통계 전문가들로 하여금 지반구조물을 설계하도록 하면 종종 말도 안 되는 결과를 낳게 된다. 한 사람이 두 가지 다 잘할 수 있을 만큼 두 분야를 모두 충분히 이해하기란 매우 어려운 일이다.[32]

지반 데이터에 대한 통계적 해석은 특성값에 대한 공학적 판단 시 매우 유용한 보조수단이 된다. 그러나 통계해석 결과가 타당하기 위해서는 다음과 같은 간단한 규칙들이 준수되어야 한다.

- 충분한 데이터가 있는 경우에만 통계를 사용한다.
- 데이터의 경향을 파악할 수 있는 가장 간단한 형식의 통계를 사용한다.
- 이상(불량) 데이터를 제거한다.

- 어떤 데이터를 제거할 것인가를 결정하기 위해 간단한 물리 법칙을 적용한다.
- 데이터를 통합적으로뿐만 아니라 개별적으로도 해석한다.
- 데이터 결합 시 적절한 상관성을 찾는 데 주의한다.
- 통계에 의해서만이 아니라 판단에 근거하여 결과를 선택한다.

그리고 벤자민 디즈레일리가 한 말을 기억하라.

"세상에는 거짓말이 있고 망할 놈의 거짓말이 있고 그리고 통계학이 있다."

5.6 핵심요약

아마도 지반기술자가 설계를 할 때 가장 중요한 작업은 관련 지반 파라미터의 특성값을 결정하는 일이다. 부분계수가 일정한 신뢰성(예: 흙의 강도를 기댓값보다 감소시킴)을 제공한다 하더라도 그것이 지반의 전반적인 조건을 해석하는 과정에서 발생하는 판단의 오류 전체를 상쇄하지는 못한다.

이 책을 위한 연구에서 알게 되었듯이 특성값의 해석결과에 놀랄 만큼 차이가 존재한다는 점에서 기술자들은 특히 지반 파라미터 결정 시 유로코드 7에 바탕을 둔 기본 가정들을 충분히 숙지할 필요가 있다.

5.7 실전 예제

이 장의 실전 예제들은 다양한 지반 파라미터의 특성값을 결정하기 위해 통계가 사용되는 방법을 설명하고 있다. 즉 템스강 자갈층에서 시행된 표준관입시험값(예제 5.1), London 점토의 비배수전단강도(예제 5.2) 및 Leighton Buzzard 모래의 전단저항각(예제 5.3)에 대해 적용된 통계적 기법들을 설명하고 있다.

계산의 특정한 부분은 ❶, ❷, ❸ 등으로 표시되며 이들 숫자들은 각 예제에 동반된 주석의 번호를 나타낸다.

5.7.1 템스강 자갈층에서의 표준관입시험

예제 5.1은 그림 5.14에 제시된 켄트 카운티 그레이브젠드 부근에서 얻은 현장 데이터에 대하여 통계해석을 적용한 경우이다.

A 조사는 깊이에 따라 N 값의 변화 경향이 명확하지 않은 경우로 통계는 N 값에만 적용하고 표준관입시험깊이에는 적용하지 않았다.

B 조사는 깊이에 따라 N 값이 약간 증가하는 경우로 다변수에 관한 해석이어서 상당히 복잡하다.

그림 5.17은 조사 B에서 얻은 데이터의 해석결과이다.

예제 5.1 주석

❶ 그림 5.14에서 타격횟수(N 값)는 흰색 기호로 표시하였다.

❷ 표본시료의 변동계수($V_N = 0.067$)는 권장 문턱값(threshold value) $V_N = 0.1$ 보다 작으므로 계산은 문턱값에 근거해 가정된 표준편차를 가지고 진행되어야 한다.

❸ 표준편차는 한계변동계수에 근거한다.

❹ 95% 신뢰한계에 대한 t 값은 정규 확률밀도함수에 대한 표준표로부터 도출되었다(제2장 참조).

❺ 통계계수의 정의는 분산을 모르거나 깊이에 따른 변화가 없는 경우, 95% 신뢰 평균을 계산하는 데 적합하다.

❻ 특성값(19.7)이 N의 평균(20.7)보다 약간 작은데 이는 데이터들의 변동성이 작음을 반영하고 있다.

❼ 그림 5.14에서 타격횟수는 검은색 기호로 표시하였다.

❽ N 값이 깊이에 따라 변한다고 가정하면 통계해석이 A 조사보다 더 복잡해진다. 여기서 사용된 통계절차에 대한 설명은 5.5.3을 참조한다.

❾ 최적 회귀선의 기울기는 N 값이 깊이와 함께 증가하는 비율이다(지표면 아래 깊이가 음의 값을 취하므로 기울기는 음의 값이 된다).

❿ 다음에 논의된 것처럼 표준오차는 데이터들의 변동성을 나타내는 척도이므로 간단하게 95% 신뢰 평균값을 산정하는 데 이용될 수 있다.

그림 5.17은 B 조사의 데이터에 대한 통계해석 결과이다. 해석 시 타격횟수 N이 정규분포를 갖고 깊이에 따라 N 값이 증가하는 일반적인 경향을 보인다고 가정하였다. 이것은 산포도로부터 육안으로도 분명하게 확인할 수 있으며 경험이 많은 지반기술자라면 추정할 수가 있다.

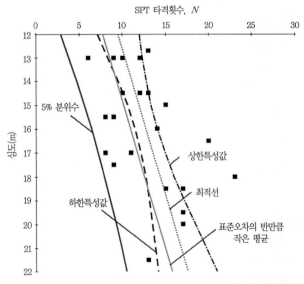

그림 5.17 켄트 그레이브젠드 인근 현장에서의 표준관입시험에 대한 통계해석 결과

최적선(best fit)으로 표시된 선은 N 값이 동일 깊이의 국부적(local) N 값에 의해 초과될 확률이 50%라는 것을 의미한다. 이 선은 선형회귀분석을 이용한 스프레드시트 프로그램으로 손쉽게 구할 수 있다.

하한특성값으로 표시된 곡선은 N 값들이 고려된 깊이에서 N 값들의 평균('공간 평균')값에 의해 초과될 확률이 95%라는 것을 의미한다. 이것은 95% 신뢰도 값이고 넓은 지반영역을 대상으로 하는 지반설계에서 가장 필요한 값이 된다. 하한특성선의 곡률부는 적용된 통계법의 결과이고 데이터들의 끝부분에 불확실성이 더 크게 존재한다는 것을 나타낸다.

'상한특성값'으로 표시된 곡선은 N 값들이 고려된 깊이에서 N 값들의 평균에 의해 초과되지 않을 확률이 95%라는 것을 의미한다. 이는 상한값이 설계에 중대한 영향을 미치는 경우에 요구된다.

'5% 분위수'로 표시된 선은 N 값이 동일 깊이의 국부적 N 값에 의해 초과될 확률이 95%라는 것을 의미하며 이것을 '국지적(local)' 특성값이라 정의한다. 이것은 지반 응력이 큰 곳에서 작은 곳으로 재분배되지 못할 때 필요하다.

'표준오차의 반만큼 작은 평균'이라 표시된 선은 최적선을 오차만큼 이동시킨 선으로 다음에 논의된 다른 선들에 비해 훨씬 계산이 쉽다. 또한 깊이에 따라 선형이라는 이점이 있다. 이 선은 하한특성선에 적절히 근사되므로 데이터들 사이에서 간단하게 특성선을 결정하는 방법으로 사용될 수 있다.

예제 5.1

템스강 자갈층에서의 표준관입시험
특성 타격횟수의 결정

A 조사의 데이터

템스강 자갈층에서 시행된 일련의 표준관입시험에서 측정된 타격횟수는 다음과 같다.

22, 19, 19, 21, 23, 22, 19, 21, 19, 21, 21, 20, 22 ❶

데이터의 통계해석

시험결과의 수 $n = 13$

합계와 평균 $\Sigma N = 269$, $m_N = \dfrac{\Sigma N}{n} = 20.7$

표준편차 $s_N = \sqrt{\dfrac{\Sigma(N - m_N)^2}{n-1}} = 1.38$

그리고 변동계수 $V_N = \dfrac{s_N}{m_N} = 0.067$ ❷

최소 변동계수는 0.1, 그러므로 $V_N = \max(V_N, 0.1) = 0.1$ 이고

'새로운' $s_N = V_N \times m_N = 2.1$ ❸

타격횟수에 대한 사전 지식이 없는 경우(미지분산)

$(n-1)$ 자유도의 95% 신뢰 한계에 대한 t 값은 $t_{95}(n-1) = 1.782$ ❹

그러므로 통계계수 $k_n = t_{95}(n-1)\sqrt{\dfrac{1}{n}} = 0.494$ ❺

이때 특성 타격횟수 $N_k = m_N - k_n s_N = 19.7$ ❻

B 조사의 데이터

B 조사의 표준관입시험 결과는 다음과 같다(타격횟수 N, 깊이 m).

$(9, -13\text{m})$, $(13, -14.5\text{m})$, $(13, -12.7\text{m})$, $(10, -14.5\text{m})$, $(6, -13\text{m})$, $(12, -14.5\text{m})$, $(14, -16\text{m})$, $(9, -17.5\text{m})$, $(15, -15\text{m})$, $(20, -16.5\text{m})$, $(23, -18\text{m})$, $(17, -19.5\text{m})$, $(12, -13\text{m})$, $(12, -14.5\text{m})$, $(8, -15.5\text{m})$, $(11, -17\text{m})$, $(17, -18.5\text{m})$, $(10, -13\text{m})$, $(12, -14.5\text{m})$, $(9, -15.5\text{m})$, $(8, -17\text{m})$, $(15, -18.5\text{m})$, $(17, -20\text{m})$, $(13, -21.5\text{m})$ ❼

데이터의 통계해석

시험횟수 $n = 24$

SPT 값의 합과 평균 $\Sigma N = 305$, $m_N = \dfrac{\Sigma N}{n} = 12.71$

깊이의 합과 평균 $\Sigma z = -383.2m$, $m_z = \dfrac{\Sigma z}{n} = -15.97m$ ❽

평균 깊이로부터 제곱편차의 합 $\displaystyle\sum_{i=1}^{n}(z_i - m_z)^2 = 139.1\text{m}^2$

평균으로부터 교차편차의 합

$$\sum_{i=1}^{n}\left[(N_i - m_N)(z_i - m_z)\right] = -111.8\text{m}$$

최적선의 기울기 $b = \left[\dfrac{\displaystyle\sum_{i=1}^{n}\left[(N_i - m_{N_i})(z_i - m_z)\right]}{\displaystyle\sum_{i=1}^{n}(z_i - m_z)^2}\right] = -0.803\dfrac{1}{\text{m}}$ ❾

표준오차 $s_e = \sqrt{\dfrac{\displaystyle\sum_{i=1}^{n}\left[N_i - m_N - b(z_i - m_z)\right]^2}{n-2}} = 3.613$ ❿

5.7.2 London 점토에 대한 비배수 삼축압축시험

예제 5.2는 그림 5.11에 나타낸 London Holborn의 현장시료에 대한 삼축압축시험결과에 통계해석을 적용한 경우이다. 여기에서는 London 점토에 대한 데이터만을 고려하였다(그림 5.11의 검은색 기호). 그림 5.18은 해석 결과를 보여 준다.

예제 5.2 주석

견고한 점토지반에서 시행되는 일반적인 지반조사 데이터보다 그림 5.18에 나타낸 데이터는 훨씬 양이 많다. 삼축압축시험에서 구한 비배수전단강도는 동일한 수평위치에서 얻은 시료들에서도 결과의 차이가 크다. 가벼운 케이블 퍼커션 드릴리그와 U100 튜브를 사용한 전통적인 방법으로는 강도시험을 위한 적절한 시료를 얻을 수 없다. 이와 같은 조사가 일반적이기 때문에 기술자들은 산포된 결과로부터 흙의 특성강도를 판단할 수 있어야 한다.

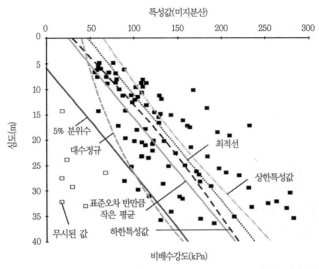

그림 5.18 London 점토의 비배수 삼축압축시험 결과를 이용한 대한 통계해석 결과

예제 5.2

London 점토의 비배수 삼축압축시험
특성 비배수전단강도 결정

강도 – 깊이의 정규분포 가정

시험횟수 $n = 91$

$$m_{cu} = \frac{\Sigma c_u}{n} = 139.43 kPa$$

강도의 합과 평균 $\Sigma c_u = 12688 kPa$,

깊이의 합과 평균 $\Sigma z = -1763.45 m$, $m_z = \frac{\Sigma z}{n} = -19.38 m$

평균 깊이로부터 제곱편차의 합 $\sum_{i=1}^{n} (z_i - m_z)^2 = 8000 m^2$

평균으로부터 교차편차의 합

$$\sum_{i=1}^{n} \left[(c_{u_i} - m_{cu})(z_i - m_z) \right] = -38153.7 kN/m$$

최적선의 기울기

$$b = \left[\frac{\sum_{i=1}^{n} [(c_{u_i} - m_{cu})(z_i - m_z)]}{\sum_{i=1}^{n} (z_i - m_z)^2} \right] = -4.769 kN/m^3$$

회귀선의 표준오차

$$s_e = \sqrt{\frac{\sum_{i=1}^{n} [c_{u_i} - m_{cu} - b(z_i - m_z)]^2}{n-2}} = 44.5 kPa$$

그림 5.18의 '최적선'으로 표시된 선은 c_u 값이 동일 깊이의 국지적 c_u 값에 의해 초과될 확률이 50%라는 것을 의미한다. 이 선은 선형회귀분석을 사용한 스프레드시트 프로그램으로 쉽게 구할 수 있다.

하한특성값으로 표시된 곡선은 c_u 값들이 고려된 깊이에서 c_u 값들의 평균('공간 평균')값에 의해 초과될 확률이 95%라는 것을 의미한다. 이것은 95% 신뢰도 값이고 넓은 지반영역을 대상으로 하는 지반설계에서 가장 필요한 값이 된다. 하한 특성선의 곡률부는 적용된 통계법의 결과이고 데이터들의 끝부분에 불확실성이 더 크게 존재한다는 것을 나타낸다.

'상한특성값'으로 표시된 곡선은 c_u 값들이 고려된 깊이에서 c_u 값들의 평균값에 의해 초과되지 않을 확률이 95%라는 것을 의미한다. 이것은 상한 값이 설계에 중대한 영향을 미치는 경우에 요구된다.

'5% 분위수'로 표시된 선은 c_u 값이 동일 깊이의 국지적 c_u 값에 의해 초과될 확률이 95%라는 것을 의미한다. 이것을 '국지적' 특성값이라 정의한다.

이것은 지반의 응력이 큰 곳에서 작은 곳으로 재분배되지 못할 때 필요하다. 마지막으로 표준오차의 반만큼 작은 평균이 표시된 선은 95% 신뢰 평균 (하한 특성값)에 가까운 값을 나타내며 최적선을 이동시킨 선으로 계산이 훨씬 쉽고 선형이라는 장점이 있다.

5.7.3 Leighton Buzzard 모래에 대한 직접전단시험

예제 5.3은 적은 수의 실내 직접전단시험 결과를 이용하여 Leighton Buzzard 모래의 전단저항각을 결정하는 과정에 대한 예시이다. 또한 베이지안 업데 이트 기법을 사용하여 사전정보와 시험결과를 결합하는 내용도 함께 설명한다.

예제 5.3 주석

❶ 전단저항각은 6회의 직접전단시험에서 얻었다.

❷ 평균으로부터의 평균 편차는 변동의 또 다른 척도인데 표준편차보다 계산이 더 간단하면서 비슷한 결과를 얻는다. 그것은 평균에서 평균편차 의 반값을 빼서 또 다른 ϕ_k의 근삿값을 얻는 데 사용될 수 있다.

❸ 여기서 특성값은 미지분산에 대한 95% 신뢰 평균값이다.

❹ 이 특성값은 평균에서 표준편차의 반값만큼 작다.

❺ Leighton Buzzard 모래의 한계상태 전단저항각, 상대 다일레이턴스 지수 I_R 및 I_R로부터 ϕ를 결정하는 공식은 모두 모래의 강도와 전단팽창 에 관한 Bolton의 논문[33]에 제시된 공식에서 도출된 것이다.

❻ 여기서 '최빈' 값은 모래의 입자형상, 입도분포 및 밀도에 의존하는 간 단한 경험법칙을 사용해 계산한 것이다. 최대 및 최솟값은 요소 A, B, C에 대한 극단값을 가정해 동일한 경험법칙에서 구한 것이다.

❼ 이 특성값은 최솟값, 최빈값 및 최댓값에 대한 단순한 가중 평균이다.

❽ ϕ의 변동계수는 여러 가지 흙의 종류에 대하여 기존에 조사된 값들에 근거해 0.1로 가정하였다.

❾ 실내시험에서 얻은 평균 m_ϕ과 표준편차 s_ϕ는 사전경험에서 얻은 평균 μ_ϕ과 표준편차 σ_ϕ를 사용하여 업데이트 한다.

❿ 이 특성값은 업데이트된 평균값 이하에서 업데이트된 표준편차의 절반만큼 작다. 이 예제에서 구한 ϕ_k 값의 전체 범위는 46.8~49.6°이다.

예제 5.3

Leighton Buzzard 모래의 직접전단시험
특성 전단저항각의 결정
실내시험결과에 대한 통계해석
실내시험 데이터

Leighton Buzzard 모래에 대한 직접전단시험 결과 측정된 전단저항각은 48.7, 50.8, 50.9, 50.5, 48.3, 46.3°이다. ❶

통계해석

시험횟수 $n = 6$의 전단저항각의 합 $\Sigma\phi = 295.5°$

평균 $m_\phi = \dfrac{\Sigma\phi}{n} = 49.3°$

표준편차 $s_\phi = \sqrt{\dfrac{\Sigma(\phi - m_\phi)^2}{n-1}} = 1.82°$

변동계수 $V_\phi = \dfrac{s_\phi}{m_\phi} = 0.04$

최소 변동계수는 0.1, 그러므로 $V_\phi = \max(V_\phi,\, 0.1) = 0.1$

그리고 '새로운 표준편차' $s_\phi = V_\phi \times m_\phi = 4.93°$

평균으로부터 평균편차 $MDM_\phi = \dfrac{\Sigma\sqrt{(\phi - m_\phi)^2}}{n} = 1.48°$ ❷

전단저항각의 분산을 모르는 상태에서 $(n-1)$ 자유도의 95% 신뢰한계에 대한 t 값은 다음과 같다.

$$t_{95}(n-1) = 2.015$$

그러므로 통계계수는

$$k_n = t_{95}(n-1)\sqrt{\frac{1}{n}} = 0.823$$

전단저항의 특성각 $\phi_k = m_\phi - k_n s_\phi = 45.2°$ ❸

Schneider의 근삿값 $\phi_k = m_\phi - \dfrac{s_\phi}{2} = 46.8°$ ❹

대체 근삿값 $\phi_k = m_\phi - \dfrac{MDM_\phi}{2} = 48.5°$ ❷

사전정보

확실한 경험

Leigton Buzzard 모래는 밀도지수 $I_D = 80\%$ 인 중간조밀상태(dense medium sand)의 모래다.

한계상태 전단저항각 $\phi_{crit} = 35°$ ❺

평균 구속압의 기대 평균값 $p' = 100 kPa$ ❻

상대 다일레이턴시 지수 $I_R = 0.8\left(10 - \ln\left(\dfrac{p'}{kPa}\right)\right) - 1 = 3.3$ ❺

추정 최빈각 $\phi_{\text{mode}} = 5° \times I_R + \phi_{crit} = 51.6°$ ❺

평균 구속압의 기대 최솟값 $p' = 55 kPa$ ❻

상대 다일레이턴시 지수 $I_R = 0.8\left(10 - \ln\left(\dfrac{p'}{kPa}\right)\right) - 1 = 3.8$

추정 최대각 $\phi_{\text{max}} = 5° \times I_R + \phi_{crit} = 54°$

평균 구속압의 기대 최댓값 $p' = 220 kPa$ ❻

상대 다일레이턴시 지수 $I_R = 0.8\left(10 - \ln\left(\dfrac{p'}{kPa}\right)\right) - 1 = 2.7$

추정 최솟각 $\phi_{\text{min}} = 5° \times I_R + \phi_{crit} = 48.4°$

특성값의 추정

추정 평균값 $\phi_{mean} = \left(\dfrac{\phi_{\min} + 4\phi_{mode} + \phi_{\max}}{6}\right) = 51.5°$

추정 특성값 $\phi_k = \phi_{mean} - \dfrac{1}{2}(\phi_{\max} - \phi_{\min}) = 48.7°$ ❼

대체 추정값 $\phi_k = \phi_{mean} - \dfrac{3}{4}(\phi_{\max} - \phi_{\min}) = 47.3°$

베이지안 업데이트
사전정보

첨두 전단저항각의 평균값 가정

$\mu_\phi = \phi_{mode} = 51.6°$

변동계수의 가정, $COV = 0.1$

그러므로 표준편차의 가정값 $\sigma_\phi = \mu_\phi \times COV = 5.2°$ ❽

측정값(위에서)

전단저항각의 평균 $m_\phi = 49.3°$

표준편차 $s_\phi = 4.9°$

업데이트 값

표준편차 $s'_\phi = \sqrt{\dfrac{\dfrac{1}{n} \times (s_\phi)^2}{1 + \dfrac{1}{n} \times \left(\dfrac{s_\phi}{\sigma_\phi}\right)^2}} = 1.9°$

평균값 $m'_\phi = \dfrac{m_\phi + \dfrac{1}{n} \times \left(\dfrac{s_\phi}{\sigma_\phi}\right)^2 \times \mu_\phi}{1 + \dfrac{1}{n} \times \left(\dfrac{s_\phi}{\sigma_\phi}\right)^2} = 49.6°$ ❾

Schneider의 근삿값 $\phi_k = m'_\phi - \dfrac{s'_\phi}{2} = 48.6°$ ❿

5.8 주석 및 참고문헌

1. Ang, A.H.-S. And Tang, W.H. (2006) *Probability concepts in engineering: emphasis on applications in civil and environmental engineering* (2nd edition), John Wiley and Sons Ltd, 406pp.

2. Data provided by Stent Foundations (pers. comm., 2007).

3. BS EN 1997－2: 2006, Eurocode 7－Geotechnical design, Part 2－Ground investigation and testing, British Standards Institution, London, 196pp.

4. Definition from Merriam-Webster's Online Dictionary, www.m-w.com.

5. Terzaghi, K. and Peck, R.B. (1967) *Soil mechanics in engineering practice* (2nd edition), John Wiley & Sons, Inc, 729pp.

6. Ang and Tang, ibid.

7. Schneider, H.R. (1997) *Definition and determination of characteristic soil properties*, 12th Int. Conf. Soil Mech. & Fdn Engng, Hamburg: Balkema.

8. See, for example, Phoon, K.K. and Kulhawy, F.H. (1999) 'Characterization of geotechnical variability', *Can. Geotech. J.* 36(4), pp.612~624.

9. See Schneider, ibid., and Phoon, K.K. and Kulhawy, F.H. (1999) 'Evaluation of geotechnical property variability', *Can. Geotech. J.* 36(4), pp.625~639.

10. Ground Board of the Institution of Civil Engineers (1991) *Inadequate site investigation*, Thomas Telford.

11. Pearsall, J. (ed.) (1999) *The Concise Oxford Dictionary* (10th edition), Oxford University Press.

12. BS 8002: 1994 Code of practice for earth retaining structures, British Standards Institution, London.

13. Padfield, C.J. and Mair, R.J. (1984) *Design of retaining walls embedded in stiff clays*. CIRIA RP104.

14. Pearsall, ibid.

15. Gaba, A.R., Simpson, B., Powrie, W. and Beadman, D.R. (2003) *Embedded retaining walls－guidance for economic design*, London, CIRIA C580.

16. Pearsall, ibid., see definition of 'experience'.

17. See Table 3 of BS 8002, ibid.

18. For example, see Tomlinson, M.J. (2000) *Foundation design and construction*, Prentice Hall; or Bowles, J.E. (1997) *Foundation analysis and design*, McGraw-Hill.

19. See Table 2 of BS 8002, ibid.

20. Data kindly provided by Viv Troughton and Tony Suckling of Stent Foundations (pers. comm., 2007).

21. Data kindly provided by Dr Toh and the Singapore Building and Construction Authority (pers. comm., 2007).

22. Bjerrum, L. (1972) 'Embankments on soft ground', *Proc. Speciality Conf. on Performance of Earth and Earth Supported Structures*, ASCE, 2, pp.1~54.

23. Suckling T. (2003) 'Driven cast insitu piles, the CPT and the SPT-two case studies', *Ground Engineering*, 36(10), pp.28~32 (and pers. comm., 2007).

24. Simpson, B. and Driscoll, R. (1998) *Eurocode 7—a commentary*, BRE.

25. This follows from the central limit theorem-'one of the most important theorems in probability theory' according to Ang and Tang, ibid., p.168.

26. Mortensen, J.K., Hansen, G., and S ø rensen, B. (1991) 'Correlation of CPT and field vane tests for clay tills', *Danish Geotechnical Society Bulletin*, 7, p.62

27. See Ang and Tang, ibid., pp.102~3.

28. Schneider, ibid.

29. Schneider, ibid.

30. Hans Schneider (pers. comm., 2008).

31. Ang and Tang, ibid., pp.361~2 and Schneider, ibid.

32. Simpson and Driscoll, ibid.

33. Bolton, M.D. (1986) 'The strength and dilatancy of sands', *Géotechnique*, 36(1), pp.65~78.

CHAPTER **6**

강도의 검증

6 강도의 검증

'네가 아무리 노력한다 하더라도 네가 가진 힘 이상으로는 싸울 수는 없다.' ―호머(800~ 700 BC)[1]

6.1 설계의 기본

유로코드 7에서 강도의 검증은 설계하중(설계작용력)의 영향이 설계 저항력을 초과하는지를 검토하는 과정이다.

유로코드 7에서 강도의 검증은 다음 부등식을 이용한다.

$$E_d \leq R_d \qquad \text{[EN 1990 식 (6.8)] \& [EN 1997-1 식 (2.5)]}$$

위 식에서 E_d = 설계하중의 영향, R_d = 작용하중에 대한 설계 저항력이다. 이러한 요구조건은 다음과 같이 정의되는 GEO 극한한계상태에 적용된다.

흙 또는 암석의 강도가 저항력의 중요한 요소로 작용하는 지반의 붕괴 또는 과도한 변형 [EN 1997-1 § 2.4.7.1(1)P]

그리고 STR 극한한계상태는

구조재료의 강도가 저항력의 중요한 요소인 구조물 혹은 구조부재에서의 내적 파괴 또는 과도한 변형 [EN 1997-1 § 2.4.7.1(1)P]

강도가 중요한 경우의 예는 그림 6.1과 같다. 왼쪽에서 오른쪽으로 (**상부**)캔틸레버 옹벽의 벽체가 배면에 작용하는 하중을 충분히 지지해야 하고(STR), 비탈면이 자중과 그 외의 하중을 충분히 지지할 수 있을 만큼 강해야 한다

(GEO). **(중간)**얕은기초는 상부로부터 전달되는 하중을 충분히 지지할 수 있어야 하고(GEO) 근입된 옹벽과 지지체는 토압을 지지할 수 있을 만큼 충분히 강해야 한다(STR). **(하부)**수평하중을 받는 말뚝은 과도한 수평변형이 생기지 않도록 충분히 강해야 하며(GEO) 중력식 옹벽의 하부지반은 벽체의 자중과 그 밖의 하중을 지지할 수 있을 만큼 충분한 강도를 가져야 한다(GEO).

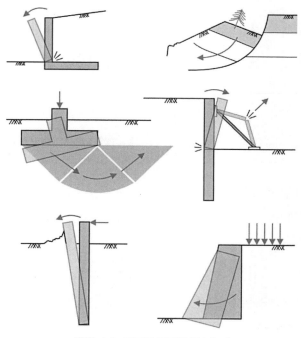

그림 6.1 강도의 극한한계상태 예

6.1.1 작용하중(작용력)의 영향

'작용하중(작용력)의 영향(effects of actions)이란 구조부재에 작용하는 내적하중, 모멘트, 응력 및 변형률과 이에 더하여 전체 구조물의 처짐과 회전까지를 의미하는 일반적인 용어이다.   [EN 1990 § 1.5.3.2]

대부분의 구조설계에서 STR 한계상태의 검증은 구조부재의 강도와 무관한 하중의 영향을 고려한다(제2장 참조). 그러나 많은 지반/지반구조물 설계 (geotechnical design)에서 STR 및 GEO 한계상태에 대한 검증은 지반의 강도에 따라 달라지는 하중의 영향을 고려한다.

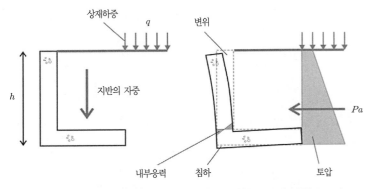

그림 6.2 L형 중력식 옹벽에서 작용하중(왼쪽)과 하중의 영향(오른쪽)

그림 6.2와 같이 느슨한 토사를 지지하고 등분포하중 q가 작용하고 있는 옹벽에서 벽체배면에 작용하는 토압은 수평 활동력 H_E(하중의 영향)를 발생시킨다.

$$H_E = P_a = K_a\left(\frac{\gamma h}{2} + q\right)h = \left(\frac{1 - \sin\phi}{1 + \sin\phi}\right)\left(\frac{\gamma h}{2} + q\right)h = f\{h, \gamma, \phi, q\}$$

여기서 h는 벽체높이, γ와 ϕ는 흙의 단위중량과 전단저항각, K_a는 Rankine의 주동토압계수이다.

이 간단한 예는 EN 1990에 제시된 설계하중의 영향에 대한 다음 정의가

$$E_d = E\{F_d ; a_d\}$$
[EN 1990 식 (6.2a를 단순화함)]

왜 지반설계에서는 다음 식과 같이 수정되어야 하는지에 대한 이유를 설명한다.

$$E_d = E\{F_d ; X_d ; a_d\}$$

여기서 F_d＝구조물에 작용하는 설계하중, X_d＝재료의 물성, a_d＝구조물의

설계치수이다(기호 $E\{\cdots\}$는 괄호 안에 있는 요소의 함수를 나타내며 통상적으로 각 요소는 여러 가지 파라미터들을 포함한다).

일반적으로 구조설계에서 하중의 영향은 하중과 구조물 제원(치수)만의 함수인 반면 지반구조물 설계에서 하중의 영향은 하중과 구조물의 치수뿐만 아니라 지반의 강도를 포함하게 된다.

E_d에 관한 식에 X_d가 포함되면 지반공학적 하중을 고려하는 설계가 상당히 복잡하게 되는데 이는 지반구조물 설계에 다양한 설계법이 존재하게 되는 이유 중의 하나가 된다.

6.1.2 저항력

'저항력(resistence)'은 다음과 같이 정의된다.

구조물의 구성요소[부재] 또는 구성요소[부재]의 단면이 파손되지 않고 하중을 지지할 수 있는 능력　　　　　　　[EN 1990 § 1.5.2.15] 및 [EN 1997-1 § 1.5.2.7]

유로코드 7의 정의에서 괄호 [ ] 안의 용어는 생략되었다. 지반을 구조물의 한 구성요소라고 고려하지 않는 한 앞의 정의에서 '지반(ground)'이란 용어가 누락된 것은 오류로 보인다.

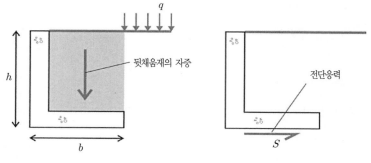

그림 6.3 L형 중력식 옹벽의 활동저항력

대부분의 구조설계에서 STR 한계상태의 검증은 하중과 관계없이 이루어진다(제2장 참조). 그러나 많은 지반구조물 설계에서 STR 및 GEO 한계상태 검증에는 하중의 영향을 받는 저항력을 고려한다.

예를 들어 그림 6.3은 그림 6.2와 같이 옹벽의 활동저항 H_R을 나타낸다.

$$H_R = S = \gamma \times h \times b \times \tan\delta = f\{h, b, \gamma, \delta\}$$

여기서 저항력은 벽체의 치수(h 및 b), 흙의 단위중량(γ) 그리고 흙과 구조물의 경계면 강도(δ는 흙의 배수전단저항각 ϕ의 함수)의 함수이다.

이 예제는 EN 1990에 제시된 저항력에 대한 다음의 정의가

$$R_d = \frac{R\{X_d; a_d\}}{\gamma_{R_d}}$$

[EN 1990 식 (6.6, 단순화)]

왜 지반구조물 설계에서는 다음 식과 같이 수정되어야 하는지 설명한다.

$$R_d = \frac{R\{F_d; X_d; a_d\}}{\gamma_R}$$

여기서 F_d, X_d, a_d는 앞에서 정의되었다. $R\{\cdots\}$은 괄호 안 요소의 함수를 나타내고 $\gamma_{Rd} = \gamma_R$는 저항력에 관한 부분계수를 나타낸다.

간단히 말하면 구조설계에서 저항력은 재료의 강도와 구조물 치수만의 함수이다. 반면에 지반구조물 설계에서 저항력은 보통 재료강도, 치수 및 지반의 자중을 포함한 하중의 함수이다.

다시 말해 R_d 식에 F_d가 포함되면 지반재료가 포함된 설계가 매우 복잡해지며 이는 지반구조물 설계에서 사용되는 설계법이 다양하게 되는 이유가 되는 원인 중 하나이다.

6.2 신뢰성 설계법의 도입

'유로코드에서 사용하는 신뢰성(reliability)은 안전(safety)이란 의미를 포함하고 있다.'[2]

그림 6.4와 같이 신뢰성은 적절한 부분계수 또는 허용한계를 적용함으로써 매우 다양한 방식으로 설계에 도입될 수 있다.

그림 6.4 도표의 윗부분에 계산 모델로 수렴되는 3개의 경로가 있다. (**왼쪽**) 하중에 대한 경로), (**중앙**) 기하학적 파라미터에 대한 경로, (**오른쪽**) 재료물성에 대한 경로이다. 단위중량과 같은 물성은 하중에 직접적인 영향을 미치는 반면 강도와 같은 물성은 하중에 영향을 미치지 않는다.

도표의 아래 세 번째 부분이 검증을 나타낸다. 계산 모델을 통해 설계하중의 영향(왼쪽)과 설계 저항력(오른쪽)이 구해지고 이는 상호 간 비교(중앙)된다.

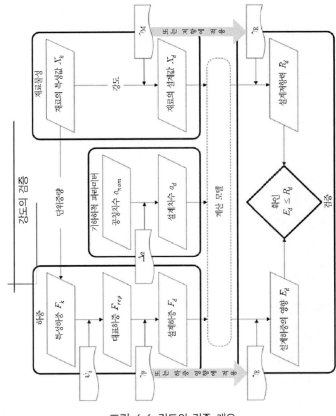

그림 6.4 강도의 검증 개요

부분계수(또는 허용한계)는 다음 중 하나 또는 그 이상에 적용될 수 있다.

- 하중(F) 또는 하중의 영향(E)
- 재료특성(X) 및/또는 저항력(R)
- 기하학적 파라미터(a)

그림 6.4에서 이러한 부분계수(허용한계)는 물결모양의 상자 안에 표시하였다.

6.2.1 작용하중과 영향

설계하중의 영향에 대한 계산은 그림 6.4의 왼쪽경로에 나타낸 과정을 따른다.

특성하중 → 대표하중 → 설계하중 → 설계하중의 영향

특성하중 F_k는 유로코드 1의 규칙을 따라 계산된다. 특성자중은 재료의 특성단위중량 γ_k와 공칭치수 a_{nom} 의 곱으로 계산된다(제2장 참조).

$$F_k = \gamma_k \times a_{nom,1} \times a_{nom,2} \times a_{nom,3}$$

대표하중 F_{rep}는 공칭하중에 조합계수 $\psi \leq 1.0$을 곱하여 구한다(여기서 영구하중에 대한 $\psi = 1.0$, 제2장 참조).

$$F_{rep} = \psi F_k$$

전체 설계하중 F_d는 모든 대표하중의 합에 각 하중에 대응하는 부분계수 $\gamma_F \geq 1.0$을 곱하여 구한다.

$$F_d = \sum_i \gamma_{F,i} \psi_i F_{k,i}$$

설계하중의 영향은 다음 식으로 구한다.

$$E_d = E\{F_d; X_d; a_d\} = E\{\gamma_F \psi F_k; X_d; a_d\}$$

그림 6.5는 적절한 조합계수(1.0 또는 ψ) 및 부분계수(γ_G 및 γ_Q)를 적용하여 구한 하중의 상대적 크기를 나타낸다. 그림 6.5에서는 영구하중, 주요변동 및 동반변동하중(G, Q_1 및 Q_i)에 대해 임의값을 가정하였다. 그림 6.5

에서 화살표는 설계하중이 계산 모델에 포함된다는 것을 의미한다.

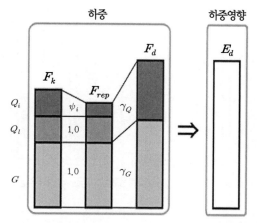

그림 6.5 하중에 부분계수가 적용될 때 하중과 하중영향의 계층구조

유로코드 7에서는 부분계수 γ_F가 하중 또는 하중의 영향에 적용되나 보통 양쪽 모두에는 적용되지 않는다. 따라서 위 식에 대한 대안 식은 다음과 같다.

$$E_d = \gamma_E E\{\psi F_k ; X_d ; a_d\}$$

여기서 부분계수 γ_E는 γ_F와 동일한 값이다.

그림 6.6은 특성하중에 조합계수가 적용되고 하중영향에 부분계수가 적용될 때 하중과 하중영향의 상대적 크기를 나타낸 것이다. 계산 모델이 선형인 경우, 설계결과는 그림 6.5와 동일할 것이다. 계산 모델이 비선형이라면(지반공학에서 언제나 해당되는 경우), 설계결과는 달라질 것이다. 이러한 과정을 더욱 복잡하게 만드는 요인은 영구하중과 변동하중에 서로 다른 부분계수를 적용하여 계산한다는 점이다.

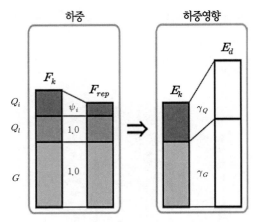

그림 6.6 하중영향에 부분계수가 적용될 때 하중과 하중영향의 계층구조

기존의 컴퓨터 소프트웨어는 이러한 작업이 가능하지 않으므로, 유로코드 7
을 따르기 위해서는 수정이 필요할 것이다.

6.2.2 재료의 강도 및 저항력

설계 저항력의 계산은 그림 6.4의 우측 경로에 나타낸 과정을 따른다.

　특성재료강도 → 설계강도 → 설계 저항력

재료의 설계값 X_d는 재료의 특성값 X_k를 부분계수 $\gamma_M \geq 1.0$으로 나누어
구한다.

$$X_d = \frac{X_k}{\gamma_M}$$

설계 저항력은 다음 식으로 구한다.

$$R_d = \frac{R\{F_d ; X_d ; a_d\}}{\gamma_R} = \frac{R\left\{F_d ; \dfrac{X_k}{\gamma_M} ; a_d\right\}}{\gamma_R}$$

여기서 부분계수 $\gamma_M \geq 1.0$이다.

일반적으로 부분계수 γ_M 또는 γ_R 중의 하나는 1.0과 같고 앞의 식은 일반적으로 다음 2가지 형태의 식 중 하나로 축약해서 나타낼 수 있다.

$$R_d = R\left\{F_d; \frac{X_k}{\gamma_M}; a_d\right\} \quad 또는 \quad R_d = \frac{R\{F_d; X_k; a_d\}}{\gamma_R}$$

그림 6.7은 첫 번째 식에 적절한 부분계수(γ_φ 및 γ_{cu})를 적용했을 때 재료강도의 상대적 크기를 보여 준다. 조립토에서 특성 전단저항각 φ_k가 세립토에서 특성 비배수전단강도 c_{uk}가 저항력으로 작용하는 경우이다. 그림 6.7에서 화살표는 재료의 설계강도가 계산 모델에 포함된다는 것을 의미한다.

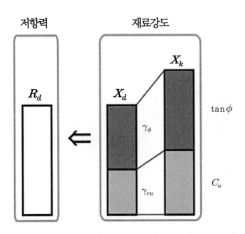

그림 6.7 부분계수가 재료물성에만 적용될 때 재료강도와 저항력의 계층구조

그림 6.8은 식에 동일한 방식으로 재료계수 대신에 저항계수(γ_R)를 적용한 경우이다. 마찬가지로 그림에서 화살표는 재료의 설계강도가 계산 모델에 포함된다는 것을 의미한다. 결과적으로 설계 저항력 R_d는 그림 6.7에 제시된 경우와 다르게 될 것이다.

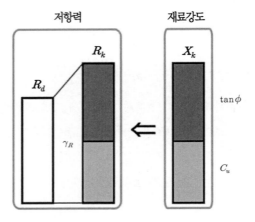

그림 6.8 부분계수가 저항력에만 적용될 때 재료강도와 저항력의 계층구조

6.2.3 기하학적 구조

기하하적 파라미터의 계산은 그림 6.4의 상부 세 경로 중 중앙 경로를 따라 이루어진다.

공칭치수 → 설계치수

기하학적 설계 파라미터 a_d는 공칭치수 파라미터 a_{nom}에 허용오차 Δa를 더하거나 빼서 구한다.

$$a_d = a_{nom} \pm \Delta a$$

설계에 영향을 미치는 모든 치수에 허용한계를 두는 것이 실용적이지 못하기 때문에 EN 1990에서는 공칭치수가 설계치수로 사용된다($\Delta a = 0$). 치수의 불확실성은 하중과 재료의 물성에 적용되는 부분계수(γ_F 및 γ_M)에 반영이 된다. $\Delta a > 0$인 허용오차는 치수 파라미터의 작은 편차가 하중영향 또는 저항력의 결과에 큰 영향을 주는 경우에 적용한다. $\Delta a > 0$으로 가정한 경우는 제11장과 제12장의 예제를 참조한다.

6.2.4 검증

하중의 영향(6.1.1) 및 저항력(6.1.2)에 대한 식을 강도검증에 대한 식에 대입하면

$$E_d = E\{F_d; X_d; a_d\} \leq \frac{R\{F_d; X_d; a_d\}}{\gamma_R} = R_d$$

F_d, X_d 및 a_d 항을 확장하면 다음 식과 같다.

$$E\left\{\gamma_f \psi F_k; P\frac{X_k}{\gamma_m}; a_{nom} \pm \Delta a\right\} \leq \frac{R\left\{\gamma_F \psi F_k; \frac{X_k}{\gamma_M}; a_{nom} \pm \Delta a\right\}}{\gamma_R}$$

앞의 식은 수학적으로 그림 6.4에 보여 준 과정과 같다.

6.2.5 부분계수

영구 및 임시 설계상황에서 강도의 검증을 위한 부분계수는 EN 1997−1의 표 A.3(하중 및 영향), A.4(토질 파라미터) 및 A.5−8과 A.12−14(저항력)에 규정되어 있다. EN 1990과 1997−1의 영국 국가부속서에서는 일부 값들이 수정되었다.

다음 표에는 일반기초(예: 비탈면, 얕은기초 및 옹벽)에 대해 EN 1997−1에서 제시된 부분계수와 제13장과 제14장에서 주어진 말뚝기초와 앵커에 대한 부분계수를 나타냈다. 코드에는 '세트(set)'로 된 부분계수들이 제시되었는데 A1과 A2는 하중, M1과 M2는 재료물성, R1~R3는 저항력에 적용된다 (R4 세트에 대한 값은 제13장에서 제시하였다).

우발설계상황에서 하중(영향)에 대한 부분계수는 보통 1.0이 적용되며 우발상황의 특수한 조건에 따라 부분저항계수(예컨대 부분재료계수)가 다르게 적용된다.

[EN 1997−1 § 2.4.7.1(3)]

파라미터			하중 또는 영향		재료물성		저항		
			A1	A2	M1	M2	R1	R2	R3
영구하중 (G)	유리	γ_G	1.35	1.0					
	불리	$\gamma_{G,fav}$	1.0	1.0					
변동하중 (Q)	유리	γ_Q	1.5	1.3					
	불리	$\gamma_{Q,fav}$	0	0					
전단저항계수($\tan\phi$)		γ_φ			1.0	1.25			
유효점착력(c')		$\gamma_{c'}$			1.0	1.25			
비배수전단강도(c_u)		γ_{cu}			1.0	1.4			
일축압축강도(q_u)		γ_{qu}			1.0	1.4			
단위중량(γ)		γ_γ			1.0	1.0			
지지력(R_v)		γ_{R_V}					1.0	1.4	1.0
활동저항(R_h)		γ_{Rh}					1.0	1.1	1.0
흙의 저항		γ_{Re}					1.0		1.0
옹벽								1.4	
비탈면								1.1	
프리스트레스 앵커		γ_a					1.1	1.1	1.0

6.3 설계법

유로코드 7이 개발되는 동안 일부 국가들은 강도의 검증을 위해 하중-재료
계수 설계법을 선호하는 반면(6.4.2 참조), 다른 일부 국가들은 하중-저항
계수 설계법(6.4.3 참조)을 선호한다.

각국의 선호도를 반영하기 위하여 국가부속서를 통해서 3가지 설계법 중 하
나(또는 그 이상)를 선택할 수 있게 하였다. 유로코드 7에서 정의하는 3가지
설계법은 다음에 정리된 바와 같으며 보다 자세한 설명은 6.3.1~6.3.3에 기
술하였다. 각 국가에서 선택하고 있는 설계방법들은 6.3.4에 기술하였다.

[EN 1997-1 § 2.4.7.3.4.1(1)P 주석 1]

다음 표는 대상 구조물의 종류에 따라 각 설계법에서 사용되는 부분계수들
이다. 설계법 1에서는 2가지 조합에 대해서 모두 검토해야 한다.

구조물	설계법에 사용되는 부분계수 집합			
	1		2	3
	조합 1	조합 2		
일반	<u>A1</u> & M1 & R1	<u>M2</u> & <u>A2</u> & R1	A1 & <u>R2</u> & M1	A1* & <u>M2</u> & <u>A2</u>† & R3
비탈면			<u>E1</u> & <u>R2</u> & M1	<u>M2</u> & E2 & R3
말뚝과 앵커	<u>A1</u> & <u>R1</u> & M1	<u>R4</u> & <u>A2</u> & M1	A1 & <u>R2</u> & M1	A1* & <u>M2</u> & <u>A2</u>† & <u>R3</u>

이중선=주요 부분계수
한줄선=보조 부분계수
* 구조적 하중(structural actions)
† 지반공학적 하중(geotechnical actions)
　A1–2는 하중, M1–2는 재료물성, R1–4는 저항력, E1–2는 하중의 영향에 적용된다(A1–2의 값을 사용).

GEO 및 STR 한계상태에 대해서 EN 1997–1의 부록 A에 규정되어 있는 63개의 부분계수들 중에서 반이 약간 넘는 수가 1.0보다 큰 값이다(나머지는 1.0 또는 0). 앞의 표에 나타난 세트(set)들 중에서 부분계수가 1.0보다 훨씬 큰 세트–그래서 신뢰성을 계산에 도입하는 경우는 이중선으로 표시하였고 세트 내에서 1개의 부분계수만이 1.0보다 크거나 또는 상대적으로 작은 경우에는 한줄선으로 표시하였다. 그리고 모든 계수 값들이 1인 세트들은 밑줄을 표시하지 않았다.†

본질적으로, 설계법 1은 2개의 별도 계산(조합 1과 2)에서 두 변수들에 대해 다른 부분계수를 적용하여 신뢰성을 구한다. 반면에 설계법 2와 3은 다음 표와 같이 하나의 계산에서 두 변수에 동시에 계수를 적용한다.

---

† 본 해석은 EN 1997–1에 주어진 부분계수에 대해서만 유효하다.
　각 국가는 그들의 국가부속서에서 이들 계수를 변경할 수 있다.

구조물	설계법에서 적용되는 부분계수			
	1		2	3
	조합 1	조합 2		
일반	하중	재료물성	하중(또는 영향)과 저항력	구조적 하중(또는 영향)과 재료 물성
비탈면			하중과 저항력의 영향	하중의 구조적 영향과 재료물성
말뚝과 앵커		저항력	하중(또는 영향)과 저항력	구조적 하중(또는 영향)과 재료물성

6.3.1 설계법 1

유로코드 7의 설계법 1의 이론(philosophy)에서는 기초의 신뢰도를 두 단계로 점검한다.

첫째, 부분계수들이 하중에만 적용되고 지반의 강도와 저항력에는 적용되지 않는 경우이다. 그림 6.9와 같이 이 단계에서는 '조합 1'에서 A1, M1 및 R1 세트의 부분계수를 적용한다. 도표에서 X 표시는 세트 M1과 R1의 부분계수들이 모두 1.0이라는 것을 나타낸다. 그러므로 지반강도 및 저항력에는 계수가 적용되지 않는다. Δa에 표시된 X는 일반적으로 공칭치수에는 오차가 적용되지 않는다는 것을 의미한다.

둘째, 부분계수들이 지반강도와 변동하중에 적용되는 반면 영구하중과 저항력에는 적용되지 않는 경우이다. 이 단계에서는 그림 6.10과 같이 '조합 2'에서 A2, M2 및 R1 세트의 부분계수들이 적용된다. 도표에서 X 표시는 세트 A2와 R1의 부분계수들이 모두 1.0이고(변동하중에 적용되는 경우는 제외) 영구하중과 저항력에는 계수가 적용되지 않는다는 것을 의미한다.

(설계법 1이 말뚝기초 또는 앵커 설계에 이용된다면 계수는 재료물성 대신 저항력에 적용되어야 한다. 두 설계의 조합에서 M1 세트의 계수는 재료물성에 적용되고 조합 1과 2에서 R1과 R4 세트의 계수는 저항력에 적용된다. 이에 관한 자세한 내용은 제13장과 제14장을 참조한다)

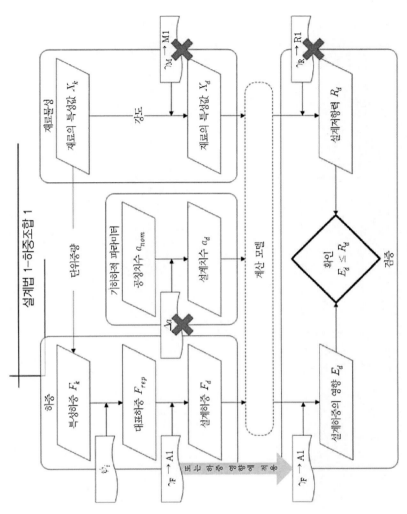

그림 6.9 설계법 1과 조합 1에서 강도의 검증

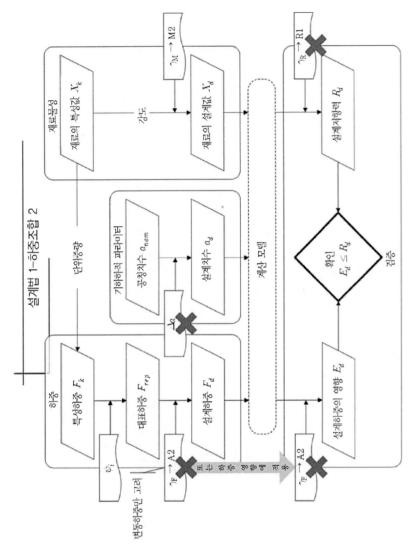

그림 6.10 설계법 1과 조합 2에서 강도의 검증

영구 및 임시설계 상황에 대하여 설계법 1에서 필요한 부분계수 값은 다음과
같다.

설계법 1			조합 1			조합 2		
			A1	M1	R1	A2	M2	R2
영구하중(G)	불리한	γ_G	1.35			1.0		
	유리한	$\gamma_{G,fav}$	1.0			1.0		
변동하중(Q)	불리한	γ_Q	1.5			1.3		
	유리한	$\gamma_{Q,fav}$	0			0		
전단저항계수($\tan\phi$)		γ_φ		1.0			1.25	
유효점착력(c')		$\gamma_{c'}$		1.0			1.25	
비배수전단강도(c_u)		γ_{cu}		1.0			1.4	
일축압축강도(q_u)		γ_{qu}		1.0			1.4	
단위중량(γ)		γ_γ		1.0			1.0	
저항력(R)		γ_R			1.0			1.0

그림 6.11은 조합 1, 그림 6.12는 조합 2를 사용할 때 주요 파라미터의 상대적 크기들을 나타낸다.

설계법 1에서는 계산과정의 초반에 부분계수(하중 및 재료물성)가 적용된다. 이 방법은 6.4.2에서 논의된 재료계수설계법(material factor design)의 특별한 형태이다.

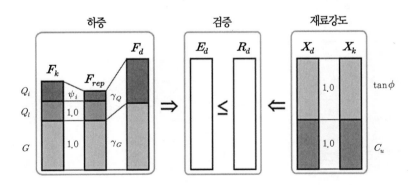

그림 6.11 설계법 1과 조합 1에 대한 파라미터의 계층구조

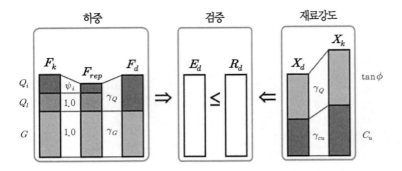

그림 6.12 설계법 1, 조합 2에 대한 파라미터의 계층구조

6.3.2 설계법 2

유로코드 7의 설계법 2에서는 지반강도에는 계수를 적용하지 않고 하중 또는 하중의 영향과 저항력에 동시에 부분계수를 적용하여 기초의 신뢰성을 검토한다.

이 방법에서는 그림 6.13과 같이 A1, M1 및 R2 세트의 부분계수를 적용한다. 그림에서 X 표시는 M1 세트의 부분계수가 모두 1.0이므로 지반강도에는 계수가 적용되지 않는다는 것을 의미한다. Δa에 대한 X 표시는 일반적으로 오차가 공칭치수에는 적용되지 않는다는 것을 의미한다.

설계법 2			A1	M1	R2
영구하중(G)	불리	γ_G	1.35		
	유리	$\gamma_{G,fav}$	1.0		
변동하중(Q)	불리	γ_Q	1.5		
	유리	$\gamma_{Q,fav}$	0		
재료물성(X)		γ_M		1.0	
지지력(R_v)		γ_{Rv}			1.4
활동저항력(R_h)		γ_{Rh}			1.1
비탈면에서 옹벽에 대한 토사저항력		γ_{Re}			1.4 1.1

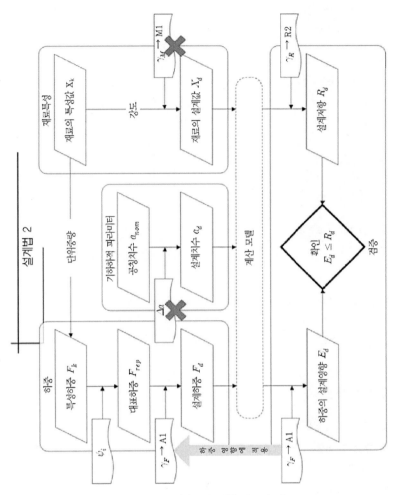

그림 6.13 설계법 2에 대한 강도의 검증

(설계법 2가 비탈면 안정해석에 적용된다면 A1 세트의 계수들은 하중이 아닌 하중의 영향에 적용되어야 한다. 이에 대한 상세한 내용은 제10장을 참조한다)

영구 및 임시조건에 대하여 설계법 2에서 요구하는 부분계수 값들은 앞의 표에 제시된 바와 같다. 그림 6.14는 설계법 2를 사용하는 경우에 대한 주요 파라미터의 상대적인 크기를 나타낸 것이다.

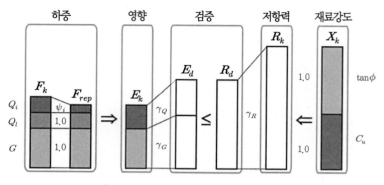

그림 6.14 설계법 2에서 파라미터의 계층구조

설계법 2에서 부분계수는 가급적 계산과정의 마지막에 하중의 영향과 저항력에 적용된다. 이 방법은 6.4.3에 논의될 하중-저항계수 설계법의 특별한 형태이다.

6.3.3 설계법 3

유로코드 7 설계법 3의 이론에서는 구조적 하중과 재료물성에 동시에 부분계수를 적용하여 기초의 신뢰성을 검토하지만 지반공학적 하중 및 저항력에는 부분계수를 적용하지 않는 것이다(구조적 하중과 지반공학적 하중의 차이에 관한 아래의 논의 참조).

그림 6.15와 같이 이 방법에서는 A1 또는 A2(각각의 구조적 하중과 지반공학적 하중), M2 및 R3 세트의 부분계수를 사용한다. 도표에서 X 표시는 R3 세트의 부분계수는 모두 1.0(인장력을 받는 말뚝의 저항력에 적용되는 경우는 제외)으로 대부분 저항력에는 계수가 적용되지 않는다는 것을 의미한다. Δa에 대한 X표시는 일반적으로 공칭치수에는 허용오차(tolerances)가 적용되지 않는다는 것을 의미한다.

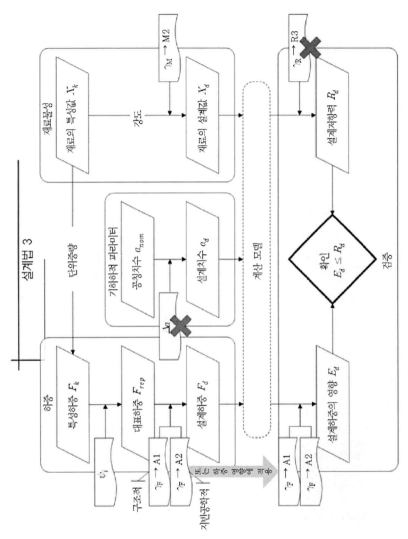

그림 6.15 설계법 3에 대한 강도의 검증

설계법 3이 비탈면 안정해석에 적용된다면 A2 세트의 계수들은 지반공학적 하중만이 아닌 모든 하중에 적용된다. 영구 및 임시상황에 대하여 설계법 3을 사용할 때 적용되는 부분계수 값들은 다음과 같다.

설계법 3			A1	A2	M2	R3
영구하중(G)	불리	γ_G	1.35	1.0		
	유리	$\gamma_{G,fav}$	1.0	1.0		
변동하중(Q)	불리	γ_Q	1.5	1.3		
	유리	$\gamma_{Q,fav}$	0	0		
전단저항계수($\tan\varphi$)		γ_φ			1.25	
유효점착력(c')		$\gamma_{c'}$			1.25	
비배수전단강도(c_u)		γ_{cu}			1.4	
일축압축강도(q_u)		γ_{qu}			1.4	
단위중량(γ)		γ_γ			1.0	
저항력(R)(인장력을 받는 말뚝은 제외)		γ_R				1.0
인장력을 받는 말뚝 주면저항력		$\gamma_{R,st}$				1.1

그림 6.16은 설계법 3을 이용할 때 적용되는 주요 파라미터들의 상대적 크기를 나타낸 것이다. 이 방법에서 부분계수는 계산과정의 초반(하중 및 재료물성)에 적용되며 설계법 1과 달리 한 단계로 이루어진다. 설계법 3은 6.4.2에서 논의될 재료계수 설계법의 한 형태이다.

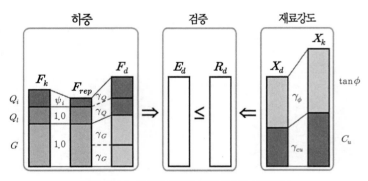

그림 6.16 설계법 3에서 파라미터의 계층구조

설계법 3의 중요한 특징은 구조적 하중과 지반공학적 하중 사이에 적용되는 부분계수가 서로 차이가 있다는 점이다. 지반공학적 하중보다 구조적 하중에 더 큰 부분계수가 적용되는데 이는 해당 부분계수에 더 큰 불확실성이 있

다는 것을 시사한다. 지반공학적 하중은 다음과 같이 정의된다.

지반, 성토[고인 물(standing water)†] 또는 지하수에 의해 구조물에 전달되는 하중
[EN 1990 § 1.5.3.7] 및 [EN 1997-1 § 1.5.2.1]

유로코드 7에서는 구조적 하중이 무엇인지에 관해 명확히 정의하지는 않았지만 그것은 지반공학적 하중이 아닌 하중을 의미한다.

그림 6.17과 같이 설계 시 구조적 하중과 지반공학적 하중 사이를 구분하기는 쉽지가 않다. 엄밀히 해석한다면 중력식 옹벽에 작용하는 교통하중은 지반공학적 하중으로 분류된다.

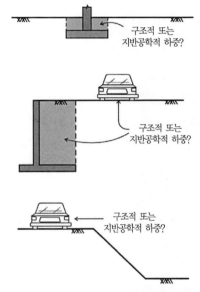

다음 표는 '지반공학적 하중'에 대한 여러 가지 정의에 대해 요약한 것으로 이들을 설계상황에 적용한 예는 그림 6.17과 같다. 모두 문제가 없는 것은 아니다.

그림 6.17 지반공학적 하중의 정의가 불명확한 상황

다행히도 6.3.4에서 설명한 것과 같이 설계법 3이 비탈면 설계에 거의 예외 없이 적용되며 이때 모든 하중은(교통하중 포함) 지반공학적 하중으로 취급되기 때문에 이 문제는 학술적으로 크게 주목을 받아왔다.

---

† [ ] 안의 용어는 EN 1990에서는 생략되었다.

지반공학적 하중의 정의	콘크리트 벽체/기초	뒷채움		교통하중	
		기초	벽체	벽체 배면	비탈면 정상 위
지반을 통해 구조물에 전달?	아니오(STR)	예?(GEO)	예?(GEO)	예(GEO)	예?(GEO)
설계지침서†	STR	STR	GEO	STR	GEO
토사 또는 암반?	아니오(STR)	예(GEO)	예(GEO)	아니오(STR)	아니오(STR)
지표면 하부	예(STR)	예(STR)	예(STR)	아니오(GEO)	아니오(GEO)
크기가 불확실?	아니오(GEO)	아니오(GEO)	아니오(GEO)	예(STR)	예(STR)

† 유로코드 7 설계지침서에서 채택[3]
? 예 또는 아니오인지 불확실

6.3.4 유럽 각국에서 사용되는 설계법

유로코드 7 Part 1에서는 각 나라마다 자국에서 사용할 수 있는 설계법을 국가부속서를 통해 규정할 수 있도록 하고 있다. 그림 6.18(비탈면)과 그림 6.19(기타 지반구조물)에 유럽표준화위원회(CEN)[4]에 속한 국가들이 채택하고 있는 설계법을 요약하여 나타냈다.　　　[EN 1997–1 § 2.4.7.3.4.1(1)P 주석 1]

그림 6.18과 같이 비탈면 설계에서 가장 많이 사용되는 방법은 설계법 3(DA3)이고(CEN 국가들의 약 65%가 채택), 그다음이 설계법 1(DA1)이다(약 25%가 채택). 스페인만이 설계법 2(DA2)를 채택한 반면 아일랜드는 모든 설계법을 채택하였다. 제10장에서 기술된 것처럼 설계법 1과 3은 비탈면 설계에 적용 시 거의 동일한 결과를 나타내기 때문에 대부분의 유럽 국가들은 이 문제에 대해 공통의 접근방법을 채택해 왔다.

그림 6.19는 비탈면을 제외한 다른 구조물에 대하여 각국의 설계법 채택 현황을 보여 주고 있다. 설계법 2는 CEN 국가들의 55%가 채택하고 있고 설계법 1은 약 30%의 국가들이, 그리고 설계법 3은 10%의 국가들이 채택하고 있다. 아일랜드는 모든 설계법을 채택한다. 유럽국가들 사이의 차이점은 각 설계법의 원칙과 공학적 장점에 관하여 각 국가들의 판단을 반영했다기보다는 각 국가들이 가지고 있는 지반공학의 전통과 실무의 차이를 반영하고 있다는 것이다.

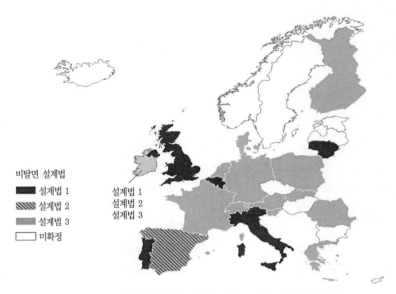

비탈면 설계법
■ 설계법 1
▨ 설계법 2
▧ 설계법 3
☐ 미확정

설계법 1
설계법 2
설계법 3

그림 6.18 비탈면 설계법에 대한 국가별 채택현황

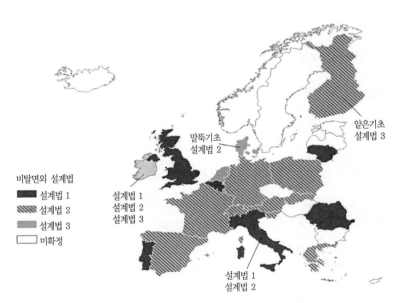

비탈면외 설계법
■ 설계법 1
▨ 설계법 2
▧ 설계법 3
☐ 미확정

설계법 1
설계법 2
설계법 3

말뚝기초
설계법 2

얕은기초
설계법 3

설계법 1
설계법 2

그림 6.19 비탈면 외 구조물 설계법의 국가별 채택 현황

6.4 설계의 불확실성을 다루는 방법들

다음의 소절에서는 지반공학에서 불확실성을 다루는 방법들에 대해 간단히 소개하였다.

6.4.1 허용응력 설계법(ASD 또는 WSD)

지반구조물 설계를 위한 초기의 설계코드에서 어떤 경우는 구조물의 제원 (예: 기초의 폭 또는 옹벽의 근입깊이)에, 또 어떤 경우는 구조물의 지지력 (예: 극한지지력 또는 수동토압)에 안전율을 적용함으로써 계산의 신뢰성을 확보하고자 하였다.

Meyerhof[6]에 따르면 18세기에 Bélidor와 Coulomb에 의해 최초로 안전율 개념이 지반공학에 사용되었다. 20세기 전반기 동안 유럽과 북미에서는 작용하중 P에 대한 기초의 극한 저항력 Q_{ult}의 비로 정의된 전체 안전율 F를 지반구조물 설계에 사용하는 것이 일반적이었다.

$$F = \frac{Q_{ult}}{P}$$

앞의 식을 허용하중 P_a에 대한 식으로 나타내면 다음 식과 같다.

$$P_a = \frac{Q_{ult}}{F}$$

일반적으로 구조물과 파괴 형태에 따라 F의 값은 1.3과 3.0 사이에서 변한다.

6.4.2 하중-강도계수 설계법

20세기 중반에 Taylor[6]와 Brinch Hansen[7]은 서로 다른 종류의 하중과 흙의 전단강도 및 말뚝의 저항요소에 별도의 계수를 적용하는 부분계수의 개념을 처음으로 지반공학에 도입하였다. 다음 표와 같이 Brinch Hansen에 의해 제시된 부분계수는 유로코드 7에 나와 있는 계수 값들과 크게 다르지 않으며 기존의 전체 안전율을 적용한 경우와 거의 동일한 설계결과가 나오도록 만들어졌다.

재료계수 설계법의 원리는 가능한 한 불확실성의 근원이 되는 요소에 부분계수를 적용하는 것이다.

파라미터		부분계수
하중	사하중, 흙의 중량	1.0
	활하중 및 환경하중	1.5
	수압, 우발하중	1.0
전단강도	마찰력($\tan \phi$)	1.2
	점착력(c'), 비탈면, 토압	1.5
	점착력(c'), 확대기초	1.7
	점착력(c'), 말뚝	2.0
극한말뚝지지력	말뚝재하시험	1.6
	동역학적 지지력 공식	2.0
변형		1.0

재료계수설계법은 1960대 초 이후 덴마크에서 사용되어 왔고 1965년 덴마크 기초 설계기준에 최초로 포함되었다.[8] 그 이후 유럽에서 널리 채택되어 (예: BS 8002) 사용되고 있다.[9]

6.4.3 하중 – 저항계수 설계법(LRFD)

북미에서는 한계상태원리에 기초한 지반구조물 설계법이 많이 사용되고 있으며 최근에 AASHTO의 교량 설계기준,[10] 미석유협회(API)의 해양구조물의 실무권장지침(Recommended practice)[11]과 캐나다 기초설계 매뉴얼(CFEM)[12]에 수록되었다.

하중 – 저항계수 설계법의 원리는 설계계산의 결과, 즉 하중의 영향과 저항력에 부분계수를 적용하는 것이다.

LRFD방법(AASHTO의 공식 이용)에서 기본적으로 충족되어야 하는 기본식은 다음과 같다.

$$\sum_i \eta_i \gamma_i Q_i \leq \phi R_n = R_r$$

여기서 η_i은 연성, 여용성 및 중요도를 고려하기 위한 하중 수정계수(0.95~1.0), γ_i은 하중계수로 보통 $\geq$1.0, Q_i은 하중의 영향, ϕ =저항계수$\leq$1.0, R_n = 공칭 저항, R_r =계수가 적용된 저항력이다.

LRFD 저항계수 ϕ는 보통 1보다 작고 그 역수는 유로코드 구조물 설계기준의 저항계수 γ_R과 유사하다. 앞의 식을 유로코드의 형태로 표현하면 다음 식과 같다.

$$E_d = \sum_i \gamma_{F,i} E_i \leq \frac{R_k}{\gamma_R} = R_d$$

LRFD 방법이 유로코드 7의 설계법 2와 공통적인 특징이 많지만 6.3.2에 제시된 값과 다음 표를 비교해 볼 때 저항계수값들이 서로 다르다는 것을 알 수 있다.

구조물	부분계수	값	역수
전체 안정성	토사비탈면 저항(ϕ)	0.65~0.75	1.33~1.54
확대기초	지지력(ϕ_b)	0.45~0.55	1.82~2.22
	활동저항(ϕ_r)	0.80~0.90	1.11~1.25
	수동토압 (ϕ_{ep})	0.50	2.0
현장타설말뚝	주면마찰력(ϕ_{stat})	0.45~0.60	1.67~2.22
	선단지지력(ϕ_{stat})	0.40~0.50	2.0~2.5
	인발저항(ϕ_{up})	0.35~0.45	2.22~2.86
항타말뚝	주면마찰/선단지지(ϕ_{stat})	0.25~0.45	2.22~4.0
	인발저항(ϕ_{up})	0.20~0.40	2.5~5.0

6.5 핵심요약

STR 및 GEO 한계상태는 구조물 또는 지반의 파괴, 그리고 과도한 변형이 초래되는 상태를 의미하며 이때 구조물이나 지반의 강도는 저항력에 매우 중요한 요소로 작용한다.

이들 한계상태의 검증은 다음 식과 같이 부등조건이 만족됨을 보이는 것이다.

$$E_d \leq R_d$$

여기서 E_d = 설계하중의 영향, R_d = 설계 저항력이다. 이 식은 각국의 국가별 부속서에서 채택한 3가지 설계법 중 한 가지 방법을 사용하여 적용된다.

6.6 주석 및 참고문헌

1. Homer (800~700 BC), *The Iliad*.

2. European Commission (2003) *Guidance paper L: Application and use of Eurocodes*, CEN.

3. Frank, R., Bauduin, C., Kavvadas, M., Krebs Ovesen, N., Orr, T., and Schuppener, B. (2004) *Designers' guide to EN 1997−1: Eurocode 7: Geotechnical design-General rules*, London: Thomas Telford.

4. Schuppener, B. (2007) *Eurocode 7: Geotechnical design −Part 1: General rules-its implementation in the European Member states*, Proc. 14th European Conf. on Soil Mechanics and Geotechnical Engineering, Madrid.

5. Meyerhof, G.G. (1994) *Evolution of safety factors and geotechnical limit state design* (2nd Spencer J. Buchanan Lecture), Texas A & M University.

6. Taylor, D.W. (1948) *Fundamentals of soil mechanics*, New York: J. Wiley.

7. Brinch Hansen, J. (1956) *Limit design and safety factors in soil mechanics*, Danish Geotechnical Institute, Bulletin No. 1.

8. DS 415: 1965, Code of practice for foundation engineering, Dansk Ingeni ø rforening.

9. BS 8002: 1994 Code of practice for earth retaining structures, British Standards Institution, London.

10. AASHTO LRFD Bridge Design Specifications (4th Edition, 2007), American Association of State Highway and Transportation Official.

11. American Petroleum Institute (2003) *Recommended practice for planning,*

designing and constructing fixed offshore platforms-Load and Resistance Factor Design, American Petroleum Institute.

12. Canadian Geotechnical Society (2006) *Foundation Engineering Manual*, Canadian Geotechnical Society.

CHAPTER

7

안정성 검증

7 안정성 검증

"나에게 충분히 긴 지레와 받침대, 그리고 서 있을 장소를 준다면 지구를 움직여 보겠다."
—아르키메데스(c. 287~212 BC)

7.1 설계의 기본

안정성 검증이란, 구조물을 불안정하게 하는 외력(불안정하중)이 이에 상응하는 구조물을 안정하게 하는 저항력(안정하중)과 안정성을 증가키는 임의의 저항력을 합한 크기를 초과하는지 검토하는 것이다.

유로코드 7에서 안정성 검증은 다음 식과 같이 부등식으로 나타낸다.

$$E_{d,dst} \leq E_{d,stb} + R_d$$

여기서 $E_{d,dst}$ = 불안정하중의 설계영향, $E_{d,stb}$ = 안정하중의 설계영향, R_d = 구조물의 안정화에 도움이 되는 임의의 설계 저항력이다.

상기의 요구조건이 EQU 극한한계상태에 적용되는데 다음과 같이 정의된다.

> 강체로 고려되는 구조물 또는 지반의 평형[손실(loss)], [여기서 작용하중 등의 작은 변화도 중요하다. 그리고†] 여기서 구조용 재료나 지반의 강도는 저항력을 제공하는 중요한 요소로는 고려하지 않는다. [EN 1990 § 6.4.1(1)P] 및 [EN 1997-1 § 2.4.7.1(1)P]

UPL 극한한계상태는 다음과 같이 정의된다.

> 수압(부력) 또는 다른 연직하중으로 인한 융기로 구조물이나 지반의 평형이 손실된 상태   [EN 1997-1 § 2.4.7.1(1)P]

---

† [ ] 안의 말(words)은 EN 1990에서는 생략되었다.

그리고 HYD 극한한계상태는 다음과 같이 정의된다.

동수경사에 의해 지반에 발생하는 수리학적 융기, 내부침식 및 파이핑

[EN 1997-1 § 2.4.7.1(1)P]

구조물의 안전성과 관련된 사례는 그림 7.1과 같다. 그림의 왼쪽에서 오른쪽
으로 **상부 그림**: 풍력발전기에 작용하는 전도모멘트가 기초를 지탱하려는
복원 모멘트를 초과해서는 안 된다(EQU). 유효응력 반발에 의해 기초저면
에 작용하는 상향력(uplift force)이 구조물 중량이나 기초저면의 벽체를 따
라 작용하는 전단력을 초과해서는 안 된다(UPL). 근입된 벽체 주위의 수두
차에 의해 유입된 지하수로 인해 발생하는 융기량(heave)은 허용값 이내이
어야 한다(HYD). **하부 그림**: 코퍼 댐에 작용하는 전도모멘트가 코퍼 댐의
중량에 의한 복원 모멘트를 초과해서는 안 된다(EQU). 굴착면 바닥 하부에
서 발생하는 간극수압에 의한 부력은 굴착지반의 중량을 초과해서는 안 된
다(UPL). 큰 동수경사에 의해 흙이 침식되는 것은 방지해야 한다(HYD).

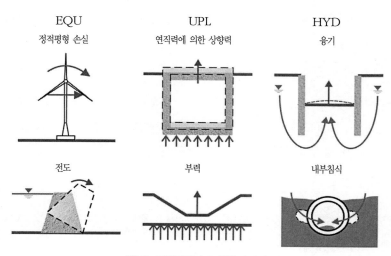

그림 7.1 안정성의 극한한계상태 예

7.2 설계 시 신뢰성 개념의 도입

신뢰성은 다음 조건에 부분계수(또는 허용오차)를 적용하여 안정성이 손실되지 않도록 설계에 적용된다.

- 불안정 설계하중(F_{dst})
- 안정 설계하중(F_{stb})
- 재료특성(X) 또는 저항력(R)
- 기하학적 파라미터(a)

이들 부분계수나 허용오차는 그림 7.2의 물결무늬 상자 안에 있다.

불안정 설계하중 $F_{d,dst}$는 불안정 특성하중 $F_{k,dst}$에 조합계수 ψ를 곱한 후 (적절한 계수, 제2장 참조), 부분계수 $\gamma_{F,dst} = 1.1\text{-}1.5$(그림 7.2의 가장 왼쪽 경로)를 곱하여 구한다.

$$F_{d,dst} = \sum_i \gamma_{F,dst,i}\psi_i F_{k,dst,i}$$

안정 설계하중 $F_{d,stb}$는 구조물을 안정하게 하는 특성외력 $F_{k,stb}$에 조합계수 ψ를 곱한 후(적절한 계수 제2장 참조) 부분계수 $\gamma_{F,stb} = 0-0.9$(그림 7.2의 중앙 오른쪽 경로)를 곱하여 구한다.

$$F_{d,stb} = \sum_i \gamma_{F,dst,i}\psi_i F_{k,stb,i}$$

재료의 설계값 X_d는 재료의 특성값(X_k)을 부분계수 $\gamma_M = 1.0\text{-}1.4$로 나누어 구한다. 설계 저항력 R_d는 특성저항력 R_k를 부분계수 $\gamma_R = 1.0-1.4$ (그림 7.2의 가장 오른쪽 경로)로 나누어 구한다.

$$X_d = \frac{X_k}{\gamma_M} \text{ 또는 } R_d = \frac{R_k}{\gamma_R}$$

마지막으로 설계치수 a_d는 공칭치수 a_{nom}에 허용오차 Δa를 더하거나 빼서 구한다(그림 7.2에서 중앙 왼쪽 경로).

$$a_d = a_{nom} \pm \Delta a$$

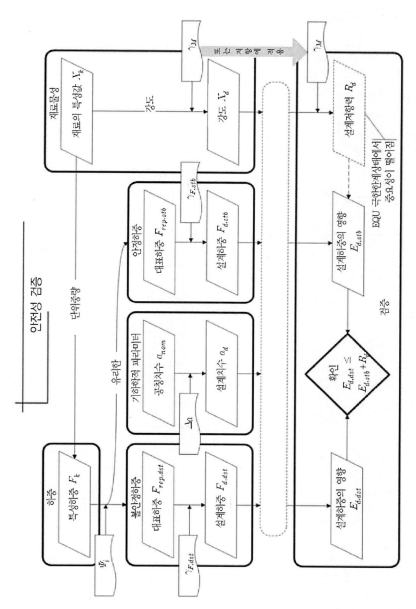

그림 7.2 안정성 검증

7.2.1 부분계수

안정성 검증을 위한 부분계수들은 EN 1997−1의 표에 제시되었다. 즉 EQU 에 대한 부분계수는 A.1과 A.2, UPL에 대한 부분계수는 A.15와 A.16, 그리 고 HYD에 대한 부분계수는 A.17에 명시되어 있다.

몇몇 부분계수 값들은 BS EN 1990과 1997−1에 대한 영국 국가부속서에 수 정되어 있다. 다음 표는 영구 및 임시설계상황에서 사용되는 계수들을 요약 한 것이며 그림 7.3은 EQU, UPL 및 HYD 한계상태를 검토할 때 사용되는 주요 파라미터의 상대적 크기를 보여 주고 있다.

파라미터			극한한계상태		
			EQU	UPL	HYD
영구하중(G)	불안정	$\gamma_{G,dst}$	1.1 교량 1.05	1.0[1.1]	1.35
	안정	$\gamma_{G,stb}$	0.9 교량 0.95	0.9	0.9
변동하중(Q)	불안정	$\gamma_{Q,dst}$	1.5 도로 1.35 보행자 1.35 철도 1.4~1.7 바람 1.7 온도 1.55	1.5	1.5
	안정	$\gamma_{Q,stb}$	0	0†	0
전단저항계수($\tan\varphi$)		γ_φ	1.25[1.1]	1.25	−†
유효점착력(c')		$\gamma_{c'}$	1.25[1.1]	1.25	
비배수강도(c_u)		γ_{cu}	1.4[1.2]	1.4	
일축압축강도(q_u)		γ_{qu}	1.4[1.2]	1.4†	
단위중량(γ)		γ_γ	1	1.0†	
인장말뚝저항력(R_{st})		γ_{st}		1.4 [*]	−†
앵커저항력(R_a)		γ_a		1.4 [*]	

† 추정값(EN 1997−1에 명확하게 주어지지 않음)
  BS EN 1997−1에 대한 영국 국가부속서에서 [ ] 안의 값
  BS EN 1990에 대한 영국 국가부속서에서 밑줄 친 값
* STR/GEO 극한한계상태에 따라 결정된 값
−적용할 수 없음

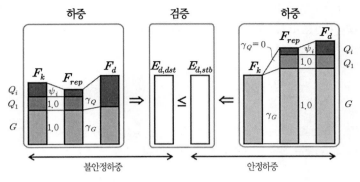

그림 **7.3** 안정성 한계에서 파라미터 계층구조

7.3 정적평형의 손실

EQU 극한한계상태는 다음과 같이 정의한다.

> 강체로 고려되는 구조물 또는 지반의 평형[손실][여기서 작용하중등의 작은 변화도
> 중요하다. 그리고†] 여기서 구조재료나 지반의 강도는 저항력을 제공하는 데 중요
> 한 요소로 고려하지 않는다.　　　[EN 1990 § 6.4.1(1)P] 및 [EN 1997–1 § 2.4.7.1(1)P]

유로코드에서 정적평형의 검증은 다음의 부등식으로 나타낸다.

$$E_{d,dst} \leq E_{d,stb}(+ R_d) \qquad \text{[EN 1990 식(6.7)] 및 [EN 1997–1 식(2.4, 수정)]}$$

여기서 $E_{d,dst}$ =불안정하중의 설계영향, $E_{d,stb}$ =안정하중의 설계영향, R_d =
구조물의 안정에 도움이 되는 임의 설계 저항력이다. 괄호 안의 용어, 즉 R_d
는 EN 1990에서는 생략되었다.††

EN 1997–1에서는 임의의 전단저항력이 [EQU]에 포함되는 경우, 전단저항
력의 중요성은 크지 않는 것으로 설명하고 있다. 앞에 제시된 부등식에 R_d
가 포함된 것은 앞의 설명과 EQU에 대한 정의의 후자부분('구조재료나 지반
의 강도는 저항력을 제공하는 측면에서 중요치 않다')과 상충되는 면이 있

---

† [ ] 안의 말(words)은 유로코드 7의 정의에서는 생략되었다.
†† 기호 T_d가 유로코드 7에서 사용되었으나 향후 개정 시 R_d로 바뀔 것 같다.

다. 저항력이 중요하지 않다면 왜 부등식에 포함이 될까? 만약 저항력이 중요하다면 STR 및 GEO 한계상태(제6장 참조)가 설계를 좌우해야 한다.

[EN 1997-1 § 2.4.7.2(2)P 주석 1]

또한 EN 1997-1에서는 EQU를 다음과 같이 설명하고 있다.

> 주로 구조물 설계와 관련이 있다. 암반 위에 있는 강성기초와 같은 지반구조물 설계에서 EQU 검증은 매우 드문 경우로 제한될 것이다. [EN 1997-1 § 2.4.7.2(2)P 주석 1]

그림 7.4와 같이 암반 위에 시공된 중력식 댐을 검토해 보자. 이것은 지반구조물 설계에서 EQU가 관련된 매우 드문 경우이다. 실제로 댐의 형태는 훨씬 더 복잡하지만 높이 H, 폭 B인 사각형 기초로 단순화하였다.

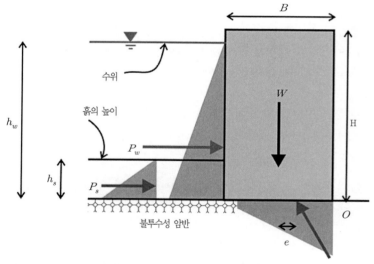

그림 7.4 물과 흙을 지지하기 위한 암반 위의 매스콘크리트 댐

댐은 물높이 h_w와 흙높이 h_s의 혼합구조물을 지지하고 있다. 흙의 강도는 하부의 암반보다 상당히 약하다.

댐의 배면에 작용하는 전체 수평력 P는 다음 식과 같다.

$$P = P_w + P_s = \frac{1}{2}\gamma_w h_w^2 + \frac{1}{2}K_a(\gamma_s - \gamma_w)h_s^2$$

여기서 γ_w와 γ_s는 물과 흙의 단위중량, K_a는 흙의 주동토압계수로 다음 식으로 구한다.

$$K_a = \frac{1 - \sin\phi}{1 + \sin\phi}$$

여기서 ϕ는 흙의 전단저항각이다.

댐의 선단 O에서 토압과 수압이 일으키는 불안정(전도) 모멘트는 다음 식과 같다.

$$M = \frac{1}{6}\gamma_w h_w^3 + \frac{1}{6}K_a(\gamma_s - \gamma_w)h_s^3$$

이러한 외력에 대응하는 힘은 댐의 중량 W이며 이때 발생하는 최대(극한) 활동저항력 P_{ult}는 다음 식과 같다.

$$P_{ult} = \gamma_c BH \times \tan\delta$$

여기서 γ_c는 콘크리트의 단위중량, δ는 댐과 하부암반 사이의 내부마찰각이다. 댐의 선단 O에서 댐의 자중으로 발생하는 안정(복원) 모멘트는 M의 극한(한계)값으로 정의된다.

$$M_{ult} = \gamma_c BH \times \frac{B}{2}$$

전통적으로 강체운동에 대한 댐의 안정성은 활동에 대한 안전율 F_s와 전도에 대한 안전율 F_o를 사용하여 검토한다. 허용력 P_a와 허용 전도모멘트 M_a는 다음 식과 같다.

$$P_a \leq \frac{P_{ult}}{F_s}, \quad M_a \leq \frac{P_{ult}}{F_o}$$

이들 부등식에 P, P_{ult}, M, M_{ult}를 대입하고 수위가 댐의 상부에 있는 것($h_w = H$)으로 가정하여 정리하면 다음 식과 같다.

$$\frac{B}{H} \geq \left(\frac{F_s}{2}\right)\left(\frac{\gamma_w}{\gamma_c}\right)\left(1 + K_a\left(\frac{\gamma_s - \gamma_w}{\gamma_c}\right)\left(\frac{h_s}{H}\right)^2\right) \times \left(\frac{1}{\tan\delta}\right)$$

그리고

$$\frac{B}{H} \geq \sqrt{\left(\frac{F_o}{3}\right)\left(\frac{\gamma_w}{\gamma_c}\right)\left(1 + K_a\left(\frac{\gamma_s - \gamma_w}{\gamma_c}\right)\left(\frac{h_s}{H}\right)^3\right)}$$

그림 7.5는 다양의 심도의 흙을 지지하기 위한 댐에 크기에 대한 계산 결과
이다. 계산 시 입력치에 대한 가정조건은 $\gamma_s = 20 kN/m^3$, $\gamma_c = 24 kN/m^3$,
$\gamma_w = 10 kN/m^3$, $\phi = 25°(K_a = 0.406)$ 그리고 $\delta = 35°$이다.

전통적('Traditional')인 방법으로 규명한 선은 활동에 대한 안전율 $F_s = 1.5$
및 전도에 대한 안전율 $F_o = 2.0$을 기본으로 구한 값이다. 그림 7.5와 같이
전도는 모든 h_s/H에 대하여 댐의 최소 폭을 결정한다.(물론 벽면마찰각 δ
는 작은 값으로 가정했으며 이때 활동은 댐의 폭에 의해 결정된다).

또한 그림 7.5에는 합력이 기초의 중앙 3분점($e < B/6$) 안에 위치하는
$F_o = 3.0$에 대한 추가적인 선도 제시되었다. 이와 같이 중앙 3분점 규칙은
댐과 기초암반 사이에 인장력이 발생하는 것을 방지하기 위한 것으로 $F_o =$
2에서의 요구조건보다 더 중요하다.

유로코드 7에서는 EQU 한계상태에 따라서 강체의 안정성을 검증하도록 하
였다. 상기에 제시된 부등식에 $\gamma_{G,dst}/\gamma_{G,stb}(= 1.1/0.9 = 1.21)$와 $\tan\phi$
및 $\tan\delta$에 대한 재료계수 $\gamma_\phi(= 1.25)$를 적용하고 ϕ는 20.5°(결과적으로
K_a 값이 0.482까지 증가), δ는 29.2°로 하고 F_s와 F_o를 바꾸어 강체의 안정
성을 검증할 수 있다. 그림 7.5와 같이 활동은 모든 h_s/H에 대하여 댐의 최
소 폭을 결정한다. EQU가 정적평형을 다루기 때문에 일반적인 상식과는 다
른 결과가 도출될 수도 있다.

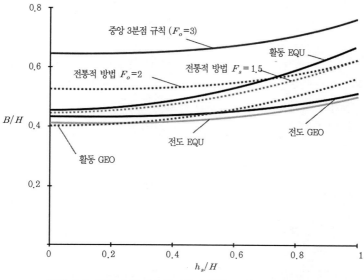

그림 7.5 활동과 전도를 방지하기 위한 그림 7.4 댐의 크기

한계상태설계의 기본적인 원칙은 모든 한계상태가 동등한 중요성을 갖는다는 것이다. 따라서 모든 설계상황에 대해 발생 가능한 한계상태를 검토해야 한다. 앞의 부등식에서 F_s와 F_o에 $\gamma_G/\gamma_{G,fav}$의 비(설계법 1, 조합 1 =1.35, 조합 2 =1.0)와 $\tan\varphi$ 및 $\tan\delta$에 대한 재료계수 γ_φ (=1.0 또는 1.25)를 적용하여 그림 7.5에서 제시된 GEO 및 STR 한계상태(제6장 참조)에 대한 상황을 검토할 수 있다. 그림 7.5와 같이 전도는 $h_s/H < 0.5$, 활동은 $h_s/H >$ 0.5에 대해 댐의 최소 폭을 결정한다(가정된 경계면에서의 마찰각 δ에 의해 전도와 활동이 전환된다). 또한 이 결과도 GEO와 STR이 재료의 강도를 다루기 때문에 일반적인 상식과는 다른 결과가 도출된다.

많은 기술자들은 직관적으로 전도는 EQU 한계상태에 의해 지배되고 활동은 GEO 한계상태에 의해 좌우된다고 생각한다. 앞에서 보여 준 간단한 계산 과정을 통해 경우에 따라 유로코드 7의 부분계수가 반대 결과를 도출함을 알 수 있다. 따라서 활동은 GEO 한계상태에 의해 좌우되고 EQU는 지반에서 작용되는 하중이 크지 않을 때 전도에 대응하기 위해서만 사용된다고 생각한다.

일반적으로 구조물 내부 또는 구조물 기초와 지반 사이에서 인장이 발생하도록 설계하는 것은 좋은 방법이 아니다. 인장이 발생하지 않도록 하기 위해서는 합력이 기초저면의 중앙 3분점 안에 있어야 한다. 유로코드 7에서는 이 조건을 요구하지는 않지만 이 조건의 충족 여부가 설계를 좌우할 가능성이 높다.

7.4 양압력

UPL 극한한계상태는 다음과 같이 정의된다.

수압(부력) 또는 기타 연직하중에 의한 양압력(uplift) 때문에 구조물이나 지반의 평형상태가 손실되는 것   [EN 1997-1 § 2.4.7.1(1)P]

양압력은 주로 연직하중과 관련이 있기 때문에 유로코드 7에서 양압력에 대한 안정성 검증은 다음의 부등식으로 구한다.

$$V_{d,dst} = G_{d,dst} + Q_{d,dst} \leq G_{d,stb} + R_d \qquad \text{[EN 1997-1 식 (2.8)]}$$

여기서 V_d = 설계 연직하중, G_d = 설계 영구하중, Q_d = 설계 변동하중, R_d = 구조물 안정에 도움이 되는 임의의 설계 저항력이다. 아래첨자 'dst'와 'stb'는 각각 불안정 및 안정 요소를 나타낸다. 이 식은 단지 7.1에서 제시한 아래의 부등식을 보다 구체적으로 나타낸 것이다.

$$E_{d,dst} \leq E_{d,stb} + R_d$$

유로코드 7 Part 1에서는 양압력에 대한 저항력을 안정 영구 연직하중으로 고려한다. 그러므로 이 식을 단순화하면 다음 식과 같다.

$$G_{d,dst} + Q_{d,dst} \leq G_{d,stb}$$

그러나 이와 같이 하면 이전의 방정식에서 얻은 것과는 다른 결과를 도출할 것이다. 왜냐하면 첫 번째 경우, 재료강도를 적절한 부분계수(예: $\gamma_\varphi = 1.25$

또는 $\gamma_{cu} = 1.4$)로 나누지만 두 번째 경우, 저항력은 구조물 안정을 위한 영구하중에 부분계수($\gamma_{G,stb} = 0.9$)를 곱하여 구하기 때문이다. 이와 같은 방법이 좀 더 보수적인 결과를 제공하기 때문에 저항력을 유리한 하중작용이 아닌 저항력으로만 다루는 것이 바람직하다고 생각한다.

불안정 설계연직하중 $V_{d,dst}$ 는 불안정 특성 영구하중($G_{k,dst}$) 과 변동하중($Q_{k,dst}$)에 적합한 조합계수 ψ(제2장 참조)와 1.0과 같거나 큰 부분계수 γ_G 및 γ_Q를 곱하여 구한다.

$$V_{d,dst} = \sum_j \gamma_{G,dst,j} G_{k,dst,j} + \sum_i \gamma_{Q,dst,i} \psi_i Q_{k,dst,i}$$

안정 설계연직하중 $V_{d,stb}$ 은 안정 특성영구하중에 1.0보다 작거나 같은 부분계수를 곱하여 구한다.

$$V_{d,stb} = \sum_j \gamma_{G,stb,j} G_{k,stb,j}$$

변동하중을 포함하는 경우, 안정하지 않을 수 있기 때문에(수학적으로 $\gamma_{Q,stb} = 0$) 이 식에서 변동하중에 대한 항은 없다.

구조물의 안정을 돕는 설계 저항력 R_d가 있다면 다음 2가지 방법 중 하나로 구할 수 있다. 저항계수 $\gamma_R = 1$인 설계 물성값으로부터 직접 구하거나 $\gamma_R > 1$인 특성 물성값으로부터 구할 수 있다. 설계 저항력을 계산하는 방법에 대한 추가적인 내용은 제6장을 참조한다.

마지막으로 설계치수 a_d는 공칭치수 a_{nom} 에서 허용오차 Δa를 더하거나 빼서 구한다. 유로코드 7에서는 양압력 검증에 사용하기 위한 Δa의 구체적인 값들은 제시하지 않았다.

그림 7.6과 같이 시공구조물 주변의 지하수위가 높아 양압력을 받는 반지하 고속도로를 검토해 보자.

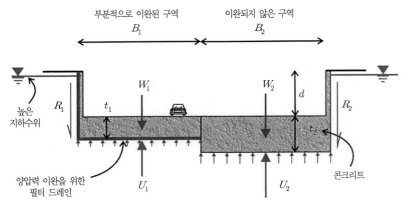

부분적으로 이완된 구역
B_1

이완되지 않은 구역
B_2

그림 7.6 양압력을 받는 반지하 고속도로

그림 7.6에는 고속도로 하부에 작용하는 양압력을 다루기 위한 2가지 방법이 제시되었다. 첫째, 부분적으로 이완된 구역에서 양압력을 이완하는 방법으로 필터를 설치하여 수압을 감소시키고 도로 기층의 두께 t_1을 최소화한다. 둘째, 이완되지 않은 구역에는 드레인을 설치하지 않으며 도로기층의 두께 t_2로 양압력을 상쇄시킨다. 부분적으로 이완된 구역은 배수기능이 지속적으로 작동되는지 확인하기 위한 유지관리가 필요하다.

그림 7.6과 같은 상황에서 불안정 설계 연직하중은 다음 식과 같다.

$$V_{d,dst} = \gamma_{G,dst} U_k = \gamma_{G,dst} \times \gamma_w \times (d+t_i) \times B_i$$

그리고 안정 설계 연직하중은,

$$V_{d,stb} = \gamma_{G,stb} W_k = \gamma_{G,stb} \times \gamma_{ck} \times t_i \times B_i$$

여기서 d, t 및 B는 그림 7.6에 정의되어 있다. γ_w와 γ_{ck}는 물과 콘크리트의 단위중량이며 지하수위는 지표면에 있으며 측면벽체의 중량은 무시하는 것으로 가정한다.

또한 단면의 측면벽체에 작용하는 유효토압에 의해 발생하는 저항력 R은 구조물의 안정화에 도움이 된다.

$$R = \frac{1}{2} K_a \times (\gamma_k - \gamma_w) \times (d + t_i)^2 \times \tan(\delta)$$
$$= \frac{1}{2} \beta \times (\gamma_k - \gamma_w) \times (d + t_i)^2$$

여기서 γ_k = 도로에 인접한 흙의 단위중량, δ = 벽체와 지반 사이의 경계면 마찰각, 흙의 토압계수 K_a 는 다음 식으로 구한다.

$$K_a = \frac{1 - \sin\phi}{1 + \sin\phi}$$

여기서 ϕ 는 흙의 전단저항각이다. 주동토압조건으로 가정하여 저항력 R이 과대평가되는 것을 방지한다. 경계면 마찰각 $\delta = (2/3)\phi$라 가정하면 β는 다음 식과 같다.

$$\beta = \left(\frac{1 - \sin\phi}{1 + \sin\phi} \right) \times \tan\left(\frac{2}{3} \phi \right)$$

그림 7.7은 흙의 전단저항각 ϕ에 대한 다양한 가정에 근거한 β 값을 보여 주고 있다. '특성'이라 붙여진 곡선은 $\phi = \phi_{k,inf}$라 가정하며 전단저항력에 대한 흙의 '하한' 특성값을 의미한다. 이 경우 β의 최댓값은 $\phi_{k,inf} = 27.3°$ 일 때 발생한다.

'하한설계(inferior design)'라 붙여진 곡선에서 $\phi = \phi_{d,inf}$로 가정하며 흙의 하한 설계 전단저항각은 다음 식과 같다.

$$\phi_{d,inf} = \tan^{-1} \left(\frac{\tan \phi_{k,nf}}{\gamma_\phi} \right)$$

여기서 부분계수 $\gamma_\phi = 1.25$이다. 이 경우 β의 최댓값 $\phi_{k,inf} = 32.8°$ 인 경우에 발생한다. 그림 7.7과 같이 β 값은 $\phi_{k,inf} > 29.9°$ 일 때 특성곡선에서 더 작아진다. 다시 말해 $\phi_{k,inf}$가 30°보다 클 때 흙의 특성 전단저항각에 부분계수를 적용하면 벽체를 따라 발생하는 저항력이 증가된다.[1]

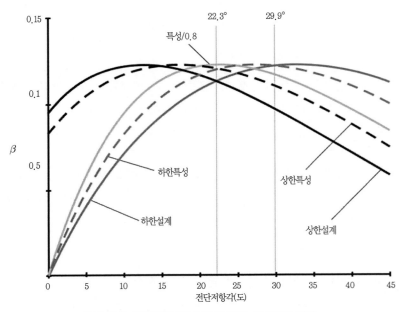

그림 7.7 전단저항각에 대한 유리한 저항력의 변화

BS EN 1997−1[2]의 영국 국가부속서에서는 예외적인 경우에 대해 다음과 같이 설명하였다.

역수값이 더 큰 부담을 초래한다면 토질 파라미터에 대한 부분계수는 특정값의 역수값을 선택해야 한다.

그림 7.7에서 '특성/0.8' 곡선은 하한설계 전단저항각 $\phi_{d,inf}$에 대한 식에서 $\gamma_\phi = 0.8(= 1/1.25)$로 대입하는 효과가 있다. 그러나 그림 7.8과 다음에서 설명된 것과 같이 이와 같은 접근법은 심각한 문제가 있다.

그림 7.8은 흙의 전단저항각 ϕ에 대한 가상 정규확률밀도함수(일명 가우스)이다. 이때 평균값 $\mu_\phi = 30°$, 표준편차 $\sigma_\phi = 3°$로 가정한다(변동계수는 $\delta_\phi = \sigma_\phi/\mu_\phi = 0.1$).

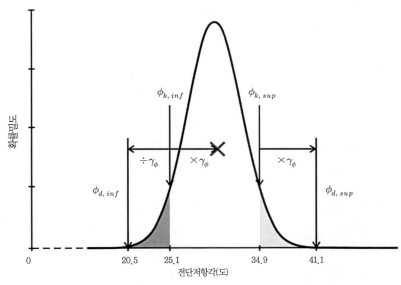

그림 7.8 전단저항각의 하한과 상한 설계값 차이

전단저항각 $\phi_{k,inf}$의 하한특성값은 다음 식으로 구할 수 있다.

$$\phi_{k,inf} = \mu_\phi - \kappa\sigma_\phi = 30° - 1.645 \times 3° = 25.1°$$

여기서 κ는 통계계수로 1.645라 가정하였다(제5장 참조, 이 식과 κ 값의 적절한 선택법에 대하여 상세하게 기술하였음).

전단저항각 $\varphi_{d,inf}$의 하한 설계각은 다음 식으로 구하며 그림 7.8에 보인 것과 같다.

$$\phi_{d,inf} = \tan^{-1}\left(\frac{\tan\phi_{k,inf}}{\gamma_\phi}\right) = \tan^{-1}\left(\frac{\tan 25.1°}{1.25}\right) = 20.5°$$

설계 전단저항각 ϕ_d는 다음 식으로 구한다.

$$\phi_d = \tan^{-1}\left(\frac{\tan\phi_{k,inf}}{\gamma_{\phi,sup}}\right) = \tan^{-1}\left(\frac{\tan 25.1°}{0.8}\right) = 30.3°$$

이것은 ϕ에 대한 확률밀도 함수 내부의 임의 위치(×로 표시)에 포함되는 전혀 의미 없는 값이다. 대신에 전단저항각의 상한설계값 $\phi_{k,sup}$은 다음 식을 이용한다.

$$\phi_{k,sup} = \mu_\phi + \kappa\sigma_\phi = 30° + 1.645 \times 3° = 34.9°$$

그리고 다음 식과 같은 값을 갖는다.

$$\phi_{d,sup} = \tan^{-1}\left(\frac{\tan\phi_{k,sup}}{\gamma_{\varphi,sup}}\right) = \tan^{-1}\left(\frac{\tan 34.9°}{0.8}\right) = 41.1°$$

그림 7.7에서 '상한설계(superior design)'라 붙여진 곡선은 ϕ_k, $\phi_{k,inf} + 10°$ 인 $\phi = \phi_{d,sup}$로 가정한다(10°의 차이는 본 예제만 해당됨). 이 곡선에서 $\phi_{k,\infty} > 22.3°$일 때 가장 낮은 수준(pessimistic)의 β 값을 갖는다.

양압력에 대응하여 옹벽에 의해 제공되는 저항력을 결정할 때 가장 보수적인 결과를 주는 경우의 전단저항값이 상한값인지 또는 하한값인지가 명확하지 않다. 직관적으로 흙이 연약한 경우, 전단저항값이 작을 것으로 예상하지만 강도와 토압 사이의 상호작용 때문에 항상 그런 것만은 아니다.

7.5 수압파괴

유로코드 7에서 HYD의 극한한계상태는 다음과 같이 정의한다.

동수경사에 의해 지반에 발생되는 수압융기, 내부침식 및 파이핑

[EN 1997-1 § 2.4.7.1(1)P]

다음 소절에서 이들 각각의 현상에 대해 차례로 설명하였다.

7.5.1 수압융기

유로코드 7에서 수압융기(hydraulic heave)에 대한 안정성 검증은 다음의 2 가지 부등식(그러나 등가로 추정됨)으로 나타낸다. 첫째 식은 침투력(force) 과 중량의 항으로 주어진다.

$$S_{d,dst} \leq G'_{d,stb} \qquad \text{[EN 1997-1 식(2.9b, 수정)]}$$

여기서 $S_{d,dst}$는 흙기둥(column of soil)을 불안정하게 하는 설계침투력,

$G_{d,stb}^{'}$ = 흙기둥의 설계수중단위중량이다.

둘째 식은 응력과 압력의 항으로 나타낸다.

$U_{d,dst} \leq \sigma_{d,stb}$ [EN 1997-1 식(2.9a, 수정됨)]

여기서 $U_{d,dst}$ = 흙기둥을 불안정하게 하는 전체 설계간극수압, $\sigma_{d,stb}$ = 간극수압에 저항하는 (안정화) 전체 설계응력이다. 유감스럽게도 유로코드 7에서는 HYD 검증 시 어떻게 부분계수를 적용해야 하는지 규정하지 않아 이들 두 방정식 사이에 명백한 차이가 발생할 수 있다.

테르자기의 유효응력원리[3]를 적용하면 $\sigma_{d,stb}$는 다음 식과 같이 다시 정리할 수 있다.

$\sigma_{d,stb} - u_{d,dst} = \sigma_d' \geq 0$

이것은 흙기둥 하부에서의 설계 유효응력이 음(−)이 되어서는 안 된다는 것을 의미한다.

그림 7.9와 같이 벽체를 지나는 수위차에 의해 물의 흐름이 발생하는 근입벽체가 있다. 경험에 의하면 근입깊이 d 에서의 동수경사가 한계값 i_{crit} 을 초과하는 경우, $d/2$인 블록(음영 부분) 부분에서 파이핑에 의한 파괴 가능성이 있다.[4]

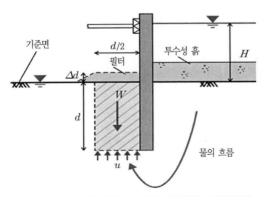

그림 7.9 융기에 의해 파이핑이 발생되는 근입벽체

이 예제에서 시공기준면은 벽체의 왼쪽편에 선정하였다. 이와 같은 가정조건에서 전 수두 h는 베르누이 방정식으로 구한다(전수두＝위치수두＋압력수두＋속도수두).

$$h = z + \frac{u}{\gamma_w} + \frac{v^2}{2g}$$

여기서 z는 기준면에서의 높이, u는 간극수압, v는 물의 속도, g는 중력가속도이다. 지하수가 포함되는 경우, 속도수두는 다른 수두에 비해 매우 작기 때문에 무시한다. 그러므로 다음 식과 같다.

$$h \approx z + \frac{u}{\gamma_w}$$

그림 7.9와 같이 음영 처리된 흙기둥 하부에 작용하는 전 수두의 근삿값은 다음 식과 같다.

$$h \approx - d + \frac{(H+d)+d}{2} = \frac{H}{2}$$

여기서 H는 시공기준면 위의 물이 높이다. 이때 굴착면으로 침투에 의해서 발생되는 수두손실은 벽체의 양측면이 같다고 가정한다.

이러한 가정하에 음영지역을 통과하는 특성동수경사 i_k는 다음 식과 같다.

$$i_k = h/d = H/2d$$

흙기둥을 불안정하게 하는 벽체의 단위길이당 특성침투력은 다음 식과 같다.

$$S_k = \gamma_w \times i_k \times 체적 = \gamma_w i_k \left(\frac{d^2}{2} \right)$$

여기서 γ_w는 물의 단위중량이다. 이것은 불안정 영구하중이므로 설계값은 다음 식과 같다.

$$S_{d,dst} = \gamma_{G,dst} \gamma_w i_k \left(\frac{d^2}{2} \right)$$

여기서 $\gamma_{G,dst}$는 불안정 영구하중에 대한 부분계수(＝1.35)이다.

흙기둥의 특성 수중단위중량(벽체의 단위길이당)은 다음 식과 같다.

$$G'_k = \gamma'_k \times \text{체적} = (\gamma_k - \gamma_w)\left(\frac{d^2}{2}\right)$$

여기서 γ'_k은 흙의 특성 수중단위중량, γ_k는 흙의 특성 전체 단위중량이다. 이것은 영구 안정하중이므로 이것의 설계값은 다음 식과 같다.

$$G'_{d,stb} = \gamma_{G,stb}(\gamma_k - \gamma_w)\left(\frac{d^2}{2}\right)$$

여기서 $\gamma_{G,stb}$는 안정 영구하중에 작용하는 부분계수(=0.9)이다.

이들 식을 $S_{d,dst} \leq G'_{d,stb}$로 대체하여 단순화하면 다음과 같은 식이 도출된다.

$$i_k \leq \left(\frac{\gamma_{G,stb}}{\gamma_{G,dst}}\right)\left(\frac{\gamma_k - \gamma_w}{\gamma_w}\right) = \left(\frac{0.9}{1.35}\right)i_{crit} = \frac{i_{crit}}{1.5} \simeq 0.67$$

여기서 i_{crit}는 한계동수경사(수학적으로≈ 1)이다. 이 경우 한계상태 HYD를 위해 특성화된 부분계수는 한계동수경사 i_{crit}에서 전체 안전율 1.5와 같다. 이와 같은 경우 전통적으로 파이핑 또는 히빙이 발생하지 않토록 하기 위한 안전율로 1.5~2.0을 제안하고 있으나[5] 위험성이 큰 경우에는 안전율로 4~5를 사용하는 것이 적절한 것으로 여겨진다.[6]

음영 처리된 블록의 아래쪽에 작용하는 간극수압의 특성값은 다음 식과 같다.

$$u_{k,dst} = \gamma_w(h+d) = \gamma_w\left(\frac{H}{2}+d\right)$$

이것은 영구 불안정하중이므로 설계값은 다음 식과 같다.

$$u_{d,dst} = \gamma_{G,dst}\gamma_w\left(\frac{H}{2}+d\right) = \gamma_{G,dst}\gamma_w(i_k+1)d$$

동일한 면에 작용하는 연직 전응력의 특성값은 다음 식과 같다.

$$\sigma_{k,stb} = \gamma_k d$$

이것은 안정 영구하중이므로 설계값은 다음 식과 같다.

$$\sigma_{d,stb} = \gamma_{G,stb}\gamma_k d$$

이들 식을 $u_{d,dst} \leq \sigma_{d,stb}$에 대입하여 단순화하면 다음 식과 같다.

$$i_k \leq \left(\frac{\gamma_{G,stb}}{\gamma_{G,dst}}\right)\left(\frac{\gamma_k - \gamma_w}{\gamma_w}\right) + \left(\frac{\gamma_{G,stb}}{\gamma_{G,dst}}\right) - 1 = \frac{i_{crit}}{1.5} - \left(\frac{1}{3}\right) \approx 0.33 \approx \frac{i_{crit}}{3.0}$$

$i_{crit} \approx 1$이므로 이 경우 HYD 한계상태를 위해 특정화된 부분계수는 한계 동수경사에서 전체 안전율 3.0과 동등하다는 결론에 도달한다. 이와 같은 경우, 간극수압과 전응력에 근거한 검증은 침투력과 수중단위중량에 근거한 검증보다 더 번거롭게 된다.[7]

전응력 접근법에서는 전통적인 안전율로 3을 제시하는데 이 값은 문헌에 제시된 값의 범위(1.5~4.0)에 든다. 반면에 침투력을 이용한 접근법에서의 안전율은 1.5로 전통적으로 추천된 값의 하한값에 속한다(파이핑이 발생하지 않기 위해서는 동수경사의 특성값은 여기서 계산된 값보다 작아야 한다−7.5.3 참조). 이것은 순압력 또는 압력을 사용할 때(침투력 접근법) 의도하지 않은 신뢰성 감소가 발생할 수가 있다는 문제점을 보여 주고 있다. 가능하다면 전응력 접근법을 사용할 것을 권장하고 있다.

7.5.2 내부침식

토층 내에서 지층 사이의 경계면 또는 흙과 구조물 사이의 경계에서의 내부침식(internal erosion)은 동수경사가 커서 토립자를 운반할 때 발생한다. 침식이 계속된다면 구조물이 붕괴될 수 있다.

지표면에서 내부침식을 막고 입자의 이동을 최소화하기 위해서는 필터 보호층과 적절한 필터 기준이 적용되어야 한다. 필터의 기준을 만족하는 비점성토가 사용되어야 하며 입자의 크기가 점진적으로 변하는 흙을 사용해야 한다. EN 1997−1에서는 필터 설계에 대한 상세한 규칙을 제공하지 않으므로 필터 설계 시 정리가 잘 된 문헌을 참고해야 한다.[8]

만약 필터의 기준이 만족되지 않는 경우, 유로코드 7에서는 동수경사의 설계값 i_d가 물의 흐름방향, 입도분포곡선과 입자의 모양 그리고 흙의 층상을 고려한 한계동사경사보다 '훨씬 작은지' 확인할 필요가 있다.[†]

[EN 1997-1 § 10.4(5)P 및 (6)P]

다시 말해서

$$i_d \ll i_{crit} = \frac{\gamma - \gamma_w}{\gamma_w}$$

유감스럽게, 유로코드 7에서는 i_d를 결정하기 위한 부분계수를 제시하지는 않았지만 이전의 경험에 의하면 최소 4.0 이상이어야 한다.

입자가 필터층을 통과할 가능성을 줄이기 위해서는 융기보다도 내부침식에 저항할 수 있도록 훨씬 작은 설계동수경사가 요구된다.

7.5.3 파이핑

파이핑(piping)은 내부침식의 한 형태이다. 예를 들면 저수지의 표면에서 시작하여 흙과 기초 사이에서 또는 점착질 흙과 비점착질 토층 경계면의 흙 속에서 파이프 모양이 유출터널이 생길 때까지 역류한다. 침식된 유출터널의 상류 끝(upstream end)이 저수지 바닥에 도달하면 파괴가 발생한다.

파이핑이 발생하기 쉬운 지역에서 홍수와 같이 극단적으로 불리한 동수조건이 발생되는 기간에는 규칙적으로 관찰을 해야 하며 주변에 있는 재료를 이용하여 이를 완화시킬 수 있는 조치를 취해야 한다.

파이핑은 물의 유출이 발생할 수 있는 지역에서 흙의 내부침식에 대한 충분한 저항력을 제공함으로 방지할 수 있다. 이와 같은 유출지역에서 동수경사를 결정할 때 침투경로를 제공하는 구조물과 지반 사이의 연결부나 경계면을 고려해야 한다.

파이핑은 내부침식의 특별한 경우이다. 특히 조립질 세립지반에 시공된 제방이나 댐 설계에 중요하다. 구조물의 특정한 부분에 동수경사나 침투가능성이 집중되는 것을 피해야 한다는 사실은 매우 중요하다. 이러한 문제를 완화하기 위해서는 세심한 토공작업이 필요하고 적절한 투수성 재료를 사용하

---

† §10.4(5)P에서는 한계동수경사가 토립자의 이동이 시작되는 동수경사의 설계값보다 훨씬 작은 지 검증해야 한다고 잘못 언급하고 있다. 이 오류는 향후 개정 시 바로 잡을 것이다.

여 침투경로를 조절해야 하며 필터 배수 시스템의 설계 및 시공 시 주의가 필요하다.

7.6 핵심요약

EQU, UPL 및 HYD 한계상태는 지반의 저항력이 지반파괴를 제어하지 못해 발생하는 힘의 불균형에 의한 지반파괴와 관련이 있다.

이들 한계상태의 검증은 다음 부등식을 만족시킴으로써 입증된다.

$$E_{d,dst} \leq E_{d,stb} + R_d$$

여기서 $E_{d,dst}$ =불안정하중의 설계영향, $E_{d,stb}$ =안정하중의 설계영향, R_d =설계 저항력이다.

EQU, UPL 및 HYD 극한한계상태 사이의 차이는 위 식을 지배하는 항에 의해 결정된다. EQU에서 저항력은 중요하지 않다. UPL에서는 연직하중만이 고려된다. HYD에서는 거시적인 안정보다는 미시적인 안정에 초점을 두고 있다.

7.7 실전 예제

실전 예제에서는 풍하중을 받고 있는 풍력 터빈의 정적평형(예제 7.1), 수압을 받는 이중벽 가물막이 댐의 평형(예제 7.2), 박스케이슨의 융기(예제 7.3), 매설구조물 지하의 융기(예제 7.4), 웨어의 수리학적 안정성(예제 7.5) 및 근입된 옹벽의 융기에 의한 파이핑(예제 7.6) 문제를 다루고 있다.

계산과정의 특정부분은 ❶, ❷, ❸ 등으로 표시되어 있다. 여기서 숫자들은 각 예제에 동반된 주석을 가리킨다.

7.7.1 풍력발전기

예제 7.1은 그림 7.10과 같이 연직 영구하중 V_{Gk}, 변동수평력 H_{Qk}, 모멘트 하중 M_{Qk}를 받고 있는 풍력 터빈[9]의 기초설계에 관한 내용이다. 기초의 바닥은 정사각형이며 지표면 아래의 근입깊이는 D이다.

연직하중이 수평하중에 비하여 비교적 작기 때문에 지반의 지지압력도 작아지게 된다. 풍력발전기가 암반 위에 자리 잡고 있기 때문에 지반의 저항력은 클 것이다. 따라서 지반의 특성은 풍력 터빈의 안전성에 중요한 요소로 작용하지 않기 때문에 EQU 한계상태에 의해 지배될 가능성이 크다.

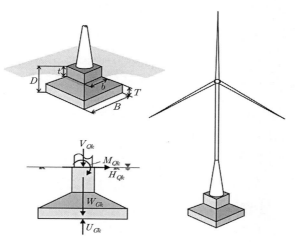

그림 7.10 전도모멘트를 받는 풍력발전기

예제 7.1 주석

❶ 이 예제에서 강도 및 강성특성은 EQU 한계상태와 관련이 없다.

❷ 기초의 자중(콘크리트와 상부의 뒷채움재)은 영구 안정하중이다. 또 다른 구조물의 안정하중에는 터빈의 자중 V_{Gk}가 있다.

❸ 기초 하부에 작용하는 간극수압은 불안정하중이다. 여기서 지표면 이하의 지하수위는 보수적으로 평가하며 양압력(융기력)은 영구하중으로 취급한다. 그 대안으로 지하수위를 좀 더 낮은 것으로 가정하거나 양압력의 일부가 변동성을 가지는 하중으로 고려한다.

❹ 부분계수>1.0는 불안정하중에 적용되며(설계값을 증가시킴) 안정하중에는 부분계수<1.0(설계값을 감소시킴)이 적용된다. 안정 변동하중은 무시한다.

❺ 불안정 설계 모멘트는 1)변동수평하중 H_{Qk}와 기초저면에서 하중작용점 사이의 거리 D의 곱, 2)기초 상부에 적용된 모멘트, 3)지하수의 양압력에 의한 모멘트로 구성된다.

❻ 안정 모멘트는 기초의 자중 W_{Gk}와 터빈으로부터의 작용하중과 팔길이 B/2를 곱한 V_{Gk}의 함수이다.

❼ 불안정 설계 모멘트가 안정 설계 모멘트보다 큰 경우(이용률 > 100%), 이 설계는 EN 1997–1의 요구조건을 만족시키지 못한다는 것을 의미한다.

❽ IEC 61400은 풍력 터빈 설계에 일반적으로 사용되는 표준 설계기준이다. 유로코드 7과의 주요한 차이는 영구 및 불안정 변동하중에 하나(single)의 부분계수를 적용한다는 점이다.

❾ 예제 7.1의 최초 계산에서는 지하수로 인한 양압력을 +의 불안정하중이 아닌 – 안정하중으로 다룬다. IEC 61400에서는 작은 부분계수와 결합되는 경우, 설계가 만족스러운 것으로 생각한다. 따라서 일부 기술자들은 EN 1997–1 설계가 너무 보수적이라고 생각한다.

❿ 이 기초에 대한 전통적인 안전율은 수압이 불안정하중으로 고려되는 경우에는 1.17, 수압이 안정하중으로 고려되는 경우에는 1.32이다. 구조물의 체감 안정성은 명확하게 수압의 영향에 대한 가정에 의해 좌우된다.

예제 7.1

풍력터빈
전도에 대한 안정성 검증(EQU)

설계상황

기초의 상단에 두 방향으로 연직하중 $V_{Gk} = 2000kN$(영구)과 수평하중

$H_{Qk} = 1500kN$(변동), 그리고 모멘트 하중 $M_{Qk} = 50000kNm$(변동)을 받는 풍력터빈 기초가 있다.

기초는 바닥의 폭 $B = 15m$이고 상단의 폭 $b = 5.5m$인 정사각형 모양이다. 기초에서 가장 좁은 부분의 두께 $t = 1500mm$이고 넓은 부분의 두께 $T = 600mm$이다. 기초하부의 근입깊이 $D = 3.0m$이다. 철근콘크리트의 특성단위중량 $\gamma_{ck} = 25kN/m^3$(EN 1991-1-1의 표 A.1)이다. 기초 상단에 있는 뒷채움재의 특성단위중량 $\gamma_{k,f} = 18kN/m^3$이다. 지하수위는 지표면상에 있으며 지하수의 특성단위중량 $\gamma_w = 9.81kN/m^3$이다. ❶

하중

기초의 상단면적 $A_t = b \times b = 30.3m^2$이고 바닥면적 $A_b = B \times B = 225m^2$이다.

따라서 기초 콘크리트의 체적

$$V_c = (A_b \times T) + \left[\frac{A_b + A_t}{2} \times (D - t - T) \right] + (A_t \times t) = 295.2m^3$$

기초상부 뒷채움재의 체적

$$V_f = (A_b \times D) - V_c = 379.8m^3$$

그러므로 기초의 특성자중은(콘크리트 + 뒷채움재) ❷

콘크리트	$W_{Gk,c} = \gamma_{ck} \times V_c = 7381kN$
뒷채움재	$W_{Gk,f} = \gamma_{k,f} \times V_f = 6836kN$
전체자중	$W_{Gk} = W_{Gk,c} + W_{Gk,f} = 14217kN$

지하수압의 의해 기초하부에 작용하는 특성 양압력

$$U_{Gk} = \gamma_w \times D \times B \times B = 6622kN ❸$$

하중의 영향

불안정 영구하중 및 변동하중에 대한 부분계수 $\gamma_{G,dst} = 1.1$, $\gamma_{Q,dst} = 1.5$이며 안정 영구하중에 대한 부분계수 $\gamma_{G,stb} = 0.9$이다. ❹

선단에서의 불안정 설계 모멘트 ❺

$$M_{Ed,dst} = \gamma_{Q,dst} \times (H_{Qk} \times D + M_{Qk}) + \gamma_{G,dst} \times U_{Gk} \times \frac{B}{2} = 136MNm$$

선단에서의 안정 설계 모멘트 ❻

$$M_{Ed,stb} = \gamma_{G,stb} \times (W_{Gk} + V_{Gk}) \times \frac{B}{2} = 109MNm$$

전도에 대한 안정성 검증

이용률 $\Lambda_{EQU} = \dfrac{M_{Ed,dst}}{M_{Ed,stb}} = 125\%$ ❼

$\Lambda_{EQU} \leq 100\%$인 경우, 이 설계는 허용할 수 있다.

국제전기표준협회 표준서 IEC 61400의 기준에 따른 최초 설계

이상 하중에 대한 불안정하중과 안정하중의 부분계수 $\gamma_f = 1.1$과 $\gamma_{f,fav} = 0.9$이다. ❽

선단에 대한 불안정 설계 모멘트

$$M_{Ed,dst} = \gamma_f \times (H_{Qk}D + M_{Qk}) = 60MNm$$

선단에 대한 안정 설계 모멘트 ❾

$$M_{Ed,stb} = \gamma_{f,fav} \times (W_{Gk} + V_{Gk} - U_{Gk}) \times \frac{B}{2} = 65MNm$$

이용률 $\Lambda_{EQU} = \dfrac{M_{Ed,dst}}{M_{Ed,stb}} = 93\%$

$\Lambda_{EQU} \leq 100\%$ 인 경우, 이 설계는 허용할 수 있다.

전통적인 전체 안전율법

수압이 불안정하중으로 고려되는 경우,

$$F = \frac{(W_{Gk} + V_{Gk}) \times \dfrac{B}{2}}{(H_{Qk} \times D) + M_{Qk} + \left(U_{Gk} \times \dfrac{B}{2}\right)} = 1.17$$

수압이 (−) 안정하중으로 고려되는 경우,

$$F = \frac{(W_{Gk} + V_{Gk} - U_{Gk}) \times \dfrac{B}{2}}{H_{Qk} \times D + M_{Qk}} = 1.32 \ \textbf{⑩}$$

7.7.2 콘크리트 댐

예제 7.2는 그림 7.11과 같이 기초가 투수성 암반 위에 있고 높이 h 의 수압을 받고 있는 중력식 콘크리트 댐의 설계상황을 검토한 것이다.

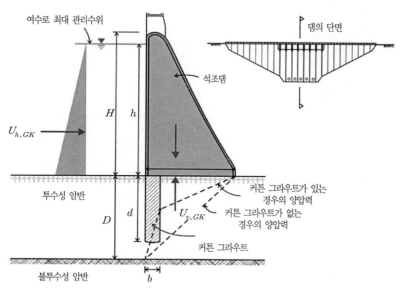

그림 7.11 수압을 받는 투수성 암반 위의 콘크리트 댐

댐 하부의 간극수압은 무한 깊이의 다공성 재료 표면 위에 있는 단일 널말뚝 구조물 하부에 대한 흐름해석을 통해[10] 구할 수 있다.

그림 7.12는 그림 7.11에 제시된 댐(치수 $B = 2.6\text{m}$, $H = 5\text{m}$, $h = 4.5\text{m}$, $d = 2\text{m}$, $D = \infty$)의 3가지 특별한 경우에 대한 해를 제시하고 있다. 즉, 차단벽이 없는 경우, 댐의 뒷굽에 쉬트파일이 있는 경우, 그리고 댐의 앞굽에 쉬트파일이 있는 경우이다.

그림 7.12에 보인 바와 같이 간극수압 u는 다음 식과 같다.[11]

$$\frac{u}{\gamma_w h} = \frac{1}{\pi} \cos^{-1}\left(\frac{\lambda_1 d \pm \sqrt{d^2 + x^2}}{\lambda_2 d} \right)$$

여기서 γ_w는 물의 단위중량, h는 댐의 수위, d는 쉬트파일의 근입깊이, x는 댐의 뒷굽으로부터의 수평거리, 변수 λ_1과 λ_2는 다음 식으로 구한다.

$$\left.\begin{matrix} \lambda_1 \\ \lambda_2 \end{matrix}\right\} = \frac{1}{2d} \left(\sqrt{d^2 + a^2} \mp \sqrt{d^2 + (B - a)^2} \right)$$

여기서 a는 댐의 뒷굽에서 쉬트파일까지의 거리이며 B는 댐의 폭이다.

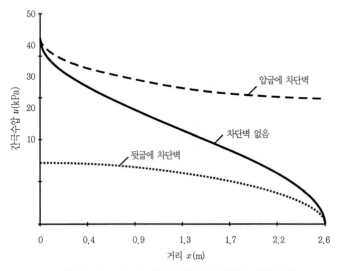

그림 7.12 그림 7.11의 댐 하부에 적용하는 간극수압

❶ 여기서 무 철근이라 가정하였으므로 콘크리트의 단위중량은 $24kN/m^3$ 이다(일반적으로 철근콘크리트 $\gamma_{ck} = 24kN/m^3$). 이 예제에서는 3가지 다른 경우, 즉 차단벽이 없는 경우, 댐의 뒷굽에 쉬트파일이 있는 경우, 그리고 댐의 앞굽에 쉬트파일이 있는 경우에 대해 고려하였다.

❷ 댐의 모양은 삼각형이고 단위중량은 일정하다고 가정한다.

❸ 이 값은 $a = 0m$ 이고 $d = 0.0001m$ 인 경우에 대하여 앞에서 주어진 간극수압에 관한 식을 적분하여 구한다. 모멘트에 대한 값은 앞굽으로부터의 거리를 곱하고 동일한 식을 적분하여 구한다.

❹ 불안정 모멘트는 수평수압과 댐하부의 양압력에 의한 모멘트의 합이다.

❺ 안정 모멘트는 댐의 자중에 의해 발생한다.

❻ 이용률이 100%를 초과하기 때문에 EQU 한계상태 는 검증되지 않는다. 이 경우 안전율의 계산방법에 따라 전도에 대한 전통적인 전체 안전율은 1.12와 1.19 사이에 있다.

❼ 이 값은 $a = 0m$(뒷굽에 쉬트파일)이고 $d = 2m$ 인 경우에 대하여 간극수압 방정식을 적분하여 구한다.

❽ 댐의 뒷굽에 차단벽이 설치된 경우, 이용률은 87%까지 감소하며 EQU 한계상태는 검증이 된다. 전통적인 전체 안전율은 1.41과 1.53 사이에 있다.

❾ 이 값은 $a = B$(앞굽에 쉬트파일)와 $d = 2m$ 인 경우에 대해 간극수압방정식을 적분하여 구한다.

❿ 앞굽에 차단벽을 가진 댐에서 이용률이 121%까지 증가하면 EQU 한계상태는 검증되지 않는다. 전통적인 전체 안전율은 대략 1.0이 된다.

중력식 콘크리트 댐
정적평형의 검증(EQU)

설계상황

투수성 암반 위에 폭 $B = 2.6m$, 높이 $H = 5m$ 인 중력식 콘크리트 댐이 있다. 댐의 수위는 기초면 위 $h = 4.5m$ 에 있는 여수로에 의해 조절된다. 커튼 그라우트 또는 쉬트파일 차단벽의 깊이 $d = 2.0m$ 로 댐 기초에 작용하는 양압력을 감소시키는 데 사용된다. 매스콘크리트의 특성단위중량 $\gamma_k = 24kN/m^3$(EN 1991−1−1)이고 물의 단위중량 $\gamma_w = 9.81kN/m^3$ 이다. ❶

차단벽이 없는 댐

하중

대략적인 댐의 특성자중은 다음 식과 같다.

$$W_{Gk} = \gamma_k \times \left(\frac{H \times B}{2} \right) = 156kN/m \ ❷$$

댐의 앞굽에 대한 모멘트

$$M_{W,Gk} = W_{Gk} \times \left(\frac{2 \times B}{3} \right) = 270.4kNm/m$$

댐의 배면에 작용하는 물에 의한 특성하중

$$P_{W,Gk} = \frac{\gamma_W \times h^2}{2} = 99.3kN/m$$

댐 앞굽에 대한 모멘트

$$M_{PW,Gk} = P_{W,Gk} \times \left(\frac{h}{3} \right) = 149kNm/m$$

댐에 작용하는 특성양압력을 구하기 위해 그림 7.12의 압력 다이어그램을 적분하면 다음 식과 같다(차단벽이 없는 경우).

$$U_{Gk} = 57.4kN/m \; ❸$$

이 값은 댐을 횡단하는 압력이 선형적으로 감소한다는 가정하에 구한다.

$$U_{Gk} = \frac{\gamma_w \times h \times B}{2} = 57.4kN/m$$

댐의 앞굽에 작용하는 압력 다이어그램의 모멘트를 이용하여 융기압력에 의한 특성 전도모멘트를 구하면: $M_{U,\,Gk} = 93.3kNm/m$

하중의 영향

EN 1997−1에서 불안정 영구하중 및 안정 영구하중에 대한 부분계수는 $\gamma_{G,dst} = 1.1$과 $\gamma_{G,stb} = 0.9$이다.

선단에 대한 불안정 설계 모멘트 ❹

$$M_{Ed,dst} = \gamma_{G,dst} \times (M_{Pw,\,Gk} + M_{U,\,Gk}) = 266.5kNm/m$$

선단에 대한 안정 설계 모멘트 ❺

$$M_{Ed,stb} = \gamma_{G,stb} \times M_{W,\,Gk} = 243.4kNm/m$$

전도에 대한 안정성 검증

이용률 $\Lambda_{EQU} = \dfrac{M_{Ed,dst}}{M_{Ed,stb}} = 109\%$ ❻

$\Lambda_{EQU} >$100%인 경우, 이 설계는 허용할 수 없다.

전체 모멘트를 이용하여 구한 전통적인 전체안전율은 다음 식과 같다.

$$F = \frac{M_{W,\,Gk}}{M_{Pw,\,Gk} + M_{U,\,Gk}} = 1.12$$

그러나 순 모멘트를 이용하는 경우(댐의 자중에서 양압력을 뺌)

$$F = \frac{M_{W,\,Gk} - M_{U,\,Gk}}{M_{Pw,\,Gk}} = 1.19$$

댐의 뒷굽에 차단벽이 있는 경우

하중

댐의 자중과 댐의 배면에 작용하는 수압은 차단벽이 없는 댐의 경우와 동일하다. 댐의 뒷굽에 차단벽이 있는 경우, 댐에 작용하는 특성 양압력을 구하기 위해 압력 다이어그램을 적분하면 다음 식과 같다.

$$U_{Gk} = 28.3 kN/m \quad \textbf{❼}$$

댐의 앞굽에 대한 모멘트를 가지고 융기에 의한 특성 전도모멘트를 구하면 다음과 같다.

$$M_{U,Gk} = 43.1 kNm/m$$

하중의 영향

댐의 앞굽에 대한 불안정 설계 모멘트

$$M_{Ed,dst} = \gamma_{G,dst} \times (M_{Pw,Gk} + M_{U,Gk}) = 211.3 kNm/m$$

댐의 앞굽에 대한 안정 설계 모멘트

$$M_{Ed,stb} = \gamma_{G,stb} \times M_{Ww,Gk} = 243.4 kNm/m$$

전도에 대한 안정성 검증

이용률 $\Lambda_{EQU} = \dfrac{M_{Ed,dst}}{M_{Ed,stb}} = 87\% \quad \textbf{❽}$

Λ_{EQU}가 >100%인 경우, 이 설계는 허용할 수 없다.

전체 모멘트를 이용하여 구한 전통적인 전체 안전율은 다음 식과 같다.

$$F = \frac{M_{W,Gk}}{M_{Pw,Gk} + M_{U,Gk}} = 1.41$$

그러나 순 모멘트를 이용하는 경우(댐의 자중에서 양압력을 뺌)

$$F = \frac{M_{W,Gk} - M_{U,Gk}}{M_{Pw,Gk}} = 1.53$$

댐의 앞굽에 차단벽이 있는 경우

하중

댐의 자중과 댐 배면에 작용하는 수압은 차단벽이 없는 댐의 경우와 동일하다. 댐의 앞굽에 차단벽이 있는 경우, 댐에 작용하는 특성양압력을 구하기 위해 압력 다이어그램을 적분하면 다음 식과 같다.

$$U_{Gk} = 86.5 \text{kN/m} \quad ❾$$

댐의 앞굽에 대한 모멘트를 가지고 양압력에 의한 특성 전도모멘트를 구하면

$$M_{U,Gk} = 118.8 \text{kNm/m}$$

하중의 영향

댐의 앞굽에 대한 불안정 설계 모멘트

$$M_{Ed,dst} = \gamma_{G,dst} \times (M_{Pw,Gk} + M_{U,Gk}) = 294.6 kNm/m$$

댐의 앞굽에 대한 안정 설계 모멘트

$$M_{Ed,stb} = \gamma_{G,stb} \times M_{W,Gk} = 243.4 kNm/m$$

전도에 대한 안정성 검증

이용률 $\Lambda_{EQU} = \dfrac{M_{Ed,dst}}{M_{Ed,stb}} = 121\% \quad ❿$

Λ_{EQU}가 >100%인 경우, 이 설계는 허용할 수 없다.

전체 모멘트를 이용하여 구한 전통적인 전체안전율은 다음과 같다.

$$F = \frac{M_{W,Gk}}{M_{Pw,Gk} + M_{U,Gk}} = 1.01$$

그러나 순 모멘트를 이용하는 경우(댐의 자중에서 양압력을 뺌)

$$F = \frac{M_{W,Gk} - M_{U,Gk}}{M_{Pw,Gk}} = 1.02$$

7.7.3 박스케이슨

예제 7.3은 그림 7.13의 박스케이슨 설계를 고려한 것이다. 박스케이슨은 강바닥에 안치되어 있으며 융기에 대한 안정성은 케이슨의 자중과 물에 의한 융기력의 함수로만 고려한다.

이 예제는 UPL 한계상태가 어떻게 적용되는지를 고찰하기 위한 것이다. 실제로 케이슨은 강바닥에 직접 안치되지 않고 가라앉혀서 안치된다. 이 예제의 단순화를 위해 케이슨은 땅속에 묻히지 않는 것으로 가정한다.

(이 실전 예제는 지반 파라미터를 포함하지 않기 때문에 지반설계상황이 아니라는 논쟁이 있을 수 있다. 그러나 일반적으로 지반공학설계에 관한 책에서 박스케이슨을 다루기 때문에 본 서의 완성도를 높이기 위해 박스케이슨을 포함시켰다)

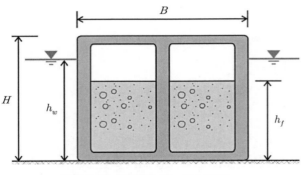

그림 7.13 양압력을 받는 박스케이슨

예제 7.3 **주석**

❶ 여기서 주어진 부분계수는 EN 1997 – 1 부록 A4에서 가져온 것이며 불안정 영구하중에 대한 안전여유는 제공하지 않는다(❸에서 논의된 것과 같이 영국 국가부속서에는 다른 값이 명시되어 있다).

❷ 이 설계는 EN 1997 – 1에 따라서 융기에 대한 검증만을 한다. 아마도

대부분의 기술자들을 등가 전체 안전율 1.13은 너무 작은 값으로 생각할 것이다.

❸ BS EN 1997−1에 대한 영국 국가부속서에는 불안정 영구하중에 대한 부분계수를 1.1로 증가시켰으며 UPL은 더 이상 피할 수 없다. 밸러스트의 깊이는 영국 국가부속서의 요구조건을 충족시키기 위해 증가시켜야 한다.

❹ 허용 설계기준은 밸러스트 깊이를 3.9m까지 증가시키면 도달할 수 있다. 이때 전통적인 안전율은 1.26이며 이것은 허용할 수 있는 신뢰도 수준 이상이다.

❺ 유로코드에서는 홍수를 우발설계하중으로 다루며 이에 대한 부분계수는 1.0으로 감소한다. 그러므로 비록 홍수에 의해 불안정 양압력이 증가하지만 아직도 밸러스트 깊이 3.9m는 양압력에 대해 만족한 설계결과를 산출한다.

예제 7.3

박스케이슨
양압력에 대한 안정성 검증(UPL)
설계상황
강을 횡단하기 위해 제작된 폭 $B = 15m$, 높이 $H = 7m$인 박스케이슨이 있다. 강물의 깊이 $h_w = 5.7m$이다. 케이슨은 $h_f = 2.2m$까지 특성단위중량 $\gamma_k = 18kN/m^3$인 밸러스트로 채워져 있다. 물의 특성단위중량 $\gamma_w = 9.81kN/m^3$, 콘크리트의 특성단위중량 $\gamma_{ck} = 25kN/m^3$이다(EN 1991−1−1). 케이슨의 벽체, 지붕, 마루의 두께 $t = 0.4m$로 가정하였다.

하중
케이슨 하부에 작용하는 불안정 특성 양압력

$$U_{Gk} = \gamma_w \times B \times h_w = 838.8kN/m$$

구조물 특성자중 값은 대략적으로

$$W_{Gk_1} = \gamma_{ck} \times [3 \times t \times (H - 2t) + 2 \times t \times B] = 486kN/m$$

밸러스트의 특성자중값(케이슨 벽체에 의해 차지하는 체적은 무시함)은 대략적으로

$$W_{Gk_2} = \gamma_k \times (B - 3t) \times (h_f - t) = 447.1kN/m$$

그러므로

$$W_{Gk} = \Sigma W_{Gk} = 933.1kN/m$$

하중의 영향 – 영구 및 임시설계상황

EN 1997-1에 의하면, 불안정 및 안정 영구하중에 대한 부분계수 $\gamma_{G,dst} = 1$ 및 $\gamma_{G,stb} = 0.9$이다. ❶

불안정 설계연직하중 $V_{d,dst} = \gamma_{G,dst} \times U_{Gk} = 838.8kN/m$

안정 설계연직하중 $V_{d,stb} = \gamma_{G,stb} \times W_{Gk} = 839.8kN/m$

융기에 대한 안정성 검증

이용률 $\Lambda_{UPL} = \dfrac{V_{d,dst}}{V_{d,stb}} = 100\%$ ❷

$\Lambda_{UPL} > 100\%$인 경우, 이 설계는 허용할 수 없다.

이 설계에 대한 전통적인 전체 안전율

$$F = \frac{W_{Gk}}{U_{Gk}} = 1.11$$

BS EN 1997-1에 대한 검증

BS EN 1997-1의 영국 국가부속서에서는 불안정하중에 대한 부분계수 $\gamma_{G,dst} = 1.1$로 증가한다. 이때 불안정 설계 연직하중은 다음 식과 같이 증가한다.

$$V_{d,dst} = \gamma_{G,dst} \times U_{Gk} = 922.6kN/m \ ❸$$

안정 설계 연직하중 $V_{d,stb} = \gamma_{G,stb} \times W_{Gk} = 839.8kN/m$

이용률 $\Lambda_{UPL} = \dfrac{V_{d,dst}}{V_{d,stb}} = 110\%$

Λ_{UPL} >100%인 경우, 이 설계는 허용할 수 없다.

BS EN 1997-1에 대한 재설계

BS EN 1997-1에 대한 만족한 설계를 얻기 위해 밸러스트의 깊이 $h_f = 2.6m$로 증가시키는 것이 필요하다. 이때 밸러스트의 자중

$$W_{Gk_2} = \gamma_k \times (B - 3t) \times (h_f - t) = 546.5kN/m$$

그러므로 $W_{Gk} = \sum W_{Gk} = 1032.5kN/m$

안정 설계 연직하중 $V_{d,stb} = \gamma_{G,stb} \times W_{Gk} = 929.2KN/m$

이용률 $\Lambda_{UPL} = \dfrac{V_{d,dst}}{V_{d,stb}} = 99\%$

Λ_{UPL} >100%인 경우, 이 설계는 허용할 수 없다.

이 설계에 대한 전통적인 전체 안전율 $F = \dfrac{W_{Gk}}{U_{Gk}} = 1.23$이다. ❹

우발설계상황에 대한 설계

강에서 최대 극한 수위 $h_w = H = 7m$로 예상된다.

특성 양압력 $U_{Gk} = \gamma_w B h_w = 1,030kN/m$로 증가한다.

우발설계상황에 대한 부분계수는 $\gamma_{G,dst} = 1$ 및 $\gamma_{G,stb} = 1$로 감소한다.

이때 설계 연직하중은 다음 식과 같다.

불안정 설계연직하중 $V_{d,dst} = \gamma_{G,dst} U_{Gk} = 1,030kN/m$

안정 설계연직하중 $V_{d,stb} = \gamma_{G,stb} W_{Gk} = 1,032.5kN/m$

이용률 $\Lambda_{UPL} = \dfrac{V_{d,dst}}{V_{d,stb}} = 100\%$ ❺

Λ_{UPL}가 >100%인 경우, 이 설계는 허용할 수 없다.

이 설계에 대한 전통적인 전체 안전율 $F = \dfrac{W_{Gk}}{U_{Gk}} = 1$ 이다.

7.7.4 양압력을 받는 지하실

예제 7.4는 그림 7.14와 같이 양압력을 받는 지하 1층과 2층에 대한 설계 예제를 다루었다.

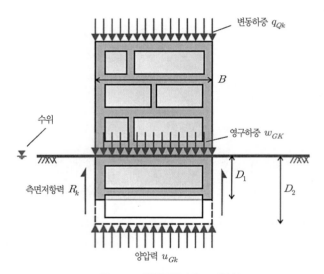

그림 **7.14** 양압력을 받는 지하실

이 예제에서 지하벽체로부터의 마찰저항력은 중요하다. 왜냐하면 마찰저항력(측면저항력)은 안정화 하중으로 하한값을 사용하는데 일반적인 개념과는 반대로 흙 강도의 상한값에서 구한다. 또한 이 예제는 안정 하중을 증가시키기 위해 인장말뚝을 사용하였다. 말뚝 설계는 제13장에서 기술한 방법을 따라야 한다.

❶ 하중의 변동요소는 구별이 되지만 그것은 안정하중이며 관련된 한계 상태를 검증할 때에는 사용하지 않는다. 아래첨자 'sup'는 상부구조물을 나타내며 'sub'는 하부구조물을 나타낸다.

❷ 불안정 변동하중 요소는 없다. 그래서 영구하중 요소에만 계수 1.1을 사용한다. 안정하중에 대한 변동요소는 포함되지 않는다.

❸ $\beta_k(=0.113)$ 값은 특성 토압계수 $K_{a,k}(=0.238)$와 특성 내부마찰계수 $\tan\delta_k(\delta_k=25.3°)$를 곱한 값이다. K_a와 δ는 ϕ 값에 따라 달라진다.

❹ $\tan\phi_k$를 부분계수 γ_ϕ로 나누면 설계 전단저항각 $\phi_d=32°$가 된다. 이것은 K_a 값을 0.307로 증가시키지만 δ_k 값을 21.3°로 감소시켜 결과적으로 큰 $\beta(=0.12)$ 값을 도출한다. 이것은 특성조건보다는 완화된 조건이다(❸ 참조).

❺ β 값은 $\phi_{k,sup}(=45°)$의 상한값으로부터 계산되는데 상한 부분계수 $\gamma_{k,sup}(=0.8)$로 나누면 $\phi_{d,sup}=51.3°$가 된다. 이것은 K_a 값을 0.123으로 감소시키지만 δ_k를 34.2°로 증가시켜 결과적으로 작은 $\beta(=0.084)$ 값을 도출한다. 이것은 ❸과 ❹의 경우보다 더 엄격한 조건이다. 그래서 설계에 사용할 수 있다.

❻ 지하 1층에 대한 설계 저항력을 검증하였다. 전통적인 전체 안전율은 1.22이다.

❼ 지하 2층에 대한 설계저항은 검증하지 않았다. 전통적인 전체 안전율은 0.87이다.

❽ 말뚝에 의해 추가적인 저항력이 발생할 수 있다. 말뚝에 작용하는 수평 유효응력 $\sigma'_h=K_s\sigma'_v$로 구하는데 여기서 σ'_v는 말뚝을 따라 작용하는 연직 유효응력이다. 단순화를 위해 K_s는 재료특성에 영향을 받지 않는

것으로 가정하였다.

❾ UPL 한계상태에 대한 설계 저항력은 말뚝과 흙 사이의 특성 경계면 마찰각 δ_k에 재료계수($\gamma_\phi = 1.25$)를 적용하여 구한다. 이 경우 δ_k는 하한 값(왜냐하면 말뚝의 저항력을 최소화하므로)이어야 한다. 설계 저항력을 안정하중으로 고려하는 것에 대한 논쟁이 있을 수 있다. 이 경우 특성저항력에 $\gamma_{G,stb} = 0.9$가 곱해진다. 이와 같은 접근법이 채택되는 경우, 이들 계산에서 채택된 접근법보다는 덜 보수적인 설계가 된다.

❿ 말뚝을 추가하는 경우 지하 2층에 대한 설계 저항력이 검증되었다. 전통적인 전체 안전율은 1.29이다.

예제 7.4

양압력을 받는 지하층
양압력에 대한 안정성 검증(UPL)

지하 1층 구조물

설계상황

기초면에서 $w_{Gk} = 30kPa$(영구)의 자중과 마루와 지붕을 통해 $q_{Qk} = 15kPa$(변동)의 하중을 받는 3층짜리 건물이 있다. 이 건물은 폭 $B = 18m$와 깊이 $D = 4.5m$인 지하 1층에 의해 지지되고 있다. 지하벽체의 두께 $t_w = 400mm$, 마루두께 $t_f = 250mm$이고 기초 슬래브의 두께 $t_b = 500mm$이다. EN 1991-1-1에 의하면 철근콘크리트의 특성단위중량 $\gamma_{ck} = 25kN/m^3$이다. 지층은 깊이 20m의 조밀한 모래로 구성되어 있으며 지하수위는 지표면 주위에 있다. 모래의 특성단위중량 $\gamma_k = 19kN/m^3$, 전단저항각 $\varphi_k = 38°$, 그리고 전단저항각의 상한값 $\varphi_{k,sup} = 45°$이다. 물의 단위중량 $\gamma_w = 9.81kN/m^3$이다.

하중

지하실의 하부측면에 작용하는 특성수압 $u_k = \gamma_w \times D = 44.1kPa$, 지

하실 하부에 작용하는 불안정하중의 합력 $U_{Gk} = u_k \times B = 795kN/m$ 이다. 상부구조물로부터의 특성하중은 $W_{Gk,sup} = w_{Gk} \times B = 540kN/m$ (영구)와 $Q_{Qk,sup} = q_{Qk} \times B = 270kN/m$ (변동) 하중이 있다. ❶

하부구조물(지하실)의 특성자중

벽체 $W_{Gk,w} = 2 \times t_w \times D \times \gamma_{ck} = 90kN/m$

마루 $W_{Gk,f} = t_f \times (B - 2t_f) \times \gamma_{ck} = 109.4kN/m$

바닥 슬라브 $W_{Gk,b} = t_b \times (B - 2t_f) \times \gamma_{ck} = 218.8kN/m$

전체 중량 $W_{Gk,sub} = W_{Gk,w} + W_{Gk,f} + W_{Gk,b} = 418kN/m$ ❶

건물의 전체 자중 $W_{Gk} = W_{Gk,sup} + W_{Gk,sub} = 958kN/m$

하중의 영향

불안정 영구하중 및 변동하중에 대한 부분계수 $\gamma_{G,dst} = 1.1$ 과 $\gamma_{Q,dst} = 1.5$ 이다.

안정 영구하중에 대한 부분계수 $\gamma_{G,stb} = 0.9$ 이다.

그러므로

불안정 연직하중 $V_{d,dst} = \gamma_{G,dst} \times U_{Gk} = 874.1kN/m$

안정 연직하중 $V_{d,stb} = \gamma_{G,stb} \times W_{Gk} = 862.3kN/m$ ❷

재료특성

모래의 특성 전단저항각 $\phi_k = 38°$ 로 주동토압계수 $K_{a,k} = \dfrac{1 - \sin(\phi_k)}{1 + \sin(\phi_k)} =$

0.238, 벽마찰각 $\delta_k = \dfrac{2}{3}\phi_k = 25.3°$ 이다. 그러므로 $\beta_k = K_{a,k}\tan(\delta_k) = 0.113$ 이다. ❸

전단저항계수에 대한 부분계수 $\gamma_\phi = 1.25$ 로 설계 전단저항각 $\phi_d =$

$$\tan^{-1}\left(\frac{\tan(\phi_k)}{\gamma_\phi}\right) = 32° \text{이다.}$$

따라서 주동토압계수 $K_{a,d} = \dfrac{1 - \sin(\phi_d)}{1 + \sin(\phi_d)} = 0.307$ 으로 증가하는 반면

벽마찰각 $\delta_d = \dfrac{2}{3}\phi_d = 21.3°$ 로 감소한다. 그러므로

$\beta_{d,inf} = K_{a,d}\tan(\delta_d) = 0.12$ 가 된다. ❹

전단저항의 상한값 $\phi_{k,sup} = 45°$ 와 부분계수 $\gamma_{\phi,sup} = \dfrac{1}{\gamma_\phi} = 0.8$ 로 작은

β 값이 얻어지지 않는지 검토해야 한다.

이때 전단저항의 상한 설계값

$\phi_{d,sup} = \tan^{-1}\left(\dfrac{\tan(\phi_{k,sup})}{\gamma_{\phi,sup}}\right) = 51.3°$ 이며 이를 이용하면

$$K_{a,d,sup} = \frac{1 - \sin(\phi_{d,sup})}{1 + \sin(\phi_{d,sup})} = 0.123, \quad \delta_{d,sup} = \frac{2}{3}\phi_{d,sup} = 34.2°$$

그러므로 $\beta_{d,sup} = K_{a,d,sup} \times (\tan(\delta_{d,sup})) = 0.084$ ❺

따라서 $\beta_d = \min(\beta_{d,inf}, \beta_{d,sup}) = 0.084$

저항력

지하벽체 아래로 작용하는 평균 연직 유효응력

$$\sigma'_v = \frac{(\gamma_k - \gamma_w) \times D}{2} = 20.7 kPa$$

지하벽체를 따라 작용하는 특성저항력

$$R_k = \beta_k \times \frac{(\gamma_k - \gamma_w) \times D^2}{2} = 10.5 kN/m$$

지하벽체를 따라 작용하는 설계 저항력

$$R_d = \beta_d \times \frac{(\gamma_k - \gamma_w) \times D^2}{2} = 7.8 kN/m$$

양압력에 대한 안정성 검증

이용률 $\Lambda_{UPL} = \dfrac{V_{d,dst}}{V_{d,stb} + R_d} = 100\%$ ❻

$\Lambda_{UPL} > 100\%$인 경우, 이 설계는 허용할 수 없다.

이 설계에 대한 전통적인 전체 안전율

$$F = \dfrac{W_{Gk,sup} + W_{Gk,sub} + R_k}{U_{Gk}} = 1.22$$ ❻

지하 2층 구조물

설계상황

깊이 $D = 7.5m$인 지하 2층 건물에 대해 검토해 보자.

하중

지하실 하부에 작용하는 특성수압 $u_k = \gamma_w \times D = 73.6kPa$이고 지하실 하부에 작용하는 불안정하중의 합력 $U_{Gk} = u_k \times B = 1324kN/m$이다. 상부구조물로부터 작용하는 특성하중은 $W_{Gk,sup} = 540kN/m$(영구) 와 $Q_{Qk,sup} = 270kN/m$(변동)하중이 있다. 지하 2층 구조물 마루의 특성자중 $W_{Gk,f} = 2t_f \times (B - 2t_f) \times \gamma_{ck} = 218.8kN/m$, 벽체의 특성자중 $W_{Gk,w} = 2 \times t_w \times D \times \gamma_w = 150kN/m$이다. 그 결과 하부구조의 전체 자중 $W_{Gk,sub} = W_{Gk,w} + W_{Gk,f} + W_{Gk,b} = 588kN/m$이다. 그러므로 빌딩의 전체 자중 $W_{Gk} = W_{Gk,sup} + W_{Gk,sub} = 1128kN/m$이다.

하중의 영향

불안정 연직하중 $V_{d,dst} = \gamma_{G,dst} \times U_{Gk} = 1456.8kN/m$

안정 연직하중 $V_{d,stb} = \gamma_{G,stb} \times W_{Gk} = 1014.8kN/m$

재료특성

동일함

저항력

지하벽체 아래로 작용하는 연직 유효응력

$$\sigma'_v = \frac{(\gamma_k - \gamma_w) \times D}{2} = 34.5 kpa$$

지하벽체를 따라 작용하는 특성저항력

$$R_k = \beta_k \times \frac{(\gamma_k - \gamma_w) \times D^2}{2} = 29.1 kN/m$$

지하벽체를 따라 작용하는 설계 저항력

$$R_d = \beta_d \times \frac{(\gamma_k - \gamma_w) \times D^2}{2} = 21.6 kN/m$$

양압력에 대한 안정성 검증

이용률 $\Lambda_{UPL} = \dfrac{V_{d,dst}}{V_{d,stb} + R_d} = 141\%$ ❼

$\Lambda_{UPL} > 100\%$ 인 경우, 이 설계는 허용할 수 없다.

이 설계에 대한 전통적인 전체 안전율

$$F = \frac{W_{Gk,sup} + W_{Gk,sub} + R_k}{U_{Gk}} = 0.87$$ ❼

인장말뚝에 의한 추가 저항력

안정하중과 저항력에 대한 단점을 극복하기 위해 지하실은 4열의 인장말뚝에 의해 지지된다. 각 말뚝의 길이 $L = 10m$, 직경 $d = 450mm$ 이다. 말뚝은 연속오거를 이용하여 관입될 것이다. 말뚝의 가로간격 $s = 5m$ (평면도)이다. 말뚝의 축을 따라 발생하는 주면마찰력을 구하기 위해 토압계수 $K_s = 1$로 가정한다. ❽

말뚝의 축을 따라 발생하는 평균 연직응력

$$\sigma'_{v,pile} = (\gamma_k - \gamma_w)\left(D + \frac{L}{2}\right) = 114.9 kPa$$

각 말뚝의 특성저항력

$$R_{k,pile} = \pi d \times L \times \sigma'_{v,pile} \times \tan(\delta_k) \times k_s = 768.8 kN$$

그리고 설계 저항력

$$R_{d,pile} = \pi d \times L \times \sigma'_{v,pile} \times \frac{\tan(\delta_k)}{\gamma_\varphi} \times k_s = 615.1 kN$$

그러므로 전체 특성저항력

$$R_k = R_k + \left(\frac{n}{s}\right) \times R_{k,pile} = 644.2 kN/m$$

그리고 전체 설계 저항력

$$R_d = R_d + \left(\frac{n}{s}\right) \times R_{d,pile} = 513.7 kN/m \ ❾$$

양압력에 대한 안정성 검증

이용률 $\Lambda_{UPL} = \dfrac{V_{d,dst}}{V_{d,stb+R_d}} = 95\% \ ❿$

Λ_{UPL} >100%인 경우, 이 설계는 허용할 수 없다.

이 설계에 대한 전통적인 전체 안전율

$$F = \frac{W_{Gk,sup} + W_{Gk,sub} + R_k}{U_{Gk}} = 1.34 \ ❿$$

7.7.5 수압파괴에 대한 웨어의 안정성

예제 7.5는 그림 7.15와 같이 웨어의 선단에 유출동수경사가 크게 작용하는 경우, 웨어가 수압파쇄에 저항할 수 있는지 검토하였다.

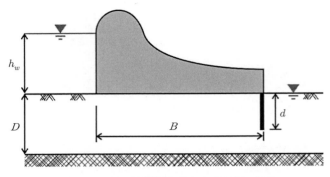

그림 7.15 하류 선단에 큰 동수경사를 받는 웨어

웨어 선단에서의 유출동수경사를 평가하기 위해 유선망해석이나 수치해석보다는 수학적 해석법을 선택하였다. 이 해석법은 웨어의 기하학적 형상이 변화할 때마다 유선망을 그릴 필요 없이 문제를 해석할 수 있다는 장점이 있다.

예제 7.5 주석

❶ 유출동수경사는 여러 가지 방법을 이용하여 구할 수 있다(예: 유선망) − 이 방정식은 간편한 해석법을 제공한다는 장점이 있다.[12]

❷ 유출경사는 Khosla의 식에 B, h_w 및 d 값을 대입하여 구할 수 있다. ❶

❸ HYD 한계상태를 위한 부분계수는 EN 1997−1의 부록 A5에 제시되어 있다.

❹❺ 유로코드 7에서는 HYD를 검증하기 위해 2개의 식 2.9(a)와 2.9(b)를 제시하였다. 전자는 안정 설계연직응력과 불안정 설계간극수압을 비교하였다. 후자는 설계 안정 수중단위중량과 설계 불안정 침투력을 비교하고 있다. 두 식 모두 고려되는 토체의 기둥 저면에 작용된다.

❻❼ 식 2.9(a)를 이용한 이용률은 100%에 가까운 반면 식 2.9(b)를 이용한 이용률은 50% 이하이다. 유로코드 7에서는 부분계수를 어디에 적용해야 할지 명확히 언급하지 않기 때문에 이들 식 사이에 불일치가 발생하는

데 이는 표준서의 저자들도 예상치 못했던 일이다.

❽ 이 설계상황에 대한 전통적인 전체 안전율은 3.38이다. 전체 안전율에 대한 권장값은 1.5~4.0 사이에 있다. 일반적으로 파이핑에 의한 파괴가 심각한 결과를 도출하는 곳에서는 큰 안전율을 사용한다. 식 2.9(a)를 사용하는 경우, 등가 전통안전율은 3.0~4.0 사이에 있으며 식 2.9(b)를 사용하면 1.5에 가깝다. 따라서 식 2.9(b)를 사용하면 충분한 신뢰도를 제공할 수 없다는 결론을 얻는다.

예제 7.5

수압파괴에 대한 웨어의 안정성
파이핑에 대한 안정성 검증(HYD)

설계상황

수위 $h_w = 5m$, 폭 $B = 15m$ 인 웨어가 있다. 차단벽의 깊이 $d = 3.2m$ 로 웨어의 하류 끝에서의 동수경사(유출경사)를 감소시키는 역할을 한다. 웨어는 특성단위중량 $\gamma_k = 19.5 kN/m^3$ 인 투수층 위에 있다. 불투층은 $D = \infty$ 에 위치하고 있다. 물의 특성단위중량 $\gamma_w = 9.81 kN/m^3$ 이다.

계산 모델

$D = \infty$ 인 조건에서 유출경사는 Khosla 식을 이용하여 구할 수 있다. ❶

$$i_E(B, h_w, d) = \frac{h_w}{\pi \times d \times \sqrt{\dfrac{1 + \sqrt{1 + \left(\dfrac{B}{d}\right)^2}}{2}}}$$

여기서 B는 웨어의 폭, h_w는 수위, d는 차단벽의 깊이이다.

하중
설계상황에 대한 특성유출경사

$$i_k = i_E(B, h_w, d) = 0.29 \; ❷$$

차단벽의 하류 측 깊이 d에서 불안정 특성간극수압 $u_k = \gamma_w \times (1 + i_k) \times d = 40.6 kPa$, 안정 특성 연직하중 $\sigma_k = \gamma_k \times d = 62.4 kPa$이다.

차단벽 하류 측에서 특성 침투력(평면적 $A = 1m^2$이라 가정)

$$S_k = \gamma_w \times i_k \times d \times A = 9.2 kN$$

차단벽 하류 측에서 특성 수중단위중량

$$G'_k = (\gamma_k - \gamma_w) \times d \times A = 31 kN$$

하중의 영향

불안정하중 및 안정 영구하중에 대한 부분계수는 $\gamma_{G,dst} = 1.35$ 및 $\gamma_{G,stb} = 0.9$이다. ❸

EN 1997−1 식 2.9(a)를 이용하면 ❹

  불안정 설계 간극수압 $U_{d,dst} = \gamma_{G,dst} \times u_k = 54.8 kPa$

  안정 설계 연직하중 $\sigma_{d,stb} = \gamma_{G,stb} \times \sigma_k = 56.2 kPa$

EN 1997−1 식. 2.9(b)를 이용하면 ❺

  설계 침투력 $S_{d,dst} = \gamma_{G,dst} \times S_k = 12.4 kN$

  설계 수중단위중량 $G'_{d,stb} = \gamma_{G,stb} \times G'_k = 27.9 kN$

EN 1997−1 식 2.9(a)를 이용한 융기수압(hydraulic heave)에 대한 안정성 검증

이용률 $\Lambda_{HYD} = \dfrac{u_{d,dst}}{\sigma_{d,stb}} = 98\%$ ❻

$\Lambda_{HYD} > 100\%$인 경우, 이 설계는 허용할 수 없다.

EN 1997−1 식 2.9(b)를 이용한 융기수압에 대한 안정성 검증

이용률 $\Lambda_{HYD} = \dfrac{S_{d,dst}}{G_{d,stb}} = 44\%$ **❼**

$\Lambda_{HYD} > 100\%$ 인 경우, 이 설계는 허용할 수 없다.

파이핑에 대한 전통적인 안전율

흙의 한계동수경사 $i_{crit} = \dfrac{\gamma_k - \gamma_w}{\gamma_w} = 1$

동수경사에 대한 안전율 $F = \dfrac{i_{crit}}{i_k} = 3.38$ **❽**

7.7.6 융기에 의한 파이핑(HYD)

예제 7.6에서는 그림 7.16과 같이 토류벽에서 융기(heave)에 의한 파이핑의 안정성을 검토하였다.

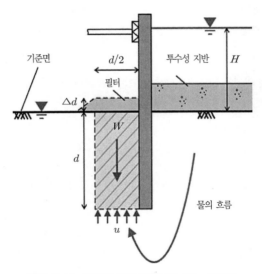

그림 7.16 융기에 의해 파이핑을 받는 토류벽

토류벽은 건조상태로 교량의 피어 공사를 할 수 있도록 가설 코퍼 댐의 일부를 형성한다. 강 수위는 바닥높이 상부 $H = 1.9m$ 에서 일정하게 유지되며 코퍼 댐 내부의 수위는 일정하거나 펌핑에 의해 바닥높이 바로 아래에서 유지된다.

코퍼 댐으로의 침투를 감소시키고 굴착부위로 물이 스며들어 파이핑이 발생할 가능성을 차단하기 위해 쉬트파일 벽체를 $d = 6m$ 만큼 땅속으로 근입시킨다. 이 예제는 수압파괴에 대한 근입깊이의 적절성을 평가할 수 있도록 EN 1997 − 1에서 권장하는 2가지 절차에 대한 적용성을 검토하였다.

예제 7.6 주석

❶ 옹벽에 관한 일반 교제에서는 벽체 근입깊이의 1/2되는 폭에 대해 상향침투력을 고려할 것을 제안한다.

❷ 토류벽체의 선단부에서 과잉수압을 평가하기 위해 벽체의 양측면에서 전체 수두 손실의 1/2이 허용할 수 있는 근삿값이라 가정한다. 이는 단지 근삿값일 뿐이다. 실제로는 토류벽체의 바닥을 가로질러 변화하며 그 결과값이 설계에 매우 중요한 요소로 작용한다면 상세한 흐름해석이 필요하다.

❸ HYD 한계상태에 대한 부분계수는 EN 1997 − 1의 부록 A에서 제시되어 있다.

❹ 토체에 대한 안정 및 불안정하중은 EN 1997 − 1의 식 2.9(b)를 이용, 적절한 부분계수를 적용하여 구한다.

❺ 식 2.9(b)는 본 설계가 융기에 대해 충분한 신뢰성을 가지고 있음을 보여 준다.

❻ 토체의 안정 및 불안정 압력은 식 2.9(a)를 이용하여 구한다. 이 식은 이 설계가 융기에 대해서만 적절함을 보여 준다.

❼ 식 2.9(a)는 이 설계가 융기를 방지할 만큼 충분한 신뢰도가 있음을 보

여 주고 있다.

❽ 유로코드 7에서는 부분계수 $\gamma_{G,dst}$ 와 $\gamma_{G,stb}$ 를 어디에 적용할지 명시하지 않았다. 대체 계산에서는 과잉간극수압은 $\gamma_{G,dst}$ 를 곱하고 토체 바닥의 유효응력에는 $\gamma_{G,stb}$ 를 곱한다.

❾ 대체 계산은 식 2.9(b)와 동일한 결과를 준다(❺ 참조).

❿ 융기에 대한 계산결과, 전통적인 전체 안전율은 4.63이다. 일부 기술자들(안전율로 $F = 1.5 - 2.0$ 주장)은 이 문제에 대해 과도한 안전율이라 보는 반면 다른 기술자들은 단지 적절할 뿐이다($F \geq 4$)라고 생각한다. 권장 안전율에 대한 상세한 내용은 7.5.1에서 논의된 내용을 참조한다.

예제 7.6

융기에 의한 파이핑
수압파괴에 대한 안정성의 검증(HYD)

설계상황

기준면 상단에서 $H = 1.9m$ 의 물을 지탱하기 위해 쉬트파일 벽체로 시공한 코퍼 댐이 있다. 코퍼 댐의 쉬트파일 벽체는 기준면 아래 $d = 6m$ 가 근입되어 있다. 기초지반의 특성단위중량 $\gamma_k = 17kN/m^3$, 물의 단위중량 $\gamma_w = 9.81kN/m^3$ 이다. 벽체의 근입된 부분의 옆에 있는 폭 $d/2 = 3m$ 인 구역에 대한 안정성을 확인하기 위해서는 파이핑에 의한 수압파괴 유무를 검토해야 한다.

하중

토체저면에서의 평균 압력수두 $h_a = \dfrac{H}{2} = 0.95m$ ❷

토체를 통과하는 평균 동수경사 $i_k = \dfrac{h_a}{d} = 0.158$

벽체선단에서 정적 간극수압 $u_0 = \gamma_w \times d = 58.9kPa$

벽체선단에서 과잉 간극수압 $\Delta u = \gamma_w \times h_a = 9.3 kPa$

벽체선단에서의 전체 간극수압 $u = u_0 + \Delta u = 68.2 kPa$

벽체선단에서 전체 연직응력 $\sigma_v = \gamma_k \times d = 102 kPa$

벽체선단에서 유효 연직응력 $\sigma'_v = \sigma_v - u_0 = 43.1 kPa$

토체의 자중 $W_k = \gamma_k \times d \times \dfrac{d}{2} = 306 kN/m$

토체의 수중 단위중량 $W'_k = (\gamma_k - \gamma_w) \times d \times \dfrac{d}{2} = 129.4 kN/m$

특성 침투력 $S_k = \gamma_w \times i_k \times d \times \dfrac{d}{2} = 28 kN/m$

하중의 영향
불안정 영구 및 변동하중에 대한 부분계수 $\gamma_{G,dst} = 1.35$ 및 $\gamma_{Q,dst} = 1.5$,
안정 영구하중에 대한 부분계수 $\gamma_{G,stb} = 0.9$이다. ❸

침투력과 수중단위중량을 이용한 파이핑에 대한 안정성 검증
불안정 설계침투력 $E_{d,dst} = \gamma_{G,dst} \times S_k = 37.7 kN/m$ ❹

안정 설계중량 $E_{d,stb} = \gamma_{G,stb} \times W'_k = 116.5 kN/m$ ❹

이용률 $\Lambda_{HYD} = \dfrac{E_{d,dst}}{E_{d,stb}} = 32\%$ ❺

이용률 > 100%인 경우, 이 설계는 허용할 수 없다.

간극수압과 전응력을 이용한 파이핑에 대한 안정성 검증
불안정 설계 간극수압 $E_{d,dst} = \gamma_{G,dst} \times u = 92 kPa$ ❻

안정 설계 전응력 $E_{d,stb} = \gamma_{G,stb} \times \sigma_v = 92 kPa$ ❻

이용률 $\Lambda_{HYD} = \dfrac{E_{d,dst}}{E_{d,stb}} = 100\%$ ❼

이용률 > 100%인 경우, 이 설계는 허용할 수 없다.

대체 계산으로

   불안정 설계 간극수압 $E_{d,dst} = \gamma_{G,dst} \times \Delta u = 12.6kPa$ ❽

   안정 설계 전응력 $E_{d,stb} = \gamma_{G,stb} \times \sigma_v = 39kPa$ ❽

이용률 $\Lambda_{HYD} = \dfrac{E_{d,dst}}{E_{d,stb}} = 32\%$ ❾

이용률 >100%인 경우, 이 설계는 허용할 수 없다.

전통적인 전체 안전율
Terzaghi & Peck은 파이핑에 대한 안전율을 다음과 같이 정의하였다.

$$F = \dfrac{W'_k}{S_k} = 4.63 \ ❿$$

안전율 $F < 1.5 - 2.0$인 경우, 이 설계는 허용할 수 없다.

7.8 주석 및 참고문헌

1. See Orr, T.L.L. (2005) 'Evaluation of uplift and heave designs to Eurocode 7', *Proc. Int. Workshop on the Evaluation of Eurocode 7*, Trinity College, Dublin, pp.147~158.

2. NA to BS EN 1997 − 1: 2004, UK National Annex to Eurocode 7: Geotechnical design − Part 1: General rules, British Standards Institution.

3. Terzaghi, K. (1936) 'The shearing resistance of saturated soils', *1st Int. Conf. on Soil Mechanics*, 1, pp.54~56.

4. Terzaghi, K., and Peck, R.B. (1967) *Soil mechanics in engineering practice* (2nd edition), John Wiley & Sons, Inc.

5. See p.178 of Reddi, L.N. (2003), *Seepage in soils*, John Wiley & Sons.

6. Harr, M.E. (1962) *Groundwater and seepage*, McGraw-Hill.

7. Orr, ibid.

8. See, for example, Fell, R., MacGregor, P., Stapledon, D., and Bell, G.(2005) *Geotechnical engineering of dams*, Leiden, Netherlands, A.A. Balkema Publishers.

9. Wind turbine design data kindly provided by Donald Cook and Chris Hoy of Donaldson Associates, Glasgow (pers. comm., 2007).

10. See Harr, ibid., who gives details of the work of Khosla et al.

11. See Harr, ibid., p.108.

12. See Harr, ibid., p.111 or Reddi, ibid., p.150, who both refer to earlier work by Khosla, Bose, and Taylor in 1954.

CHAPTER 8

사용성 검증

8 사용성 검증

> "인용할 수 있는 능력은 지혜를 대신할 수 있는 쓸 만한 대안이다."
> ─윌리엄 서머싯 몸(W. Somerset Maugham, 1874~1965)

8.1 설계의 기본

사용한계상태(serviceability limit state)는 다음과 같이 정의된다.

> 사용한계상태를 초과하면 구조물이나 구조부재에 대해 명시된 사용 요구조건이 더 이상 충족되지 않는 상태 [EN 1990 § 1.5.2.14]

사용성의 검증은 설계하중의 영향(침하량)이 대응하는 설계한계값(예: 한계 침하량)을 초과하는지를 확인 및 검증하는 일이다.

유로코드 7에서 사용성 검증은 다음 식과 같이 부등식으로 나타낸다.

$$E_d \leq C_d$$
[EN 1990 식 (6.13)] & [EN 1997-1 식 (2.10)]

여기서 E_d = 설계하중에 의한 침하량, C_d = 해당 사용성 기준의 한계침하량이다.

사용성이 관심사가 되는 상황에 대한 예는 그림 8.1과 같다. **(상부 그림)** 그림의 왼쪽에서 오른쪽으로 자중과 부과하중에 의한 얕은기초의 침하량 s 는 해당 프로젝트 시방기준의 한계 침하량을 초과해서는 안 되며 뼈대구조물 기초의 부등침하량 Δs 도 특정 한계값 이내에 있어야 한다. **(중간 그림)** 비균등 토압에 의한 옹벽의 수평변위 δ 는 특정한계값 이내에 있어야 하며 기계 진동으로 인하여 주변 사람들에게 불편을 일으켜서는 안 된다. **(하부 그림)**

굴착저면 침투수에 대한 펌핑 속도는 굴착면 바닥에서 히빙이 발생하지 않을 정도로 충분해야 하며 댐 하류 측에 설치된 펌프의 용량은 댐 하부로 흐르는 물을 제거하기에 충분해야 한다.

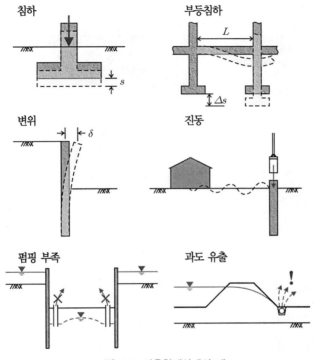

그림 8.1 사용한계상태의 예

8.1.1 작용력의 영향

작용력(작용하중)의 영향(effects of actions)은 구조부재 내에서 발생되는 내력, 모멘트, 응력, 변위 및 전체 구조물의 변위와 회전을 나타내는 일반적인 용어이다.   [EN 1990 § 1.5.3.2]

사용한계상태에서 하중의 영향은 그림 8.2와 같이 다양한 형태의 기초변위로 나타난다. 즉 침하(s), 회전변위(θ), 각변형(α), 기울임(ω), 부등침하

(δs), 상대처침(Δ) 및 상대회전 또는 각변형(β) 등이다. 여기서 Δ/L의 비를 처짐비라 한다. 지반분야에서 이들 용어들의 대부분은 이미 폭넓게 사용되고 있다.[1]

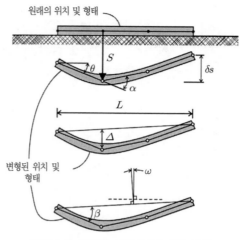

그림 8.2 다양한 기초거동에 대한 정의

8.1.2 한계 사용성 기준

EN 1997-1의 부록 H에서는 오픈-프레임 구조물, 채움골조(infilled frames) 및 하중이 작용하는 조적벽구조물의 허용변위에 대한 지침을 제시하였다 (다음 표 참조). 이들 지침은 일반적인 구조물에만 적용되며 특이한 구조물

변위			한계상태에 도달되기 전의 허용 최대변위	
			사용성	극한
침하		s	50mm*	−
각변형	새깅(sagging)	β	1/2000 − 1/300†	1/150
	호깅(hogging)		1/4000 − 1/600‡	1/300

* 각변형이나 기울임이 허용값 이내인 경우, 더 큰 값을 허용할 수도 있다.
† 대부분의 구조물에서 허용범위는 1/500이다.
‡ 대부분의 구조물에서 허용범위는 1/1000이다.

이나 현저하게 부등하중(nonuniform loading)을 받는 구조물에는 적용되지 않는다.

8.2 신뢰성 설계의 도입

그림 8.3과 같이 변위에 대해 적정한 한계값을 설정하여 사용성을 확보하도록 하는 등 설계에 신뢰성 개념이 도입되었다.

사용한계상태에 대한 부분계수는 보통 1.0을 적용한다. [EN 1997-1 § 2.4.8(2)]

그러므로 사용성 검증을 위한 식(8.1 참고)은 다음과 같다.

$$E_d = E\{F_{rep}; X_k; a_{\text{nom}}\} \le C_d$$

그림 8.3의 흐름도에서는 부분계수가 도입되지 않았다.

그림 8.3과 같이 조합계수 ψ는 동반변동하중에만 적용되며 특성하중, 빈도하중(frequent) 또는 준(quasi)영구하중조합에는 특정값이 지정된다(제2장 참조). 즉 $\psi = \psi_2$이다.

극한한계상태검증에서, 영구 및 임시설계상황에 대한 하중조합계수 $\psi = \psi_0$이다. 대부분의 하중에 대해 ψ_0가 ψ_2보다 크기 때문에 일반적으로 대표하중은 극한한계상태가 사용한계상태보다 크다.

구조물의 설계수명(design life) 동안 하중과 재료특성이 변화할 수 있으므로 여러 가지 경우에 대해 사용한계상태를 검토할 필요가 있다. 사용성 검증에서 가장 중요한 요소는 하중의 한계영향들을 적절하게 선택하는 일이다. 이들 한계영향요소들을 지나치게 보수적으로 설정하여 구조해석을 단순화하기보다는 구조물의 장기성능을 위해 필요한 것이 무엇인지를 실제로 평가할 수 있어야 한다.

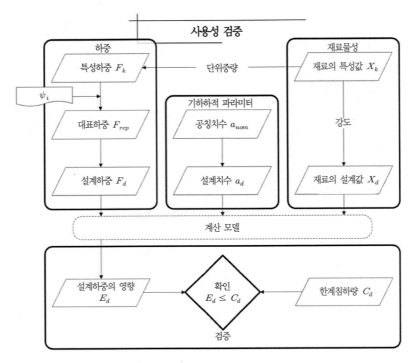

그림 8.3 사용성 검증에 대한 개요

8.3 사용성의 간편 검증

전통적인 지반공학 실무에서는 다음과 같은 방법을 이용하여 사용한계상태에 도달하는 것을 방지하였다. 예를 들어 기초의 경우에는 기초하부의 지지력을 허용값(보수적) 이내로 제한하고 말뚝의 경우에는 선단과 주면저항력에 큰 안전율을 적용하며 근입된 옹벽의 경우에는 모멘트 평형에 도달할 것으로 추정되는 수동토압을 감소시키기 위해 '유동계수(mobilization factors)'를 사용하였다.

이들은 기본적으로 모두 동일한 방법이다. 파괴가 일어날 가능성이 매우 적다는 것을 확인함으로써 기초의 변위를 감소시키려 하고 있다. 유로코드 7에서는 지반의 강도를 충분히 작게 적용하는 조건으로 사용한계 이내로 변형이 유지될 수 있음을 밝히고 있다. 변형에 대한 명시적인 값은 필요치 않으며 유사한 지반, 구조물 및 적용방법에 대하여 비교할 만한 경험이 있어야 한다. 그러나 유로코드 7에서는 강도를 얼마나 작게 적용해야 하는지에 대한 기준(다음에서 논의된 확대기초는 제외)은 언급하지 않았다.

[EN 1997-1 § 2.4.8(4)]

유로코드 7에서는 융기와 진동과 관련된 문제들을 강조하고 있으며 이러한 문제들을 평가할 때 고려해야 하는 주요사항을 강조하고 있다.

[EN 1997-1 § 6.6.4 및 6.6.4]

중간에서 조밀한 지반에 관입된 압축말뚝이나 인장말뚝의 경우, 보통은 극한계상태가 발생하지 않은 것을 확인함으로써 사용한계상태에 도달하지 못하게 한다.

[EN 1997-1 § 7.6.4.1 주석]

점토지반 위에 지지되는 통상적인 구조물의 경우, 유로코드 7에서는 사용하중 E_k에 대한 특성 지지저항력 R_k의 비가 3보다 작을 때마다 침하량을 정확히 계산해야 한다. 또한 이 비가 2보다 작은 경우, 지반강성의 비선형 특성을 고려하여 침하량을 계산해야 한다. R_k/E_k의 비가 3보다 같거나 큰 경우, 사용한계상태는 극한한계상태의 계산에 의해 검증된 것으로 한다.

[EN 1997-1 § 6.6.2(16)]

그러므로 사용성의 검증은 다음 부등식을 만족시킴으로써 입증할 수 있다.

$$E_k \leq \frac{R_K}{\gamma_{R,SLS}}$$

여기서 E_k = 하중에 대한 특성영향, R_k = 하중에 대한 특성저항력, $\gamma_{R,SLS}$ = 부분계수 ≥3이다.

그림 8.4는 제6장의 흐름도(강도의 검증)가 사용성 검증을 위해 어떻게 수정되었는지를 보여 준다. 하중, 재료특성, 하중의 영향 및 저항력에 대한 부분계수는 저항력에 대한 단일부분계수와 동일한 3.0으로 대체된다. 이러한 대체 검증수단을 사용함으로써 변위의 한계값 C_d를 설정할 필요가 없다.

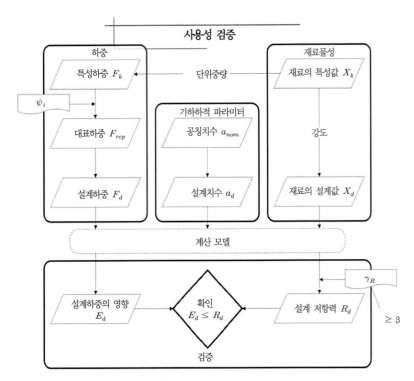

그림 8.4 사용성에 대한 대체 검증

8.4 침하량 결정법

EN 1997−1의 부록 F에서는 확대기초의 침하량을 평가하기 위한 2가지 방법을 제시하고 있는데 이들 방법은 제10장에서 다루고 있다.

[EN 1997−1 § F.1(1)]

유로코드 7 Part 2에서는 일반적인 현장시험에서 기초의 침하량을 결정하기 위한 몇 가지 방법을 제시하고 있다.

현장시험	부록	사례(* 원조 국가)	
콘과 피조콘시험 (CPT 및 CPTU)	D.1	배수 Young 계수와 q_c의 상관관계	SWE
	D.3	조립토에서 확대기초의 침하량 산정을 위한 반 경험법	NLD
	D.4	압밀계수와 q_c의 상관관계	FRA
	D.5	CPT 결과를 이용한 응력의존 압밀계수 설정	DEU
프레셔미터시험 (PMT)	E.2	메나드 프레셔미터시험에서 확대기초 침하량 산정을 위한 반 경험식	FRA
표준관입시험 (STP)	F.3	자갈질 지반위 확대기초의 침하량 산정을 위한 경험적 직접법	GBR
동적프로빙시험 (DP)	G.3	DP 결과를 이용한 응력의존 압밀계수 설정	DUE
스웨덴식사운딩시험 (WST)	H.1	유효마찰저항각과 배수 Young 계수의 상관관계	SWE
딜라토미터시험 (DMT)	J	일차원 탄젠트 계수 결정을 위한 상관관계	ITA
평판재하시험 (PLT)	K.2	평판침하계수	GBR
	K.3	지반반력계수	SWE
	K.4	모래지반 위 확대기초의 침하	SWE

* DEU=독일, FRA=프랑스, GBR=영국, ITA=이태리, NLD=네덜란드, SWE=스웨덴

8.5 핵심요약

사용성 한계상태에는 명시된 사용요구사항들(service requirements)을 더 이상 만족하지 못하는 조건들이 포함된다. 이러한 한계상태에 대한 검증은 다음 부등식을 만족시킴으로써 입증할 수가 있다.

$$E_d \leq C_d$$

또는 점토지반 위에 있는 일반구조물의 경우

$$E_k \leq \frac{R_k}{\gamma_{R,SLS}}$$

상기 식에서 사용된 기호는 이 장 서두에서 정의하였다.

사실상 유로코드 7의 도입으로 지반구조물의 사용성 조건에 대한 검토방법은 거의 변화되지 않았다.

8.6 실전 예제

사용성 검증을 설명하기 위한 실전 예제는 제10장의 '기초 설계'에서 다룬다.

8.7 주석 및 참고문헌

1. Burland, J.B., and Wroth, C.P. (1975), 'Settlement of buildings and associated damage' *Proc. Conf. on Settlement of Structures,* Cambridge, pp.611~654.

CHAPTER

9

비탈면 및 제방의 설계

9 비탈면 및 제방의 설계

비탈면(slope)과 제방(embankment)의 설계는 유로코드 7 Part 1의 11절('전체 안정성')과 12절('제방')에서 다루어지며 그 내용은 다음과 같다.

§x.1 일반{§11.1의 (1), (2) 및 §12.1의 (1), (2)}

§x.2 한계상태{§11.2의 (1), (2) 및 §12.2의 (1), (2)}

§x.3 하중과 설계상황{§11.3의 (1)~(6) 및 §12.3의 (1)~(8)}

§x.4 설계 및 시공 시 고려사항{§11.4의 (1)~(11) 및 §12.1의 (1)~(13)}

§x.5 극한한계상태설계{§11.5의 (1)~(13), (1)~(10), (1)~(3) 및 §12.1의 (1)~(7)}

§x.6 사용한계상태설계{§11.6의 (1)~(3) 및 §12.6의 (1)~(4)}

§11.7 모니터링 (1), (2) 및 §12.7 감독 및 모니터링 (1)~(5)

여기서 'x'는 11 또는 12를 의미한다.

EN 1997−1의 11절은 기초, 토류구조물, 자연비탈면, 제방 및 굴착과 관련된 지반의 전체 안정성과 변위(movements)를 다룬다. 12절에서는 소규모 댐 및 사회기반시설물을 위한 제방설계를 다룬다.

9.1 비탈면 및 제방을 위한 지반조사

유로코드 7 Part 2의 부록 B.3에는 그림 9.1과 같이 제방 및 절토에 대한 개괄적인 지반조사 지침이 제시되었다(제4장 조사간격에 대한 지침 참조).

권장 최소 조사심도 z_a는 다음 중 큰 값을 사용한다.

그림 좌측의 제방 및 댐의 경우

$$0.8h \leq z_a \leq 1.2h, \ z_a \geq 6m$$

그림 우측의 절토의 경우

$$z_a \geq 0.4d, \ z_a \geq 2m$$

지반 조사깊이 z_a는 제방 또는 절토가 '확실한(예: 지층정보를 알고 있는)' 지질로 이루어진 양호한 지층†에 시공되는 경우에는 2m까지 감소시킬 수 있다. '불확실한' 지질인 경우, 적어도 한 개의 시추공은 최소 5m까지 뚫어야 하며 기반암을 만났을 때는 그 깊이가 z_a의 기준심도가 된다.

[EN 1997-2 § B.3(4)]

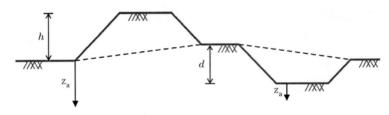

그림 9.1 제방성토 및 굴착 시의 권장 조사심도

매우 크거나(large) 복잡한 프로젝트 또는 불량한 지질조건을 만나는 경우에는 조사심도를 더 깊게 할 필요가 있다.   [EN 1997-2 § B.3(2) 주석 & B.3(3)]

비탈면 안정이 문제가 되는 현장의 경우, 일반적으로 자연지반은 평탄하지 않으므로 더 깊은 조사심도가 요구될 수 있다. 따라서 이러한 점을 고려하여 위에서 제시된 간단한 조사지침을 적용해야 하며 요구되는 조사심도는 예상되는 지반조건을 고려하여 결정해야 한다.

---

† 단층과 같은 구조적 약점이 없고 용해성 특성이나 다른 간극이 발견되지 않아 약한 지층이 존재할 가능성이 적다.

9.2 설계상황과 한계상태

일반적으로 비탈면 및 제방의 한계상태에는 지반 및 관련 구조물의 전반적인 안정성 손실, 과도한 변위, 사용성 손실 또는 성토댐 내 배수의 막힘 등이 포함된다.

유로코드 7의 12절에는 제방에 대한 추가적 한계상태 목록이 포함되어 있다. 즉 내부침식, 표면침식 또는 세굴, 사용성 손상을 일으키는 변형, 인접구조물의 손상, 전이대(transition zone)와 관련된 문제, 동결융해의 영향, 기층재료의 열화, 수압에 의한 변형, 환경조건의 변화 등이 포함된다.

비탈면의 안정성 문제와 관련된 예는 그림 9.2와 같다.[1] 그림의 왼쪽에서 오른쪽으로; (상부)병진 슬래브 시트 활동 및 약한 지층 상부의 블록 활동; (중간)원호 및 비원호 활동; (하부)구조물이 포함된 대규모 활동에 대한 예이다.

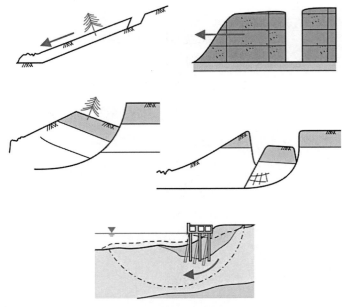

그림 9.2 비탈면의 극한한계상태 예

설계 시에는 다음의 상황을 고려해야 한다. 즉 과거 또는 현재 지속되는 지반변위, 비탈면 또는 제방이 기존의 구조물이나 비탈면에 미치는 영향, 진동, 기후변동, 식생 및 제거, 인간이나 동물의 활동, 함수비 또는 간극수압의 변동, 파랑작용 등이 포함된다.   [EN 1997-1 § 11.2(2)P]

9.3 설계의 기본

본 해설서는 비탈면 및 제방설계에 대하여 완벽한 지침을 제시하고자 한 것이 아니므로 필요한 경우 ,비탈면 및 제방에 대해 정리가 잘 되어 있는 문헌을 참고해야 한다.[2]

9.4 무한장대 비탈면의 안정성

그림 9.3과 같이 무한장대 비탈면의 안정성을 구하는 전통적인 문제를 검토해 보자. 그림 9.3의 상부와 같이 비탈면이 투수층 상부에 있는 경우, 비탈면 내부의 물은 연직방향 아래로 흘러 투수성 지층으로 들어가게 되므로 지반에는 간극수압이 발생하지 않는다. 따라서 무한장대 비탈면의 안정성은 동

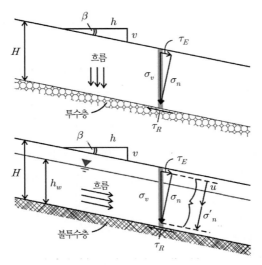

그림 9.3 투수성(상부)과 불투수성(하부) 지층 위에 있는 흙 사면

일한 경사 β를 갖는 건조한 비탈면의 안전성과 동일하다.

그림 9.3의 하부처럼 비탈면이 불투수층 상부에 있는 경우, 비탈면 내의 물은 하부층과 평행하게 흐르게 되므로 동수경사는 흙과 암반의 경계면과 평행하게 될 것이다.

9.4.1 전체 안전율을 이용한 엄밀해

앞에서 설명한 2가지 상황에 대한 비탈면 안전율 F는 다음과 같이 '무한비탈면'의 전체 안전율 형식으로 주어진다.[3]

$$F = \frac{c' + (1 - r_u)\gamma H \cos^2\beta \tan\phi}{\gamma H \sin\beta \cos\beta}, \quad \text{여기서 } r_u = \frac{\gamma_w h_w}{\gamma H}$$

여기서 c'와 ϕ는 흙의 유효점착력과 마찰저항각, γ와 γ_w는 흙과 물의 단위중량, r_u는 간극수압계수, β는 비탈면의 경사각, H와 h_w는 그림 9.3에 정의되어 있다. 건조한 비탈면 또는 투수성 지층 상부의 비탈면에서 간극수압계수 $r_u = 0$이다.

BS 6031[4]에 의하면 표준 조사기준을 따라 시행한 최초 비탈면활동에 대한 안전율은 1.3~1.4로 설계해야 하며 기존 활동면을 모두 포함하여 해석한 비탈면의 안전율 $F \approx 1.2$로 설계해야 한다.

목표 안전율을 얻는 데 필요한 안정수 N을 구하기 위해 무한비탈면에 대한 식을 다시 정리하면

$$N = \frac{c'}{\gamma H} = F \sin\beta \cos\beta - (1 - r_u)\cos^2\beta \tan\phi$$

그림 9.4는 경사가 1:3($\beta = 18.4°$), $r_u = 0.5$인 무한비탈면에서 1.0~1.5의 전체 안전율 F를 얻는 데 필요한 안정수 N 값을 나타낸다. 다른 r_u와 β 값에 대해서도 이와 유사한 도표를 만들 수 있다.

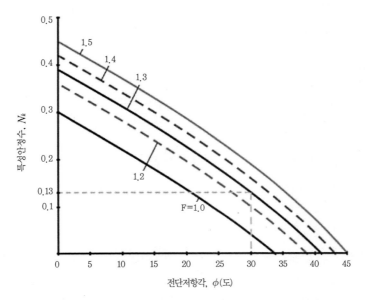

그림 9.4 경사가 $1:3$, $r_u = 0.5$인 무한비탈면에서 전체 안전율(F)을 구하기 위한 N 값

앞의 도표 사용방법에 대한 예를 설명하면 다음과 같다. 단위중량 $\gamma = 20kN/m^3$, 마찰저항각 $\phi = 30°$이고 토층의 두께가 2.5m인 토사비탈면을 검토해 보자. 그림 9.4에서 안전율 $F = 1.3$을 얻는 데 필요한 대략적인 안정수 $N = 0.13$이다. 따라서 흙이 가져야 하는 최소 유효점착력

$$c' = N\gamma H = 0.13 \times 20kN/m^3 \times 2.5m = 6.5kPa$$

9.4.2 유로코드 7에서 부분계수를 이용한 엄밀해

제6장에서 논의된 것처럼 유로코드 7에 의한 강도검증은 설계하중의 영향 E_d가 그에 상응하는 설계 저항력 R_d를 초과하지 않는다는 것을 입증하는 것이다.

$$E_d \leq R_d$$

여기서 설계하중의 영향

$$E_d = \sigma_{vd}\sin\beta\cos\beta = \gamma_G\gamma_k H\sin\beta\cos\beta$$

그리고 설계 저항력

$$R_d = \frac{c_d{}' + (1-r_u)\sigma_{vd}\cos^2\beta\tan\phi_d}{\gamma_{Re}}$$

$$= \frac{\left(\dfrac{c_k{}'}{\gamma_c}\right) + (1-r_u)(\gamma_G\gamma_k H)\cos^2\beta\left(\dfrac{\tan\phi_k}{\gamma_\phi}\right)}{\gamma_{Re}}$$

아래첨자 d와 k는 설계 및 특성값을 나타낸다.

이들 식을 결합하여 재정리하면 '특성안정수' N_k는 다음 식과 같다.

$$N_k = \frac{c_k{}'}{\gamma_k H} = (\gamma_G\gamma_c\gamma_{Re})\sin\beta\cos\beta - \left(\frac{\gamma_G\gamma_c}{\gamma_\phi}\right)(1-r_u)\cos^2\beta\tan\phi_k$$

이 식을 유도할 때 부분계수 γ_G는 특성 연직하중 $\sigma_{vk} = \gamma_k H$에 적용된 것으로 E_d와 R_d 식 모두에 나타난다. 이 식에서 연직하중은 불리한 하중으로 가정하였다. 대안으로 이들 영향을 유리한($\gamma_{G,fav}$) 또는 불리한(γ_G) 경우로 구분하여 특성하중영향에 부분계수를 적용하였다. 그 결과 N_k에 대해 다음과 같은 식이 유도되었다.

$$N_k = \frac{c_k{}'}{\gamma_k H} = (\gamma_G\gamma_c\gamma_{Re})\sin\beta\cos\beta - \left(\frac{\gamma_{G,fav}\gamma_c}{\gamma_\phi}\right)(1-r_u)\cos^2\beta\tan\phi_k$$

각각의 유로코드 7 설계법에 대하여 이들 식에 나타난 계수값들을 다음 표에 요약하였다.

그림 9.5는 각 설계법에서 요구하는 신뢰성에 도달하기 위해 필요한 안정수를 비교한 것이다. 그림 9.5는 $r_u = 0.5$이고 경사가 1:3인 비탈면에 대한 것으로 그림 9.4와 매우 유사하다.

설계법 1(DA1)에 대한 곡선은 $\phi_k = 11°$에서 두 부분으로 구별된다. $\phi_k \geq 11°$일 때 N_k는 조합 2의 영향을 받으며 비탈면의 등가 전체 안전율 $F = 1.25(= \gamma_\phi)$가 된다. $\phi_k < 11°$일 때 N_k는 조합 1의 영향을 받으며 $\phi_k = 11°$일 때 전체 안전율 $F = 1.25$로 $\phi_k \rightarrow 0°$으로 작아지면 $F = 1.35$

로 증가한다. 안전율은 $\phi_k = 0°$ 일 때 N_k 식에서 γ_c 가 γ_{cu} 로 바뀌면서 $F = 1.4$ 로 증가한다.

개별 부분계수 또는 부분계수 그룹	설계법			
	1		2	3
	조합 1	조합 2		
γ_G	1.35	1.0	1.35	1.0*
$\gamma_{G,fav}$	1.0	1.0	1.0	1.0
γ_Q	1.5	1.3	1.5	1.3*
$\gamma_\phi = \gamma_c$	1.0	1.25	1.0	1.25
γ_{cu}	1.0	1.4	1.0	1.4
γ_{Re}	1.0	1.0	1.1	1.0
$\gamma_G \times \gamma_c \times \gamma_{Re}$	1.35	1.25	1.485	1.25
$\gamma_G \times \gamma_{cu} \times \gamma_{Re}$	1.35	1.4	1.485	1.4
$\gamma_G \times \gamma_c / \gamma_\phi$	1.35	1.0	1.35	1.0
$\gamma_{G,fav} \times \gamma_c / \gamma_\phi$	1.0	1.0	1.0	1.0
γ_Q / γ_G	1.11	1.3	1.11	1.3

* 지반공학적 하중에 대한 A2 계수

그림 9.5에서 설계법 1의 두 번째 곡선은 DA1($\gamma_{G,fav}$)으로 나타냈다. 이것은 유리한 하중영향에 $\gamma_{G,fav} = 1.0$을 적용한다는 가정을 나타낸다. 이 곡선은 DA1 전체에 대해서 위쪽에 있으며 등가 전체 안전율 $F = 1.35$로 일정하다.

설계법 2(DA2) 곡선은 $\phi_k < 24°$ 일 때 DA1에 대한 값보다 위쪽에 있으나 $\phi_k > 24°$ 일 때는 아래쪽에 있다. 이 곡선에서 등가 전체 안전율은 $\phi_k = 0°$ 일 때 $F = 1.485$에서 $\phi_k = 43°$ 일 때 $F = 1.0$까지 연속적으로 변한다(그림 9.5에는 없음).

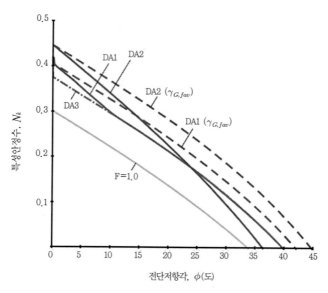

그림 9.5 유로코드 7 설계법에서 $r_u = 0.5$, 경사가 1:3인 무한비탈면의 GEO 한계상태를 검증하기 위해 요구되는 안정수

그림 9.5에서 설계법 2의 두 번째 곡선은 $DA2(\gamma_{G,fav})$로 나타냈다. 이 곡선에서는 유리한 하중영향에 대해 $\gamma_{G,fav} = 1.0$을 적용한다. 이 곡선은 DA2 전체에 대해 위쪽에 있으며 이때 등가 전체 안전율 $F = 1.485$로 일정하다.

그림 9.5에서 설계법 3에 대한 곡선은 $\phi_k = 11°$일 때의 DA1의 값보다 아래쪽에 있으나 ϕ_k가 그보다 클 때는 DA1 값과 일치한다. 이 곡선을 따라 등가 전체 안전율은 $F = 1.25$로 일정하다.

따라서 앞에서 제시한 3가지 설계법의 상대적 보수성은 $\phi_k < 24°$일 때 DA2>DA1≧DA3이며 $\phi_k > 24°$일 때 DA1≧DA3>DA2의 순서로 된다.

그림 9.5에서 설계법 2는 흙의 전단저항각이 변함에 따라서 일관성 있는 신뢰수준을 제공하지 못하고 있음을 분명하게 보여 준다. 게다가 DA2는 무한비탈면에서 일반적으로 요구되는 값보다 훨씬 크므로 비경제적인 것으로 고

려할 수 있다.

설계법 1과 3은 전단저항각의 실제적인(practical) 범위($\phi > 18°$)에서 동일한 결과를 제시한다.

9.4.3 무한장대 비탈면의 설계도표

앞의 해석방법을 토대로 유로코드 7에서 무한장대 비탈면을 설계할 수 있는 설계도표를 개발하였다. 이들 설계도표는 설계법 1을 이용한 GEO 한계상태에 대한 검증을 다루고 있으며 자세한 것은 부록 A에 수록되어 있다. 이들 설계도표의 예는 그림 9.6과 같다.

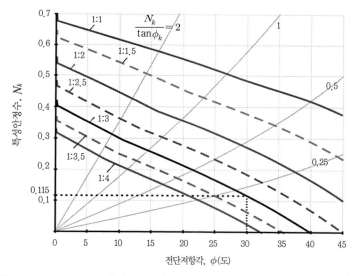

그림 9.6 $r_u = 0.55$인 무한장대 사면에서 설계법 1을 이용, 한계상태 GEO를 검증하기 위한 설계도표

앞의 도표 사용방법에 대한 예를 설명하면 다음과 같다. 티탈면 경사가 1:3이고 높이가 2.5m인 비탈면이 있다. 이 비탈면은 특성단위중량 $\gamma_k =$

$20kN/m^3$이고 특성 전단저항각 $\phi_k = 30°$인 흙으로 이루어져 있다. 그림 9.6에서 경사 1:3을 검증하는 데 필요한 특성안정수 $N_k = 0.115$이다. 따라서 이 흙의 특성유효점착력 $c_k{'}$는

$$c'_k = N_k \gamma_k H \geq 0.115 \times 20kN/m^3 \times 2.5m = 5.75kPa$$

설계법 1에 의한 등가 전체 안전율은 $\phi_k = 30°$일 때 1.25로 이때의 유효점착력은 9.4.1에서 구한 값보다 약간 작다(앞의 예제에서는 1.3).

9.5 유한비탈면의 안정성(절편법)

Bromhead[5]는 한계평형법에 사용되는 안전율을 발생전단강도와 실제전단강도의 비로 정의하였다. 이것은 재료강도에 부분계수를 적용하는 것과 유사하다. 그러므로 이러한 설계법들은 비탈면 안정문제의 해를 구하는 데 매우 적합하다.

비탈면의 한계평형해석법은 평면을 따라 파괴되는 단순한 이동파괴부터 곡면과 평면이 혼합된 복잡한 파괴면을 따르는 파괴 등 다양하다. 가장 단순한 형태의 곡면파괴는 원호이며 다음에 제시되는 내용은 원호와 같은 파괴면 특히 회전중심점에 대한 복원 모멘트 M_R과 전도모멘트 M_O에 대한 비교에 초점을 맞추고 있다.

$$F = \frac{M_R}{M_O}$$

활동면과 활동토체 내에서 변화하는 조건들을 고려하기 위해서는 활동토체를 여러 개의 절편으로 쪼개어 각 절편의 안정성을 순서대로 고려하는 것이 일반적이다(그림 9.7 참조). 각 절편에 대한 결과를 합하여 비탈면에 대한 전체 안전율을 구하고 비탈면의 파괴를 유도하기 위해 감소되어야 하는 흙의 강도에 대한 계수값을 구한다.

배수(유효응력) 해석 시 파괴면에서의 전단강도는 그 면에 작용하는 연직 유효응력과 유효점착력의 함수이다. 비배수(전응력) 해석 시 전단강도는 비배

수강도만의 함수이므로 안정해석이 매우 간단해진다.

그림 9.7은 원호활동 파괴해석의 주요한 특징이 포함된 대표적인 비탈면이다. 전도모멘트 M_O는 다음 식과 같이 정의된다.

$$M_O = \sum_i \{(W_i + Q_i) \times x_i\}$$

여기서 W_i는 절편 i의 자중, Q_i는 절편에 작용하는 상재하중, x_i는 절편의 회전중심점 O에 대한 절편의 팔길이이다. 전통적인 계산법에서 상재하중 Q_i는 자중 W_i에 포함된다. 그러나 유로코드 7에서는 영구하중과 변동하중(자중과 상재하중)에 서로 다른 부분계수를 적용하므로 본 해설서에서는 이들을 분리하였다.

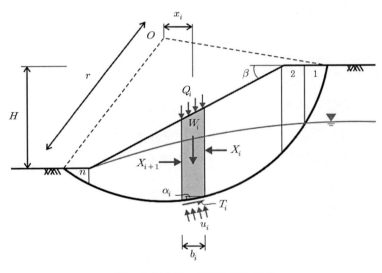

그림 9.7 원호활동 해석의 주요 특징

x는 양 또는 음의 값을 취할 수 있기 때문에 M_O는 전도모멘트를 증가시키는 불리한 요소(양의 x) 또는 전도모멘트를 감소시키는 유리한 요소(음의 x)를 가지고 있다는 점을 주의해야 한다.

9.5.1 전응력에 의한 비배수 해석

전응력 해석에서 복원 모멘트 M_R은 다음 식과 같이 정의된다.

$$M_R = r \times \sum_i \{c_{u,i} \times l_i\}$$

여기서 r은 활동원호의 반경, $c_{u,i}$는 활동면 바닥에서의 비배수전단강도, l_i는 절편 i의 활동면 바닥의 길이이다.

안전율 F는 다음 식과 같이 정의된다.

$$F = \frac{M_R}{M_O} = \frac{\sum_i \{c_{u,i} \times l_i\}}{\sum_i \{(W_i + Q_i)\sin\alpha_i\}}$$

여기서 α_i는 절편바닥과 수평면 사이의 각도이다.

$$\text{즉 } \alpha_i = \sin^{-1}(x_i/r)$$

다른 항들은 앞에서 정의된 것과 같다. 이 방법은 '전통적 해석법(conventional Method)'으로 알려져 있다.

9.5.2 전통적 해석법을 이용한 유로코드 7의 구현

제6장에서 논의된 것과 같이 유로코드 7에서 강도를 검증하기 위해서는 설계하중의 영향 E_d가 설계 저항력 R_d를 초과하지 않는다는 것을 입증해야 한다. 즉

$$E_d \leq R_d$$

비탈면 안정해석 시 전도모멘트 M_O는 하중의 영향이고 복원 모멘트 M_R은 하중에 대한 저항력이다. 따라서 유로코드 7에서 비탈면과 제방 설계 시 다음 식을 만족해야 한다.

$$\frac{E_d}{R_d} = \frac{M_{Ed}}{M_{Rd}} = \frac{\sum_i \{(W_{d,i} + Q_{d,i})\sin\alpha_i\}}{\sum_i \{c_{ud,i} \times l_i\}} \leq 1$$

여기서 $W_{d,i}$ = 절편 i의 설계자중, $Q_{d,i}$ = 절편에 가해진 상재하중, $c_{ud,i}$ =

절편의 바닥에 작용하는 설계 비배수전단강도이다. 다른 항들은 앞에서 정의된 것과 같다.

앞의 식은 다음 식과 같이 특성 파라미터의 항으로 다시 쓸 수 있다.

$$\frac{E_d}{R_d} = (\gamma_G \gamma_{cu} \gamma_{Re}) = \frac{\sum_i \{(W_{k,i} + (\gamma_Q/\gamma_G)Q_{k,i})\sin\alpha_i\}}{\sum_i \{c_{uk,i} \times l_i\}}$$

이 식에서 부분계수의 그룹 값들은 유로코드 7에서 정의된 설계법을 소개하고 있는 9.4.2의 표에 수록되어 있다.

9.5.3 유효응력을 이용한 배수해석

조립질 흙이나 세립질 흙으로 구성된 비탈면의 장기안정성은 반드시 유효응력으로 해석해야 한다. 활동면과 절편의 측면에 작용하는 법선응력 때문에 지배방정식이 부정정 방정식이 되어 엄밀해를 얻는 것은 불가능하게 된다.

원호활동에 대한 Bishop의 간편법(별칭; 간편법)[6]과 같은 기법들은 절편에 작용하는 힘들에 대한 단순화된 가정을 통하여 대상 비탈면의 전체 안전율 F를 반복계산으로 구할 수 있다. Bishop 간편법의 장점은 모멘트 평형조건을 완벽하게 만족하며 각 절편에 작용하는 연직 유효응력을 유도하기 위해 연직방향의 평형을 사용한다는 점이다. 일반적으로 식에 수평내력이 나타나지 않고 연직방향의 평형만을 고려하기 때문에 각 절편에 작용하는 연직내력은 0으로 한다. Bishop의 완전식에서는 절편에 작용하는 연직과 수평방향 내력의 합을 0으로 한다.[7] 비원호 활동파괴에 대한 해도 유도가 되었다.[8]

Bishop의 간편법에서 안전율은 다음 식과 같다.

$$F = \frac{\sum_i \left\{ \frac{[c_i'b_i + (W_i + Q_i - u_ib_i)\tan\phi_i]\sec\alpha_i}{1 + \tan\alpha_i\left(\frac{\tan\phi_i}{F}\right)} \right\}}{\sum_i \{(W_i + Q_i)\sin\alpha_i}$$

여기서 b_i는 절편 i의 폭, u_i는 간극수압, c_i'는 유효점착력, ϕ_i는 절편 바닥에 작용하는 전단저항각, 다른 변수들은 앞에서 정의된 것과 같다.

단, 앞의 식에서 ϕ를 0으로 하고 c'을 c_u로 하면 전응력 해석에서 설명한 식처럼 간단해진다(9.5.1 참조).

$$F = \frac{\sum_i \{c_{u,i} b_i \sec\alpha_i\}}{\sum_i \{(W_i + Q_i)\sin\alpha_i\}}$$

9.5.4 Bishop 간편법의 유로코드 7 구현

앞에서 논의된 것과 같이 유로코드 7에서 전단강도를 검증하기 위해서는 설계하중의 영향 E_d가 그에 상응하는 설계 저항력 R_d보다 크지 않다는 것을 입증해야 한다.

$$E_d \leq R_d \quad \text{또는는} \quad \frac{E_d}{R_d} = \frac{M_{Ed}}{M_{Rd}} = \Lambda_{GEO} \leq 1$$

여기서 모멘트비 Λ_{GEO}(제6장에서 '이용률'이라 함)는 다음 식과 같다.

$$\Lambda_{GEO} = \frac{\sum_i \{(W_{d,i} + Q_{d,i})\sin\alpha_i\}}{\sum_i \left\{ \dfrac{[c_{d,i}'b_i + (W_{d,i} + Q_{d,i} - u_{d,i}b_i)\tan\phi_{d,i}]\sec\alpha_i}{1 + \tan\alpha_i\tan\phi_{d,i}(\Lambda_{GEO})} \right\}}$$

여기서 아래첨자 'd'는 설계값(부분계수를 적용한 값)이다. $M_{Ed} \rightarrow R_{Rd}$ 일 때 $\Lambda_{GEO} = M_{Rd}/M_{Ed} \rightarrow 1$이므로 앞 식의 분모에서 제거할 수 있다.

앞의 식을 특성 파라미터의 항으로 다시 쓰면 다음 식과 같다.

$$\Lambda_{GEO} = \frac{(\gamma_G\gamma_c\gamma_{Re})\sum_i \{(W_{k,i} + (\gamma_Q/\gamma_G)Q_{k,i})\sin\alpha_i\}}{\sum_i \left\{ \dfrac{\left[c_{k,i}'b_i + \left(\dfrac{\gamma_G\gamma_c}{\gamma_\phi}\right)(W_{k,i} + (\gamma_Q/\gamma_G)Q_{k,i} - u_{k,i}b_i)\tan\phi_{k,i}\right]\sec\alpha_i}{1 + \tan\alpha_i\left(\dfrac{\tan\phi_{k,i}}{\gamma_\phi}\right)\Lambda_{GEO}} \right\}}$$

이 식에서 유로코드 7의 각 설계법에 대한 부분계수들은 9.4.2쪽에 수록되어 있다.

설계법 1에서는 조합 1의 하중 및 조합 2의 불리한 변동하중과 재료물성에 부분계수를 적용한다.

설계법 2에서는 하중의 영향과 저항력에 부분계수를 적용하나 재료의 물성에는 적용하지 않는다. 유리하거나 불리한 하중에 대해서는 다른 계수가 적용된다. [EN 1997-1 § 2.4.7.3.4.2 주석 2]

설계법 3에서는 재료물성에는 부분계수를 적용하고 변동하중에 대해서는 작은 계수값을 적용하지만 다른 하중 또는 저항력에는 적용하지 않는다. 설계법 3에서 비탈면 및 제방 설계 시에 모든 하중은 '지반공학적 하중'으로 취급한다. [EN 1997-1 § 2.4.7.3.4.4 주석 2]

원호활동 해석 시 한계활동면과 비탈면의 최소안전율을 구하기 위한 탐색이 이루어진다. 만약 하중, 재료특성 또는 저항력에 부분계수가 적용되는 경우, 한계파괴 메커니즘이 달라진다. 이와 같이 한계파괴 메커니즘이 달라지는 문제를 해결하기 위해 처음에는 전통적인 비탈면 안정해석을 통하여 한계활동면을 구한 후 유로코드 7에 제시된 부분계수를 사용, 이 메커니즘에 대한 추가적인 계산을 시행하여 비탈면의 안정 유무를 확인한다. 그러나 실무에 적용하는 경우에는 이렇게 복잡하게 할 필요는 없다. 왜냐하면 부분계수를 적용한 영향이 한계 메커니즘에 미치는 영향은 크지 않기 때문이다.

이러한 논의는 원호활동 파괴에 초점을 맞추었으나 실제로는 비원호 또는 복합파괴에 적용하는 것이 더 적합할 수도 있다. 비원호 또는 복합파괴의 경우, 동일한 원리(principal)가 적용되며 앞에서 논의된 원호활동 해석과 유사한 방법으로 부분계수가 적용되어야 한다.

일반적으로 전통적 해석에서는 위험도의 인식수준에 따라 요구안전율을 다르게 적용된다. 예를 들면 매우 높은 비탈면은 낮은 비탈면보다 훨씬 큰 위험도를 가지므로 요구안전율도 당연히 크게 된다. 유로코드 7에서는 모든 비탈면에 하나의(one set) 부분계수를 권장하고 있는데 이 때문에 기술자들이 축적의 영향을 무시할 수가 있다. 그러므로 부분계수는 '표준(normal)'비탈면이나 위험수준을 고려하여 적용해야 한다. 인명과 재산상의 위험수준이 클 것으로 판단되는 경우, 큰 값의 부분계수 사용을 검토해야 한다.

9.5.5 유한비탈면에 대한 설계도표

9.4절의 해석을 토대로 유로코드 7에서 유한비탈면의 설계를 가능하게 하는 설계도표가 개발되었다. 이들 설계도표에는 설계법 1을 이용하여 GEO 한계상태를 검증하는 내용이 들어 있으며 부록A에 모두 수록하였다. 그림 9.8은 이 설계도표의 한 예이다. 이 설계도표의 기반이 되는 원호활동 해석을 범용해석 프로그램으로 시행하였다.[9]

그림 9.8의 도표에서는 1:1~1:4까지의 비탈면경사에 대한 특성안정수 N_k를 나타내었다. 실선은 D/H(D는 단단한 지지층까지의 깊이, H는 비탈면의 높이)가 2일 때이다. 점선은 D/H가 1, 즉 단단한 지층이 비탈면의 선단부와 일치하는 경우이다.

이 도표는 설계내부마찰각 ϕ_d에 대한 비탈면의 기하학적 조건을 분석하여 만들어진 것으로 대상 비탈면의 전체 안전율이 1.0이 되도록 유효점착력 c_d'를 결정하였다. 사용된 내부마찰각의 숫자가 제한적이어서 설계도표상의 곡선들이 완전히 매끄럽지는 않다.

설계도표의 사용방법에 대한 예를 설명하면 다음과 같다. 비탈면의 경사가 1:2이고 높이가 2.5m인 비탈면이 있다. 이 비탈면에 대한 흙의 특성단위중량 $\gamma_k = 20kN/m^3$이고 특성내부마찰각 $\phi_k = 30°$이다. 그림 9.8에서 비탈면경사 1:2가 타당하다는 것을 검증하는 데 필요한 대략적인 특성안정수 $N_k = 0.036$이다. 따라서 흙의 특성유효점착력 c_k'는 다음 식과 같다.

$$c_k' = N_k \gamma_k H \geq 0.036 \times 20kN/m^3 \times 2.5m = 1.8kPa$$

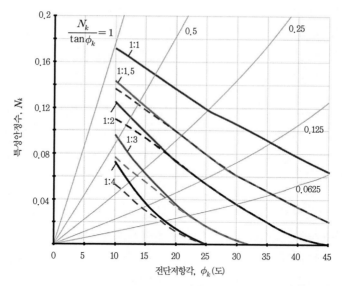

그림 9.8 유로코드 7의 설계법에서 $r_u = 0.3$인 유한사면의 GEO 한계상태검증을 위한 안정수

9.6 감독, 모니터링 및 유지관리

한계상태의 발생을 계산이나 규정된 조치를 통하여 충분하게 입증할 수 없는 경우, 또는 안정해석에 사용된 가정조건들이 신뢰할 수 없는 데이터를 사용한 경우에는 비탈면을 모니터링해야 한다.

모니터링을 통해서 유효응력 해석을 위한 지하수위 또는 간극수압, 횡방향 및 연직방향변위, 복구작업을 위한 기존 비탈면 붕괴의 깊이와 형상 및 변위속도 등에 대한 정보가 제공되어야 한다. 제방의 경우, 유로코드 7 Part 1에는 모니터링이 필요한 추가적인 상황이 기록되어 있으며 적합한 모니터링 프로그램이 제시되어 있다.

9.7 핵심요약

앞에서 설명한 부분계수법의 피상적인 평가처럼 비탈면과 제방의 설계가 간단한 것은 아니다. '단일소스 원칙'이 선언되지 않는 한 유로코드 7에서는 유리한 하중과 불리한 하중에 서로 다른 부분계수가 적용된다. 그러나 유리한 하중과 불리한 하중을 쉽게 구분할 수 없기 때문에 비탈면의 한계평형 안정해석에는 적용할 수 없다.

영구하중에 계수를 적용해야 하는 설계법의 경우, 한 가지 해결방안은 흙의 단위중량에 계수를 곱하는 것이다. 이 방법으로 '단일소스' 원칙으로부터 유리한 하중과 불리한 하중을 다룰 수 있다. 이들 설계법에 대한 대안으로 강화된 저항계수가 사용된다.

본 해설서의 예를 통해 설계법 2는 충분한 신뢰성을 제공하지 않으므로 비탈면 안정해석에는 부적합하다는 것이 명백해졌다. 제6장에 설명한 바와 같이 일반기초에 대해서 설계법 2를 선택했던 대부분의 유럽 국가들이 비탈면과 제방 설계 시에는 설계법 3으로 전환하고 있다.

9.8 실전 예제

실전 예제에서는 투수성 암반 위의 무한 흙 비탈면(예제 9.1), 불투수성 암반 위의 무한 흙 비탈면(예제 9.2), 설계도표와 비탈면 안전해석 소프트웨어를 이용한 도로절취 비탈면의 설계(예제 9.3과 9.4), 그리고 충적평야 위에 건설된 도로제방(예제 9.5)의 안정성에 대한 내용을 다루었다.

계산과정의 특정부분은 ❶, ❷, ❸ 등으로 표시되어 있다. 여기서 숫자들은 각 예제에 동반된 주석을 가리킨다.

9.8.1 투수성 암반 위의 무한 흙 비탈면

예제 9.1은 투수성 암반 위의 무한 흙 비탈면에 대한 경우로 그림 9.9와 같이 연직 침투류가 하부의 암반으로 흘러 들어가기 때문에 비탈면 내에는 지하수위가 없는 것으로 가정한다.

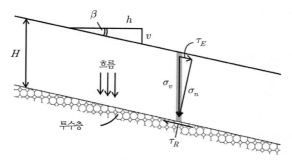

그림 9.9 투수성 암반 위의 무한 흙 비탈면

이 예제는 재료물성에 부분계수 적용 시의 영향과 하중에 부분계수가 적용될 때 발생하는 모호함에 초점을 두었다. 특히 하중이 유리한 영향과 불리한 영향을 모두 가지고 있을 때 문제가 발생한다. 비탈면 안정문제의 경우, 지반의 자중에 의해 발생되는 응력이 불안정 요인으로 작용하기도 하지만 저항력의 핵심적 요소로 작용하기도 한다.

예제 9.1 **주석**

❶ 접촉면적은 비탈면경사각 때문에 절편의 수평면적보다 약간 크다.

❷ 법선응력 계산에는 비탈면에 작용하는 법선응력의 합력과 ❶에 언급한 절편의 증가된 접촉면적을 모두 포함한다.

❸ 여기서 법선응력의 전단저항력에 대한 2차적 영향은 유리한 하중이지만 불리한 하중으로 고려된다. 불리하거나 유리한 영향 모두 '단일소스'에서 온 것으로 고려되기 때문에 하나의 부분계수 γ_G가 σ_{nk}와 τ_{Ek}에 적용된다.

❹ 이 설계는 조합 2에 의해 좌우되며 이용률이 100% 이하이므로 설계법 1에 대한 비탈면 강도는 성공적으로 검증이 되었다.

❺ 일반적으로 설계법 2에서는 부분계수가 하중보다는 하중의 영향에 적용된다. 따라서 이번 계산에서 법선응력은 유리한 하중의 영향으로 고려

되며 그 결과 전단저항력을 최소화한다. '단일소스' 원칙은 적용되지 않으며 서로 다른 부분계수 $\gamma_{G,fav}$ 및 γ_G가 σ_{nk}와 τ_{Ek}에 적용된다.

❻ 설계법 2는 저항력에 부분계수(>1.0)를 적용하는 유일한 설계법이다.

❼ 이 설계는 설계법 2(이용률이 100%에 가깝지만 우려할 정도는 아님)에 대해서만은 유효하다. 만약 '단일소스' 원칙(❺ 참조)이 적용된다면 이용률은 76%로 떨어질 것이다.

❽ 설계법 3에서는 A2의 부분계수가 모든 지반공학적 하중에 적용된다(이 설계상황에서 구조적 하중은 없다).

❾ 이 설계는 설계법 3에 대해 유효하며 설계법 1과 같이 동일한 정도의 이용률을 나타낸다.

❿ 이 상황에 대한 전통적인 전체 안전율은 ≈1.5이며 장기안정해석인 경우에 더욱 타당한 것으로 고려될 수 있다.

예제 9.1

투수성 암반 위의 무한 흙 비탈면 강도의 검증(GEO)

설계상황

암반 위에 모래질 점토로 이루어진 $H = 5m$의 건조한 흙 비탈면이 있다. 점토의 특성 건조단위중량 $\gamma_k = 18kN/m^3$, 특성 배수전단강도는 $c_k' = 2kPa$, $\varphi_k = 25°$이다. 흙 비탈면은 연직으로 $v = 1m$이고 수평으로 $h = 3m$이다. 즉 비탈면의 경사 $\beta = \tan^{-1}(v/h) = 18.4°$이다.

설계법 1

하중 및 하중의 영향

단위폭 × 단위길이당 접촉면적 $A_n = \dfrac{1}{\cos(\beta)} = 1.054m^2/m^2$ ❶

흙과 암반 접촉면에서의 특성값

연직응력 $\sigma_{vk} = \gamma_k \times H = 90 kPa$

법선응력 $\sigma_{nk} = \dfrac{\sigma_{vk} \times \cos(\beta)}{A_n} = 81 kPa$ ❷

전단응력 $\tau_{Ek} = \dfrac{\sigma_{vk} \times \sin(\beta)}{A_n} = 27 kPa$

$\begin{pmatrix} A1 \\ A2 \end{pmatrix}$에서 부분계수 ; $\gamma_G = \begin{pmatrix} 1.35 \\ 1 \end{pmatrix}$

설계 법선응력 $\sigma_{nd} = \gamma_G \times \sigma_{nk} = \begin{pmatrix} 109.3 \\ 81 \end{pmatrix} kPa$ ❸

설계 전단응력 $\tau_{Ed} = \gamma_G \times \tau_{Ek} = \begin{pmatrix} 36.5 \\ 27 \end{pmatrix} kPa$

재료의 물성 및 저항력

암반표면에 평행하게 작용하는 비탈면의 단위면적당 특성저항력

$\tau_{Rk} = c_k{}' + \sigma_{nk}\tan(\phi_k) = 39.8 kPa$

$\begin{pmatrix} M1 \\ M2 \end{pmatrix}$에서 부분계수; $\gamma_\phi = \begin{pmatrix} 1 \\ 1.25 \end{pmatrix}$, $\gamma_c = \begin{pmatrix} 1 \\ 1.25 \end{pmatrix}$

설계 전단저항각 $\phi_d = \tan^{-1}\left(\dfrac{\tan\phi_k}{\gamma_\phi} \right) = \begin{pmatrix} 25 \\ 20.5 \end{pmatrix}^\circ$

설계 유효점착력 $c_d{}' = \dfrac{c_k{}'}{\gamma_c} = \begin{pmatrix} 2 \\ 1.6 \end{pmatrix} kPa$

$\begin{pmatrix} R1 \\ R2 \end{pmatrix}$에서 부분계수 ; $\gamma_{Re} = \begin{pmatrix} 1 \\ 1 \end{pmatrix}$

설계 전단저항력 $\tau_{Rd} = \dfrac{\overrightarrow{c_d{}' + \sigma_{nd} \times \tan\phi_d}}{\gamma_{Re}} = \begin{pmatrix} 53 \\ 31.8 \end{pmatrix} kPa$

활동에 대한 강도의 검증

이용률 $\Lambda_{GEO,1} = \dfrac{\tau_{Ed}}{\tau_{Rd}} = \begin{pmatrix} 69 \\ 85 \end{pmatrix} \%$ ❹

이용률 > 100%인 경우, 이 설계는 허용할 수 없다.

설계법 2

하중 및 하중의 영향

특성값＝설계법 1에서와 동일

A1에서 부분계수 $\gamma_G = 1.35$, $\gamma_{G,fav} = 1$

설계 법선응력 $\sigma_{nd} = \gamma_{G,fav} \times \sigma_{nk} = 81kPa$ ❺

설계 전단응력 $\tau_{Ed} = \gamma_G \times \tau_{Ek} = 36.5kPa$

재료의 물성과 저항력

특성저항력＝설계법 1에서와 동일

M1에서 부분계수 ; $\gamma_\phi = 1$, $\gamma_c = 1$

설계 전단저항각 $\phi_d = \tan^{-1}\left(\dfrac{\tan\phi_k}{\gamma_\phi}\right) = 25°$

설계 유효점착력 $c_d' = \dfrac{c_k'}{\gamma_c} = 2kPa$

R2에서 활동저항력에 적용되는 부분계수 ; $\gamma_{Re} = 1.1$ ❻

전단저항력 $\tau_{Rd} = \dfrac{c_d' + \sigma_{nd} \times \tan(\phi_d)}{\gamma_{Re}} = 36.2kPa$

활동에 대한 강도의 검증

이용률 $\Lambda_{GEO,2} = \dfrac{\tau_{Ed}}{\tau_{Rd}} = 101\%$ ❼

이용률 > 100%인 경우, 이 설계는 허용할 수 없다.

설계법 3

하중 및 하중의 영향

특성값＝설계법 1에서와 동일

A2에서 부분계수 ; $\gamma_G = 1$ ❽

설계 법선응력 $\sigma_{nd} = \gamma_G \times \sigma_{nk} = 81kPa$

설계 전단응력 $\tau_{Ed} = \gamma_G \times \tau_{Ek} = 27kPa$

재료의 물성과 저항력

특성저항력 = 설계법 1에서와 동일

M2에서 부분계수; $\gamma_\phi = 1.25$, $\gamma_c = 1.25$

설계 전단저항각 $\phi_d = \tan^{-1}\left(\dfrac{\tan(\phi_k)}{\gamma_\phi}\right) = 20.5°$

설계 유효점착력 $c_d' = \dfrac{c_k'}{\gamma_c} = 1.6kPa$

R3에서 활동저항력에 적용되는 부분계수; $\gamma_{Re} = 1$

전단저항력 $\tau_{Rd} = \dfrac{c_d' + \sigma_{nd} \times \tan(\phi_d)}{\gamma_{Re}} = 31.8kPa$

활동에 대한 강도의 검증

이용률 $\Lambda_{GEO,3} = \dfrac{\tau_{Ed}}{\tau_{Rd}} = 85\%$ ❾

이용률 > 100%인 경우, 이 설계는 허용할 수 없다.

전통적인 설계법

전통적 전체 안전율 $F = \dfrac{\tau_{Rk}}{\tau_{Ek}} = 1.47$이다. ❿

9.8.2 불투수성 암반 위의 무한 흙 비탈면

예제 9.2는 불투수성 암반 위의 무한 흙 비탈면에 대한 경우로 그림 9.10과 같이 침투류가 암반면에 평행하게 흘러 비탈면 내에 지하수위가 형성되어 있다.

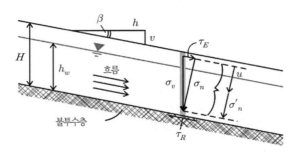

그림 9.10 불투성 암반 위의 무한 흙 비탈면

❶ 점토의 특성단위중량(예제 9.1에서는 $18 kN/m^3$)은 흙을 포화시키는 지하수위의 영향을 고려하기 위해 $20 kN/m^3$ 으로 증가되었다.

❷ 간극수압비는 비탈면의 설계수명 동안 예상되는 최대 지하수위를 기준으로 계산된다. 본 예제에서는 흙과 암반의 경계면에서 4m 위에 있는 것으로 가정하였다.

❸ 예제 9.1과 같이 흙의 단위중량에 의한 불리하거나 유리한 영향은 '단일소스'에서 나오는 것으로 가정되므로, 하나의 부분계수 γ_G가 σ'_{nk}와 τ_{Ek}에 적용된다.

❹ 이 설계는 조합 2에 의해 지배된다. 즉 이용률이 100% 이상인 경우, 이 비탈면은 설계법 1을 만족하지 못함을 의미한다. 설계법 1을 만족시키기 위한 조치방법은 지하수위를 3.8m로 낮추거나 비탈면경사를 1:4.1로 완화시키는 것이다.

❺ 예제 9.1에서와 같이 흙의 단위중량에 의한 유리하거나 불리한 영향에 대하여 서로 다른 부분계수 $\gamma_{G,fav}$와 γ_G가 적용된다.

❻ 이 비탈면은 설계법 2를 만족하지 못한다. 그러나 지하수위를 2.5m로 낮추거나 비탈면경사를 1:5로 완화시키면 설계법 2를 만족시킬 수 있다.

❼ 설계법 3의 검증결과는 설계법 1에서 얻어진 것과 동일하다.

❽ 이 조건에 대한 전통적인 전체 안전율은 1.2로 장기안정 조건에서 요구되는 $F = 1.3$보다는 작다.

❾ 지금까지의 계산은 비탈면을 영구적 상태로 보고 시행한 것이지만 더욱 극단적인 상황, 즉 지표면에 홍수가 발생하는 경우와 같은 조건을 검토해야 할 때가 있다. 유로코드 7에서는 '극단적 수압'을 우발하중으로 취급하는 것을 허용한다. 이 경우 설계법에 관계없이 부분계수를 1.0(영구하중은 그 이하)으로 규정하고 있다.

❿ 흙은 지표면에 갑작스런 홍수가 발생하는 경우에도 견딜 수 있을 정도로 충분히 단단하다.

예제 9.2

불투수성 암반 위의 무한 흙 비탈면 강도의 검증(GEO)

설계상황

불투성 암반 위에 모래질 점토로 이루어진 $H = 5m$의 포화된 흙 비탈면이 있다. 점토의 특성 포화단위중량 $\gamma_k = 20 kN/m^3$ ❶, 특성 배수전단강도 $c_k' = 2kPa$ 및 $\varphi_k = 25°$이다. 흙 비탈면은 연직으로 $v = 1m$이고 수평으로 $h = 4m$이다. 지하수위는 흙과 암반의 접촉면으로부터 $h_w = 4m$ 위에 있으며 단위중량 $\gamma_w = 9.81 kN/m^3$, 접촉면에 평행하게 흐른다. 비탈면의 경사는 $\beta = \text{atan}(v/h) = 14°$이다.

설계법 1

하중 및 하중의 영향

단위폭 × 단위길이당 접촉면적 $A_n = \dfrac{1}{\cos(\beta)} = 1.031 m^2/m^2$

간극수압비 $r_u = \dfrac{\gamma_w \times h_w}{\gamma_k \times H} = 0.39$ ❷

흙과 암반 접촉면에서의 특성값

연직응력 $\sigma_{vk} = \gamma_k \times H = 100 kPa$

법선응력 $\sigma_{nk} = \dfrac{\sigma_{vk} \times \cos(\beta)}{A_n} = 94.1 kPa$

간극수압 $u_k = \dfrac{\gamma_w \times h_w \times \cos(\beta)}{A_n} = 36.9 kPa$

유효법선응력 $\sigma_{nk}{}' = \sigma_{nk} - u_k = 57.2 kPa$

전단응력 $\tau_{Ek} = \sigma_{vk} \times \sin(\beta) \times \cos(\beta) = 23.5 kPa$

$\begin{pmatrix} A1 \\ A2 \end{pmatrix}$ 에서 부분계수 ; $\gamma_G = \begin{pmatrix} 1.35 \\ 1 \end{pmatrix}$

설계 유효법선응력 $\sigma_{nd}{}' = \gamma_G \times \sigma_{nk}{}' = \begin{pmatrix} 77.2 \\ 57.2 \end{pmatrix} kPa$ ❸

설계 전단응력 $\tau_{Ed} = \gamma_G \times \tau_{Ek} = \begin{pmatrix} 31.8 \\ 23.5 \end{pmatrix} kPa$

재료의 물성 및 저항력

암반표면에 평행하게 작용하는 비탈면의 단위면적당 특성저항력

$\tau_{Rk} = c_k{}' + \sigma_{nk} \times \tan(\varphi_k) = 28.7 kPa$

$\begin{pmatrix} M1 \\ M2 \end{pmatrix}$ 에서 부분계수 ; $\gamma_\phi = \begin{pmatrix} 1 \\ 1.25 \end{pmatrix}$, $\gamma_c = \begin{pmatrix} 1 \\ 1.25 \end{pmatrix}$

설계 전단저항각 $\phi_d = \tan^{-1}\left(\dfrac{\tan \phi_k}{\gamma_\phi} \right) = \begin{pmatrix} 25 \\ 20.5 \end{pmatrix}^{\circ}$

설계 유효점착력 $c_d{}' = \dfrac{c_k{}'}{\gamma_c} = \begin{pmatrix} 2 \\ 1.6 \end{pmatrix} kPa$

$\begin{pmatrix} R1 \\ R2 \end{pmatrix}$ 에서 부분계수 ; $\gamma_{Re} = \begin{pmatrix} 1 \\ 1 \end{pmatrix}$

설계 전단저항력 $\tau_{Rd} = \dfrac{\overrightarrow{c_d{}' + \sigma_{nd} \times \tan \phi_d}}{\gamma_{Re}} = \begin{pmatrix} 38 \\ 22.9 \end{pmatrix} kPa$

활동에 대한 안정성 검증

이용률 $\Lambda_{GEO,1} = \dfrac{\tau_{Ed}}{\tau_{Rd}} = \left(\dfrac{84}{103}\right)\%$ ❹

이용률 > 100%인 경우, 이 설계는 허용할 수 없다.

설계법 2

하중 및 하중의 영향

특성값＝설계법 1에서와 동일

A1에서 부분계수 ; $\gamma_G = 1.35$

설계 법선응력 $\sigma'_{nd} = \gamma_{G,fav} \times \sigma'_{nk} = 57.2 kPa$ ❺

설계 전단응력 $\tau_{Ed} = \gamma_G \times \tau_{Ek} = 31.8 kPa$

재료의 물성과 저항력

특성저항력＝설계법 1에서와 동일

M1에서 부분계수 ; $\gamma_\phi = 1 , \gamma_c = 1$

설계 전단저항각 $\phi_d = \tan^{-1}\left(\dfrac{\tan\phi_k}{\gamma_\phi}\right) = 25°$

설계 유효점착력 $c'_d = \dfrac{c'_k}{\gamma_c} = 2 kPa$

R2에서 활동저항력에 적용되는 부분계수 ; $\gamma_{Re} = 1.1$

전단저항력 $\tau_{Rd} = \dfrac{c'_d + \sigma'_{nd} \times \tan(\phi_d)}{\gamma_{Re}} = 26.1 kPa$

활동에 대한 강도의 검증

이용률 $\Lambda_{GEO,2} = \dfrac{\tau_{Ed}}{\tau_{Rd}} = 122\%$ ❻

이용률 > 100%인 경우, 이 설계는 허용할 수 없다.

설계법 3

하중 및 하중의 영향

특성값＝설계법 1에서와 동일

A2에서 부분계수; $\gamma_G = 1$

설계 법선응력 $\sigma'_{nd} = \gamma_G \times \sigma'_{nk} = 57.2 kPa$

설계 전단응력 $\tau_{Ed} = \gamma_G \times \tau_{Ek} = 23.5 kPa$

재료의 물성과 저항력

특성저항력＝설계법 1에서와 동일

M2에서 부분계수; $\gamma_\phi = 1.25$, $\gamma_c = 1.25$

설계 전단저항각 $\phi_d = \tan^{-1}\left(\dfrac{\tan\phi_k}{\gamma_\phi}\right) = 20.5°$

설계 유효점착력 $c'_d = \dfrac{c'_k}{\gamma_c} = 1.6 kPa$

R3에서 활동저항력에 적용되는 부분계수 ; $\gamma_{Re} = 1$

전단저항력 $\tau_{Rd} = \dfrac{c'_d + \sigma'_{nd} \times \tan(\phi_d)}{\gamma_{Re}} = 22.9 kPa$

활동에 대한 강도의 검증

이용률 $\Lambda_{GEO,3} = \dfrac{\tau_{Ed}}{\tau_{Rd}} = 103\%$ ❼

이용률 > 100%인 경우, 이 설계는 허용할 수 없다.

전통적인 설계법

전통적 전체 안전율 $F = \dfrac{\tau_{Rk}}{\tau_{Ek}} = 1.22$ 이다. ❽

우발설계상황–모든 설계법

설계상황

그림 9.10의 무한비탈면에 홍수가 발생하여 지하수위가 흙과 암반의 접촉면에서 $h_w = H = 5m$ 상승한 것으로 가정하였다. 즉 가상의 설계상황을 검토해 보면 다음과 같다. ❾

하중 및 하중의 영향

간극수압비 $r_u = \dfrac{\gamma_w \times h_w}{\gamma_k \times H} = 0.49$

흙과 암반의 접촉면에서의 특성값

간극수압 $u_k = \dfrac{\gamma_w \times h_w \times \cos(\beta)}{A_n} = 46.2 kPa$

유효법선응력 $\sigma'_{nk} = \sigma_{nk} - u_k = 48 kPa$

전단응력 $\tau_{Ek} = \sigma_{vk} \times \sin(\beta) \times \cos(\beta) = 23.5 kPa$

가상조건에 대한 부분계수 $\gamma_G = 1$

설계 유효법선응력 $\sigma'_{nd} = \gamma_G \times \sigma'_{nk} = 48 kPa$

설계 전단응력 $\tau_{Ed} = \gamma_G \times \tau_{Ek} = 23.5 kPa$

재료의 물성 및 저항력

암반표면에 평행하게 작용하는 비탈면의 단위면적당 특성저항력

$\tau_{Rk} = c'_k + \sigma'_{nk}\tan(\phi_k) = 24.4 kPa$

우발상황에 대한 부분계수 $\gamma_\varphi = 1$, $\gamma_c = 1$ 및 $\gamma_{Re} = 1$

설계 전단저항각 $\phi_d = \tan^{-1}\left(\dfrac{\tan(\phi_k)}{\gamma_\phi}\right) = 25°$

설계 유효점착력 $c'_d = \dfrac{c'_k}{\gamma_c} = 2 kPa$

우발상황에 대한 부분계수

설계 전단저항력 $\tau_{Rd} = \dfrac{\overrightarrow{c'_d + \sigma'_{nd} \times \tan(\phi_d)}}{\gamma_{Re}} = 24.4 kPa$

활동에 대한 강도의 검증

이용률 $\Lambda_{GEO} = \dfrac{\tau_{Ed}}{\tau_{Rd}} = 97\%$ ❿

이용률 > 100%인 경우, 이 설계는 허용할 수 없다.

9.8.3 도로 굴착비탈면(설계도표 이용)

예제 9.3은 그림 9.11과 같은 우회도로 신설을 위한 굴착비탈면의 설계를 검토하였다. 상재하중이 없으므로 장·단기조건에 대한 안전한 사면경사각을 구하기 위해 Taylor의 안정도표를 사용하였다.

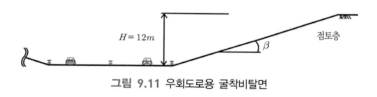

$H = 12m$ β 점토층

그림 9.11 우회도로용 굴착비탈면

Taylor의 안정도표(그림 9.12 참조)는 안정수, 흙의 마찰각과 비탈면경사와의 관계를 나타낸다. 전통적인 방법으로 안정도표를 이용하기 위해서는 비탈면의 안전율을 구할 때 점착력 c(유효점착력 c' 또는 비배수전단강도 c_u)와 $\tan\varphi$에 동일한 안전율을 적용하는 것이 필요하다. 그러나 유로코드 7의 설계에서는 안전율 계산식의 각 부분(하중, 재료의 물성, 저항력)에 부분계수가 적용되어야 하므로 단순한 도표가 더욱 복잡해진다. 다음 예를 통해 Taylor 도표를 사용할 때 3가지 설계법에 대하여 부분계수가 어떻게 적용되는지를 확인할 수 있다.

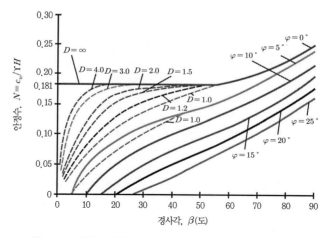

그림 9.12 비배수비탈면의 안정성 평가를 위한 Taylor 안정도표

❶ $\gamma_k \times H$는 불리한 하중을 나타내는 것으로 가정하였으므로 γ_G는 이 부분의 안정수에 적용되어 왔다. DA1-1의 경우, 안정수는 $\gamma_G = 1.35$와 $\gamma_M = 1.0$을 이용하여 계산하였고 DA1-2의 경우, $\gamma_G = 1.0$과 $\gamma_M = 1.4$를 사용하여 계산하였다. 순 영향(net effect)은 DA1-1보다 DA1-2에 대해 더 작은 안정수가 적용된다는 것이다.

❷ 비배수조건인 경우, 이용률의 합이 작으며 단기적인 경우에 비탈면은 DA1을 훨씬 더 만족시킨다.

❸ 배수조건인 경우 $\gamma_M \times \gamma_G$는 DA1-1보다 DA1-2가 작기 때문에 DA1-1에 대한 안정수는 DA1-2보다 크다.

❹ 예상했던 것과 같이 배수조건이 더 중요하며 DA1-2가 설계를 좌우한다.

❺ DA2에서 부분계수 $\gamma_G = 1.35$는 하중을 증가시키지만 재료의 물성이 변하지 않는 이유는 $\gamma_M = 1.0$이기 때문이다. 저항력에는 추가적으로 부분계수 $\gamma_{Re} = 1.1$이 적용된다.

❻ 저항력 계수는 점착력 c (c' 또는 c_u)와 $\tan\varphi$에 적용되는 것으로 가정해 왔다.

❼ DA1의 경우, 배수해석이 중요하다. DA2에서는 DA1보다 이용률이 훨씬 작다.

❽ DA3에서 1보다 큰 부분계수는 재료의 물성에만 적용된다.

❾ 비탈면의 경우, 하중은 '지반공학적'으로 취급되어 수정되지 않기 때문에 DA3는 DA1−2와 동일하다.

❿ 전통적인 계산에서는 비배수해석 및 배수해석에 서로 다른 안전율을 적용한다(예: 각각 1.5 및 1.3) 결과적으로 이러한 안전율을 사용하면 훨씬 더 보수적인 설계가 된다.

설계도표를 이용할 경우, 영구하중(예: 자중)과 변동하중(예: 상재하중)에 대해 서로 다른 부분계수를 적용할 수 있다. 따라서 가장 간단한 경우를 제외하고는 사용하기가 어렵다. 이미 많은 비탈면 안정해석 소프트웨어들은 설계도표를 사용할 필요가 없지만 설계도표들을 이용하면 비탈면의 안정 경사를 쉽고 빠르게 평가할 수 있으며 소프트웨어에서 얻은 결과와 비교 검토할 수 있다.

예제 9.3

도로 굴착비탈면(설계도표 이용)
강도의 검증(GEO)

설계상황

우회 도로 신설을 위한 굴착비탈면이 있다. 굴착비탈면은 균질한 점토로 이루어져 있으며 다음과 같은 특성 파라미터를 갖고 있다. 단위중량 $\gamma_k = 20kN/m^3$, 비배수강도 $c_{uk} = 75kPa$, 유효점착력 $c'_k = 5kPa$, 유효마찰저항각 $\phi_k = 20°$ 이다. 비탈면은 건조상태이다. 비탈면경사 $\beta_k = 19°$, 최대 비탈면높이 $H = 12m$ 이다. 비탈면은 농경지를 통과하므로 비탈면 상부의 상재하중은 무시할 수 있다.

설계법 1

하중 및 하중의 영향

$\begin{pmatrix} A1 \\ A2 \end{pmatrix}$에서 부분계수 ; $\gamma_G = \begin{pmatrix} 1.35 \\ 1 \end{pmatrix}$

재료의 물성 및 저항력

$\begin{pmatrix} M1 \\ M2 \end{pmatrix}$에서 부분계수 ; $\gamma_\phi = \begin{pmatrix} 1 \\ 1.25 \end{pmatrix}$, $\gamma_c = \begin{pmatrix} 1 \\ 1.25 \end{pmatrix}$, $\gamma_{cu} = \begin{pmatrix} 1 \\ 1.4 \end{pmatrix}$

설계 비배수강도 $c_{ud} = \dfrac{c_{uk}}{\gamma_{cu}} = \begin{pmatrix} 75 \\ 53.6 \end{pmatrix} kPa$

설계 전단저항각 $\phi_d = \tan^{-1}\left(\dfrac{\tan(\phi_k)}{\gamma_\phi} \right) = \begin{pmatrix} 20 \\ 16.2 \end{pmatrix}^\circ$

설계 유효점착력 $c'_d = \dfrac{c'_k}{\gamma_c} = \begin{pmatrix} 5 \\ 4 \end{pmatrix} kPa$

단기안정(비배수) 조건에 대한 강도의 검증

설계 안정수(비배수) $N_{ud} = \dfrac{c_{ud}}{\gamma_G \times \gamma_k \times H} = \begin{pmatrix} 0.231 \\ 0.223 \end{pmatrix}$ ❶

Taylor의 안정도표에서 최대 설계경사 $\beta_d = \begin{pmatrix} 84 \\ 79 \end{pmatrix}^\circ$

이용률 $\Lambda_{GEO,1} = \dfrac{\beta_k}{\beta_d} = \begin{pmatrix} 23 \\ 24 \end{pmatrix}\%$ ❷

이용률 > 100%인 경우, 이 설계는 허용할 수 없다.

장기안정(배수) 조건에 대한 안정성 검증

설계 안정수(배수) $N_{ud} = \dfrac{c'_d}{\gamma_G \times \gamma_k \times H} = \begin{pmatrix} 0.015 \\ 0.017 \end{pmatrix}$ ❸

설계 전단저항각 $\phi_d = \begin{pmatrix} 20^\circ \\ 16.2^\circ \end{pmatrix}$

Taylor의 안정도표에서 최대 설계경사각 $\beta_d = \begin{pmatrix} 26^\circ \\ 23^\circ \end{pmatrix}$

이용률 $\Lambda_{GEO,1} = \dfrac{\beta_k}{\beta_d} = \begin{pmatrix} 73 \\ 83 \end{pmatrix}\%$ ❹

이용률 > 100%인 경우, 이 설계는 허용할 수 없다.

설계법 2

하중 및 하중의 영향

A1에서 부분계수 ; $\gamma_G = 1.35$

재료의 물성과 저항력

특성저항력＝설계법 1에서와 동일

M1에서 부분계수 ; $\gamma_\phi = 1$, $\gamma_c = 1$, $\gamma_{cu} = 1$, $\gamma_{Re} = 1.1$ ❺

설계 비배수강도 $c_{ud} = \dfrac{c_{uk}}{\gamma_{cu}} = 75 kPa$

설계 전단저항각 $\phi_d = \tan^{-1}\left(\dfrac{\tan(\phi_k)}{\gamma_\phi}\right) = 20°$

설계 유효점착력 $c'_d = \dfrac{c'_k}{\gamma_c} = 5 kPa$

단기안정(비배수) 조건에 대한 강도의 검증

설계 안정수(비배수) $N_{ud} = \dfrac{c_{ud}}{(\gamma_G \times \gamma_k \times H) \times \gamma_{Re}} = 0.21$ ❻

Taylor의 안정도표에서 최대 설계경사각 $\beta_d = 74.5°$

이용률 $\Lambda_{GEO,2} = \dfrac{\beta_k}{\beta_d} = 26\%$

이용률 > 100%인 경우, 이 설계는 허용할 수 없다.

장기안정(배수) 조건에 대한 강도의 검증

설계 안정수(배수) $N_d = \dfrac{c'_d}{(\gamma_G \times \gamma_k \times H) \times \gamma_{Re}} = 0.014$ ❻

Taylor의 안정도표에서 전단저항각 $\phi_{chart} = \tan^{-1}\left(\dfrac{\tan\left(\phi_d\right)}{\gamma_{Re}}\right) = 18.3°$ ❻

Taylor의 안정도표에서 최대 설계경사각 $\beta_d = 23.5°$

이용률 $\Lambda_{GEO,2} = \dfrac{\beta_k}{\beta_d} = 81\%$ ❼

이용률 > 100%인 경우, 이 설계는 허용할 수 없다.

설계법 3

하중 및 하중의 영향
A1에서 부분계수 ; $\gamma_G = 1$ ❽

재료의 물성과 저항력
M2에서 부분계수 ; $\gamma_\phi = 1.25$, $\gamma_c = 1.25$, $\gamma_{cu} = 1.4$

설계 비배수강도 $c_{ud} = \dfrac{c_{uk}}{\gamma_{cu}} = 53.6kPa$

설계 전단저항각 $\phi_d = \tan^{-1}\left(\dfrac{\tan\left(\phi_k\right)}{\gamma_\phi}\right) = 16.2°$

설계 유효점착력 $c'_d = \dfrac{c'_k}{\gamma_c} = 4kPa$

단기안정(비배수) 조건에 대한 강도의 검증
설계 안정수(비배수) $N_{ud} = \dfrac{c_{ud}}{\gamma_G \times \gamma_k \times H} = 0.223$

Taylor의 안정도표에서 최대 설계경사각 $\beta_d = 79°$

이용률 $\Lambda_{GEO,3} = \dfrac{\beta_k}{\beta_d} = 24\%$ ❾

이용률 > 100%인 경우, 이 설계는 허용할 수 없다.

장기안정(배수) 조건에 대한 강도의 검증

설계 안정수(배수) $N_d = \dfrac{c'_d}{\gamma_G \times \gamma_k \times H} = 0.017$

설계 전단저항각은 $\phi_d = 16.2°$

Taylor의 안정도표에서 최대 설계경사각 $\beta_d = 23°$

이용률 $\Lambda_{GEO,3} = \dfrac{\beta_k}{\beta_d} = 83\%$ ❾

이용률 > 100%인 경우, 이 설계는 허용할 수 없다.

전통적인 설계법

안전율

Lumped factor 사용하면 $F_{비배수} = 1.5$, $F_{배수} = 1.3$

단기안정(비배수) 조건에 대한 강도의 검증

설계 안정수(비배수) $N_{ud} = \dfrac{c_{uk}}{F_{비배수} \times \gamma_k \times H} = 0.208$

Taylor 도표에서 최대 설계경사각 $\beta_d = 72.5°$

이용률 $\Lambda_{trad} = \dfrac{\beta_k}{\beta_d} = 26\%$ ❿

이용률 > 100%인 경우, 이 설계는 허용할 수 없다.

장기안정(배수) 조건에 대한 강도의 검증

설계 안정수(배수) $N = \dfrac{c'_k}{F_{drained} \times \gamma_k \times H} = 0.016$

설계 전단저항각 $\phi_d = \tan^{-1}\left(\dfrac{\tan(\phi_k)}{F_{drained}}\right) = 15.6°$

Taylor의 안정도표에서 최대 설계경사각 $\beta_d = 21°$

이용률 $\Lambda_{trad} = \dfrac{\beta_k}{\beta_d} = 90\%$ ❾

이용률 > 100%인 경우, 이 설계는 허용할 수 없다.

9.8.4 도로 굴착비탈면(비탈면 안정해석 프로그램 이용)

예제 9.4는 그림 9.13과 같이 높이 8m의 자동차 전용도로의 굴착비탈면을 검토하였다. 이 도로의 상부는 1.5m 두께의 조립질 퇴적층이 있고 하부는 단단하고 견고한 중간 정도의 강도를 가진 점토지반으로 구성되어 있다. 지하수위는 상부 퇴적층 바로 아래에 위치하며 배수처리공법을 적용하여 차도 아래에서 유지되고 있다. 그림 9.13은 정상상태의 침윤선 위치를 나타낸다. 굴착에 의해 도로가 확장되지만 토지소유권 때문에 비탈면의 경사는 1:2.25로 급해졌다.

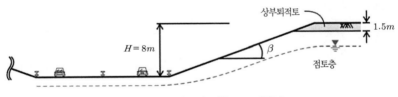

그림 9.13 자동차 전용도로 비탈면

이러한 문제는 안정도표를 이용한 단순해석으로는 풀 수 없기 때문에 Bishop의 간편법을 이용하였다.[10] 이 예제에서는 설계 시 EN 1997-1에 표준비탈면 안정해석 소프트웨어를 적용시키는 문제와 비탈면 안정문제에 DA2를 적용하는 데 생기는 문제점들을 부각시켰다.

예제 9.4 주석

❶ 설계법 1의 조합 1(DA1-1)에서 부분계수 $\gamma_G = 1.35$와 $\gamma_Q = 1.5$가 영구하중과 변동하중에 적용되며 재료의 물성과 저항력에 적용하는 부분

계수는 1.0이다. 비탈면 안정해석 소프트웨어에서는 흙의 단위중량에 계수 1.35를 곱하고 상재하중에 계수 1.5를 곱한다. 그다음에 '목표' 안전율 1.0에 해당하는 가장 위험한 한계원호활동(critical slip circle)에 대한 탐색이 이루어진다.

❷ 설계법 1의 조합 2(DA1–2)에서 부분계수 $\gamma_G = 1.0$과 $\gamma_Q = 1.3$이 영구하중과 변동하중에 적용된다. 저항력에 대한 부분계수는 1.0이고 재료의 물성에 대한 부분계수 $\gamma_\phi = \gamma_c = 1.25$이다. 흙의 유효강도는 계수를 1.25까지 낮추고 상재하중은 1.3까지 증가시켜서 구할 수 있다. 그다음에 목표안전율 1.0에 해당하는 가장 위험한 원호활동에 대한 탐색이 이루어진다.

❸ 설계법 2(DA2)에서 부분계수 $\gamma_G = 1.35$와 $\gamma_Q = 1.5$가 영구하중과 변동하중에 적용된다. 재료물성에 대한 부분계수 $\gamma_M = 1.0$이고 활동저항력에 대한 부분계수 $\gamma_{Re} = 1.1$이다. '단일소스' 원칙이 적용될 경우 불리한 하중과 유리한 하중에 대해 모두 동일한 γ_G 값이 적용되는데 이는 흙의 단위중량에 1.35, 상재하중에는 1.5를 곱하여 해결할 수 있다. 그다음에는 목표 안전율 1.1에 해당하는 가장 위험한 원호활동에 대한 검색이 이루어진다.

❹ DA2*로 알려져 있는 설계법 2의 변형에서는 유리한 하중과 불리한 하중이 독립적으로 다루어진다. 즉 전자에 대해서 $\gamma_{G,fav} = 1.0$을 후자에 대해서는 $\gamma_G = 1.35$가 적용된다.[11] 그러나 이것은 기존의 소프트웨어를 사용해서 쉽게 얻을 수 없으므로 모든 영구하중에 대해 $\gamma_{G,fav} = 1.0$, 모든 상재하중에 대해서는 '중간'계수로 $\gamma_{Q/G} = \gamma_Q/\gamma_G = 1.5/1.35 = 1.11$을 적용하며 목표안전율 $\gamma_R \times \gamma_G = 1.1 \times 1.35 = 1.485$에 해당하는 가장 위험한 원호활동를 탐색한다.

여기서 주의할 점은 설계법 2에서 얻어진 결과는 부분계수가 어떻게 적용되었는지에 따라 크게 영향을 받는다는 것이다. ❸과 ❹에서 설명된 방법 중 어느 것도 요구안전율 1.3을 찾기 위해 사용되는 전통적 방법과는 다르다. 이러한 불확실성 때문에 설계법 2는 비탈면 안정해석법으로 추천되지 않는다.

❺ 설계법 3(DA3)은 가해진 상재하중을 구조적 하중보다는 지반공학적 하중으로 취급한다는 점(그래서 덜 부담이 됨)을 빼면 DA1−1과 같다.

❻ 전통적 해석에 의한 안전율은 설명되어 있지 않으나 안전율 1.3은 종종 장기안정해석 시 채택되는 값으로 본다.

❼ DA1−2와 DA3는 모두 전통적 해석법에 대해 비슷한 정도의 이용률을 나타내고 있다. 따라서 DA1−2와 DA3에서는 부분계수를 적용하는 방법이 합리적이며 신뢰할 수 있는 설계를 도출한다는 것을 확신할 수 있다.

EN 1997−1에 제시된 부분계수를 사용해서 파악된 위험수준을 반영할 수 없을 때에는 재료의 물성에 대한 특성값은 보다 보수적으로 평가해야 한다.

예제 9.4 도로절토(비탈면 안정해석 프로그램 이용)

입력 파라미터	설계법 1−1 및 2				설계법 1−2[†] 및 3[‡]			
	$\gamma(\text{kN/m}^3)$	$c'(\text{kPa})$	$\phi(°)$	$q(\text{kPa})$	$\gamma(\text{kN/m}^3)$	$c'(\text{kPa})$	$\phi(°)$	$q(\text{kPa})$
부분계수	1.35❶❸	1.0❶❸	1.0❶❸	1.5❶❸/1.11❹	1.0❷	1.25❷	1.25❷	1.3[†]❷/1.00[‡]❺
상부퇴적층	24.3	0	35	−	18	0	29.27	−
중간강도점토	27	5	23	−	20	4	18.76	−
상재하중	−	−	−	15/11.1	−	−	−	13[†]/10[‡]

해석결과	비배수해석			배수해석		
	목표안전율	획득안전율	이용률	$c' = 5kPa$에 필요한 ϕ		$\phi = 23°$에 필요한 c'
DA1−1	1.0❶	1.248	(80%)	(18°)		(0kPa)
DA 1−2	1.0❷	0.996	100%❼	23°		5kPa
DA 2	1.1❸	1.243	88%	20°		1.7kPa
DA 2*	1.485❹	1.248	119%	27.9°		10.2kPa
DA 3	1.0	1.001	100%❼	23°		5kPa
전통설계	1.3❻	1.251	104%	24°		6kPa

9.8.5 충적평야에 축조되는 도로제방

예제 9.5에서는 그림 9.14와 같이 충적평야에 축조되는 도로제방을 검토하였다. 도로제방의 하부지반은 위에서부터 2m 두께의 매우 낮은(low) 강도

의 연약한 점토층, 3m 두께의 느슨한 모래층, 그리고 중간강도의 단단한 점
토층으로 구성되어 있다.

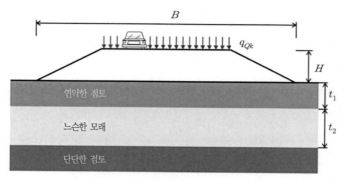

그림 9.14 충적평야위에 축조되는 도로제방

흙의 특성 파라미터들은 다음 표와 같다.

흙	특성 파라미터				
	$\gamma_k(kN/m^3)$	$c'_k(kPa)$	$\phi_k(°)$	$c_{uk}(kPa)$	$q_k(kPa)$
매립층	18	0	35	–	–
연약점토	17	0	27	16	–
느슨한 모래	19	0	32	–	–
단단한 점토	19	5	22	60	–
상재하중	–	–	–	–	10

이 예제는 Bishop의 간편법을 사용하며 유로코드 7 설계에 대한 소프트웨어
사용 문제에 초점을 맞추고 있다. 또한 연약점토지반 위에 있는 제방의 지지
력 검토에 필요한 요구조건을 보여 주고 있다.

예제 9.5 주석

❶ DA1－1에 대하여 비배수조건에서 계산된 안전율은 계산된 안전율이

목표안전율보다 클 때 만족한다.

❷ 다른 비탈면 안정에 대한 예제처럼, 단기 안정문제에서 DA1−2는 DA1−1보다 안전율이 작기 때문에 가장 지배적인 경우(governing case)이다. 이 예제는 설계가 유로코드 7의 요구조건을 만족시키지 못함을 보여 주고 있다.

❸ DA2의 경우, DA1−1에서와 동일한 안전율이 계산된다.

❹ DA1−1과 DA2의 이용률이 서로 다른데 그 이유는 DA2의 경우 목표안전율로 1.1이 요구되기 때문이다. 따라서 DA2는 유로코드 7의 요구조건을 만족하지 못하는 것으로 나타났다.

❺ 연약지반상의 제방에서 예상된 바와 같이 장기안정에 대한 이용률은 단기안정에 대한 이용률보다 작다.

유로코드 7에서는 연약점토지반 위의 시공된 제방의 경우 지지력에 대한 검토를 요구한다. 앞의 비탈면 안정해석에서는 비배수(단기안정)조건이 가장 중요하다. 연약점토층의 두께가 상대적으로 작기 때문에 지지력이 충분히 발휘될 수 있는 파괴면이 생성되지 않는다.

[EN 1997−1 § 12.4 (3) 및 (4)P]

10kPa의 상재하중이 작용하는 3.5m 높이의 제방에 해당하는 폭 15m의 등가 줄기초를 이용하여 지지력에 대한 간단한 검증을 하였다. 단단한 지지층 상부에 있는 얇은 연약점토층에 적용하기 위해 개발된 수정 지지력식[12]을 사용하였다.

$$q_{ult} = c'N_c^* + qN_q^* + \frac{\gamma B N_\gamma^*}{2}$$

여기서 N_c^*, N_q^*, N_γ^*는 (수정) 지지력계수, c'는 흙의 유효점착력, q는 제방의 바닥면에 작용하는 상재압력, γ는 기초지반 흙의 단위중량, B는 제방의 폭이다.

설계법 1과 조합 1에서 하중에 대한 부분계수 $\gamma_G = 1.35$ 및 $\gamma_Q = 1.5$, 재료의 물성에 가해지는 부분계수 $\gamma_\varphi = \gamma_c = 1.0$ 및 $\gamma_{cu} = 1.0$이다.

$B/H = 15/2 = 7.5$에 대해 $N_c^* = 8.1$ ❻, $q = 0$

$R_d = 16 \times 8.1 = 129.6 kPa$

$E_d = 3.5 \times 18 \times 1.35 + 10 \times \ \ 1.5 = 100.1 kPa$

$R_d > E_d$이므로 만족, 이용률 = 77% 이다. ❼

설계법 1과 조합 2에서 하중에 대한 부분계수 $\gamma_G = 1.0$과 $\gamma_Q = 1.3$, 재료의 물성에 대한 부분계수 $\gamma_\phi = \gamma_c = 1.25$ 및 $\gamma_{cu} = 1.4$이다.

$B/H = 15/2 = 7.5$에 대해, $N_c^* = 8.1$ ❻, $q = 0$

$R_d = 16/1.4 \times 8.1 = 92.6 kPa$

$E_d = 3.5 \times 18 \times 1.0 + 10 \times 1.3 = 76 kPa$

$R_d > E_d$이므로 만족, 이용률 = 82% 이다. ❼

❻ 단기안정해석의 경우, $\varphi = 0$이므로 N_q^*와 N_γ^*항은 고려할 필요가 없다.

❼ 이 예제에서 DA1 − 2 또는 DA3에 의한 비탈면 안정해석이 다른 설계법 또는 지지력 평가보다도 더 큰 값의 이용률을 가지므로 중요하다.

안정문제를 완전하게 해석하기 위해서는 사용한계상태에 대한 계산 또는 평가를 통해 총 예상 변형량이 허용수준 이내에 있는지 확인해야 한다.

다음에 제시된 박스(예 9.5 충적평야에 시공된 도로제방)는 실전 예제에서 시행된 해석결과를 요약한 것이다.

예제 9.5 충적평야에 축조되는 도로제방

입력 파라미터	설계법 1-1과 2					설계법 1-2†와 3‡				
	$\gamma(kN/m^3)$	$c'(kPa)$	$\varphi(°)$	$c_u(kPa)$	$q(kPa)$	$\gamma(kN/m^3)$	$c'(kPa)$	$\varphi(°)$	$c_u(kPa)$	$q(kPa)$
부분계수	1.35	1.0	1.0	1.0	1.5	1.0	1.25	1.25	1.4	1.3†/1.0‡
성토재	24.3	0	35	-	-	18	0	29.3	-	-
연약점토	23.0	0	27	16	-	17	0	22.2	11.4	-
느슨한 모래	25.7	0	32	-	-	19	0	26.6	-	-
단단한 점토	25.7	5	22	60	-	19	4	17.9	42.9	-
상재하중	-	-	-	-	15	-	-	-	-	13†/10‡

해석결과	비배수해석			배수해석		
	목표안전율	획득안전율	이용률	목표안전율	획득안전율	이용률
DA1-1	1.0	1.074 ❶	(93%) ❹ ❼	1.0	1.428	(69%) ❺
DA 1-2	1.0	0.983 ❷	102% ❼	1.0	1.082	92% ❺
DA 2	1.1	1.074 ❸	102% ❹	1.1	1.428	77% ❺
DA 3	1.0	1.011	99%	1.0	1.092	92% ❺
전통적 설계	1.4	1.388	101%	1.3	1.365	95%

9.9 주석 및 참고문헌

1. Examples taken from Bromhead, E.N. (1992) *The stability of slopes (2nd edition)*, Glasgow, Blackie Academic & Professional, 411pp.

2. See, for example, Bromhead (ibid.) or Simons, N., Menzies, B., and Matthews, M. (2001) *A short course in soil and rock slope engineering,* Thomas Telford, 448pp.

3. Skempton, A.W., and Delory, F.A. (1957) 'Stability of natural slopes in London Clay' *Proc. 4th Int. Conf. on Soil Mechanics & Foundation Engng,* London, 2, pp.378~381.

4. BS 6031: 1981, Code of practice for earthworks, British Standards Institution.

5. Bromhead, ibid.

6. Bishop, A.W. (1955) 'The use of the slip circle in the stability analysis of slopes' *Géotechnique,* 5, pp.7~17.

7. Bishop, ibid.

8. See, for example: Janbu, N. (1973) *Slope stability computations*. In Hirschfield, E., and Poulos, S. (eds.) *Embankment dam engineering,* Casagrande Memorial Volume, New York: John Wiley; Morgenstern, N.R., and Price, V.E. (1965) 'The analysis of the stability of general slip surfaces' *Géotechnique,* 15, pp.79~93; and Sarma, S.K. (1973) 'Stability analysis of embankments and slopes' *Géotechnique,* 23, pp.423~433.

9. The analysis was performed using the computer program Slide v5.0, available from Rocscience (www.rocscience.com).

10. The analysis was performed using Rocscience's computer program Slide, ibid.

11. Frank, R., Bauduin, C., Kavvadas, M., Krebs Ovesen, N., Orr, T., and Schuppener, B. (2004), *Designers' guide to EN 1997−1: Eurocode 7: Geotechnical design-General rules,* London: Thomas Telford.

12. Mandel, J., and Salencon, J. (1972), 'Force portante d'n sol sur une assise rigide (étude theoretique)' *Géotechnique,* 22(1), pp.79~93.

CHAPTER 10

기초 설계

10 기초 설계

기초 설계(design of footing)는 유로코드 7 Part 1의 6절 '확대기초'에서 다루어지며 그 내용은 다음과 같다.

§6.1 일반(1)~(2)

§6.2 한계상태(1)

§6.3 하중 및 설계상황(1)~(3)

§6.4 설계 및 시공 시 고려사항(1)~(6)

§6.5 극한한계상태 설계(32개 단락)

§6.6 사용한계상태 설계(30개 단락)

§6.7 암반 위의 기초, 설계 시 추가 고려사항(1)~(3)

§6.8 기초의 구조설계(1)~(6)

§6.9 기초하부지반의 준비(1)~(2)

EN 1997−1의 6절은 전면(pad), 줄(strip) 및 매트/뗏목(raft)기초에 적용되며 일부 조항은 케이슨 기초와 같은 깊은기초에 적용된다.

[EN 1997−1 § 6.1(1)P 및 (2)]

10.1 기초의 지반조사

그림 10.1과 같이 유로코드 7의 Part 2 부록 B.3에는 확대기초의 지반 조사 깊이에 대한 개략적인 지침이 제시되어 있다(제4장 조사간격에 대한 지침 참조).

고층건물이나 토목구조물을 지탱하는 확대기초(spread foundation)의 경우, 권장되는 최소 조사심도 z_a 는 다음 중 큰 값을 사용한다.

$$z_a \geq 3b_F, \ z_a \geq 6m$$

여기서 b_F 는 기초의 폭이다.

매트기초의 경우

$$z_a \geq 1.5b_B$$

여기서 b_B 는 매트기초의 폭이다.

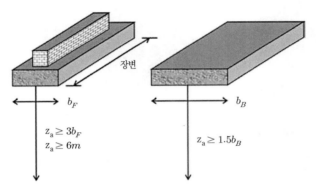

그림 10.1 확대기초를 위한 권장 조사심도

기초가 지질특성이 '뚜렷한' 확실한 지층†에 시공될 경우, z_a 는 최소 2m까지 감소시킬 수 있다. 지질조건이 '뚜렷하지 않을 때'에는 적어도 1개의 보링 공은 최소 5m 이상 굴진해야 한다. 기반암을 만나는 경우에는 그 깊이가 z_a 의 기준이 된다. [EN 1997-2 § B.3(4)]

대규모 또는 복잡한 프로젝트이거나 불리한 지질조건을 만나는 경우에는 더 깊은 심도까지 조사해야 한다. [EN 1997-2 § B.3(2) 주석 및 B.3(3)]

---

† 연약한 지층이 존재할 가능성이 없고 단층과 같은 구조적 취약함이 없고 용해특성이나 다른 공동 등이 없을 것으로 판단되는 지층.

10.2 설계상황 및 한계상태

그림 10.2는 확대기초가 견딜 수 있도록 설계되어야 하는 몇 가지 극한한계 상태를 보여 주고 있다. 왼쪽에서 오른쪽으로 이들 극한상태에는: **(상부)** 작용 모멘트로 인한 안정성 상실, 지지력 파괴 및 수평하중에 의한 활동 파괴; **(하부)** 기초바닥의 구조적 파괴 및 구조물과 지반의 복합 파괴가 포함된다.

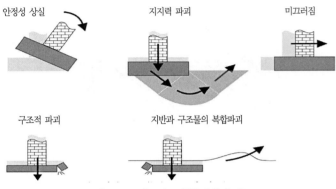

그림 10.2 기초의 극한한계상태 예

유로코드 7에는 확대기초의 깊이를 선정할 때 고려해야 할 몇 가지 사항들이 제시되어 있으며 그중 몇 가지 예를 들면 그림 10.3과 같다.

[EN 1997-1 § 6.4(1)P]

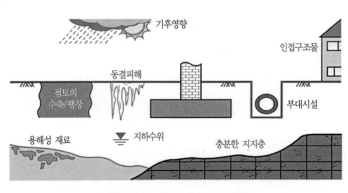

그림 10.3 기초설계 시 고려사항

10.3 설계의 기본

유로코드 7에서는 다음의 방법 중 한 가지 방법을 이용하여 확대기초를 설계할 것을 요구한다.   [EN 1997-1 § 6.4(5)P]

설계법	설명	제한사항
직접법	극한한계상태(ULS)와 사용한계상태(SLS)에 대한 해석을 개별적으로 시행	(ULS)예상 파괴 메커니즘 모델링
		(SLS)사용성 계산을 사용
간접법	현장과 실험실에서의 측정 및 관측결과와 유사한 경험을 사용	모든 한계상태 요구조건을 만족하는 SLS 하중을 선택
관습법	전통적이고 보수적인 설계규칙을 사용하며 시공관리 내용을 명시	추정된 지지력을 사용

간접법(indirect method)은 주로 지반범주 1에 해당하는 구조물에 사용된다. 이 방법은 대상지역에 대한 경험이 풍부하고 지반조건을 잘 알고 복잡하지 않으며 파괴 가능성(potential failure) 또는 과도한 변형과 관련된 위험성이 작은 경우에 사용된다. 또한 간접법은 해석적인 방법으로 구조적인 거동을 충분히 예측하기 어려운, 위험성이 큰 구조물에도 적용될 수 있다. 이 경우 신뢰도는 관측법과 거동 가능성에 대한 확인결과에 의존한다. 관측된 거동에 의해 기초의 최종설계가 결정될 수 있다. 이러한 설계법은 사용성 조건을 충족하지만 극한조건에 대해서는 충분히 보증하지는 못한다. 따라서 사용성에 대한 설계기준은 적절하게 보수적으로 설정하는 것이 중요하다.

관습법(prescriptive method)은 지반조건이 잘 알려져 있는 지반범주 1의 구조물에 사용할 수 있다. 영국표준 BS 8004에서는 암반, 비점착성 흙, 점착성 흙, 이탄(peat) 및 유기질토, 인공지반, 매립토, 다공성 석회암 및 Keuper 이회토(현재 Mercia 이암으로 불림)[1] 등에 대한 허용 지지력을 규정하였으나 유로코드 7에서는 암반에 대한 가정된 지지저항력(부록 G의 도표들†)만을 제시하였다.

---

† BS 8004에도 명시되어 있다.

직접법(direct method)은 이 장의 나머지 부분에서 좀 더 상세하게 다루고 있다.

본 해설서에서는 확대 기초설계에 대해 완전한 지침을 제공하지는 않으므로 필요한 경우 확대기초에 대해 설명이 잘되어 있는 교재들을 참고해야 한다.[2]

10.4 연직하중을 받는 기초

유로코드 7에서 확대기초에 작용하는 연직하중 V_d는 기초 하부지반의 설계 저항력 R_d보다 작거나 같아야 한다.

$$V_d \leq R_d$$

[EN 1997–1 식 (6.1)]

V_d는 기초와 기초 상부에 있는 뒷채움 흙의 자중이다.

앞의 식은 제6장에서 상세하게 설명한 다음 부등식을 다시 쓴 것이다.

$$E_d \leq R_d$$

기술자들은 작용하는 힘(force)의 항보다는 압력(pressure)과 응력을 사용하는 것이 일반적이므로 이 식은 다음과 같이 다시 쓴다.

$$q_{Ed} \leq q_{Rd}$$

여기서 q_{Ed}는 지반에 작용하는 설계 지지압(bearing pressure, 하중의 영향)이고 q_{Rd}는 이에 상응하는 설계 저항력이다.

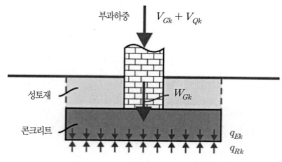

부과하중 $V_{Gk} + V_{Qk}$

성토재

W_{Gk}

콘크리트

q_{Ek}

q_{Rk}

그림 10.4 확대기초에 작용하는 연직하중

그림 10.4의 확대기초는 특성연직하중 V_{Gk}(영구하중)와 변동하중(V_{Qk})을 받는다. 기초의 자중과 기초에 작용하는 뒷채움 흙의 자중은 모두 영구하중 (W_{Gk})이다. 다음의 10.4.1에서 V_{Gk}, V_{Qk}, W_{Gk} 및 지반특성에서 q_{Ed}와 q_{Rd}를 구하는 방법을 설명하였다.

10.4.1 하중의 영향

그림 10.4에서 특성 지지압 q_{Ek}는 다음 식과 같다.

$$q_{Ek} = \frac{\sum V_{rep}}{A'} = \frac{(V_{Gk} + \sum_i \psi_i V_{Qk,i} + W_{Gk})}{A'}$$

여기서 V_{rep}는 대표연직하중, V_{Gk}, V_{Qk} 및 W_{Gk}는 앞에서 정의된 바와 같으며 A'는 기초의 유효면적(10.4.2에서 정의됨)이고 ψ_i는 i번째 변동하중에 적용되는 조합계수(제2장 참조)이다.

기초에 단 한 개의 변동하중이 작용하는 경우, 위 식은 다음과 같이 간단해진다.

$$q_{Ek} = \frac{(V_{Gk} + V_{Qk,1}) + W_{Gk}}{A'}$$

왜냐하면 주(leading) 변동하중($i=1$)에 대해 $\psi = 1.0$이기 때문이다.

이때 기초하부지반의 설계 지지압 q_{Ed}는

$$q_{Ed} = \frac{\sum V_d}{A'} = \frac{\gamma_G(V_{Gk} + W_{Gk}) + \gamma_Q V_{Qk,1}}{A'}$$

여기서 γ_G와 γ_Q는 영구 및 변동하중에 대한 부분계수이다.

10.4.2 편심하중과 유효기초면적

하중이 기초의 중심에서 벗어나서 작용하는 경우, 확대기초의 지지능력은 크게 감소한다.

기초의 모서리에서 지반과 접촉이 떨어지지 않게 하기 위해서는 전체 하중이 기초의 중앙삼분점(middle-third) 안에 들어오도록 하는 것이 일반적이다. 다시 말해 기초 중앙부로부터의 편심은 다음 식과 같이 한계값 이내로 제한된다.

$$e_B \le \frac{B}{6}, \ e_L \le \frac{L}{6}$$

여기서 B와 L은 기초의 폭과 길이, e_B와 e_L은 B와 L 방향의 편심거리이다(그림 10.5 참조).

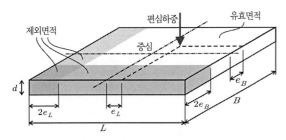

그림 10.5 확대기초의 유효면적

유로코드 7의 Part 1에서는 다음과 같은 경우, '특별한 주의'를 요구한다.

> 하중의 편심거리가 직사각형 기초 폭의 1/3을 초과하거나 원형 기초반경의 60%를 초과하는 경우   [EN 1997-1 § 6.5.4(1)P]

이것은 중앙삼분점 규칙이 아니라 '2/3규칙(middle-two-thirds)'임에 주의해야 한다. 본 해설서에서는 유로코드 7의 훨씬 유연해진 원칙이 실무에서 충분히 활용되어 검증되기 전까지는 중앙삼분점 규칙에 따라 설계할 것을 권장하고 있다.

그림 10.5와 같이 지지력 계산 시 편심하중의 영향을 고려하기 위해 하중이 작아진 기초의 중앙에 작용하는 것으로 가정한다. 그림에서 기초의 음영 부분은 무시된다. 따라서 실제 작용면적은 다음 식과 같이 유효면적 A'로 감

소된다.[3]

$$A' = B' \times L' = (B - 2e_B) \times (L - 2e_L)$$

여기서 B' 와 L' 는 기초의 유효폭과 유효길이이며 다른 기호들은 앞에서 정의된 것과 같다.

10.4.3 배수조건에서의 지지저항력

확대기초의 배수 극한지지력 q_{ult} 는 전통적으로 일명 '3중 - N(triple-N) 공식'을 이용하여 계산한다. 즉, 그 기본식[4]은 다음과 같다.

$$q_{ult} = c' N_c + q' N_q + \frac{\gamma' B N_\gamma}{2}$$

여기서 c' 는 흙의 유효점착력, q' 는 확대기초 저면에서의 유효상재압력, γ' 는 확대기초 하부지반의 유효단위중량, 그리고 N_c, N_q 및 N_γ 는 지지력계수이다.

상재하중과 점착력에 대한 지지력계수 N_q 와 N_c 는 1920년대에 Reissner[5] 와 Prandtl[6]에 의해 제시되었으며 흙의 전단저항각 ϕ 의 함수이다.

$$N_q = e^{\pi \tan\phi} \tan^2\left(45° + \frac{\phi}{2}\right)$$

$$N_c = (N_q - 1)\cot\phi$$

이들 식은 지반공학 분야에서 거의 보편적으로 사용되고 있다. 그러나 지지력계수 N_γ 에 대해서는 공감대가 형성되어 있지는 않다.

유로코드 7을 이용한 대부분의 설계에서는[7] 전통적으로 N_γ 에 대해 Brinch - Hansen[8]의 식을 이용하였다.

$$N_\gamma = 1.5(N_q - 1)\tan\phi$$

반면에 미국의 설계자들은 보통 Meyerhof[9]의 식을 사용하고 있다.

$$N_\gamma = (N_q - 1)\tan(1.4\phi)$$

해양구조 기술자들[10]은 Vesic[11]의 식을 사용한다.

$$N_\gamma = 2(N_q + 1)\tan\phi$$

최근의 연구[12]에 의하면 N_γ이 과대평가될 수 있다고 한다. 다음에 제시된 Chen의 식[13]이 많이 사용되고 있으며 유로코드 7의 부록 D에 실려 있다.

$$N_\gamma = 2(N_q - 1)\tan\phi$$

단, Chen의 식에서는 기초저면의 접촉마찰이 흙의 전단저항각보다 0.5배 크거나 같다고 가정한다는 점을 주목해야 한다.

흙의 마찰저항각에 따른 지지력계수는 그림 10.6과 같다. Meyerhof와 Brinch-Hansen의 N_γ 곡선은 $\phi < 30°$인 경우, 거의 일치하나 ϕ가 $60°$에 가까워지면 상당한 차이를 보인다. Chen의 N_γ 곡선은 Vesic보다는 약간 작지만 Brinch-Hansen보다는 훨씬 크며(optimistic) 특히 전단저항각이 클 때 더욱 그렇다.

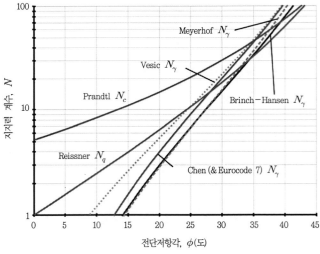

그림 10.6 지지력계수 N_q, N_c 및 N_γ

10.4.4 3중 − N 공식에 적용된 무차원 계수

지금까지 3중 − N 공식에 여러 가지 수정안이 제시되어 왔다. 이때 수정은 대개 기초의 형상, 깊이 및 기초저면경사, 작용하중 및 지표면 경사 등의 영향을 고려하기 위한 부분계수의 도입과 관련이 있다.

q_{ult}에 대한 '완전한' 식은

$$q_{ult} = c' N_c s_c d_c i_c g_c b_c + q' N_q s_q d_q i_q g_q b_q + \frac{\gamma' B N_\gamma s_\gamma d_\gamma i_\gamma g_\gamma b_\gamma}{2}$$

여기서 , s_c, s_q, s_γ는 형상계수; d_c, d_q, d_γ는 깊이계수; i_c, i_q, i_γ는 하중경사계수; g_c, g_q, g_γ는 지반경사계수; b_c, b_q, b_γ는 기초경사계수이다.

유럽에서 이 식은 Brinch−Hansen[14]의 식으로 간주되고 있으나 미국에서는 보통 Meyerhof[15]의 식(형상, 깊이 및 하중경사계수만 사용)으로 알려져 있다.

EN 1997−1의 부록 D에는 지지력공식에서 흔히 발견되는 깊이와 지반경사계수를 생략한 확대기초의 배수 지지저항력에 대한 식을 제시하였다. 깊이계수가 생략되면 비경제적이 되지만 지반경사계수가 생략되면 불안정하게 된다. 영국 국가부속서에서는 이점을 강조하여 깊이와 지반경사계수를 포함한 대체공식을 사용할 수 있게 하였다.

유로코드 7의 부록 D에 실린 형상계수 s_c, s_q, s_γ을 다음 표에 요약하였다. s_c와 s_q에 대한 식은 Brinch−Hansen과 Vesic이 제안한 식이다.

계수		점착력 c	상재하중 q	자중 γ
형상	s_χ	$1 + \dfrac{N_q}{N_c}\dfrac{B}{L}$	$1 + \dfrac{B}{L}\sin\phi$	$1 - k\dfrac{B}{L}$ †
깊이	d_χ	유로코드 7에는 식이 없음		
하중경사	i_χ	상세한 것은 EN 1997−1 부록 D 참조		
지반경사	g_χ	유로코드 7에는 식이 없음		
기초경사	b_χ	상세한 것은 EN 1997−1 부록 D 참조		

† 유로코드 7에서 $k = 0.3$ ($B/H \leq 1$일 때 적용); Brinch−Hansen과 Vesic은 $k = 0.4$를 추천; 유럽국가에 대한 설문조사결과,[16] 5개국에서 $k = 0.4$, 3개국에서 $k = 0.3$, 1개국에서 $k = 0.2$를 사용함

10.4.5 비배수 지지저항력

EN 1997−1의 부록 D에는 다음과 같이 확대기초의 비배수저항력 R에 대한 식이 있다.

$$\frac{R}{A'} = (\pi + 2)c_u b_c s_c i_c + q$$

여기서 c_u는 흙의 비배수전단강도; q는 기초저면에서의 전체 상재압력; 다른 기호들은 배수지지력식(10.4.3)에서 정의된 것과 같다. $(\varPi + 2)$는 Prandtl[17] 의 N_c에 대한 식(10.4.3)에서 $\phi = 0$으로 하여 구할 수 있다. 형상계수 s_c는 다음 식과 같다.[18]

$$s_c = 1 + 0.2\frac{B}{L}$$

10.4.3에서 논의된 배수방정식과 마찬가지로 R/A'에는 깊이계수 d_c와 지반경사계수 g_c가 생략되어 있다. d_c를 생략하면 비경제적이 되지만 g_c를 생략하면 불안정하게 된다. 확대기초의 비배수저항력에 대한 완전 식은

$$\frac{R}{A'} = (\pi + 2)c_u b_c s_c i_c d_c g_c + q$$

점토지반상 기초의 지지력에 대한 유한요소한계해석[19]을 통해 다음 식이 점토의 깊이계수 d_c에 대한 근삿값을 제시하는 것으로 알려졌다.

$$d_c = 1 + 0.27\sqrt{\frac{D}{B}}$$

여기서 B와 D는 기초의 폭과 깊이이다. 이 식은 d_c에 대한 Meyerhof와 Brinch-Hansen의 식보다 잘 맞는다. 일관성을 위해서는 개선된 깊이계수가 형상계수 $s_c(D/B \le 1)$에 대한 다음 식과 함께 사용되어야 한다.

$$s_c = 1 + 0.12\frac{B}{L} + 0.17\sqrt{\frac{D}{B}}$$

여기서 L은 기초의 길이, B와 D는 기초의 폭과 깊이이다. 이 식은 줄기초인 경우에도 s_c가 1.0이 아님을 의미한다는 것에 주의해야 한다.

10.4.6 전체 지지저항력 또는 순 지지저항력?

다음과 같이 전통적인 계산법에서 허용지지력[†]은 순 압력의 식으로 나타낸다.

$$q_{a,net} = \left(\frac{q_{ult,net}}{F} \right) \Rightarrow q_a = \left(\frac{q_{ult} - q_0}{F} \right) + q_0$$

여기서 $q_{a,net}$ = 순 허용지지력, $q_{ult,net}$ = 순 극한지지력, q_a = 전체 허용지지력, q_{ult} = 전체 극한지지력, q_0 = 상재압력, F = 안전율이다.

설계법 2를 사용할 때 저항계수 γ_{R_v} 는 지반의 전체 연직저항력 R_v 에 적용되어야 하는지, 순 저항력 $R_{v,net}$ 에 적용되어야 하는지? 순 저항력에 계수를 곱하는 기존의 방법을 따라야 하는지에 대한 의문이 있을 수 있다.

설계법 2에서 순 저항력에 계수를 곱하는 경우, 설계 지지저항력 q_{Rd} 는 다음 식과 같다.

$$q_{Rd} = \left(\frac{R_{v,k}/A' - \sigma_v}{\gamma_{Rv}} \right) + \sigma_v$$

여기서 σ_v 는 기초저면에서의 전체 상재압력, A' 는 기초의 유효면적이다. 다음 식과 같이 설계 저항력은 전체 저항력에 계수를 곱하여 구한다.

$$q_{Rd} = \frac{R_{v,d}}{A'} = \frac{1}{A'} \left(\frac{R_{v,k}}{\gamma_{Rv}} \right)$$

유로코드 7에서는 이 논쟁에 대해 언급하지는 않았다(단, 다른 설계법에서 $\gamma_{Rv} = 1.0$ 이기 때문에 설계법 2에만 적용). 다른 지반구조물과의 일관성을 확보하기 위해 순 저항력보다는 전체 저항력에 저항계수를 적용할 것을 권장하고 있다.

[†] 연약지반에서 실제 전단파괴는 일어나지 않으면서 재하된 기초의 하부지반이 크게 침하될 수 있다. 그 경우 허용지지력은 최대허용 침하량에 좌우된다.

10.5 수평하중을 받는 기초

유로코드 7에서는 확대기초에 작용하는 수평 설계하중 H_d가 기초의 하부지반에 의한 설계 저항력 R_d와 기초측면에 작용하는 설계수동저항력 R_{pd}를 합한 값보다 작거나 같아야 한다. [EN 1997-1 식 (6.21)]

$$H_d \leq R_d + R_{pd}$$

이 식은 단지 다음 부등식을 다시 쓴 것으로

$$E_d \leq R_d$$

제6장에서 상세하게 다루고 있다.

기술자들은 힘의 항보다는 전단응력을 사용하는 것을 선호하므로 이 부등식은 다음 식과 같이 다시 쓸 수 있다.

$$\tau_{Ed} \leq \tau_{Rd}$$

여기서 τ_{Ed}는 기초저면에 작용하는 설계 전단응력(하중영향)이고 τ_{Rd}는 전단응력에 대한 설계 저항력이다.

그림 10.7은 그림 10.4의 기초에서 특성연직하중 V_{Gk}(영구), V_{Qk}(변동) 및 W_{Gk}(영구) 하중 외에 특성수평하중 H_{Gk}(영구)와 H_{Qk}(변동) 하중을 받는 경우를 보여 주고 있다.

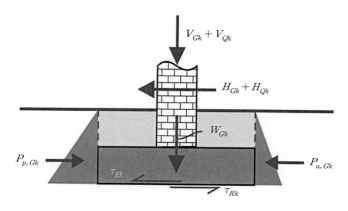

그림 **10.7** 확대기초에 작용하는 수평하중

10.5.1 하중의 영향

그림 10.7에 나타난 특성전단응력 τ_{Ek} 는 다음 식과 같다.

$$\tau_{Ek} = \frac{\sum H_{rep}}{A'} = \frac{(H_{Gk} + \sum_i \psi_i H_{Qk,i}) + P_{a,Gk}}{A'}$$

여기서 H_{rep} 는 대표수평하중; H_{Gk} 와 H_{Qk} 는 앞에 정의된 바와 같고; $P_{a,Gk}$ 는 기초의 측면에 작용(영구하중)하는 주동토압에 의한 특성합력이다. A' 는 기초의 유효면적(10.4.2에 정의됨)이고 ψ_i 는 i 번째 변동하중에 적용되는 조합계수이다.

기초에 한 개의 변동수평하중만이 작용하는 것으로 가정하면 이 식은 다음과 같이 단순화된다.

$$\tau_{Ek} = \frac{(H_{Gk} + H_{Qk,1}) + P_{a,Gk}}{A'}$$

주 변동하중($i = 1$)에 대해서 $\psi = 1.0$이기 때문이다.

이때 설계전단응력

$$\tau_{Ek} = \frac{\sum H_d}{A'} = \frac{\gamma_G(H_{Gk} + P_{a,Gk}) + \gamma_Q H_{Qk,1}}{A'}$$

여기서 γ_G 와 γ_Q 는 영구 및 변동하중에 대한 부분계수이다.

10.5.2 배수 시 활동저항력

그림 10.7에서 배수조건에서의 특성전단저항력 τ_{Rk} 는 다음 식과 같다(당분간 수동토압은 무시함).

$$\tau_{Rk} = \frac{V'_{Gk}\tan\delta_k}{A'} = \frac{(V_{Gk} - U_{Gk})\tan\delta_k}{A'}$$

여기서 V_{Gk} 와 V'_{Gk} 는 기초에 작용하는 전체 특성하중과 영구유효연직하중, U_{Gk} 는 기초저면에 작용하는 간극수압으로 인한 특성양압력(영구하중임), δ_k 는 기초와 지반 사이의 경계면 특성마찰각, 다른 기호들은 앞에서 정의된 바와 같다. 변동하중들은 유리한 하중으로 작용하기 때문에 이 식에서는 제외되었다.

이 식에서는 유로코드 7에서 제안한 대로 기초와 지반 사이의 어떠한 유효부착력도 보수적인 측면에서 무시하였다. [EN 1997-1 § 6.5.3(10)]

이때 설계 전단저항력 τ_{Rd}(수동토압 무시)는 다음 식과 같다.

$$\tau_{Rd} = \frac{V'_{Gd}\tan\delta_d}{\gamma_{Rh}A'} = \frac{(V_{Gd} - U_{Gd})\tan\delta_d}{\gamma_{Rh}A'}$$

여기서 γ_{Rh}는 수평 활동저항력에 적용하는 부분계수이며 아래첨자 d는 설계값을 의미한다.

연직하중 V_{Gd}는 하중의 증가가 전단저항력을 증가시키기 때문에 유리한 하중이다. 반면에 U_{Gd}는 하중의 증가가 저항력을 감소시키기 때문에 불리한 하중이다. 이 식에서 유리하거나 불리한 영구하중에 부분계수 $\gamma_{G,fav}$ 및 γ_G를 적용하면 다음과 같은 식이 된다.

$$\tau_{Rd} = \frac{(\gamma_{G,fav}V_{Gk} - \gamma_G U_{Gk})\tan\delta_k}{\gamma_{Rh}\gamma_\varphi A'}$$

$$= \left[\left(\frac{\gamma_{G,fav}}{\gamma_{Rh} \times \gamma_\phi}\right)V_{Gk} - \left(\frac{\gamma_G}{\gamma_{Rh} \times \gamma_\phi}\right)U_{Gk}\right] \times \left(\frac{\tan\delta_k}{A'}\right)$$

여기서 γ_ϕ는 전단저항력에 대한 부분계수이다.

그러나 부분계수가 하중 자체가 아니라 하중의 영향에 적용되면 앞의 식들은 다음 식과 같이 된다.

$$\tau_{Rd} = \frac{\gamma_{G,fav}(V_{Gk} - U_{Gk})\tan\delta_k}{\gamma_{Rh}\gamma_\phi A'}$$

$$= \left(\frac{\gamma_{G,fav}}{\gamma_{Rh} \times \gamma_\phi}\right)(V_{Gk} - U_{Gk}) \times \left(\frac{\tan\delta_k}{A'}\right)$$

여기서 γ_ϕ는 전단저항력에 대한 부분계수이다.

다음 표는 유로코드 7에서 제시된 3가지 설계법에 대한 부분계수를 요약해 놓은 것이다(제6장 참조).

개별 부분계수 또는 그룹 부분계수	설계법			
	1		2	3
	조합 1	조합 2		
γ_G	1.35	1.0	1.35	1.35/1.0*
$\gamma_{G,fav}$	1.0	1.0	1.0	1.0
γ_φ	1.0	1.25	1.0	1.25
γ_{cu}	1.0	1.4	1.0	1.4
γ_{Rh}	1.0	1.0	1.1	1.0
$\gamma_{G,fav}/(\gamma_{Rh} \times \gamma_\varphi)$	1.0	0.8	0.91	0.8
$\gamma_G/(\gamma_{Rh} \times \gamma_\varphi)$	1.35	0.8	1.23	1.08/0.8
$1/(\gamma_{Rh} \times \gamma_{cu})$	1.0	0.71	0.91	0.71

* 지반공학적 하중에 대한 A2의 계수

유로코드 7에서는 다음 식을 이용하여 δ_d를 구한다.

$$\delta_d = k\phi_{cv,d} = k\tan^{-1}\left(\frac{\tan\phi_{cv,k}}{\gamma_\phi}\right)$$

여기서 $\phi_{cv,d}$는 지반의 일정체적('한계상태')의 설계 전단저항각, γ_ϕ는 앞에서 정의하였다. 현장타설 콘크리트인 경우, $k = 1$이고 프리캐스트 콘크리트인 경우, $k = 2/3$이다. $\phi_{cv,d}$ 값은 거의 측정되지 않으나 대개 경험적으로 평가하여 사용한다.[20]

그림 10.8은 흙의 최대 특성 전단저항각 $\phi_{p,k}$와 일정체적 전단저항각 $\phi_{cv,k}$ 사이의 주요한 차이점을 설명하고 있다. 본질적으로 $\phi_{p,k}$는 $\phi_{cv,k}$보다 변동성이 크며 조밀한(팽창성인) 흙인 경우 변형률은 작아도 변동성이 훨씬 크다. 유로코드 7에서는 $\tan\phi_{p,k}$의 신중한 추정값에 부분계수 $\gamma_\phi = 1.25$를 적용함으로써 활동저항력의 계산결과가 신뢰성이 충분함을 확인할 수 있다. 그러나 $\phi_{cv,k}$에 동일한 부분계수 $\gamma_\phi = 1.25$를 적용하면 너무 보수적인 값이 된다.

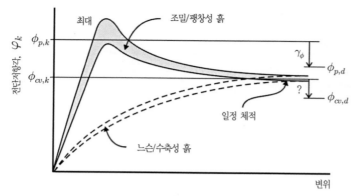

변위

그림 10.8 최대 및 일정체적 전단저항각의 변동성

한계상태이론[21]에 따르면 ϕ_{cv}는 대변형(흙에는 잔류전단면이 형성되지 않는 것으로 가정)에서 발휘되는 가장 작은 전단저항각을 나타낸다. 그러므로 BS EN 1997-1에 대한 영국의 국가부속서에는 다음과 같이 기술되어 있다.

'ϕ'_{cv}의 설계값을 직접 선정하는 것이 더 합리적일 것이다.'

$\phi_{cv,d}$를 결정하는 한 가지 방법은 앞 식에 있는 부분계수 γ_ϕ를 $\gamma_{\phi,cv} < \gamma_\phi$로 대체하는 것이다. 즉

$$\delta_d = k\phi_{cv,d} = k\tan^{-1}\left(\frac{\tan\phi_{cv,k}}{\gamma_{\phi,cv}}\right)$$

여기서 $\gamma_{\phi,cv}$가 1.0만큼 작을 수가 있다(ϕ_{cv}를 얼마나 주의 깊게 선정하는지에 달려 있음). 이 방법이 채택된다면 $\phi_{cv,d}$가 ϕ_d보다 작다는 것이 추가적으로 확인되어야 한다.

기초에 작용하는 경사하중에서 수평하중 성분이 유도되는 경우가 있다. 이 경우, 하중의 수평 및 연직성분은 동일한 요소에서 나온다. 그러나 활동에 대한 극한상태가 관심이 되는 경우에는 수평성분은 불리한 하중으로 작용하는 반면에 연직성분은 유리한 하중으로 작용한다.

예외적으로 설계법 1의 조합 2(제6장 참조)에서는 유리한 영구하중에 부분계수 $\gamma_{G,fav} = 1.0$을 사용하고, 불리한 영구하중에 부분계수 $\gamma_G = 1.35$를 적용한다. 경사하중의 성분들을 따로 취급할 경우, 하중의 경사는 변화될 것이다. 이것은 제3장에서 논의된 '단일소스 원칙'을 적용한 적절한 예로서 모든 하중은 불리한 하중 또는 유리한 하중으로 분리하여 다루어야 한다. 즉 어느 것이든 번거로운(onerous) 일이 된다.

10.5.3 비배수 활동저항력

그림 10.7(수동토압 무시)과 같이 비배수조건에서 특성전단저항력 τ_{Rk}는 다음 식과 같다.

$$\tau_{Rk} = c_{uk}$$

여기서 c_{uk}는 흙의 비배수 특성전단강도이다.

설계 전단저항력 τ_{Rd}(수동토압 무시)는 다음 식으로 주어진다.

$$\tau_{Rd} = \frac{c_{ud}}{\gamma_{Rh}} = \frac{c_{uk}}{\gamma_{cu} \times \gamma_{Rh}}$$

여기서 γ_{Rh}는 수평 활동저항력에 적용하는 부분계수, γ_{cu}는 비배수전단강도에 적용하는 부분계수이다. 10.5.2의 표는 Eurdocode 7의 3가지 설계법(제6장 참조)에 대한 부분계수를 요약한 것이다.

10.5.4 수동토압 – 유리한 하중인가 또는 저항력인가?

그림 10.7에 제시된 특성 전단저항력 τ_{Rk}은 다음 식과 같다.

$$\tau_{Rk} = \frac{R_{hk} + P_{p,Gk}}{A'}$$

여기서 R_{hk}는 기초저면 위쪽(예: 기초와 지반 사이의 경계면)의 특성수평저항력, $p_{p,Gk}$는 기초를 구속하는 데 도움이 되는 수동토압의 특성합력, A'는 기초의 유효면적(10.4.2에서 정의함)이다.

이때 설계 전단저항력 τ_{Rd}는(설계법 1 과 3)

$$\tau_{Rd} = \frac{1}{A'}(R_{hd} + \gamma_{G,fav}P_{p,Gk})$$

또는(설계법 2)

$$\tau_{Rd} = \frac{1}{A'}\left(\frac{R_{hk}}{\gamma_{Rh}} + \gamma_{G,fav}P_{p,Gk}\right)$$

여기서 γ_{Rh} 와 $\gamma_{G,fav}$ 는 수평저항력과 유리한 영구하중에 적용되는 부분계수이다.

첫 번째 식에서 부분계수는 하중과 재료물성에 적용된다. 반면에 두 번째 식에서 부분계수는 하중의 영향과 저항력에 적용된다(제6장 참조).

이들 두 식에서 수동토압 $p_{p,Gk}$ 는 유리한 하중으로 고려된다(따라서 $\gamma_{G,fav} = 1.0$ 을 곱함). 만약 저항력으로 고려되었다면 이들 식은 다음과 같다.

$$\tau_{Rd} = \frac{1}{A'}(R_{hd} + P_{p,Gd})$$

그리고

$$\tau_{Rd} = \frac{1}{A'}\left(\frac{R_{hk} + P_{p,Gk}}{\gamma_{Rh}}\right)$$

유로코드 7에서는 이러한 가정들이 채택되어야 한다고(문구 '수동저항력'은 유리한 하중을 의미함)명확히 언급하지는 않았다. 대부분의 경우, 실무에서 주동 및 수동토압에 의한 합력(P_{ak}와 P_{pk})은 $P_{pk} > P_{ak}$이기 때문에 안전 측에서 발생하는 오차들은 단순화를 위해 종종 무시가 된다.

10.6 사용성 설계

제8장에 논의된 것처럼 유로코드 7에서 기초의 설계변위 E_d는 프로젝트에서 규정된 한계변위량 C_d보다 작거나 같아야 한다.

$$E_d \leq C_d$$

이때 고려되어야 하는 침하량 성분은 다음과 같다.

- 포화된 흙에서 일정체적 전단에 의한 즉시 침하량(s_0) 또는 (부분포화된 흙에서 체적이 감소되어 발생하는 침하량)
- 압밀에 의한 침하량(s_1)
- 크리프에 의한 침하량(s_2)　　　　　　　　　　　[EN 1997-1 § 6.6.2(2)]

따라서 앞의 부등식은 기초에 대해 다음 식과 같이 다시 쓸 수 있다.

$$S_{Ed} = s_0 + s_1 + s_2 \leq s_{Cd}$$

여기서 s_{Ed}는 전체 침하량(하중영향)이고 s_{Cd}는 전체 침하량의 한계값이다.

사용한계상태 검증 시 변동하중에 적용되는 조합계수 ψ는 특성, 빈도 또는 유사영구 조합하중에 대한 계수값이다(제2장 참조). 즉

$$\psi = \psi_2$$

극한한계상태 검증 시 영구 및 임시설계상황에 대한 하중조합에서는 조합계수 $\psi = \psi_0$를 사용한다. 모든 하중에 대해 ψ_0는 ψ_2보다 크기 때문에 대표하중은 보통 사용한계상태보다 극한상태가 더 크다.

사용한계에 대한 부분계수는 보통 1.0을 사용한다.　　　[EN 1997-1 § 2.4.8(2)]

유로코드 7에서 연약지반상의 기초는 항상 침하량 계산을 해야 하며 위험성을 무시할 수 있을 정도의 단단(firm)~견고한(stiff) 점토지반상의 기초†에 대해서도 침하량 계산을 해야 한다(기초가 지반 범주 1에 해당하지 않는 경우)고 명시되어 있다.　　　　　　　[EN 1997-1 § 6.6.1(3)P 및 (4)]

침하량 계산 시에는 전체 기초의 침하량을 고려해야 하며 기초의 각 부분 사이의 부등변위에는 반드시 즉시 및 지연 침하량이 포함되어야 한다.

[EN 1997-1 § 6.6.1(7)P 및 6.6.2(1)P]

EN 19971-1의 부록 F에는 침하량 산정에 관한 2가지 방법이 제시되었다.

---

† 엄밀하게, 연약점토는 '낮은 강도', '단단~중간강도' 및 '견고~'높은 고강도'의 점토를 의미한다 - 제4장 참조.

응력–변형률 해석방법에서 기초의 전체 침하량은 첫째, 기초하중에 의한 지반의 응력분포를 계산하여 구할 수 있으며(균질등방성 흙에 대한 탄성론 이용); 둘째, 적절한 응력–변형모델(및 적절한 강성)을 이용하여 계산된 응력에 대해 지반 내의 변형률을 계산하여 구하거나; 마지막으로 연직변형률을 적분하여 구할 수 있다.   [EN 1997–1 § F.1(1)]

수정탄성법에서 기초의 '전체 침하량'은 탄성론을 사용한 다음 식으로 구한다.

$$s = \frac{p \times b \times f}{E_m}$$

여기서 p는 기초저면에 작용하는 지지압(선형분포), b는 기초의 폭, f는 침하계수, E_m은 탄성계수의 설계값이다.   [EN 1997–1 § F.2(1)]

다른 침하량 산정법(현장시험결과 이용)들은 EN 1997–2의 부록(제4장의 목록 참조)에 수록되어 있다. 유로코드 7에서는 침하량 계산결과를 '정확한 값으로 고려해서는 안 된다'는 점을 강조하고 있다. 계산값들은 단지 개략적인 값만 제공할 뿐이다.   [EN 1997–1 § 6.6.1(6)]

압축성지층의 두께가 큰 경우, 해석가능 깊이는 유효연직응력 증가가 현장 유효응력의 20%보다 깊은 깊이로 제한하는 것이 일반적이다.

[EN 1997–1 § § 6.6.2(6)]

제8장에서 논의한 것처럼 점토지반에 시공된 일반적인 구조물의 경우, 유로코드 7에서는 가해진 사용하중 E_k에 대한 특성 지지저항력 R_k의 비가 3이하인 경우에 침하량을 계산한다. 이 비가 2 이하인 경우, 침하량 계산 시 지반의 비선형 강성을 고려해야 한다.   [EN 1997–1 § 6.6.2(16)]

사용한계상태는 다음 식을 만족하면 검증된 것으로 볼 수 있다.

$$E_k \leq \frac{R_k}{\gamma_{R,SLS}}$$

여기서 E_k = 특성하중영향, R_k = 하중에 대한 특성저항력, $\gamma_{R,SLS}$ = 부분 저항계수 ≥ 3이다.

10.7 구조설계

EN 1997−1은 확대기초의 구조설계에 관하여 짧게 다루고 있다. 콘크리트의 필요한 양이나 콘크리트의 보강재 세부사항 등의 평가절차에 대한 지침은 없다. 이에 관한 내용은 유로코드 2[22]에서 다루고 있다.

유로코드 7에서 강성기초는 선형지반응력분포를 사용하여 기초의 휨모멘트와 전단응력을 계산할 것을 권장하고 있다. 연성매트기초(flexible rafts)와 줄기초는 변형연속체 또는 등가 스프링모델을 이용한 해석을 권장한다.

흙과 구조물의 상호작용이 중요한 경우, 전체 및 부등침하량을 평가하기 위한 수치해석 방법이 필요할 수 있다.

10.8 감독, 모니터링 및 유지관리

공사를 위한 지반준비에 대한 두 개의 단락과는 별개로 EN 1997−1의 §6에서는 §4에 주어진 사항들 외에 감독, 모니터링 및 유지관리에 관해 어떠한 추가적 규칙도 제시하지 않았다.

EN 1997−1의 §4에서는 시공절차와 시공기술을 감독하고 시공 전후의 구조물 성능을 모니터링하며 구조물을 유지관리할 것을 요구한다. 제16장에서 논의된 것처럼 이들 요구사항들은 지반설계보고서에 명시하여 책임성이 명료하게 기술되도록 해야 하며 모니터링 결과, 구조물의 성능이 부적합할 경우에는 발주자(client)가 무엇을 해야 하는지 통보해야 한다. 이러한 목적은 구조물이 적합하게 시공되고 프로젝트의 허용기준 내에서 성능이 발휘되는지를 확인하기 위한 것이다.

10.9 핵심요약

유로코드 7에서의 기초설계는 지반이 연직하중에 견딜 수 있는 충분한 지지저항력을 가졌는지, 수평 및 경사하중에 견딜 수 있는 충분한 활동저항력을 가졌는지, 침하량이 허용기준을 초과하지 않도록 충분한 강성을 가졌는지 등에 대한 검토가 포함되어 있다. 첫 번째와 두 번째는 극한한계상태, 그리고 세 번째는 사용한계상태를 점검하기 위한 것이다.

극한한계상태에 대한 검증은 다음 식을 만족시킴으로써 입증할 수 있다.

$$V_d \leq R_d \ \text{및} \ H_d \leq R_d + R_{pd}$$

(여기서 기호들은 10.3에서 정의됨) 이들 식은 단지 다음 식의 특정한 형태이다.

$$E_d \leq R_d$$

이 식은 제6장에 상세하게 다루고 있다.

사용한계상태의 검증은 다음 식을 만족시킴으로써 입증할 수 있다.

$$s_{Ed} = s_0 + s_1 + s_2 \leq s_{Cd}$$

(여기서 기호들은 10.6에서 정의됨) 이 방정식은 단지 다음 식의 특정한 형태이다.

$$E_d \leq C_d$$

이 식은 제8장에 상세하게 다루고 있다. 또한 사용한계상태는 다음 식을 만족시킴으로써 입증할 수 있다.

$$E_k \leq \frac{R_k}{\gamma_{R,SLS}}$$

여기서 부분안전계수 $\gamma_{R,SLS} \geq 3$ 이다.

10.10 실전 예제

이장의 실전 예제는 건조한 모래지반 위의 기초설계에 관한 것으로(예제 10.1) 동일한 기초지만 편심하중이 작용한 경우(예제 10.2), 점토지반 위의 줄기초(예제 10.3), 그리고 동일한 기초에 대한 사용한계상태 검증(예제 10.4)에 관한 문제이다.

계산과정의 특정부분은 ❶, ❷, ❸ 등으로 표시되어 있다. 여기서 숫자들은 각 예제에 동반된 주석을 가리킨다.

10.10.1 건조한 모래지반 위의 기초

예제 10.1은 그림 10.9와 같이 건조한 모래지반에 놓인 단순직사각형 확대
기초의 설계에 관한 문제이
다. 여기서는 EN 1997 − 1
의 부록 D에 있는 계산방법
을 채택하였다.

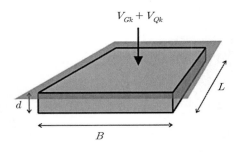

$V_{Gk} + V_{Qk}$

d

L

B

그림 10.9 건조한 모래지반 위의 기초

그림 10.9에서 지표면은 기
초의 상부에 있는 것으로 가
정한다. 즉 기초저면은 지
표면보다 0.5m 낮다.

하중은 기초의 중심부에 작용하므로 편심은 무시한다. 지하수 역시 고려하
지 않았다. 이 예제는 가장 단순한 조건에서의 부분계수 적용에 초점을 맞추
고 있다. 실제로 기초를 평가하는 경우, 설계를 종료하기 전에 여러 가지 다
른 상황들을 고려할 필요가 있다.

예제 10.1 **주석**

❶ 지반공학과 관련된 논쟁보다는 EC7에 집중하기 위해 상대적으로 단순
한 문제를 선택하였으며 지하수의 영향은 배제하였다.

❷ 지지력계수와 형상계수에 대한 공식은 부록 D에 수록되어 있다. 설계
상황에 대해 더 좋은 이론 및 실무적인 모델이 있다고 생각되는 경우, 다
른 공식들을 사용할 수 있다.

❸ 부록 D에 제시된 방법에는 확장지지력공식(예: Brinch-Hansen 또는
Vesic)과 같은 식에 포함되어 있는 깊이계수는 포함되지 않았다. 이들 깊
이계수의 영향력이 중요하며 깊이계수가 포함되는 경우 발생하는 추가적

인 지지력에 대한 의존도가 보수적이지는 않기 때문에 이들 깊이계수를 사용하는데 따른 우려도 있다.

❹ 설계법 1의 경우, DA1−2는 이용률이 97%로 설계코드의 요구조건을 겨우 충족하는 정도이다.

❺ 설계법 2의 경우, 계산에 포함된 불확실성은 하중에 대한 부분계수와 계산된 저항력에 대한 전체 계수로 반영된다.

❻ DA2에 의하면 계산된 이용률이 75%로 기초가 과다설계되었을 가능성이 있음을 의미한다.

❼ 설계법 3에서는 하중과 재료특성에 동시에 부분계수가 적용된다.

❽ DA3의 계산에 의하면 전체 이용률이 123%로 설계가 불안정하므로 재설계가 필요하다.

유로코드에서 제시한 3가지 설계법은 설계하중에 대한 기초의 적합성을 서로 다른 방법으로 평가한다. DA1은 기초의 만족 여부만을 제시하고 DA3는 재설계가 필요하다고 제시하며 DA2는 기초가 과다 설계되어 있음을 알려준다.

비록 DA3가 하중과 재료물성 모두에 중요한 부분계수를 적용하기 때문에 불필요하게 보수적인 것으로 보일 수 있지만 이들 중 어떤 설계법이 가장 적합한지는 결정할 수 없다.

예제 10.1

건조한 모래 위의 기초
강도의 검증(한계상태 GEO)

설계상황

길이 $L = 2.5m$, 폭 $B = 1.5m$, 깊이 $d = 0.5m$ 인 직사각형 기초의 중심에 영구하중 $V_{Gk} = 800kN$과 변동하중 $V_{Qk} = 450kN$이 작용한다. 기초는 특성전단저항각 $\phi_k = 35°$, 유효점착력 $c'_k = 0kPa$, 단위중량 $\gamma_k =$

$18kN/m^3$인 건조한 모래❶ 지반 위에 시공된다. 콘크리트의 단위중량 $\gamma_{ck} = 25kN/m^3$이다(EN 1991-1-1의 표 A.1 참조).

설계법 1

하중 및 하중의 영향

기초의 특성자중 $W_{Gk} = \gamma_{ck} \times L \times B \times d = 46.9kN$

$\binom{A1}{A2}$에서 부분계수: $\gamma_G = \binom{1.35}{1}$, $\gamma_Q = \binom{1.5}{1.3}$

연직 설계하중:

$$V_d = \gamma_G \times (W_{Gk} + V_{Gk}) + \gamma_Q \times V_{Qk} = \binom{1818.3}{1431.9}kN$$

기초저면의 면적: $A_b = L \times B = 3.75m^2$

설계 지지압: $q_{Ed} = \dfrac{V_d}{A_b} = \binom{484.9}{381.8}kPa$

재료의 물성 및 저항력

$\binom{M1}{M2}$에서 부분계수: $\gamma_\phi = \binom{1}{1.25}$, $\gamma_c = \binom{1}{1.25}$

설계 전단저항각 $\phi_d = \tan^{-1}\left(\dfrac{\tan(\phi_k)}{\gamma_\phi}\right) = \binom{35}{29.3}^\circ$이다.

설계 점착력 $c'_d = \dfrac{c'_k}{\gamma_c} = \binom{0}{0}kPa$이다.

지지력계수

상재하중의 경우: $N_q = \overrightarrow{\left[e^{(\pi \times \tan(\phi_d))} \times \left(\tan\left(45^\circ + \dfrac{\phi_d}{2}\right)\right)^2\right]} = \binom{33.3}{16.9}$

점착력의 경우: $N_c = \overrightarrow{[(N_q - 1) \times \cot(\phi_d)]} = \binom{46.1}{28.4}$

자중의 경우: $N_\gamma = \overrightarrow{[2(N_q - 1) \times \tan(\phi_d)]} = \binom{45.2}{17.8}$ ❷

형상계수

상재하중의 경우: $s_q = \overrightarrow{\left[1 + \left(\dfrac{B}{L}\right) \times \sin\left(\phi_d\right)\right]} = \begin{pmatrix} 1.34 \\ 1.29 \end{pmatrix}$

점착력의 경우: $s_c = \dfrac{\overrightarrow{(s_q \times N_q - 1)}}{N_q - 1} = \begin{pmatrix} 1.35 \\ 1.31 \end{pmatrix}$

자중의 경우: $s_\gamma = 1 - 0.3 \times \left(\dfrac{B}{L}\right) = 0.82$ ❸

지지저항력

기초저면에서의 상재압 $\sigma'_{vk,b} = \gamma_k \times d = 9 kPa$

$\begin{pmatrix} R1 \\ R2 \end{pmatrix}$에서 부분계수: $\gamma_{Rv} = \begin{pmatrix} 1.0 \\ 1.0 \end{pmatrix}$

상재압으로부터 $q_{ult_1} = \overrightarrow{(N_q \times s_q \times \sigma'_{vk,b})} = \begin{pmatrix} 402.8 \\ 196.9 \end{pmatrix} kPa$

점착력으로부터 $q_{ult_2} = \overrightarrow{(N_c \times s_c \times c'_d)} = \begin{pmatrix} 0 \\ 0 \end{pmatrix} kPa$

자중으로부터 $q_{ult_3} = \overrightarrow{\left(N_\gamma \times s_\gamma \times \gamma_k \times \dfrac{B}{2}\right)} = \begin{pmatrix} 500.7 \\ 197.5 \end{pmatrix}$

전체 저항력 $q_{ult} = \sum_{i=1}^{3} \overrightarrow{q_{ult_i}} = \begin{pmatrix} 903.5 \\ 394.4 \end{pmatrix} kPa$

설계 저항력 $q_{Rd} = \dfrac{q_{ult}}{\gamma_{Rv}} = \begin{pmatrix} 903.5 \\ 394.4 \end{pmatrix} kPa$

지지력 검증

이용률 $\Lambda_{GEO,1} = \dfrac{q_{Ed}}{q_{Rd}} = \begin{pmatrix} 54 \\ 97 \end{pmatrix} \%$ ❹

이용률 > 100%인 경우, 이 설계는 허용할 수 없다.

설계법 2

하중 및 하중의 영향

A1에서 부분계수: $\gamma_G = 1.35$, $\gamma_Q = 1.5$

설계하중 $V_d = \gamma_G \times (W_{Gk} + V_{Gk}) + \gamma_Q \times V_{Qk} = 1818.3kN$

설계 지지압 $q_{Ed} = \dfrac{V_d}{A_b} = 484.9kPa$

재료의 물성 및 저항력

M1에서 부분계수: $\gamma_\phi = 1.0$, $\gamma_c = 1.0$

설계 전단저항각 $\phi_d = \tan^{-1}\left(\dfrac{\tan(\phi_k)}{\gamma_\phi}\right) = 35°$

설계 점착력 $c'_d = \dfrac{c'_k}{\gamma_c} = 0kPa$

지지력계수

상재하중의 경우: $N_q = e^{(\pi \times \tan(\phi_d))} \times \left(\tan\left(45° + \dfrac{\phi_d}{2}\right)\right)^2 = 33.3$

점착력의 경우: $N_c = (N_q - 1) \times \cot(\phi_d) = 46.1$

자중의 경우: $N_\gamma = 2(N_q - 1) \times \tan(\phi_d) = 45.2$

형상계수

상재하중의 경우: $s_q = 1 + \left(\dfrac{B}{L}\right) \times \sin(\phi_d) = 1.34$

점착력의 경우: $s_c = \dfrac{(s_q \times N_q - 1)}{N_q - 1} = 1.35$

자중의 경우: $s_\gamma = 1 - 0.3 \times \left(\dfrac{B}{L}\right) = 0.82$

지지저항력

R2에서 부분계수: $\gamma_{Rv} = 1.4$ ❺

상재압으로부터 $q_{ult_1} = (N_q \times s_q \times \sigma'_{vk,b}) = 402.8 kPa$

점착력으로부터 $q_{ult_2} = (N_c \times s_c \times c'_d) = 0 kPa$

자중으로부터 $q_{ult_3} = N_\gamma \times s_\gamma \times \gamma_k \times \dfrac{B}{2} = 500.7 kPa$

전체 저항력 $q_{ult} = \sum q_{ult} = 903.5 kPa$

설계 저항력 $q_{Rd} = \dfrac{q_{ult}}{\gamma_{Rv}} = 645.3 kPa$

지지저항력의 검증

이용률 $\Lambda_{GEO,2} = \dfrac{q_{Ed}}{q_{Rd}} = 75\%$ ❻

이용률 > 100%인 경우, 이 설계는 허용할 수 없다.

설계법 3

하중 및 하중의 영향

A1에서 부분계수: $\gamma_G = 1.35$, $\gamma_Q = 1.5$

연직 설계하중

$V_d = \gamma_G \times (W_{Gk} + V_{Gk}) + \gamma_Q \times V_{Qk} = 1818.3 kN$

설계 지지압 $q_{Ed} = \dfrac{V_d}{A_b} = 484.9 kPa$

재료의 물성 및 저항력

M2에서 부분계수: $\gamma_\phi = 1.25$, $\gamma_c = 1.25$ ❼

설계 전단저항각 $\phi_d = \tan^{-1}\left(\dfrac{\tan(\phi_k)}{\gamma_\phi}\right) = 29.3°$

설계 점착력 $c'_d = \dfrac{c'_k}{\gamma_c} = 0 kPa$

지지력계수

상재하중의 경우: $N_q = e^{(\pi \times \tan(\phi_d))} \times \left(\tan \left(45° + \dfrac{\phi_d}{2} \right) \right)^2 = 16.9$

점착력의 경우: $N_c = (N_q - 1) \times \cot(\phi_d) = 28.4$

자중의 경우: $N_\gamma = 2(N_q - 1) \times \tan(\phi_d) = 17.8$

형상계수

상재하중의 경우: $s_q = 1 + \left(\dfrac{B}{L} \right) \times \sin(\phi_d) = 1.29$

점착력의 경우: $s_c = \dfrac{(s_q \times N_q - 1)}{N_q - 1} = 1.31$

자중의 경우: $s_\gamma = 1 - 0.3 \times \left(\dfrac{B}{L} \right) = 0.82$

지지저항력

R3에서 부분계수: $\gamma_{Rv} = 1$

상재압으로부터 $q_{ult_1} = (N_q \times s_q \times \sigma'_{vk,b}) = 196.9 kPa$

점착력으로부터 $q_{ult_2} = (N_c \times s_c \times c'_d) = 0 kPa$

자중으로부터 $q_{ult_3} = N_\gamma \times s_\gamma \times \gamma_k \times \dfrac{B}{2} = 197.5 kPa$

전체 저항력 $q_{ult} = \sum q_{ult} = 394.4 kPa$

설계 저항력 $q_{Rd} = \dfrac{q_{ult}}{\gamma_{Rv}} = 394.4 kPa$

지지저항력의 검증

이용률 $\varLambda_{GEO,3} = \dfrac{q_{Ed}}{q_{Rd}} = 123\%$ ❽

이용률 > 100%인 경우, 이 설계는 허용할 수 없다.

10.10.2 건조한 모래지반 위에서 편심하중을 받은 기초

예제 10.2는 건조한 모래지반에서의 기초설계에 대한 것이다. 그림 10.10과 같이 상부구조물에서 가해지는 연직하중은 기초중심에서 편심되어 작용한다.

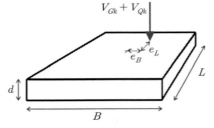

$V_{Gk} + V_{Qk}$

그림 10.10 건조한 모래지반 위 편심하중을 받는 기초

편심하중을 받으므로 기초설계는 유효면적을 사용한다. 기초의 자중(기초의 중심에 작용)은 전체 하중의 편심을 감소시키는 데 도움이 된다. 편심하중은 기초를 비효율적으로 만들기 때문에 가능하면 피하는 것이 좋다.

예제 10.2 주석

❶ 시공 오류로 발생된 하중의 편심 고려 시 전체 하중은 가해진 하중과 기초의 자중으로 구성되어 있음을 인식해야 한다. 기초의 자중은 기초의 중심에 작용하므로 전체 하중의 편심은 가해진 하중의 편심보다 작다. 유로코드 7에는 하중의 특성이나 설계값에 대하여 편심을 고려해야 하는지에 대한 지침은 없다. 따라서 예시된 바와 같이 설계하중을 근거로 계산하는 것이 최선의 방법이라 생각한다. 예를 들어 예제 10.2에서는 차이는 작으나 변동하중에 대한 영구하중의 상대적 비중이 변하므로 그 영향들은 더욱 명백해질 수 있다.

❷ 편심의 영향은 기초의 유효단면적을 감소시키는 것이다. 이 감소된 면적은 계산과정 전체에서 기초의 적합성을 확인하는 데 사용된다.

❸ 예제 10.2에서 편심이 도입됨으로써 이 기초는 DA1에 대해 부적합을 알 수 있다. 그리고 이 기초가 EC7 요구조건을 만족시키기 위해서는 재설계가 필요하다. 이는 기초를 더 크게 만들거나 하중의 작용위치를 재배치

해야 함을 의미한다.

❹ 이 기초는 DA2에 대해 적합하다.

❺ 이 기초는 DA3을 만족시키지 못하므로 재설계할 필요가 있다.

예제 10.2

건조한 모래 위의 편심을 받는 기초
강도의 검증(GEO 한계상태)

설계상황

그림 10.10과 같이 현장의 오류 때문에 기초의 중심으로부터 $e_B = 75mm$, $e_L = 100mm$ 떨어진 위치에 하중이 작용한다.

설계법 1

기하학적 조건

전체 연직하중의 편심

$$e'_B = \frac{(\gamma_G V_{Gk} + \gamma_Q V_{Qk}) \times e_B}{\gamma_G \times (W_{Gk} + V_{Gk}) + \gamma_Q V_{Qk}} = \binom{72.4}{72.5} mm \; ❶$$

$e'_B \leq B/6 = 250mm$ 이면 하중은 기초의 중앙 1/3 안에 작용

유효폭 $B' = B - 2e'_B = \binom{1.36}{1.35} m \; ❷$

전체 연직하중의 편심

$$e'_L = \frac{(\gamma_G V_{Gk} + \gamma_Q V_{Qk}) \times e_L}{\gamma_G \times (W_{Gk} + V_{Gk}) + \gamma_Q V_{Qk}} = \binom{96.5}{96.7} mm$$

$e'_L \leq L/6 = 417mm$ 이면 하중은 기초의 중앙 1/3 안에 작용

유효폭 $L' = L - 2e'_L = \binom{2.31}{2.31} m \; ❷$

따라서 가초의 유효단면적 $A'_b = \overrightarrow{(L' \times B')} = \binom{3.13}{3.13} m^2$

하중 및 하중의 영향

예제 10.1로부터 $V_d = \begin{pmatrix} 1818.3 \\ 1431.9 \end{pmatrix} kN$

설계 지지압 $q_{Ed} = \dfrac{V_d}{A'_b} = \begin{pmatrix} 581.6 \\ 458.2 \end{pmatrix} kPa$

재료의 물성과 저항력

예제 10.1로부터

설계 전단저항각 $\phi_d = \begin{pmatrix} 35° \\ 29.3° \end{pmatrix}$, $c'_d = \begin{pmatrix} 0 \\ 0 \end{pmatrix} kPa$

지지력계수 $N_q = \begin{pmatrix} 33.3 \\ 16.9 \end{pmatrix}$, $N_c = \begin{pmatrix} 46.1 \\ 28.4 \end{pmatrix}$, $N_\gamma = \begin{pmatrix} 45.2 \\ 17.8 \end{pmatrix}$

형상계수

상재하중의 경우: $s_q = \overrightarrow{\left[1 + \left(\dfrac{B'}{L'} \right) \times \sin(\phi_d) \right]} = \begin{pmatrix} 1.34 \\ 1.29 \end{pmatrix}$

점착력의 경우: $s_c = \dfrac{\overrightarrow{(s_q \times N_q - 1)}}{N_q - 1} = \begin{pmatrix} 1.35 \\ 1.31 \end{pmatrix}$

자중의 경우: $s_\gamma = 1 - 0.3 \times \left(\dfrac{B'}{L'} \right) = \begin{pmatrix} 0.82 \\ 0.82 \end{pmatrix}$

지지저항력

상재압으로부터 $q_{ult_1} = \overrightarrow{(N_q \times s_q \times \sigma'_{vk,b})} = \begin{pmatrix} 400.6 \\ 196 \end{pmatrix} kPa$

점착력으로부터 $q_{ult_2} = \overrightarrow{(N_c \times s_c \times c'_d)} = \begin{pmatrix} 0 \\ 0 \end{pmatrix} kPa$

자중으로부터 $q_{ult_3} = \overrightarrow{\left(N_\gamma \times s_\gamma \times \gamma_k \times \dfrac{B'}{2} \right)} = \begin{pmatrix} 454.4 \\ 179.2 \end{pmatrix} kPa$

전체 저항력 $q_{ult} = \sum_{i=1}^{3} \overrightarrow{q_{ult_i}} = \begin{pmatrix} 855.1 \\ 375.2 \end{pmatrix} kPa$

설계 저항력 $q_{Rd} = \dfrac{q_{ult}}{\gamma_{Rv}} = \begin{pmatrix} 855.1 \\ 375.2 \end{pmatrix} kPa$

지지저항력의 검증

이용률 $\Lambda_{GEQO,1} = \dfrac{q_{Ed}}{q_{Rd}} = \left(\dfrac{68}{122}\right)\%$ ❸

이용률 > 100%인 경우, 이 설계는 허용할 수 없다.

설계법 2
기하학적 조건

전체 연직하중의 편심량

$$e'_B = \frac{(\gamma_G V_{Gk} + \gamma_Q V_{Qk}) \times e_B}{\gamma_G \times (W_{Gk} + V_{Gk}) + \gamma_Q V_{Qk}} = 72.4mm$$

$e'_B \le B/6 = 250mm$ 이면 하중은 기초의 중앙 1/3 안에 작용

유효폭 $B' = B - 2e'_B = 1.36m$

전체 연직하중의 편심량

$$e'_L = \frac{(\gamma_G V_{Gk} + \gamma_Q V_{Qk}) \times e_L}{\gamma_G \times (W_{Gk} + V_{Gk}) + \gamma_Q V_{Qk}} = 96.5mm$$

$e'_L \le L/6 = 417mm$ 이면 하중은 기초의 중앙 1/3 안에 작용

유효폭 $L' = L - 2e'_L = 2.31m$ ❷

따라서 기초의 유효단면적 $A'_b = \overrightarrow{(L' \times B')} = 3.13m^2$

하중 및 하중의 영향

예제 10.1로부터 $V_d = 1818.3kN$

설계 지지압 $q_{Ed} = \dfrac{V_d}{A'_b} = 581.6kPa$

재료의 물성 및 저항력

예제 10.1로부터 설계 전단저항각 $\phi_d = 35°$, $c'_d = 0kPa$

지지력계수 $N_q = 33.3$, $N_c = 46.1$, $N_\gamma = 45.2$

형상계수

상재하중의 경우: $s_q = 1 + \left(\dfrac{B'}{L'}\right) \times \sin(\phi_d) = 1.34$

점착력의 경우: $s_c = \dfrac{(s_q \times N_q - 1)}{N_q - 1} = 1.35$

자중의 경우: $s_\gamma = 1 - 0.3 \times \left(\dfrac{B'}{L'}\right) = 0.82$

지지저항력

상재압으로부터 $q_{ult_1} = N_q \times s_q \times \sigma'_{vk,b} = 400.6 kPa$

점착력으로부터 $q_{ult_2} = N_c \times s_c \times c'_d = 0 kPa$

자중으로부터 $q_{ult_3} = N_\gamma \times s_\gamma \times \gamma_k \times \dfrac{B}{2} = 454.4 kPa$

전체 저항력 $q_{ult} = \sum q_{ult} = 8.6 \times 10^5 kPa$

설계 저항력 $q_{Rd} = \dfrac{q_{ult}}{\gamma_{Rv}} = 610.8 kPa$

지지저항력의 검증

이용률 $\Lambda_{GEO,2} = \dfrac{q_{Ed}}{q_{Rd}} = 95\%$ ❹

이용률 > 100%인 경우, 이 설계는 허용할 수 없다.

설계법 3
기하학적 조건

전체 연직하중의 편심량

$$e'_B = \frac{(\gamma_G V_{Gk} + \gamma_Q V_{Qk}) \times e_B}{\gamma_G \times (W_{Gk} + V_{Gk}) + \gamma_Q V_{Qk}} = 72.4 mm$$

$e'_B \leq B/6 = 250 mm$ 이면 하중은 기초의 중앙 1/3 안에 작용

유효폭 $B' = B - 2e'_B = 1.36 m$

전체 연직하중의 편심량

$$e'_L = \frac{(\gamma_G V_{Gk} + \gamma_Q V_{Qk}) \times e_L}{\gamma_G \times (W_{Gk} + V_{Gk}) + \gamma_Q V_{Qk}} = 96.5mm$$

$e'_L \leq L/6 = 417mm$ 이면 하중은 기초의 중앙 1/3 안에 작용

유효폭 $L' = L - 2e'_L = 2.31m$

따라서 기초의 유효단면적 $A'_b = \overrightarrow{(L' \times B')} = 3.13m^2$

하중 및 하중의 영향

예제 10.1로부터 $V_d = 1818.3kN$

설계 지지압 $q_{Ed} = \dfrac{V_d}{A'_b} = 581.6kPa$

재료의 물성 및 저항력

예제 10.1로부터 설계 전단저항각 $\varphi_d = 29.3°$, $c'_d = 0kPa$

지지력계수 $N_q = 16.9$, $N_c = 28.4$, $N_\gamma = 17.8$

형상계수

상재하중의 경우: $s_q = 1 + \left(\dfrac{B'}{L'}\right) \times \sin(\varphi_d) = 1.29$

점착력의 경우: $s_c = \dfrac{(s_q \times N_q - 1)}{N_q - 1} = 1.31$

자중의 경우: $s_\gamma = 1 - 0.3 \times \left(\dfrac{B'}{L'}\right) = 0.82$

지지저항력

상재압으로부터 $q_{ult_1} = N_q \times s_q \times \sigma'_{vk,b} = 196kPa$

점착력으로부터 $q_{ult_2} = N_c \times s_c \times c'_d = 0kPa$

자중으로부터 $q_{ult_3} = N_\gamma \times s_\gamma \times \gamma_k \times \dfrac{B}{2} = 179.2kPa$

전체 저항력 $q_{ult} = \sum q_{ult} = 375.2 kPa$

설계 저항력 $q_{Rd} = \dfrac{q_{ult}}{\gamma_{Rv}} = 375.2 kPa$

지지저항력의 검증

이용률 $\Lambda_{GEO,3} = \dfrac{q_{Ed}}{q_{Rd}} = 155\%$ ❺

이용률 > 100%인 경우, 이 설계는 허용할 수 없다.

10.10.3 점토지반 위의 줄기초

예제 10.3은 그림 10.11과 같이 점토지반 위의 줄기초에 대한 설계를 다루었다. 지하수는 지표면으로부터 깊이 d_w 아래에 있다.

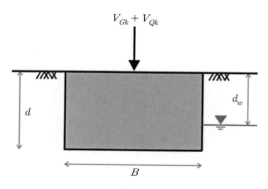

그림 10.11 점토지반 위의 줄기초

예제 10.3에서는 비배수 및 배수 파라미터에 대한 부분계수 사용법을 보여준다. 지하수가 기초 저면 위쪽에 존재하면 수압에 부분계수를 적용해야 하는 복잡한 문제가 따른다.

예제 10.3 주석

❶ EN ISO 14688−2[23]에서 '중간강도'는 40에서 75kPa 사이의 비배수 강도로 정의된다.

❷ 설계지하수위는 극한한계상태에서 구조물의 설계수명 동안 발생할 수 있는 최대수위를 나타낸다. 따라서 지하수위는 지표면에 있는 것으로 간주한다.

❸ 기초저면에 작용하는 수압은 기초의 자중에 저항하므로 유리한 하중이다.

❹ 비배수조건의 경우 d_c와 s_c는 유한요소해석에서 개발된 공식(본 해설서 참조)에 근거한 것들이다. EN 1997−1의 부록 D에는 권장사항으로 깊이계수를 포함하지 않았다. 줄기초의 형상계수는 보통 1.0으로 한다.

❺ 이 계산에서는 배수(장기)조건이 비배수(단기)조건보다 약간 더 위험하다는 것을 알 수 있다. 이용률이 100% 이하이므로 조합 2가 양쪽에 적용된다.

❻ 원칙적으로 설계법 2에 대한 부분계수는 하중에 적용된다.

❼ 저항계수 1.4는 하중에 대한 계수들과 조합하여 저항력에 적용된다.

❽ 계산결과는 비배수(단기)조건이 배수(장기)조건보다 더 위험하고 훨씬 불안정함을 나타낸다.

❾ 설계법 3에서 부분계수는 하중의 증가와 동시에 지반강도를 감소시킨다. 그러므로 설계법 3은 설계법 1보다 항상 보수적이다.

❿ 배수 및 비배수 경우에 대해 기초가 설계법 3을 정확히 만족함을 보여주고 있다(이용률 ≈100%).

예제 10.3

점토 위의 줄기초
강도의 검증(GEO 한계상태)

설계상황

폭 $B = 2.5$이고 깊이 $d = 1.5m$인 무한히 긴 기초가 있다. 기초에는 영구하중 $V_{Gk} = 250kN/m$와 변동하중 $V_{Qk} = 110kN/m$가 작용한다. 기초는 특성 비배수강도 $c_{uk} = 45kPa$, 내부마찰저항각 $\phi_k = 25°$, 유효점착력 $c'_k = 5kPa$, 단위중량 $\gamma_k = 21kN/m^3$인 중간정도의 강도 **❶** 를 가진 점토지반에 시공된다. 지하수위는 $d_w = 1.0m$에 있다. 지하수의 단위중량 $\gamma_w = 9.81kN/m^3$이고 철근콘크리트의 단위중량 $\gamma_{ck} = 25kN/m^3$이다(EN 1991−1−1의 표 A.1).

설계법 1
기하학적 파라미터

설계 지하수위 $d_{w,d} = 0m$ **❷**

하중 및 하중의 영향

기초의 특성자중 $W_{Gk} = \gamma_{ck} \times B \times d = 93.8kN/m$

기초저면 하부의 특성간극수압 $u_{k,b} = \gamma_w \times (d - d_{w,d}) = 14.7kPa$

$\begin{pmatrix} A1 \\ A2 \end{pmatrix}$에서 부분계수: $\gamma_G = \begin{pmatrix} 1.35 \\ 1.0 \end{pmatrix}$, $\gamma_{G,fav} = \begin{pmatrix} 1 \\ 1 \end{pmatrix}$, $\gamma_Q = \begin{pmatrix} 1.5 \\ 1.3 \end{pmatrix}$

설계 연직하중 $V_d = \gamma_G \times (W_{Gk} + V_{Gk}) + \gamma_Q \times V_{Qk} = \begin{pmatrix} 629.1 \\ 486.8 \end{pmatrix} kN/m$

설계 지지압(전 응력) $q_{Ed} = \dfrac{V_d}{B} = \begin{pmatrix} 251.6 \\ 194.7 \end{pmatrix} kPa$

설계 양압력(유리한 경우) $u_d = \gamma_{G,fav} \times u_{k,b} = \begin{pmatrix} 14.7 \\ 14.7 \end{pmatrix} kPa$ **❸**

설계 지지압(유효응력) $q'_{Ed} = q_{Ed} - u_d = \begin{pmatrix} 236.9 \\ 180 \end{pmatrix} kPa$

재료의 물성과 저항력

$\binom{M1}{M2}$에서 부분계수: $\gamma_{cu} = \binom{1}{1.4}$, $\gamma_{\varphi} = \binom{1}{1.25}$, $\gamma_u = \binom{1}{1.25}$

설계 비배수강도 $c_{ud} = \dfrac{c_{uk}}{\gamma_{cu}} = \binom{45}{32.1} kPa$

설계 전단저항각 $\varphi_d = \tan^{-1}\left(\dfrac{\tan(\varphi_k)}{\gamma_{\varphi}}\right) = \binom{25}{20.5}^{\circ}$

설계 점착력 $c'_d = \dfrac{c'_k}{\gamma_c} = \binom{5}{4} kPa$

배수 지지력계수

상재하중의 경우 $N_q = \overrightarrow{\left[e^{(\pi \times \tan(\varphi_d))} \times \left(\tan\left(45^{\circ} + \dfrac{\varphi_d}{2}\right)\right)^2\right]} = \binom{10.7}{6.7}$

점착력의 경우 $N_c = \overrightarrow{\left[(N_q - 1) \times \cot(\varphi_d)\right]} = \binom{20.7}{15.3}$

자중의 경우 $N_{\gamma} = \overrightarrow{\left[2(N_q - 1) \times \tan(\varphi_d)\right]} = \binom{9}{4.3}$

깊이 및 형상계수

비배수 재하에 대한 Salgado의 깊이계수 $d_c = 1 + 0.27\sqrt{\dfrac{d}{B}} = 1.21$ ❹

배수재하에 대한 깊이계수는 무시

비배수 재하에 대한 Salgado의 형상계수 $s_c = 1 + 0.17\sqrt{\dfrac{d}{B}} = 1.13$ ❹

배수 재하 시 깊이계수는 모두 1.0이므로 무시할 수 있다.

비배수 지지력

기초저면에서의 전체 상재압 $\sigma_{vk,b} = \gamma_k \times d = 31.5 kPa$

$\binom{R1}{R2}$에서 부분계수: $\gamma_{Rv} = \binom{1.0}{1.0}$

극한 저항력 $q_{ult} = (\pi + 2) \times c_{ud} \times d_c \times s_c + \sigma_{vk,b} = \binom{348.1}{257.6} kPa$

설계 저항력 $q_{Rd} = \dfrac{q_{ult}}{\gamma_{Rv}} = \begin{pmatrix} 348.1 \\ 257.6 \end{pmatrix} kPa$

배수 지지력

기초저면에서의 유효상재압 $\sigma'_{vk,b} = \sigma_{vk,b} - u_{k,b} = 16.8 kPa$

상재압으로부터 $q'_{ult_1} = \overrightarrow{(N_q \times \sigma'_{vk,b})} = \begin{pmatrix} 179 \\ 112.5 \end{pmatrix} kPa$

점착력으로부터 $q'_{ult_2} = \overrightarrow{(N_c \times c'_d)} = \begin{pmatrix} 103.6 \\ 61.1 \end{pmatrix} kPa$

자중으로부터 $q'_{ult_3} = \overrightarrow{\left(N_\gamma \times (\gamma_k - \gamma_w) \times \dfrac{B}{2} \right)} = \begin{pmatrix} 126.1 \\ 59.5 \end{pmatrix} kPa$

전체 저항력 $q'_{ult} = \displaystyle\sum_{i=1}^{3} q'_{ult_i} = \begin{pmatrix} 408.7 \\ 233 \end{pmatrix} kPa$

설계 저항력 $q'_{Rd} = \dfrac{q'_{ult}}{\gamma_{Rv}} = \begin{pmatrix} 408.7 \\ 233 \end{pmatrix} kPa$

비배수 지지력의 검증

이용률 $\Lambda_{GEO,1} = \dfrac{q_{Ed}}{q_{Rd}} = \begin{pmatrix} 72 \\ 76 \end{pmatrix} \%$ ❺

이용률 > 100%인 경우, 이 설계는 허용할 수 없다.

배수 지지력의 검증

이용률 $\Lambda'_{GEO,1} = \dfrac{q'_{Ed}}{q'_{Rd}} = \begin{pmatrix} 58 \\ 77 \end{pmatrix} \%$ ❺

이용률 > 100%인 경우, 이 설계는 허용할 수 없다.

설계법 2
하중 및 하중의 영향

A1에서 부분계수 $\gamma_G = 1.35$, $\gamma_Q = 1.5$ ❻

설계하중 $V_d = \gamma_G \times (W_{Gk} + V_{Gk}) + \gamma_Q \times V_{Qk} = 629.1 kN$

설계 지지압력(전응력) $q_{Ed} = \dfrac{V_d}{A_b} = 251.6kPa$

설계 양압력(유리한 것) $u_d = \gamma_{G,fav} \times u_{k,b} = 14.7kPa$

설계 지지압력(유효응력) $q'_{Ed} = q_{Ed} - u_d = 236.9kPa$

재료의 물성 및 저항력

M1에서 부분계수 $\gamma_{cu} = 1.0$, $\gamma_\phi = 1.0$, $\gamma_c = 1.0$ ❻

설계 비배수강도 $c_{ud} = \dfrac{c_{uk}}{\gamma_c} = 45kPa$

설계 전단저항각 $\phi_d = \tan^{-1}\left(\dfrac{\tan(\phi_k)}{\gamma_\phi}\right) = 25°$

설계 점착력 $c'_d = \dfrac{c'_k}{\gamma_c} = 5kPa$

배수 지지력계수

상재하중의 경우 $N_q = e^{(\pi \times \tan(\phi_d))} \times \left(\tan\left(45° + \dfrac{\phi_d}{2}\right)\right)^2 = 10.7$

점착력의 경우 $N_c = (N_q - 1) \times \cot(\varphi_d) = 20.7$

자중의 경우 $N_\gamma = 2(N_q - 1) \times \tan(\varphi_d) = 9$

깊이 및 형상계수

설계법 1과 동일

비배수 지지력

기초저면에서의 전체 상재압력 $\sigma_{vk,b} = \gamma_k \times d = 31.5kPa$

R2에서 부분계수: $\gamma_{Rv} = 1.4$ ❼

극한저항력 $q_{ult} = (\pi + 2) \times c_{ud} \times d_c \times s_c + \sigma_{vk,b} = 348.1kPa$

설계 저항력 $q_{Rd} = \dfrac{q_{ult}}{\gamma_{Rv}} = 248.6kPa$

배수 지지력

기초저면에서의 유효상재압 $\sigma'_{vk,b} = \sigma_{vk,b} - u_{k,b} = 16.8kPa$

상재압으로부터 $q'_{ult_1} = \overrightarrow{(N_q \times \sigma'_{vk,b})} = 179kPa$

점착력으로부터 $q'_{ult_2} = \overrightarrow{(N_c \times c'_d)} = 103.6kPa$

자중으로부터 $q'_{ult_3} = \overrightarrow{\left(N_\gamma \times (\gamma_k - \gamma_w) \times \frac{B}{2}\right)} = 126.1kPa$

전체 저항력 $q'_{ult} = \sum_{i=1}^{3} \overrightarrow{q'_{ult_i}} = 408.7kPa$

설계 저항력 $q'_{Rd} = \dfrac{q'_{ult}}{\gamma_{Rv}} = 291.9kPa$

비배수 지지력의 검증

이용률 $\Lambda_{GEO,2} = \dfrac{q_{Ed}}{q_{Rd}} = 101\%$ ❽

이용률 > 100%인 경우, 이 설계는 허용할 수 없다.

배수 지지력의 검증

이용률 $\Lambda_{GEO,2} = \dfrac{q_{Ed}}{q_{Rd}} = 81\%$ ❽

이용률 > 100%인 경우, 이 설계는 허용할 수 없다.

설계법 3
하중 및 영향

A1에서 부분계수: $\gamma_G = 1.35$, $\gamma_c = 1.5$ ❾

설계하중 $V_d = \gamma_G \times (W_{Gk} + V_{Gk}) + \gamma_Q \times V_{Qk} = 629.1kN$

설계 지지압(전응력) $q_{Ed} = \dfrac{V_d}{B} = 251.6kPa$

설계 양압력(유리한 것) $u_d = \gamma_{G,fav} \times u_{k,b} = 14.7kPa$

설계 지지압(유효응력) $q'_{Ed} = q_{Ed-}u_d = 236.9kPa$

재료 물성 및 저항력

M2에서 부분계수: $\gamma_{cu} = 1.4$, $\gamma_\varphi = 1.25$, $\gamma_c = 1.25$ ❾

설계 비배수강도 $c_{ud} = \dfrac{c_{uk}}{\gamma_c} = 32.1kPa$

설계 전단저항각 $\phi_d = \tan^{-1}\left(\dfrac{\tan(\phi_k)}{\gamma_\phi}\right) = 20.5°$

설계 점착력 $c'_d = \dfrac{c'_k}{\gamma_c} = 4kPa$

배수 지지력계수

상재하중의 경우 $N_q = e^{(\pi \times \tan(\phi_d))} \times \left(\tan\left(45° + \dfrac{\phi_d}{2}\right)\right)^2 = 6.7$

점착력의 경우 $N_c = (N_q - 1) \times \cot(\phi_d) = 15.3$

자중의 경우 $N_\gamma = 2(N_q - 1) \times \tan(\phi_d) = 4.3$

깊이 및 형상계수

설계법 1과 동일

비배수 지지력

기초저면에서 전체 상재압력 $\sigma_{vk,b} = \gamma_k \times d = 31.5kPa$

R3에서 부분계수: $\gamma_{Rv} = 1.0$

극한저항력 $q_{ult} = (\pi + 2) \times c_{ud} \times d_c \times s_c + \sigma_{vk,b} = 257.6kPa$

설계 저항력 $q_{Rd} = \dfrac{q_{ult}}{\gamma_{Rv}} = 257.6kPa$

배수 지지력

기초저면에서의 유효상재압 $\sigma'_{vk,b} = \sigma_{vk,b} - u_{k,b} = 16.8kPa$

상재압으로부터 $q'_{ult_1} = \overrightarrow{(N_q \times \sigma'_{vk,b})} = 112.5kPa$

점착력으로부터 $q'_{ult_2} = \overrightarrow{(N_c \times c'_d)} = 61.1kPa$

자중으로부터 $q'_{ult_3} = \overrightarrow{\left(N_\gamma \times (\gamma_k - \gamma_w) \times \dfrac{B}{2}\right)} = 59.5kPa$

전체 저항력 $q'_{ult} = \sum_{i=1}^{3} \overrightarrow{q'_{ult_i}} = 233kPa$

설계 저항력 $q'_{Rd} = \dfrac{q'_{ult}}{\gamma_{Rv}} = 233kPa$

비배수 지지력의 검증

이용률 $\Lambda_{GEO,3} = \dfrac{q_{Ed}}{q_{Rd}} = 98\%$ ❿

이용률 > 100%인 경우, 이 설계는 허용할 수 없다.

배수 지지력의 검증

이용률 $\Lambda'_{GEO,3} = \dfrac{q'_{Ed}}{q'_{Rd}} = 102\%$ ❿

이용률 > 100%인 경우, 이 설계는 허용할 수 없다.

10.10.4 점토지반 위 줄기초의 침하량

예제 10.4는 예제 10.3에 제시된 줄기초의 사용성에 대한 검증을 다룬다(그림 10.11 참조). 기초하부에 단단한 층이 존재하고 침하량은 층 내부에서만 일어나는 것으로 가정하였다.

극한한계상태 계산을 통해 간적접으로 사용성을 검증하였으며 사용한계상태 계산을 통해 명확하게 사용성을 검증하였다.

예제 10.4 주석

❶ 사용한계상태에 대해 지하수위의 설계 깊이는 '정상적인 환경에서' 일어날 수 있는 가장 불리한 수위를 말한다. 따라서 지하수위가 지표면 이상

으로 상승하지 않는 것으로 하였다. 이는 극한한계상태(예제 10.3 참조)에 대한 것보다는 심각하지 않은 조건이다.

❷ 기초 하부의 간극수압은 극한상태보다는 사용한계상태가 더 작다(예제 10.3 참조).

❸ 사용한계상태에 대한 부분계수는 보통 1.0을 사용한다.

❹ 기초저면에 작용하는 간극수압은 기초의 자중에 저항하므로 유리한 하중이다.

❺ 점토(연약점토 제외) 지반상의 기초에서 사용한계상태는 최소저항계수 3.0이 적용되면 별도의 침하량 계산이 없이도 확인할 수 있다.

❻ 저항계수 3.0에 근거한 계산은 비배수 또는 배수조건 모두에 해당되지 않으므로 별도의 침하량 계산이 필요하다.

❼ 여기서 사용된 계산방법[24]은 사용가능한 여러 방법 중 하나이며 EN 1997 – 1의 부록 F에 제시된 절차를 따른다.

❽ 선정된 계산 모델은 영국에서 일반적으로 사용되고 있으나 $E = 1/m_v$ 인 경우에만 EN 1997 – 1의 부록 F에 수록된 계산 모델과 일치한다.

❾ 즉시 침하와 압밀 침하만 고려하였다. 이 예제에서는 크리프 성분은 무시할 수 있는 것으로 고려하였다. 본 해석에서는 일차원해석에 근거하여 압밀 침하량에 대한 모든 보정계수를 무시하였다. 일반적으로 무한 장대 기초에서는 깊이에 대한 보정계수를 적용하지 않는다.

❿ 구조물의 특정 요구조건에 따라 한계값이 달라진다. 이 예제에서 정확한 계산에 의해 사용성에 대한 만족여부를 알 수 있다(이용률 = 92%).

예제 10.4

점토지반 위 줄기초의 침하량
사용성의 검증

설계상황

예제 10.3의 무한히 긴 줄기초의 침하량에 대한 검증이다.. $d_R = 4.5m$ 깊이에 단단한 지층이 있다. 점토의 비배수 탄성계수 $E_{uk} = 600c_{uk} = 27MPa$로 가정하였으며 특성압축계수 $m_{vk} = 0.12m^2/MN$이다.

사용성의 내적검증(ULS 검토방법에 따름)

기하학적 파라미터

설계지하수위 깊이 $d_{w,d} = d_w = 1.0m$ ❶

하중 및 하중의 영향

예제 10.3의 계산결과들로부터 특성하중은

　가해진 영구하중 $V_{Gk} = 250kN/m$

　가해진 가변하중 $V_{Qk} = 110kN/m$

　기초의 자중 $W_{Gk} = 93.8kN/m$

기초저면 하부의 특성간극수압 $u_{k,b} = \gamma_w \times (d - d_w) = 4.9kPa$ ❷

SLS에 대한 부분하중계수: $\gamma_G = 1$, $\gamma_{G,fav} = 1$ 및 $\gamma_Q = 1$ ❸

설계 연직하중: $V_d = \gamma_G \times (W_{Gk} + V_{Gk}) + \gamma_Q \times V_{Qk} = 453.8kN/m$

설계 지지압(전응력): $q_{Ed} = \dfrac{V_d}{B} = 181.5kPa$

설계 양압력(유리한): $u_d = \gamma_{G,fav} \times u_{k,b} = 4.9kPa$ ❹

설계 지지압(유효응력): $q'_{Ed} = q_{Ed} - u_d = 176.6kPa$

재료의 물성과 저항력

예제 10.3의 계산결과로부터 특성재료물성은 비배수강도 $c_{uk} = 45kPa$, 전단저항각 $\phi_k = 25°$, 점착력 $c'_k = 5kPa$이다.

SLS에 대한 부분하중계수 $\gamma_{cu} = 1$, $\gamma_\phi = 1$, $\gamma_c = 1$ ❸

설계 비배수강도 $c_{ud} = c_{uk} \div \gamma_{cu} = 45kPa$

설계 전단저항각 $\varphi_d = \tan^{-1}(\tan(\varphi_k) \div \gamma_\varphi) = 25°$

설계 점착력 $c'_d = c'_k \div \gamma_c = 5kPa$

배수 지지력계수

상재하중의 경우: $N_q = e^{(\pi \times \tan(\varphi_d))} \times \left(\tan\left(45° + \dfrac{\varphi_d}{2}\right)\right)^2 = 10.7$

점착력의 경우: $N_c = (N_q - 1) \times \cot(\varphi_d) = 20.7$

자중의 경우: $N_\gamma = 2(N_q - 1) \times \tan(\varphi_d) = 9.0$

깊이 및 형상계수

예제 10.3의 계산결과로부터 $d_c = 1 + 0.27 \sqrt{\dfrac{d}{B}} = 1.21$

$s_c = 1 + 0.17 \sqrt{\dfrac{d}{B}} = 1.13$

비배수 지지력

예제 10.3의 계산결과로부터 기초저면에서의 전체 상재압력 $\sigma_{vk,b} = \gamma_k \times d = 31.5kPa$

사용한계상태에 대한 부분저항계수 $\gamma_{Rv,SLS} = 3.0$ ❺

극한 저항력 $q_{ult} = (\pi + 2) \times c_{ud} \times d_c \times s_c + \sigma_{vk,b} = 348.1kPa$

설계 저항력 $q_{Rd} = \dfrac{q_{ult}}{\gamma_{Rv,SLS}} = 116kPa$

배수 지지력

기초저면에서의 유효상재압 $\sigma'_{vk,b} = \sigma_{vk,b} - u_{k,b} = 26.6kPa$

상재압으로부터 $q'_{ult_1} = N_q \times \sigma'_{vk,b} = 283.6kPa$

점착력으로부터 $q'_{ult_2} = N_c \times c'_d = 103.6kPa$

자중으로부터 $q'_{ult_3} = N_\gamma \times (\gamma_k - \gamma_w) \times \dfrac{B}{2} = 126.1kPa$

전체 저항력 $q'_{ult} = \sum\limits_{i=1}^{3} q'_{ult_i} = 513.3 kPa$

설계 저항력 $q'_{Rd} = \dfrac{q'_{ult}}{\gamma_{Rv,SLS}} = 171.1 kPa$

비배수 지지력의 검증

이용률 $\Lambda_{SLS} = \dfrac{q_{Ed}}{q_{Rd}} = 156\%$ ❻

이용률 > 100%인 경우, 이 설계는 허용할 수 없다.

배수 지지력의 검증

이용률 $\Lambda'_{SLS} = \dfrac{q'_{Ed}}{q'_{Rd}} = 103\%$ ❻

이용률 > 100%인 경우, 이 설계는 허용할 수 없다.

사용성의 명시적(explicit) 검증
하중 및 하중의 영향
지지력 증분 $\Delta q_d = q_{Ed} - \sigma_{vk,b} = 150. kPa$

즉시 침하량(Christian & Carrier)

D/B에 대한 침하량계수 $\dfrac{d}{B} = 0.6$ (표에서 $\mu_0 = 0.93$일 때) ❼

H/B에 대한 침하량계수 $\dfrac{d_R - d}{B} = 1.2$ (표에서 $\mu_1 = 0.4$일 때)

즉시 침하량 $s_0 = \dfrac{\Delta q_d B \mu_0 \mu_1}{E_{uk}} = 5.2 mm$

압밀 침하량

점토층을 $\Delta t = \dfrac{(d_R - d)}{N} = 0.6m$ 두께의 $N = 5$개의 층으로 나눈다.

각층 $i = 1 \cdots N$에 대해서 각 층의 중간높이에서 기초저면까지의 거리

$z_i = (\Delta t \times i) - \dfrac{\Delta t}{2}$ 이고 정규화된 기초 폭의 1/2은 $m_i = \dfrac{B}{2z_i}$ 이다. 영

향계수 $I_{q_i} = I_{q,\infty}(m_i)$ 는 Fadum의 도표로부터 구할 수 있다. 각 층에서의

연직응력증분은 $\Delta\sigma_{v_i} = 4I_{q_i}\Delta q_d$ 이며 각 층의 침하량 $\rho_{c_i} = m_{vk}\Delta\sigma_{v_i}\Delta t$

이다. ❽

앞의 식들을 이용하여 계산한 결과는 다음과 같다.

$$z = \begin{pmatrix} 0.3 \\ 0.9 \\ 1.5 \\ 2.1 \\ 2.7 \end{pmatrix} m, \ m = \begin{pmatrix} 4.17 \\ 1.39 \\ 0.83 \\ 0.6 \\ 0.46 \end{pmatrix}, \ I_q = \begin{pmatrix} 0.25 \\ 0.23 \\ 0.19 \\ 0.16 \\ 0.13 \end{pmatrix}, \ \Delta\sigma_v = \begin{pmatrix} 149.2 \\ 135.7 \\ 113.3 \\ 93.2 \\ 77.8 \end{pmatrix} kPa, \ \rho_c = \begin{pmatrix} 10.7 \\ 9.8 \\ 8.2 \\ 6.7 \\ 5.6 \end{pmatrix} mm$$

전체 압밀 침하량 $s_1 = \displaystyle\sum_{i=1}^{N} \rho_{c_i} = 41 mm$

전체 침하량

침하량의 합계 $s = s_0 + s_1 = 46 mm$ ❾

설계하중의 영향 $s_{Ed} = s = 46 mm$

침하량 검증

독립기초의 경우, 기초변위량의 한계값 $s_{Cd} = 50 mm$ 이다. ❿

이용률 $\Lambda_{SLS} = \dfrac{s_{Ed}}{s_{Cd}} = 92\%$

이용률 > 100%인 경우, 이 설계는 허용할 수 없다.

10.11 주석 및 참고문헌

1. See Tables 1–of BS 8004: 1986, Code of practice for foundations, British Standards Institution.

2. See, for example, Tomlinson, M. J. (2000) *Foundation design and construction* (7th edition), Prentice Hall or Bowles, J.E. (1997) *Foundation analysis and design* (5th edition), McGraw-Hill.

3. Meyerhof, G.G. (1963) 'Some recent research on the bearing capacity of foundations', *Can. Geotech. J.*, 1(1), pp.16~26.

4. Buisman, A.S.K. (1940) *Grondmechanica*, Delft, The Netherlands: Waltman; Terzaghi, K. (1943) *Theoretical soil mechanics*, New York: Wiley.

5. Reissner, H. (1924) 'Zum Erddruckproblem', *1st Int. Conf. on Applied Mechanics*, Delft, pp.295~311.

6. Prandtl, L. (1921), 'Uber die Eindringungsfestigkeit plastischer Baustoffe und die Festigkeit von Schneiden', *Zeitsch. Angew. Mathematik und Mechanik*, 1, 15~20.

7. Sieffert, J.G., and Bay-gress, C. (2000) 'Comparison of European bearing capacity calculation methods for shallow foundations', *Geotechnical Engineering*, 143, pp.65~75.

8. Brinch-Hansen, J. (1970) *A revised and extended formula for bearing capacity*, Danish Geotechnical Institute, Bulletin No. 28, 6pp.

9. Meyerhof, ibid.

10. American Petroleum Institute (2000), *Recommended practice for planning, designing and constructing fixed offshore platforms-Working Stress Design*. 226pp.

11. Vesic, A.S. (1973) 'nalysis of ultimate loads of shallow foundations', *J. Soil Mech. Found. Div., Am. Soc. Civ. Engrs*, 99(1), pp.45~73.

12. Ukritchon, B., Whittle, A., and Klangvijit, C. (2003) 'alculations of bearing capacity factor Nγ using numerical limit analyses', *Journal of Geotechnical and Geoenvironmental Engineering*, Am. Soc. Civ. Engrs.

13. Chen, W.F. (1975) *Limit analysis and soil plasticity*, Elsevier.

14. Brinch-Hansen, ibid.

15. Meyerhof, ibid.

16. Sieffert et al., ibid.

17. Prandtl, ibid.

18. Meyerhof, ibid.

19. Salgado, R., Lyamin, A.V., Sloan, S.W., and Yu, H.S. (2004) 'Two-and three-dimensional bearing capacity of foundations in clay', *Géotechnique*, 54, pp.297~306.

20. Bolton, M.D. (1986) 'he strength and dilatancy of sands', *Géotechnique*, 36(1), pp.65~78.

21. See, for example, Schofield, A.N., and C.P. Wroth (1968) *Critical State Soil Mechanics*, McGraw-Hill; or Bolton, M.D. (1991) *A guide to soil mechanics* (3rd edition), M.D. & K. Bolton.

22. EN 1992, Eurocode 2 – Design of concrete structures, European Committee for Standardization, Brussels.

23. BS EN ISO 14688, Geotechnical investigation and testing-Identification and classification of soil, Part 2: Principles for a classification, British Standards Institution.

24. Christian, J.T., and W.D. Carrier (1978) 'anbu, Bjerrum and Kjaernsli's chart reinterpreted', *Can. Geo. J.*, 15, p.5.

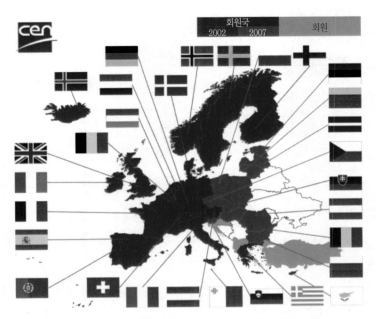

삽화 1. 유럽표준화위원회 회원국(2008년 기준)

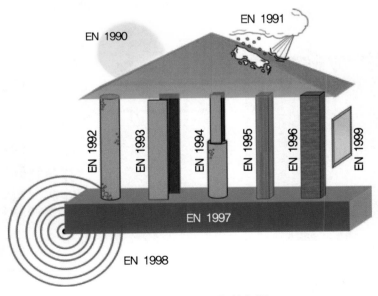

삽화 2. 유로코드 구조물 설계기준

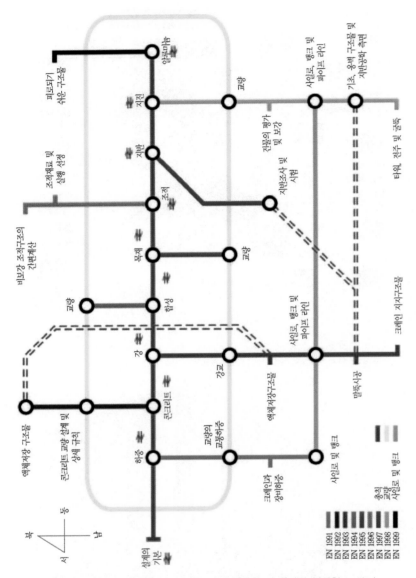

삽화 3. 유로코드 구조물 설계기준 사이의 연결 관계(런던 지하철 노선도)

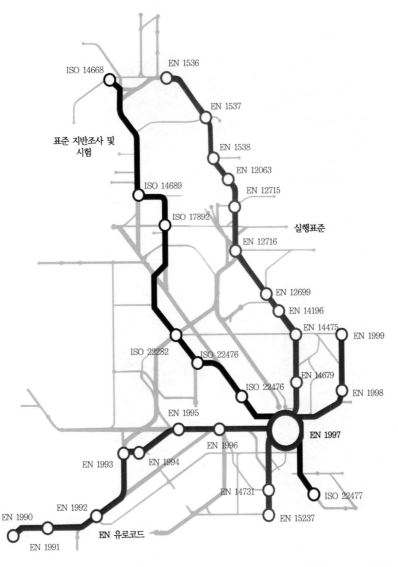

삽화 4. 유로코드 7과 유럽 및 국제표준 사이의 연결 관계(국가철도망 지도에 근거함)

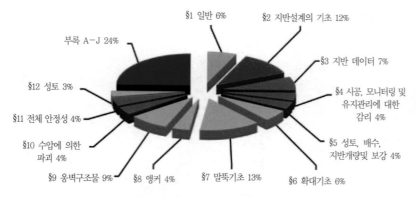

삽화 5. 유로코드 7 Part 1의 내용

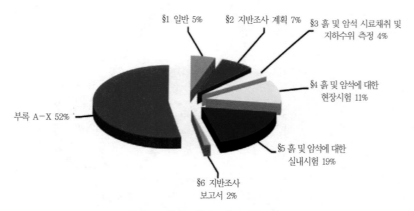

삽화 6. 유로코드 7 Part 2의 내용

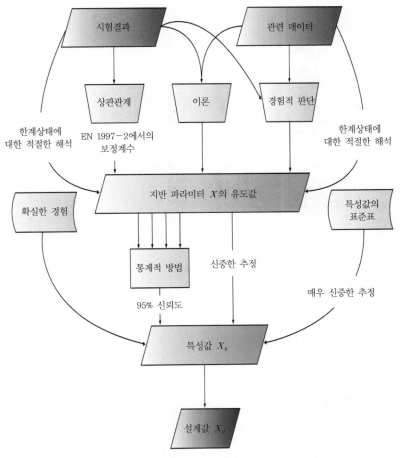

삽화 7. 지반특성화의 요약

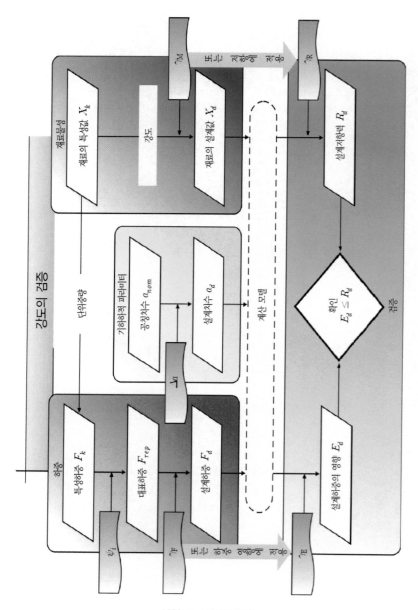

삽화 8. 강도의 검증

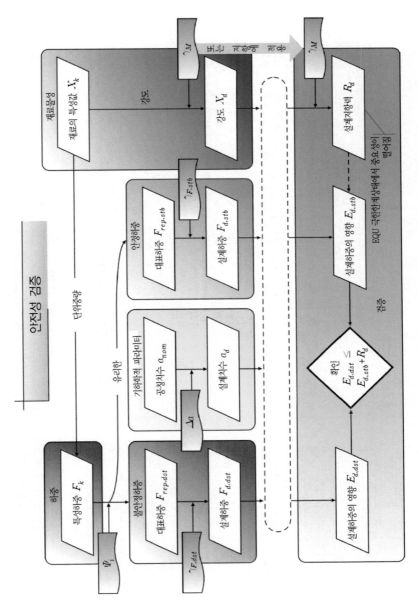

삽화 9. 안정성 검증

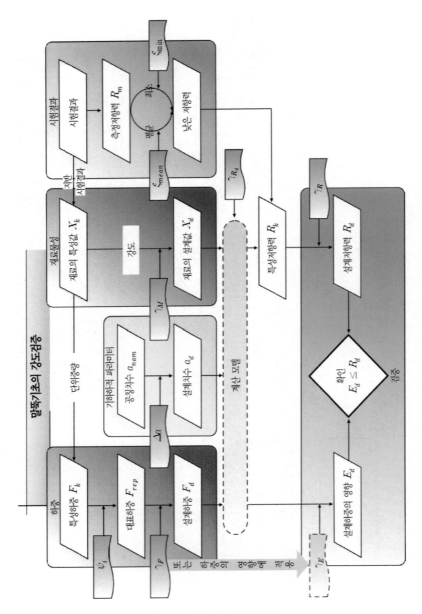

삽화 10. 말뚝기초의 강도검증

CHAPTER 11

중력식 옹벽의 설계

11 중력식 옹벽의 설계

중력식 옹벽(gravity wall)의 설계는 유로코드 7 Part 1의 9절 '옹벽구조물
(retaining structure)'에 포함되어 있으며 그 내용은 다음과 같다.

§9.1 일반(6단락)

§9.2 한계상태(4)

§9.3 하중, 기하학적 자료와 설계상황(26)

§9.4 설계 및 시공 시 고려사항(10)

§9.5 토압의 결정(23)

§9.6 수압(5)

§9.7 극한한계상태 설계(26)

§9.8 사용한계상태 설계(14)

중력식 옹벽은 자중(기초 상부의 뒷채움재를 포함)이 뒷채움재를 지지하는
데 중요한 역할을 하는 구조물이다. 옹벽은 대개 돌이나 콘크리트로 시공되
며 바닥기초(뒷굽이 있거나 없는)가 있으며 선반(ledge) 및 필요한 경우 부
벽(buttress)이 있다. [EN 1997-1 § 9.1.2.1]

유로코드 7에서 중력식 옹벽과 가설벽체로 구성된 구조물을 '합성벽체
(composite walls)'라 한다. 여기에는 텐던, 토목섬유 또는 그라우팅으로 보
강된 토류구조물과 다열(multiple rows)의 지반 앵커 또는 쏘일네일링 구조
물이 포함된다. 합성벽체는 본 해설서의 제11장 및 제12장에서 논의된 규정
을 따라 설계해야 한다. [EN 1997-1 § 9.1.2.3]

EN 1997-1의 9절은 지반(흙, 암석 또는 뒷채움재)과 물을 지탱하는 구조물

에 적용되며 여기서 '지탱(retained)'이란, 구조물이 없을 때 채택되는 경사보다 가파른 경사로 유지됨을 의미한다. [EN 1997-1 § 9.1.1(1)P]

11.1 중력식 옹벽에 대한 지반조사

그림 11.1과 같이 유로코드 7 Part 2의 부록 B.3에서 옹벽구조물의 조사심도에 대한 지침을 제시하였다(제4장 지반조사 간격에 대한 지침 참조).

지하수위가 굴착면 아래에 있는 경우, 최소 권장 조사깊이 z_a는 다음 중 큰 값을 사용한다.

$z_a \geq 0.4h$, $z_a \geq (t + 2m)$

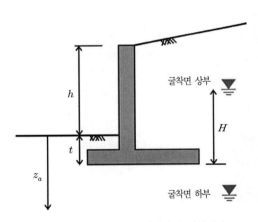

그림 11.1 굴착 시 조사지점의 권장깊이

지하수위가 굴착면 위에 있는 경우, z_a는 다음 중 큰 값을 사용한다.

$z_a \geq (H + 2m)$, $z_a \geq (t + 2m)$

만일 모든 지층이 불투수층이라면 조사깊이는 다음을 만족해야 한다.

$z_a \geq (t + 5m)$

옹벽이 지질적으로 '뚜렷한(즉 알고 있는)' 확실한 지층†에 시공될 경우, 깊이 z_a는 최소 2m까지 감소시킬 수 있다. '불확실한' 지질인 경우에는 적어도 1개의 보링홀은 최소 5m 이상 굴진해야 한다. 기반암을 만나는 경우에는 그 깊이가 기준심도 z_a가 된다.   [EN 1997-2 § B.3(4)]

대규모 또는 복잡한 프로젝트이거나 불리한 지질조건을 만나는 경우에는 더 깊은 심도까지 조사해야 한다.   [EN 1997-2 § B.3(2)주석 및 B.3(3)]

11.2 설계상황 및 한계상태

유로코드 7 Part 1의 9절에는 전체 안정성, 기초파괴 및 구조적 파괴를 포함하여 옹벽에 대한 한계 모드를 보여 주는 그림이 제시되어 있다. 그림 11.2는 옹벽에 영향을 미칠 수 있는 극한한계상태의 예이다. 그림의 왼쪽부터 전도, 활동(미끄러짐) 및 지지력 파괴를 나타낸다.

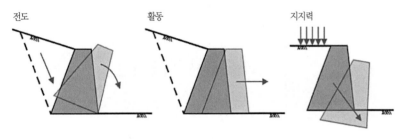

그림 11.2 중력식 옹벽의 극한한계상태 예

L형 및 T형 옹벽에 대한 극한한계상태의 예는 그림 11.3과 같다. 그림 11.3의 좌측 위로부터 전도, 활동, 지지력 파괴 및 벽체와 저판의 구조적 파괴이다.

---

† 연약한 지층이 존재할 가능성이 없고 단층과 같은 구조적 취약함이 없고 용해특성이나 다른 공동 등이 없을 것으로 판단되는 지층.

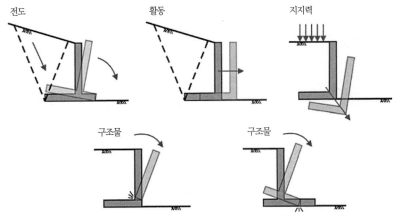

그림 11.3 L형 및 T형 옹벽의 극한한계상태 예

11.3 설계의 기본

유로코드 7에서는 지지력 및 활동(기초파괴)에 대한 극한한계상태가 발생되지 않게 설계하도록 규정하고 있다. 이러한 한계상태의 검증은 EN 1997 – 1의 6절, '확대기초'의 원칙을 따라야 하며 이것은 제10장에서 다루었다.

[EN 1997–1 § 9.7.3(1)P]

중력식 옹벽은 옹벽이 시공된 지반의 전반적인 불안정에 의해 붕괴가 발생해서는 안 된다.

[EN 1997–1 § 9.7.2(1)P]

유감스럽게도 유로코드 7에는 옹벽설계에 대한 상세한 지침이 거의 없다. 그러나 어떤 설계법이 채택되더라도 요구되는 신뢰도 수준을 보여 줘야 한다. 신뢰도는 파라미터에 대한 부분계수(제6장 참조), 치수에 대한 허용오차(11.3.1 참조) 및 적절한 지하수위 선정(11.3.2 참조)의 조합을 통하여 확인할 수 있다.

본 해설서에서는 옹벽설계에 대한 완벽한 지침을 제공하지 않기 때문에 이 주제에 대해서 정리가 잘 된 문헌을 참고해야 한다.[1]

11.3.1 여유굴착

EN 1997−1에서는 옹벽수동 측의 시공기면을 감소시키는 여유굴착(unplanned excavation) 가능성에 대하여 허용값을 둘 것을 요구한다(그림 11.4 참조).

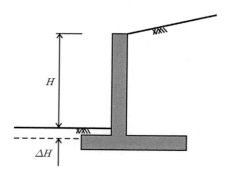

그림 11.4 여유굴착에 대한 허용값

보통 수준의 현장관리가 적용되는 경우, 극한한계상태 검증 시 토피고가 ΔH 만큼 증가한다고 가정한다.

$$\Delta H = \frac{H}{10} \leq 0.5m$$
[EN 1997-1 § 9.3.2.2(2)]

또한 유로코드 7에서 시공기면이 불확실한 곳에서는 ΔH를 보다 크게 적용해야 한다. 한편, 정확한 시공을 위해 시공기간 중 계측이 시행된다면 보다 작은 값($\Delta H = 0$을 포함)을 허용할 수 있다. [EN 1997-1 § 9.3.2.2(3) 및 (4)]

여유굴착에 대한 규칙은 사용한계상태가 아닌 극한한계상태에서만 적용한다. 계획되지는 않았지만 벽체전면에서 예상되는 굴착은 특별히 관리해야 한다.

이들 규칙은 설계자가 과굴착(over-digging)의 위험을 다루는 데 있어 상당한 유연성을 준다. $\Delta H = 0$을 채택함으로써 보다 경제적인 설계를 할 수 있다. 그러나 시공 중 직면하는 위험성은 지반설계보고서에 명기되는 감독조건을 따라 관리되어야 한다(제16장 참조). 설계자가 감독의 필요성을 최소화하고자 한다면 $\Delta H = 10\% H$를 채택하여 과굴착의 영향을 억제해야 한다.

BS 8002[2]에서 여유굴착에 대한 규칙들은 유로코드 7 Part 1의 규칙들과 일치하도록 2001년에 변경되었다.

11.3.2 지하수위 선정

옹벽설계에서는 적절한 지하수위의 선정이 특히 중요하며 그림 11.5와 같이 유로코드 7에서는 지하수위 선정 시 이에 대한 특정한 요구조건이 있다.

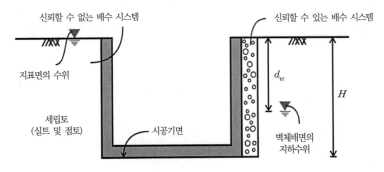

그림 11.5 옹벽배면에 가정된 수위

옹벽의 배면이 투수성의 중간 또는 작은(세립질) 흙으로 채워질 경우, 옹벽은 최종 굴착면 위의 지하수위로 설계해야 한다. 다시 말해 $d_w < H$이다. 여기서 d_w는 지하수위 깊이이고 H는 옹벽의 높이이다.

유로코드 7에서는 신뢰할 만한 배수시설이 없는 경우, 뒷채움재의 지표면을 지하수위면으로 설정한다. 즉 그림 11.5의 좌측에서 $d_w = 0$이 된다. 그러나 신뢰할 만한 배수 시스템이 설치된다면 지하수위는 벽체상단의 아래에서 발생하는 것으로 가정할 수 있다. 즉 그림 11.5의 우측에서 $d_w > 0$이 된다. 이와는 별도로 배수 시스템에 대한 유지관리 계획이 명시되어야 하며(지반설계보고서 – 제16장 참조) 유지관리 없이도 배수가 적절하게 이루어질 수

있어야 한다. [EN 1997-1 § 9.4.2(1)P 및 9.6(3)]

배수가 안 될 경우, 현재의 영국실무서[3]에서는 다음과 같이 거리 d_w를 채택한다.

$$H \le 4\text{m 인 경우,} \quad d_w = \frac{H}{4} \quad \text{그리고} \quad H > 4\text{m 인 경우,} \quad d_w = 1\text{m}$$

이것은 유로코드 7에서의 요구조건보다는 다소 완화(less onerous)된 것이다.[†]

지하수위가 지표면까지 상승하는 일은 매우 적으므로 유로코드 7의 요구조건은 지나치게 보수적인 것으로 고려될 수 있다. 지하수위가 최종 굴착면 아래에 있는 경우, 세립토라 할지라도 실제보다 다소 완화된 수위를 가정할 수 있다.

11.3.3 벽마찰과 부착력

설계 벽마찰각(wall friction) δ_d는 다음 식으로 구한다.

$$\delta_d = k \times \phi_{cv,d}$$

여기서 $\phi_{cv,d}$는 흙의 일정체적(한계상태) 전단저항각의 설계값이다. 모래나 자갈을 지탱하는 프리캐스트 콘크리트 벽체의 $k = 2/3$, 현장타설 콘크리트 벽체의 $k = 1$ 이다. [EN 1997-1 § 9.5.1(6) 및 9.5.1(7)]

제10장에서 논의된 바와 같이 $\phi_{cv,d}$ 는 다음 식으로 구하기보다는 직접 선정하는 것을 선호한다.

$$\phi_{cv,d} = \tan^{-1}\left(\frac{\tan\phi_{cv,k}}{\gamma_\phi} \right)$$

여기서 $\phi_{cv,d}$는 흙의 일정체적 전단저항각에 대한 특성값, γ_ϕ 는 전단저항각에 대한 부분계수이다.

[†] 유로코드 7의 조건은 정오표 AC(2009)에서 적용규칙(Application Rule)에 대한 원칙이 'shall'~할 것이다.에서 'should'~해야 한다.로 변경되었다.

11.3.4 수동토압 – 유리한 하중 또는 저항력?

옹벽설계에서 특히 중요시되는 질문은 수동토압을 유리한 하중으로 고려해야 할지 또는 저항력으로 고려해야 할지이다. 유리한 하중으로 고려하는 경우, 다음 식과 같이 수동토압의 특성값 $P_{p,k}$에 부분계수 $\gamma_{G,fav}$를 곱한다.

$$P_{p,d} = \gamma_{G,fav} P_{p,k}$$

반면에 저항력은 부분계수 γ_{Re}로 나눈다.

$$P_{p,d} = \frac{P_{p,k}}{\gamma_{Re}}$$

유로코드 7의 설계법(제6장 참조) 각각에 대한 부분계수를 다음 표에 요약하였다.

개별 부분계수 또는 '그룹' 부분계수	설계법			
	1		2	3
	조합 1	조합 2		
$\gamma_{G,fav}$	1.0	1.0	1.0	1.0
γ_{Re}	1.0	1.0	1.4	1.0

그러므로 설계법 2를 이용한 검증에서는 어떠한 결과도 가질 수 있다는 것이 이 질문에 대한 답이다. 실무적인 관점에서 옹벽전면에서 여유굴착(11.3.1 참조)을 허용하는 경우의 요구조건은 수동토압이 검증결과에 중대한 영향을 미치지 않도록 하는 것이다. 한 가지 단순한(그리고 보수적인) 방법은 수동토압의 존재를 무시하는 것이다.

11.4 철근콘크리트 옹벽

그림 11.6은 T형 중력식 옹벽에 작용하는 토압을 나타낸 것으로 상재하중 q가 지표면에 작용하고 지하수위가 기초면 상부에 위치한다고 가정하였다. 옹벽의 뒷굽판은 뒷굽의 상단에 있는 뒷채움재 내부에 랭킨영역이 형성될 만큼 그 폭이 충분히 크다고 가정하였다(11.4.4 참조).

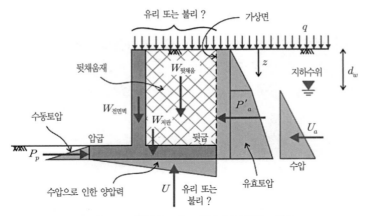

유리 또는 불리 ?　　　가상면

뒷채움재

$W_{뒷채움}$

$W_{전면벽}$

$W_{저판}$

P'_a

q

z

지하수위　d_w

수동토압

압굽

P_p

뒷굽

U_a

수압

수압으로 인한 양압력

U

유리 또는 불리 ?

유효토압

그림 11.6 철근콘크리트 옹벽에 작용하는 토압

지표면 아래 깊이 z에서 가상면에 작용하는 전체 수평토압 σ_a는 다음 식과 같다.[†]

$$\sigma_a = \sigma'_a + u = K_a\left(\int_0^z \gamma dz + q - u\right) - 2c'\sqrt{K_a} + u$$

여기서 σ'_a = 유효수평토압, $u = z$에서의 간극수압 ; K_a = 주동토압계수, γ = 흙의 단위중량, c' = 유효점착력 ; q = 가상연직면 뒤 지표면에 작용하는 상재하중이다(이 식에서 가상연직면을 따라 발생하는 부착력은 무시한다).

간극수압은 다음 식과 같다.

$$u = \gamma_w \times (z - d_w)$$

여기서 γ_w = 물의 단위중량, d_w = 옹벽 최상단으로부터 지하수위까지의 깊이이다.

간극수압이 0이 되는 특별한 경우(지하수위 상부), σ_a에 대한 식은 다음과 같다.

[†] 이 식은 유로코드 7에는 언급되지 않았으나(건조토에 대한 식만 있음) 영국판 부록에는 포함되어 있다.

$$\sigma_a = K_a \left(\int_0^z \gamma dz + q \right) - 2c' \sqrt{K_a}$$

[EN 1997-1 식(C.1 수정)]

이들 식을 적분하면 유효주동토압과 수압(그림 11.6의 P'_a 와 U_a)을 계산할 수 있다.

$$P'_a = \int_0^H \sigma'_a dz, \ \ U_a = \int_0^H u dz$$

여기서 H는 옹벽기초 상부 가상면의 높이이다. 이들 두 하중은 모두 벽체의 지지력, 활동 및 전도에 대하여 불리하게 작용한다.

11.4.1 지지력

유로코드 7 Part 1의 6절(6.5.2.1)에서 옹벽기초에 작용하는 연직 설계하중 V_d는 하부지반의 설계 지지저항력 R_d보다 작거나 같도록 규정하고 있다.

$$V_d \leq R_d$$

[EN 1997-1 식(6.1)]

이것은 제10장에서 논의한 것처럼 다음 식과 같이 쓸 수 있다.

$$q_{Ed} \leq q_{Rd}$$

여기서 q_{Ed}는 지반상의 설계 지지압(하중영향), q_{Rd}는 이에 대응하는 설계 저항력이다.

옹벽기초 하부에서 설계 지지압 q_{Ed}는 다음 식과 같다.

$$q_{Ed} = \frac{\gamma_G W_{Gk} + \sum_i \gamma_{Q,i} \psi_i V_{Qk,i}}{A'} = \gamma_G \left(\frac{W_{Gk}}{A'} \right) + \sum_i \gamma_{Q,i} \psi_i q_{Qk,i}$$

여기서 W_{Gk}는 벽체의 영구적인 자중의 특성값(뒷채움재 포함); V_{Qk}는 벽체에 작용하는 (가상면의 좌측으로)변동연직하중의 특성값; A'는 기초의 유효면적; γ_G와 γ_Q는 영구와 변동하중에 대한 부분계수; ψ_i는 i번째 변동하중에 적용되는 하중조합계수이다(제2장 참조).

벽체의 자중은 단순히 벽체와 기초의 총 중량에 가상면 좌측 뒷채움재의 자중을 더한 것이다(그림 11.7에서 $W_{전면벽}$, $W_{저판}$, $W_{뒷채움}$). 이들은 지지력에

대하여 불리한 하중으로 작용하므로 특성단위중량은 상한값으로 선정해야
한다.

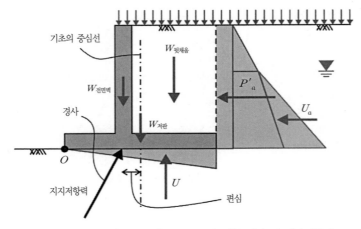

그림 11.7 철근콘크리트 옹벽의 하중에 대한 편심 및 경사저항력

연직하중을 받는 기초의 지지저항력은 제6장에서 논의된 방법을 이용하여
계산한다. 그러나 대부분의 기초가 단순한 연직하중을 받는 것과는 달리 RC
옹벽의 기초는 벽체의 자중과 가상면에서 수평력(그림 11.7에서 $P'_a + U_a$)
의 조합에 의한 편심 및 경사하중에 저항해야 한다. 이들 인자는 지반이 제
공하는 지지저항력에 매우 불리한 영향을 미친다. 또한 이 장의 실전 예제에
서 알 수 있듯이 연직하중을 받는 단순기초보다 계산이 훨씬 복잡하다.

11.4.2 활동

유로코드 7 Part 1의 6절(6.5.3)에서는 가상면에 작용하는 설계수평하중 H_d
가 기초하부 지반으로부터의 설계 저항력 R_d와 벽면의 설계 수동저항력
R_{pd}의 합보다 작거나 같도록 규정한다(그림 11.6 참조).

$$H_d \leq R_d + R_{pd}$$ [EN 1997-1 식(6.2)]

이 식을 다시 쓰면 다음 식과 같다.

$$H_{Ed} \leq H_{Rd}$$

여기서 H_{Ed}는 설계수평하중의 영향, H_{Rd}는 이에 대응하는 총 설계수평저항력이다.

설계수평하중영향 H_{Ed}는 다음 식과 같다.

$$H_{Ed} = H_d = P'_{ad} + u_{ad}$$

여기서 P'_{ad}와 U_{ad}는 그림 11.6의 RC옹벽에 작용하는 P'_a와 U_a의 설계 값이다.

배수조건이 적용될 경우, 설계 수평저항력의 크기 R_d는 다음 식과 같다.

$$R_d = \frac{(W_{Gd} - U_{Gd}) \times \tan\delta_d}{\gamma_{Rh}} = \left(\frac{\gamma_{G,fav} W_{Gk} - \gamma_G U_{Gk}}{\gamma_{Rh}}\right) \times \left(\frac{\tan\delta_k}{\gamma_\phi}\right)$$

여기서 W_{Gk} = 뒷채움재가 포함된 옹벽의 특성영구자중, U_{Gk} = 기초하부에 작용하는 특성영구수압, δ_k = 기초와 지반 사이의 특성마찰각 $\gamma_{G,fav}$ 및 γ_G = 유리 및 불리한 하중에 대한 부분계수, γ_{Rh} = 미끄러 저항에 대한 부분계수, γ_ϕ = 전단저항에 대한 부분계수이다.

이 식에서 벽체의 자중은 활동저항력 R_d를 증가시키므로 유리한 하중으로 고려된다. 반면 수압은 수압이 증가하면 R_d가 감소하므로 불리한 하중으로 처리된다. 따라서 W_{Gk}보다는 U_{Gk}에 더 큰 부분계수 $\gamma_G > \gamma_{G,fav}$가 적용된다.

상향수압이 불리한 하중으로 처리되어야 하는 또 다른 이유는 그림 11.7의 수평수압 U_a가 불리한 하중이라는 사실이다. 두 힘은 '단일소스'에서 발생하므로 일관성을 위해 동일한 방법으로 부분계수를 적용해야 한다. 이러한 주장은 뒷채움재의 중량까지도 확장할 수 있다. 왜냐하면 뒷채움재의 중량이 유효토압 P'_a와 옹벽의 중량 증가에 기여하기 때문이다. 그러나 옹벽 뒷굽상단의 뒷채움재가 가상면의 외측만큼 다져진다는 것이 확실하지 않으므로 토압과 뒷채움재의 자중을 별도의 하중으로 분리하여 다루도록 하였다

(보수적인 가정임).

앞의 식을 수중단위중량의 항으로 나타내면 다음 식과 같다.

$$R_d = \frac{W'_{Gd} \times \tan\delta_d}{\gamma_{Rh}}$$

이 경우 하나의 부분계수(아마도 $\gamma_{G,fav}$)만이 $W'_{Gd}(= W_{Gd} - U_{Gd})$에 적용되며 설계 저항력은 과대평가될 수 있다. 따라서 옹벽계산에서 전통적으로 사용했던 수중단위중량은 사용하지 않도록 권장한다.

부과된 상재하중은 대개 변동하중으로 상재하중이 없을 때 더욱더 한계설계상황에 놓이게 되므로 설계 저항력의 계산에서 생략해야 한다.

11.4.3 전도

전도에 대한 저항력의 검증에서 옹벽의 앞굽(그림 11.7의 점 'O')에 작용하는 설계 전도모멘트 $M_{Ed,dst}$는 동일한 지점에 작용하는 설계 저항모멘트 $M_{Ed,stb}$보다 작거나 같도록 해야 한다.

$$M_{Ed,dst} \leq M_{Ed,stb}$$

그림 11.7과 같이 불완전 모멘트를 일으키는 힘은 가상면 뒤에서 작용하는 유효토압(P'_a)과 수압(U_a) 및 양압력(U)이다. 유효토압에는 가상면 뒤의 지표면에 작용하는 상재하중을 포함한다.

그림 11.7과 같이 안정 모멘트에 기여하는 힘은 벽체와 기초의 자중($W_{전면벽}$ 및 $W_{저판}$)에 뒷굽 상부의 뒷채움재 자중($W_{뒷채움}$)을 더한 것이다. 상재하중은 대부분 변동하중이며 상재하중이 없는 경우에 보다 불리한 설계상황이 되므로 저항모멘트에서 제외해야 한다.

11.4.4 폭이 좁은 뒷굽을 갖는 철근콘크리트 옹벽

앞 절에서 지지력, 활동 및 전도에 대한 논의에서 철근콘크리트 옹벽의 뒷굽은 소위 '가상면'으로 불리는 구역 내에 랭킨영역이 형성되기에 충분이 크다고 가정하였다(그림 11.8 상부 참조). 이 가정은 옹벽의 강도와 안정성을 검증하는 데 필요한 계산을 매우 단순화할 수 있다(왜냐하면 활동하려는 힘은 가상면을 따라 연직 및 수평으로 분리되고 마찰력은 무시할 수 있기 때문이다).

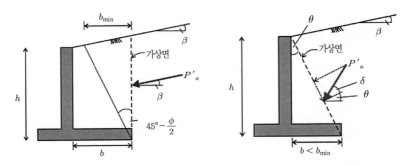

그림 11.8 철근콘크리트 옹벽의 배면에서 마찰력을 갖지 않는 가상면(왼쪽)과 마찰력을 갖는 경사진 가상면(오른쪽)

이 가정은 뒷굽의 폭 'b'가 다음 부등식을 만족할 때 유효하다.

$$b \geq h \times \tan\left(45° - \frac{\phi}{2}\right)$$

여기서 h는 기초 저면으로부터의 옹벽의 높이, ϕ는 뒷채움재의 전단저항각이다. 이 부등식이 만족될 때, 가상면을 따라 어떠한 마찰력도 일어나지 않으며[4] 유효주동토압 P'_a는 옹벽배면 지표면의 경사각 β만큼 기울어져 작용한다.

부등식을 만족하지 않을 때 옹벽강도 및 안정성 계산은 그림 11.8의 오른쪽 그림에 제시된 원리에 기초한다. 경사진 가상면 내의 뒷채움재는 옹벽의 일부로 고려되며 가상면에 작용하는 힘은 불안정하중으로 고려된다.

P'_a의 수평 및 연직성분은 다음 식과 같다.

$$P'_{ah} = P'_a\cos(\theta + \delta), \ P'_{av} = P'_a\sin(\theta + \delta)$$

여기서 δ는 가상면에서의 마찰각, 각 θ(그림 11.8)는 다음 식과 같다.

$$\theta = \tan\left(\frac{b}{h}\right)$$

이러한 옹벽을 설계하는 데 이용되는 절차는 다음 11.5절의 후반부에 상세히 논의된 것과 같이 중력식 옹벽에 이용되는 절차와 동일하다.

11.5 중력식 옹벽

그림 11.9는 지표면에 상재하중이 작용하고 지하수위가 시공기면 위에 위치하는 경우, 중력식 옹벽에 작용하는 압력을 나타낸다. 벽체의 배면이 연직에 대해 각 θ만큼 경사져 있으므로 벽체에 작용하는 유효토압도 경사지게 된다. 철근콘크리트 옹벽배면에서 랭킨영역(11.4.4 참조)의 단순화는 이 경우에는 적용되지 않는다.

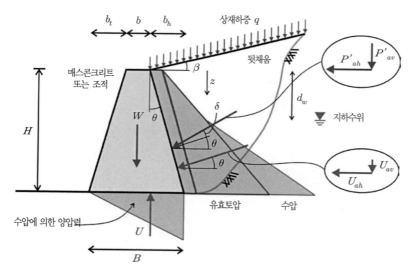

그림 11.9 중력식 옹벽에 작용하는 토압

지표면 아래 깊이 z에서 옹벽 배면에 작용하는 유효토압 σ'_a의 연직성분 σ'_{an}는 다음 식과 같다.

$$\sigma'_{an} = K_{a\gamma}\left(\int_0^z \gamma dz - u\right) + K_{aq}q - K_{ac}c'$$

여기서 $K_{a\gamma}$, K_{aq}, K_{ac} = 흙의 중량, 상재하중 및 유효점착력에 대한 주동토압계수, γ = 흙의 단위중량, c' = 유효점착력, q = 벽체 뒤 지표면에 작용하는 상재하중이다.

지표면 아래 깊이 z에서 벽체의 배면에 작용하는 간극수압 u는 다음 식과 같다.

$$u = \gamma_w \times (z - d_w) \geq 0$$

여기서 γ_w = 물의 단위중량, d_w = 벽체상부에서 지하수위까지의 깊이이다.

지표면 아래 깊이 z에서 벽체의 배면에 작용하는 총 토압 σ_a의 연직성분 σ_{an}는 다음 식과 같다.

$$\sigma_{an} = \sigma'_{an} + u$$

EN 1997−1의 부록 C에서는 다음 식에 기초하여 주동토압계수 $K_{a\gamma}$, K_{aq}, K_{ac}를 결정하기 위한 해석절차[5]를 제공한다.

$$K_{a\gamma} = K_n \times \cos\beta \times \cos(\beta - \theta)$$

$$K_{aq} = K_n \times \cos^2\beta$$

$$K_{ac} = (K_n - 1) \times \cot\phi$$

여기서 보조계수 K_n는 흙의 전단저항각(ϕ), 흙과 벽체 사이의 마찰각(δ), 지표면의 경사각(β) 및 벽체배면의 경사각(θ)의 함수이다. 제12장에서는 수동토압계수를 포함하여 EN 1997−1의 부록 C에 제시된 해석절차에 대하여 상세하게 다루고 있다.

이들 식을 적분하면 유효주동토압 및 수압 (P'_a와 U_a)의 수평성분(그림 11.9의 P'_{ah}와 U_{ah})을 구할 수 있다.

$$P'_{ah} = \int_0^H \sigma'_a \cos(\theta + \delta) dz = \int_0^H \sigma'_{an} \cos\theta dz \ , \ U_{ah} = \int_0^H u \cos\theta dz$$

여기서 H는 시공기면으로부터 옹벽의 높이이다. 이들 하중 모두 옹벽의 지지력, 미끄러짐 및 전도파괴에 대하여 불안정하중으로 작용한다.

한편 유효주동토압 및 수압(P'_a와 U_a)의 연직성분(그림 11.9의 P'_{av}와 U_{av})은 다음 식과 같이 수평성분(P'_{ah}와 U_{ah})으로부터 결정할 수 있다.

$$P'_{av} = P'_{ah} \times \tan(\theta + \delta) \text{ 및 } U_{av} = U_{ah} \times \tan\theta$$

이들 힘은 지지력에 대하여 불리하게 작용하고 벽체의 전도 및 미끄러짐에 대해서는 유리하게 작용한다. 그러나 단일소스 원칙(제3장 참조)에서는 모든 검증에서 이러한 힘들을 불리한 하중으로 다루도록 규정하고 있다.

중력식 옹벽에 대한 지지력, 활동 및 전도 저항의 검증은 중력식 옹벽의 자중에 뒷채움재의 중량이 포함되지 않는다는 것을 제외하고는 RC 옹벽(11.4.1 −1.4.3 참조)과 유사하다. 대신에 벽체에 작용하는 뒷채움재의 연직력은 유효주동토압 P'_a의 연직성분 P'_{av}를 포함한다.

11.5.1 지지력

중력식 옹벽에서 지지저항력에 대한 검증은 철근콘크리트 옹벽에 대한 것과 유사하다(11.4.1 참조).

옹벽기초 하부에서 총 설계 지지압 q_{Ed}는 다음 식과 같다.

$$q_{Ed} = \gamma_G \left(\frac{W_{Gk} + P'_{av,Gk} + u_{av,Gk}}{A'} \right) + \sum_i \gamma_{Q,i} \psi_i q_{Qk,i}$$

여기서 W_{Gk}는 벽체 영구자중의 특성값; $P'_{av,Gk}$는 유효영구주동토압 특성값의 연직성분; $U_{av,Gk}$는 영구수압특성값의 연직성분; q_{Qk}는 옹벽배면의 지표면에 작용하는 변동 연직상재하중의 특성값, A'는 기초의 유효면적; γ_G와 γ_Q는 영구 및 변동하중에서의 부분계수; 그리고 ψ_i는 i 번째 변동하중에 해당하는 하중조합계수이다(제2장 참조).

옹벽과 뒷채움재의 자중은 지지력에 대하여 불리한 하중이므로 단위중량의 특성값은 상한값으로 선정해야 한다.

기초면 하부에서 유효 설계 지지압력 q'_{Ed}는 다음 식과 같다.

$$q'_{Ed} = q_{Ed} - \gamma_G \left(\frac{u_{Gk}}{A'} \right)$$

여기서 U_{Gk}는 옹벽기초 저면의 수압에 의한 영구 양압력의 특성값이다. 여기서 제3장에서 논의된 '단일소스 원칙'에 따르면 양압력은 불리한 하중(또한 $\gamma_{G,fav}$이 아닌 γ_G로 곱해짐)으로 고려된다(3.4.3 유리한 하중과 불리한 하중의 구분 참조). U_{ah}와 U_{av}가 동일한 수위에서 발생하므로(불리한 하중) 양압력 U도 불리한 하중으로 취급된다.

제3장에서는 수압에 계수를 적용하는 여부에 대해 다루고 있다.

11.5.2 활동

중력식 옹벽에서 활동저항력에 대한 검증은 철근콘크리트 옹벽에 대한 것과 유사하다(11.4.2 참조).

유효토압(P'_a)은 활동에 대하여 불리한 하중이다. 따라서 수평 및 연직성분 (P'_{ah}와 P'_{av})은 모두 불리한 하중으로 취급하며 부분계수 γ_G로 곱하여 설계값을 구한다.

또한 수압(U_a)은 활동에 대하여 불리한 하중이다. 수압의 수평과 연직성분 (U'_{ah}와 U'_{av})은 모두 불리한 하중으로 취급하며 부분계수 γ_G를 곱하여 설계값을 구한다. '단일소스 원칙'을 적용하므로 옹벽하부의 양압력(U_v)도 불리한 하중으로 취급해야 한다.

11.5.3 전도

중력식 옹벽에 대한 전도저항력의 검증은 철근콘크리트 옹벽과 유사하다 (11.4.3 참조).

11.6 보강토 구조물

'유로코드 7은 보강토 구조물의 상세한 설계에 대해 다루지 않았다. EN 1997-1에 제시된 부분계수는 보강토 구조물을 위해 보정되지 않은 값이다.'[6]

보강토 구조물의 설계는 BS 8006 등과 같은 국가표준서에 따라 시행된다.[7] 국가표준서는 여러 가지 일반적인 공통점을 가지고 있지만 공사관행, 지질 및 기후 등의 차이로 유럽 전역에서 이용할 수 있는 통합된 설계기준의 개발을 더디게 하였다. 유럽표준 EN 14475(제15장 참조)에서는 보강토 구조물의 실행지침을 제시하였다. 앞으로 발행될 유럽표준서에서는 보강토 구조물에 관한 설계법도 다루게 될 것이다.[8]

11.7 사용성 설계

사용한계상태 검증을 위한 토압의 설계값은 지반의 초기응력, 강성 및 강도; 구조부재의 강성; 그리고 구조물의 허용변위를 고려한 토질정수의 특성값을 이용하여 추론해야 한다. 이들 토압은 한계값(적어도 주동 또는 수동)에 도달해서는 안 된다.   [EN 1997-1 § 9.8.1(2)P, (4), 및 (5)]

옹벽의 변위계산은 사용한계상태에 대한 검증을 위해 반드시 필요한 것은 아니다. 제8장에 논의되었듯이 유로코드 7에서는 '지반강도의 아주 일부만이 사용된다는 전제'로 사용한계 내에서 변형이 유지 될 수 있음을 인정한다.
                    [EN 1997-1 § 2.4.8(4)]

점성토 지반에 놓인 일반구조물에서 사용한계상태는 적용된 사용하중 E_k 에 대한 특성 지지저항력 R_k 의 비가 3보다 작거나 같으면 극한한계상태 계산에 의해 이미 검증된 것으로 간주한다.

$$E_k \leq \frac{R_k}{\gamma_{R,SLS}}$$

여기서 $\gamma_{R,SLS}$ = 부분저항계수 ≥ 3   [EN 1997-1 § 6.6.2(16)]

유로코드 7에서는 옹벽의 변위를 계산하는 방법을 다루지 않으므로 계산이 필요할 경우 CIRIA 516[9]에 제시된 것과 같은 단순한 규칙을 활용할 수 있다. 조립토 지반에 시공된 중력식 옹벽의 침하(mm)는 다음 식으로 추정할 수 있다.

$$s = \frac{2.5qB^{0.7}}{N^{1.4}}$$

여기서 q = 접지압(kPa), B = 옹벽의 폭(m), N = 표준관입시험값이다. 과압밀 점토지반에서

$$s = \frac{15qB}{c_u}$$

여기서 c_u = 기초지반의 비배수 강도이다.

벽체 및 지반변위의 한계값은 지지구조물의 변위와 사용성에 대한 허용오차를 고려해야 한다. [EN 1997-1 § 9.8.2(1)P]

유로코드 7에서 옹벽에 대한 사용성 요구조건은 제12장에서 상세하게 다루고 있다.

11.8 구조설계

중력식 옹벽은 유로코드 2[10](철근 및 매스 콘크리트 옹벽)과 유로코드 6(석축옹벽)[11]의 설계기준 따라 구조적 파괴에 대하여 검증해야 한다.

[EN 1997-1 § 9.7.6(1)P]

영국 콘크리트 센터에서는 이러한 업무를 시행하는 기술자에게 도움을 주기 위하여 일련의 '지침[12]'을 출간하였으며 "Institution of Structural Engineers"에서도 해당 주제에 관한 '지침[13]'을 준비하고 있다.

11.9 감독, 모니터링 및 유지관리

EN 1997-1에서는 옹벽에 대한 감독, 모니터링 및 유지관리를 다루지 않는

다. 또한 그에 따른 실행표준도 없다. 따라서 실무에서는 기존의 국가표준서를[14] 계속 이용해야 한다.

11.10 핵심요약

유로코드 7에서 옹벽설계는 옹벽 하부지반이 편심과 경사하중에 대하여 충분한 지지저항력을 갖는지, 수평력과 경사하중에 대하여 충분한 활동저항력을 갖는지, 전도에 대해 충분한 안정성이 확보되는지, 그리고 불안정한 침하나 기울어짐에 대하여 충분한 강성을 확보하는지를 검토하는 것이다. 처음 3가지 파괴모드는 극한한계상태 그리고 마지막 파괴모드는 사용한계상태에 대한 안정성을 확보하기 위한 것이다.

극한한계상태의 검증은 다음 부등식을 만족할 때 입증된다.

$$V_d \leq R_d, \ H_d \leq R_d + R_{pd}, \ M_{Ed,dst} \leq M_{Ed,stb}$$

(여기서 기호는 10.3에서 정의되었다). 다만 앞의 식들은 다음 식의 특정한 형태이다.

$$E_d \leq R_d$$

이 식은 제6장에서 상세하게 다루고 있다.

11.11 실전 예제

비배수조건에서 건조한 흙으로 뒷채움 한 T형 중력식 옹벽(예제 11.1), 배수조건에서의 동일한 옹벽(예제 11.2), 배수조건에서 젖은 재료로 뒷채움된 동일한 옹벽(예제 11.3), 그리고 조립토로 뒷채움된 중력식 옹벽의 설계에 대해 검토하였다(예제 11.4).

계산의 특정부분은 ❶, ❷, ❸ 등으로 표시되어 있다. 여기서 숫자들은 각 예제에 동반된 주석을 가리킨다.

11.11.1 건조한 흙으로 뒷채움된 T형 중력식 옹벽(비배수 해석)

예제 11.1은 그림 11.10과 같이 건조한 흙으로 뒷채움된 T형 중력식 옹벽에 대한 설계이다.

옹벽이 점토지반 위에 시공되더라도 뒷채움은 조립토로 가정한다(이러한 형식의 옹벽에서 대표적임). 옹벽의 뒷굽에서 배수가 완벽하게 이루어진다면 단순화를 위해 수압은 무시해도 된다.

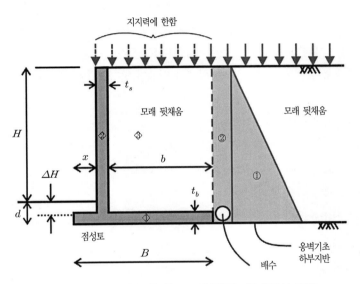

그림 11.10 건조한 흙으로 뒷채움된 T형 중력식 옹벽

예제 11.1 주석

❶ 뒷채움재의 중량은 활동 및 전도에 대해서는 유리하게 작용하나 지지력에 대해서는 불리하게 작용한다. 따라서 단위중량은 뒷채움재의 중량이 유리한지 불리한지에 따라 다른 설계 특성값을 적용해야 한다. 그러나 단위중량은 변동성이 작기 때문에 계산상 보다 중요한 특징을 보여 주기 위해 하나의 중량을 사용하였다.

❷ 일반적으로 옹벽의 수동 측은 여유굴착 가능성 때문에 굴착심도의 조정을 허용하는 지반구조물이다.

❸ 상재하중의 특성값은 뒷채움재 전부와 옹벽상부에 작용하는데 지지력에 대하여 불리한 하중으로 고려된다. 상재하중이 유리한 하중으로 고려되는 경우에는 계산에서 제외된다.

❹ 부분계수는 부록 A에서 주어진다. BS EN 1997－1에 대한 영국 국가부속서에 의해 부분계수들이 변경되지는 않는다.

❺ 가상배면에 랭킨토압이 확실히 작용하다는 가정을 확인하기 위한 검토가 필요하다. 비례 T형 콘크리트옹벽에 표준 설계기준을 사용하면 일반적으로 랭킨토압으로 확실히 작용한다고 가정한 가상배면에 대한 조건을 만족시키지 못 할 수 있다는 점에 주의해야 한다(조합 2에 대한 경우와 동일).

❻ 변동상재하중은 고려되는 조건에 따라 다른 위치에서 고려해야 한다. 변동상재하중이 유리한 하중으로 고려되는 경우, 연직하중에 포함해서는 안 되므로 일반적으로 변동상재하중은 지지력과 전체 안정성에 대해서만 옹벽 전체의 폭을 고려한다.

❼ 가상면에 대한 마찰을 무시하고 간단한 랭킨토압계수를 사용한다.

❽ 지지력과 편심계수에 대한 식은 EN 1997－1의 부록 D에 제시되어 있다. **주석:** 형상 및 깊이계수는 기초가 띠(strip) 형상이고 근입깊이가 거의 없는 곳에서는 포함되지 않는다. 제6장에 설명했듯이 EN 1997－1에서는 깊이계수를 포함하지 않는다.

❾ 비배수조건의 경우, 설계법 1에서 조합 2에 대한 이용률은 59%이다(활동 및 지지력의 경우).

❿ 설계법 2와 3에 대한 요약된 결과만 제시하였다. 전체적인 계산과정은 www.decodingeurocode7.com에서 확인할 수 있다.

설계법 2에서는 하중과 저항에 1.0보다 큰 계수를 적용한다. DA2에서는 활동보다 지지력이 위험 측이고 이용률(65%)은 DA1보다 높다.

설계법 3은 구조적 하중(콘크리트 자중) 및 재료성질에 대하여 1.0보다 큰 계수를 적용한다. 지지력이 위험 측이고 이용률(64%)은 DA2보다 약간 작다.

예제 11.1

건조토로 뒷채움된 T형 중력식 옹벽(비배수해석)
비배수강도의 검증(한계상태 GEO)

설계상황

보통강도의 점성토 지반에 모래로 뒷채움한 높이 $H = 3.0m$, 두께 $t_s = 250mm$인 T형 중력식 옹벽을 검토하였다. 뒷채움을 건조한 상태로 유지하기 위하여 배수재가 뒷굽면에 설치된다. 옹벽의 폭 $B = 2.7m$, 두께 $t_b = 300mm$, 앞굽의 길이는 벽체전면에서 $x = 0.5m$이다. 옹벽 기초의 바닥은 시공기면 $d = 0.5m$ 아래에 위치한다. 철근콘크리트의 단위중량 $\gamma_{ck} = 25kN/m^3$이다(EN 1991 – 1 – 1 표 A.1). 뒷채움재의 배수강도에 대한 특성값 $\varphi_k = 36°$, $c_k' = 0kPa$이다. 뒷채움재의 단위중량 $\gamma_k = 18kN/m^3$이다. ❶ 옹벽하부의 점성토의 비배수강도에 대한 특성값 $c_{uk,fdn} = 45kPa$, 단위중량 $\gamma_{k,fdn} = 22kN/m^3$이다. 변동상재하중 $q_{Qk} = 10kPa$이 영구 및 일시적으로 옹벽상부에 작용한다.

설계법 1
기하하적 파라미터

여유굴착 $\Delta H = \min(10\% H, 0.5m) = 0.3m$ ❷

설계 지지 높이 $H_d = H + \Delta H = 3.3m$

뒷굽의 폭 $b = B - t_s - x = 1.95m$

하중

자중에 의한 연직하중 및 모멘트(앞굽에 대한)의 특성값

옹벽기초: $W_{Gk_1} = \gamma_{ck} \times B \times t_b = 20.3 kN/m$

기초에 대한 모멘트: $M_{k_1} = W_{Gk_1} \times \dfrac{B}{2} = 27.3 kNm/m$

벽체: $W_{Gk_2} = \gamma_{ck} \times (H + d - t_b) \times t_s = 20 kN/m$

벽체에 대한 모멘트: $M_{k_2} = W_{Gk_2} \times \left(\dfrac{t_s}{2} + x\right) = 12.5 kNm/m$

뒷채움: $W_{Gk_3} = \gamma_k \times b \times (H + d - t_b) = 112.3 kN/m$

뒷채움에 대한 모멘트: $M_{k_3} = W_{Gk_3} \times \left(\dfrac{b}{2} + t_s + x\right) = 193.8 kNm/m$

총 자중의 특성값 $W_{Gk} = \sum W_{Gk} = 152.6 kN/m$

총 저항모멘트의 특성값 $W_{Ek,stb} = \sum M_k = 233.6 kNm/m$

상재하중(변동)의 특성값 $Q_{Qk} = q_{Qk} \times (B - x) = 22 kN/m$ ❸

재료특성

$\begin{pmatrix} M1 \\ M2 \end{pmatrix}$ 에서 부분계수: $\gamma_\phi = \begin{pmatrix} 1 \\ 1.25 \end{pmatrix}$, $\gamma_c = \begin{pmatrix} 1 \\ 1.25 \end{pmatrix}$, $\gamma_{cu} = \begin{pmatrix} 1 \\ 1.4 \end{pmatrix}$ ❹

뒷채움의 설계 전단저항각 $\phi_d = \tan^{-1}\left(\dfrac{\tan(\phi_k)}{\gamma_\phi}\right) = \begin{pmatrix} 36 \\ 30.2 \end{pmatrix}^\circ$

뒷채움의 설계 유효점착력 $c'_d = \dfrac{c'_k}{\gamma_c} = \begin{pmatrix} 0 \\ 0 \end{pmatrix} kPa$

점성토의 설계 비배수강도 $c_{ud,fdn} = \dfrac{c_{uk,fdn}}{\gamma_{cu}} = \begin{pmatrix} 45 \\ 32.1 \end{pmatrix} kPa$

랭킨에 대한 최소 폭 $b_{min} = (H + d) \times \tan\left(45° - \dfrac{\phi_d}{2}\right) = \begin{pmatrix} 1.78 \\ 2.01 \end{pmatrix} m$ ❺

하중의 영향

$\begin{pmatrix} A1 \\ A2 \end{pmatrix}$에서 부분계수: $\gamma_G = \begin{pmatrix} 1.35 \\ 1 \end{pmatrix}$, $\gamma_{G,fav} = \begin{pmatrix} 1 \\ 1 \end{pmatrix}$, $\gamma_Q = \begin{pmatrix} 1.5 \\ 1.3 \end{pmatrix}$

연직 설계하중

불리한 하중: $V_d = \gamma_G \times W_{Gk} + \gamma_Q \times Q_{Qk} = \begin{pmatrix} 239 \\ 181.2 \end{pmatrix} \dfrac{kN}{m}$ ❻

유리한 하중: $V_{d,fav} = \gamma_{G,fav} \times W_{Gk} = \begin{pmatrix} 152.6 \\ 152.6 \end{pmatrix} \dfrac{kN}{m}$ ❻

뒷채움에 대한 주동토압계수 $K_a = \dfrac{1 - \sin(\phi_d)}{1 + \sin(\phi_d)} = \begin{pmatrix} 0.26 \\ 0.331 \end{pmatrix}$ ❼

연직배면의 설계토압 및 전도모멘트(앞굽에 대한)

뒷채움 $P_{ad_1} = \overline{\left[\dfrac{\gamma_G \times K_a \times \gamma_k \times (H+d)^2}{2} \right]} = \begin{pmatrix} 38.6 \\ 36.5 \end{pmatrix} \dfrac{kN}{m}$

뒷채움에 대한 모멘트 $M_{d_1} = P_{ad_1} \times \left(\dfrac{H+d}{3} \right) = \begin{pmatrix} 45.1 \\ 42.6 \end{pmatrix} \dfrac{kNm}{m}$

상재하중 $P_{ad_2} = \overline{\left[\gamma_Q \times K_a \times q_{Qk} \times (H+d) \right]} = \begin{pmatrix} 13.6 \\ 15.1 \end{pmatrix} \dfrac{kN}{m}$

상재하중에 대한 모멘트 $M_{d_2} = P_{ad_2} \times \left(\dfrac{H+d}{2} \right) = \begin{pmatrix} 23.9 \\ 26.4 \end{pmatrix} \dfrac{kNm}{m}$

총 설계 수평력 $H_{Ed} = \displaystyle\sum_{i=1}^{2} P_{ad_i} = \begin{pmatrix} 52.3 \\ 51.6 \end{pmatrix} \dfrac{kN}{m}$

총 설계 전도모멘트 $M_{Ed,dst} = \displaystyle\sum_{i=1}^{2} M_{d_i} = \begin{pmatrix} 68.9 \\ 69 \end{pmatrix} \dfrac{kNm}{m}$

활동저항력

$\begin{pmatrix} R1 \\ R2 \end{pmatrix}$에서 부분계수: $\gamma_{Rh} = \begin{pmatrix} 1 \\ 1 \end{pmatrix}$, $\gamma_{Rv} = \begin{pmatrix} 1 \\ 1 \end{pmatrix}$

설계비배수 활동저항력 $H_{Rd} = \left(\dfrac{c_{ud,fdn} \times B}{\gamma_{Rh}} \right) = \begin{pmatrix} 121.5 \\ 86.8 \end{pmatrix} \dfrac{kN}{m}$

지지저항력

자중 및 상재하중에 의한 설계 저항모멘트

$$M_{Ed,stb} = \gamma_G \times M_{Ek,stb} + \gamma_Q \times Q_{Qk} \times \frac{(B+x)}{2} = \begin{pmatrix} 368.1 \\ 279.3 \end{pmatrix} \frac{kNm}{m}$$

하중의 편심 $e_B = \overrightarrow{\left(\frac{B}{2} - \frac{M_{Ed,stb} - M_{Ed,dst}}{V_d} \right)} = \begin{pmatrix} 0.1 \\ 0.19 \end{pmatrix} m$

e_B가 $\frac{B}{6} = 0.45m$와 같거나 작은 경우, 하중은 기초의 중앙 3분점 안에 있다.

유효 폭 및 면적 $B' = B - 2e_B = \begin{pmatrix} 2.5 \\ 2.32 \end{pmatrix} m$, $A' = B'$

점착력에 대하여 $i_c = \overrightarrow{\left[\frac{1}{2} \left(1 + \sqrt{1 - \frac{H_{Ed}}{A' \times c_{ud,fdn}}} \right) \right]} = \begin{pmatrix} 0.87 \\ 0.78 \end{pmatrix}$

기초지반에서 총 상재압 $\sigma_{vk,b} = \gamma_{k,fdn} \times (d - \Delta H) = 4kPa$

극한저항력 $q_{ult} = \overrightarrow{\left[(\pi + 2) \times c_{ud,fdn} \times i_c + \sigma_{vk,b} \right]} = \begin{pmatrix} 204.8 \\ 133 \end{pmatrix} kPa$ ❽

설계 저항력 $q_{Rd} = \frac{q_{ult}}{\gamma_{Rv}} = \begin{pmatrix} 204.8 \\ 133 \end{pmatrix} kPa$

전도저항력

자중만에 의한 설계 저항모멘트

$$M_{Ed,stb} = \gamma_{G,fav} \times M_{Ek,stb} = \begin{pmatrix} 233.6 \\ 233.6 \end{pmatrix} \frac{kNm}{m}$$

검증

비배수 미끄러짐에 대하여 $H_{Ed} = \begin{pmatrix} 52.3 \\ 51.6 \end{pmatrix} \frac{kN}{m}$, $H_{Rd} = \begin{pmatrix} 121.5 \\ 86.8 \end{pmatrix} \frac{kN}{m}$

이용률 $\Lambda_{GEO,1} = \frac{H_{Ed}}{H_{Rd}} = \begin{pmatrix} 43 \\ 59 \end{pmatrix} \%$ ❾

비배수지지력에 대하여 $q_{Ed} = \dfrac{V_d}{B'} = \begin{pmatrix} 95.4 \\ 78 \end{pmatrix} kPa$, $q_{Rd} = \begin{pmatrix} 204.8 \\ 133 \end{pmatrix} kPa$

이용률 $\Lambda_{GEO,1} = \dfrac{q_{Ed}}{q_{Rd}} = \begin{pmatrix} 47 \\ 59 \end{pmatrix}\%$ ❾

전도에 대하여 $M_{Ed,dst} = \begin{pmatrix} 68.9 \\ 69 \end{pmatrix}\dfrac{kNm}{m}$, $M_{Ed,stb} = \begin{pmatrix} 233.6 \\ 233.6 \end{pmatrix}\dfrac{kNm}{m}$

이용률 $\Lambda_{GEO,1} = \dfrac{M_{Ed,dst}}{M_{Ed,stb}} = \begin{pmatrix} 30 \\ 30 \end{pmatrix}\%$ ❾

이용률 > 100%인 경우, 이 설계는 허용할 수 없다.

설계법 2(요약)

검증

비배수 미끄러짐에 대하여 $H_{Ed} = 52.3\dfrac{kN}{m}$, $H_{Rd} = 110.5\dfrac{kN}{m}$

이용률 $\Lambda_{GEO,2} = \dfrac{H_{Ed}}{H_{Rd}} = 47\%$ ❿

비배수지지력에 대하여 $q_{Ed} = \dfrac{V_d}{B'} = 95.4 kPa$, $q_{Rd} = 146.3 kPa$

이용률 $\Lambda_{GEO,2} = \dfrac{q_{Ed}}{q_{Rd}} = 65\%$ ❿

전도에 대하여 $M_{Ed,dst} = 68.9\dfrac{kNm}{m}$, $M_{Ed,stb} = 233.6\dfrac{kNm}{m}$

이용률 $\Lambda_{GEO,2} = \dfrac{M_{Ed,dst}}{M_{Ed,stb}} = 30\%$ ❿

이용률 > 100%인 경우, 이 설계는 허용할 수 없다.

설계법 3(요약)

검증

비배수 미끄러짐에 대하여 $H_{Ed} = 51.6kN/m$, $H_{Rd} = 86.8kN/m$

이용률 $\Lambda_{GEO,3} = \dfrac{H_{Ed}}{H_{Rd}} = 59\%$ ❿

비배수지지력에 대하여 $q_{Ed} = \dfrac{V_d}{B} = 85.5kPa$, $q_{Rd} = 132.8kPa$

이용률 $\Lambda_{GEO,3} = \dfrac{q_{Ed}}{q_{Rd}} = 64\%$ ❿

전도에 대하여 $M_{Ed,dst} = 69kNm/m$, $M_{Ed,stb} = 233.6kNm/m$

이용률 $\Lambda_{GEO,3} = \dfrac{M_{Ed,dst}}{M_{Ed,stb}} = 30\%$ ❿

이용률 > 100%인 경우, 이 설계는 허용할 수 없다.

11.11.2 건조토로 뒷채움된 T형 중력식 옹벽(배수해석)

예제 11.2는 예제 11.1(그림 11.10)의 옹벽설계와 같으나 장기조건에서의 옹벽설계를 검증하기 위한 배수해석이다.

옹벽의 치수는 예제 11.1과 동일하고 배수영향은 충분히 발휘되는 것으로 가정한다. 그러나 옹벽의 장기거동을 검토하는 데 적합한 점성토에 대한 유효응력 파라미터를 고려하였다.

예제 11.2 주석

❶ 비배수조건에서 주어진 것과 유사한 계산방식을 적용할 수 있다(참고 예제 11.1).

❷ 지반과 옹벽기초 사이에서의 적절한 마찰각 선정은 공학적 판단의 문제이다. 일정체적 마찰각 ϕ_{cv}는 흙의 최솟값에 해당하므로 ϕ_{cv}보다 작은

설계값을 채택하는 것은 불합리하다.

❸ 배수 활동저항력은 유효점착력의 어떤 영향도 포함되지 않는다. 이는 보수적이지만 흙과 콘크리트의 경계면에서 부착력이 발생되지 않을 가능성을 반영한 것이다. 왜냐하면 부착력은 활동저항력을 감소시키므로 연직하중은 유리하게 작용하는 것으로 고려한다.

❹ 지지력과 편심계수에 대한 식은 EN 1997−1의 부록 D에 제시되었다. 사실상 옹벽은 띠(strip) 기초이므로 형상계수를 사용하지 않는다. EN 1997−1의 부록 D에서 깊이계수는 제시되지 않는다.

❺ 지하수위가 옹벽의 기초까지 상승할 수 있으므로 이 식에서는 수중단위중량($\gamma_{k,fdn} - \gamma_w$)를 이용해야 한다.

❻ 배수조건에서 지지력은 중요하며 비배수조건에 비하여 높은 이용률을 나타낸다(조합 2에 대해 99% vs 59%). 유로코드 7의 규정은 배수조건에서만 만족이 된다.

지지저항력이 배수조건에서 더 불리하다는 사실은 배수조건에서 시간에 따라 상황이 개선된다는 일반적인 기대와는 반대이다. 즉, 지지력과 활동저항력은 배수조건에서 더 커야 한다. 이것은 작은 유효응력에서 비배수 및 배수 파라미터 사이에 호환성 부족을 의미한다. 그러나 기술자들은 호환성을 갖기 위해 점토에서 큰 값의 유효점착력 c' 또는 ϕ를 사용하는 것이 적합하지 않다고 생각해왔다.

❼ 설계법 2와 3에 대한 요약된 결과만 제시되었다. 전체적인 계산과정은 www.decodingeurocode7.com에서 확인할 수 있다.

설계법 2는 하중과 저항력에 대하여 1.0보다 큰 계수를 적용한다. 활동은 DA2에서 위험 측이고 이용률(104%)은 유로코드 7에서 허용하는 것보다 크다.

설계법 3은 구조적인 하중(콘크리트 자중) 및 재료성질에 대하여 1.0보다 큰 계수를 적용한다. 지지력이 위험 측이고 이용률(102%)은 유로코드 7의 허용값을 약간 벗어난다.

건조한 흙으로 뒷채움된 T형 옹벽(배수해석)
배수강도의 검증(한계상태 GEO)

설계상황

예제 11.1의 T형 중력식 옹벽을 장기조건에서 다시 검토하였다. 기초지반 점성토에 대한 최대 전단저항각의 특성값 $\varphi_{k,fdn} = 26°$, 유효점착력 $c'_{k,fdn} = 5kPa$, 일정체적 전단저항각 $\varphi_{cv,k,fdn} = 20°$이다. 기타 파라미터는 예제 11.1과 같다. 지하수위는 옹벽기초에 일치하는 것으로 가정한다. ❶

설계법 1

하중(예제 11.1에서)

옹벽 총 자중의 특성값 $W_{Gk} = 152.6kN/m$

상재하중 특성값 $Q_{Qk} = 22kN/m$

저항모멘트(앞굽에 대한)의 특성값 $M_{Ek,stb} = 233.6kNm/m$

연직하중(불리한) $V_d = \begin{pmatrix} 239 \\ 181.2 \end{pmatrix} kN/m$

연직하중(유리한) $V_{d,fav} = \begin{pmatrix} 152.6 \\ 152.6 \end{pmatrix} kN/m$

재료물성

$\begin{pmatrix} M1 \\ M2 \end{pmatrix}$에서 부분계수: $\gamma_\phi = \begin{pmatrix} 1 \\ 1.25 \end{pmatrix}$, $\gamma_c = \begin{pmatrix} 1 \\ 1.25 \end{pmatrix}$

점성토의 설계 전단저항각 $\phi_{d,fdn} = \tan^{-1}\left(\dfrac{\tan(\phi_{k,fdn})}{\gamma_\phi} \right) = \begin{pmatrix} 26 \\ 21.3 \end{pmatrix}°$

점성토의 설계 유효점착력 $c'_{d,fdn} = \dfrac{c'_{k,fdn}}{\gamma_c} = \begin{pmatrix} 5 \\ 4 \end{pmatrix} kPa$

BS EN 1997−1의 영국 부속서에서는 $\phi_{cv,d}$를 직접 선정하도록 허용한다.

여기서 ϕ_d와 $\phi_{cv,k}$ 중 작은 값을 선택한다.

$$\phi_{cv,d,fdn} = \overrightarrow{\min\left(\phi_{d,fdn},\ \phi_{cv,k,fdn}\right)} = \begin{pmatrix} 20 \\ 20 \end{pmatrix}^{\circ}$$

현장타설 콘크리트에서 k=1, $\delta_{d,fdn} = k \times \phi_{cv,d,fdn} = \begin{pmatrix} 20 \\ 20 \end{pmatrix}^{\circ}$ ❷

활동저항력

$\begin{pmatrix} R1 \\ R1 \end{pmatrix}$에서 부분계수: $\gamma_{Rh} = \begin{pmatrix} 1 \\ 1 \end{pmatrix}$, $\gamma_{Rv} = \begin{pmatrix} 1 \\ 1 \end{pmatrix}$

설계배수 활동저항력 (EN 1997−1 식 6.3a에 요구되는 대로 점착력 무시)

$$H_{Rd} = \overrightarrow{\left(\frac{V_{d,fav} \times \tan\left(\delta_{d,fdn}\right)}{\gamma_{Rh}}\right)} = \begin{pmatrix} 55.5 \\ 55.5 \end{pmatrix} \frac{kN}{m}$$ ❸

지지저항력

배수 지지력계수

$$N_q = \overrightarrow{\left[e^{\left(\pi\tan(\phi_{d,fdn})\right)}\left(\tan\left(45^{\circ} + \frac{\phi_{d,fdn}}{2}\right)\right)^2\right]} = \begin{pmatrix} 11.9 \\ 7.3 \end{pmatrix}$$ ❹

$$N_c = \overrightarrow{\left[(N_q - 1) \times \cot\left(\phi_{d,fdn}\right)\right]} = \begin{pmatrix} 22.3 \\ 16.1 \end{pmatrix}$$ ❹

$$N_\gamma = \overrightarrow{\left[2\left(N_q - 1\right) \times \tan\left(\phi_{d,fdn}\right)\right]} = \begin{pmatrix} 10.59 \\ 4.91 \end{pmatrix}$$ ❹

배수 편심계수(유효길이 $L' = \infty\, m$에 대하여)

$$\text{지수}\ m_B = \frac{\left(2 + \dfrac{B'}{L'}\right)}{\left(1 + \dfrac{B'}{L'}\right)} = \begin{pmatrix} 2 \\ 2 \end{pmatrix}$$

$$i_q = \overrightarrow{\left[1 - \left(\frac{H_{Ed}}{V_d + A' \times c'_{d,fdn} \times \cot\left(\phi_{d,fdn}\right)}\right)\right]^{m_B}} = \begin{pmatrix} 0.64 \\ 0.56 \end{pmatrix}$$ ❹

$$i_c = \overrightarrow{\left[i_q - \left(\frac{(1 - i_q)}{N_c \times \tan\left(\phi_{d,fdn}\right)}\right)\right]} = \begin{pmatrix} 0.61 \\ 0.49 \end{pmatrix}$$ ❹

$$i_\gamma = \overrightarrow{\left[1 - \left(\frac{H_{Ed}}{V_d + A' \times c'_{d,fdn} \times \cot(\phi_{d,fdn})} \right) \right]^{m_B + 1}} = \binom{0.52}{0.42} \; ❹$$

배수 지지저항력

기초저면에서 유효상재압

$$\sigma'_{vk,b} = \gamma_{k,fdn} \times (d - \Delta H) = 4.4 kPa$$

상재압으로부터 $q_{ult_1} = \overrightarrow{(N_q \times i_q \times \sigma'_{vk,b})} = \binom{33.6}{18} kPa$

점착력으로부터 $q_{ult_2} = \overrightarrow{(N_c \times i_c \times c'_{d,fdn})} = \binom{68}{31.7} kPa$

자중으로부터 $q_{ult_3} = \overrightarrow{\left[N_\gamma \times i_\gamma \times (\gamma_{k,fdn} - \gamma_w) \times \frac{B'}{2} \right]} = \binom{83.5}{29.2} kPa \; ❺$

총 저항력 $q_{ult} = \sum_{i=1}^{3} q_{ult_i} = \binom{185.1}{78.8} kPa$

설계 저항력 $q_{Rd} = \dfrac{q_{ult}}{\gamma_{Rv}} = \binom{185.1}{78.8} kPa$

전도저항력

설계 저항모멘트 $M_{Ed,stb} = \gamma_{G,fav} \times M_{Ek,stb} = \binom{233.6}{233.6} \dfrac{kNm}{m}$

저항력의 검증

배수 활동에 대하여 $H_{Ed} = \binom{52.3}{51.6} \dfrac{kN}{m}$, $H_{Rd} = \binom{55.5}{55.5} \dfrac{kN}{m}$

이용률 $\Lambda_{GEO,1} = \dfrac{H_{Ed}}{H_{Rd}} = \binom{94}{93} \%$

배수지지력에 대하여 $q_{Ed} = \binom{95.4}{78} kPa$, $q_{Rd} = \binom{185.1}{78.8} kPa$

이용률 $\Lambda_{GEO,1} = \dfrac{q_{Ed}}{q_{Rd}} = \binom{52}{99} \% \; ❻$

전도에 대하여 $M_{Ed,dst} = \binom{68.9}{69} \dfrac{kNm}{m}$, $M_{Ed,stb} = \binom{233.6}{233.6} kNm/m$

이용률 $\Lambda_{GEO,1} = \dfrac{M_{Ed,dst}}{M_{Ed,stb}} = \binom{30}{30}\%$

이용률 > 100%인 경우, 이 설계는 허용할 수 없다.

설계법 2(요약)

저항력의 검증

배수 활동에 대하여 $H_{Ed} = 52.3kN/m$,, $H_{Rd} = 50.5kN/m$

이용률 $\Lambda_{GEO,2} = \dfrac{H_{Ed}}{H_{Rd}} = 104\%$ ❼

배수지지력에 대하여 $q_{Ed} = 95.4kPa$, $q_{Rd} = 132.2kPa$

이용률 $\Lambda_{GEO,2} = \dfrac{q_{Ed}}{q_{Rd}} = 72\%$

전도에 대하여 $M_{Ed,dst} = 68.9kNm/m$, $M_{Ed,stb} = 233.6kNm/m$

이용률 $\Lambda_{GEO,2} = \dfrac{M_{Ed,dst}}{M_{Rd,stb}} = 30\%$

이용률 > 100%인 경우, 이 설계는 허용할 수 없다.

설계법 3(요약)

저항력의 검증

배수 활동에 대하여 $H_{Ed} = 51.6kN/m$, $H_{Rd} = 55.5kN/m$

이용률 $\Lambda_{GEO,3} = \dfrac{H_{Ed}}{H_{Rd}} = 93\%$

배수 지지력에 대하여 $q_{Ed} = 85.5kPa$, $q_{Rd} = 83.9kPa$

이용률 $\Lambda_{GEO,3} = \dfrac{q_{Ed}}{q_{Rd}} = 102\%$ ❼

전도에 대하여 $M_{Ed,dst} = 69kNm/m$ 및 $M_{Ed,dst} = 233.6kNm/m$

이용률 $\Lambda_{GEO,3} = \dfrac{M_{Ed,dst}}{M_{Rd,stb}} = 30\%$

이용률 > 100%인 경우, 이 설계는 허용할 수 없다.

11.11.3 젖은 흙으로 뒷채움된 T형 중력식 옹벽

예제 11.3은 장기간 기능을 충분히 발휘하는 배수재가 없는 경우에 대해 예제 11.1과 11.2(그림 11.10)에 제시된 T형 중력식 옹벽의 설계를 다루었다 (이 예제에서는 배수재가 뒷굽배면이 아니라 옹벽배면에 위치하는 상황을 나타낼 수도 있다). 이것 때문에 그림 11.11과 같이 벽체배면의 지하수위가 증가될 가능성이 있다.

지하수로 인한 추가적인 수평력에 저항하기 위해 옹벽기초가 확대되었다.

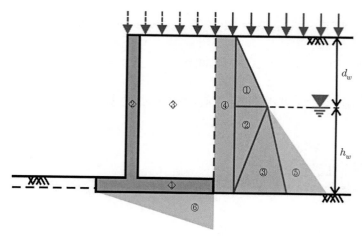

그림 11.11 젖은 흙으로 뒷채움된 T형 중력식 옹벽(치수는 그림 11.10 참조)

❶ 옹벽기초가 여전히 설계법 1을 만족하고 있음을 확인하기 위해 기초의 폭이 확장되었다. 예제 11.1과 11.2에 주어진 유사한 계산형태로 적용할 수 있다.

❷ 옹벽은 폭이 확대되었기 때문에 옹벽자중 및 뒷채움재로 인한 유리 및 불리한 연직하중은 모두 증가한다.

❸ 뒷채움재 내에 존재하는 지하수 때문에 가상면에서 토압분포가 복잡해지고 옹벽기초에서는 양압력이 발생한다.

❹ 옹벽의 기초에 작용하는 양압력은 뒷굽에 작용하는 최대압력에서 앞굽의 0까지 감소하는 단순한 삼각형 분포형태로 작용한다고 가정한다.

❺ 활동저항력에 대하여 옹벽 뒷굽에서의 연직하중은 유리한 하중으로 작용하고 변동하중은 무시한다. 그러나 수압에 의한 양압력은 불리한 하중으로 작용하고, DA1−2에 비해 DA1−1에서 비교적 작은 유효연직력으로 작용한다. 비록 설계 전단강도는 DA1−2에서 작지만 DA1−2와 비교하여 DA1−1에서 더 작은 설계 저항력이 발생한다.

❻ 뒷채움에서 지하수위를 적용하는 경우, 예제 11.1과 11.2($B = 3.0m$인 경우)와 비교하여 적절한 활동과 지지저항력을 요구하므로 보다 넓은 옹벽($B = 4.3m$)으로 된다. 이 예제에서 활동에 대한 설계는 조합 1을 따른다. 설계를 향상시키기 위해서는 제시된 옹벽 또는 활동 방지벽 전면에서 수동저항을 취할 수 있다.

❼ 설계법 2와 3에 대한 요약결과만 나타내었다. 전체적인 계산과정은 www.decodingeurocode7.com에서 확인할 수 있다.

설계법 2에서는 하중 및 저항력에 1.0보다 큰 계수를 적용한다. DA2에서는 활동이 위험 측이고 이용률(109%)은 유로코드 7에서 허용하는 것보다 높다.

설계법 3은 구조적 하중(콘크리트 자중) 및 재료물성에 대하여 1.0보다

큰 계수를 적용한다. 마찬가지로 활동은 이용률이 83%로 위험 측이지만
설계법 1보다는 낮다.

젖은 흙으로 뒷채움된 T형 중력식 옹벽(배수해석)
배수강도의 검증(한계상태 GEO)

설계상황

예제 11.2의 T형 중력식 옹벽의 설계 예제를 다시 검토하였다. 시공 중 제
약조건 때문에 옹벽뒷굽에 배수재를 설치할 수 없다. 따라서 배수재는 배
면지반 아래 $d_w = 1.5m$ 깊이까지 수위를 저하시키기 위하여 벽체배면
에 설치할 것이다. 옹벽기초는 폭 $B = 4.3m$까지 확장되나 기타 치수는
동일하다. 재료물성도 변하지 않는다. ❶

설계법 1

기하학적 파라미터

여유굴착 $\Delta H = $ 최소$(10\%H, 0.5m) = 0.3m$

설계 뒷채움 높이 $H_d = H + \Delta H = 3.3m$

뒷굽의 폭 $b = B - t_s - x = 3.55m$

하중

자중에 의한 연직하중 및 모멘트 특성값 ❷

옹벽기초: $W_{Gk_1} = \gamma_{ck} \times B \times t_b = 32.3kN/m$

기초로부터의 모멘트: $M_{k_1} = W_{Gk_1} \times \dfrac{B}{2} = 69.3kNm/m$

벽체: $W_{Gk_2} = \gamma_{ck} \times (H + d - t_b) \times t_s = 20kN/m$

벽체로부터의 모멘트: $M_{k_2} = W_{Gk_2} \times \left(\dfrac{t_s}{2} + x\right) = 12.5kNm/m$

뒷채움: $W_{Gk_3} = \gamma_k \times b \times (H + d - t_b) = 204.5 kN/m$

뒷채움으로부터의 모멘트:

$$M_{k_3} = W_{Gk_3} \times \left(\frac{b}{2} + t_s + x\right) = 516.3 kNm/m$$

총 자중의 특성값 $W_{Gk} = \sum W_{Gk} = 256.7 kN/m$

총 저항모멘트의 특성값 $M_{Ek,stb} = \sum M_k = 598.1 kNm/m$

상재하중(변동)의 특성값 $Q_{Qk} = q_{Qk} \times (B - x) = 38 kN/m$

옹벽 가상배면의 지하수위에서 흙의 응력

연직 전응력 $\sigma_{vk,w} = \gamma_k \times d_w = 27 kPa$

간극수압 $u_w = 0 kPa$

연직 유효응력 $\sigma'_{vk,w} = \sigma_{vk,w} - u_w = 27 kPa$ ❸

뒷굽에서 흙의 응력

연직 전응력 $\sigma_{vk,h} = \gamma_k \times (H + d) = 63 kPa$

지하수위 높이 $h_w = H + d - d_w = 2m$

간극수압 $h_w = \gamma_w \times h_w = 19.6 kPa$

연직 유효응력 $\sigma'_{vk,h} = \sigma_{vk,h} - u_h = 43.4 kPa$

하중의 영향

$\binom{A1}{A2}$에서 부분계수: $\gamma_G = \binom{1.35}{1}$, $\gamma_{G,fav} = \binom{1}{1}$, $\gamma_Q = \binom{1.5}{1.3}$

연직 설계하중(불리한)

총 $V_d = \gamma_G \times W_{Gk} + \gamma_Q \times Q_{Qk} = \binom{403.6}{306.1}\frac{kN}{m}$

양압력 $U_d = \gamma_G \times \frac{u_h}{2} \times B = \binom{56.9}{42.2}\frac{kN}{m}$ ❹

유효 $V'_d = V_d - U_d = \begin{pmatrix} 346.7 \\ 264 \end{pmatrix} \dfrac{kN}{m}$

연직 설계하중(유리한)

총 $V_{d,fav} = \gamma_{G,fav} \times W_{Gk} = \begin{pmatrix} 256.7 \\ 256.7 \end{pmatrix} \dfrac{kN}{m}$

양압력 $U_{d,fav} = \gamma_{G,fav} \times \dfrac{u_h}{2} \times B = \begin{pmatrix} 42.2 \\ 42.2 \end{pmatrix} \dfrac{kN}{m}$

유효 $V'_{d,fav} = V_{d,fav} - U_{d,fav} = \begin{pmatrix} 214.6 \\ 214.6 \end{pmatrix} \dfrac{kN}{m}$

주동토압계수 $K_a = \dfrac{1 - \sin(\phi_d)}{1 + \sin(\phi_d)} = \begin{pmatrix} 0.26 \\ 0.331 \end{pmatrix}$

가상배면 및 전도모멘트(앞굽에 대한)의 설계토압

건조한 뒷채움재 $P_{ad_1} = \overrightarrow{\left(\dfrac{\gamma_G \times K_a \times \sigma'_{vk,w} \times d_w}{2} \right)} = \begin{pmatrix} 7.1 \\ 6.7 \end{pmatrix} \dfrac{kN}{m}$

건조한 채움재로부터의 모멘트

$M_{d_1} = P_{ad_1} \times \left(h_w + \dfrac{d_w}{3} \right) = \begin{pmatrix} 17.7 \\ 16.8 \end{pmatrix} \dfrac{kNm}{m}$

젖은 채움재(부분) $P_{ad_2} = \overrightarrow{\left(\dfrac{\gamma_G \times K_a \times \sigma'_{vk,w} \times h_w}{2} \right)} = \begin{pmatrix} 9.5 \\ 8.9 \end{pmatrix} \dfrac{kN}{m}$

젖은 채움재로부터의 모멘트(부분)

$M_{d_2} = P_{ad_2} \times \left(\dfrac{2h_w}{3} \right) = \begin{pmatrix} 12.6 \\ 11.9 \end{pmatrix} \dfrac{kNm}{m}$

젖은 채움재(부분) $P_{ad_3} = \overrightarrow{\left(\dfrac{\gamma_G \times K_a \times \sigma'_{vk,h} \times h_w}{2} \right)} = \begin{pmatrix} 15.2 \\ 14.4 \end{pmatrix} \dfrac{kN}{m}$

젖은 채움재로부터의 모멘트(부분)

$M_{d_3} = P_{ad_3} \times \left(\dfrac{h_w}{3} \right) = \begin{pmatrix} 10.1 \\ 9.6 \end{pmatrix} \dfrac{kNm}{m}$

상재하중 $P_{ad_4} = \overrightarrow{[\gamma_G \times K_a \times q_{Qk} \times (H+d)]} = \begin{pmatrix} 13.6 \\ 15.1 \end{pmatrix} \dfrac{kN}{m}$

상재하중에 의한 모멘트 $M_{d_4} = P_{ad_4} \times \left(\dfrac{H+d}{2}\right) = \begin{pmatrix} 23.9 \\ 26.4 \end{pmatrix} \dfrac{kNm}{m}$

간극수압 $U_{ad} = \overrightarrow{\left(\dfrac{\gamma_G \times u_h \times h_w}{2}\right)} = \begin{pmatrix} 26.5 \\ 19.6 \end{pmatrix} \dfrac{kN}{m}$

간극수에 의한 모멘트 $M_{d_5} = U_{ad} \times \left(\dfrac{h_w}{3}\right) = \begin{pmatrix} 17.7 \\ 13.1 \end{pmatrix} \dfrac{kNm}{m}$

양압력에 의한 모멘트 $M_{d_6} = U_d \times \left(\dfrac{2B}{3}\right) = \begin{pmatrix} 163.2 \\ 120.1 \end{pmatrix} \dfrac{kNm}{m}$

총 설계수평토압 $H_{Ed} = \left(\displaystyle\sum_{i=1}^{4} \overrightarrow{P_{ad_i}}\right) + U_{ad} = \begin{pmatrix} 71.9 \\ 64.7 \end{pmatrix} \dfrac{kN}{m}$

총 설계 전도모멘트 $M_{Ed,dst} = \left(\displaystyle\sum_{i=1}^{6} \overrightarrow{M_{d_i}}\right) = \begin{pmatrix} 245.2 \\ 198.6 \end{pmatrix} \dfrac{kNm}{m}$

활동저항력

$\begin{pmatrix} R1 \\ R2 \end{pmatrix}$ 에서 부분계수: $\gamma_{Rh} = \begin{pmatrix} 1 \\ 1 \end{pmatrix}$, $\gamma_{Rv} = \begin{pmatrix} 1 \\ 1 \end{pmatrix}$

배수 시 설계 활동저항력(EN 1997−1 식 6.3a에 규정된 것처럼 부착력은 무시)

$H_{Rd} = \overrightarrow{\left[\dfrac{(V_{d,fav} - U_d) \times \tan(\delta_{d,fdn})}{\gamma_{Rh}}\right]} = \begin{pmatrix} 72.7 \\ 78.1 \end{pmatrix} \dfrac{kN}{m}$ ❺

편심하중

설계 저항모멘트

$M_{Ed,stb} = \gamma_G \times M_{Ek,stb} + \gamma_Q \times Q_{Qk} \times \dfrac{(B+x)}{2} = \begin{pmatrix} 944.3 \\ 716.7 \end{pmatrix} \dfrac{kNm}{m}$

하중의 편심 $e_B = \overrightarrow{\left\| \left(\dfrac{B}{2} - \dfrac{M_{Ed,stb} - M_{Ed,dst}}{V_d - U_d}\right) \right\|} = \begin{pmatrix} 0.13 \\ 0.19 \end{pmatrix} m$

만약 $e_B \leq \dfrac{B}{6} = 0.72m$ 이면 하중은 기초의 중앙 3분점 안에 있다.

유효 폭 $B' = B - 2e_B = \begin{pmatrix} 4.03 \\ 3.93 \end{pmatrix} m$, 면적은 $A' = B'$ 이다.

배수지지력계수

$$N_q = \overrightarrow{\left[e^{(\pi \tan(\phi_{d,fdn}))} \left(\tan\left(45° + \dfrac{\phi_{d,fdn}}{2}\right)\right)^2 \right]} = \begin{pmatrix} 11.9 \\ 7.3 \end{pmatrix}$$

$$N_c = \overrightarrow{\left[(N_q - 1) \times \cot(\phi_{d,fdn}) \right]} = \begin{pmatrix} 22.3 \\ 16.1 \end{pmatrix}$$

$$N_\gamma = \overrightarrow{\left[2(N_q - 1) \times \tan(\phi_{d,fdn}) \right]} = \begin{pmatrix} 10.6 \\ 4.9 \end{pmatrix}$$

배수경사계수

유효길이 $L' = \infty$ 이므로 지수 $m_B = \dfrac{\left(2 + \dfrac{B'}{L'}\right)}{\left(1 + \dfrac{B'}{L'}\right)} = \begin{pmatrix} 2 \\ 2 \end{pmatrix}$

$$i_q = \overrightarrow{\left[1 - \left(\dfrac{H_{Ed}}{V'_d + A' \times c'_{d,fdn} \times \cot(\varphi_{d,fdn})} \right) \right]^{m_B}} = \begin{pmatrix} 0.66 \\ 0.62 \end{pmatrix}$$

$$i_c = \overrightarrow{\left[i_q - \left(\dfrac{(1 - i_q)}{N_c \times \tan(\varphi_{d,fdn})} \right) \right]} = \begin{pmatrix} 0.63 \\ 0.56 \end{pmatrix}$$

$$i_\gamma = \overrightarrow{\left[1 - \left(\dfrac{H_{Ed}}{V'_d + A' \times c'_{d,fdn} \times \cot(\phi_{d,fdn})} \right) \right]^{m_B + 1}} = \begin{pmatrix} 0.54 \\ 0.48 \end{pmatrix}$$

배수 지지저항력

기초에서 배수 과재압 $\sigma'_{vk,b} = \gamma_{k,fdn} \times (d - \Delta H) = 4.4 kPa$

극한저항력

상재하중으로부터 $q_{ult_1} = \overrightarrow{(N_q \times i_q \times \sigma'_{vk,b})} = \begin{pmatrix} 34.4 \\ 19.8 \end{pmatrix} kPa$

점착력으로부터 $q_{ult_2} = \overrightarrow{(N_c \times i_c \times c'_{d,fdn})} = \begin{pmatrix} 70.4 \\ 36.1 \end{pmatrix} kPa$

자중으로부터

$$q_{ult_3} = \overrightarrow{\left[N_\gamma \times i_\gamma \times (\gamma_{k,fdn} - \gamma_w) \times \frac{B'}{2} \right]} = \begin{pmatrix} 140.8 \\ 57.4 \end{pmatrix} kPa$$

총 저항력 $q_{ult} = \displaystyle\sum_{i=1}^{3} q_{ult_i} = \begin{pmatrix} 245.9 \\ 113.5 \end{pmatrix} kPa$

설계 저항력 $q'_{Rd} = \dfrac{q_{ult}}{\gamma_{Rv}} = \begin{pmatrix} 245.9 \\ 113.5 \end{pmatrix} kPa$

검증

배수활동에 대하여 $H_{Ed} = \begin{pmatrix} 71.9 \\ 64.7 \end{pmatrix} \dfrac{kN}{m}$, $H_{Rd} = \begin{pmatrix} 72.7 \\ 78.1 \end{pmatrix} \dfrac{kN}{m}$

이용률 $\Lambda_{GEO,1} = \dfrac{H_{Ed}}{H_{Rd}} = \begin{pmatrix} 99 \\ 83 \end{pmatrix} \%$ ❻

배수지지력에 대하여 $q'_{Ed} = \dfrac{V'_d}{B'} = \begin{pmatrix} 85.9 \\ 67.2 \end{pmatrix} kPa$, $q'_{Rd} = \begin{pmatrix} 245.9 \\ 113.5 \end{pmatrix} kPa$

이용률 $\Lambda_{GEO,1} = \dfrac{q'_{Ed}}{q'_{Rd}} = \begin{pmatrix} 35 \\ 59 \end{pmatrix} \%$

이용률 > 100%인 경우, 이 설계는 허용할 수 없다.

설계법 2(요약)
저항력의 검증

배수활동에 대하여 $H_{Ed} = 71.9 kN/m$, $H_{Rd} = 66.1 kN/m$

이용률 $\Lambda_{GEO,2} = \dfrac{H_{Ed}}{H_{Rd}} = 109\%$ ❼

배수지지력에 대하여 $q'_{Ed} = 85.9 kPa$, $q'_{Rd} = 175.6 kPa$

이용률 $\Lambda_{GEO,2} = \dfrac{q'_{Ed}}{q'_{Rd}} = 49\%$

전도에 대하여 $M_{Ed,dst} = 245.2 kNm/m$, $M_{Ed,stb} = 944.3 kNm/m$

이용률 $\Lambda_{GEO,2} = \dfrac{M_{Ed,dst}}{M_{Rd,stb}} = 26\%$

이용률 > 100%인 경우, 이 설계는 허용할 수 없다.

설계법 3(요약)
저항력의 검증

배수활동에 대하여 $H_{Ed} = 64.7\dfrac{kN}{m}$, $H_{Rd} = 78.1\dfrac{kN}{m}$

이용률 $\Lambda_{GEO,3} = \dfrac{H_{Ed}}{H_{Rd}} = 83\%$ ❼

배수지지력에 대하여 $q'_{Ed} = 79.3 kPa$, $q'_{Rd} = 113.7 kPa$

이용률 $\Lambda_{GEO,3} = \dfrac{q'_{Ed}}{q'_{Rd}} = 70\%$

전도에 대하여 $M_{Ed,dst} = 198.6 kNm/m$, $M_{Ed,dst} = 716.7 kNm/m$

이용률 $\Lambda_{GEO,3} = \dfrac{M_{Ed,dst}}{M_{Rd,stb}} = 28\%$

이용률 > 100%인 경우, 이 설계는 허용할 수 없다.

11.11.4 건조한 흙으로 뒷채움된 매스콘크리트 옹벽

예제 11.4는 그림 11.12와 같이 건조한 흙으로 뒷채움된 매스콘크리드 옹벽의 설계를 다루었다.

전면과 후면이 경사진 옹벽은 견고한 암반상에 위치하고 조립토로 뒷채움되었다. 옹벽배면 지표면은 상향으로 경사지고 상재하중이 작용한다.

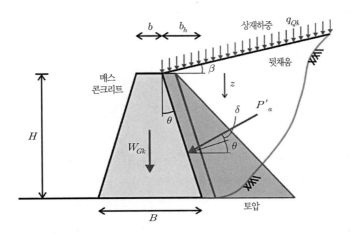

그림 11.12 건조토로 뒷채움된 매스콘크리트 옹벽

❶ 비배수해석 예에서 주어진 것과 유사한 계산방식을 적용할 수 있으며 추가적인 설명에 대해서는 본 예제를 참조할 수 있다.

❷ 벽체와 뒷채움재 사이의 적절한 경계면 마찰각의 선정은 공학적 판단의 문제이다. 일정체적 마찰각 ϕ_{cv} 은 해당토질에 대하여 가능한 최소의 값이므로 ϕ_{cv} 보다 작은 ϕ 를 설계값으로 채택하는 것은 불합리하다.

❸ 옹벽기초와 하부지반 사이의 적절한 경계면 마찰각을 선정하는 일도 공학적 판단의 문제이다. 이것은 암반과 콘크리트 경계면에서는 암반에 대한 설계마찰각으로 채택할 수 있다.

❹ 토압계수는 EN 1997-1의 부록 C와 제12장에 제시된 식을 이용하여 구한다.

❺ 옹벽배면이 경사지고 배면을 따라 마찰이 발생한다고 가정하므로 뒷채움재 및 상재하중에 의한 수평하중뿐만 아니라 연직하중도 작용한다.

❻ 상재하중 및 뒷채움으로 인한 연직 설계하중은 활동 및 전도에 대하여 불리하다고 간주된다. 모두 불리한 수평하중으로 작용한다.

❼ 추가적인 저항모멘트는 뒷채움과 상재하중에 의한 연직토압으로부터 유래된다.

❽ 편심은 중앙 3분점의 밖에 있어 구조물 내에 인장을 유발하므로 대개 중력식 옹벽에서는 부적합할 수도 있다. 유로코드 7에서는 기초의 중앙 2/3 안에만 편심이 놓이도록 요구하기 때문에 이 설계는 요구조건을 만족한다.

❾ 설계법 1과 하중조합 2를 이용하는 경우, 활동이 계산 결과를 좌우한다. 이용률(57%)이 비교적 작아 옹벽이 과다설계가 될 수가 있다. 그러나 옹벽 배면에서 이용률을 감소시키는 수압이 발생할 수 있다.

❿ 설계법 2와 3에 대한 요약결과만 제시되었다. 전체적인 계산과정은 www.decodingeurocode7.com에서 확인할 수 있다.

설계법 2는 하중과 저항력에 1.0 이상의 계수를 적용한다. 활동은 이용률 51%를 갖는 설계법 2의 설계를 좌우하며 이는 DA1보다 다소 작으나 유로코드 7의 범위를 만족한다.

설계법 3은 구조적인 하중(콘크리트 자중)과 재료물성에 대하여 1.0이상의 계수를 적용한다. 설계법1과 마찬가지로 이용률 57%를 가지는 활동이 설계를 좌우한다.

예제 11.4

조립토로 뒷채움된 매스콘크리트 옹벽 강도의 검증(GEO 한계상태)

설계상황

$H = 4.0m$의 조립토로 채워지고 $B = 2.0m$ 폭을 가지며 강한 암반 위에 놓인(지지력 파괴가 설계문제는 아니다) 매스콘크리트 옹벽이 있다. 옹벽(대칭인) 상단의 폭은 $b = 1.0m$이다. 무근 콘크리트의 단위중량 $\gamma_{ck} = 24kN/m^3$이다(EN 1991-1-1 표 A.1). 뒷채움재의 배수강도 $\phi_k = 36°$, $c'_k = 0kPa$, 단위중량 $\gamma_k = 19kN/m^3$이다. 뒷채움재

의 일정체적 전단저항각 $\phi_{cv,k} = 30°$이다. 옹벽 기초하부 암반의 특성 전단저항각 $\phi_{k,fdn} = 40°$이다. 옹벽배면의 지반은 연직방향으로 $1m$, 수평방향으로 $4m$ 상향으로 경사져 있다. 즉 각도 $\beta = \tan^{-1}\left(\dfrac{1m}{h}\right) =$ $14°$이다. 영구 및 임시조건하에서 변동 상재하중 $q_{Qk} = 10kPa$이 지표면에 작용한다. ❶

설계법 1

기하학적 파라미터

여유굴착은 고려할 필요가 없다.

벽면(가상면)의 기울기 $\theta = \dfrac{B-b}{2H} = 7.2°$

뒷굽의 폭 $b_h = \dfrac{B-b}{2} = 0.5m$

하중

옹벽 자중의 특성값 $W_{Gk} = \gamma_{ck} \times \left(\dfrac{B+b}{2}\right) \times H = 144kN/m$

앞굽에 대한 모멘트의 특성값(안정)

$$M_{Ek,stb} = W_{Gk} \times \dfrac{B}{2} = 144kNm/m$$

재료물성

$\binom{M1}{M2}$에서 부분계수; $\gamma_\phi = \binom{1}{1.25}$, $\gamma_c = \binom{1}{1.25}$이다.

뒷채움재의 설계 전단저항각 $\phi_d = \tan^{-1}\left(\dfrac{\tan(\phi_k)}{\gamma_\phi}\right) = \binom{36}{30.2}°$

뒷채움재의 설계 유효점착력 $c'_d = \dfrac{c'_k}{\gamma_c} = \binom{0}{0}kPa$

BS EN 1997−1에 대한 영국 부속서에서는 $\phi_{cv,d}$를 직접 선택할 수 있도록

허용한다. 여기서 ϕ_d와 $\phi_{cv,k}$ 중 작은 값을 취한다. 즉

$$\phi_{cv,d} = \overline{\min\left(\phi_d,\ \phi_{cv,k}\right)} = \begin{pmatrix} 30 \\ 30 \end{pmatrix}^{\circ}$$

현장타설 콘크리트에 대하여 $k = 1$

뒷채움재와 벽체 사이의 마찰각 $\delta_d = k \times \phi_{cv,d} = \begin{pmatrix} 30 \\ 30 \end{pmatrix}^{\circ}$ ❷

암반의 설계 전단저항각 $\phi_{d,fdn} = \tan^{-1}\left(\dfrac{\tan\left(\phi_{k,fdn}\right)}{\gamma_\phi}\right) = \begin{pmatrix} 40 \\ 33.9 \end{pmatrix}^{\circ}$

암반과 옹벽 사이의 상호마찰각 $\delta_{d,fdn} = k \times \phi_{d,fdn} = \begin{pmatrix} 40 \\ 33.9 \end{pmatrix}^{\circ}$ ❸

하중의 영향

주동토압계수(응력의 수평성분으로 작용하는)

$$K_{a\gamma} = \begin{pmatrix} 0.304 \\ 0.385 \end{pmatrix},\ K_{aq} = \begin{pmatrix} 0.297 \\ 0.377 \end{pmatrix},\ K_{ac} = \begin{pmatrix} 0.942 \\ 1.032 \end{pmatrix}$$ ❹

$\begin{pmatrix} A1 \\ A2 \end{pmatrix}$에서 부분계수: $\gamma_G = \begin{pmatrix} 1.35 \\ 1 \end{pmatrix},\ \gamma_{G,fav} = \begin{pmatrix} 1 \\ 1 \end{pmatrix},\ \gamma_Q = \begin{pmatrix} 1.5 \\ 1.3 \end{pmatrix}$

뒷채움재로부터

설계토압 $P_{ahd_1} = \overline{\left(\gamma_G \times K_{a\gamma}\cos\theta \times \dfrac{\gamma_k H^2}{2}\right)} = \begin{pmatrix} 61.9 \\ 58.1 \end{pmatrix} kN/m$

연직토압 $P_{avd_1} = \overline{\left(P_{ahd_1} \times \tan\left(\theta + \delta_d\right)\right)} = \begin{pmatrix} 46.9 \\ 44.1 \end{pmatrix} kN/m$ ❺

앞굽에 대한 모멘트 $M_{d_1} = P_{ahd_1} \times \dfrac{H}{3} = \begin{pmatrix} 82.5 \\ 77.5 \end{pmatrix} kNm/m$

상재하중으로부터

설계토압 $P_{ahd_2} = \overline{\left(\gamma_Q \times K_{aq}\cos\theta \times q_{Qk}H\right)} = \begin{pmatrix} 17.7 \\ 19.4 \end{pmatrix} kN/m$

연직토압 $P_{avd_2} = \overline{\left(P_{ahd_2} \times \tan\left(\theta + \delta_d\right)\right)} = \begin{pmatrix} 13.4 \\ 14.7 \end{pmatrix} kN/m$ ❺

상재하중에 대한 모멘트 $M_{d_2} = P_{ahd_2} \times \dfrac{H}{2} = \begin{pmatrix} 35.3 \\ 38.9 \end{pmatrix} kNm/m$

총 설계수평토압 $H_{Ed} = \sum\limits_{i=1}^{2} \overrightarrow{P_{ahd_i}} = \begin{pmatrix} 79.5 \\ 77.6 \end{pmatrix} kN/m$

총 설계연직토압 $P_{avd} = \sum\limits_{i=1}^{2} \overrightarrow{P_{avd_i}} = \begin{pmatrix} 60.3 \\ 58.8 \end{pmatrix} kN/m$

총 설계 전도모멘트 $M_{Ed,dst} = \sum\limits_{i=1}^{2} \overrightarrow{M_{d_i}} = \begin{pmatrix} 117.8 \\ 116.4 \end{pmatrix} kNm/m$

연직하중(불리한) $V_d = \gamma_G \times W_{Gk} + P_{avd} = \begin{pmatrix} 254.7 \\ 202.8 \end{pmatrix} kN/m$ ❻

연직하중(유리한) $V_{d,fav} = \gamma_{G,fav} \times W_{Gk} + P_{avd} = \begin{pmatrix} 204.3 \\ 202.8 \end{pmatrix} kN/m$ ❻

활동저항력

$\begin{pmatrix} R1 \\ R2 \end{pmatrix}$ 에서 부분계수: $\gamma_{Rh} = \begin{pmatrix} 1 \\ 1 \end{pmatrix}$, $\gamma_{Rv} = \begin{pmatrix} 1 \\ 1 \end{pmatrix}$

설계배수 활동저항력(EN 1997−1 식 6.3a에 규정되었듯이 부착력을 무시)

$H'_{Rd} = \overrightarrow{\left(\dfrac{V_{d,fav} \times \tan(\delta_{d,fdn})}{\gamma_{Rh}} \right)} = \begin{pmatrix} 171.4 \\ 136.1 \end{pmatrix} kN/m$

전도저항력

설계 저항모멘트 (앞굽에 대한)

뒷채움재로부터

$M_{d_1} = \overrightarrow{\left[P_{ahd_1} \times \tan(\theta + \delta_d) \times \left(B - \dfrac{b_h}{3} \right) \right]} = \begin{pmatrix} 86.0 \\ 80.8 \end{pmatrix} kNm/m$ ❼

상재하중으로부터

$M_{d_2} = \overrightarrow{\left[P_{ahd_2} \times \left[\tan(\theta + \delta_d) \times \left(B - \dfrac{b_h}{2} \right) \right] \right]} = \begin{pmatrix} 23.4 \\ 25.8 \end{pmatrix} kNm/m$ ❼

벽체로부터 $M_{d_3} = \overrightarrow{(\gamma_{G,fav} \times M_{Ek,stb})} = \begin{pmatrix} 144 \\ 144 \end{pmatrix} kNm/m$

총 설계 저항모멘트 $M_{Ed,stb} = \sum_{i=1}^{3} \overrightarrow{M_{d_i}} = \begin{pmatrix} 253.4 \\ 250.6 \end{pmatrix} kNm/m$

하중의 편심거리 $e_B = \overline{\left\| \left(\dfrac{B}{2} - \dfrac{M_{Ed,stb} - M_{Ed,dst}}{V_b} \right) \right\|} = \begin{pmatrix} 0.47 \\ 0.34 \end{pmatrix} m$

기초의 중앙 3분점 내에 위치하기 위하여 $e_B > \dfrac{B}{6} = 0.33m$ 가 보다 작

아야 한다. ❽

검증

배수활동에 대하여 $H_{Ed} = \begin{pmatrix} 79.5 \\ 77.6 \end{pmatrix} kN/m$, $H'_{Rd} = \begin{pmatrix} 171.4 \\ 136.1 \end{pmatrix} kN/m$

이용률 $\Lambda_{GEO,1} = \dfrac{H_{Ed}}{H'_{Rd}} = \begin{pmatrix} 46 \\ 57 \end{pmatrix} \%$ ❾

전도에 대하여 $M_{Ed,dst} = \begin{pmatrix} 117.8 \\ 116.4 \end{pmatrix} kNm/m$,

$M_{Ed,stb} = \begin{pmatrix} 253.4 \\ 250.6 \end{pmatrix} kNm/m$

이용률 $\Lambda_{GEO,1} = \dfrac{M_{Ed,dst}}{M_{Ed,stb}} = \begin{pmatrix} 46 \\ 46 \end{pmatrix} \%$ ❾

이용률 > 100%인 경우, 이 설계는 허용할 수 없다.

설계법 2(요약)
저항력의 검증

배수활동에 대하여 $H_{Ed} = 79.5 kN/m$, $H'_{Rd} = 155.8 kN/m$

이용률 $\Lambda_{GEO,2} = \dfrac{H_{Ed}}{H'_{Rd}} = 51\%$ ❿

전도에 대하여 $M_{Ed,dst} = 117.8 kNm/m$, $M_{Ed,stb} = 253.4 kNm/m$

이용률 $\Lambda_{GEO,2} = \dfrac{M_{Ed,dst}}{M_{Ed,stb}} = 46\%$

이용률 > 100%인 경우, 이 설계는 허용할 수 없다.

설계법 3(요약)
저항력의 검증

배수활동에 대하여 $H_{Ed} = 77.6kN/m$, $H'_{Rd} = 136.1kN/m$

이용률 $\Lambda_{GEO,3} = \dfrac{H_{Ed}}{H'_{Rd}} = 57\%$ ❿

전도에 대하여 $M_{Ed,dst} = 116.4kNm/m$, $M_{Ed,stb} = 250.6kNm/m$

이용률 $\Lambda_{GEO,3} = \dfrac{M_{Ed,dst}}{M_{Ed,stb}} = 46\%$

이용률 > 100%인 경우, 이 설계는 허용할 수 없다.

11.12 주석 및 참고문헌

1. See, for example, Clayton, C.R.I., Milititsky, J., and Woods, R.I. (1993) *Earth pressure and earth-retaining structures* (2nd edition), Glasgow, Blackie Academic & Professional, pp.398

2. See §3.2.2.2 of BS 8002: 1994, Code of practice for earth retaining structures, British Standards Institution, with Amendment 2 (dated May 2001).

3. See BS 8102: 1990, Code of practice for protection of structures against water from the ground, British Standards Institution.

4. See Clayton et al., ibid., for further discussion of this point.

5. The procedure is not attributed in Annex C, but appears to have been developed by Brinch-Hansen. See Christensen, N.H., (1961) *Model tests on plane active earth pressures in sand*, Bulletin No. 10, Copenhagen: Geoteknisk Institut, 19pp. A new derivation is provided by Hansen, B. (2001) *Advanced theoretical soil mechanics*, Bulletin No. 20, Lyngby: Dansk Geoteknisk Forening, pp.541

6. EN 14475: 2006, Execution of special geotechnical works-Reinforced fill, European Committee for Standardization, Brussels.

7. BS 8006: 1995, Code of practice for strengthened/reinforced soils and other fills, British Standards Institution.

8. Forward to EN 14475, ibid.

9. Chapman, T., Taylor, H., and Nicholson, D. (2000) *Modular gravity retaining walls — design guidance*, CIRIA C516, London: CIRIA, pp.202

10. EN 1992, Eurocode 2 – Design of concrete structures, European Committee for Standardization, Brussels.

11. EN 1996, Eurocode 6 – Design of masonry structures, European Committee for Standardization, Brussels.

12. Bond A.J., Brooker, O., Harris, A.J., Harrison, T., Moss, R.M., Narayanan, R.S., and Webster, R. (2006) *How to design concrete structures using Eurocode 2*, The Concrete Centre, Camberley, Surrey, pp.98

13. Institution of Structural Engineers (2006), *Manual for the design of concrete building structures to Eurocode 2*, London; and (2008) *Manual for the design of plain masonry in building structures to Eurocode*, London.

14. For example BS 8004: 1986, Code of practice for foundations, British Standards Institution.

CHAPTER **12**

토류벽 설계

12 토류벽 설계

토류벽(embedded wall) 설계는 유로코드 7 Part 1의 9절 '옹벽구조물'에 포함되며 그 내용은 다음과 같다.

§9.1 일반(6단락)

§9.2 한계상태(4)

§9.3 하중, 기하학적 자료 및 설계상황(26)

§9.4 설계 및 시공 시 고려사항(10)

§9.5 토압의 결정(23)

§9.6 수압(5)

§9.7 극한한계상태 설계(26)

§9.8 사용한계상태 설계(14)

토류벽은 뒷채움재를 지지하는 데 휨지지력이 중대한 역할을 하는 비교적 얇은 구조물이다. 이러한 벽체는 대개 강재, 철근콘크리트 또는 목재로 시공되며 앵커, 버팀보 및 수동토압에 의해 지지된다.

[EN 1997-1 § 9.1.2.2]

유로코드 7에서 자중과 근입벽체 요소로 구성되는 구조물 ─ 예들 들어 2중 널말뚝 코퍼 댐은 '합성벽(composite wall)'으로 불린다. 합성벽은 제11장과 이 장에 논의된 규칙을 따라 설계해야 한다. [EN 1997-1 § 9.1.2.3]

EN 1997-1의 9절은 지반(흙, 암반 또는 뒷채움재)과 물을 지탱하는 구조물에 적용한다. 여기서 '지탱(retained)'이라는 용어는 '구조물이 없을 때 채택되는 경사보다 더 가파른 경사로 유지됨'을 의미한다. [EN 1997-1 § 9.1.1(1)P]

사일로의 설계는 EN 1997 – 1이 아닌 EN 1991 – 4[1]와 1993 – 4 – 1[2]에서 다룬다.

12.1 토류벽에 대한 지반조사

그림 12.1과 같이 옹벽구조물의 조사심도에 대한 지침은 유로코드 7 Part 2의 부록 B.3에 제시되어 있다.

지하수위가 굴착면 아래에 있는 경우, 굴착에 대해 권장되는 최소 조사깊이 z_a는 다음 중 큰 값을 사용한다.

$$z_a \geq 0.4h, \ z_a \geq (t + 2m)$$

지하수위가 굴착면 위에 있는 경우, 다음 중 큰 값을 사용한다.

$$z_a \geq (H + 2m), \ z_a \geq (t + 2m)$$

만약 H가 작고 t가 과소평가된다면 후자의 규칙은 충분한 심도의 조사가 이루어지지 않게 되는 결과를 초래할 위험이 존재하게 된다. 따라서 $z_a \geq 0.4h$를 따르는 것이 합리적이다.

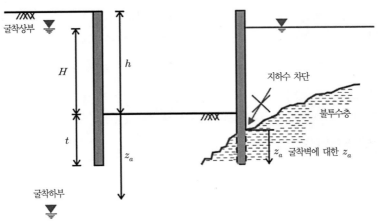

그림 12.1 굴착 시 권장 조사깊이

지하수위가 굴착면 위에 있고 불투수층이 위에서 제시된 조사심도 내에 있지 않는 경우, 조사깊이는 다음 식과 같다.

$$z_a \geq (t + 5m)$$

만약 벽체굴착 시 지하수 흐름이 차단되도록 설계된다면(그림 12.1 참조), 조사깊이는 불투수층으로 적어도 2m 이상까지 연장해야 한다.

벽체가 지질학적으로 '뚜렷한' 확실한 지층†에 시공되는 경우, z_a는 최소 2m까지 감소시킬 수 있다. 지질조건이 '뚜렷하지 않을 때'에는 적어도 1개의 보링홀은 최소 5m 이상 굴진해야 한다. 기반암을 만나는 경우에는 그 깊이가 z_a의 기준이 된다.   [EN 1997-2 § B.3(4)]

대규모 또는 매우 복잡한 공사나 지질조건이 좋지 않은 경우, 조사깊이를 훨씬 더 깊게 할 필요가 있다.   [EN 1997-2 § B.3(2)주석 및 B.3(3)]

12.2 설계상황 및 한계상태

토류벽체에 영향을 미칠 수 있는 한계상태의 예는 그림 12.2와 같다. 그림의 왼쪽에서 오른쪽으로 다음과 같은 것들이 포함되어 있다. (**상부**)지반의 고정점에 대한 회전으로 인한 굴착 측으로의 벽체두부 전도 및 단일 버팀보에 대한 회전으로 인한 굴착 측으로의 벽체선단 활동; (**중간**)벽체의 휨과 지지 앵커의 인발에 의한 토류벽의 파괴; (**하부**)굴착면 융기 및 버팀보 파괴 등이다.

유로코드 7 Part 1의 9절에는 전체적 안정 및 회전, 연직 및 구조적 파괴, 앵커의 인발에 의한 파괴를 포함하여 토류벽에 대한 한계 모드를 보여 주는 그림이 제시되어 있다.

---

† 연약한 지층이 존재할 가능성이 없고 단층과 같은 구조적 취약함이 없으며 용해특성이나 다른 공동 등이 없을 것으로 판단되는 지층이다.

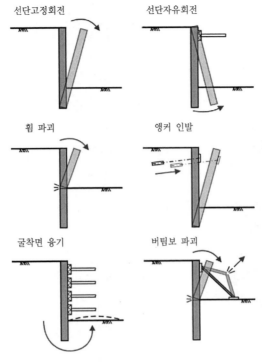

선단고정회전   선단자유회전

휨 파괴   앵커 인발

굴착면 융기   버팀보 파괴

그림 12.2 토류벽에 대한 한계상태 예

12.3 설계의 기초

유로코드 7에서는 토류벽에서 회전과 연직파괴가 발생하지 않도록 설계 시 충분한 근입깊이를 확보하도록 요구하고 있다. 벽체의 단면과 벽체를 지지하는 지보재는 구조적인 파괴가 일어나지 않도록 검증해야 한다(12.7 참조). 또한 토류벽은 시공된 지반의 전반적인 불안정으로 인한 파괴가 발생하지 않아야 한다.   [EN 1997-1 § 9.7.2(1)P, 9.7.4(1)P, 9.7.5(1)P, 및 9.7.6(1)P]

유로코드 7에서는 토류벽 설계에 대한 상세한 지침을 제시하지는 않았다. 따라서 앞으로도 전통적으로 사용해온 국가실무기준이 계속해서 설계에 큰 역할을 할 것이다.

본 해설서에서는 토류벽 설계에 대한 완벽한 지침을 제공하지는 않으므로, 토류벽 설계에 대해 설명이 잘된 관련 도서들을 참고해야 한다.[3]

12.3.1 영국 실무에서 CIRIA C580의 역할

BS EN 1997－1[4]에 대한 영국 국가부속서는 일종의 '논란 없는 상호보완적인 정보(NCCI)'로서 CIRIA 보고서 C580[5]을 사용하고 있는데 토류벽 설계에 대한 상세한 지침을 제시하고 있다. 그러나 CIRIA C580은 EN 1997－1의 최종판이 출판되기 전에 쓰였고 권장사항 중 일부는 유로코드 7과 상충된다.[†]

예를 들어 C580은 유로코드 7 Part 1의 3가지 설계법(1, 2 및 3)과 관련이 없는 3가지 방법(A, B, 및 C)을 기술하고 있다. C580에서 권장하는 부분계수는 EN 1997－1 및 영국 국가부속서에 기술된 것들과 다르다. 토류벽체의 구조설계에 대한 CIRIA의 지침은 유로코드로 대체하여 사용하는 것이 아니고 BS 5950[6]와 BS 8110[7] 등, 기존의 영국표준을 기본으로 하고 있다.

C580의 설계법 A는 '보통정도의 보수적인' 토질정수, 지하수 수압, 하중 및 치수를 사용한다. 제5장에 논의된 바와 같이 보통정도의 보수적인 방법은－원래 CIRIA 보고서 104(C580의 전신)에서 인용된－유로코드 7의 특성값('주의 깊은 추정'에 기초한)과 유사한 신뢰도를 갖는 파라미터를 채택한다.

설계법 B는 '최저 신뢰도'의 파라미터를 채택하는데 특성값보다 상당히 높은 신뢰도를 갖는다. 설계법 C는 관측설계법[8]의 일부로서만 이용되어야 하는데 특성값보다 약간 낮은 신뢰도를 갖는 '가장 가능성이 큰 파라미터'를 사용한다.

극한한계상태 GEO 및 STR과 사용한계상태에 대하여 CIRIA C580에서 추천하는 부분계수 및 유로코드 7의 영국 국가부속서에 규정된 부분계수를 다음 표에 요약하였다. 유로코드 7의 규정이 CIRIA C580의 요구조건보다 우선한다.

---

† 이와 같이 상충되는 문제를 해결하기 위해 CIRIA C580을 갱신하자는 제안이 나왔다.

한계상태*	설계법			부분계수				
				γ_G	γ_Q	γ_φ	γ_c	γ_{cu}
CIRIA C580	ULS	A	보통정도 보수적인	1.0	1.0‡	1.2	1.2	1.5
		B	가장 낮은 신뢰도	1.0	1.0‡	1.0	1.0	1.0
		C	가장 가능성이 큰	1.0	1.0‡	1.2	1.2	1.5
	SLS	A 및 C†		모든 계수=1.0				
영국 국가부속서	ULS 1		조합 1	1.35	1.5	1.0	1.0	1.0
			조합 2	1.0	1.3	1.25	1.25	1.4
	SLS			모든 계수=1.0				

* ULS=극한, SLS=사용한계상태
† 설계법 B는 SLS 계산에 부적합
‡ 3m 이상의 배면토가 있는 벽체에는 최소상재하중 10kPa를 적용해야 함

옹벽설계를 위해 가장 낮은 신뢰도의 파라미터들이 선정된다면(C580의 설계법 B), 이들 값들은 유로코드 7의 설계값으로 간주할 수 있다.

12.3.2 여유굴착

EN 1997-1에서는 옹벽 수동 측의 시공기면을 감소시키는 여유굴착 가능성에 대하여 허용값을 둘 것을 요구한다(그림 12.3 참조).

보통 수준의 현장관리가 적용되는 경우, 극한한계상태의 검증 시 토피고가 ΔH만큼의 증가한다고 가정한다.

$$\Delta H = \frac{H}{10} \le 0.5m$$

여기서 H는 캔틸레버 벽체의 수동 측 토피고(그림 12.3의 왼쪽) 또는 버팀 지지된 토류벽체에서 최하단 버팀보 하단의 높이(그림 12.3의 오른쪽)이다.

[EN 1997-1 § 9.3.2.2(2)]

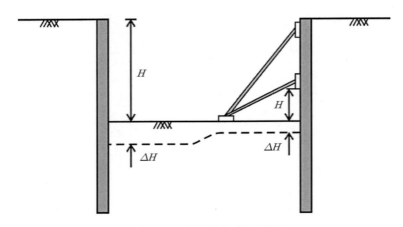

그림 12.3 여유굴착에 대한 허용값

또한 유로코드 7에서는 지표면 높이가 불확실한 경우, 큰 값의 ΔH를 사용해야 한다고 주의를 주고 있다. 그러나 신뢰성 있게 시공기면을 제어하기 위해 시공기간 동안 계측이 시행되는 경우에는 작은 값($\Delta H = 0$을 포함)의 사용을 허용할 수 있다. [EN 1997-1 § 9.3.2.2(3) 및 (4)]

여유굴착에 대한 규칙은 사용한계상태가 아닌 극한한계상태에만 적용한다. 계획되지는 않았지만 벽체전면에서 예상되는 굴착은 특별히 관리해야 한다. 계획된 굴착에는 프랑스식 하수구, 파이프 트렌치 및 매립된 폐쇄회로 TV 케이블 등이 포함된다.

이들 규칙은 설계자가 과－굴착의 위험을 다룰 때 상당한 유연성을 준다. $\Delta H = 0$을 채택함으로써 보다 경제적인 설계를 할 수 있다. 그러나 시공 중 직면하는 위험성은 지반설계보고서에 명기되는 감독조건에 따라 관리되어야 한다(제16장 참조). 설계자가 감독의 필요성을 최소화하고자 한다면 $\Delta H = 10\% H$를 채택하여 과－굴착의 영향을 억제해야 한다.

BS 8002[9]에서 여유굴착에 대한 규칙은 유로코드 7 Part 1의 규칙들과 일치하도록 2001년에 변경되었다.

12.3.3 지하수위의 선정

옹벽설계에서 적절한 지하수위의 선정은 매우 중요하다. 유로코드 7에서는 다음과 같이 지하수위 선정 시 다음과 같은 특별한 요구조건이 있다.

옹벽의 뒷채움재가 중간 또는 낮은 투수성의 흙(주로 세립토)으로 구성되어 있는 경우, 옹벽은 시공기준면 상부의 지하수위에 대하여 설계해야 한다. 만약 확실한 배수 시스템이 제공된다면 지하수위는 옹벽상단 이하에서 유지된다고 가정할 수 있다. 배수가 확실하지 않으면 지하수위는 뒷채움재의 표면에 있는 것으로 한다. [EN 1997-1/AC § 9.6(3)P]

근입된 토류벽 뒤에 배수 시스템을 설치하는 것은 드문 일이다[널말뚝 벽체에 시공된 배수 물구멍(weep hole)은 '확실한 배수 시스템'으로 고려할 수 없다]. 유로코드 7의 요구조건은 현재 실무에서 통상적으로 채택되는 것보다 훨씬 부담이 된다. 자연적인 지하수위는 지표면까지 거의 상승하지 않기 때문에 시공기면 아래에서 수위가 유지되는 경우, 토류벽 배면에 큰 수압이 지속적으로 가해진다는 가정하에 설계를 하는 것은 과도한 것처럼 보인다.

제11장에 논의되었듯이 현재 영국에서는[10] 배수시설이 없는 경우, 다음과 같이 d_w를 지하수위로 설정하도록 권장하고 있다.

$$H \leq 4m \text{인 경우, } d_w = \frac{H}{4} \text{이고 } H > 4m \text{인 경우, } d_w = 1m$$

여기서 H는 토류벽체의 높이이다.

12.3.4 벽마찰과 부착력

유로코드 7 Part 1에서 벽마찰과 부착력의 크기는 지반의 강도, 벽체와 지반 경계면의 마찰특성, 지반에 대한 상대적인 벽체의 변위방향 및 벽체의 연직하중 지지능력에 좌우된다고 명시하였다. [EN 1997-1 § 9.5.1(4)]

설계 벽마찰각 δ_d는 다음 식과 같다.

$$\delta_d = k \times \phi_{cv,d}$$

여기서 $\phi_{cv,d}$는 흙의 일정체적 전단저항각의 설계값이다. 모래 또는 자갈을 지지하는 강널말뚝의 $k = 2/3$, 현장타설 콘크리트 벽체의 $k = 1$이다.

[EN 1997-1 § 9.5.1(6) 및 9.5.1(7)]

유로코드 7에서는 설계에 이용하기 위한 적절한 벽체의 부착력에 관하여 어떠한 언급도 하지 않았다. 비록 영국 국가부속서에서 벽체의 부착력을 이들 식에 '재-도입'하였다 하더라도 EN 1997-1의 부록 C에 주어진 토압에 대한 식에서 벽체의 부착력이 빠져 있다는 것은 벽체의 부착력을 무시해야 함을 의미한다(12.4.4 참조).

특히 벽체가 큰 연직하중을 지지하거나 벽면이 코팅되어 있는 경우, 벽마찰각은 상기에서 제안한 식보다 작을 것이다. 이러한 상황에서는(또는 음의 벽마찰이 적용되는 경우, 예를 들어 매우 큰 연직하중이 벽체에 작용할 때) 벽마찰과 부착력을 무시하는 것이 일반적이다. 적절한 벽마찰이 이용되었는지(특히 한정된 선단저항력을 가지는 널말뚝)를 확인하기 위해서는 벽체의 연직평형에 대하여 검토해야 한다. [EN 1997-1 § 9.7.5(4)P]

문헌	표면	벽마찰각 $\tan\delta$	
		주동	수동
Terzaghi[11] / Clayton 등[12]	강재	$\tan(1/2\phi)$	$\tan(2/3\phi)$
CIRIA 104[13]	구분 없음	$\tan(2/3\phi)$	$\tan(1/2\phi)$
EAU[14]	강재	$\tan(2/3\phi)$	$\tan(2/3\phi)$
말뚝 핸드북[15]	강재	보통 무시됨	$2/3\tan\phi$
BS 8002[16]	구분 없음	$3/4\tan\phi$	$3/4\tan\phi$
캐나다 기초 메뉴얼[17]	강재	$\tan(11-22°)$	
	현장타설 콘크리트	$\tan(17-35°)$	
	프리캐스트 콘크리트	$\tan(14-26°)$	
CIRIA C580[18] 유로코드 7	강재	$\tan(2/3\phi_{cv})$	$\tan(2/3\phi_{cv})$
	현장타설 콘크리트	$\tan(\phi_{cv})$	$\tan(\phi_{cv})$
	프리캐스트 콘크리트	$\tan(2/3\phi_{cv})$	$\tan(2/3\phi_{cv})$

앞의 표에서는 전통적인 설계법과 유로코드 7에서 제시된 벽마찰각에 대한 권장값들을 비교하였다.

제10장에 논의되었듯이 전단저항력에 부분계수(γ_ϕ)를 적용한 특성값($\phi_{cv,k}$)으로부터 설계값을 구하기보다는 직접 ϕ_{cv}의 설계값을 선정하는 방법이 선호된다.

12.4 한계평형법

한계평형법은 통상 토류벽의 소요 근입장과 그 단면에서 조합된 전단력 및 휨모멘트와 토류벽을 지지하기 위해 이용된 버팀보나 앵커의 부재력을 평가하는데 사용한다. 한계평형법은 지반의 최대강도가 벽체주변에 균일하게 작용하여 벽체가 붕괴점(또는 '한계평형')에 있다고 가정한다.

12.4.1과 12.4.2에 기술되었듯이 캔틸레버 벽체와 그 상부에 버팀 지지된 벽체는 한계평형법을 이용하여 해석할 수 있는 정정구조물이다. 여러 단에 걸쳐 버팀 지지된 토류벽체는 정정구조물이 되도록 단순화함으로써 한계평형법을 이용한 해석을 할 수 있는 부정정구조물이다.

12.4.1 고정지지 조건

그림 12.4와 같이 근입된 캔틸레버식 벽체의 안정성은 '고정지지' 조건을 가정하여 검증할 수 있다. 고정점 'O'를 중심으로 회전한다고 가정된 벽체는 수평 및 모멘트 평형을 유지하기 위하여 지반의 지지에 의존한다.

고정점 위에서 벽체의 배면 측(좌측) 지반은 주동상태이며 구속 측(우측) 지반은 수동상태가 된다. 벽체가 지탱하는 토압은 좌측에서는 초기에 정지토압(K_0)에서 주동토압(K_a)으로 감소하고 우측에서는 전부 수동토압(K_p)으로 증가한다.

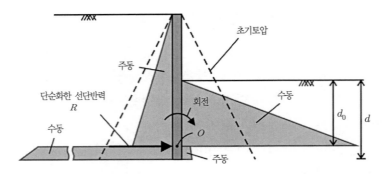

그림 12.4 한계평형상태에서 캔틸레버식 옹벽에 작용하는 토압 가정(고정지지 조건)

고정점 아래에서 배면 측 지반(우측)은 수동상태가 되고 구속 측 지반(좌측)은 주동상태가 된다. 따라서 O점 아래의 토압은 좌측에서 수동값으로 증가하고 우측에서는 주동값으로 감소한다.

그림 12.4에 나타난 조건은 종종 O점 아래의 토압을 등가반력 R로 대체함으로써 단순화한다. 이러한 가정[19]을 만족시키기 위해서는 고정점에 대한 모멘트 평형을 확실하게 하기 위해 필요한 근입깊이(d_o)를 20% 증가($d = 1.2d_o$)시킨다.

12.4.2 자유지지 조건

그림 12.5와 같이 지표면 근처에 버팀 지지된 토류벽체의 안정성은 '자유지지' 조건을 가정함으로써 검증할 수 있다. 토류벽체는 고정점 'O'에 대하여 회전한다고 가정하며 모멘트와 수평방향의 평형을 유지하기 위해 지반 및 버팀지지에 의존한다.

고정점 아래에서 벽체의 배면 측(좌측) 지반은 주동상태가 되고 구속 측(우측) 지반은 수동상태가 된다. 벽체에 작용하는 토압은 좌측에서는 초기 정지값(K_0)에서 주동값(K_a)으로 감소하고 우측에서는 완전히 수동값(K_p)으로 증가한다.

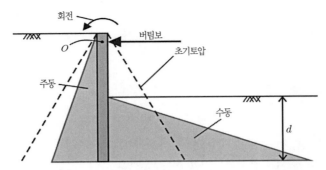

그림 12.5 한계평형조건에서 단일 버팀지지로 캔틸레버식 옹벽에 작용하는 토압 가정 (자유지지 조건)

고정점 위에서 배면지반은 수동상태가 되고 구속지반은 주동상태가 된다. 그러나 계산상의 지나친 복잡함을 피하기 위해 고정점 위의 토압도 아래와 동일하게 고려한다. 이러한 단순화도 버팀보가 굴착높이의 중간 이하에 위치할 때는 정당화되기가 쉽지 않다.

또한 버팀 지지된 토류벽체는 고정지지 조건으로 가정하여 검증할 수도 있지만 계산은 더욱 복잡해진다. 고정지지 조건은 자유지지 조건보다 긴 말뚝이 필요하나 말뚝에서 가정된 고정점은 이론적 휨모멘트를 감소시킨다. 따라서 항타가 어려워 설계깊이까지 근입되지 않았다면 자유지지 조건에 대한 안정조건은 만족할 수 있지만 말뚝의 모멘트 지지력은 부족할 것이다.

12.4.3 정지토압

토류벽 배면지반이 정지상태에 있을 때 지표면 아래 깊이 z에서 벽체에 작용하는 총 수평응력 σ_h는 다음 식과 같다.

$$\sigma_h = K_0 \left\{ \int_0^z \gamma dz + q - u \right\} + u$$

여기서 K_0는 정지토압계수, γ는 흙의 단위중량, q는 연직지표하중, u는 지반의 간극수압이다.

유로코드 7에서는 벽체의 수평변위가 굴착고의 0.05% 이하일 경우, 정규압밀토의 벽체 배면은 정지조건으로 가정할 것을 제안한다(그림 12.14 참조).

[EN 1997-1 § 9.5.2(2)]

유로코드 7에서 토압계수 K_0는 다음 식과 같다.

$$K_0 = (1 - \sin\phi) \times \sqrt{OCR} \times (1 + \sin\beta)$$

(비탈면에 대한 Kezdi의 수정식[20]과 Meyerhof 식[21]이 조합된 것임)

여기서 ϕ는 흙의 전단저항각, OCR은 과압밀비, β는 지표면의 경사각이다 (그림 12.6 기호 참조).

12.4.4 토압의 한계값

유로코드 7 Part 1의 부록 C에서는 주동 및 수동토압의 한계값을 결정하기 위한 지침을 제시하고 있다. 유감스럽게도 EN 1997 − 1의 C.1과 C.2 식은 건조한 지반에 대해서만 적용된다(EN 1997 − 1[22]의 영국 국가부속서에 명기되었듯이 오차가 포함됨). 이에 대한 올바른 식은 다음과 같다.

$$\sigma_a = K_a \left(\int_0^z \gamma dz + q - u \right) - 2c\sqrt{K_a(1 + a/c)} + u$$

그리고

$$\sigma_p = K_p \left(\int_0^z \gamma dz + q - u \right) - 2c\sqrt{K_p(1 + a/c)} + u$$

여기서 σ_a 및 σ_p는 벽체에 연직으로 작용하는 총 주동 및 수동응력, K_a와 K_p는 주동 및 수동토압계수, γ, q 및 u는 12.4.3에 정의된 바와 같다. c는 흙의 유효점착력, a는 지반과 벽체 사이의 부착력(0.5c 이하로 제한), z는 지반 아래의 깊이이다.

부록 C에는 이들 식에서 이용할 수 있는 주동 및 수동토압계수를 결정하기 위한 도표를 제시하였다. 이들 도표들은 BS 8002:1994[23]에 있는 것들과 동일하며 Kerisel & Absi[24]의 연구에 기초하고 있다.

또한 부록 C는 다음 식과 같이 주동 및 수동 유효토압을 구하기 위한 계산절차[25]를 제시하였다.

$$\sigma'_a = K_{a\gamma}\left(\int_0^z \gamma dz - u\right) + K_{aq}q - K_{ac}c,$$

$$\sigma'_p = K_{p\gamma}\left(\int_0^z \gamma dz - u\right) + K_{pq}q - K_{pc}c$$

여기서 $K'_{a\gamma}$, K'_{aq} 및 K_{ac}는 흙의 중량, 상재하중 및 유효점착력에 대한 주동토압계수, $K'_{p\gamma}$, K'_{pq} 및 K_{pc}는 이들에 대한 수동토압계수이며 나머지 기호는 앞에서 정의한 것과 같다.

토압계수는 다음 식과 같다.

$$\begin{Bmatrix} K_{a\gamma} \\ K_{p\gamma} \end{Bmatrix} = K_n \times \cos\beta \times \cos(\beta - \theta)$$

$$\begin{Bmatrix} K_{aq} \\ K_{pq} \end{Bmatrix} = K_n \times \cos^2\beta = \begin{Bmatrix} K_{a\gamma} \\ K_{p\gamma} \end{Bmatrix} \times \frac{\cos\beta}{\cos(\beta - \theta)}$$

$$\begin{Bmatrix} K_{ac} \\ K_{pc} \end{Bmatrix} = \pm (K_n - 1) \times \cot\phi = \left(\frac{1}{\cos\beta \times \cos(\beta - \theta)} \times \begin{Bmatrix} K_{a\gamma} \\ K_{p\gamma} \end{Bmatrix} - 1\right) \times \cot\phi$$

여기서 식 K_{aq}, K_{pq}, K_{ac} 및 K_{pc}는 $K_{a\gamma}$과 $K_{p\gamma}$ 값에서 유도가 가능하며 도표에서 쉽게 활용할 수 있다.

앞의 식에서 보조계수 K_n은 다음 식과 같다.

$$K_n = \frac{1 \pm \sin\phi \times \sin(2m_w \pm \phi)}{1 \mp \sin\phi \times \sin(2m_t \pm \phi)} e^{\pm 2(m_t + \beta - m_w - \theta)\tan\phi}$$

기호 m_t와 m_w는 다음 식과 같다.

$$2m_t = \cos^{-1}\left(\frac{-\sin\beta}{\pm\sin\phi}\right) \mp \phi - \beta,$$

$$2m_w = \cos^{-1}\left(\frac{\sin\delta}{\sin\phi}\right) \mp \phi \mp \delta$$

K_n, m_t 및 m_w에 대한 식에서(± 또는 ∓) 주동계수는 앞의 부호(+ 또는 −)를 이용하고 수동계수는 뒤의 부호를 이용한다. 연직벽체의 경우 $\theta = 0°$

이므로 $K_{aq} = K_{a\gamma}$, $K_{pq} = K_{p\gamma'}$ 임을 주목해야 한다.

이들 식에서 ϕ는 흙의 전단저항각, δ는 벽체와 흙 사이의 마찰각, β는 지표면의 경사각, 그리고 θ는 연직면에 대한 벽체의 경사이다(그림 12.6 참조).

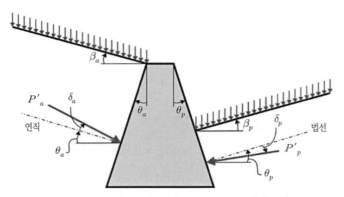

그림 12.6 유로코드 7에서 주동 및 수동토압을 결정하기 위한 기호규약

부록 2에서는 여러 가지 벽마찰각 δ와 경사각 β에 대한 전단저항각을 이용하여 $K_{a\gamma}$와 $K_{p\gamma}$의 변화를 나타냈으며 이 식들에 기초하여 연직벽체에 대한 일련의 도표를 제시하였다. 이와 같은 대부분의 도표들(예: CIRIA C580[26]에 발표된 것들)은 여러 비율의 δ/ϕ 및 β/ϕ에 대한 ϕ에 대하여 $K_{a\gamma}$와 $K_{p\gamma}$의 값을 보여 주고 있다. 저자들의 견해에 의하면 −도표들의 형식은 특이하지만 δ와 β에 대한 타당한 범위의 값들을 강조하고 있으므로 많이 사용된다. 다음은 이들 도표의 이용 예를 보여 준다.

그림 12.7과 같이 $\phi_k = 32°$(첨두), $\phi_{cv,k} = 30°$(일정체적)의 전단저항각을 가지는 모래지반에 근입된 캔틸레버식 옹벽이 있다. 벽체 배면의 지반은 상향으로 1:3(18.4°)의 경사를 가지며 시공기면은 수평이다. 벽마찰각의 특성값 δ_k는 다음과 같이 구한다.

$\delta_k = 2/3\phi_{cv,k} = 20°$

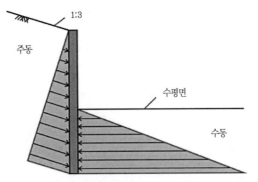

그림 12.7 경사지반을 지지하는 토류벽에 작용하는 토압

그림 12.8은 부록 2에 제시된 도표들 중 하나로 벽마찰각 $\delta = 20°$에 대한 K_a와 전단저항각(ϕ)의 관계를 제시하고 있다. 선 위에 있는 숫자들은 다양한 경사, $\tan\beta = 0$(평평), 1:10, 1:5 등을 나타낸다. 파선은 경사각이 $0°$ 미만인 경우이다.

그림 12.8의 도표에서 $\phi_k = 32°$와 $\tan\beta = 1 : 3$에 대하여 $K_{a\gamma} = 0.34$이다.

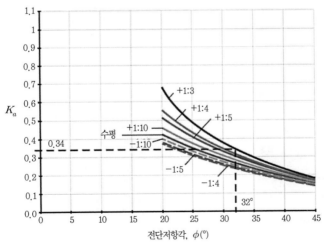

그림 12.8 $\delta = 20°$에 대한 주동토압계수

그림 12.9는 부록 2에 제시된 또 다른 도표이며 이것은 $\delta = 20°$에 대하여 ϕ에 대한 K_p 값을 나타낸다. 이 도표에서 y축의 크기는 그림 12.8과 다르다는 점에 유의해야 한다. $\phi = 32°$와 $\beta = 0°$인 경우, $K_{p\gamma} = 5.18$이다.

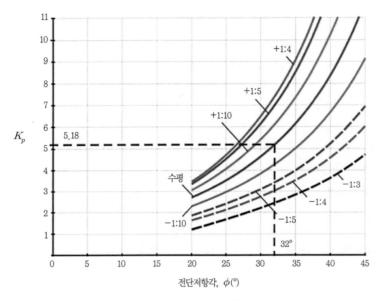

그림 12.9 $\delta = 20°$에 대한 수동토압계수

12.4.5 수동토압: 저항력 또는 하중?

특히 옹벽의 설계에서 중요한 의문점은 수동토압을 '저항력으로 고려해야하는지, 하중으로 고려해야 하는지?'이다.

하중, 재료물성 또는 저항력(또는 이들 변수의 조합)에 부분계수를 적용함으로써 캔틸레버식 옹벽설계에 신뢰도가 적용된다. 다음 표는 3가지 유로코드 7의 설계법에 대하여 계수를 요약한 것이다(제6장 참조).

부분계수	설계법			
	1		2	3
	조합 1	조합 2		
불리한 하중(γ_G)	1.35	1.0	1.35	1.35† / 1.0‡
유리한 하중($\gamma_{G,fav}$)	1.0	1.0	1.0	1.0
저항(γ_{Re})	1.0	1.0	1.4	1.0

† 구조적 하중에 대한 계수 A1; ‡ 지반공학적 하중에 대한 계수 A2

벽체의 배면 측 주동토압은 불리한 하중이므로 γ_G를 곱해야 한다는 것에 대해 논쟁하는 기술자는 거의 없다. 따라서 설계법 1의 조합 1과 설계법 2에서 주동토압은 특성값의 35%까지 증가하지만($\gamma_G = 1.35$) 설계법 1의 조합 2에서는 변하지 않는다($\gamma_G = 1.0$). 설계법 3에서 지반의 자중에 의한 토압은 지반공학적 하중으로 취급되며 $\gamma_G = 1.0$이다.

그러나 벽체의 구속 측에 작용하는 수동토압이 유리한 하중인가 또는 저항력인가에 대한 의문이 생긴다. 이 질문에 대한 답은 GEO 및 STR 한계상태의 검증과 밀접한 관계가 있다. 그림 12.10은 이 질문에 대한 답에 따라 좌우되는 몇 가지 가능한 결과를 보여 준다.

그림 12.10의 상부는 전단저항각 $\phi_k = 30°$, 단위중량의 특성값 $\gamma_k = 20kN/m^3$인 5m 높이의 조립토 지반을 지지하는 캔틸레버식 근입벽체의 길이 방향을 따라 발생하는 휨모멘트(M)와 전단력(V)을 나타낸다. 그림 12.10의 하부는 5m 높이의 조립토(동일한 성질)를 지지하는 또 하나의 버팀 지지된 벽체에 대한 힘모멘트(M)와 전단력(V)를 나타낸다. 곡선에서 번호는 5가지의 다른 가정(또는 다음 표에 요약된 '경우')조건에 대한 경우를 나타낸다.

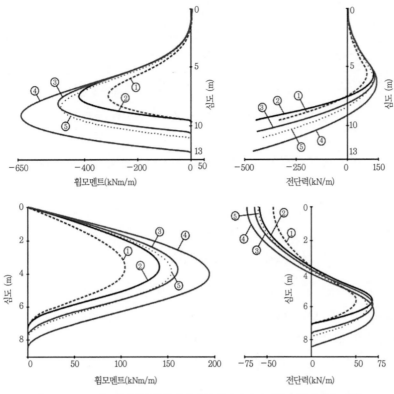

그림 12.10 5m 높이의 (상부)캔틸레버, (하부)버팀지지된 토류벽체에 대한
휨모멘트(왼쪽) 및 전단력(오른쪽)

수동토압(σ_p)에 대한 가정		부분계수의 적용		
		전단저항 ($\tan\phi_k$)	토압	
			주동(σ_{ak})	수동(σ_{pk})
1	사용성	$\div 1.0$	$\times 1.0$	$\times 1.0$
2	불리한 하중	$\div \gamma_\phi = 1.0$	$\times \gamma_G = 1.35$	$\times \gamma_G = 1.35$
3	유리한 하중	$\div \gamma_\phi = 1.0$	$\times \gamma_G = 1.35$	$\times \gamma_{G,fav} = 1.0$
4	저항	$\div \gamma_\phi = 1.0$	$\times \gamma_G = 1.35$	$\div \gamma_{Re} = 1.4$
	(4에서의 변동)	$\div \gamma_\phi = 1.0$	$\times \gamma_G = 1.35$	$\times \gamma_G \div \gamma_{Re} = \div 1.04$
5	기타	$\div \gamma_\phi = 1.25$	$\times \gamma_G = 1.0$	$\times 1.0$

각 그래프에서 곡선 1은 모든 부분계수를 1.0으로 고정한 후, 사용한계상태 계산에 대하여 이들 특성값에 대한 모든 파라미터를 이용하여 얻은 결과이다. 두 벽체에서 이 상황에 대한 안정성을 확보하기 위하여 필요한 근입깊이는 각각 9.63m와 7.00m이다.

곡선 2는 제3장에 논의된 '단일소스 원칙'에 따라 수동토압이 불리한 하중으로 처리될 때 얻어진 결과를 나타낸다. 주동 및 수동토압에 동일한 부분계수 $\gamma_G = 1.35$가 적용된다. 이러한 상황에서 안정성을 확보하기 위해 필요한 근입깊이는 사용한계상태 계산에서 구한 것과 같으며 구조적인 영향(휨모멘트, 전단력 및 버팀보 축력)은 35% 더 크다. 따라서 이 결과는 앞에 제시된 바와 같이[27] 하중자체에 적용하는 것이 아니라 사용한계상태 계산에서 하중영향에 계수 $\gamma_G = 1.35$를 적용함으로써 직접 구할 수 있다.

곡선 3은 수동토압이 유리한 하중으로 처리될 때 얻어진 결과이다. 부분계수 $\gamma_G = 1.35$는 주동토압에만 적용되고 수동토압에는 $\gamma_{G,fav} = 1.0$이 적용된다. 이러한 가정으로부터 2가지 형태의 토압은 모두 일관되게 하중으로 처리되나 하중의 영향은 적용할 하중계수를 결정할 때 고려된다. 안정성 확보를 위해 필요한 근입깊이(10.67m 및 7.52m)는 곡선 1의 경우보다 크고 결과적으로 구조적 영향이 매우 크다.

곡선 4는 설계법 2의 부분계수를 이용하여 수동토압이 저항력으로 처리될 때 얻어진 결과이다. 주동토압은 $\gamma_G = 1.35$를 곱하나 수동토압은 $\gamma_{Re} = 1.4$로 나눈다. 이는 근입된 토류벽 설계[28]에 부분계수를 적용하는 가장 '자연스러운' 방법이다. 직관적으로 대부분의 기술자들은 수동토압을 저항력으로 고려할 것이다. 그러나 안정성 확보를 위해 필요한 근입깊이는 이 가정에서 가장 크며(12.32m 및 8.36m) 구조적 영향도 크다(만약 설계법 1 또는 3의 부분계수가 사용된다면 $\gamma_{Re} = 1.0$이므로 곡선 4는 곡선 3과 일치할 것이다).

곡선 4의 경우는 수동토압을 동시에 불리한 하중과 저항력으로 처리한 것이다. 따라서 $\gamma_G = 1.35$를 곱하고 $\gamma_{Re} = 1.4$로 나눈다. 즉 $\gamma_G / \gamma_{Re} = 0.96$을 곱한다. 하중영향의 결과는 곡선 3과 매우 유사하게 된다.

마지막으로 곡선 5는 설계법 1의 조합 2에 해당하는 부분계수를 이용할 때 얻어진 결과이다. 즉 토압은 계수를 적용하지 않고 벽체 양측 흙의 전단저항력에 재료계수 $\gamma_\phi = 1.25$를 적용한다. 그 영향은 주동토압을 증가시키며 동시에 수동토압은 감소시킨다. 이러한 가정조건에서 안정성 확보에 필요한 근입깊이(11.14m 및 7.76m)는 곡선 3에 대한 것과 유사하며 구조적 영향도 유사하다.

상기의 분석에서 얻은 결론은 가정된 계산 모델에 관계없이 일관된 결과가 얻어지며 수동토압은 동시에 불리한 하중과 저항으로 처리해야 한다는 것이다. 이러한 원리를 채택하면 유로코드의 3가지의 설계법 모두 유사한 결과가 산출되는 것을 확인할 수 있다.

12.4.6 순 토압

그림 12.11은 토류벽체에 작용하는 수동토압이 저항력으로 처리될 경우에 발생하는 또 하나의 불일치를 보여 준다.

그림 12.11의 상부는 주동 및 수동토압의 전체값을 나타내며 부분계수 γ_G 및 γ_{Re}가 적용된다(12.4.5에서 계수가 총 토압에 적용된다고 가정한다.)

그림 12.11의 중간은 동일한 상황에 대한 순 토압을 나타낸 것이다. 즉 벽체의 각 지점에서 주동 및 수동토압 간의 차이다. 부분계수를 적용하기 전에는 무시된 주동토압은 무시된 수동토압과 크기가 같다. 이들 두 상황에 대한 휨모멘트와 전단력을 동일하게 하는 유일한 방법은 벽체 양측의 토압에 동일한 계수를 적용하는 것이다. 이는 수동토압이 불리한 하중으로 처리되는 경우에만 유효하다(또는 설계법 1의 조합 2, 설계법 3에서는 모든 계수가 1.0이다).

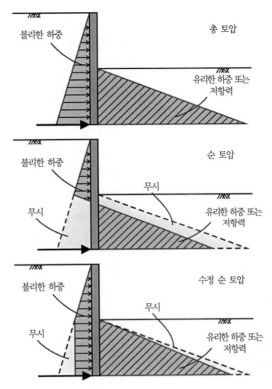

그림 12.11 일반적인 한계평형 설계법에 의한 주동 및 수동토압
(상부)총 토압, (중간)순 토압, (하부)수정 순 토압

그림 12.11의 하부에 제시된 수정된 순 토압의 이용에 동일한 논란이(하지만 보다 작은 정도) 적용된다. 수정된 순 토압(CIRIA 104[29]에 규정)은 시공기면 하부의 주동 및 수동토압에서 굴착면 하부에 발생하는 주동토압 증가분을 뺀 것이다.

상기에서 언급된 논의는 원래 부분계수를 적용하지 않는 기존의 설계법에 부분계수를 적용하는 데 따른 복잡성을 강조하고 있다. 특히 유로코드 7에서는 순 토압을 확실하게 이용할 수 있는지가 불확실하기 때문에 기존의 설계법에서 얻은 많은 경험들이 소용이 없게 될 수 있다.

12.5 지반-구조물 상호작용 해석

유로코드 7에서는 앵커 또는 버팀보로 지지된 연성벽체에서의 토압 크기와 분포, 내부 부재력 및 구조물의 강성에 크게 의존하는 휨모멘트, 그리고 지반의 강성과 강도 및 지반응력의 상태에 대해 언급하고 있다.

[EN 1997-1 § 2.4.1(14)]

구조적 강성이 중요하다면 지반-구조물 상호작용 해석을 통하여 하중 분포를 결정해야 한다. 안정한 해석결과를 산출하려면 해석에 이용되는 응력-변형률 관계가 충분한 대표성이 있어야 한다.

[EN 1997-1 § 6.3(3) 및 2.4.1(15)]

보다 단순한 한계평형법에 비해 지반-구조물 상호작용 해석의 주된 장점은 벽체의 변위가 계산되고 시공단계의 영향을 평가할 수 있으며 힘과 모멘트가 재분배되는 긍정적인 유익한 영향을 고려할 수 있다는 것이다. 그러나

'만약 상세한 수준의 결과를 얻을 필요가 없고 적절한 입력값이 없다면 [지반-구조물 상호작용] 해석을 사용하는 것은 아무런 의미가 없다.'[30]

이것은 유로코드 7의 Part 2에 제시된 충분하고 신뢰성 있는 지반조사에 대한 중요성을 강조하는 것이다(제4장 참조).

지반-구조물 상호작용 해석은 통상 지반반력 모델(12.5.1) 또는 보다 진보된 수치해석법(12.5.2)을 이용하여 시행한다. 두 경우에 대한 해석결과는 흙과 구조물에 대한 강도 파라미터뿐만 아니라 구조물과 시공될 지반강성의 적절한 평가에 달려 있다.

현장이나 실내시험에서 신뢰성 있는 지반강성을 측정하기가 매우 어렵다. 현장시험에서는 종종 흙의 원위치 강성을 과소평가한다. 유로코드 7에서는 가능하다면 과거의 시공거동을 관찰할 것을 권장하고 있다.

[EN 1997-1 § 3.3.7(2)]

12.5.1 지반반력 모델

그림 12.12와 같이 지반반력이론은 지반을 선형−탄성이나 완전−소성 스프링으로 이상화한다. 벽체와 벽체를 지지하는 버팀보 또는 앵커에 작용하는 힘은 벽체를 따라 발생하는 변형으로부터 계산된다. 벽체의 거동이 벽체의 탄성특성과 일치되도록 변형을 유지시키면서 힘을 평형에 이르게 하도록 반복계산을 한다.

스프링의 지반반력계수 k는 지반 강성의 현장 및 실내측정(가능한 경우) 또는 경험적인 방법으로부터 산정한다. 일반적으로 스프링의 하중용량은 한계토압계수를 이용하여 정의한다(인장에 대하여 K_a, 압축에 대하여 K_p − 12.4.4 참조).

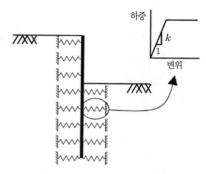

그림 12.12 토류벽체의 지반반력 모델

유로코드 7에서 극한한계상태를 초과하지 않는다는 것을 검증하기 위하여 하중, 재료물성 및 저항력에 적용될 부분계수가 필요하다. 이들 값은 채택된 설계법에 따른다(제6장 참조). 유로코드 7에서는 강성에 대한 어떠한 부분계수도 주어지지 않으므로 스프링 지반반력계수의 설계값은 그 특성값과 같아야 한다. 그러나 CIRIA C580[31]은 극한한계상태 계산을 위한 스프링 강성을 사용성 값의 50%로 볼 것을 권장하고 있다(대변형률에서 흙의 큰 압축성을 고려하기 위해). 이것은 지반반력계수 k를 모델 계수 $\gamma_{Rd} = 2.0$으로 나누어 구할 수 있다.

지반의 강도에 부분계수를 적용하면 지반−스프링의 극한저항력을 정의하는 데 이용된 주동 및 수동토압계수를 변화시킨다. 특히 스프링 중 일부가 조기에 하중용량에 도달한다면 지반과 구조물의 상호작용은 사용하중에서의 상호작용과는 달라진다. 극한한계상태에서 지반반력 모델을 이용하여 얻은 변위는 구조물의 실제 거동을 대표하지 않으므로 무시되어야 한다.

지반반력 모델이 사용될 때 어떻게 부분계수를 하중 또는 저항력에 적용할지는 명확하지 않다. 보편적으로 합의된 유로코드 해석이 있다 하더라도 토압의 특정한 성분을 유리한 하중으로 취급해야 하는지, 아니면 불리한 하중이나 저항력으로 취급해야 하는지를 결정하는 데 필요한 논리는 매우 복잡하다.

만약 지반의 일부가 제하(unload)되기 시작한다면 토압의 해석을 다른 해석으로 변경하는 신호가 될까? 컴퓨터 프로그램이 계산의 적절한 곳에 적절한 계수가 포함하도록 작성되지 않았다면 의도하는 효과에 도달하기 위한 유일한 방법은 입력 파라미터를 조절하는 것이다. 이는 γ_G의 적용성을 시뮬레이션하기 위하여 단위중량에 1.35를 적용하여 수행할 수 있다.

그러나 이것은 계산의 다른 부분에서 뜻하지 않은 부작용을 일으킬 수 있으므로 이렇게 하는 것은 일반적으로 현명한 일이 아니다.

다음 표는 유로코드 7에서 토류벽의 극한한계상태를 검증하기 위하여 지반반력 모델을 이용하는 한 가지 가능한 방법†을 요약한 것이다.[32]

단계	계수	설계법			
		1		2	3
		C1	C2		
1. 변동하중에 γ_Q/γ_G를 곱함	γ_Q/γ_G	1.11	1.3	1.11	1.3†
2. 흙의 강도에 부분계수를 적용함	$\gamma_\phi = \gamma_c$	1.0	1.25	1.0	1.25
	γ_{cu}	1.0	1.4	1.0	1.4
3. 지반구조물 상호작용 해석을 시행함					
4. 전도모멘트에 대한 회복비를 검토함 $M_R/M_O \geq \gamma_G \times \gamma_{Re}$	$\gamma_G \times \gamma_{Re}$	1.35	1.0	1.89	1.0
5. 하중영향에 부분계수를 적용함	γ_G	1.35	1.0	1.35	1.0†

† 지반공학적 하중에 대한 A2의 부분계수

---

† 이 방법은 수동토압을 불리한 하중과 저항력으로 동시에 취급한다.

단계 1; 후속 계산에서 변동하중을 영구하중으로 취급할 수 있도록 변동하중에 $\gamma_Q/\gamma_G > 1$ 계수를 적용한다. **단계 2**; 지반의 강도는 $\gamma_M \geq 1$에 의해 저감된다. **단계 3**; 상재하중과 재료물성의 설계값이 컴퓨터 프로그램에 입력되고 지반-구조물 상호작용 해석이 시행된다.

단계 4; 캔틸레버와 단일 버팀보로 지지된 벽체에 대하여 선단부 근입장은 고정점에 대한 저항모멘트 M_R과 동일한 지점에 대한 전도모멘트 M_O의 비가 최소한 γ_G(불리한 하중에 대한 부분계수) 및 γ_{Re}(수동저항력에 대한 부분계수)의 결과와 같은지를 점검하여 검증한다. **단계 5**; 만약 벽체가 이러한 검토를 거치게 되면 벽체의 설계 휨모멘트와 전단력(버팀보나 앵커의 설계력)은 γ_G를 곱하여 계산된 하중영향에서 구할 수 있다.

12.5.2 수치해석법

토류벽체는 유한요소(예: 그림 12.13 좌측 참조), 경계요소 또는 유한차분법에 근거한 수치해석법을 사용하여 유로코드 7에 대한 설계를 할 수 있다. 유로코드 7 설계를 위해 수치해석법을 이용할 때 발생하는 몇 가지 쟁점은 12.5.1에서 논의된 지반반력 모델의 경우와 유사하다.

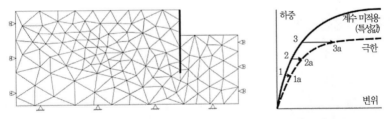

그림 12.13 (왼쪽)토류벽의 유한요소 모델, (오른쪽)$c - \varphi$ 감소법

수치해석법을 이용한 극한한계상태의 검증은 재료계수법을 이용하여 가장 쉽게 시행할 수 있는데 이는 설계법 1, 조합 2 및 설계법 3에 구현되어 있다 (제6장에서 논의됨).[33]

재료계수를 수치 모델에 도입하는 주요한 2가지 방법이 있다. 첫째, 부분계수가 컴퓨터 프로그램에 입력되기 전에 $\gamma_M \geq 1$인 부분계수가 재료물성에 적용된다. 그다음, 해석이 이루어지고 그 결과로 산출되는 하중효과(벽체의 휨모멘트와 전단력 및 버팀보나 앵커의 부재력)가 구조적 강도의 검증을 위한 설계값으로 사용된다. 이 방법이 가지고 있는 문제점은 큰 응력을 받는 영역에서는 흙의 조기항복으로 잘못된 파괴 메커니즘의 예측을 가져올 수 있다는 점이다.

두 번째 방법(소위 말하는 '$c - \phi$ 감소법')에서, 해석은 재료물성에 계수를 적용하지 않은(특성) 값을 이용하여 시행되며 파괴에 이르기까지 다양한 점(그림 12.13, 우측의 점 1, 2 및 3)에 저장된다. 이들 각 점에서는 저장된 조건으로부터 시작하여 적절한 부분계수 γ_ϕ, γ_c 또는 γ_{cu}에 의해 저감된 재료 강도를 가지고 별도의 해석이 시행된다. 지반의 강도 감소로 야기된 추가적인 변위(동일한 외부하중을 갖는)는 극한조건에 대한 하중−변위곡선으로 정의 된다(그림 12.13, 우측의 점 1a, 2a 및 3a). 극한하중은 이 곡선의 정점에서 얻어진다. 이 방법의 장점은 부분계수 자체의 도입이 잘못된 파괴 메커니즘을 유발할 가능성이 희박하다는 것이다. 부정적인 면은 $c - \phi$ 감소법에 기초한 해석은 종료하는 데 상당한 시간이 걸린다.

12.6 사용성 설계

사용한계상태를 검증하기 위한 토압의 설계값은 초기응력, 강성 및 지반강도, 구조요소의 강성 및 구조물의 허용변위를 고려한 토질 파라미터의 특성값을 이용하여 도출되어야 한다. 이들 토압은 한계(완전주동 또는 수동)값에 도달하지 않을 것이다. [EN 1997-1 § 9.8.1(2)P, (4), 및 (5)]

벽체 및 지반의 허용변위에 대한 한계값은 지지구조물과 공용변위에 대한 허용오차를 고려해야 한다. [EN 1997-1 § 9.8.2(1)P]

그림 12.14는 EN 1997−1의 부록 C 3에 따라서 느슨한 토질 및 조밀한 토질

에서 주동, 반 수동 및 완전 수동토압이 발현되는 데 필요한 한계변형을 나타
낸다. 그림에 나타났듯이 벽체의 높이 h로 정규화된 수평변형 v_a 및 v_p(각
각 주동 및 수동조건)는 벽체변위를 4가지 모드로 제시한다. 또한 정지토압
으로 고려해야 하는 변형의 한계를 보여 주고 있다.　　　[EN 1997-1 § 9.5.2(2)]

예를 들어 조밀한 흙으로 이루어진 5m 높이의 벽체배면에서 정지토압이 주
동토압으로 감소하는 데 필요한 수평변위는 다음과 같다.

$v_a \approx 0.05 - 0.5\% \times h = 2.5 - 25mm$

일반적인 형태의 주동상태 변위에 대하여 5m 높이의 옹벽에서는 0.2%(또
는 10mm) 이하의 변위가 요구된다. 토류벽체에서 이러한 수준의 변위는 심
각한 것은 아니다. 그러나 벽체의 상부에 인접하여 시공되는 구조물이나 근
접한 구조물에 대한 한계변위가 이들 값보다 작다면 K_a보다는 K_0로 설계
하는 것이 필요하다. K_0에 대한 설계는 벽체의 휨모멘트와 전단응력을 크
게 증가시키므로 가능한 피해야 한다.

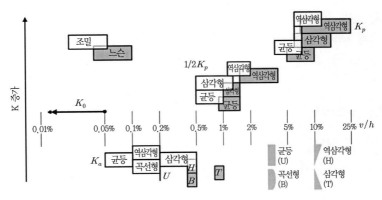

그림 12.14 토류벽에 작용하는 주동 및 수동토압의 발현

또한 수동토압의 반이 발생하는 데 필요한 변위는 주동토압이 발생하는 데
필요한 변위보다 2~10배(보통 5배)가 된다는 점에 주목해야 한다. 따라서
실제조건(working condition)에서 벽체의 측방변위는 주동상태까지 토압

을 감소시키는 데 필요한 변위보다 훨씬 커질 것이다.

벽체변위의 계산에서는 반드시 사용한계상태에 도달하지 않도록 검증을 요구하는 것은 아니다. 유로코드 7 Part 1에서는 다음과 같이 언급하고 있다.

> 항상 유사한 경험에 기초하여 벽체의 시공영향을 포함하여 토류벽 뒤틀림 및 변위의 신중한 평가가 이루어져야 한다. [EN 1997-1 § 9.8.2(2)P]

따라서 CIRIA C580[34]에 기술된 것과 같이 벽체의 거동을 평가하기 위한 반경험적 방법은 유로코드 7의 요구조건을 만족시키기에 충분할 것이다.

그러나 이러한 '초기의' 신중한 변위 평가가 한계값을 초과한다면 보다 상세한 변위계산이 수행되어야 한다. 또한 이러한 변위계산은 인접한 구조물과 시설이 변위에 매우 민감하거나 유사한 경험이 정립되지 않은 경우에 필요하다. 변위계산에서는 지반 및 구조물의 강성과 시공단계가 고려되어야 한다.

[EN 1997-1 § 9.8.2(3)P, (5) 및 (7)P]

또한 변위계산은 벽체가 6m 이상의 저소성 또는 3m 이상의 고소성 점성토 지반으로 이루어졌거나 또는 연약 점성토가 벽체 높이 내에 있거나 벽체 아래에 있는 경우에도 고려해야 한다. [EN 1997-1 § 9.8.2(6)]

12.7 구조설계

근입된 토류벽과 그에 따른 지보재는 유로코드 2(콘크리트),[35] 3(강재),[36] 5(목재)[37] 및 6(조적)[38]의 규정에 따라 구조적인 파괴에 대하여 검증해야 한다.

[EN 1997-1 § 9.7.6(1)P]

검증해야 할 극한한계상태에는 휨, 전단, 압축, 인장 및 좌굴에 대한 파괴가 포함된다. 이들에 대한 검증 시 가정되는 구조물의 강도는 예상되는 지반변위와 모순되지 않도록 해야 한다. 또한 적절한 유로코드 구조물 설계기준에 따라 무근콘크리트의 균열, 강재에서 소성힌지의 회전, 또는 얇은 강재단면의 좌굴로 인한 강도감소를 고려해야 한다.   [EN 1997-1 § 9.7.6(2), (3), 및 (4)]

12.8 감독, 모니터링 및 유지관리

EN 1997-1에는 옹벽구조물의 감독, 모니터링 및 유지관리를 다루는 조항이 없다. 그러나 관련된 정보는 다음의 실행기준(제15장에 상세히 논의됨)을 이용할 수 있다.

- EN 1536 현장타설말뚝
- EN 1537 지반앵커
- EN 1538 지하연속벽
- EN 12063 널말뚝 벽체
- EN 12699 배토말뚝

12.9 핵심요약

유로코드 7에 따른 토류벽체의 설계는 벽체의 고정점(예: 굴착면 아래 고정점 또는 1열 앵커)에 대한 회전을 막기 위한 충분한 근입장, 벽체의 전체 길이에 대해 저항력을 발휘하기 위한 충분한 강도, 그리고 허용한계 내에서 벽체배면의 침하와 변위를 유지할 만큼 충분한 강성을 가지고 있는지를 확인해야 한다. 또한 토류벽체가 매우 큰 연직하중을 견디기 위해 충분한 지지저항력이 있다는 사실을 입증해야 한다.

극한한계상태의 검증은 다음 식을 만족함으로써 입증된다.

$$V_d \leq R_d, \ H_d \leq R_d + R_{pd}, \ M_{Ed,dst} \leq M_{Ed,stb}$$

(여기서 사용된 기호는 10.3에서 정의됨) 이들 식은 다음과 같이 단순화 할수 있다.

$$E_d \leq R_d$$

상기 식은 제6장에서 상세히 다루었다.

12.10 실전 예제

이 장에서는 근입된 캔틸레버 벽체의 설계(예제 12.1) 및 예제 12.1과 동일하지만 단일버팀 지지된 벽체의 설계(예제 12.2)를 다루었다.

계산과정의 특정부분은 ❶, ❷, ❸ 등으로 표시되어 있다. 여기서 숫자들은 각 예제에 동반된 주석을 가리킨다.

12.10.1 캔틸레버식 근입 토류벽

예제 12.1은 그림 12.15와 같이 낮은~중간강도의 점토 상부에 중간정도의 조밀한 모래가 있는 4m 높이의 캔틸레버식 토류벽에 대한 설계이다. 지하수위는 굴착면 아래에 위치하고 모래는 배수된다고 가정하였다. 해석은 단기조건을 고려하므로 점성토는 비배수로 다룬다. 따라서 비배수 상태에 대하여 입증된 유로코드 7의 원칙을 적용할 수 있다.

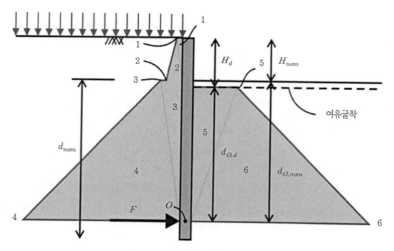

그림 12.15 모래 및 점성토 지반에서의 캔틸레버식 토류벽

예제 12.1 주석

❶ 유로코드 7에서 토류벽은 치수오차가 명시된 하나의 지반구조물이다.

❷ 전통적으로 토류벽 근입부의 20%는 고정점 'O' 아래에 있는 것으로 가정한다.[39] 이는 유로코드 7에 명확히 명시되지는 않았지만 계산 모델의 일부로써 고려된다.

❸ 설계법 2에서 비배수 강도에 적용되는 부분계수($\gamma_{cu} = 1.4$)는 전단저항각에 적용되는 것($\gamma_\phi = 1.25$)보다 큰데 이는 신뢰성 있는 파라미터를 결정하기 위해 큰 불확실성을 반영한 것이다.

❹ 설계값을 얻기 위해 ϕ_{cv} 의 특성값에 계수를 취해야 하는지에 대해서는 논란이 있다. 한계상태 토질역학이론을 선호하는 사람들은 ϕ_{cv} 가 사실상 이미 '최악의 신뢰도를 가진' 값이므로 계수를 취할 필요가 없다고 한다. 한계상태를 선호하지 않는 사람들은 ϕ_{cv} 는 전단저항값의 다른 측정값과 다르지 않게 취급해야 한다고 주장한다. 이 계산에서는 $\tan(\phi_{cv})$ 에 부분계수 γ_ϕ 를 적용하도록 한다.

❺ 벽마찰각은 흙의 일정체적 전단저항각 ϕ_{cv} 로부터 추정된다. 강널말뚝에서 δ 는 $\dfrac{2}{3}\phi_{cv}$ 를 초과해서 안 된다.

❻ 토압계수는 EN 1997−1의 부록 C에서 구한다.

❼ 불리한 영구하중에 대한 부분계수(γ_G)가 벽체의 굴착 및 배면 측 유효토압에 적용된다. 수동토압은 주동토압과 '단일소스'에서 얻는 것으로 간주되므로 같은 방법으로 계수를 취한다(제3장에 논의된 '단일소스' 원칙과 관련됨). 이것은 수동토압을 저항력으로 취급하는 데 익숙한 기술자들의 생각과는 다르다.

❽ 조합 2는 벽체에 요구되는 근입장을 결정한다. 최대 휨모멘트 $M_{d,\max}$ 및 전단력 $V_{d,\max}$ 를 결정하기 위한 별도의 계산과정이 이 책의 웹사이트에 나와 있다(❿ 참조). 조합 2에 의해 $M_{d,\max} = 222 kNm/m$, $V_{d,\max} =$

$59kN/m$로 산정된다.

❾ 이 수평력은 벽체의 유효 굴착면 아래 특히 ❷에서 가정된 별도의 20% 근입장을 가지는 수동저항력에 의해 제공된다고 가정하는 것이 통상적이다.

❿ 설계법 2와 3에 대한 결과는 요약으로만 제시되었다. 전체 계산 과정은 www.decodingeurocode7.com에서 확인할 수 있다.

설계법 2에서는 하중영향(주동토압)과 저항력(수동토압)에 1.0보다 큰 계수를 적용한다. 이용률(111%)은 설계법 1에서 보다 크다.

설계법 3에서는 구조적 하중 및 재료물성에 1.0보다 큰 계수를 적용한다. 지반의 자중으로부터 발생하는 토압은 지반공학적 하중으로 처리되며 $\gamma_G = 1.0$을 적용한다. 상재하중으로부터 발생하는 토압은 구조적인 것으로 취급되고 $\gamma_Q = 1.5$(설계법 1-2에서는 1.3)를 적용한다. 따라서 이용률(100%)은 설계법 1과 동일하다.

<hr>

예제 12.1

근입된 캔틸레버식 토류벽
강도의 검증(한계상태 GEO)

설계상황

낮은/보통 강도의 점성토 지반 상부에 보통정도의 조밀한 모래로 구성된 지반에 높이 $H_{nom} = 4m$의 널말뚝 설계에 대하여 검토를 하였다.

변동상재하중의 특성값 $q_{Qk} = 10kPa$가 벽체의 상부에 작용한다. 모래지반은 $\gamma_{k_1} = 18kN/m^3$의 특성단위중량, $\phi_k = 36°$의 특성전단저항각, $c'_k = 0kPa$의 특성유효점착력을 가진다. 일정체적조건 하에서 전단저항각 $\phi_{cv,k} = 32°$로 산정된다. 점성토의 특성값은 $\gamma_{k_2} = 20kN/m^3$의 단위중량과 $c_{u,k} = 40kPa$의 비배수강도를 가진다. 벽체 선단은 굴착면 아래 공칭깊이 $d_{nom} = 9.8m$ 하부에 있다. 지반은 모두 건조한 상태이다.

설계법 1

치수

여유 과굴착 $\Delta H = \min(10\% \times H_{nom}, 0.5m) = 0.4m$

여유 굴착고 $H_d = H_{nom} + \Delta H = 4.4m$ ❶

감소된 근입깊이 $d_d = d_{mon} - \Delta H = 9.4m$

캔틸레버 벽체에 대하여 유효한 벽체 선단(점 O) 아래 토압은 등가반력 R 로 대체할 수 있다. 설계 근입깊이는 다음과 같이 보수적으로 계산된다.

$d_{O,d} = \dfrac{d_d}{1.2} = 7.83m$ 및 공칭 근입깊이 $d_{O,nom} = d_{O,d} + \Delta H = 8.23m$ ❷

하중

벽체 배면의 총 연직응력(흙의 자중으로만)

모래층의 상부에서 $\sigma_{v,k_1} = 0kPa$

모래층의 하부에서 $\sigma_{v,k_2} = \gamma_{k_1} \times H_{nom} = 72kPa$

점토층의 상부에서 $\sigma_{v,k_3} = \sigma_{v,k_2} = 72kPa$

점 'O'에서 $\sigma_{v,k_4} = \sigma_{v,k_3} + (\gamma k_2 \times d_{O,nom}) = 236.7kPa$

벽체 구속 측에서 총 연직응력

굴착면에서 $\sigma_{v,k_5} = 0kPa$

점 'O'에서 $\sigma_{v,k_6} = \sigma_{v,k_5} + (\gamma k_2 \times d_{O,d}) = 156.7kPa$

재료물성

$\begin{pmatrix} M1 \\ M2 \end{pmatrix}$ 에서 부분계수: $\gamma_\phi = \begin{pmatrix} 1 \\ 1.25 \end{pmatrix}$, $\gamma_{cu} = \begin{pmatrix} 1 \\ 1.4 \end{pmatrix}$ ❸

모래의 설계 전단저항각 $\phi_d = \tan^{-1}\left(\dfrac{\tan(\phi_k)}{\gamma_\phi}\right) = \begin{pmatrix} 36 \\ 30.2 \end{pmatrix}°$

모래의 일정체적 설계 전단저항각 $\phi_{cv,d} = \tan^{-1}\left(\dfrac{\tan(\phi_{cv,k})}{\gamma_\phi}\right) = \begin{pmatrix} 32 \\ 26.6 \end{pmatrix}°$ ❹

흙/강재 상호작용에 대하여 $k = \dfrac{2}{3}$

설계 벽마찰각 $\delta_d = k \times \phi_{cv,d} = \begin{pmatrix} 21.3 \\ 17.7 \end{pmatrix}°$ ❺

점성토의 설계 비배수강도 $c_{u,d} = \dfrac{c_{u,k}}{\gamma_{cu}} = \begin{pmatrix} 40 \\ 28.6 \end{pmatrix} kPa$

하중의 영향

$\begin{pmatrix} A1 \\ A2 \end{pmatrix}$ 에서 부분계수: $\gamma_G = \begin{pmatrix} 1.35 \\ 1 \end{pmatrix}, \gamma_Q = \begin{pmatrix} 1.5 \\ 1.3 \end{pmatrix}$

모래에 대한 주동토압계수 $K_{a\gamma} = \begin{pmatrix} 0.222 \\ 0.287 \end{pmatrix}, K_{aq} = \begin{pmatrix} 0.222 \\ 0.287 \end{pmatrix}$ ❻

벽체의 배면 측에서 수평응력

모래층 상부에서

$\sigma_{a,d_1} = \overrightarrow{(\gamma_G \times K_{a\gamma} \times \sigma_{v,k_1} + \gamma_Q \times K_{aq} \times q_{Qk})} = \begin{pmatrix} 3.3 \\ 3.7 \end{pmatrix} kPa$

모래층 하부에서

$\sigma_{a,d_2} = \overrightarrow{(\gamma_G \times K_{a\gamma} \times \sigma_{v,k_2} + \gamma_Q \times K_{aq} \times q_{Qk})} = \begin{pmatrix} 25 \\ 24.4 \end{pmatrix} kPa$

점토층 상부에서

$\sigma_{a,d_3} = \overrightarrow{[\gamma_G \times (\sigma_{v,k_3} - 2 \times c_{u,d}) + \gamma_Q \times q_{Qk}]} = \begin{pmatrix} 4.2 \\ 27.9 \end{pmatrix} kPa$

점 'O'에서 $\sigma_{a,d_4} = \overrightarrow{[\gamma_G \times (\sigma_{v,k_4} - 2 \times c_{u,d}) + \gamma_Q \times q_{Qk}]} = \begin{pmatrix} 226.5 \\ 192.5 \end{pmatrix} kPa$

벽체 구속 측에서의 수평응력

시공기에서 $\sigma_{p,d_5} = \overrightarrow{[\gamma_G \times (\sigma_{v,k_5} + 2 \times c_{u,d})]} = \begin{pmatrix} 108 \\ 57.1 \end{pmatrix} kPa$ ❼

점 'O'에서 $\sigma_{p,d_6} = \overrightarrow{[\gamma_G \times (\sigma_{v,k_6} + 2 \times c_{u,d})]} = \begin{pmatrix} 319.5 \\ 213.8 \end{pmatrix} kPa$ ❼

수평토압

모래층으로부터 $H_{Ed_1} = \left(\dfrac{\sigma_{a,d_1} + \sigma_{a,d_2}}{2}\right) \times H_{nom} = \begin{pmatrix} 56.6 \\ 56.3 \end{pmatrix} kN/m$

점토층으로부터

$$H_{Ed_2} = \left[\overrightarrow{\left(\dfrac{\sigma_{a,d_3} + \sigma_{a,d_4}}{2}\right) \times d_{O,nom}} \right] = \begin{pmatrix} 949.7 \\ 907.2 \end{pmatrix} kN/m$$

총 수평토압 $H_{Ed} = \displaystyle\sum_{i=1}^{2} H_{Ed_i} = \begin{pmatrix} 1006.3 \\ 963.6 \end{pmatrix} \dfrac{kN}{m}$

점 'O'에 대한 전도모멘트(아래첨자는 그림 12.5의 숫자를 의미함)

$$M_{Ed_1} = \left[\overrightarrow{\dfrac{\sigma_{a,d_1}}{2} \times H_{nom} \times \left(\dfrac{2}{3} H_{nom} + d_{O,nom}\right)} \right] = \begin{pmatrix} 72.7 \\ 81.4 \end{pmatrix} kNm/m$$

$$M_{Ed_2} = \left[\overrightarrow{\dfrac{\sigma_{a,d_2}}{2} \times H_{nom} \times \left(\dfrac{1}{3} H_{nom} + d_{O,nom}\right)} \right] = \begin{pmatrix} 477.5 \\ 467.3 \end{pmatrix} kNm/m$$

$$M_{Ed_3} = \left(\overrightarrow{\dfrac{\sigma_{a,d_3}}{2} \times d_{O,nom} \times \dfrac{2}{3} d_{O,nom}} \right) = \begin{pmatrix} 94.9 \\ 629.5 \end{pmatrix} kNm/m$$

$$M_{Ed_4} = \left(\overrightarrow{\dfrac{\sigma_{a,d_4}}{2} \times d_{O,nom} \times \dfrac{1}{3} d_{O,nom}} \right) = \begin{pmatrix} 2559 \\ 2175.1 \end{pmatrix} kNm/m$$

총 전도모멘트 $M_{Ed} = \displaystyle\sum_{i=1}^{4} M_{Ed_i} = \begin{pmatrix} 3204 \\ 3353 \end{pmatrix} kNm/m$

저항력

$\begin{pmatrix} R1 \\ R2 \end{pmatrix}$에서 부분계수: $\gamma_{Re} = \begin{pmatrix} 1 \\ 1 \end{pmatrix}$

수평저항력 $H_{Rd} = \left[\dfrac{\overrightarrow{\left(\dfrac{\sigma_{p,d_5} + \sigma_{p,d_6}}{2}\right) \times d_{O,d}}}{\gamma_{Re}} \right] = \begin{pmatrix} 1674 \\ 1061 \end{pmatrix} kN/m$

점 'O'에 대한 저항모멘트(아래첨자는 그림 12.5의 숫자를 의미함)

$$M_{Rd_5} = \left(\overrightarrow{\dfrac{\dfrac{\sigma_{p,d_5}}{2} \times d_{O,d} \times \dfrac{2}{3}d_{O,d}}{\gamma_{Re}}} \right) = \begin{pmatrix} 2209 \\ 1169 \end{pmatrix} kNm/m$$

$$M_{Rd_6} = \left(\overrightarrow{\dfrac{\dfrac{\sigma_{p,d_6}}{2} \times d_{O,d} \times \dfrac{1}{3}d_{O,d}}{\gamma_{Re}}} \right) = \begin{pmatrix} 3267 \\ 2187 \end{pmatrix} kNm/m$$

총 전도모멘트 $M_{Rd} = \displaystyle\sum_{i=5}^{6} M_{Rd_i} = \begin{pmatrix} 5476 \\ 3355 \end{pmatrix} kNm/m$

검증

회전평형 $M_{Ed} = \begin{pmatrix} 3204 \\ 3353 \end{pmatrix} kNm/m$, $M_{Rd} = \begin{pmatrix} 5476 \\ 3355 \end{pmatrix} kNm/m$

이용률 $\Lambda_{GEO,1} = \dfrac{M_{Ed}}{M_{Rd}} = \begin{pmatrix} 59 \\ 100 \end{pmatrix}\%$ ❽

이용률 > 100%인 경우, 이 설계는 허용할 수 없다.

벽체 선단 부근에서의 반력 $F_{Ed} = H_{Rd} - H_{Ed} = \begin{pmatrix} 668.1 \\ 97.7 \end{pmatrix} kN/m$ ❾

벽체 단면은 다음에 대하여 설계해야 한다.

　최대 휨모멘트 $M_{d,\max} = 222kNm/m$

　최대 전단력 $V_{d,\max} = 59kN/m$

설계법 2(요약)
회전 안정성의 검증

공칭 근입깊이 $d_{nom} = 9.8m$

회전평형 $M_{Ed} = 3204kNm/m$, $M_{Rd} = 2898kNm/m$

이용률 $\Lambda_{GEO,2} = \dfrac{M_{Ed}}{M_{Rd}} = 111\%$ ❿

이용률 > 100%인 경우, 이 설계는 허용할 수 없다.

벽체 선단 부근에서의 반력 $F_{Ed} = H_{Rd} - H_{Ed} = -120.4kN/m$

설계법 3(요약)

회전 안정성의 검증

공칭 근입깊이 $d_{nom} = 9.8m$

회전평형 $M_{Ed} = 3353kNm/m$, $M_{Rd} = 3355kNm/m$

이용률 $\Lambda_{GEO,3} = \dfrac{M_{Ed}}{M_{Rd}} = 100\%$ ❿

이용률 > 100%인 경우, 이 설계는 허용할 수 없다.

벽체 선단부근에서의 반력 $F_{Ed} = H_{Rd} - H_{Ed} = 97.7kN/m$

12.10.2 앵커로 지지된 널말뚝 벽체

예제 12.2는 그림 12.16과 같이 앵커로 지지된 널말뚝 벽체의 설계를 검토하였다. 벽체의 공칭높이는 6m로 사질토를 지탱하고 상단 아래 1m에 1열의 앵커로 지지된다. 지하수위는 배면 측 지반선에 위치하고 구속 측에서는 시공기면에 위치한다.

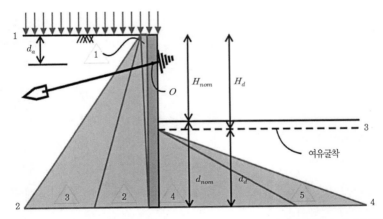

그림 12.16 원지반과 굴착면에 지하수위가 있는 사질토 지반에서의 앵커 지지 널말뚝

예제 12.2 주석

❶ 유로코드 7에서는 극한한계상태에서 여유 '과굴착'을 고려하도록 규정한다. 이 예제에서 ΔH의 상한값은 0.5m를 초과하지 않는다.

❷ 간극수압은 선형적으로 변하기 때문에 간극수압이 벽체의 양쪽면에서 삼각형 분포로 작용하며 벽체 선단에서 동일한 간극수압을 갖는다.

❸ 토압계수는 EN 1997−1의 부록 C에서 구한다.

❹ '단일소스 원칙'(제3장 참조)이 적용되기 때문에 주동 및 수동토압에 적용되어 하중에 불리한 부분계수를 도출할 수 있다.

❺ '단일소스 원칙'은 토압뿐 아니라 간극수압에도 적용되어 벽체 양측의 수압에 적용됨으로써 하중에 불리한 부분계수를 도출할 수 있다.

❻ 설계법 1, 하중조합 2(DA1−2)는 가장 위험 측의 결과를 제시하는데 이는 벽체의 설계길이가 유로코드 7의 요구조건을 만족시키기에 충분하다는 것을 의미한다.

❼ 앵커에서 힘을 고려할 때 설계법 1, 조합 1(DA1−1)에서는 수평평형을 유지하기 위해서는 음의 앵커력이 필요하다. 이는 수동토압에 $\gamma_G = 1.35$를 곱해 그 영향을 증대시키고 앵커에 의한 지지 필요성을 감소시키는 데 기인한다. DA1−1(이 책의 웹사이트에 제시됨−세부사항은 아래 참조)에 대한 보다 합리적인 계산은 근입장 $d = 4.35m$에 대한 것이다. 이 길이에서 DA1−1에 대한 이용률은 100%이며 필요한 앵커력은 $181kN/m$까지 증가한다.

❽ 최소 벽체길이가 구해지면 벽체에서 최대 휨모멘트 $M_{d,\max}$와 전단력 $V_{d,\max}$을 설정하기 위한(적절한 벽체단면의 선정을 허용하기 위한) 또 다른 해석이 요구된다. 조합 2는 $M_{d,\max} = 503kNm/m$와 $V_{d,\max} = 176kN/m$의 결과를 제시한다(반면 조합 1에 대한 유사한 계산결과는 각각 $450kNm/m$ 및 $172kN/m$인데 이들은 조합 2와 유사하다). 게다가 사용성 조건에서 더 큰 앵커력이 얻어지지 않음을 검토하기 위해 모든 부

분계수를 1.0으로 고정한 후 추가적인 계산이 시행되어야 한다.

❾ 설계법 2 및 3에 대한 결과는 요약으로만 제시되었다. 전체적인 계산 과정은 www.decodingeurocode7.com에서 확인할 수 있다.

설계법 2는 하중영향(주동토압)과 저항력(수동토압)에 1.0 이상의 계수를 적용한다. 100%의 이용률을 얻는 데 필요한 근입깊이는 7.49m이며 이것은 설계법 1보다 길다. 벽체의 최대 휨모멘트 및 전단력은 $819kNm/m$와 $257kN/m$이고 필요한 앵커력은 $267kN/m$이다. 그만큼 벽체가 길어지기 때문에 이 값들은 모두 설계법 1에 대한 것보다 상당히 크다.

설계법 3은 구조적인 하중 및 재료물성에 1.0 이상의 계수를 적용한다. 지반의 자중에서 발생하는 토압은 지반공학적 하중으로 처리되고 $\gamma_G = 1.0$을 적용한다. 상재하중에서 발생하는 토압은 구조적인 것으로 처리되고 $\gamma_Q = 1.5$(설계법 1-2에서는 1.3)를 적용한다. 100%의 이용률을 얻는 데 필요한 근입깊이는 5.85m이며 이는 설계법 1-2와 동일하다. 벽체의 최대 휨모멘트와 전단력 및 소요 앵커력도 설계법 1, 조합 2와 동일하다.

앵커로 지지된 널말뚝 벽체 강도의 검증(한계상태 GEO)

설계상황

보통 조밀한 모래지반에 시공된 높이 $H_{nom} = 6m$의 널말뚝 벽체의 설계를 검토 하였다. 모래는 $\gamma_k = 19kN/m^3$의 특성단위중량, $\phi_k = 36°$의 특성전단저항각 $c'_k = 0kPa$의 특성유효점착력을 가진다. 일정체적조건 하에서 흙의 전단저항각 $\varphi_{cv,k} = 32°$로 산정된다. 지하수위는 벽체의 양쪽에서 지표면에 위치한다. 벽체상단에서 $q_{Qk} = 10kPa$의 변동 상재하중이 작용한다. 벽체는 지표면 $d_a = 1m$ 아래에서 1열의 앵커로 지지된다. 벽체 선단은 굴착면에서 하부로 공칭깊이 $d_{nom} = 5.85m$에 위치한다. 물의 단위중량 $\gamma_w = 9.81 kN/m^3$ 이다.

설계법 1

치수

여유 '과굴착' $\Delta H = \min\left[10\%\left(H_{nom} - d_a\right), 0.5m\right] = 0.5m$ ❶

여유 굴착고 $H_d = H_{nom} + \Delta H = 6.5m$

감소된 근입깊이 $d_d = d_{mon} - \Delta H = 5.35m$

벽체의 총 길이 $L_d = H_d + d_d = 11.9m$

하중

총 연직응력(상재하중 포함)

지표면에서 $\sigma_{v,k_1} = 0 kPa$

벽체선단(배면 측)에서 $\sigma_{v,k_2} = \sigma_{v,k_1} + \gamma_k \times \left(H_d + d_d\right) = 225.2 kPa$

시공기면에서 $\sigma_{v,k_3} = 0 kPa$

벽체선단(구속 측)에서 $\sigma_{v,k_4} = \sigma_{v,k_3} + \gamma_k \times d_d = 101.7 kPa$

수두차 $\Delta h = H_d = 6.5m$

벽체 주변거리 $x = H_d + 2d_d = 17.2m$

벽체단부에서의 수두 $h_{toe} = \dfrac{\Delta h}{x} \times \left(H_d + d_d\right) = 4.48m$

간극수압(벽체 주변에서 선형적으로 감소한다고 가정)

지표면에서 $u_{k_1} = 0 kPa$

굴착면에서 $u_{k_3} = u_{k_1} = 0 kPa$

벽체선단(배면 측)에서 $u_{k_2} = \gamma_w \times \left(H_d + d_d - h_{toe}\right) = 72.3 kPa$ ❷

벽체선단(구속 측)에서 $u_{k_4} = u_{k_2} = 72.3 kPa$ ❷

유효 연직응력(상재하중 포함)

지표면에서 $\sigma'_{v,k_1} = \sigma_{v,k_1} - u_{k_1} = 0kPa$

벽체선단(배면 측)에서 $\sigma'_{v,k_2} = \sigma_{v,k_2} - u_{k_2} = 152.9kPa$

시공기면에서 $\sigma'_{v,k_3} = \sigma_{v,k_3} - u_{k_3} = 0kPa$

벽체선단(구속 측)에서 $\sigma'_{v,k_4} = \sigma_{v,k_4} - u_{k_4} = 29.4kPa$

재료물성

$\binom{M1}{M2}$에서 부분계수: $\gamma_\phi = \binom{1}{1.25}$, $\gamma_c = \binom{1}{1.25}$

설계 전단저항각 $\phi_d = \tan^{-1}\left(\dfrac{\tan(\phi_k)}{\gamma_\phi}\right) = \binom{36}{30.2}^\circ$

설계 유효점착력 $c'_d = \dfrac{c'_k}{\gamma_c} = \binom{0}{0}kPa$

일정체적 전단저항각(부분계수가 적용)

$\phi_{cv,d} = \tan^{-1}\left(\dfrac{\tan(\phi_{cv,k})}{\gamma_\phi}\right) = \binom{32}{26.6}^\circ$

흙/강재 상호작용에 대하여 $k = \dfrac{2}{3}$

설계 벽체마찰각 $\delta_d = k \times \phi_{cv,d} = \binom{21.3}{17.7}^\circ$

설계 벽체마찰각/설계 전단저항각의 비 $\dfrac{\delta_d}{\phi_d} = \binom{0.59}{0.59}$

하중의 영향

$\binom{A1}{A2}$에서 부분계수: $\gamma_G = \binom{1.35}{1}$, $\gamma_Q = \binom{1.5}{1.3}$

주동토압계수 $K_{a\gamma} = \binom{0.222}{0.287}$, $K_{aq} = \binom{0.222}{0.287}$, $K_{ac} = \binom{1.07}{1.226}$ ❸

수평유효응력(숫자는 그림 12.16을 참조)

$\sigma_{a,d_1} = \overrightarrow{\left[\gamma_G \times (K_{a\gamma}\sigma'_{v,k_1} - K_{ac}c'_d) + \gamma_Q \times K_{a\gamma}q_{Qk}\right]} = \binom{3.3}{3.7}kPa$

$$\sigma_{a,d_2} = \left[\overrightarrow{\gamma_G \times (K_{a\gamma}\sigma'_{v,k_2} - K_{ac}c'_d) + \gamma_Q \times K_{a\gamma}q_{Qk}}\right] = \binom{49.2}{47.7}kPa$$

$$\sigma'_{p,d_3} = \left[\overrightarrow{\gamma_G \times (K_{p\gamma}\sigma'_{v,k_3} + K_{pc}c'_d)}\right] = \binom{0}{0}kPa \; ❹$$

$$\sigma'_{p,d_4} = \left[\overrightarrow{\gamma_G \times (K_{p\gamma}\sigma'_{v,k_4} + K_{pc}c'_d)}\right] = \binom{265.6}{132.8}kPa \; ❹$$

수압(숫자는 그림 12.16을 참조)

$$u_{a,d_1} = \gamma_G \times u_{k_1} = \binom{0}{0}kPa$$

$$u_{a,d_2} = \gamma_G \times u_{k_2} = \binom{97.6}{72.3}kPa$$

$$u_{a,d_3} = \gamma_G \times u_{k_3} = \binom{0}{0}kPa \; ❺$$

$$u_{p,d_4} = \gamma_G \times u_{k_4} = \binom{97.6}{72.3}kPa \; ❺$$

총 수평응력(숫자는 그림 12.16을 참조)

$$\sigma_{a,d_1} = \left(\overrightarrow{\sigma'_{a,d_1} + u_{a,d_1}}\right) = \binom{3.3}{3.7}kPa$$

$$\sigma_{a,d_2} = \left(\overrightarrow{\sigma'_{a,d_2} + u_{a,d_2}}\right) = \binom{146.8}{120}kPa$$

$$\sigma_{p,d_3} = \left(\overrightarrow{\sigma'_{p,d_3} + u_{p,d_3}}\right) = \binom{0}{0}kPa$$

$$\sigma_{p,d_4} = \left(\overrightarrow{\sigma'_{p,d_4} + u_{p,d_4}}\right) = \binom{363.2}{205.1}kPa$$

수평토압 $H_{Ed} = \left(\dfrac{\sigma_{a,d_1} + \sigma_{a,d_2}}{2}\right) \times L_d = \binom{889.8}{732.9}kN/m$

점 'O'에 대한 전도모멘트

$$M_{Ed_1} = \left(\frac{\sigma_{a,d_1} + L_d}{2}\right) \times \left(\frac{L_d}{3} - d_a\right) = \binom{58.3}{65.3}kNm/m$$

$$M_{Ed_2} = \left(\frac{\sigma_{a,d_2} + L_d}{2}\right) \times \left(\frac{2L_d}{3} - d_a\right) = \begin{pmatrix} 6002.9 \\ 4904 \end{pmatrix} kNm/m$$

합계 $M_{Ed} = \sum_{i=1}^{2} M_{Ed_i} = \begin{pmatrix} 6061.2 \\ 4969.3 \end{pmatrix} kNm/m$

저항력

$\begin{pmatrix} R1 \\ R2 \end{pmatrix}$에서 부분계수: $\gamma_{Re} = \begin{pmatrix} 1 \\ 1 \end{pmatrix}$

수평저항력 $H_{Rd} = \dfrac{\left(\dfrac{\sigma_{p,d_3} + \sigma_{p,d_4}}{2}\right) \times d_d}{\gamma_{Re}} = \begin{pmatrix} 971.4 \\ 548.6 \end{pmatrix} kN/m$

점 'O'에 대한 저항모멘트

$$M_{Rd} = \dfrac{\left(\dfrac{\sigma_{p,d_4} d_d}{2}\right) \times \left(\dfrac{2d_d}{3} + H_d - d_O\right)}{\gamma_{Re}} = \begin{pmatrix} 8807.7 \\ 4973.8 \end{pmatrix} kNm/m$$

검증

설계값 $M_{Ed} = \begin{pmatrix} 6061.2 \\ 4969.3 \end{pmatrix} kNm/m$, $M_{Rd} = \begin{pmatrix} 8807.7 \\ 4973.8 \end{pmatrix} kNm/m$

이용률 $\Lambda_{GEO,1} = \dfrac{M_{Ed}}{M_{Rd}} = \begin{pmatrix} 69 \\ 100 \end{pmatrix} \%$ ❻

이용률 > 100%인 경우, 이 설계는 허용할 수 없다.

수평평형에 대하여 앵커는 다음의 설계저항력을 제공해야 한다.

$$F_d = H_{Ed} - H_{Rd} = \begin{pmatrix} -81.7 \\ 184.3 \end{pmatrix} kN/m \; ❼$$

여기서 $H_{Ed} = \begin{pmatrix} 889.8 \\ 732.9 \end{pmatrix} kN/m$, $H_{Rd} = \begin{pmatrix} 971.4 \\ 548.6 \end{pmatrix} kN/m$

벽체 단면은 다음 값을 지탱할 수 있도록 설계되어야 한다.

벽체의 최대 휨모멘트 $M_{d,max} = -503 kNm/m$ ❽

벽체의 최대 전단력 $V_{d,max} = -176 kN/m$ ❽

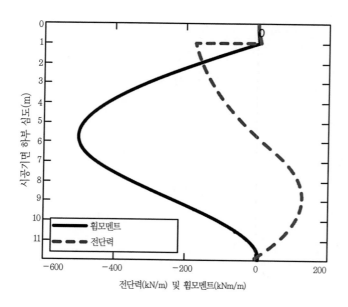

시공기면 하부 심도(m)

전단력(kN/m) 및 휨모멘트(kNm/m)

설계법 2(요약)

회전 안정성의 검증

공칭 근입깊이 $d_{nom} = 7.49m$

회전평형 $M_{Ed} = 9519kNm/m$, $M_{Rd} = 9514kNm/m$

이용률 $\Lambda_{GEO,2} = \dfrac{M_{Ed}}{M_{Rd}} = 100\%$ ❾

이용률 > 100%인 경우, 이 설계는 허용할 수 없다.

앵커는 힘 $F_d = 267kN/m$을 지지하도록 설계되어야 한다.

벽체단면은 다음 값을 지탱할 수 있도록 설계되어야 한다.

최대 휨모멘트 $M_{d,\max} = -819kNm/m$

최대 전단력 $V_{d,\max} = -257kN/m$

설계법 3(요약)

회전안정성의 검증

공칭 근입깊이 $d_{nom} = 5.85m$

회전평형 $M_{Ed} = 4969kNm/m$ 및 $M_{Rd} = 4974kNm/m$

이용률 $\Lambda_{GEO,3} = \dfrac{M_{Ed}}{M_{Rd}} = 100\%$ ❾

이용률 > 100%인 경우, 이 설계는 허용할 수 없다.

앵커는 힘 $F_d = 184kN/m$을 지지하도록 설계되어야 한다.

벽체단면은 다음 값을 지탱할 수 있도록 설계되어야 한다.

   최대 휨모멘트 $M_{d,\max} = -503kNm/m$

   최대 전단력 $V_{d,\max} = -176kN/m$

12.11 주석 및 참고문헌

1. EN 1991-4, Eurocode 1-Actions on structures, Part 4: Silos and tanks, European Committee for Standardization, Brussels.

2. EN 1993-4-1, Eurocode 3-Design of steel structures, Part 4-1: Silos, European Committee for Standardization, Brussels.

3. See, for example, Clayton, C.R.I., Milititsky, J., and Woods, R.I. (1993) *Earth pressure and earth-retaining structures* (2nd edition), Glasgow, Blackie Academic & Professional, 398pp.

4. UK National Annex to BS EN 1997-1: 2004, Eurocode 7: Geotechnical design - Part 1: General rules, British Standards Institution.

5. Gaba, A.R., Simpson, B., Powrie, W., and Beadman, D.R. (2003) *Embedded retaining walls-guidance for economic design*, CIRIA Report C580, London: CIRIA, 390pp.

6. BS 5950: 2000, Structural use of steelwork in building, British Standards Institution.

7. BS 8110: 1997, Structural use of concrete, British Standards Institution.

8. Nicholson, D., Tse, C-M., and Penny, C. (1999) *The Observational Method in ground engineering: principles and applications*, CIRIA Report R185, London: CIRIA, 214pp.

9. See §3.2.2.2 of BS 8002: 1994, Code of practice for earth retaining structures, British Standards Institution, with Amendment 2 (dated May 2001).

10. See BS 8102: 1990, Code of practice for protection of structures against water from the ground, British Standards Institution.

11. Terzaghi K. (1954) 'Anchored bulkheads' *Trans. Am. Soc. Civ. Engrs*, 199, pp.1243~1280.

12. Clayton et al., ibid.

13. Padfield, C. J., and Mair, R. J. (1984) *Design of retaining walls embedded in stiff clays*, CIRIA Report RP104, London: CIRIA, 146pp.

14. EAU (2004), *Recommendations of the committee for Waterfront Structures Harbours and Waterways* (8th edition), Berlin: Ernst & Sohn, 636pp.

15. British Steel (1997), *Piling handbook* (7th edition), Scunthorpe: British Steel plc.

16. BS 8002, ibid.

17. Canadian Geotechnical Society (2006), *Canadian Foundation Engineering Manual* (4th edition), Calgary: Canadian Geotechnical Society, 488pp.

18. Gaba et al., ibid.

19. Padfield and Mair, ibid.

20. Meyerhof, G.G. (1976), 'Bearing capacity and settlement of pile foundations' *J. Geotech. Engng*, Am. Soc. Civ. Engrs, 102(GT3), pp.197~228.

21. Kezdi, A. (1972), 'Stability of rigid structures' *Proc. 5th European Conf. on Soil Mech. and Found. Engng*, 2, pp.105~130.

22. UK National Annex, ibid.

23. BS 8002, ibid.

24. Kerisel, J., and Absi, E. (1990), *Active and passive earth pressure tables* (3rd edition), Rotterdam: A.A. Balkema, 220pp.

25. The procedure is not attributed in Annex C, but appears to have been developed by Brinch Hansen. See Christensen, N.H. (1961) *Model tests on plane active earth pressures in sand*, Bulletin No. 10, Copenhagen: Geoteknisk Institut, 19pp. A new derivation is provided by Hansen, B. (2001) *Advanced theoretical soil mechanics*, Bulletin No. 20, Lyngby: Dansk Geoteknisk Forening, 541pp.

26. Gaba et al., ibid.

27. Simpson, B., and Driscoll, R. (1998) *Eurocode 7 — a commentary*, Garston: BRE.

28. See, for example, Driscoll, R.M.C., Powell, J.J.M., and Scott, P.D. (2008, in preparation) EC7 — *mplications for UK practice*, CIRIA Report RP701, London: CIRIA.

29. Padfield and Mair, ibid.

30. Gaba et al., ibid, p.123.

31. Gaba et al., ibid, p.160.

32. A similar approach is described in Frank, R., Bauduin, C., Kavvadas, M., Krebs Ovesen, N., Orr, T., and Schuppener, B. (2004), *Designers'guide to EN 1997 — 1: Eurocode 7: Geotechnical design-General rules*, London: Thomas Telford.

33. See Bauduin, C. (2005), 'Some considerations on the use of finite element methods in ultimate limit state design' *Proc. Int. Workshop on the Evaluation of Eurocode 7* (ed. T. Orr), Dublin, pp.183~211.

34. Gaba et al., ibid.

35. EN 1992, Eurocode 2 — Design of concrete structures, European Committee for Standardization, Brussels.

36. EN 1993, Eurocode 3 — Design of steel structures, European Committee for Standardization, Brussels.

37. EN 1995, Eurocode 5 — Design of timber structures, European Committee for Standardization, Brussels.

38. EN 1996, Eurocode 6 — Design of masonry structures, European Committee for Standardization, Brussels.

39. See, for example, CIRIA 104, ibid.

CHAPTER 13

말뚝 설계

13 말뚝 설계

말뚝의 설계는 유로코드 7 Part 1의 7절, 말뚝기초에서 다루고 있으며 다음과 같은 내용을 포함하고 있다.

§7.1 일반(3 단락)

§7.2 한계상태(1)

§7.3 하중과 설계상황(18)

§7.4 설계법 및 설계 시 고려 사항(8)

§7.5 말뚝 재하시험(20)

§7.6 축방향 재하 말뚝(89)

§7.7 횡방향 재하 말뚝(15)

§7.8 말뚝의 구조 설계(5)

§7.9 시공감독(8)

EN 1997-1의 7절은 항타, 압입(jacking), 나선(screwing) 및 굴착(그라우팅 또는 비 그라우팅)공법으로 시공된 선단지지, 마찰, 인장 및 횡방향력을 받는 말뚝에 적용된다.   [EN 1997-1 § 7.1(1)P]

13.1 말뚝기초를 위한 지반조사

그림 13.1과 같이 유로코드 7 Part 2의 부록 B.3에서는 말뚝기초의 지반조사 깊이에 대한 개략적인 지침을 제공한다(제4장 조사간격에 대한 지침 참조).

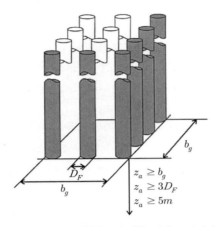

그림 13.1 말뚝기초에 대한 권장 조사깊이

가장 깊게 시공된 말뚝의 선단에서부터 권장되는 최소 조사깊이 z_a는 다음 3가지 중에서 가장 큰 값으로 한다.

$$z_a \geq b_g$$

$$z_a \geq 3D_F$$

$$z_a \geq 5m$$

여기서 b_g는 군말뚝의 가장 좁은 폭, D_F는 가장 큰 말뚝의 선단부 직경이다.

말뚝기초가 지질적으로 '뚜렷한' 확실한 지층†에 시공될 경우, z_a는 최소 2m까지 감소시킬 수 있다. 지질조건이 '뚜렷하지 않을 때'에는 적어도 한 개의 보링공은 최소 5m 이상 굴진해야 한다. 기반암을 만나는 경우에는 그 깊이가 z_a의 기준이 된다. [EN 1997-2 § B.3(4)]

대규모 또는 매우 복잡한 공사나 지질조건이 좋지 않은 경우에는 조사깊이를 훨씬 더 깊게 할 필요가 있다. [EN 1997-2 § B.3(2)주석 및 B.3(3)]

---

† 연약한 지층이 존재할 가능성이 없고 단층과 같은 구조적 취약함이 없고 용해특성이나 다른 공동 등이 없을 것으로 판단되는 지층.

13.2 설계상황과 한계상태

그림 13.2는 말뚝기초에서 발생 할 수 있는 한계상태의 예를 보여 주고 있다. 그림의 왼쪽에서 오른쪽으로 압축, 인장 및 횡력에 의한 지반파괴**(상부)** 및 구조적 파괴**(중간)**; 그리고 좌굴, 전단 및 휨에 의한 파괴**(하부)**를 나타낸다.

말뚝기초는 건물과 교량을 지지하기 위해 사용되는데 일반적으로 상부지층의 지지력이 구조물의 하중을 지지하기에 부족하거나 또는 얕은기초의 침하량이 구조물의 허용한계 침하량을 초과하는 경우에 사용된다.

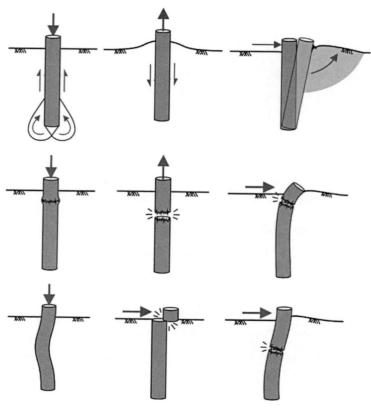

그림 **13.2** 말뚝기초의 한계상태 예

유로코드 7 Part 1은 말뚝기초를 설계할 때 필요한 고려사항들을 많이 포함하고 있다. 그중의 일부는 '반드시 고려하여야 할' 필수사항이고 일부는 '관심을 가져야 할' 선택사항들 이다. 예를 들어 말뚝의 종류를 선택할 때에는 말뚝 시공 중에 발생하는 응력과 인접구조물에 미치는 영향을 고려해야 한다. 한편, 시공 중 발생하는 진동이나 굴착에 의한 지반교란을 반드시 고려해야 한다.

이들 목록은 군말뚝을 설계할 때나 말뚝의 종류를 선택할 때 핵심요소들이 누락되었는지 확인할 수 있게 해준다. 유로코드 7에 언급된 내용이나 항목들이 필요한 모든 것을 포함하지는 않지만 유용한 목록이 될 수 있다. 문장에 사용된 '~할 것이다(shall)'와 '해야 한다(should)'는 항목들의 상대적 중요성을 반영한다. 비록, '해야 한다'가 강제적인 것을 의미하지는 않지만 좋은 사례들을 반영하고 있기 때문에 감각이 있는 설계자는 이것들을 무시하지 않을 것이다.

13.3 설계의 기본

다음 표에 요약된 것처럼 유로코드 7은 말뚝의 기초설계를 위한 3가지 방법을 다루고 있다. [EN 1997-1 § 7.4.1 (1)P]

다음의 소절에서는 정재하시험, 계산, 동재하시험, 항타공식 및 파동방정식을 이용한 설계법에 대해 상세하게 다루고 있다.

방법	용도	제한사항
시험	관련 경험과 일치하는 정재하시험 결과	유효성은 계산 또는 다른 방법으로 증명해야 함
	동재하시험 결과	유사한 상황에서 정재하시험으로 유효성을 증명해야 함
계산	경험 또는 해석적 계산방법	
관측	유사한 말뚝기초의 관측거동	지반조사 및 현장시험 결과에 의해 뒷받침되어야 함

본 해설서에서는 말뚝 기초설계에 대한 완전한 지침을 제시하지 않았으므로 독자들은 이 주제에 관해 충분히 설명된 문헌을 참조할 것을 권장한다.[1]

13.3.1 정재하시험에 의한 설계

앞의 표에서 언급하였듯이 EN 1997 – 1에서는 주요 설계법 또는 동재하시험 이나 수치계산을 이용한 설계를 검증할 수 있는 방법으로 정재하시험의 중요성을 크게 강조하고 있다.

말뚝재하시험은 제시된 말뚝종류나 시공방법에 상응하는 경험이 없는 경우, 반드시 실시해야 한다. 유사한 토질이나 하중조건에서 시행된 선행시험결과는 사용할 수 없다. 이론과 경험이 있더라도 예상하중에 대한 설계결과에 만족할 만한 확신을 주지는 못한다. 시공 중인 말뚝의 거동이 지반조사결과와 아주 다르게 나타날 수 있다(추가적인 지반조사도 이러한 차이점을 설명하지 못함).   [EN 1997–1 § 7.5.1(1)P]

유로코드 7은 영구말뚝의 일부에서 시행되는 정재하시험과 설계가 확정되기 전에 시험목적으로 실시하는('시험말뚝 – 영국에서는 보통 '예비말뚝'으로 지칭)정재하시험을 구분하고 있다.[2] 시험말뚝은 영구말뚝과 동일한 지층에 동일한 방법으로 시공되어야 한다.   [EN 1997–1 § 7.4.1(3) 및 7.6.2.2(2)P]

재하시험 과정에서 말뚝의 변형거동, 크리프 및 리바운드량을 조사해야 하며 시험말뚝에 대해서는 극한 파괴하중이 결정되어야 한다. 영구말뚝에 재하 되는 시험하중은 설계하중보다 작아서는 안 된다. 말뚝 인장시험에서는 하중 – 변형곡선에서 추정값을 산정하지 않도록 말뚝 파괴 시까지 하중을 재하 해야 한다.   [EN 1997–1 § 7.5.2.1(1)P, 7.5.2.1(4), 및 7.5.2.3(2)P]

유로코드 7의 7.5.2.1 주석에는 국제 토질 및 기초공학회(ISSMFE)가 제시한 축방향 재하시험이 제시되어 있다.[3] 아마도 이 시험법은 EN ISO 22477 – 1 – 3[4]이 출판되면(제4장 참조) 여기에 수록된 방법으로 대체될 것으로 예상된다.

        [EN 1997–1 § 7.5.2.1(1)P 주석 5]

유로코드 7에서는 시험말뚝의 개수를 규정하지 않고 기술자의 판단에 맡기고 있다. 시험말뚝의 개수는 지반조건과 현장의 변화성, 구조물의 지반범주(제3장 참조), 유사지반조건에서 실시한 시험기록, 그리고 전체 말뚝 수와 말뚝의 종류를 고려하여 결정해야 한다. 영구말뚝에 대해서는 추가적으로 말뚝의 시공기록을 고려하여 판단을 해야 한다.

[EN 1997-1 § 7.5.2.2.(1)P 및 7.5.2.3.(1)P]

유로코드 7에서는 시험말뚝의 개수에 대한 상세한 규칙을 제시하지 않기 때문에, 다음의 표에 요약된 지침을 사용할 것을 권장한다. 이 표의 내용은 영국건설인협회[5]와 말뚝전문가 협회[6]에서 만든 것이다.

위험도	적용 기준	시험횟수	
		예비말뚝	영구말뚝
높음	예비말뚝과 영구말뚝	250본 중 1회	100본 중 1회
중간	예비말뚝 또는 영구말뚝	500본 중 1회	
낮음	해당 규정 없음		

유로코드 7에서는 정재하시험을 1회만 실시하는 경우, 가장 좋지 않은 지반에서 실시할 것을 규정하고 있다. 시험이 불가능한 경우, 특성 압축저항력을 그에 상응하게 보정해야 한다. 정재하시험을 2회 이상 실시할 경우, 1회는 가장 나쁜 지반조건에서 나머지 시험은 말뚝기초를 대표할 수 있는 위치에서 실시한다. 현실적으로 예비시험단계에서는 현장에서 지반조건이 가장 나쁜 곳에 접근하는 것이 가능하지 않을 때가 종종 있다.

[EN 1997-1 § 7.5.1(4)P 및 7.5.1(5)P]

정재하시험 시 말뚝재료가 요구강도에 도달하기 전이나 시공 중 발생한 과잉간극수압이 완전히 소산되기 전에 하중을 재하하면 안 된다. 실제로 정재하시험 동안에 과잉간극수압을 측정하는 경우는 거의 없으므로 두 번째 조건이 충족되는지 알기는 어렵다.

[EN 1997-1 § 7.5.1(6)P]

13.3.2 계산에 의한 설계

유로코드 7에서 말뚝의 저항력 결정시 계산보다는 시험(일반적으로 정재하시험 또는 동재하시험)에 의한 방법을 더 선호하고 있다.

한 예로 유로코드에서 말뚝의 선단 및 주면의 특성저항력(R_{bk} 및 R_{sk})은 다음 식을 포함한 대체 방법으로 구할 수 있다고 하였다.

$$R_{bk} = A_b q_{bk}$$

여기서 A_b = 말뚝의 선단면적, q_{bk} = 단위선단저항력, 그리고

$$R_{sk} = \sum_i A_{s,i} q_{sk,i}$$

여기서 $A_{s,i}$ = 말뚝의 주면면적, $q_{sk,i}$ = 지층 i 에서의 단위주면저항력

영국에서 대부분의 말뚝 설계는 이들 두 공식을 사용한 계산방법에 기초하고 있으나 유로코드 7에서는 형용사 '대체(alternative)'라는 말을 사용하는 것을 완전히 인정하지는 않는다.

13.3.3 동재하시험을 이용한 설계

유로코드 7에서는 유사한 치수 및 지반조건에 시공된 유사한 말뚝의 정재하시험 결과를 이용하여 보정한다는 전제하에 동재하시험으로 말뚝의 압축저항력을 산정하는 것을 허용한다. 이러한 조건들은 설계 목적를 위한 동재하시험의 적용성을 제한하지만 말뚝 건전도(consistency) 지표 및 약한 말뚝을 찾아내는 유용한 도구로 사용되고 있다. [EN 1997-1 § 7.5.3.1(1) 및 7.5.3.1(3)]

유로코드 7의 주석 6에는 ASTM의 고 변형 동적말뚝시험에 대한 표준시험법[7]이 언급되어 있는데 ISO와 CEN(제4장 참조)에서 제시된 지반조사 및 시험기준에는 이 시험법과 대등한 것이 없다. 동재하시험과 정·동재하시험 기준에 대한 초안이 향후 CEN TC341에 제출될 것으로 기대된다.

[EN 1997-1 § 7.5.3.1(1) 주석 6]

13.3.4 항타공식 또는 파동방정식을 이용한 설계

유로코드 7에서는 항타공식이나 파동방정식을 이용하여 말뚝의 압축저항력을 추정하는 것을 허용한다. 단, 지반의 지층구조를 알고 있으며 유사한 크기 및 지반에 시공된 유사한 말뚝에 대해 정재하시험으로 유효성이 검증된 경우로 제한한다.　　　　[EN 1997-1 § 7.6.2.5(1)P; 7.6.2.6(1)P, (2)P]

항타공식에 사용된 타격횟수는 최소한 5개의 말뚝에 대한 항타기록으로부터 구해야 한다.　　　　[EN 1997-1 § 7.6.2.5(4)]

13.4 압축력을 받는 말뚝

유로코드 7에서 압축력을 받는 말뚝은 말뚝에 작용하는 설계압축력 F_{cd}가 지반의 설계 지지저항력 R_{cd}보다 작거나 같아야 한다.

$$F_{cd} \leq R_{cd}$$　　　　[EN 1997-1 식(7.1)]

F_{cd}는 말뚝의 자중을 포함해야 한다. 이 식은 단지 다음 부등식을 다시 쓴 것이다.

$$E_d \leq R_d$$

이에 대한 내용은 제6장에서 상세하게 다루었다.

그림 13.3은 연직하중 P를 받는 단말뚝이다. 전체 연직압축력 F_c는 작용하중과 말뚝의 자중 W를 포함한다.

F_c의 특성값은 다음 식과 같다.

$$F_{ck} = (P_{GK} + \sum_i \psi_i P_{Qk,i}) + W_{Gk}$$

여기서 P_{Gk}와 $P_{Qk,i}$는 각각 P의 특성 영구 및 변동 성분; W_{Gk}는 말뚝의 자중(영구하중), ψ_i는 i번째 변동하중에 적용할 수 있는 조합계수이다(제2장 참조).

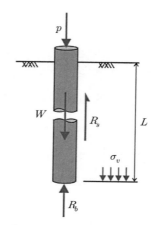

그림 13.3 연직 압축력을 받는 단말뚝

F_c의 설계값은 다음 식으로 나타난다.

$$F_{cd} = \gamma_G(P_{Gk} + W_{Gk}) + \sum_i \gamma_Q \psi_i P_{Qk,i}$$

여기서 γ_G와 γ_Q는 불리한 영구 및 변동하중에 대한 부분계수이다.

전체 압축저항력 R_{ck}는 다음 식과 같다.

$$R_{ck} = R_{sk} + R_{bk}$$

여기서 R_{sk}는 특성 주면저항력, R_{bk}는 특성 선단저항력으로 말뚝 선단부에서의 전체 상재하중 $\sigma_{v,b}$에 대한 허용값을 포함한다. [EN 1997-1 § 7.6.2.2(12)]

설계 저항력 R_{cd}는 다음 식과 같다.

$$R_{cd} = \frac{R_{sk}}{\gamma_s} + \frac{R_{bk}}{\gamma_b} \quad \text{또는} \quad R_{cd} = \frac{R_{tk}}{\gamma_t} = \frac{R_{sk} + R_{bk}}{\gamma_t}$$

여기서 γ_s와 γ_b는 주면부와 선단부에 대한 부분계수, γ_t는 전체 저항력 R_{tk}에 대한 부분계수이다. 첫 번째 식은 통상적으로 말뚝을 계산식으로 설계(지반조사결과를 이용하는 경우)할 때 사용된다. 두 번째 식은 주면과 선단의 저항력을 분리하여 산정할 수 없는 경우에 사용한다(예: 정재하 또는 동재하 시험을 이용하여 말뚝을 설계할 경우).　　　　　[EN 1997-1 § 7.6.2.2(14)P]

전통적인 말뚝의 지지력 계산에서 말뚝의 자중 W는 종종 생략되며 말뚝 선단부에서 상재하중의 유리한 영향($\sigma_{v,b}$)은 무시한다. 왜냐하면 두 값이 수치적으로 비슷하기 때문이다.

$$W \approx \sigma_{v,b}A_b$$

여기서 A_b는 말뚝저면의 면적이다. 유로코드 7에서는 식의 각 항들이 상쇄된다면 단순화하여 사용하는 것을 허용한다.　　　　　[EN 1997-1 § 7.6.2.1(2)]

13.4.1 부마찰력

말뚝은 구조물로부터 오는 하중을 지탱하기도 하지만 시공 중에 지반의 변위로부터 발생하는 하중을 받을 수도 있다. 이러한 현상을 부마찰력이라 하는데 이 현상은 지반의 압밀과 관련이 있으며 말뚝 주면에 추가적인 하향력을 가하게 된다. 다른 방향의 지반운동(예: 상향 또는 횡방향)은 히빙과 스트레칭(stretching) 또는 말뚝에 변위를 발생시킬 수 있다.

유로코드 7 Part 1에서는 2가지 방법 중 한 가지로 변위를 다루어야 한다. 즉 지반-구조물 상호작용 해석에서의 간접하중 또는 상한값으로 분리하여 계산된 등가 직접하중으로 변위를 다룬다.

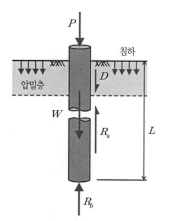

그림 13.4 부마찰력을 받는 단말뚝

그림 13.4와 같이 표토층을 관통하여 시공된 말뚝이 있을 때 말뚝이 시공된 후에 표토층에서 압밀(예: 압밀층 상부에 성토가 이루어졌을 경우)이 발생하고 이로 인해 말뚝에 추가적인 하중이 작용하게 된다.

지반−구조물 상호작용 해석을 통해 근삿값에 가까운 중립깊이(압밀 침하량과 말뚝의 침하량이 같아지는 깊이)를 구할 수 있다. 많은 경우, 이러한 형태의 해석에 기울인 노력은 해석에 사용될 적합한 지반물성을 얻는 데 발생하는 불확실성에 의해 상쇄된다.

적절한 상한하중을 포함시킴으로써 부마찰력을 설명하는 것이 더 일반적이다. 말뚝에 작용하는 특성 연직 압축하중 F_{ck}는 다음 식과 같다.

$$F_{ck} = P_{Gk} + W_{Gk} + D_{Gk}$$

여기서 P_{Gk}와 W_{Gk}는 그림 13.4에서 정의하였고 D_{Gk}는 말뚝에 작용하는 특성 부마찰력(영구하중)이다. 이 식에 부마찰력이 포함될 때 변동하중이 무시될 수 있음을 주목해야 한다(그래서 P_{Qk}를 생략).[EN 1997–1 § 7.3.2.2(7)]

일반적으로 압밀층은 점성토이므로 부마찰력은 다음 식으로 계산한다.

$$D_{Gk} = \alpha \times c_{uk} \times A_{s,D}$$

여기서 α = 적절한 부착력계수, c_{uk} = 점토의 특성비배수강도 및 $A_{s,D}$는 압밀층에 근입된 말뚝 주면면적이다. D_{Gk} 값을 극대화하기 위해 α와 c_{uk} 값을 선택할 때 상한값을 취하는 것이 중요하다.

몇몇 지침서[8]에서는 다음 식을 이용하여 부마찰력(D_{Gd})의 설계값을 계산할 것을 권장한다.

$$D_{Gd} = \alpha \times c_{ud} \times A_{s,D} = \alpha \times (\gamma_{cu} \times c_{uk}) \times A_{s,D}$$

여기서 c_{ud} = 점토의 설계 비배수 강도, γ_{cu} = 강도에 대한 부분계수(설계법 1, 조합 2 및 설계법 3 = 1.4, 제6장 참조)

그러나 그림 13.5에서 설명한 것과 같이 이 공식을 사용할 때에는 잘못된 비배수강도의 특성값을 선택하지 않도록 주의해야 한다. 그림 13.5는 현장에서 임의의 특정한 c_u 값이 발생할 수 있는 확률을 보여 주고 있다. 이 도표에서 c_{uk}는 점토의 '하한' 비배수강도†(예제에서 $c_{uk} = 15MPa$)를 조심스럽게 추정한 것이다. c_{uk}에 부분계수 $\gamma_{cu} = 1.4$를 곱하면 그림에서 ×로 표시된 것과 같이 $c_{ud}(= 21kPa)$에 대해 의미 없는 값이 된다. 대신에, 점토강도의 '상한' 값으로 $c_{uk,sup}$(여기서=25kPa)를 사용해야 한다. 여기에 부분계수를 곱하면 $C_{ud,sup} = 35kPa$이 된다. 이 경우, $c_{ud,sup}$의 값이 과도하게 큰 것처럼 보이지만 이 값은 유로코드 7에서 제시된 $\gamma_{cu} = 1.4$가 주로 하한설계강도를 결정할 때 사용된다는 사실을 반영한 것이다(예: $c_{ud,inf} = 11kPa$).

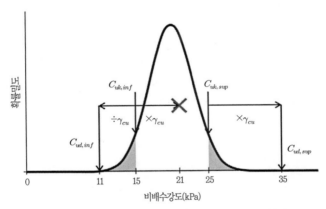

그림 13.5 부마찰력에 대한 설계 비배수강도의 선택

특성값에 부분계수를 곱하여 설계값을 계산하는 것보다는 직접 상한 특성강도(유로코드 7에서 허용됨)를 설계값으로 선택하는 것이 더 합리적이라는 견해도 있다. [EN 1997-1 § 2.4.6.2(1)P]

EN 1997−1에서는 극한한계상태에서 부마찰력이 고려되어야 한다고 제안하고 있지만 엄격히 말해 부마찰력은 사용한계상태와 관련이 있다. 부마찰력은 말뚝에 추가침하를 발생시키므로 구조물의 전체 및 부등 한계 침하량

---

† 제5장 '상한'과 '하한'강도에 대한 설명 참조.

과 비교 검토되어야 한다. 드문 경우지만 말뚝이 주로 선단지지될 때 부마찰력은 말뚝에 과도한 압축하중을 발생시켜, 지반의 선단지지파괴 또는 말뚝의 구조적 파괴를 일으킬 수 있다.

13.5 인장력을 받는 말뚝

유로코드 7에서는 인장력을 받는 말뚝기초에서 말뚝에 작용하는 설계인장하중 F_{td}는 지반의 설계 인장저항력 R_{td}보다 작거나 같아야 한다.

$$F_{td} \leq R_{td}$$ [EN 1997-1 식(7.12)]

F_{td}는 말뚝을 자중을 포함하여야 한다. 이 식은 단지 다음 부등식을 달리 표현한 것으로 제6장에서 상세하게 설명하고 있다.

$$E_d \leq R_d$$

그림 13.6은 연직 인장력 T를 받는 단말뚝이며 이 힘은 말뚝을 지반에서 뽑아내는 방향으로 작용한다. 상향 인발력은 말뚝의 자중 W에 의해 어느 정도 경감되므로 전체 연직인장력은 F_t가 된다.

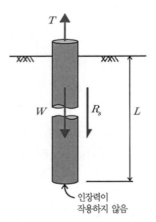

그림 13.6 인장력을 받는 단말뚝

F_t의 특성값은 다음 식과 같다.

$$F_{tk} = (T_{Gk} + \sum_i \psi_i T_{Qk,i}) - W_{Gk}$$

여기서 T_{Gk}와 T_{Qk}는 인장력 T의 특성 영구 및 변동 성분이다. W_{Gk}는 말뚝의 특성자중(유리한 영구하중), ψ_i는 i번째 변동하중에 적용하는 조합계수이다(제2장 참조).

F_t의 설계값은 다음 식과 같다.

$$F_{td} = (\gamma_G T_{Gk} - \gamma_{G,fav} W_{Gk}) + \sum_i \gamma_Q \psi_i T_{Qk,i}$$

여기서 γ_G와 γ_Q는 불리한 영구 및 변동하중에 대한 부분계수, $\gamma_{G,fav}$ ($= 1.0$)는 유리한 영구하중에 대한 부분계수이다. 보수적인 설계를 위해서 전통적인 방법으로 말뚝의 인발력을 계산하는 경우, 종종 말뚝의 자중이 생략되기도 한다.

말뚝의 특성 인장저항력 R_{tk}는 다음 식과 같다.

$$R_{tk} = R_{stk}$$

여기서 R_{stk}은 특성 주면인장저항력이다. 말뚝의 선단부에는 인발에 대한 저항력이 없는 것으로 가정한다.

R_t의 설계값은 다음 식과 같다.

$$R_{td} = \frac{R_{stk}}{\gamma_{st}}$$

여기서 γ_{st}는 주면인장저항력에 대한 부분계수이다. 부분계수 γ_{st}는 잠재적 파괴를 반영할 수 있도록 γ_s보다 커야 한다. [EN 1997–1 § 7.6.6.2(2)P]

13.6 횡방향력을 받는 말뚝

그림 13.7은 횡방향력을 받는 말뚝이다. 횡방향력은 말뚝두부에 수평력이나 모멘트가 작용할 때 또는 지반이 수평으로 움직일 때 작용한다.

특성 수평하중은 다음 식과 같다.

$$H_k = H_{Gk} + \sum_i \psi_i H_{Qk,i}$$

여기서 H_{Gk}와 H_{Qk}는 수평하중 H의 특성 영구 및 변동 성분값이다. 그리고 ψ_i는 i번째 변동하중에 적용하는 조합계수이다(제2장 참조).

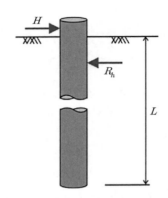

그림 13.7 횡방향력을 받는 단말뚝

수평저항력은 지반의 횡방향 저항력 또는 말뚝의 강성과 길이 및 지반의 강도−강성비에 의존하는 지반과 말뚝 강도의 조합에 의해 좌우된다. 또한 수평저항력은 말뚝두부의 고정 정도에 따라 달라진다. 짧은 말뚝의 수평저항력은 지반의 강도에만 영향을 받는다.

$$H_{Rk} = R\{X_{k,ground}\}$$

반면에, 긴 말뚝의 수평저항력은 지반과 말뚝의 강도에 영향을 받는다.

$$H_{Rk} = R\{X_{k,ground}, M_{Rk,pile}, V_{Rk,pile}\}$$

여기서 H_{RK}는 말뚝의 수평저항력이다.

13.7 말뚝설계에 신뢰성 도입

그림 13.8은 유로코드 7에 따라 말뚝기초에 대한 강도의 검증절차를 나타낸 것이다. 이 도표는 제6장에서 언급한 흐름도와는 중요한 차이점이 있다. 가

장 큰 차이점은 시험에 의해 설계하는 말뚝을 다루는 경로(오른쪽)가 포함된 것이다. 이에 대한 주제는 13.9에서 상세하게 다룬다.

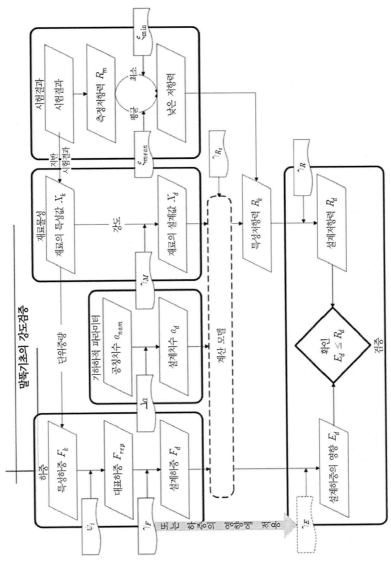

그림 13.8 말뚝기초의 강도검증

제6장의 흐름도와 달라진 점은 말뚝을 계산에 의해 설계할 때 명시적 '모델 계수(γ_{Rd}, 수치모델에 적용)'를 도입한 것이다. 이 주제는 13.8에서 상세하게 다룬다.

13.7.1 부분계수

말뚝기초의 저항력을 검증하기 위한 부분계수는 EN 1997−1의 표 A.6−8에 규정되어 있으며 다음 표에 요약되어 있다. 표에 나타난 대부분의 값들은 BS EN 1997−1에 대한 영국 국가부속서에서 수정되었다. 하중에 대한 부분계수는 일반기초의 경우와 같다(제6장 참조).

계수		모델 계수	저항 계수			
			R1	R2	R3†	R4
선단저항력(R_b)	γ_b			1.1	1.0	
항타말뚝			1.0			1.3
현장타설 말뚝(bored Pile)			1.25			1.6
연속날개오거 현장타설 말뚝(CFA Pile)			1.1			1.45
주면저항력(R_s)	γ_s		1.0	1.1	1.0	1.3
총 지지력(R_c)	γ_t			1.1	1.0	
항타말뚝			1.0			1.3
현장타설 말뚝(bored Pile)			1.15			1.5
연속날개오거 현장타설 말뚝(CFA Pile)			1.1			1.4
인장 저항력(R_{st})	γ_{st}		1.25	1.15	1.1	1.6
계산 모델	γ_{Rd}	†				

† EN 1997−1에서는 제시하지 않았으나 국가부속서에 명시될 수 있다.

13.7.2 설계법 1

제6장에서 논의하였듯이 설계법 1의 원리는 다른 두 개의 다른 부분계수 조합으로 신뢰성을 검토하는 것이다.

말뚝기초에 대한 조합 1에서 부분계수가 하중에 적용되고 저항력에는 작은 계수가 적용되는 반면에 지반강도에는 계수를 적용하지 않는다. 이것은 그림 13.9와 같이 A1, M1 및 R1에서 채택한 부분계수들이다. 그림에서 엑스 표시는 M1의 계수들은 모두 1.0(따라서 사실상 강도에는 계수를 적용하지 않음)이고 일반적으로 허용오차 Δa는 일반적으로 치수에 적용하지 않는다는 것을 나타낸다.

조합 2에서는 부분계수가 저항력과 변동하중에 적용되는 반면에, 영구하중과 지반강도에는 부분계수를 적용하지 않은 상태로 되어 있다. 이것은 A2, M1 및 R4로부터 채택한 계수들이다(그림 13.10 참조). 그림에서 엑스로 표시된 부분들은 A2 및 M1의 부분계수들이 모두 1.0(변동하중에 적용된 계수는 제외)임을 나타내며 고정하중과 강도에는 계수를 적용하지 않는다는 것을 나타낸다.

설계법 1의 부분계수는 다음 표와 같다(영국 국가부속서 13.11.1의 R1 및 R4 참조).

설계법 1			조합 1			조합 2		
			A1	M1	R1	A2	M1	R4
영구하중(G)	불리†	γ_G	1.35			1.0		
	유리	$\gamma_{G,fav}$	1.0			1.0		
변동하중(Q)	불리†	γ_Q	1.5			1.3		
	유리	$\gamma_{Q,fav}$	0			0		
재료물성(X)		γ_M		1.0			1.0	
선단저항력(R_b)	항타말뚝	γ_b			1.0			1.3
	대구경 현타				1.25			1.6
	중소구경 현타				1.1			1.45
주면저항력(R_s)		γ_s			1.0			1.3
전체 저항력(R_c)	항타말뚝	γ_t			1.0			1.3
	대구경현타				1.15			1.5
	중소구경현타				1.1			1.4
인장저항력(R_{st})		γ_{st}			1.3			1.6

† 우발설계상황에 대한 부분계수는 1.0

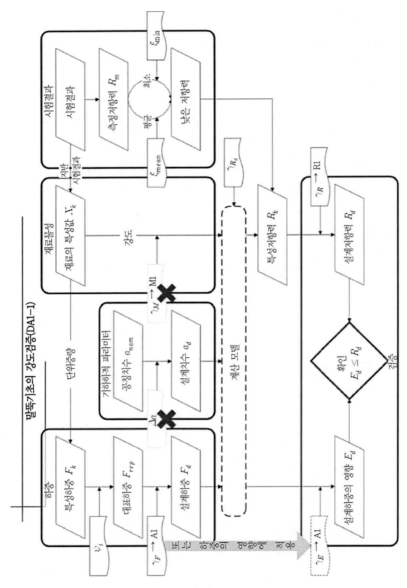

그림 13.9 설계법 1, 조합 1에 의한 말뚝기초의 강도 검증

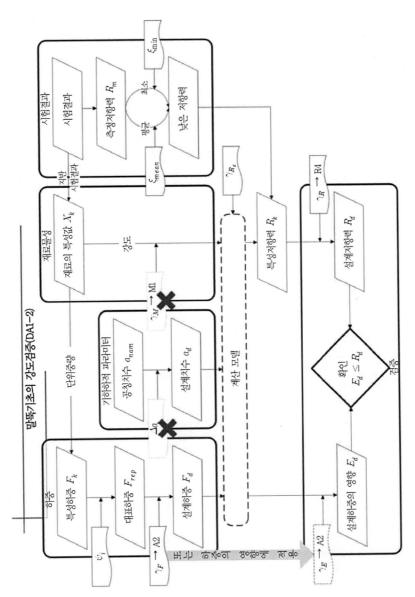

그림 13.10 설계법 1, 조합 2에 의한 말뚝기초의 강도 검증

13.7.3 설계법 2

제6장에서 논의하였듯이 설계법 2의 원리는 하중 또는 하중영향 및 저항력에 부분계수를 적용하여 신뢰성을 검토하는 것이다. 반면에 지반의 강도에는 계수를 적용하지 않는다. 이 설계원리는 말뚝기초를 설계할 때 수정할 필요가 없다.

설계법 2는 그림 13.11과 같이 A1, M1 및 R2로부터 계수를 채택한다. M1의 계수는 모두 1.0이다(따라서 강도에 계수를 적용하지 않음). 일반적으로 허용오차 Δa는 치수에 적용하지 않는다.

설계법 2의 부분계수는 다음 표와 같다.

설계법 2			A1	M1	R2
영구하중(G)	불리†	γ_G	1.35		
	유리	$\gamma_{G,fav}$	1.0		
변동하중(Q)	불리†	γ_Q	1.5		
	유리	$\gamma_{Q,fav}$	0		
재료물성(X)		γ_M		1.0	
선단저항력(R_b)		γ_b			1.1
주면저항력(R_s)		γ_s			
전체 저항력(R_c)		γ_t			
인장저항력(R_{st})		γ_{st}			1.15

† 우발설계상황에 대한 부분계수는 1.0이다.

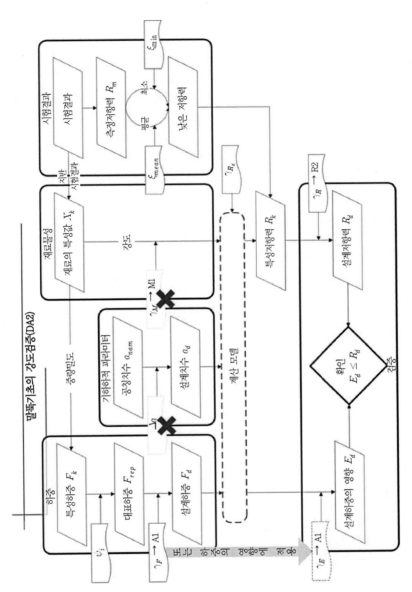

그림 13.11 설계법 2에 의한 말뚝기초의 강도 검증

13.7.4 설계법 3

제6장에서 논의하였듯이 설계법 3의 원리는 부분계수를 하중과 말뚝재료의 물성에 적용하여 신뢰성을 검토하는 것이다. 반면에 저항력에 대해서는 계수를 적용하지 않는다. 이 원리를 말뚝기초의 설계에 사용할 때는 변화 없이 그대로 사용한다.

그림 13.12와 같이 설계법 3은 A1 또는 A2(구조 및 지반 하중)와 M2 및 R3에서 계수를 채택한다. R3의 계수는 모두 1.0(인장말뚝저항력에 적용하는 것은 제외)으로 저항력에는 계수를 적용하지 않는다. 일반적으로 허용오차 Δa는 치수에 적용하지 않으며 보통 모델 계수 γ_{Rd}는 필요하지 않다.

설계법 3의 부분계수는 다음과 같다.

설계법 3			A1	A2	M2	R3
영구하중(G)	불리†	γ_G	1.35	1.0		
	유리	$\gamma_{G,fav}$	1.0	1.0		
변동하중(Q)	불리†	γ_Q	1.5	1.3		
	유리	$\gamma_{Q,fav}$	0	0		
전단저항력 계수($\tan\phi$)		γ_ϕ			1.25	
유효 점착력(c')		$\gamma_{c'}$			1.25	
비배수 강도(c_u)		γ_{cu}			1.4	
비배수 압축강도(q_u)		γ_{qu}			1.4	
단위밀도(γ)		γ_γ			1.0	
선단저항력(R_b)		γ_b				1.0
주면저항력(R_s)		γ_s				
전체 저항력(R_c)		γ_t				
인장저항력(R_{st})		γ_{st}				1.1

† 우발설계상황에 대한 부분계수는 1.0이다.

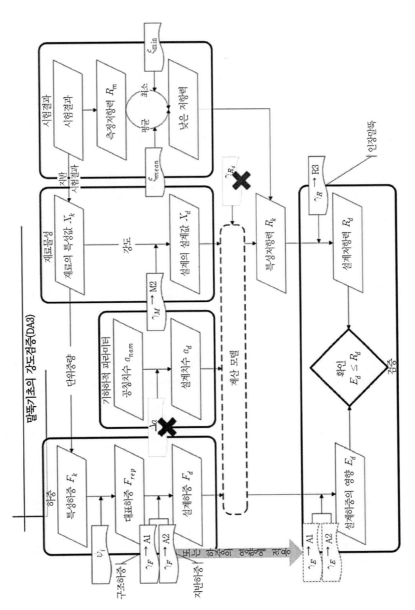

그림 13.12 설계법 3에 의한 말뚝기초의 강도 검증

13.8 계산식에 의한 설계

계산식에 의한 설계는 흙과 암반의 파라미터를 주면 및 선단지지력과 연계시킨 공식에 사용한다. 유감스럽게도 사용 가능한 수치모델은 말뚝종류, 시공방법, 숙련도 및 그룹효과 등이 복잡하게 상호작용하기 때문에 말뚝의 극한지지력을 신뢰성 있게 예측하지 못한다. 결과적으로 이와 같은 계산식에 의한 설계에서는 상대적으로 큰 안전율(2.0~3.0)이 적용된다.

말뚝의 저항력에 대하여 유로코드 7에서 제시된 부분계수는 전통적으로 말뚝기초의 설계에서 사용된 것보다 훨씬 작다. 즉 선단저항력에는 1.0~1.6, 주면저항력에는 1.1~1.3을 사용한다(13.7.1 참조). 이들 계수는 시험에 의한 설계 시 사용되는 값들로 기초의 신뢰성을 확보하는데 추가적인 '상관계수'(1.0~1.6)를 사용 할 수 있다(13.9 참조). 이러한 이유로 유로코드 7의 Part 1에서는 저항계수를 보정하기 위하여 '모델 계수' $\gamma_{Rd} \geq 1$를 계산식에 의한 설계에 사용한다.

> 국가부속서 A에서 추천하는 부분계수 γ_b 및 γ_s는 [1.0]보다 큰 모델 계수를 이용하여 보정할 필요가 있다. 모델 계수의 값은 국가부속서에서 설정할 수 있다.
>
> [EN 1997-1 § 7.6.2.3(8) 주석]

유로코드 7에 대한 몇 가지 지침[9]에서는 γ_{Rd}를 γ_b 및 γ_s와 결합시켜 향상된 저항계수를 만들 것을 제안하고 있다. 그러나 이 책의 저자는 이러한 방법을 추천하는 대신에, 말뚝의 선단 및 주면저항력(R_{bk}와 R_{sk})을 구하기 위한 식에서 다음 식과 같이 모델 계수를 포함시킬 것을 권장한다.

$$R_{bk} = \frac{A_b q_{bk}}{\gamma_{Rd}}, \; R_{sk} = \frac{\sum_i A_{s,i} q_{sk,i}}{\gamma_{Rd}}$$

여기서 사용된 기호들은 13.3.2에서 정의하였다. 압축 설계 저항력은 다음 식과 같다.

$$R_{cd} = \frac{R_{sk}}{\gamma_s} + \frac{R_{bk}}{\gamma_b} = \frac{\sum_i A_{s,i} q_{sk,i}}{\gamma_{Rd} \times \gamma_s} + \frac{A_b q_{bk}}{\gamma_{Rd} \times \gamma_b}$$

그림 13.9~13.11에서는 제6장의 흐름도에 나타난 '재료의 설계값 X_d'에 대한 박스가 생략된 것을 주목해야 한다. 그 이유는 재료물성에 부분계수를 적용하지 않은 특성값과 부분계수가 적용된 설계값을 명확하게 구분하기 위한 것이다. M1의 계수들은 모두 1.0으로 계산 모델에 사용된 재료강도는 설계값이 아니라 특성값이다.

13.9 시험을 이용한 설계

시험을 이용한 설계는 말뚝의 전체 저항력을 구하기 위한 정재하, 동재하 또는 지반시험결과를 포함한다. 이와 같은 방법은 시험말뚝이 시공되고 이들 말뚝에 대한 시험결과가 영구말뚝의 설계에 사용되는 경우에만 유효하다. 전통적으로 작은 규모의 공사에서는 계산식에 의한 설계 지지력에 큰 안전율을 적용함으로써 말뚝재하시험을 하지 않는다.

EN 1997−1은 정재하시험에 의한 설계를 강조하지만 대부분의 공사에서는 영구말뚝 시공과 재하시험 사이에 충분한 시간이 없으므로 이러한 설계법은 비현실적인 방법이다.

유사한 직경과 길이를 가진 말뚝에 대하여 예비시험을 하는 것이 매우 드물기 때문에, 유효한 시험결과를 도출하는 것이 매우 어렵다. 대부분의 경우, 말뚝재하시험에서 극한하중은 하중−침하곡선의 외삽법으로 구하므로 계산식으로 구한 평균값에 추가적으로 불확실성을 증가시킨다.

말뚝기초의 강도를 검증하는 방법은 그림 13.8과 같다. 여기서 오른쪽 경로('시험결과')는 시험에 의한 말뚝설계를 다룬다. 그림 13.13은 특성저항력 R_k를 결정하기 위해 경로를 확장하여 측정 또는 계산된 저항력(R_m 또는 R_{cal})에 적용한 특정상관계수($\xi_1 \sim \xi_6$)를 보여 주고 있다.

계수 ξ_1, ξ_3 및 ξ_5는 평균값에 적용되고 ξ_2, ξ_4 및 ξ_6는 R_m 또는 R_{cal}의 최솟값에 적용된다. 특성저항력 R_k는 이들 중 최솟값으로 한다. 즉

$$R_k = \min\left(\frac{R_{mean}}{\xi_{mean}}, \frac{R_{min}}{\xi_{min}}\right)$$

여기서 $\xi_{mean} = \xi_1, \xi_3$ 또는 ξ_5, $\xi_{min} = \xi_2$, ξ_4 또는 ξ_6이다.

13.9.1 상관계수

말뚝의 저항력을 계산하는 데 사용되는 상관계수는 EN 1997−1의 부록 A에 명시되어 있다. 즉 정재하시험은 표 A.9, 지반시험은 표 A.10, 동재하시험은 표 A.11에 명시되어 있다. 다음에 제시된 표는 이들 값들을 요약한 것이다.

유로코드 7에서는 군말뚝을 설계할 때 약한 말뚝에서 강한 말뚝으로 하중이 전달될 수 있도록 구조물이 충분한 강성과 강도를 가진다는 전제하에, 정재하시험에 대한 상관계수(ξ_1 및 ξ_2)와 지반시험에 대한 상관계수(ξ_3 및 ξ_4)를 10% 저감하는 것을 허용하고 있다(그러나 ξ_1과 ξ_3를 1.0보다 작게 취급해서는 안 됨).
[EN 1997−1 § 7.6.2.2(9), 7.6.2.3(7)]

동재하시험에 대한 상관계수(ξ_5와 ξ_6)는 시그널 매칭기법(예: CAPWAP 분석)이 사용되는 경우, 15%까지 저감할 수 있다. 항타공식을 사용할 경우 또는 타격 시 유사−탄성 말뚝머리 변위를 측정한 경우에는 이들 상관계수를 10% 증가시켜 사용하고 변위를 측정하지 않는 경우에는 20%까지 증가시켜 사용한다.
[EN 1997−1 § A.3.3.3]

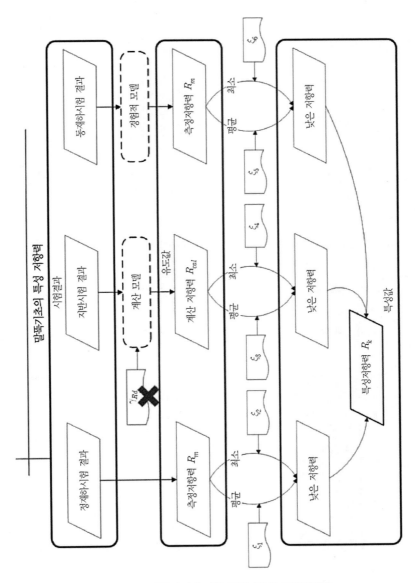

그림 13.13 시험결과에 의한 말뚝기초의 특성저항력

시험 횟수	정재하시험		지반시험		시험 횟수	동재하시험	
	ξ_1 (평균)	ξ_2 (최소)	ξ_3 (평균)	ξ_4 (최소)		ξ_5 (평균)	ξ_6 (최소)
1	1.4		1.4		—	—	—
2	1.3	1.2	1.35	1.27	2~4	1.6	1.5
3	1.2	1.05	1.33	1.23			
4	1.1	1.0	1.31	1.20			
5	1.0	1.0	1.29	1.15	5~9	1.5	1.35
7			1.27	1.12			
10			1.25	1.08	10~14	1.45	1.3
					15~19	1.42	1.25
					≥20	1.4	1.25

그림 13.14는 EN 1997-1에 제시된 상관계수의 변화를 보여 준다.

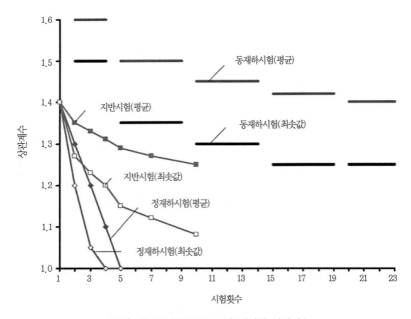

그림 13.14 EN 1997-1에 제시된 상관계수

13.10 전통적인 설계

지반공학적 계산에 근거한 전통적인 설계는 종종 정재하시험에 의해 검증된다. 예비말뚝에 대해 파괴 시까지 시험을 하였다면 현장의 특정 지반조건에 대한 말뚝의 극한지지력을 확신 할 수 있을 것이다.

> '시험말뚝이 파괴 시까지 재하 되었다면 안전율 2.0은 충분하다고 여겨진다. 그러나 영구말뚝에 대해 단지 검증하중만이 재하되었다면 안전율로 2.5를 사용할 것을 권장하고 있다.'[10]

말뚝재하시험이 실시되지 않은 경우, 큰 안전율이 적용되나 일반적으로 3.0보다는 크지 않은 값을 사용한다.[11]

허용(또는 '안전사용:safe working')하중 Q_a를 계산할 때 안전율을 도입하는 2가지 통상적인 방법이 있다. 말뚝의 극한지지력 Q_{ult}를 단일 안전율 F로 나누거나 또는 주면과 선단의 극한지지력 $Q_{s,ult}$ 및 $Q_{b,ult}$를 2개의 안전율 F_s와 F_b로 나누는 것이다. 즉

$$Q_a = \frac{Q_{ult}}{F} = \frac{Q_{s,ult} + Q_{b,ult}}{F} \quad \text{또는} \quad Q_a = \frac{Q_{s,ult}}{F_s} + \frac{Q_{b,ult}}{F_b}$$

Q_a는 보통 2가지 방법으로 계산된 값 중 작은 값을 채택한다.

다양한 연구자들과 국내외 권위자들이 현장타설말뚝과 연속오거말뚝(CFA)에 대한 안전율을 추천하였다. 이들에 대한 몇 가지 추천된 값들은 다음 표와 같다.

그림 13.15는 다음 표에서 주어진 여러 가지 권장값에서 구한 등가 전체 안전율 F^*와 전체 극한지지력(Q_{ult})의 비로 나타낸 축(shaft)지지력(Q_s)을 비교하였다. 그림에서 왼쪽 끝은 주로 선단지지 말뚝을 나타내고 오른쪽 끝은 주로 마찰말뚝을 나타낸다.

제안자	현장타설/연속오거말뚝의 안전율		
	전체 안전율(F)	주면(F_s)	선단(F_b)
Burland et al.[12]	2.0	1.0	3.0
Tomlinson[13]	2.5	1.5	3.0
Bowles[14]	2.0~4.0*	–	–
Lord et al. (석회암)[15] s<10mm†	2.5	1.5	3.5
s≥10mm†		1.0	
선단지지력 불확실‡	–	1.2 ~1.5	∞

* '설계자의 불확실성에 의해 결정'
† s＝말뚝머리 침하량
‡ 선단지지력이 불확실할 때 통상적으로 사용됨[16]

각 곡선에 대해 허용지지력 Q_a는 단일 안전율 F와 두 개의 안전율 F_s 및 F_b를 적용하여 계산한 것 중 최솟값이다. 등가 전체 안전율은 허용지지력에 대한 극한지지력의 비로 나타낸다($F^* = Q_{ult}/Q_a$).

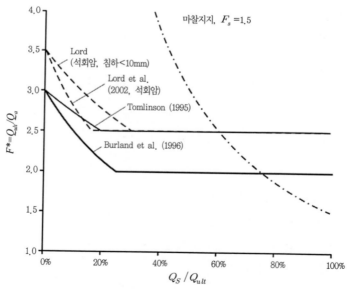

그림 13.15 문헌에서 제시하고 있는 등가 전체 안전율

다음 표는 런던 지역 측량사 협회(LDSA)[17]가 런던점토지반에 시공된 현장타설 말뚝에 대해 제안한 지침을 정리한 것이다. LDSA는 안전율을 낮추기 위해서 충분한 시험을 시행할 것을 권장하고 있다. 이 지침은 유로코드 7과 보조를 맞추기 위해 현재 개정 중에 있다.

적합한 지반조사?	말뚝재하시험		LDSA 추천		α=0.6에 대한
	예비말뚝	본말뚝	F	α	F
아니오	없음	없음	3.0	0.5	3.6
				0.6	3.0
예			2.5		2.5
	CRP†	말뚝수의 1%	2.25		2.25
	ML‡		2.0	0.5	2.4

† 일정 관입률 재하시험, ‡ (완속, 급속)재하시험(Maintained load test)

13.11 영국 국가부속서의 변천

영국의 말뚝산업에서 부분계수 시스템이 현재 영국의 실정을 잘 반영하지 못한다는 우려 때문에 영국 국가부속서(NA)에서는 EN 1997 − 1 부록 A에서 추천한 부분계수 시스템을 재고하였다. 유로코드 7이 너무 보수적인 설계가 되거나 경우에 따라서 불안전한 설계가 될 수 있다는 우려가 있다. 영국 국가부속서의 목표는 말뚝재하시험의 장점을 고려하여 전통적인 모범설계 사례에 상응하는 수준의 안전을 제공하는 것이다.

13.11.1 저항계수의 변화

영국 국가부속서에서 추천한 R4의 부분계수가 다음 표에 제시되었으며 이들 값을 EN 1997 − 1과 이것의 초안(ENV 1997 − 1)에서 제시된 부분계수와 비교 하였다. 게다가 국가부속서는 R1에서 말뚝에 대한 모든 저항계수를 1.0으로 설정하였다.

국가부속서에서 권장하는 내용의 주요특징은 모델(γ_{Rd}) 및 저항(γ_R)계수

그리고 현장에서 시행된 말뚝시험의 종류와 횟수 사이를 연결한 것이다.

시험을 하지 않은 경우(사용한계상태를 검토 하지 않음)에 설계는 극한 또는 사용한계상태의 발생에 대비하기 위한 방법으로 계산에만 의존한다. 즉 다른 검증방법이 없다. 그러므로 높은 수준의 신뢰성 있는 계산이 필요하다.

영구말뚝에 대한 시험에서 극한한계상태에 대한 검증은 계산에 의존할 수밖에 없다. 그러나 사용성 상태에서 말뚝의 성능은 정재하시험으로 검토하고 부족한 점이 발견되면 말뚝을 재설계해야 한다. 따라서 시험을 하지 않은 경우, 작은 부분계수를 사용하는 것이 낫다.

결론적으로 극한 및 사용한계상태에 대한 검증은 예비말뚝에 대한 정재하시험에 의해 입증될 것이다. 그리고 이러한 검증을 통해 필요한 경우 말뚝을 재설계할 수 있다. 그러나 정재하시험 결과와 계산 시 사용된 가정들이 일치하는 것을 확인한다면 영구말뚝의 재하시험에서는 보다 더 작은 부분계수를 적용할 수 있다.

표준/정재하시험의 형식 및 횟수 (적용할 수 있는)	MF*	R4에 대한 부분 저항계수♪					
		현장타설말뚝†		항타말뚝‡			
	γ_{Rd}	γ_b	γ_s	γ_b	γ_s	γ_t	γ_{st}
ENV 1997−1	1.5	1.45~	1.3	1.3		1.3~	2.0
EN 1997−1	?	1.6				1.5	
영국 NA 명시된 SLS를 검토 하지 않은 경우	1.4	2.0	1.6	1.7	1.5	γ_b 사용	2.0
영국 NA 본 말뚝의 >1% 말뚝에 특성 하중의 1.5배 재하		1.7	1.4	1.5	1.3		1.7
영국 NA 예비 재하시험	1.2						

* MF=모델 계수; ?=EN 1997−1에 값이 제시되지 않음

γ_{Rd}=모델 계수, γ_b=선단지지계수, γ_s=주면지지계수, γ_t=전체 지지계수, γ_{st}=주면인장계수

† 대체말뚝(replacement pile), ‡ 배토말뚝(displacement pile)

♪ R1에 대한 부분계수 및 우발설계하중=1.0

현행 말뚝설계의 일반적 관행은 선단부 거동이 불확실할 때(예: 사질지반) 침

하를 제어하기 위해 작용하중을 주면저항력보다 작게 한다($F_s = 1.3 \sim 1.5$).
영국 국가부속서에 제시된 계수가 사용성을 다루는 것처럼 보이지만 특성하
중에서 침하량이 과도한 사례들이 여전히 있을 수 있다. 이러한 상황은 시험
을 통해 확인될 수 있지만 예비시험이 규정되어 있지 않은 사례들이 여전히
있다. 이러한 경우, 반드시 발생 가능침하량에 대한 평가가 이루어져야 한다.

그림 13.16은 앞에서 언급한 3가지 수준의 실험에 대한 등가 전체 안전율
F^*(13.10에서 정의함)를 표시하여 이러한 개념을 설명하였다. 그래프에서
는 F^* 값을 현장타설 말뚝에 대한 전통적인 안전율을 사용하여 구한 값과
비교하였다. 국가부속서에서는 전통적인 안전율 개념에 대하여 대략적인
등가 신뢰성 수준을 갖도록 하고 있다. 배토말뚝(항타말뚝)은 시공 중에 지
중의 응력을 증가시키고－사실상 시공 중에 시험이 이루어지므로－원래부
터 배토말뚝은 대체말뚝(현장타설 말뚝)보다 신뢰성이 높아서 더 낮은 등가
안전율을 요구한다.

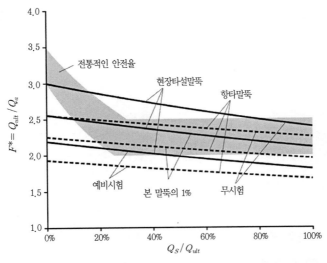

그림 13.16 UK 국가부속서(BS EN 1997-1)에 의한 말뚝설계 및 기존 안전율과의 비교

13.11.2 상관계수의 변경

다음 표에는 영국의 국가부속서(BS EN 1997-1)에서 추천한 상관계수가 제시되어 있다. 이 값들은 13.11.1에서 논의했던 안전율을 저항계수로 변경할 때의 호환성을 좋게 하기 위해 EN 1997-1에서 제시한 값들을 변경한 것이다.

시험 횟수	정재하시험		지반시험		시험 횟수	동재하시험	
	평균	최소	평균	최소		평균	최소
	ξ_1	ξ_2	ξ_3	ξ_4		ξ_5	ξ_6
1	1.55		1.55		—	—	—
2	1.47	1.35	1.47	1.39	2~4	1.94	1.90
3	1.42	1.23	1.42	1.33			
4	1.38	1.15	1.38	1.29			
5	1.35	1.08	1.36	1.26	5~9	1.85	1.76
6			(1.34)	(1.23)			
7			1.33	1.20			
8			(1.32)	(1.18)			
9			(1.31)	(1.17)			
10			1.30	1.15	10~14	1.83	1.70
					15~19	1.82	1.67
					≥20	1.81	1.66

( ) 안의 값들은 보간값

신호매칭(CAPWAP 분석) 또는 항타공식을 사용한 경우에 동재하 시험에 대한 계수 조절 규칙이 적용되는 것과 같이 군말뚝 설계 시 정재하시험과 지반시험에 대한 상관계수의 10% 저감을 허용하는 유로코드 7 규칙이 아직도 적용된다(13.9.1 참조).

정재하시험결과를 이용하여 말뚝을 설계할 때, 관련 부분저항계수는 예비시험에 관한 계수들이다(대체말뚝에는 $\gamma_b = 1.7$, $\gamma_s = 1.4$ 또는 배토말뚝에는 $\gamma_b = 1.5$, $\gamma_s = 1.3$을 사용한다. 13.11.1 참조).

그림 13.17은 영국 국가부속서에 제시된 것으로 시험횟수에 따른 상관계수

변화를 보여 주고 있다. 이 값들은 EN 1997−1의 것보다 클 뿐 아니라 시험 횟수에 따라 완만하게 변화하고 있음을 알 수 있다.

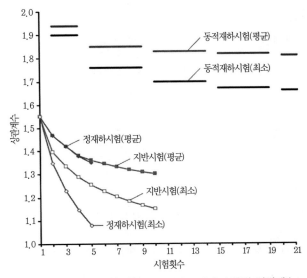

그림 13.17 국가부속서(BS EN 1997−1)에 수록된 상관계수

13.12 감독, 모니터링 및 유지관리

EN 1997−1의 7절에서는 말뚝시공의 근거를 만들기 위해 말뚝시공계획을 요구한다. 말뚝시공과정은 모니터링 및 기록이 되어야 한다. 이러한 기록들은 시공 후 최소 5년 동안 보관되어야 한다. 7절에서는 말뚝시공에 관한 상세한 지침으로 다음의 실행표준(제15장 참조)을 참조하도록 하고 있다.

- EN 1536   현장타설말뚝
- EN 12063   쉬트파일
- EN 12699   배토말뚝(항타말뚝)
- EN 14199   마이크로파일

13.13 핵심요약

유로코드 7에서 말뚝설계는 극한한계상태에서 압축, 인장 및 횡력에 말뚝 주변지반이 충분한 저항력을 가지고 있는지 검토하도록 하고 있다. 말뚝은 정재하시험(계산으로 검증)이나 동재하시험(정재하시험으로 검증) 또는 계산법(정재하시험으로 검증)으로 설계할 수 있다.

압축과 인장의 극한한계상태 검증은 다음 부등식을 만족시킴으로써 입증할 수 있다.

$$F_{cd} \leq R_{cd}, \; F_{td} \leq R_{td}$$

(여기서 기호들은 앞장에서 설명됨). 이 식들은 단지 다음 식을 구체화시킨 형태이다.

$$E_d \leq R_d$$

이 부등식은 제6장에서 상세히 다루고 있다.

사용한계상태의 검증은 통상 극한한계상태의 검증에 의해 입증할 수 있다.

영국 국가부속서에서는 EN 1997−1이 제시한 상관계수와 부분저항계수를 수정하였으며 부분저항계수를 정재하시험의 종류 및 횟수와 연계시켰다.

13.14 실전 예제

점토층을 지나 모래층에 관입된 콘크리트 항타말뚝(예제 13.1)으로 EN 1997−1에 대한 영국 국가부속서와 동일조건의 말뚝설계(예제 13.2), 런던 Emirates 스타디엄 공사의 정재하시험결과 분석(예제 13.3), 자갈층에서 연속날개오거 현장타설말뚝 설계를 위한 콘관입시험결과의 이용(예제 13.4), 그리고 항타공식을 이용한 특정 관입량에서의 항타말뚝 설계(예제 13.5)에 관한 문제를 다룬다.

계산에서 특정한 부분은 ❶, ❷, ❸ 등으로 표시되어 있다. 여기서 숫자들은 각 예제에 동반된 주석을 가리킨다.

13.14.1 점토층과 사질토층에 관입된 콘크리트 항타말뚝

예제 13.1에서는 그림 13.18과 같이 8m 두께의 중간강도의 모래질 점토층을 통과하여 중간 정도의 조밀한 자갈 섞인 모래층에 관입된 콘크리트 말뚝의 설계문제를 다룬다.

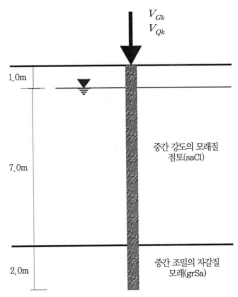

그림 13.18 점토와 모래지반에 관입된 콘크리트 항타말뚝

본 예제에서는 EN 1997−1의 부록 A에 명시된 부분계수를 사용하여 제6장에서 논의한 3가지 설계법을 비교하였다. 유로코드 7에서는 시험에 의한 말뚝설계를 강조하지만 계산에 의한 설계지침은 강조하지 않는다. 본 예제는 영국의 표준계산과정을 사용하였으며 어떻게 유로코드 7이 적용되어야 하는지에 대한 논쟁이 되는 부분을 부각시켰다.

❶ 다른 지반구조물과는 달리, 재료물성에 적용되는 DA1에 대한 부분계수는 항상 1.0이다. 따라서 특성 주면저항력 및 선단지지력을 도출하기 위해 재료의 특성값이 사용된다.

❷ EN 1997-1에는 모델 계수가 제시되지 않았다. 따라서 아일랜드의 국가부속서에서는 임의로 선택하여 사용하고 있다.

❸ 점토와 모래지반에서 주면 및 선단저항력을 계산하는 데 사용된 방법들은 문헌에서 발췌한 표준방법들이다.

❹ 특성저항력은 계산된 저항력에 모델 계수를 적용하여 구한다.

❺ 주면과 선단저항력에 대한 설계값을 구하기 위해 특성값들을 적절한 부분계수로 나눈다.

❻ 설계결과는 DA1을 만족시키나 DA2와 DA3에 의하면 과소설계이다.

❼ DA2는 하중과 저항력에 1.0보다 큰 부분계수를 적용하지만 재료물성에는 그렇지 않다. 주면과 선단저항력에 적용하는 부분계수는 DA1-2에 사용된 것보다 작지만 DA1-1에 사용된 것보다는 크다.

❽ DA3는 부분계수를 작용하중과 재료물성에 동시에 적용하지만 그로 인하여 발생한 주면과 선단저항력에는 적용하지 않는다.

❾ 재료의 부분계수 1.25를 ϕ_{cv}와 ϕ_k에 적용하는 데 논란이 있을 수 있지만 ϕ_{cv}는 재료의 가능한 최솟값을 나타내므로 모래층에서의 주면저항력을 평가하기 위해 더 작은 값의 ϕ_{cv}와 ϕ_d를 사용하는 것을 허용할 수 있다.

❿ DA3는 다른 두 설계법보다 훨씬 더 보수적인데 이는 $\phi_d = \tan^{-1}(\tan\phi_k)/1.25$ 값을 사용했을 때 N_q에 미치는 영향이 크기 때문이다. 모델 계수를 고려하면 상황이 개선되는데 DA3에서는 모델 계수를 1.0으로 해야 한다는 주장이 있을 수 있다. 또한 하중을 구조적이라기보다는 지반공학적으로 고려할 때 보다 경제적인 설계가 도출될 수 있다.

점토와 모래층에 관입된 콘크리트 항타말뚝의 강도 검증 (GEO 한계상태)

설계상황

길이 10m, 폭 400mm인 정사각형 콘크리트 말뚝이 중간강도의 모래질 점토층을 지나 중간정도로 조밀한 자갈 섞인 모래층에 관입되었다. 이때 영구하중 $V_{Gk} = 650kN$과 변동하중 $V_{Qk} = 250kN$이 말뚝에 작용한다. 철근콘크리트의 단위중량 $\gamma_{ck} = 25kN/m^3$ (EN 1991-1-1 표 A.1)이다. 8m 두께의 점토층의 특성 비배수강도 $c_{uk} = 45kPa$, 단위중량 $\gamma_{k1} = 18.5kN/m^3$이다. 모래층의 배수강도 파라미터는 $\phi_k = 36°$, $c'_k = 0kPa$, 단위중량 $\gamma_{k2} = 20kN/m^3$이다. 모래의 일정체적 전단저항각 $\gamma_{cv,k} = 33°$이다. 지하수위 $d_w = 1m$, 지하수위 상부의 주면마찰력은 무시한다 (시공 중 거품발생(whipping) 현상 때문).

설계법 1

하중과 하중의 영향

말뚝의 특성자중 $W_{Gk} = \gamma_{ck} \times b^2 \times L = 40kN$

$\binom{A1}{A2}$에서 부분계수: $\gamma_G = \binom{1.35}{1}$, $\gamma_Q = \binom{1.5}{1.3}$

연직 설계하중 $V_d = \overline{[\gamma_G \times (W_{Gk} + V_{Gk}) + \gamma_Q \times V_{Qk}]} = \binom{1307}{1015}kN$

재료물성

$\binom{M1}{M2}$에서 부분계수: $\gamma_\phi = \binom{1}{1}$, $\gamma_c = \binom{1}{1}$, $\gamma_{cu} = \binom{1}{1}$ ❶

그러므로 재료강도의 설계값은 재료들의 특성값과 동일하다. 즉 점토의 비배수강도 $c_{uk} = 45kPa$, 모래의 전단저항값 $\phi_k = 36°$, 모래의 유효점착력 $c'_k = 0kPa$이다.

저항력

$\binom{R1}{R4}$에서 부분계수: $\gamma_b = \binom{1.0}{1.3}$, $\gamma_s = \binom{1.0}{1.3}$ ❶

모델 계수(EN1997−1의 아일랜드 국가부속서) $\gamma_{Rd} = 1.5$ ❷

모래층 선단에서의 저항력

선단면적 $A_b = b \times b = 0.16 m^2$

모래층에 근입된 말뚝의 길이 $t_2 = L - t_1 = 2m$

세장비(모래층) $\lambda = \dfrac{t_2}{b} = 5.0$

지지력 계수(Berezantzev) 기본값 $B_k = 95.5$, 세장비 보정계수 $\alpha_t = 0.83$

이때 지지력 계수 $N_q = B_k \times \alpha_t = 79.3$ ❸

말뚝선단부의 응력

　연직 전응력 $\sigma_{vk,b} = (\gamma_{k1} \times t_1) + (\gamma_{k2} \times t_2) = 188 kPa$

　간극수압 $u_b = \gamma_w (L - d_w) = 88.3 kPa$

　연직 유효응력 $\sigma'_{vk,b} = \sigma_{vk,b} - u_b = 99.7 kPa$

특성 선단저항력 $R_{bk} = \dfrac{[(N_q + 1) \times \sigma'_{vk,b} + u_b] \times A_b}{\gamma_{Rd}} = 863.6 kN$ ❹

점토층의 주면저항력

지하수위 아래 점토층에서의 주면면적 $A_{s1} = 4b \times (t_1 - d_w) = 11.2 m^2$

비배수 부착력 계수(미육군공병단) $\alpha = 0.8$ ❸

점토층의 특성 주면저항력 $R_{sk_1} = \dfrac{\alpha \times c_{uk} \times A_{s1}}{\gamma_{Rd}} = 268.8 kN$ ❹

모래층의 주면저항력

모래층에 근입된 말뚝의 주면면적 $A_{s2} = 4b \times (L - t_1) = 3.2 m^2$

Fleming 등이 제안한 방법을 사용하여 주면마찰력을 계산하면

토압계수 $K_s = \dfrac{N_q}{50} = 1.59$

주면마찰각 $\delta = \phi_{cv,k} = 33°$

등가 베타계수 $\beta = k_s \tan(\delta) = 1.03$

모래층 상부에서의 응력

연직 전응력 $\sigma_{vk} = \gamma_{k1} \times t_1 = 148 kPa$

간극수압 $u = \gamma_w \times (t_1 - d_w) = 68.6 kPa$

연직 유효응력 $\sigma'_{vk} = \sigma_{vk} - u = 79.4 kPa$

말뚝주면의 평균 연직응력 $\sigma'_{vk,av} = \dfrac{\sigma'_{vk} + \sigma'_{vk,b}}{2} = 89.5 kPa$

모래층의 평균 주면마찰력 $\tau_{av} = \beta \times \sigma'_{vk,av} = 92.2 kPa$ ❸

모래층의 특성 주면저항력 $R_{sk_2} = \dfrac{\tau_{av} \times A_{s_2}}{\gamma_{Rd}} = 196.7 kN$ ❹

전체 저항력

전체 특성 주면저항력 $R_{sk} = \displaystyle\sum_{i=1}^{2} R_{sk_i} = 465.5 kN$

전체 설계 주면저항력 $R_{sd} = \dfrac{R_{sk}}{\gamma_s} = \begin{pmatrix} 465.5 \\ 358.1 \end{pmatrix} kN$ ❺

설계 선단저항력 $R_{bd} = \dfrac{R_{bk}}{\gamma_b} = \begin{pmatrix} 863.6 \\ 664.3 \end{pmatrix} kN$ ❺

전체 설계 저항력 $R_d = R_{bd} + R_{sd} = \begin{pmatrix} 1329 \\ 1022 \end{pmatrix} kN$

압축저항력의 검증

설계값 $V_d = \begin{pmatrix} 1307 \\ 1015 \end{pmatrix} kN$, $R_d = \begin{pmatrix} 1329 \\ 1022 \end{pmatrix} kN$

이용률 $\Lambda_{GEO,1} = \dfrac{V_d}{R_d} = \begin{pmatrix} 98 \\ 99 \end{pmatrix}\%$ ❻

이용률 > 100%인 경우, 이 설계는 허용할 수 없다.

설계법 2

하중과 하중의 영향

A1에서 부분계수 $\gamma_G = 1.35$, $\gamma_Q = 1.5$

연직 설계하중 $V_d = \gamma_G \times (W_{Gk} + V_{Gk}) + \gamma_Q \times V_{Qk} = 1307kN$

재료물성

M1에서 부분계수: $\gamma_\varphi = 1$, $\gamma_c = 1$, $\gamma_{cu} = 1$ ❼

그러므로 재료의 물성은 설계법 1과 동일하다.

저항력

R2에서 부분계수: $\gamma_b = 1.1$, $\gamma_s = 1.1$ ❼

모델 계수(EN 1997-1에 대한 아일랜드 국가부속서) $\gamma_{Rd} = 1.5$ ❷

특성저항력은 설계법 1과 변화가 없다.

전체 설계 주면저항력 $R_{sd} = \dfrac{R_{sk}}{\gamma_s} = 423.2kN$ ❺

설계 선단저항력 $R_{bd} = \dfrac{R_{bk}}{\gamma_b} = 785.1kN$ ❺

전체 저항력 $R_d = R_{bd} + R_{sd} = 1208kN$

압축저항력의 검증

설계값 $V_d = 1307kN$, $R_d = 1208kN$

이용률 $\Lambda_{GEO,2} = \dfrac{V_d}{R_d} = 108\%$ ❻

이용률 > 100%인 경우, 이 설계는 허용할 수 없다.

설계법 3

하중과 하중의 영향

A1에서 부분계수: $\gamma_G = 1.35$, $\gamma_Q = 1.5$

연직 설계하중 $V_d = \gamma_G \times (W_{Gk} + V_{Gk}) + \gamma_Q \times V_{Qk} = 1307kN$

재료물성

M2에서 부분계수: $\gamma_\phi = 1.25$, $\gamma_c = 1.25$, $\gamma_{cu} = 1.4$ ❽

점토의 설계 비배수강도 $c_{ud} = \dfrac{c_{uk}}{\gamma_{cu}} = 32.1kPa$

모래의 설계 전단저항정수 $\phi_d = \tan^{-1}\left(\dfrac{\tan(\phi_k)}{\gamma_\phi}\right) = 30.2°$

모래의 설계 일정체적 전단저항각 $\phi_{cv,d} = \min(\phi_{cv,k}, \phi_d) = 30.2°$ ❾

모래의 설계 유효점착력 $c'_d = \dfrac{c'_k}{\gamma_c} = 0kPa$

저항력

R3에서 부분계수 $\gamma_b = 1.0$, $\gamma_s = 1.0$ ❽

지지력계수(Berezantzev): 기본값 $B_k = 35.4$, 세장비 보정계수 $\alpha_t = 0.78$

이때 지지력계수 $N_q = B_k \times \alpha_t = 27.8$ ❹

특성 선단저항력

$$R_{bk} = \dfrac{[(N_q + 1) \times \sigma'_{vk,b} + u_b] \times A_b}{\gamma_{Rd}} = 315.6kN$$ ❸

점토의 특성 주면저항력 $R_{sk_1} = \dfrac{\alpha \times c_{ud} \times A_{s_1}}{\gamma_{Rd}} = 192kN$ ❸❹

모래의 토압계수 $k_s = \dfrac{N_q}{50} = 0.56$

모래의 주면마찰각 $\delta = \phi_{cv,d} = 30.2°$

등가 베타계수 $\beta = k_s \tan(\delta) = 0.32$

모래의 평균 주면마찰력 $\tau_{av} = \beta \times \sigma'_{vk,av} = 28.9 kPa$ ❸

모래의 특성 주면저항력 $R_{sk_2} = \dfrac{\tau_{av} \times A_{s_2}}{\gamma_{Rd}} = 61.7 kN$ ❹

전체 저항력

전체 특성 주면저항력 $R_{sk} = \displaystyle\sum_{i=1}^{2} R_{sk_i} = 253.7 kN$

전체 설계 주면저항력 $R_{sd} = \dfrac{R_{sk}}{\gamma_s} = 253.7 kN$ ❺

설계 선단저항력 $R_{bd} = \dfrac{R_{bk}}{\gamma_b} = 315.6 kN$ ❺

전체 저항력 $R_d = R_{bd} + R_{sd} = 569.3 kN$

압축저항력의 검증

설계값 $V_d = 1307 kN,\ R_d = 569 kN$

이용률 $\Lambda_{GEO,3} = \dfrac{V_d}{R_d} = 230\%$ ❻

이용률 > 100%인 경우, 이 설계는 허용할 수 없다.

만약 모델 계수 $\gamma_{Rd} = 1.5$가 생략되었다면

$R_d = R_d \times \gamma_{Rd} = 853.9 kN$

이용률 $\Lambda_{GEO,3} = \dfrac{V_d}{R_d} = 153\%$ ❿

이용률 > 100%인 경우, 이 설계는 허용할 수 없다.

13.14.2 영국 국가부속서에 의한 예제 13.1의 콘크리트 말뚝

예제 13.2는 EN 1997−1에 대한 영국 국가부속서의 특정한 요구조건의 관

점에서 예제 13.1의 콘크리트 항타말뚝에 대한 설계를 다시 검토하였다.

영국 국가부속서에서는 정재하시험에 의해 제시된 계산모델의 신뢰 증가를 설명하기 위해 모델 계수를 사용한다. 국가부속서에 주어진 저항계수는 EN 1997 − 1의 부록 A에 제시된 것보다 크다. 부분계수는 유로코드 7 및 전통적인 영국의 설계법과 유사한 수준의 신뢰성을 제공하는 것을 목표로 하는데 말뚝시험을 올바르게 실시하면 예산절감을 할 수 있게 된다.

예제 13.2 주석

❶ 말뚝시험을 하지 않을 경우, DA1 − 2에 대한 부분계수 $\gamma_b = 1.7$, $\gamma_s = 1.5$, $\gamma_{Rd} = 1.4$이다.

❷ 그 결과로 발생하는 설계는 만족스럽지 못한 것으로 보인다.

❸ 영구말뚝의 1%에 대해 검증재하시험을 하면 DA1 − 2에 대한 부분계수 $\gamma_b = 1.5$, $\gamma_s = 1.3$, $\gamma_{Rd} = 1.4$이다.

❹ 검증재하시험이 실시되었다면 설계가 만족스럽지 못하더라도 말뚝설계의 수용 여부를 결정할 수 있다.

❺ 영구말뚝의 1%에 대한 검증재하시험에서 DA1 − 2에 대한 부분계수 $\gamma_b = 1.5$, $\gamma_s = 1.3$, $\gamma_{Rd} = 1.2$이다.

❻ 설계결과, 예비말뚝시험이 만족스러운 결과를 도출하였다. 예비시험을 파괴 시까지 실시하면 설계가 너무 보수적이거나 예산절감을 할 수 있다는 데 대한 논쟁의 여지가 있다. 말뚝설계에서 덜 보수적으로 하는 것이 더 경제적인지, 예비말뚝에 대한 재하시험을 할 것인지 또는 영구말뚝에 대한 검증시험으로 제한할 것인지 등은 판단의 문제이다.

영국 국가부속서에 의한 예제 13.1의 콘크리트 말뚝의 강도검증 (GEO 한계상태)

설계상황

BS EN 1997−1에 대한 영국 국가부속서를 사용하여 예제 13.1의 사각 콘크리트 말뚝의 설계를 재검토하였다. 만약 (a)정재하시험을 하지 않는 경우, (b)영구말뚝의 1%에 대해 특성하중의 1.5배를 재하하는 경우, 그리고 (c)계산된 극한하중까지 예비 정재하시험을 하는 경우에 대하여 필요한 말뚝의 크기를 결정하라.

영국 국가부속서(설계법 1)
하중, 하중의 영향 및 재료물성

예제 13.1로부터 $V_d = \begin{pmatrix} 1307 \\ 1015 \end{pmatrix} kN$

재료물성은 앞의 계산과 동일하다.

명시된 SLS 검토를 하지 않을 경우의 저항력

$\begin{pmatrix} R1 \\ R4 \end{pmatrix}$에서 부분계수: $\gamma_b = \begin{pmatrix} 1 \\ 1.7 \end{pmatrix}$, $\gamma_s = \begin{pmatrix} 1 \\ 1.5 \end{pmatrix}$ ❶

EN 1997−1의 영국 국가부속서에서 모델 계수 $\gamma_{Rd} = 1.4$ ❶

앞의 계산으로부터 $A_b = 0.16 m^2$, $N_q = 79.3$, $\sigma'_{vk,b} = 99.7 kPa$

특성 선단저항력은

$$R_{bk} = \frac{[(N_q + 1) \times \sigma'_{vk,b} + u_b] \times A_b}{\gamma_{Rd}} = 925.3 kN$$

앞의 계산으로부터 $A_{s_1} = 11.2 m^2$, $\alpha = 0.8$, $c_{uk} = 45 kPa$

점토의 특성 주면저항력 $R_{sk_1} = \dfrac{\alpha \times c_{uk} \times A_{s_1}}{\gamma_{Rd}} = 288 kN$

예제 13.1로 부터 $A_{s_2} = 3.2 m^2$, $\sigma'_{vk,av} = 90 kPa$, $\beta = 1.03$

모래의 특성 주면저항력 $R_{sk_2} = \dfrac{\beta \times \sigma'_{vk,av} \times A_{s_2}}{\gamma_{Rd}} = 210.8 kN$

특성 주면저항력 $R_{sk} = \displaystyle\sum_{i=1}^{2} R_{sk_i} = 498.8 kN$

설계 주면저항력 $R_{sd} = \dfrac{R_{sk}}{\gamma_s} = \begin{pmatrix} 498.8 \\ 332.5 \end{pmatrix} kN$

설계 선단저항력 $R_{bd} = \dfrac{R_{bk}}{\gamma_s} = \begin{pmatrix} 925.3 \\ 544.3 \end{pmatrix} kN$

전체 저항력 $R_d = R_{bd} + R_{sd} = \begin{pmatrix} 1424 \\ 877 \end{pmatrix} kN$

압축저항력의 검증

이용률 $\Lambda_{GEO,1} = \dfrac{V_d}{R_d} = \begin{pmatrix} 92 \\ 116 \end{pmatrix} \%$ ❷

이용률 > 100%인 경우, 이 설계는 허용할 수 없다.

시공말뚝의 1%에 대해 정재하시험으로 SLS 검토를 한 경우의 저항력

$\begin{pmatrix} R1 \\ R4 \end{pmatrix}$에서 부분계수: $\gamma_b = \begin{pmatrix} 1 \\ 1.5 \end{pmatrix}$, $\gamma_s = \begin{pmatrix} 1 \\ 1.3 \end{pmatrix}$ ❸

EN 1997−1의 영국 국가부속서에서 모델 계수: $\gamma_{Rd} = 1.4$ ❸

전체 설계 주면저항력 $R_{sd} = \dfrac{R_{sk}}{\gamma_s} = \begin{pmatrix} 498.8 \\ 383.7 \end{pmatrix} kN$

설계 선단저항력 $R_{bd} = \dfrac{R_{bk}}{\gamma_s} = \begin{pmatrix} 925.3 \\ 616.9 \end{pmatrix} kN$

전체 저항력 $R_d = R_{bd} + R_{sd} = \begin{pmatrix} 1424 \\ 1001 \end{pmatrix} kN$

압축저항력의 검증

이용률 $\Lambda_{GEO,1} = \dfrac{V_d}{R_d} = \begin{pmatrix} 92 \\ 101 \end{pmatrix} \%$ ❹

이용률 > 100%인 경우, 이 설계는 허용할 수 없다.

극한하중까지 재하한 정재하시험에 의해 SLS 및 ULS를 검토한 경우의 저항력

$\begin{pmatrix} R1 \\ R4 \end{pmatrix}$ 에서 부분계수: $\gamma_b = \begin{pmatrix} 1 \\ 1.5 \end{pmatrix}$, $\gamma_s = \begin{pmatrix} 1 \\ 1.3 \end{pmatrix}$ ❺

EN 1997−1의 영국 국가부속서에서 모델 계수: $\gamma_{Rd} = 1.2$ ❺

특성 선단저항력 $R_{bk} = \dfrac{[(N_q + 1) \times \sigma'_{vk,b} + u_b] \times A_b}{\gamma_{Rd}} = 1080kN$

점토의 특성 주면저항력 $R_{sk_1} = \dfrac{\alpha \times c_{uk} \times A_{s_1}}{\gamma_{Rd}} = 336kN$

모래의 특성 주면저항력 $R_{sk_2} = \dfrac{\beta \times \sigma'_{vk,av} \times A_{s_2}}{\gamma_{Rd}} = 245.9kN$

전체 특성 주면저항력 $R_{sk} = \displaystyle\sum_{i=1}^{2} R_{sk_i} = 581.9kN$

전체 설계 주면저항력 $R_{sd} = \dfrac{R_{sk}}{\gamma_s} = \begin{pmatrix} 581.9 \\ 447.6 \end{pmatrix} kN$

설계 선단저항력 $R_{bd} = \dfrac{R_{bk}}{\gamma_s} = \begin{pmatrix} 1079.5 \\ 719.7 \end{pmatrix} kN$

전체 저항력 $R_d = R_{bd} + R_{sd} = \begin{pmatrix} 1661 \\ 1167 \end{pmatrix} kN$

압축저항력의 검증

이용률 $\Lambda_{GEO,1} = \dfrac{V_d}{R_d} = \begin{pmatrix} 79 \\ 87 \end{pmatrix} \%$ ❻

이용률 > 100%인 경우, 이 설계는 허용할 수 없다.

13.14.3 런던 Emirates 스타디움 공사에서의 정재하시험

예제 13.3은 아스날 축구클럽의 새 홈구장인 런던 Emirates 스타디움 공사에 사용된 현장타설말뚝에 대한 설계를 검토하였다.

말뚝의 직경은 동일하지만 관입깊이는 약간 다른 말뚝에 대해 7회의 예비시험을 실시하였다. 그중 6본(P1−3과 P5−7)은 길이가 23.5~26.3m 사이로 비슷하였고 나머지 하나만 16.9m로 다른 말뚝에 비해 짧았다. 모든 말뚝은 매입말뚝으로 시공되었다. 말뚝선단에서의 지반조건은 2본(P1 및 P5)을 제외하고는 비슷하며 이들은 굳은 석회질지층에 관입되었다.

말뚝시험에 의한 설계 시 말뚝시험은 유사한 지반조건에서 비슷하게 시공된 말뚝에 실시하는 것이 필수적이다. 따라서 Emirates 스타디움에서 시행한 모든 말뚝시험결과가 설계계산에 포함되지 않은 점은 논쟁의 소지가 있다. 본 예제에서는 명확하게 비교할 수 있는 말뚝(P2−4 및 P6−7)만을 검토대상으로 선정하였다.

본 설계에서는 설계 시 국가부속서에 대한 영향을 강조하기 위해서 EN 1997−1에 대한 부록 A와 BS EN 1997−1에 대한 영국 국가부속서에서 추천한 부분계수 및 상관계수에 대해 검토하였다.

예제 13.3 주석

❶ 재하하중은 말뚝두부에서 측정하므로 해석에서 말뚝의 자중을 무시하는 것이 타당하다.

❷ EN 1997−1에 주어진 상관계수를 적용하기 위해서는 말뚝시험은 동일한 데이터의 대표성을 가져야 한다. 따라서 이들 시험은 본질적으로 유사한 설계 및 시공으로 고려할 수 없으며 유사한 재료를 사용한 경우도 제외되어야 한다. 다른 말뚝에 비해 길이가 비슷하고 침하량이 현저히 작은 두 말뚝이 동일한 데이터군을 형성할지 여부는 논쟁의 소지가 있다. 본 설계법을 이용하기 위하여 유사한 시험에 관한 충분한 데이터를 입수할 수 있

는 가능성은 극히 희박하지만 그럼에도 불구하고 본 설계법은 유로코드 7 에서 선호하는 방법이다.

❸ 계수 1.1은 EN 1997−1의 §7.6.2.2에 규정되어 있다.

❹ EN 1997−1의 부분계수를 적용하면 코드의 요구조건을 만족시키는 설계가 된다.

❺ 현재 영국에서 사용되는 EN 1997−1의 상관계수가 불안전한 설계를 도출할 수 있기 때문에 BS EN 1997−1에 대한 영국 국가부속서에 주어진 상관계수는 크다.

❻ 특성저항력 결과는 EN 1997−1의 계산값과 비교하면 상당히 작은 값이다.

❼ R4 저항계수는 EN 1997−1의 부록 A에서 주어진 것보다 훨씬 커서 DA1−1에서 훨씬 줄어든 설계 저항력을 도출한다.

❽ 선단과 주면의 저항력 성분을 분리하기 위한 시도를 하지 않았기 때문에 전체 저항력에 대한 부분계수를 반드시 사용해야 한다.

❾ BS EN 1997−1에 의한 설계에서는 DA1−2가 가장 한계상태이므로 표준의 요구조건들이 충족되지 않는다고 제안한다.

❿ 선단과 주면저항력을 분리하면 전체 저항계수보다 작은 저항계수를 주면성분에 적용할 수 있다(왜냐하면 $\gamma_s < \gamma_t$). 그러나 선단저항에는 전체 저항계수보다 작은 저항계수를 적용할 수 없다($\gamma_b = \gamma_t$). 일반적인 마찰말뚝에서와 같이 선단부에 상대적으로 작은 하중이 작용한다고 가정하면(15%), 이 말뚝들은 DA1−2를 만족시킬 수 있다. 불필요한 보수적 설계를 피할 수 있다면 가능한 정확하게 말뚝의 거동을 기술하는 것이 중요하다는 점을 강조하고 있다.

런던 Emirates 스타디움의 정재하시험
강도검증(GEO 한계상태)

설계상황

런던 Emirates 스타디움(아스날의 새 홈구장)의 말뚝은 직경이 다른 현장타설말뚝이 대량 시공될 계획이다. 지반조건은 상부 2.9m가 인공성토지반이고 그 아래로 2.1m 두께의 크기가 작은 자갈층, 그리고 31m 두께의 런던 점토와 최소 5m 두께의 Lambeth 점토로 이루어져 있다. 상부지반($L_0 = 5m$)의 주면마찰력은 무시한다고 가정하였다.

7본의 말뚝에 재하시험을 실시하였는데(시험 데이터 제공; Stent Foundation Ltd.) 이들 말뚝의 직경(D_m)은 모두 600mm이나 말뚝길이(L_m)가 다르다. 최대시험하중(P_m)에서 각 말뚝에 대한 침하량은 다음과 같다.

$$L_m = \begin{pmatrix} 25.4m \\ 24.9m \\ 23.5m \\ 16.9m \\ 26.3m \\ 24.3m \\ 24.4m \end{pmatrix} \quad P_m = \begin{pmatrix} 6000kN \\ 4956kN \\ 4000kN \\ 2310kN \\ 4300kN \\ 4200kN \\ 4200kN \end{pmatrix} \quad s_m = \begin{pmatrix} 26.2mm \\ 61.9mm \\ 60.5mm \\ 60.7mm \\ 23.2mm \\ 61.5mm \\ 45mm \end{pmatrix}$$

최대시험하중에서 침하량이 30mm보다 작은 두 본의 말뚝은 런던 점토층 내의 실트암에 관입되어 있고 다른 말뚝들은 런던 점토에 관입되어 있다. 마지막 말뚝의 침하량 측정값은 계측기의 오류로 실제보다 작은 값이 측정되었다.

직경 $D = 600mm$, 길이 $L = 25m$ 인 말뚝들은 영구하중 $F_{GK} = 1,500kN$ 과 변동하중 $F_{Qk} = 700kN$을 지지해야 한다. 철근콘크리트의 단위중량 $\gamma_{ck} = 25kN/m^3$ 이다(EN 1991-1-1, 표 A.1 참조).

측정된 저항력

말뚝재하시험에서 측정된 저항력의 대부분은 말뚝의 주면저항력으로부터 발생한다고 가정하였다. 첫 번째와 다섯 번째 재하시험결과는 말뚝의 선단이 실트암에 관입되어 있기 때문에 대표성이 없다고 가정하였다. 나머지 말뚝들은 길이가 약간씩 다르지만 다음과 같이 정규화하여 같은 길이를 가지는 것으로 하였다. ❷

무시된 말뚝 (shaft)의 길이 $L_0 = 5m$이다.

정규화된 저항력 측정값

$$R_m = \overrightarrow{\left[P_m \times \left[\frac{D \times (L - L_0)}{D_m \times (L_m - L_0)} \right] \right]} = \begin{pmatrix} 0 \\ 4981 \\ 4324 \\ 3882 \\ 0 \\ 4325 \\ 4330 \end{pmatrix} kN$$

설계에 고려된 말뚝의 수 $n = 5$

평균 저항력 $R_{m,mean} = \dfrac{\sum R_m}{n} = 4374kN$

최소 저항력 $R_{m,\min} = \min \left(R_{m_2}, R_{m_3}, R_{m_4}, R_{m_6}, R_{m_7} \right) = 3882kN$

설계법 1
하중과 하중의 영향

말뚝의 자중은 무시한다.

전체 특성 하중 $F_{ck} = F_{Gk} + F_{Qk} = 2200kN$ ❶

$\begin{pmatrix} A1 \\ A2 \end{pmatrix}$에서 부분계수: $\gamma_G = \begin{pmatrix} 1.35 \\ 1 \end{pmatrix}$, $\gamma_Q = \begin{pmatrix} 1.5 \\ 1.3 \end{pmatrix}$

설계 전체 하중 $F_{cd} = \gamma_G F_{Gk} + \gamma_Q F_{Qk} = \begin{pmatrix} 3075 \\ 2410 \end{pmatrix} kN$

특성저항력

평균 측정저항력의 상관계수 $\xi_1 = 1.0$

최소 측정저항력의 상관계수 $\xi_2 = 1.0$

무리말뚝은 지지력이 약한말뚝에서 강한말뚝으로 하중이 전이되므로 (§7.6.2.2.(9)), ξ 는 1.1로 나눈다(그러나 ξ_1 은 1.0 보다 작아서는 안 된다). ❸

그러므로 $\xi_1 = \max\left(\dfrac{\xi_1}{1.1}, 1.0\right) = 1.0$, $\xi_2 = \dfrac{\xi_2}{1.1} = 0.91$

평균/최소 측정저항력 $\dfrac{R_{m,mean}}{\xi_1} = 4374kN$, $\dfrac{R_{m,mean}}{\xi_2} = 4271kN$

특성저항력 $R_{ck} = \min\left(\dfrac{R_{m,mean}}{\xi_1}, \dfrac{R_{m,mean}}{\xi_2}\right) = 4271kN$

설계 저항력

$\begin{pmatrix} R1 \\ R2 \end{pmatrix}$ 에서 부분계수: $\gamma_t = \begin{pmatrix} 1.15 \\ 1.5 \end{pmatrix}$

설계 저항력 $R_{cd} = \dfrac{R_{ck}}{\gamma_t} = \begin{pmatrix} 3714 \\ 2847 \end{pmatrix} kN$

압축저항력의 검증

이용률 $\Lambda_{GEO,1} = \dfrac{F_{cd}}{R_{cd}} = \begin{pmatrix} 83 \\ 85 \end{pmatrix} \%$ ❹

이용률 > 100%인 경우, 이 설계는 허용할 수 없다.

설계법 2
하중과 하중의 영향

말뚝의 자중은 무시한다.

전체 특성하중 $F_{ck} = F_{Gk} + F_{Qk} = 2200kN$

A1에서 부분계수 $\gamma_G = 1.35$ 및 $\gamma_Q = 1.5$

전체 설계하중 $F_{cd} = \gamma_G F_{Gk} + \gamma_Q F_{Qk} = 3075 kN$

특성저항력

특성저항력은 변하지 않는다. $R_{ck} = 4271 kN$

설계 저항력

R2에서 부분계수: $\gamma_t = 1.1$

설계 저항력 $R_{cd} = \dfrac{R_{ck}}{\gamma_t} = 3882 kN$

압축저항력의 검증

이용률 $\Lambda_{GEQ,2} = \dfrac{F_{cd}}{R_{cd}} = 79\%$

이용률 > 100%인 경우, 이 설계는 허용할 수 없다.

설계법 3

이 방법은 말뚝의 설계에는 적합하지 않다.

영국 국가부속서(BS EN 1997-1)의 방법으로 설계

영국 국가부속서에서는 말뚝의 저항력을 검증하는 데 사용되는 저항계수와 상관계수를 둘 다 변경한다. 다른 모든 계수들은 EN 값을 그대로 사용한다.

특성저항력

평균 측정저항력에 대한 상관계수 $\xi_1 = 1.35$

최소 측정저항력에 대한 상관계수 $\xi_2 = 1.08$

약한말뚝에서 강한말뚝으로 하중이 전이되는 무리말뚝의 경우, (§7.6.2.2.(9))

$\xi_1 = \max\left(\dfrac{\xi_1}{1.1}, 1.0\right) = 1.23$, $\xi_2 = \dfrac{\xi_2}{1.1} = 0.98$ ❺

평균/최소 측정 저항력 $\dfrac{R_{m,mean}}{\xi_1} = 3564kN$, $\dfrac{R_{m,mean}}{\xi_2} = 3954kN$

특성저항력 $R_{ck} = \min\left(\dfrac{R_{m,mean}}{\xi_1}, \dfrac{R_{m,mean}}{\xi_2}\right) = 3564kN$ ❻

설계 저항력

$\binom{R1}{R2}$에서 부분계수: $\gamma_t = \binom{1}{1.7}$, $\gamma_s = \binom{1}{1.4}$, $\gamma_b = \binom{1}{1.7}$ ❼

설계 저항력 $R_{cd} = \dfrac{R_{ck}}{\gamma_t} = \binom{3564}{2096}kN$ ❽

압축저항력의 검증

이용률 $\Lambda_{GEO,1} = \dfrac{F_{cd}}{R_{cd}} = \binom{83}{115}\%$ ❾

이용률 > 100%인 경우, 이 설계는 허용할 수 없다.

특성저항력 $\chi = 85\%$ 가 말뚝주면으로부터 나온다고 가정하면,

설계 마찰저항력 $R_{cd} = \chi\left(\dfrac{R_{ck}}{\gamma_s}\right) + (1-\chi)\left(\dfrac{R_{ck}}{\gamma_b}\right) = \binom{3564}{2478}kN$

이용률 $\Lambda_{GEO,1} = \dfrac{F_{cd}}{R_{cd}} = \binom{86}{97}\%$ ❿

이용률 > 100%인 경우, 이 설계는 허용할 수 없다.

13.14.4 콘관입시험에 의한 연속오거말뚝의 설계

예제 13.4는 현장시험결과를 이용한 연속오거말뚝의 설계방법을 보여 주고 있다.

케이블 타격식 시추공과 콘관입시험으로 이루어진 현장조사가 서부 런던의 리치몬드의 한 현장[19]에서 실시되었다. 그림 13.19는 현장의 대표적인 콘관입시험 결과이다.

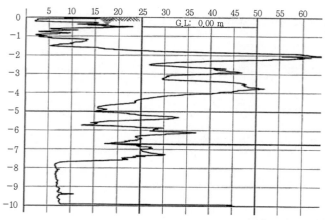

그림 13.19 Kempton Park 자갈층을 관통하는 Twickenham 현장의 대표적 콘관입시험 결과

콘관입시험 결과는 시추공 내의 지층상태를 시각적으로 확인시켜주며 콘 저항값을 이용하여 말뚝설계를 직접 할 수 있도록 데이터를 제공한다. 지층의 형태는 런던 점토층 위에 대략 8m의 Kempton Park 자갈층이 위치하고 있다.

6본의 직경이 400mm, 길이가 6m인 연속오거말뚝의 설계는 4회의 콘관입시험 결과를 활용한다. 3가지 설계법들을 모두 고려하였다. 설계법 3은 현장시험에서 직접 얻을 수 없는 재료물성에 대한 부분계수를 요구하기 때문에 지반조사를 활용한 말뚝설계에는 적합하지 않는다. 설계법 1에서는 BS EN 1997-1에 대한 영국 국가부속서에서 추천한 상관계수와 부분계수를 사용하여 재해석을 하였다.

예제 13.4 주석

❶ 4회의 콘관입시험을 실시하여 평균 주면 및 선단저항력을 산출하였다. 주면과 선단저항력을 산출하기 위해 표준절차를 사용하였다.

❷ 영구 및 변동하중에 사용하는 부분계수는 EN 1997-1의 부록 A에 규정되어 있다.

❸ 4개의 지반단면에 대한 상관계수는 EN 1997-1의 부록 A에 규정되어 있다. 상관계수는 데이터의 평균과 최솟값에 적용된다.

❹ 상관계수는 임계결과를 도출하는 것이 최소 또는 평균값인지를 확인 시키기 위해 전체 말뚝저항력에 적용된다. 이 경우에는 최솟값이 좌우한다.

❺ 최솟값이 임계값이라 설정하였으므로 연속오거말뚝에 대하여 주면과 선단에 부분계수를 적용할 수 있도록 선단과 주면성분을 구분할 필요가 있다.

❻ DA1에서는 DA1-2가 좌우하고 말뚝이 약간 과다 설계될 수 있다고 하였다. DA2와 DA3는 비슷한 이용률을 산출하였다.

❼ DA2는 주면과 선단에 작은 부분계수를 적용하며 동시에 하중에도 부분계수를 적용한다. 최종 결과는 DA1-1보다 약간 더 부담되는 상황이 도출된다.

❽ 영국 국가부속서는 EN 1997-1의 부록 A보다 더 부담되는 상관계수를 제공한다. 여전히 최소 유도 저항값이 설계를 좌우한다.

❾ 연속오거말뚝에 대한 영국 국가부속서의 부분저항계수는 EN 1997-1의 부록 A에서 제시된 계수값보다 크다.

❿ 영국 국가부속서에서 설계는 BS EN 1997-1의 요구조건을 약간 초과하지만 101%의 이용률에서 설계가 만족되는 것으로 간주될 것이다.

예제 13.4

콘관입시험에 의한 연속오거말뚝의 설계 강도의 검증(GEO 한계상태)

설계상황

런던 Twickenham 현장에 시공된 4본의 연속오거말뚝의 설계를 검토하였다. 현장의 지반상태는 조밀하다가 느슨해지는 자갈질 모래지반이다. 현장에서 콘관입시험을 8m 깊이까지 실시하였다. 콘관입시험에서의 한계 평균 단위주면저항력(P_s) 및 한계 단위선단저항력(P_b)은 다음과 같이 추정되었다.

$$P_s = \begin{pmatrix} 120kPa \\ 120kPa \\ 100kPa \\ 120kPa \end{pmatrix}, \qquad P_b = \begin{pmatrix} 2800kPa \\ 3000kPa \\ 2000kPa \\ 3000kPa \end{pmatrix}$$

영구하중 $F_{Gk} = 2100kN$ 및 변동하중 $F_{Qk} = 750kN$을 지지하기 위해서는 직경(D) $= 400mm$, 길이(L) $= 6m$인 $N = 6$ 본의 군말뚝이 필요하다. 철근콘크리트의 단위중량 $\gamma_{ck} = 25kN/m^3$이다(EN 1991-1-1 표 A.1 참조).

설계법 1
하중과 하중의 영향

말뚝의 자중 $W_{Gk} = \left(\dfrac{\pi \times D^2}{4} \right) \times L \times \gamma_{ck} = 18.8kN$

$\begin{pmatrix} A1 \\ A2 \end{pmatrix}$에서 부분계수: $\gamma_G = \begin{pmatrix} 1.35 \\ 1 \end{pmatrix}$, $\gamma_Q = \begin{pmatrix} 1.5 \\ 1.3 \end{pmatrix}$ ❷

각 말뚝에 작용하는 전체 설계 하중

$$F_{cd} = \frac{\gamma_G \times (F_{Gk} + W_{Gk}) + \gamma_Q \times F_{Qk}}{N} = \begin{pmatrix} 664 \\ 516 \end{pmatrix} kN$$

계산 주면저항력

콘관입시험 횟수 $n = 4$

계산 주면저항력 $R_s = \pi \times D \times L \times p_s = \begin{pmatrix} 905 \\ 905 \\ 754 \\ 905 \end{pmatrix} kN$

평균 계산 주면저항력 $R_{s,mean} = \dfrac{\sum R_s}{n} = 867kN$

최소 계산 주면저항력 $R_{s,mean} = \min(R_s) = 754kN$

계산 선단저항력

계산 선단저항력 $R_b = \left(\dfrac{\pi \times D^2}{4} \right) \times p_b = \begin{pmatrix} 352 \\ 377 \\ 251 \\ 377 \end{pmatrix} kN$

평균 계산 선단저항력 $R_{b,mean} = \dfrac{\sum R_b}{n} = 339kN$

최소 계산 선단저항력 $R_{b,mean} = \min(R_b) = 251kN$

계산 전체 저항력

평균 계산 전체 저항력 $R_{t,mean} = R_{s,mean} + R_{b,mean} = 1206kN$

최소 계산 전체 저항력 $R_{t,min} = R_{s,min} + R_{b,min} = 1005kN$

특성저항력

평균 측정저항력에 대한 상관계수 $\xi_3 = 1.31$ ❸

최소 측정저항력에 대한 상관계수 $\xi_4 = 1.20$ ❸

약한말뚝에서 강한말뚝으로 하중이 전이되는 군말뚝에 대해(§7.6.2.2.(9)), ξ를 1.1로 나눌 수 있으나 ξ_3은 1.0 이하가 되어서는 안 된다.

따라서 $\xi_3 = \max\left(\dfrac{\xi_3}{1.1}, 1.0 \right) = 1.19$, $\xi_4 = \dfrac{\xi_4}{1.1} = 1.19$

계산 전체 저항력 $\dfrac{R_{t,mean}}{\xi_3} = 1013kN$, $\dfrac{R_{t,min}}{\xi_4} = 922kN$ ❹

그러므로 특성저항력은 이 중 최솟값으로 한다.

특성 주면저항력 $R_{sk} = \dfrac{R_{s,\min}}{\xi_4} = 691kN$ ❺

특성 선단저항력 $R_{bk} = \dfrac{R_{b,\min}}{\xi_4} = 230kN$ ❺

설계 저항력

$\begin{pmatrix} R1 \\ R4 \end{pmatrix}$에서 부분계수: $\gamma_s = \begin{pmatrix} 1 \\ 1.3 \end{pmatrix}$, $\gamma_b = \begin{pmatrix} 1.1 \\ 1.45 \end{pmatrix}$ ❺

설계 저항력 $R_{cd} = \dfrac{R_{sk}}{\gamma_s} + \dfrac{R_{bk}}{\gamma_b} = \begin{pmatrix} 901 \\ 691 \end{pmatrix} kN$

압축저항력의 검증

이용률 $\Lambda_{GEO,1} = \dfrac{F_{cd}}{R_{cd}} = \begin{pmatrix} 74 \\ 75 \end{pmatrix}\%$ ❻

이용률 > 100%인 경우, 이 설계는 허용할 수 없다.

설계법 2
하중과 하중의 영향

A1에서 부분계수: $\gamma_G = 1.35$, $\gamma_Q = 1.5$ ❷

각 말뚝에 작용하는 전체 설계하중

$$F_{cd} = \dfrac{\gamma_G \times (F_{Gk} + W_{Gk}) + \gamma_Q \times F_{Qk}}{N} = 664kN$$

설계 저항력

특성 주면 및 선단저항력은 DA1과 동일하다.

A1에서 부분계수 $\gamma_s = 1.0$, $\gamma_b = 1.1$ ❼

설계 저항력 $R_{cd} = \dfrac{R_{sk}}{\gamma_s} + \dfrac{R_{bk}}{\gamma_b} = 838kN$

압축저항력의 검증

이용률 $\Lambda_{GEO,2} = \dfrac{F_{cd}}{R_{cd}} = 79\%$ ❻

이용률 > 100%인 경우, 이 설계는 허용할 수 없다.

설계법 3
하중과 하중의 영향

A1에서 부분계수: $\gamma_G = 1.35$, $\gamma_Q = 1.5$ ❷

각 말뚝에 작용하는 전체 설계하중

$$F_{cd} = \frac{\gamma_G \times (F_{Gk} + W_{Gk}) + \gamma_Q \times F_{Qk}}{N} = 664kN$$

특성저항력

M2의 부분계수들은 재료물성에 적용해야 하지만 계수를 적용할 재료물성이 없으므로 계수 $\gamma_\phi = 1.25$를 저항력에 적용한다. 저항력은 최소 계산저항력에 좌우된다(설계법 1 및 설계법 2 참조).

특성 주면저항력 $R_{sk} = \dfrac{R_{s,\min}}{\xi_4 \times \gamma_\varphi} = 553kN$

특성 선단저항력 $R_{bk} = \dfrac{R_{b,\min}}{\xi_4 \times \gamma_\varphi} = 184kN$

설계 저항력

R3에서 부분계수: $\gamma_s = 1$, $\gamma_b = 1$

설계 저항력 $R_{cd} = \dfrac{R_{sk}}{\gamma_s} + \dfrac{R_{bk}}{\gamma_s} = 737kN$

압축저항력의 검증

이용률 $\Lambda_{GEO,3} = \dfrac{F_{cd}}{R_{cd}} = 90\%$ ❻

이용률 > 100%이면 이 설계는 허용할 수 없다.

BS EN 1997-1의 영국 국가부속서에 의한 설계

특성저항력

평균 측정저항력에 대한 상관계수 $\xi_3 = 1.38$ ❽

최소 측정저항력에 대한 상관계수 $\xi_4 = 1.29$ ❽

약한말뚝에서 강한말뚝으로 하중이 전이되는 무리말뚝에 대해(§7.6.2.2.(9))
ξ를 1.1로 나눌 수 있으나 ξ_3은 1.0 이하로 작아져서는 안 된다.

그러므로 $\xi_3 = \max\left(\dfrac{\xi_3}{1.1}, 1.0\right) = 1.25$, $\xi_4 = \dfrac{\xi_4}{1.1} = 1.17$

평균 계산저항력 $\dfrac{R_{t,mean}}{\xi_3} = 961.6kN$

최소 계산저항력 $\dfrac{R_{t,\min}}{\xi_4} = 857kN$ ❹

특성저항력은 최솟값이어야 하므로

특성 주면저항력 $R_{sk} = \dfrac{R_{s,\min}}{\xi_4} = 643kN$

특성 선단저항력 $R_{bk} = \dfrac{R_{b,\min}}{\xi_4} = 214kN$

설계 저항력

$\begin{pmatrix} R1 \\ R4 \end{pmatrix}$에서 부분계수: $\gamma_s = \begin{pmatrix} 1 \\ 1.6 \end{pmatrix}$, $\gamma_b = \begin{pmatrix} 1 \\ 2 \end{pmatrix}$ ❾

설계 저항력 $R_{cd} = \dfrac{R_{sk}}{\gamma_s} + \dfrac{R_{bk}}{\gamma_s} = 737kN$

압축저항력의 검증

이용률 $\Lambda_{GEO,1} = \dfrac{F_{cd}}{R_{cd}} = \begin{pmatrix} 77 \\ 101 \end{pmatrix}\%$ ❿

이용률 > 100%인 경우, 이 설계는 허용할 수 없다.

13.14.5 말뚝 항타공식의 최종관입량에 의한 설계

예제 13.5는 항타공식에서 일반적으로 사용되는 최종관입량에 의해 콘크리트 항타말뚝이 유로코드 7에 따라 어떻게 설계되는지를 검토하였다.

기존 학교건물의 시설개선을 위해 5층의 신축 강의동이 필요하게 되었다. 기존의 학교건물에 대한 항타말뚝설계의 세부사항은(정재하시험결과 포함) 활용이 가능하다. 신축 강의동도 비슷한 항타말뚝에 의해 지지되도록 계획되었다. 말뚝의 최종관입량 측정은 말뚝이 적정한 저항값과 침하거동을 갖고 있다는 것을 입증하는 데 사용될 것이다.

선행공사에서는 말뚝시험[21]에 대한 Hiley 공식[20]이 적정하게 보정되어 사용되었다. 본 예제의 말뚝은 길이 12m, 폭 300mm의 사각 콘크리트 말뚝이고 16본의 무리말뚝으로 구성되어 있다. 설계법 1과 2가 검토되었다(설계법 3은 항타공식에 사용하기에는 적합하지 않다). BS EN 1997－1에 대한 영국 국가부속서에 제시된 수정상관계수의 사용에 대한 영향도 검토되었다.

예제 13.5 주석

❶ 최종관입량 6mm는 본 예제에서 임의로 가정하였다.

❷ 에너지전이 공식은 업계에서 사용하는 표준방법이다.

❸ Hiley 공식은 업계에서 사용하는 많은 항타공식 중 하나이다. Hiley 공식은 다른 공식들보다 해머의 거동을 규정하는 데 필요한 변수를 적게 사용하는 간편식이다.

❹ EN 1997－1 부록 A에서 규정한 상관계수는 15~20회의 말뚝시험에 대한 결과이다.

❺ EN 1997－1의 요구조건에 근거한 말뚝시험결과 는설계법 1을 완전히 만족시키지 않는 것으로 나타났으나 이용률이 102%이면 설계를 만족시키는 것으로 간주된다. 주의: 전통적으로 안전율 2.0은 항타공식으로부터 안전한 지지력을 구하는 데 자주 사용되었다. 등가 범용안전율 2.34가 설

계법 1의 계산에 내재되어 있다(최소저항력 1875kN/특성 전체 작용하중 800kN=2.34)

❻ DA1-1과 같이 DA2에서도 설계하중이 계산된다.

❼ DA2는 이용률이 111%로 설계기준을 만족하지 못하는 것으로 나타났다.

❽ EN 1997-1에 대한 영국 국가부속서에서는 EN 1997-1의 부록 A보다 큰 상관계수가 주어지므로 특성 및 설계저항값은 감소된다.

❾ 영국 국가부속서에서 DA1의 이용률은 100%보다 훨씬 크기 때문에 타격당 최종 관입량이 6mm이면 설계를 만족시키지 못한다는 것을 의미한다. 설계를 만족시키려면 최종 관입량은 더 작아야 하며 이 경우 2.0보다 훨씬 큰 전체 안전율을 사용하는 것과 같다. 그러나 말뚝의 성능을 예측하기 위한 항타공식의 신뢰도가 낮기 때문에 현재의 관행상 전체 안전율 2.0을 채택하는 것은 지나치게 낙관적이라고 할 수 있다.

❿ 선단과 주면성분을 분리함으로써 더 작은 이용률이 산정될 수 있지만 여전히 허용값보다는 이용률이 크다. 또한 항타공식으로 선단과 주면 지지력 비율을 구분하는 것도 기술적으로 가능하지 않아서 실제로 감소된 계수를 사용할 수 없다.

예제 13.5

말뚝 항타공식의 최종관입량에 의한 설계 강도의 검증(한계상태 GEO)

설계상황

5층의 신축 강의동에 대한 말뚝 설계에 대해 검토하였다. 지반조사 결과, 지반조건은 기존의 학교건물 하부의 지층분포와 유사한 것으로 나타났다. 기존 건물들은 항타 콘크리트 말뚝에 의해 지지되고 있으며 말뚝은 Hiley 항타공식에 의해 설계되었고 정재하시험으로 지지력을 확인하였다.

긴축 강의동은 길이 $L=12m$, 폭 $B=300mm$의 사각 콘크리트말뚝에 의해 지지된다. 전체 말뚝 수 $N=16$, 특성 영구하중 $F_{Gk}=600kN$, 특성 변동하중 $F_{Qk} = 200kN$을 지지해야 한다.

드롭해머는 무게 $W = 50kN$, 낙하고 $h = 500mm$, 효율 $e = 90\%$로 최종관입량이 $6mm$가 될 때까지 항타하는 데 사용된다. 말뚝과 지반의 일시적인 전체 압축량은 $C = 12mm$로 추정되었다. ❶

설계법 1

하중과 하중의 영향

말뚝의 자중은 무시한다.

특성 전체 하중 $F_{ck} = F_{Gk} + F_{Qk} = 800kN$

$\binom{A1}{A2}$에서 부분계수: $\gamma_G = \binom{1}{1.6}$, $\gamma_Q = \binom{1}{2}$

각 말뚝에 작용하는 전체 설계하중 $F_{cd} = \gamma_G F_{Gk} + \gamma_Q F_{Qk} = \binom{1110}{860}kN$

측정 저항력

드롭해머로부터 각 말뚝에 전이된 에너지

$$E = W \times h \times e = 22500kNmm \quad ❷$$

말뚝의 저항력을 산정하기 위해 Hiley 공식을 사용

$$R_{cm} = \frac{E}{\left(S + \dfrac{C}{2}\right)} = 1875kN \quad ❸$$

모든 말뚝은 최종관입량 6mm까지 시공되는 것으로 가정한다.

평균 저항력 $R_{cm,mean} = R_{cm} = 1875kN$

최소 저항력 $R_{cm,min} = R_{cm} = 1875kN$

특성저항력

평균 측정저항력에 대한 상관계수 $\xi_5 = 1.42$ ❹

최소 측정저항력에 대한 상관계수 $\xi_6 = 1.25$ ❹

이 상관계수들은 모델 계수 $\gamma_{Rd} = 1.2$

타격 시 의사–탄성(quais-elastic) 말뚝머리 변형량을 측정하지 않고 항타공식을 사용할 때에는 앞의 상관계수에 모델 계수 $\gamma_{Rd} = 1.2$를 곱한다.

따라서 $\xi_5 = \xi_5 \times \gamma_{Rd} = 1.70$, $\xi_6 = \xi_6 \times \gamma_{Rd} = 1.50$

평균 측정 저항력을 상관계수로 나누면 $\dfrac{R_{cm,mean}}{\xi_5} = 1100 kN$

최소 측정 저항력을 상관계수로 나누면 $\dfrac{R_{cm,mean}}{\xi_6} = 1250 kN$

특성저항력 $R_{ck} = \min\left(\dfrac{R_{cm,mean}}{\xi_5}, \dfrac{R_{cm,min}}{\xi_6}\right) = 1100 kN$

설계 저항력

$\binom{R1}{R4}$에서 부분계수: $\gamma_t = \binom{1}{1.3}$

설계 저항력 $R_{cd} = \dfrac{R_{ck}}{\gamma_t} = \binom{1100}{846} kN$

압축저항력의 검증

이용률 $\varLambda_{GEO,1} = \dfrac{F_{cd}}{R_{cd}} = \binom{101}{102}\%$ ❺

이용률 > 100%인 경우, 이 설계는 허용할 수 없다.

설계법 2
하중과 하중의 영향
특성전체하중은 설계법 1과 같다.

A1에서 부분계수: $\gamma_G = 1.35$, $\gamma_Q = 1.5$

각 말뚝에 작용하는 설계 전체 하중 $F_{cd} = \gamma_G F_{Gk} + \gamma_Q F_{Qk} = 1110 kN$ ❻

특성저항력
특성저항력은 설계법 1과 같다.

설계 저항력

R2에서 부분계수: $\gamma_t = 1.1$

설계 저항력 $R_{cd} = \dfrac{R_{ck}}{\gamma_t} = 1000 kN$

압축저항력의 검증

설계값 $F_{cd} = 1110 kN$, $R_{cd} = 1000 kN$

이용률 $\Lambda_{GEO,3} = \dfrac{F_{cd}}{R_{cd}} = 111\%$ ❼

이용률 > 100%인 경우, 이 설계는 허용할 수 없다.

설계법 3

설계법 3은 항타공식을 사용한 말뚝설계에는 적용할 수 없다.

BS EN 1997−1의 영국 국가부속서를 이용한 설계

영국 국가부속서에서는 말뚝의 저항력을 검증하는 데 사용하는 저항계수
와 상관계수를 둘 다 변경한다. 다른 모든 계수는 EN의 값을 그대로 사용
한다.

측정 저항력

측정저항력은 앞의 계산과 같다.

특성저항력

평균 측정 저항력에 대한 상관계수 $\xi_5 = 1.57$ ❽

최소 측정 저항력에 대한 상관계수 $\xi_6 = 1.44$ ❽

타격 시 의사−탄성 말뚝머리 변형량을 측정하지 않고 항타공식을 사용
할 때에는 앞의 상관계수에 모델 계수 $\gamma_{Rd} = 1.2$를 곱한다. 따라서 $\xi_5 =$
$\xi_5 \times \gamma_{Rd} = 1.88$, $\xi_6 = \xi_6 \times \gamma_{Rd} = 1.73$

평균 측정 저항력을 상관계수로 나누면 $\dfrac{R_{cm,mean}}{\xi_5} = 995kN$

최소 측정 저항력을 상관계수로 나누면 $\dfrac{R_{cm,\min}}{\xi_6} = 1085kN$

특성저항력 $R_{ck} = \min\left(\dfrac{R_{cm,mean}}{\xi_5},\ \dfrac{R_{cm,\min}}{\xi_6}\right) = 995kN$

설계 저항력

$\begin{pmatrix} R1 \\ R4 \end{pmatrix}$ 에서 부분계수: $\gamma_t = \begin{pmatrix} 1 \\ 1.5 \end{pmatrix}$

설계 저항력 $R_{cd} = \dfrac{R_{ck}}{\gamma_t} = \begin{pmatrix} 995 \\ 663 \end{pmatrix} kN$

압축저항력의 검증

이용률 $\varLambda_{GEO,1} = \dfrac{F_{cd}}{R_{cd}} = \begin{pmatrix} 112 \\ 130 \end{pmatrix}\%$ ❾

이용률 > 100%인 경우, 이 설계는 허용할 수 없다.

특성저항력의 50%가 주면마찰력이라고 가정하면($\chi = 50\%$) 설계 저항력

$R_{cd} = \chi\left(\dfrac{R_{ck}}{\gamma_s}\right) + (1-\chi)\left(\dfrac{R_{ck}}{\gamma_b}\right) = \begin{pmatrix} 995 \\ 715 \end{pmatrix} kN$

이용률 $\varLambda_{GEO,1} = \dfrac{F_{cd}}{R_{cd}} = \begin{pmatrix} 112 \\ 120 \end{pmatrix}\%$ ❿

이용률 > 100%인 경우, 이 설계는 허용할 수 없다.

13.15 주석 및 참고문헌

1. Fleming, W.G.K., Weltman, A.J., Randolph, M.F., and Elson, W.K. (1992) *Piling Engineering* (2nd edition), Glasgow: Blackie & Son Ltd., 390pp.

2. Institution of Civil Engineers (2007) *ICE specification for piling and embedded retaining walls* (known as SPERW).

3. ISSMFE Subcommittee on Field and Laboratory Testing (1985), 'Axial Pile Loading Test, Suggested Method', *ASTM Journal*, pp.79~90.

4. BS EN ISO 22477, Geotechnical investigation and testing-Testing of geotechnical structures, British Standards Institution.
   Part 1: Pile load test by static axially loaded compression.
   Part 2: Pile load test by static axially loaded tension.
   Part 3: Pile load test by static transversely loaded tension.

5. Institution of Civil Engineers (2007), ibid.

6. Federation of Piling Specialists (2006), Handbook on pile load testing, Beckenham, Kent: Federation of Piling Specialists.

7. ASTM Designation D 4945, Standard Test Method for High-Strain Dynamic Testing of Piles.

8. See, for example, Frank, R., Bauduin, C., Kavvadas, M., Krebs Ovesen, N., Orr, T., and Schuppener,B. (2004) *Designers' guide to EN 1997-1: Eurocode 7: Geotechnical design-General rules*, London: Thomas Telford.

9. Driscoll, R.M.C., Powell ,J.J.M., and Scott, P.D. (2008, in preparation) EC7-*implications for UK practice*, CIRIA RP701.

10. Fleming et al., ibid., p.212.

11. BS 8004: 1986, Code of practice for foundations, British Standards Institution.

12. Burland, J.B., Broms, B.B., and de Mello, V.F. (1977) 'Behaviour of foundations and structures', *9th Int. Conf. on Soil Mechanics and Fdn Engng*, Tokyo, 2, pp.495~547.

13. Tomlinson, M.J. (1994) *Pile design and construction practice*, E & FN Spon.

14. Bowles, J.E. (1997) *Foundation analysis and design*, McGraw-Hill.

15. Lord, J.A., Clayton C.R.I., and Mortimore, R.N. (2002) *Engineering in chalk*, CIRIA Report C574.

16. Viv Troughton (pers. comm., 2008).

17. London District Surveyors' Association (1999), *Guidance notes for the design of straight shafted bored piles in London Clay*.

18. Data kindly provided by Stent Foundations (pers. comm., 2007).

19. Data kindly provided by CL Associates (pers. comm., 2007).

20. Hiley, A. (1930), 'Pile−driving calculations with notes on driving forces and ground resistances', *The Structural Engineer*, 8, pp.246~259 and 278~288.

21. Data kindly provided by by Aarslef Piling (pers. comm., 2008).

CHAPTER 14

앵커 설계

14 앵커 설계

앵커 설계는 유로코드 7 Part 1의 8절에서 다루며 목차는 다음과 같다.

§8.1 일반(12 단락)

§8.2 한계상태(1)

§8.3 설계상황 및 하중(2)

§8.4 설계 및 시공 시 고려사항(15)

§8.5 극한한계상태 설계(10)

§8.6 사용한계상태 설계(6)

§8.7 적합성시험(4)

§8.8 확인시험(3)

§8.9 감독 및 모니터링(1)

EN 1997−1의 8절은 프리스트레스 및 비(non)−프리스트레스 앵커(임시 및 영구 앵커)에 적용되는데 옹벽구조물의 지지, 비탈면, 굴착 및 터널의 안정화, 구조물 융기에 대한 저항을 목적으로 사용된다. 8절은 앵커 구조물에 사용되는 인장말뚝에는 적용되지 않는다.   [EN 1997−1 § 8.1.1(1)P]

앵커는 탠던 자유길이(전체적인 구조물 안정성 확보를 위해 설계됨)와 정착 길이(주변지반에 인장력을 전달하기 위해 설계됨)로 구성되어 있는 구조물 이다. 프리스트레스 앵커에서 정착 길이는 그라우트에 의해 지반에 부착된 탠덤 부착길이이다. 비−프리스트레스 앵커에서 정착력은 데드맨 앵커, 스크류 앵커 또는 록볼트에 의해 제공된다.

앵커는 앵커두부와 앵커체로 구성되는 구조물이다. 앵커두부(너트, 플랫와 셔, 플레이트, 스터드, 볼트헤드로 구성)는 구속력을 구조물에 전달한다.

8절에서 제시된 원칙과 적용규칙은 그라우트 앵커에 대한 것이란 점을 명심해야 한다. 데드맨 앵커, 스크류 앵커 및 록볼트에 대한 것은 이차적인 관심사항이다. EN 1997-1의 8절에서는 소일네일링의 설계를 다루지 않는다는 것을 명백하게 언급하고 있다.

14.1 앵커 설계를 위한 지반조사

유로코드 7 Part 2의 부록 B.3에서는 주요 지반구조물의 조사심도에 대한 개략적인 지침은 제시하였으나 앵커 설계를 위한 지반조사간격이나 조사심도에 대한 직접적인 지침은 제시하지 않았다.

앵커는 비탈면, 옹벽, 지하실 바닥등과 같이 다른 구조물과 함께 사용되므로 조사범위는 앵커가 안정화를 돕는 구조물에 의해서 결정된다. 앵커의 전 길이에 대해 지반물성이 조사되어야 하며 인발저항도 적절하게 평가되어야 한다.

EN 1537[1]에서 앵커 설계의 지반조사에 대한 몇 가지 지침을 제시하고 있지만 유로코드 7 Part 2.2에 제시된 권고사항에서 새롭게 추가된 내용은 거의 없다.[2] 앵커의 장기적인 성능은 주로 부식에 의해 좌우되기 때문에 지반의 부식가능성 및 표류전류(stray electric current)의 존재는 매우 중요하다. 또한 앵커는 수평에 가까운 경사상태로 시공되기 때문에 수평방향뿐만 아니라 현장 경계면 밖의 지반조건도 관심대상이 될 수 있다.

14.2 설계상황 및 한계상태

그림 14.1에서는 앵커의 성능이 설계의 중요한 요소인 경우에 대해 설명하고 있다. 그림의 왼쪽에서 오른쪽으로 (상부)옹벽이나 활동파괴면을 지탱하기 위한 앵커; (중간)융기에 대해 저항하거나 풍력발전기를 지탱하기 위한 앵커; (하부)쐐기 파괴가능성이 있는 암반을 고정하기 위한 앵커다.

앵커의 한계상태에는 앵커 텐던 또는 앵커 헤드의 구조적인 파괴, 앵커 헤드의 부식 또는 뒤틀림, 텐던 또는 주변지반과 그라우팅 경계면의 파괴, 앵커와 관련된 구조물을 포함, 지반의 불안정, 크리프, 이완, 또는 앵커두부의 과도한 변형에 의한 앵커력의 손실 등이 포함된다. [EN 1997-1 § 8.3(1)P]

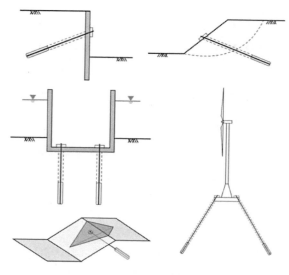

그림 14.1 앵커의 한계상태 예

14.3 설계의 기본

현재 앵커 설계에 대한 지침은 EN 1997-1과 EN 1537[3]으로 구분된다(그라운드 앵커에 대한 실행표준-제15장 참조). 유감스럽게 이 지침의 일부는 서로 충돌한다. 더욱이 EN 1537의 앵커에 대한 시험조건은 ISO EN 22477-5[4]의 시험범위와 중복이 된다(앵커에 대한 표준 지반조사 및 시험-제4장 참조). 관련 CEN 기술위원회에서는 설계관련 내용들을 EN 1537에서 EN 1997-1로 시험관련 내용들은 ISO EN 22477-5로 이동시키고 EN 1537에서는 실행과 관련된 것만을 다루는 것을 고려하고 있다. 그러나 영국 기술자들은 실행과 시험을 분리하는 것은 좋지 않은 생각이며 BS 8081[6]에서 채택된 것과 같이 실행과 시험을 통합적으로 고려하는 것을 선호한다.[5]

상기의 관점에서 볼 때 다음에 논의되는 내용은 앵커가 유로코드 7으로 설계되어야 하는 이유에 대한 잠정적인 합의를 제시하며 상호충돌이 존재하는 영역은 향후 코드 발간 시 해결할 필요가 있다는 점을 강조하고 있다. 본 해설서는 앵커 설계에 대한 완벽한 지침을 제공하지 않으므로 독자들은 이 주제에 대해 설명이 잘 되어 있는 교제를 참조해야 한다.[7]

앵커의 설계 인발저항력 $R_{a,d}$는 다음 부등식을 만족해야 한다.

$$P_d \leq R_{a,d}$$

여기서 P_d는 앵커의 설계하중, 즉 옹벽의 극한한계상태 검증(P_{ULS}) 및 사용한계상태 검증에서 유도된 값(P_{SLS}) 중 큰 값,　　　[EN 1997-1 § 8.5.5(1)P]

$$즉 \; P_d = \max(P_{ULS}, P_{SLS})$$

앵커로 보강된 옹벽의 극한한계상태 검증에서 유도된 앵커력(P_{ULS})이 앵커가 지탱할 수 있는 최대하중 인지에 대한 약간의 논쟁이 있다. 극한한계상태에서 옹벽배면에 작용하는 토압은 극한주동(K_a)값에 근접하며 옹벽전면에 작용하는 토압은 극한수동(K_p)값에 근접한다.

어떤 경우, 사용한계상태하중 P_{SLS}이 P_{ULS}와 유사한 크기를 갖거나 큰 경우도 있다. 사용한계상태에서는 옹벽배면에 작용하는 토압, 특히 단단한 지반에 시공된 강성벽체에 작용하는 토압은 현장상태(K_0)에 가까운 상태가 될 수 있다. 왜냐하면 K_0 값은 K_a에 비해 훨씬 크기 때문에 P_{ULS}와 P_{SLS}가 유사한 크기를 갖는 것이 가능하다.

옹벽안정의 극한상태 계산에서 구한 P_{ULS} 값은 반드시 하중계수 γ_G를 포함하는데 설계법 1[†]과 2에서는 1.35, 그리고 설계법 3에서는 1.0을 사용한다. 이것 때문에 설계법 3에 기초한 앵커 설계는 특히 P_{ULS}/P_{SLS}의 비가 1.1 – 1.2인 경우에는 신뢰성이 충분하지 않을 수 있다. (종종 지반 – 구조물 상호작용 모델을 사용하는 경우가 될 수 있음) Frank et al.[8]은 이것을 바로

---

† 조합하중 1, $\gamma_G = 1.35$ 및 조합하중 2, $\gamma_G = 1.0$.

잡기 위하여 P_{SLS}에 모델 계수 $\gamma_{Rd} = \gamma_G = 1.35$를 곱할 것을 권장하였다. 이때 앵커의 설계하중 P_d는

$$P_d = \max(P_{ULS}, \gamma_{Rd}P_{SLS})$$

유로코드 7 Part 1에서는 시험결과(14.5)와 계산결과(14.6)로부터 설계 인장저항력 $R_{a,d}$를 결정하기 위한 2가지 방법에 대해 다루고 있다.

유로코드 7 Part 1에는 앵커 시험에 관한 특별한 요구조건이 있다. 만약 앵커의 성능과 내구성이 문서화된 확실한 유사경험에 의해 입증되지 않는다면 앵커시스템은 조사시험을 통해 검증되어야 한다(14.4.1 참조). 그라우팅된 스크류 앵커의 특성 인발저항력 $R_{a,k}$는 적합성 시험을 통해 결정되어야 한다 (14.4.2 참조). 그라우팅된 모든 앵커는 확인시험을 해야 한다(14.4.3 참조).

[EN 1997-1 § 8.4(8)P, (10)P, 및 8.8(1)P]

적합성시험은 특성 인발저항력을 결정하기 위한 것은 아니다. 중요한 차이점은 적합성시험에서 하중은 검증하중을 초과해서는 안 된다. 일반적으로 앵커는 여러 번의 반복하중을 받는다. 이 시험은 인장저항을 설정할 때 극한 또는 파괴조건에 대한 확실한 정보를 얻기 위한 것이 아니다.

앵커 설계에서 고려되어야 하는 계수에는 다음과 같은 것들이 포함된다. 앵커력의 각변위에 대한 허용오차와 다른 변형에 대한 허용력, 앵커에 사용되는 재료들의 변형성능 간의 적합성, 그리고 앵커를 통해 지반에 전달되는 인장응력의 역효과† 등이 포함된다. [EN 1997-1 § 8.4(1), (4)P, 및 (5)P]

앵커 시공에서 반드시 고려해야 하는 요소는 프리스트레스 텐던에 대한 검증 및 잠금하중의 적용, 필요한 경우, 프리스트레스 앵커의 응력제거 및 재응력; 저항력을 제공하는 지반과 아주 가까운 인접지반에 나쁜 영향이 발생되지 않도록 하는 것 등이 포함된다. [EN 1997-1 § 8.4(3)P 및 (6)P]

앵커의 부식보호를 위해서는 EN 1537⁹의 요구조건을 준수해야 한다.

---

† 탬팀과 그라우팅된 지반사이의 상대적 탄성 차이에 기인함. 정착길이 내에서 점진적으로 디-본딩 현상이 발생함.

14.4 앵커 시험

유로코드 7에서는 3가지 형식의 앵커 시험에 대해 다룬다. 즉 조사시험, 적합성 시험 및 확인시험에 대해 다루고 있다.

14.4.1 조사시험

조사시험(investigation test)은 '그라우트/지반경계면에서 앵커의 극한저항력을 확인하고 작업하중 범위에서 앵커의 특성을 결정하기 위한 하중시험'이다(이 정의는 EN 1537에서 주어진 것과 동일하다).   [EN 1997-1 § 8.1.2.5]

조사시험은 현장의 지반조건에서 앵커의 극한 인발저항력을 확정하고 시공자의 능력을 증명하며 새로운 앵커형식을 검증하기 위해 앵커시공 전에 시행된다. 조사시험은 과거에 유사한 지반조건에서 앵커가 사용되지 않았거나 과거시험에서 사용되었던 하중보다 더 큰 하중의 작용이 예상되는 경우에 시행된다.

유로코드 7은 시행해야 할 조사시험의 숫자에 관한 어떠한 권장값도 제시하지 않는다. 그러나 표준서의 초안[10]에는 적어도 임시앵커의 1%, 영구앵커의 2%는 '평가시험'을 해야 한다고 제시하고 있다. 여기서 평가시험이란 조사시험과 적합성시험을 포함하는 용어이다.

조사시험에서 사용된 앵커가 파괴 범위까지 하중을 받은 경우에는 영구 앵커로 사용해서는 안 된다. 왜냐하면 실제 앵커에 걸리는 하중보다 더 큰 하중을 받은 시험 앵커의 경우, 텐던의 크기를 실제 사용하는 앵커보다 크게 증가시켜야 한다. 대안으로 조사시험에서는 짧은 고정단을 가진 앵커를 사용할 수 있다. 보정계수는 고정단 내에서 점진적인 디-본딩을 설명하는 데 적용될 수 있다.

조사시험에서 앵커는 파괴하중 R_a 또는 검증하중 P_p까지 하중을 가하는 데 다음 중 작은 값으로 제한한다(시험법 1과 2).

$$P_p \leq 0.8P_{t,k}, \ P_p \leq 0.95P_{t0.1,k}$$

또는 다음 중 작은 값(시험법 3)

$$P_p \leq 0.8P_{t,k}, \ P_p \leq 0.9P_{t0.1,k}$$

여기서 $P_{t,k}$는 텐던의 특성 인장하중 $P_{t0.1,k}$는 0.1% 변형에서의 특성 인장하중이다. 시험법 1-3 사이의 차이점은 제15장에 제시된 요약을 참조한다.

[EN 1537 § 9.5]

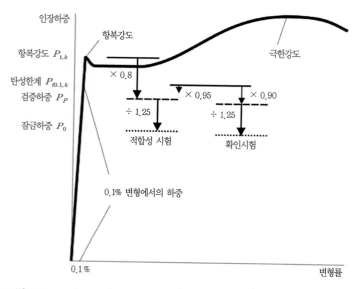

그림 14.2 프리스트레스 앵커의 하중-변형곡선에서 검증과 잠금하중의 결정

그림 14.2는 텐던의 인장 항복강도 $P_{t,k}$의 상대적 크기와 탄성한계하중 $P_{t0.1,k}$ 및 적용할 최대 검증하중 P_p와 잠금하중 P_0에 대해 보여 준다.

14.4.2 적합성 시험

적합성 시험(suitability test)은 특정 앵커 설계가 특정 지반조건에 적합한지를 확인하기 위해 현장에서 이루어지는 하중시험이다(이 정의는 EN 1537에서 주어진 것과 동일하다).   [EN 1997-1 § 8.1.2.4]

적합성 시험은 일반적으로 특정 앵커 설계가 적절한지 확인하기 위해 선정된 앵커에 대해 실시하고 있다. 시험의 목적은 크리프 특성, 탄성확장거동 및 시간에 따른 하중손실을 조사하는 것이다. 적합성 시험에 사용된 앵커는 시공앵커로 사용할 수 있다.

시공앵커와 동일한 조건으로 시공된 앵커에 대해 최소한 세 번의 적합성 시험†이 시행되어야 한다.   [EN 1997-1 § 8.7(2)]

적합성 시험에서 사용되는 검증하중 P_p는 다음 중 큰 값을 사용한다.

$$P_p \geq 1.25P_0, \ P_p \geq R_d$$

여기서 P_0는 잠금 하중, R_d는 설계에서 요구되는 설계 저항력(시험법 1과 2)에 대한 것으로 제한된다.

$$P_p \leq 0.95P_{t0.1,k}$$

또는(시험법 3)

$$P_p \leq 0.9P_{t0.1,k}$$

여기서 $P_{t0.1,k}$는 0.1% 변형에서 텐던의 특성 인장하중이다. 시험법 1–3 사이의 차이점은 제15장에 제시된 요약을 참조한다.

[EN 1537 § E.2.2, E.3.2, 및 E.4.2]

검증하중을 텐던의 특성 인장하중 $P_{t0.1,k}$의 90~95%로 제한한다는 조건은 P_p가 앵커의 설계 저항력 R_d보다 크거나 동일해야 된다는 조건과 상충된다. 이러한 충돌은 텐던의 인장강도 P_{tk}를 부분계수 γ_a로 나누어 R_d를 구하기 때문에 발생한다. 유로코드 7에서 γ_a 값은 1.1을 사용한다. 그러므로 R_d가 $P_{t0.1,k}$의 90~95%보다 클 가능성이 있다.

이러한 충돌을 해결하기 위해 CEN 기술위원회 250/SC7와 288에서 수정작업이 이루어지고 있다. 적합성 시험에서 앵커의 과도응력을 방지하기 위해

---

† EN 1537에서 'shall~할 것이다'.

검증하중은 R_d를 근거로 하지 않고 $P_{t0.1k}$의 90~95%로 제한할 것을 권장한다.

그림 14.2는 텐던 인장항복강도 $P_{t,k}$의 상대적인 크기, 그것의 한계상태 하중 $P_{t0.1k}$, 적용되어야 할 최대 검증하중 P_p와 잠금하중 P_0에 대해 보여 준다.

14.4.3 확인시험

확인시험(acceptance test)은 각각의 앵커가 설계요구조건을 만족하는지 확인하기 위해 현장에서 시행하는 하중시험이다(이 정의는 EN 1537에서 주어진 것과는 약간 다르다). [EN 1997-1 § 8.1.2.3]

확인시험은 검증하중 P_p를 유지할 수 있는지의 여부, 겉보기 텐던 자유장의 길이 결정, 잠금 하중이 설계수준에 있는지 확인 및 사용성 한계상태에서의 크리프 또는 하중손실 특성을 결정하기 위해 모든 시공 앵커에 대해 시행이 된다.

확인시험에서 적용되는 검증하중 P_p는 다음 식과 같다(시험법 1과 2).

$$1.25P_0 \leq P_p \leq 0.9P_{t0.1,k}$$

또는(시험법 3)

$$P_p = 0.125P_0 \quad \text{또는} \quad P_p = R_d$$

여기서 P_0은 잠금하중, $P_{t,k}$는 텐던의 특성 인장하중, $P_{t0.1,k}$는 0.1%변형에서 특성 인장하중 및 R_d는 앵커의 설계 요구저항력이다. 시험법 1-3 사이의 차이점은 제15장에 제시된 요약을 참조한다.

[EN 1537 § E.2.3, E.3.3, 및 E.4.3]

그림 14.2는 텐던 인장항복강도 $P_{t,k}$의 상대적 크기와 탄성한계하중 $P_{t0.1k}$, 적용되어야 할 최대 검증하중 P_p와 잠금하중 P_0에 대해 보여 준다.

EN 1997-1에서 권장하고 있는 저항계수를 사용하면(14.5.2 참조) 시험법 3을 이용한 확인시험에서 검증하중이 극한인발저항력에 도달할 수 있는데

이로 인해 앵커에 허용값 이상의 크리프가 발생할 수 있다. 이를 피하기 위해서 추가로 P_p 값을 제한할 것을 권장[11]하고 있다.

$$P_p \leq 1.15 P_{k,SLS}$$

이것은 검증하중 P_p가 적어도 앵커의 설계저항 R_d와 같아야 한다는 시험법 3의 요구조건과 충돌할 수 있다. 왜냐하면 앵커하중은 $1.15 P_{k,SLS}$보다 클 수 있기 때문이다. 이와 같은 충돌이 해결될 때까지 검증하중이 앵커의 설계저항력을 초과해야 한다는 요구조건을 무시할 것을 권장하고 있다.

14.5 시험에 의한 인발저항력

14.5.1 특성 인발저항력

그라우트 앵커의 특성 인발저항력은 다음 중 가장 작은 값이다(그림 14.3 참조).

- 그라우트와 지반 사이의 접착저항력(외적저항력, $R_{a,k}$)
- 그라우트와 텐던 사이의 접착저항력(내적저항력, $R_{i,k}$)
- 텐던의 인장력($P_{t,k}$)
- 앵커두부의 성능(capacity)

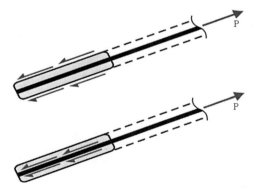

그림 14.3 앵커저항력: (상부)외적저항력, (하부)내적저항력

스크류 앵커나 록볼트와 같이 그라우팅을 하지 않은 앵커는 인장 캡에 의해 내적저항력이 부담되므로 내적저항력을 고려할 필요가 없다.

앵커 시험을 하는 동안 파괴는 가장 약한 부분에서 일어난다. 시험에 의한 설계에서는 어떤 파괴모드가 관련이 있는지 확인할 수 없다.

조사시험에서 특성 인발저항력 $R_{a,k}$를 구할 때(14.4.1 참조), 그 값은 다음 식으로 구한다.

$$R_{a,k} = \min(R_a, P_p)$$

여기서 R_a는 측정된 파괴하중, P_p는 시험에 적용된 최대 검증하중이다.

적합성 시험에서 특성 인발저항력 $R_{a,k}$를 구할 때(14.4.2 참조) 그 값은 다음 식으로 구한다.

$$R_{a,k} = \frac{P_p}{\xi_a}$$

여기서 P_p는 측정된 검증하중이며 ξ_a는 시행된 적합성시험 숫자에 대한 보정계수이다. 유로코드 7에서도 ξ_a에 대한 추천값을 제시하지 않았으며 EN 1997-1의 영국 국가부속서에서도 제시하지 않았다. ξ_a 값에 대해 과거에 제안된 값들을 다음 표에 요약하였다.

참고문헌	측정된 저항력(R_{am})에 대한 ξ_a	앵커 시험 횟수		
		1	2	> 2
ENV 1997-1[12]	평균($R_{am,mean}$)	1.5	1.35	1.3
	최소($R_{am,min}$)	1.5	1.25	1.1
설계자 지침[13]	평균($R_{am,mean}$)	1.2	–	1.1
	최소($R_{am,min}$)	1.2	–	1.05
EN 1997-1		값이 주어지지 않음		

향후 표준서가 개정되어 사용할 수 있는 적합한 값이 제시되기까지 적합성 시험을 기초로 앵커를 설계하는 것은 불가능 하다.

확인시험에서 특성 인발저항력 $R_{a,k}$는(14.4.3 참조) 다음 식으로 구한다.

$$R_{a,k} = P_p$$

여기서 P_p는 측정된 검증하중이다.

14.5.2 설계 인발저항력

앵커의 설계 인발저항력 $R_{a,d}$는 다음 식과 같다.

$$R_{a,d} = \frac{R_{a,k}}{\gamma_a}$$

여기서 $R_{a,k}$는 앵커의 특성 인발저항력, γ_a는 부분계수   [EN 1997-1 § 8.5.2]

그림 14.4는 앵커 설계에 사용되는 하중과 저항의 상대적인 크기를 보여 준다. 이 그림에서 앵커의 특성외적저항력 $R_{a,k}$는 텐던의 인장강도 P_{tk}에 의해서 주어진 내적저항력 $R_{i,k}$보다 크다고 가정한다.

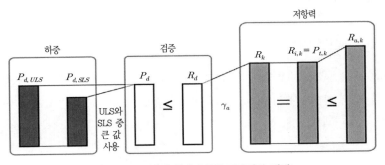

그림 14.4 앵커 설계에서의 파라미터 체계

프리스트레스 앵커에 대한 γ_a의 추천값은 EN 1997-1의 부록 A에 제시되었는데 다음 표와 같다. 설계법 1과 2에서 $\gamma_a = 1.1$, 설계법 3에서 $\gamma_a = 1.0$이다(제6장 설계법에 대한 토의 참조).

참고문헌	앵커		부분계수			
ENV 1997−1[14]	임시	γ_m				
	영구	γ_m				
EN 1537[15]	(모든)	γ_R				
EN 1997−1	부분계수 집합		R1	R2	R3	R4
	임시	$\gamma_{a,t}$	1.1	1.1	1.0	1.1
	영구	$\gamma_{a,p}$	1.1	1.1	1.0	1.1
	설계법		1~1	2	3	1~2

EN 1537에서 제시된 γ_a (γ_R 용어 사용)의 권장값은 1.35인데 이 값은 유로 코드 7에서 제시된 값과 다르다. 왜냐하면 유로코드 7에서는 채택된 설계법에 따라 $\gamma_a = 1.1$ 또는 1.0을 사용한다.

EN 1997−1의 영국 국가부속서에는 앵커 설계 시 $\gamma_a = 1.1$ 의 사용을 허용하지만 비−프리스트레스 앵커는 인장말뚝 또는 옹벽구조물 등과 일치하도록 큰 값을 사용해야 한다고 명시되어 있다.

14.6 계산에 의한 인발응력

표준서에서 적합한 방법이라 하는데도 불구하고 유로코드 7에서는 계산에 의한 앵커 설계법에 대한 지침을 제시하지 않았다. 아마도 계산 시에는 가능한 모든 파괴모드에 대해 고려할 필요가 있으며 극한이나 사용한계상태 검증에서 유도된 앵커의 설계하중과 비교할 필요가 있다. 앵커 설계에 대한 적합한 지침이 없는 경우, 시험에 기초하여 설계할 것을 권장한다.

14.7 핵심요약

유로코드 7에서 앵커를 설계하는 방식에는 약간의 혼란이 있다. 왜냐하면 설계규칙의 일부는 EN 1997−1을 책임지고 있는 위원회에 의해 개발되었고 일부는 실행표준 EN 1537에 대한 위원회에 의해 개발되었기 때문이다.

추가적인 복잡한 문제는 ISO EN 22477−5[16]에서 앵커에 대한 별도의 시험 기준을 도입할 계획을 갖고 있다는 점이다(제4장에서 논의함). 실무자들은 앵커의 설계와 시험 간의 밀접한 관계가 희석될 것이며 최악의 경우, 이러한 관계가 새로운 문제를 일으킬까 우려하고 있다.

유로코드 7 Part 1에서 적합성 시험결과를 처리하는 데 사용되는 상관계수의 권장값을 제시하지 못한 것은 당분간 조사 및 확인시험만을 가지고 앵커를 설계해야 한다는 것을 의미한다.

이미 EN 1997−1과 1537의 개정이 CEN 기술위원회에서 진행 중이므로 유로코드 7으로 앵커를 설계하기 전에 이들에 대한 개정판의 출판을 기다릴 것이 권고한다.

14.8 실전 예제

토류벽을 지지하기 위해 그라우트된 프리스트레스 앵커의 설계에 대하여 검토하였다(예제 14.1).

계산과정의 특정 부분은 ❶, ❷, ❸ 등으로 표시되어 있다. 여기서 숫자들은 각 예제에 동반된 주석을 가리킨다.

14.8.1 토류벽을 지지하는 그라우트 앵커

예제 14.1은 그림 14.5와 같이 토류벽을 지지하기 위한 앵커 설계를 검토하였다. 여기서 극한한계상태에 도달하지 않기 위해 필요한 앵커의 설계 저항력은 옹벽의 안정성 대한 별도의 계산을 통해 이미 알고 있는 것으로 가정한다(제12장 상세

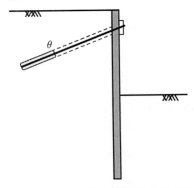

그림 14.5 토류벽을 지지하기 위한 앵커

계산법 참조).

앵커의 설계는 조사 및 적합성 시험에 의존하고 있다. 최종 설계 저항력은 확인시험에 의해 확인된다. 이들 시험에서 요구되는 검증하중과 잠금하중이 계산되어야 한다.

예제 14.1 주석

❶ EN 1537에서 요구한 대로 0.1%의 인장변형에서의 특성응력값은 텐던 강도에 기초하여 앵커의 성능을 평가하는 주요한 기준 중 하나이다.

❷ 그라우트/지반경계면에서 앵커저항력을 설정하기 위한 식은 BS 8081[17]에서 얻는다. 전통적인 설계에서는 앵커의 설계하중에 최소 3.0의 안전율이 적용되는 것이 일반적이다. 여기서는 대략 3.03을 적용한다.

❸ EN 1537에서 특성 앵커성능은 그라우트/그라우트 경계면 저항에 대하여 계산된 성능과 텐던의 인장성능 중에서 최솟값으로 해야 한다고 기술하고 있다. EN 1537에서는 텐던의 성능이 설계를 좌우한다는 것을 시사하고 있다.

❹ EN 1997-1과 1537은 다른 γ_a 값을 제시하고 있다. 이러한 차이점을 해결하기 위해 관련 CEN 기술위원회에서 개정작업이 진행 중이다.

❺ 조사시험에서는 일반적으로 시공 텐던보다 큰 직경의 텐던을 사용한다. 왜냐하면 파괴가 그라우트와 텐던 사이에서 일어나는지 또는 텐던 그 자체가 아닌 그라우트와 지반 사이에서 일어나는지를 확인하기 위해서다.

❻ EN 1537은 텐던 성능에 근거하여 시험하중에 대한 상한값을 제시하였다.

❼ 조사시험에서는 $580 kN$에서 파괴가 일어났는데(검증하중보다 작음) 이는 적어도 그라우트/지반경계면사이의 성능이 계산된 값인 $559 kN$만큼 크다는 것을 의미한다.

❽ EN 1537에서는 잠금하중 P_0로 $0.6 P_{tk}$의 최댓값을 사용할 것을 권장

하고 있다. 일반적으로 P_0는 P_{tk}의 40~60% 사이에 있다.

❾ EN 1537에서는 적합성시험에 한계값으로 3개 또는 그 이상의 시험에서 구한 상관계수와 결합하여 사용할 것을 권장하고 있다. EN 1997−1과 1537에서는 최소한 3개의 적합성시험을 시행할 것을 권장하고 있다.

❿ 만약 EN 1537의 γ_a 값을 사용하는 경우, 적합성시험 결과 앵커가 요구사항을 충족하지 않는 것으로 나타났다.

⑪ Frank et al.[18]등의 권장사항은−확인시험에서 검증하중은 $1.15R_{SLS}$를 초과해서는 안 된다. 여기서 R_{SLS}는 옹벽의 사용한계상태 계산에서 유도된 앵커 하중이다. − 여기에서는 채택하지 않았다.

예제 14.1

그라운드 앵커 강도의 검증(GEO)

설계상황

토류벽을 지지하기 위한 그라우트 앵커가 있다. 벽체의 안정성에 대한 별도의 계산결과, 사용한계상태에 도달하지 않기 위해서는 최소 $R_{d,SLS} = 121kN/m$, 극한한계상태에 도달하지 않기 위해서는 $R_{d,ULS} = 133kN/m$ 의 수평저항력이 필요한 것으로 나타났다.

정착장의 길이 $L = 4m$ 인 앵커가 특성전단저항각 $\phi_k = 35°$ 인 모래지반에 시공되었다. 앵커는 수평방향과 $\theta = 30°$ 의 경사로 시공되었으며 수평간격 $s = 1.2m$ 이다. 앵커의 굴착직경 $D = 133mm$ 이다. B 타입 앵커의 정착장 길이에 대한 전단응력을 구하기 위해 BS 8081에서 제시한 앵커에 대한 계수 $n_a = 150kN/m$ 이다.

앵커의 예비설계

설계법 1

하중과 하중의 영향

각각의 앵커가 지탱해야 하는 설계 축하중은 다음 식과 같다.

$$P_d = \max(R_{d,USL}, R_{d,SLS}) \times \frac{s}{\cos(\theta)} = 184.3kN$$

재료물성 및 저항력

시공된 앵커는 7연선의 다중앵커로 공칭직경 $d = 15.2mm$, 단면적 $165mm^2$, 특성 인장강도 $f_{pk} = 1820N/mm^2$, 0.1% 인장변형에서의 특성응력 $f_{p0.1k} = 1547N/mm^2$ 을 가지고 있다.

각 텐던의 특성 인장성능: $P_{tk} = f_{pk} \times A_t = 300kN$

0.1% 변형에서의 특성 인장응력: $P_{t0.1k} = f_{p0.1k} \times A_t = 255kN$

앵커의 특성 내적저항력: $R_{i,k} = p_{tk} = 300kN$

그라우트/그라우트 경계면에서의 특성 외적저항력은($D_{ref} = 0.1m$ 보링공에 대한 BS 8081 §6.2.4.2에 근거함):

$$R_{e,k} = L \times n_a \times \tan(\phi_k) \times \left(\frac{D}{D_{ref}}\right) = 559kN \ ❷$$

앵커의 특성저항력 $R_{a,k} = \min(R_{e,k}, R_{i,k}) = 300kN$ 이다. ❸

R4에서의 부분계수: $\gamma_a = 1.1$

설계 저항력: $R_{a,d} = \dfrac{R_{a,k}}{\gamma_a} = 273kN \ ❹$

그러나 EN 1537에서 부분계수를 활용하는 경우: $\gamma_R = 1.35$

설계 저항력: $R_{a,d,EN1537} = \dfrac{R_{a,k}}{\gamma_R} = 222kN \ ❹$

강도의 검증

EN 1997-1에 기초한 이용률 $\Lambda_{GEO,1} = \dfrac{P_d}{R_{a,d}} = 68\%$

EN 1537에 기초한 이용률 $\Lambda_{GEO,1} = \dfrac{P_d}{R_{a,d,EN1537}} = 83\%$

이용률 > 100%인 경우, 이 설계는 허용할 수 없다.

조사시험에 의한 앵커 설계

설계법 1

조사시험에 대한 검증하중(시험법 2)

조사시험의 목적은 텐던의 극한 인장저항에 도달하지 않고 앵커의 극한 인장저항을 결정하기 위한 것이다.

그러므로 시험은 $n_s = 3$ 연선을 이용할 것이다. ❺

적어도 검증하중 $P_d = 184.3 kN$와 동일해야 한다.

검증하중은 $n_s \times 0.8 \times P_{tk} = 720.7 kN$을 초과해서는 안 된다. ❻

또한 검증하중은 $n_s \times 0.95 \times P_{t0.1k} = 727.5 kN$을 초과해서는 안 된다. ❻

검증하중으로 $P_p = 700 kN$을 선택한다.

조사시험에서 앵커가 견딜 수 있는 최대 하중 $R_{a,m} = 580 kN$이다. ❼

적합성시험에 대한 잠금하중과 검증하중(시험법 2)

잠금하중은 $0.6 P_{tk} = 180.2 kN$을 초과해서는 안 된다.

잠금하중으로 $P_0 = 150 kN$을 선택한다. ❽

적어도 검증하중은 $1.25 \times P_0 = 187.5 kN$과 같아야 하며 $0.95 \times P_{t0.1k} = 242.5 kN$을 초과해서는 안 된다.

검증하중으로 $P_p = 225 kN$을 선택한다.

적합성시험에서 측정된 극한 저항이 다음과 같다고 가정하면

$$R_m = \begin{pmatrix} 225 \\ 220 \\ 225 \end{pmatrix} kN$$

그러므로 최대저항력은 $R_{m,min} = \min(R_{m1}, R_{m2}, R_{m3}) = 220 kN$, 평균저항력은 $R_{m,mean} = \dfrac{\sum R_m}{n} = 223 kN$이다.

앵커의 최종 설계

설계법 1

재료물성과 저항력

앵커의 특성저항력은 다음과 같이 적합성시험에서 다시 구할 수 있다.

$$R_{ak,mean} = \frac{R_{m,mean}}{\xi_{a,mean}} = 203kN$$

$$R_{ak,\min} = \frac{R_{m,\min}}{\xi_{a,\min}} = 210kN$$

여기서 $\xi_{a,mean} = 1.1$, $\xi_{a,\min} = 1.05$ ❾

그러므로 앵커의 특성저항력

$$R_{a,k} = \min(R_{ak,mean}, R_{ak,\min}) = 203kN$$

그리고 설계 저항력은

EN 1997-1에 의해 $R_{a,d} = \frac{R_{a,k}}{\gamma_a} = 184.6kN$

EN 1537에 의해 $R_{a,d,EN1537} = \frac{R_{a,k}}{\gamma_R} = 150.4kN$

강도의 검증

EN 1997-1에 기초한 이용률 $\Lambda_{GEO,1} = \frac{P_d}{R_{a,d}} = 100\%$

EN 1537에 기초한 이용률 $\Lambda_{GEO,1} = \frac{P_d}{R_{a,d,EN1537}} = 123\%$ ❿

이용률 > 100%인 경우, 이 설계는 허용할 수 없다.

인증시험에 대한 잠금 및 검증하중(시험법 2)

앞에서와 같이 동일한 잠금하중을 선정, 즉 $P_0 = 150kN$이다.

인증시험에서 검증하중은 $0.9 \times P_{t0.1k} = 229.7kN$을 초과해서는 안 된다.

검증하중이 $1.25P_0 = 187.5kN$ 이하이면 안 된다.

그러나 다음 중 작은 값으로 검증하중을 제한하는 것은 바람직하다.

$$1.25P_0 = 187.5kN, \ 1.15R_{d,SLS} \times \frac{s}{\cos(\theta)} = 192.8kN \ ①$$

검증하중 $P_p = 187.5kN$을 선택한다.

각각의 앵커가 검증하중까지 만족스럽게 기능을 수행한다면 앵커는 유로
코드 7의 요구조건을 만족하는 것으로 간주한다.

14.9 주석 및 참고문헌

1. BS EN 1537: 2000 Execution of special geotechnical work-Ground anchors, British Standards Institution.

2. BS EN 1997−2: 2007 Eurocode 7: Geotechnical design−Part 2: Ground investigation and testing, British Standards Institution.

3. BS EN 1537, ibid.

4. BS EN ISO 22477−5, Geotechnical investigation and testing-Testing of geotechnical structures, Part 5: Testing of anchorages, British Standards Institution.

5. Devon Mothersille (pers. comm., 2008).

6. BS 8081: 1989, Code of practice for ground anchorages, British Standards Institution.

7. See, for example, Ostermayer, H., and Barley, T. (2003) 'Ground anchors', *Geotechnical engineering handbook, Vol 2: Procedures* (ed. Ulrich Smoltczyk), Berlin: Ernst & Sohn, pp.169~219; and Merrifield, C.M., Barley, A.D., and Von Matt, U. (1997) 'The execution of ground anchor works: the European standard EN1537', *ICE Conference on Ground Anchors and Anchored Structures*, London.

8. See Frank, R., Bauduin, C., Kavvadas, M., Krebs Ovesen, N., Orr, T., and Schuppener, B. (2004) *Designers' guide to EN 1997−1: Eurocode 7: Geotechnical design-General rules*, London: Thomas Telford.

9. BS EN 1537, ibid.

10. DD ENV 1997−1: 1995 Eurocode 7: Geotechnical design−Part 1: General

rules, British Standards Institution.

11. Frank et al., ibid.

12. DD ENV 1997-1, ibid.

13. Frank et. al., ibid.

14. DD ENV 1997-1, ibid.

15. BS EN 1537, ibid.

16. BS EN ISO 22477-5, ibid.

17. BS 8081, ibid.

18. Frank et al., ibid.

지반공사의 실행

15

지반공사의 실행

CEN/TC 288의 주요업무는 지반공사의 실행절차(시험과 제어방법 포함)와 필요한 재료물성들에 대한 표준화이다. [이들 문서는] [유로코드 7]과 함께할 준비가 되어 있으며 시공 및 감독의 요구사항에 대한 전반적인 내용을 제공한다.[1]

15.1 CEN TC 288의 업무

'실행표준(execution standard)'은 1999년부터 2007년까지 발행된 12개의 유럽표준으로 구성되어 있으며 '전문지반공사'[2]의 감독 및 시공에 관한 상세한 기준을 제시하고 있다(그림 15.1 참조).

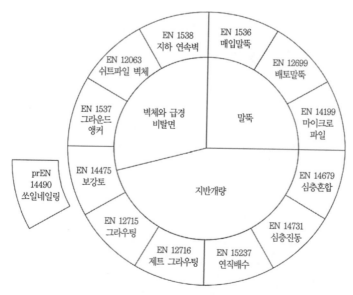

그림 15.1 지반공사의 실행표준

이들 표준서중 몇 개(EN 1536, 1537, 12063, 12699, 14199)는 EN 1997 - 1(2004)에서 명확하게 언급되어 있으나 나머지 표준서는 유로코드 7 작성 시에 준비는 되었으나 명시적으로 언급되지는 않았다.

그림 15.2와 같이 모든 실행표준들은 일반적인 내용으로 구성되어 있다. 이 들 중 가장 중요한 부분은 재료 및 제품(materials and products), 실행, 감 독, 시험, 모니터링 및 기록을 다루는 것이다.

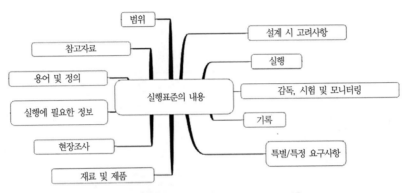

그림 15.2 지반공사 실행표준의 공통 내용

시험항목이 EN 22477(지반구조물 시험을 포함 - 제4장 참조)의 실행표준 범위에 있어야 하는지에 대한 논란이 있다. 따라서 다음 개정 시에 실행표준 에 대한 일부 개정이 있을 수 있다.

이 장의 나머지 부분에서는 유로코드 7의 시행과 관련된 실행표준의 주요특 징을 검토하였다.

15.2 말뚝

그림 15.1과 같이 말뚝과 관련된 3가지 실행표준이 있으며 이들 내용은 다음 절에서 설명한다.

15.2.1 매입말뚝

그림 15.3은 EN 1536[3] 범위를 요약한 것으로 무근 콘크리트, 철근보강 콘크
리트, 특수보강 콘크리트(예: 철근 또는 강관), 프리캐스트 콘크리트(임시
케이싱 또는 무 케이싱) 및 강관 등 매입말뚝(bord piles)의 실행방법을 다룬다.

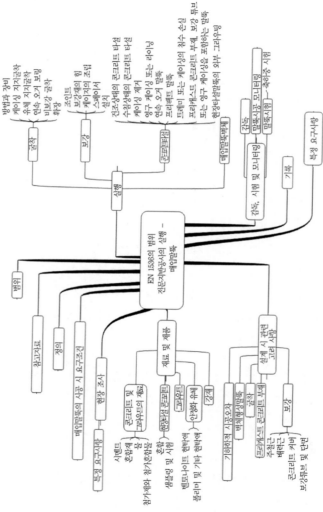

그림 15.3 EN 1536의 범위, 매입말뚝의 실행

EN 1536에서는 매입말뚝의 축 직경을 0.3~3.0m로 제한하고 있다. 이보다 작은 직경의 말뚝은 마이크로파일로 분류된다(15.2.3 참조).

매입말뚝의 구조설계는 유럽표준 EN 1990, 1992－1－1 및 1994－1－1에 의해 관리되며 EN 1536에서는 매입말뚝의 구조설계에 대한 추가적인 지침은 제시하지 않는다. 매입말뚝은 여러 가지 작용하중들이 말뚝에 압축력만을 가한다는 전제하에 무근 콘크리트로 설계할 수 있다(이 기초는 지진이 발생하는 지역에서는 적용할 수 없다).

매입말뚝에 대한 콘크리트의 권장 설계강도는 등급 C20/25와 C30/37 사이에 있으며 시멘트 함량은 건식 사용 시 325kg/m^{3}이고 습식 사용 시 375kg/m^3 이상이어야 한다. 물/시멘트 비, 세립질 함량 및 콘크리트 슬럼프에 대한 특정요구조건이 주어져 있다.

설계위치에 대한 매입말뚝의 평면허용오차는 직경이 1000mm 미만의 말뚝인 경우 ≤100mm이고 1,500mm 이상에서는 ≤150mm이다. 이들 사이의 직경을 가진 말뚝에 대해서는 선형보간법을 이용하여 결정할 수 있다. 말뚝의 경사는 1:15보다 작아야 하며 명시된 값에서 2% 이상을 벗어나지 않아야 한다. 말뚝의 경사가 1:15~1:4 사이에 있는 경우에는 4% 이상을 벗어나지 않아야 한다.

EN 1536은 매입말뚝 시공 시 모니터링에 대한 권장사항을 자세히 다루고 있으며 다음과 같은 일반적인 영역의 주제를 포함하고 있다. 공사착수(11개 주제), 굴착유체의 안정화(3), 보강(8), 경화되지 않은 콘크리트(6), 건식 또는 수중 콘크리트 타설(11), 연속오거말뚝(5), 프리팩트 말뚝(6), 외부 그라우팅과 축－선단(shaft-base) 그라우팅(3), 절단(11) 등에 대한 영역이다.

예를 들어 보강문제를 다루는 8가지 주제에는 재료의 운반, 치수, 케이지의 제작, 스페이스 및 케이스의 설치 등이 포함된다. 각 주제에서는 제어(무엇을 모니터링해야 하는가?), 목적(왜 모니터링을 해야 하는가?) 및 빈도(언제 모니터링해야 하는가?)에 대한 지침이 주어진다.

EN 1536은 1999년 유럽표준화위원회에서 발행되었으며 2002년부터 5년간 검증작업을 거친 후, 체계적인 검토과정을 거쳐 TC 288에 의해 2007년 개정이 되었다.

15.2.2 배토말뚝

그림 15.4는 EN 12699[4]의 범위를 요약한 것으로 타입식 현장타설, 나사식 현장타설, 기성콘크리트(원형 또는 사각형), 강재(원형 또는 H) 및 선단을 확대하거나 하지 않은 조립식의 콘크리트 원뿔형(원형 또는 사각형) 배토말뚝의 시공방법을 다루고 있다.

EN 12699에서 배토말뚝의 직경은 150mm보다 큰 것으로 제한되는데 작은 직경의 말뚝은 마이크로파일로 분류한다(15.2.3 참조).

배토말뚝은 제작방식에 따라(조립식 또는 현장타설), 조립식 말뚝의 재료 종류에 따라(콘크리트, 강철, 또는 목재) 또는 케이싱 타입에 따라(임시 콘크리트 또는 영구 콘크리트 또는 강 케이스 말뚝) 분류된다. 배토말뚝의 구조 설계는 유럽표준 EN 1991−1, 1992−3, 1993−5, 1994−1−1, 1995−1−1에 제시된 기준을 적용하며 EN 12699에서는 배토말뚝에 대한 추가적인 지침을 제공하지 않는다.

설계위치에 대한 배토말뚝의 평면허용오차는 육상에서 ≤100mm이지만 수중에서는 더 클 수가 있다. 연직과 경사 말뚝의 기울기는 지정된 기울기에서 4% 이상 이탈해서는 안 된다.

말뚝을 항타하는 동안 말뚝에서 발생하는 최대응력은 콘크리트 또는 목재의 특성 압축강도의 80%, 강관말뚝은 특성 항복응력의 90%를 초과하지 않아야 한다. 타입식 현장타설 말뚝의 보강을 위한 조건으로 최소 0.5%의 주철근; 철근(bar) 사이의 간격 100mm 유지; 최소 직경 5mm의 배력철근; 노출위험이 큰 경우 75mm까지 두께를 증가시킬 수 있는 50mm 두께의 임시 케이싱 사용 등과 같은 특정요구조건이 포함된다.

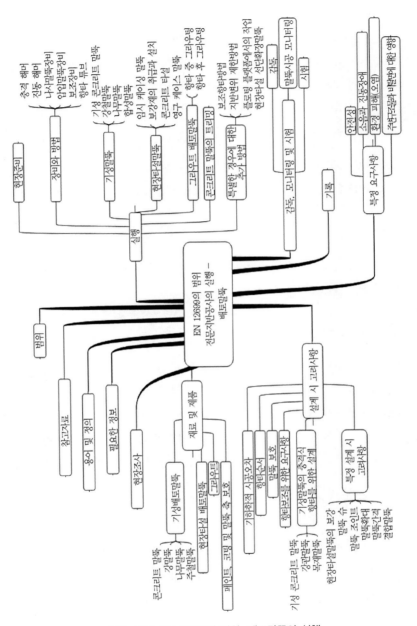

그림 15.4 EN 12699의 범위, 배토말뚝의 실행

모든 종류의 배토말뚝에 관하여 시공과정의 한 부분으로 고려할 필요가 있는 요소들에 대한 목록이 준비되어 있다. 이미 시공된 말뚝들과 인접하여 시공되는 항타식 현장타설말뚝의 항타를 제어하기 위한 구체적 지침이 마련되어 있다. 이것은 타설된 콘크리트의 저항값이 요구되는 값에 도달할 때 까지 말뚝직경의 6배 이내에서 말뚝이 시공되지 않도록 해야 한다는 것을 의미한다. 또한 지반의 강도에 따라 추가적인 제한조치가 주어진다.

배토말뚝 시공에 대한 특정요구사항에는 현장의 안정성(현장의 보안성(security), 항타, 보조장비 및 도구의 사용 안정성, 그리고 작업의 안전성), 소음 및 진동 장애, 환경피해(소음공해), 그리고 주변 구조물과 비탈면에 대한 충격영향 등이 포함된다.

EN 12699는 2000년 유럽표준화위원회에서 발행하였으며 2005년에까지 5년 동안의 재검토기간을 가졌다.

15.2.3 마이크로파일

그림 15.5는 EN 14199[5]의 범위를 요약한 것으로 직경 300mm를 초과하지 않는 매입 마이크로파일과 150mm를 초과하지 않는 항타 마이크로파일의 시공을 다루고 있다. 마이크로파일은 강(鋼), 보강콘크리트, 그라우트, 또는 모르타르를 이용하여 시공되며 특히 접근이 제한된 곳 또는 굴착조건이 어려운 곳(장애물, 암석 등)에서 유용하며 또한 표준기초 적용에 이용될 수 있다.

마이크로파일의 구조설계는 유럽표준 EN1991-1, 1992-2, 1993, 1994-1-1에 의해 관리된다.

EN 14199는 마이크로파일의 시공 및 관련된 지반조사를 시행하는 데 필요한 정보에 대한 지침을 제공한다. 특히 사용 가능한 정보가 충분하지 않다고 생각되는 경우, 추가적인 조사를 실시해야 한다. 마이크로파일의 시공시 장애요소를 극복하기 위해 특별한 장비가 필요할 수 있으며 이러한 장애요인이 발생하는 경우, 지반조사보고서에 기록해야 한다.

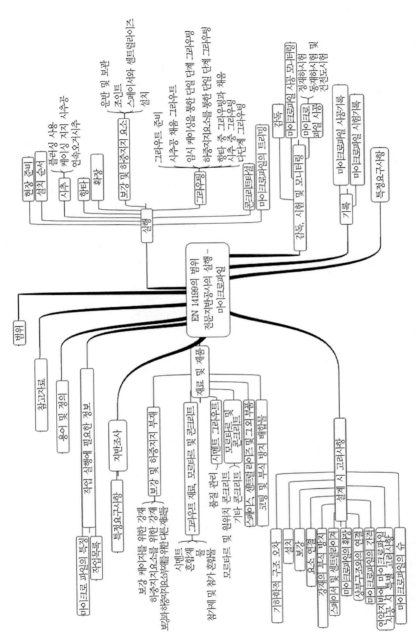

그림 15.5 EN 14199의 범위, 마이크로파일의 실행

EN 14199는 보강 또는 지지요소에 사용된 철근과 관련된 특정한 요구조건이 없는 대신 유럽표준과 관련이 있다. 마이크로파일에 사용되는 시멘트 그라우트, 모르타르 및 콘크리트는 다음의 특정요구사항을 만족해야 한다. 즉 28일 최소일축압축강도는 25MPa, 그라우트의 물/시멘트 비는 0.55 이하, 모르타르/콘크리트 배합비는 0.6 이하, 그리고 최소 375kg/m³의 시멘트 함량을 만족해야 한다.

EN 14199는 마이크로파일의 구조설계에 대해 상세한 내용은 포함하지 않지만 특히 구조용 재료와 EN 1997 – 1에서 다루는 코드와 같은 다른 표준들을 언급하고 있다.

지반조건을 잘 모르는 경우, 하중시험계획에 예비말뚝을 포함하는 것이 권장된다. 압축을 받는 마이크로파일은 최초 100개 말뚝 중 최소 2%를 시험해야 하며 그 후 100개의 말뚝마다 1%를 시험해야 한다. 인장을 받는 마이크로파일은 최초 100개 말뚝 중 최소 8% 이상을 시험해야 하며 그 후 100개의 말뚝마다 4%를 시험해야 한다.

마이크로파일의 동재하시험과 건전도 시험은, 이들 시험방법이 적합한지 입증할 수 있는 관련된 경험 및 정재하시험과의 비교를 통해서만 적용할 수 있다.

EN 14199는 2005년에 유럽표준화위원회에서 출판되었으며 2010년까지 TC 288에 의해서 체계적으로 검토되었다.

15.3 벽체 및 급경비탈면

그림 15.1과 같이 다음 소절에서는 벽체 및 급경비탈면의 시공과 관련하여 출판된 4종류의 실행표준과 하나의 예비표준을 포함하고 있다.

15.3.1 쉬트파일

그림 15.6은 EN 12063[6]의 범위를 요약한 것으로 강관(tubes)과 널말뚝, U –

박스와 U－쉬트파일, Z－박스와 Z－쉬트파일, H－빔 및 나무말뚝을 포함한 쉬트파일의 실행을 다루고 있다.

쉬트파일에 대한 길이 또는 계수조건을 설정하기 위한 설계법은 제공되지 않는다. 이들 조건은 다른 표준서들이나 적합한 설계법으로부터 설정되어야 한다.

쉬트파일의 취급에 대한 지침은 부록 A에 있으며 적합한 항타법에 대한 지침은 부록 C와 D에서 제공된다.

용접물(길이, 강화, 접합 또는 박스 말뚝)의 종류에 따라 쉬트파일에 대한 용접 요구조건이 상세하게 기술되어 있다. 다양한 조인트(맞대기, 겹치기, 모서리, T 또는 경사 T)의 시험형식(육안 또는 초음파) 및 시험범위(10, 50 또는 100%)가 명시되어 있다.

쉬트파일의 투수성 및 벽체연결부위 실링부분의 전체적인 투수성을 줄여야 할 필요가 있는 곳에 대해서는 특별한 관심이 필요하다. 부록 E에는 쉬트파일의 벽체를 통해 배출되는 물의 양을 구하기 위한 해석적인 방법이 제시되었다.

EN 12063은 1999년 유럽표준화위원회에서 출판되었으며 5년 동안에 검증을 걸쳐 2005년에 확정되었다.

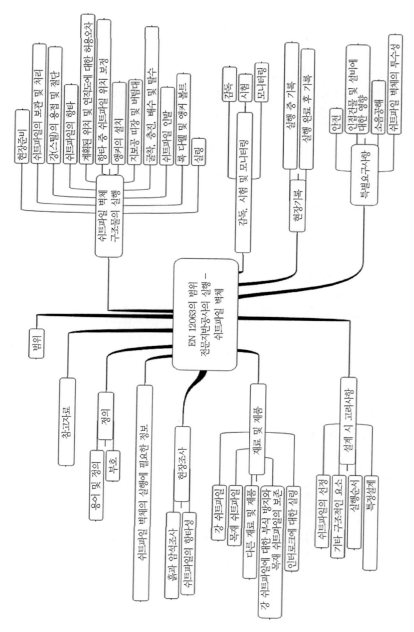

그림 **15.6** EN 12063의 범위, 널말뚝 벽체의 실행

15.3.2 지하 연속벽

그림 15.7은 EN 1538[7]의 범위를 요약한 것으로 현장타설, 프리캐스트 콘크리트 및 철근 슬러리 벽체(유지), 슬러리 및 플라스틱 콘크리트 벽체(절단)를 포함한 지하연속벽체의 실행을 다루고 있다.

실행지침에서는 벤토나이트 유체에 대한 적합한 특성을 제공한다. 그러나 폴리머 유체에 대한 구체적인 특성은 제공되지 않는다. 여러 가지 최대 골재 입경에 대한 콘크리트의 최소 시멘트량은 32~16mm의 골재 크기에 대해서 350~400kg/m³까지 주어진다. 물과 시멘트비는 0.6을 초과할 수 없다. 부록 A에는 차수벽에 사용하는 플라스틱 콘크리트에 대한 혼합설계 지침이 제시되어 있다.

실행과 모니터링의 감독에 관한 세부사항은 일련의 표를 이용하여 제시하였다. 표 3~7에서는 현장타설 콘크리트 지하연속벽, 프리캐스트 콘크리트 지하연속벽, 철근 슬러리 벽체, 슬러리 차수벽체 및 플라스틱 콘크리트 차수벽체에 대한 요구사항을 다루고 있다.

EN 1538에서는 지하연속벽의 주요부품(패널, 가이드 벽과 보강케이지)과 이들의 치수(패널의 길이와 두께, 굴착 깊이, 차수정도, 가로 및 세로 케이지 길이, 케이지 폭, 플랫폼 정도와 캐스팅 수준)를 규정하는 핵심 도표를 제공한다.

EN 1538은 2000년 CEN에 의해 발행되었고 5년 동안의 검증을 거쳐 2005년에 확정되었으며 TC 288에 의해 체계적인 검토를 거친 후 2007년에 개정될 예정이다.

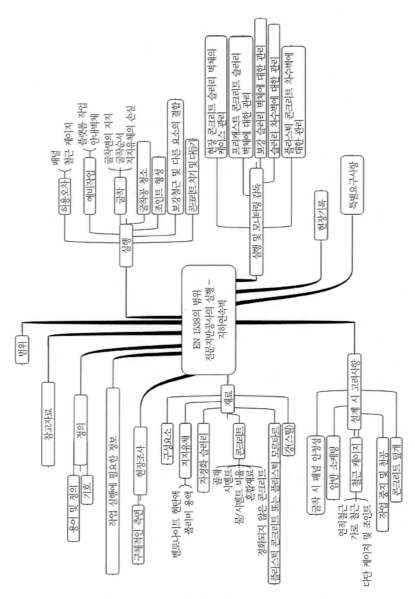

그림 15.7 EN 1538의 과업범위, 지하연속벽의 실행

15.3.3 그라운드 앵커

그림 15.8은 EN 1537[8]의 범위를 요약한 것으로 그라운드 앵커의 실행을 다루고 있다.

표준서에서는 그라운드 앵커의 주요 부분을 정의하는 핵심도표를 제공하고 있으며 다음과 같은 내용이 포함되어 있다. 즉 긴장력을 주는 동안과 사용 중인 앵커헤드에서의 정착장, 지지판, 하중전달 블록 및 구조적 요소 그리고 디-본딩 슬리브, 텐던, 그라우트 본체를 포함한다.

EN 1537은 그라운드 앵커와 관련된 3가지 종류의 시험을 정의하고 있으며 시험목적은 다음에 요약되어 있다.

시험 유형	시험목적	
조사 시험	규명	그라우트/지반 경계에서의 저항력 앵커시스템의 한계 크리프 하중, 또는 파괴하중까지의 크리프 특성, 또는 사용한계상태에서의 하중손실 특성 겉보기 긴장재 자유장 길이
적합성 시험	설계상황 확인	검증하중을 지탱할 수 있는 능력 검증하중까지 크리프 또는 하중손실 겉보기 긴장재 자유장 길이
확인시험	각 앵커에 대한 확인	검증하중을 지탱할 수 있는 능력 필요한 경우, 사용한계상태에서의 크리프 또는 하중손실 겉보기 긴장재 자유장 길이

EN 1537은 다음 표와 같이 그라운드 앵커에 대한 3가지 시험방법에 대해 설명하고 있다.

시험방법	하중증분	하중재하범위	측정
1	주기	최대 시험하중까지	앵커 헤드 변위
2	주기	최대 시험하중 또는 파괴까지	잠금하중에서 앵커헤드의 하중 손실
3	단계	최대 시험하중까지	유지하중에서 앵커헤드의 변위

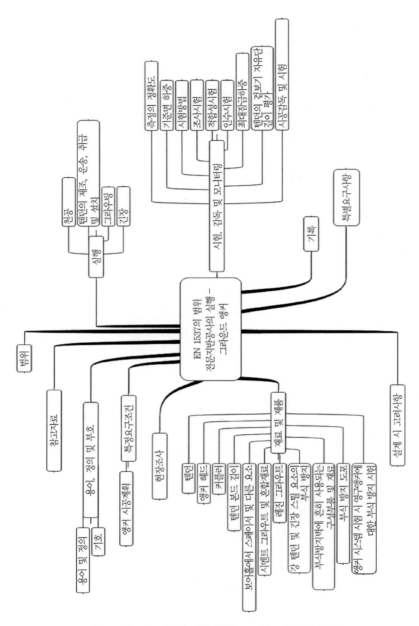

그림 15.8 EN 1537의 과업 범위, 그라운드 앵커의 실행

플라스틱 쉬스 및 덕트, 열수축 슬리브, 씰, 시멘트 그라우트 및 레진과 같은 부식방지벽에 대한 일반적인 부품 그리고 재료에 대한 논의를 포함하여 철 강 긴장재와 압력이 가해진 철근 부품의 부식 방지에 관한 폭넓은 지침들이 EN 1537[9]의 초안에서 상세하게 다루고 있다.

EN 1537에서는 제14장에서 설명된 그라운드 앵커의 설계법을 포함하여 다른 실행표준보다도 더 많은 설계지침을 제공하고 있다. 이 설계지침을 EN 1537에서 유로코드 7으로 전환하는 작업이 이미 CEN의 TC 250/SC7와 TC 288내에서 진행 중이다. 또한 다양한 앵커 시험의 명세도 22477−5로 이동 할 가능성이 커서 EN 1537은 시공과 관련된 문제에만 집중하게 될 것이다.

BS EN 1537의 서문은 BS EN 1537이 그라운드 앵커의 시공을 다루는 BS 8081:1989[10]의 부분들을 대체한다고 명시되어 있다. 현재 BS 8081은 서로 상충되는 자료들을 삭제하기 위해 개정 중에 있다.

EN 1537은 1999년 CEN에 의해 발행되었으며 2년 동안의 검토를 거쳐 2005 년에 확정되었고 TC 288에 의해서 체계적인 검토 후에 2007년에 개정될 예 정이다. 정오표는 2000년에 발행되었다.

15.3.4 보강토

그림 15.9는 EN 14475[11]의 범위를 요약한 것으로 보강토의 실행을 다루고 있다.

표준서에는 부분 및 전면 벽체 패널, 경사 패널; 플랜트 유닛, 세그멘탈 콘크리트 블록, 중앙수직재(king post) 시스템, 반 타원의 철 펜스들; 철 와이어 격자판, 개비온 옹벽, 쇄석다짐말뚝(거푸집 또는 포대가 있거나 없는 경우), 현장 콘크리트 전면판 등 다양한 전면판들에 대한 검토결과를 제시하고 있다. 표준서에서는 각각의 전면판에 대해 필요한 보강법, 관련된 기술, 가로 및 세로방향의 유연성, 충진재료 및 정렬 시 허용오차, 부등침하 및 압축성 등 보강토옹벽 시공 시 주요 적용사항들을 검토한다.

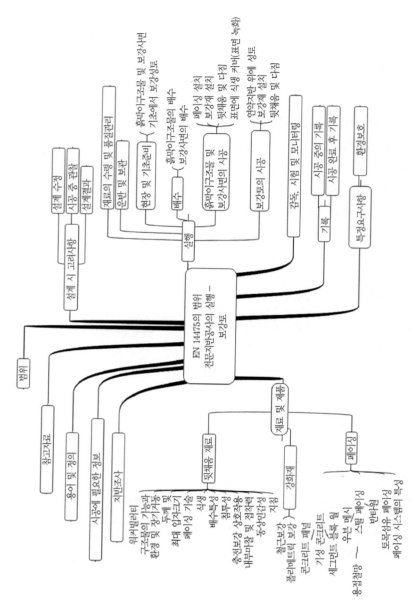

그림 15.9 EN 14475의 범위, 보강토의 실행

EN 14475는 보강토에 필요한 설계결과들에 대해 상세하게 기술하였다. 이것은 배수, 시공단계, 관리(control) 수준, 동상 민감성, 보강 타입과 구성, 스틸 등급과 코팅 타입, 토목섬유의 크리프 거동, 미적요구조건, 녹생을 위한 표토, 그리고 추가적으로 20개 이상의 항목들을 포함하고 있다.

EN 14475[5] 서문은 유로코드 7과의 관계를 명확히 하고 있다.

> 유로코드 7에서는 보강토 구조물의 상세한 설계에 대해 다루고 있지 않다. EN 1997-1에 제시된 하중계수와 부분계수들은 [보강토 구조물]을 위해 보정되지는 않았다.
>
> 두 단계 접근법이 채택되었다 .첫째는 일반적인 설계 방법을 시행하기 전에 보강토 실행에 대한 지침사항인 EN을 작성하는 것인데 이 표준은 첫 번째 부분의 시행에 해당한다.[12]

BS EN 14475 서문에서는 BS 8006과의 관계를 더욱더 명확히 하였다.[13]

> 이 표준은 부분적으로 BS 8006:1995을 대체하는데 이것은 현재 상충되는 자료들을 삭제하기 위해 수정되고 있다. 두 개의 문서 사이에서 상충되는 요소가 발생하는 경우에는 BS EN 14475의 규정이 우선한다.[14]

마지막으로 EN 1997-1의 영국의 국가부속서에서는 다음과 같이 언급되어 있다.

> 영국에서 보강토 구조물 및 쏘일 네일링의 설계와 실행은 BS 8006, BS EN 14475 및 prEN 14490에 따라 시행되어야 한다.[15]

EN 14475는 2006년에 CEN에 의해 발행되었으며 2011년에 TC 288에 의해 체계적인 검토 후에 개정될 예정이며 정오표는 2006년도에 발행되었다.

15.3.5 쏘일 네일링

2008년 표준서 작성 초기에는 쏘일 네일링의 실행을 다루는 EN 14490의 개발은 완성되지 않았으며 예비표준 prEN 14490으로만 나와 있었다.[16] EN 14490의 출판은 2010년 이전으로 예상된다.

15.4 지반개량

그림 15.1에 보인 바와 같이 다음의 소절에서는 지반개량과 관련이 있는 5개의 실행표준을 기술하고 있다.

15.4.1 그라우팅

그림 15.10은 EN 12715[17]의 범위를 요약한 것으로 EN 12716에서 다루어지는 제트 그라우팅을 제외한 비배토 및 배토 그라우팅을 포함한 그라우팅의 실행에 대해 다루고 있다. EN 12715에서는 3가지 유형으로 그라우트(용액, 현탁액 및 모르타르)를 구분하고 이들의 특성과 적용성에 대해 설명하고 있다.

그라우팅은 지반의 투수계수를 크게 감소시키거나/또는 지반의 강성과 밀도를 향상시키기 위한 목적으로 시공한다. 이것은 그라우트 형식, 그라우트 설계 및 주입공정의 서로 다른 조합에 의해 달성될 수 있다. 그라우트의 특성 파악, 그라우트 특성과 주입공정에 대한 모니터링 및 그라우팅 전후의 지반특성의 측정 등에 중점을 둔다.

그라우팅 작업, 특히 그라우트 및 주입공정 설계를 쉽게 할 수 있도록 지반정보를 제공하는 점검목록으로 적절한 지반조사의 중요성이 강조되고 있다. EN 12715에서는 적절한 지반조사와 더불어 설계를 검증하기 위한 시험그라우팅의 필요성을 강조하고 있다.

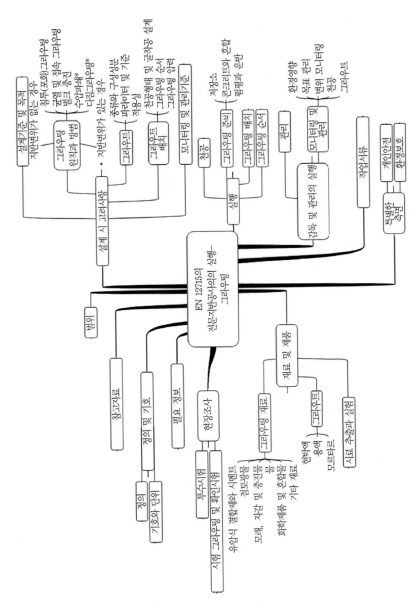

그림 15.10 EN 12715의 범위, 그라우팅의 실행

비배토 그라우팅에는 침투 그라우팅, 균열(fissure) 및 접촉 그라우팅 및 대량 충진재 등이 포함되는 반면 배토 그라우팅은 수압파쇄와 다짐 그라우팅이 포함된다. EN 12715에서는 그라우팅 프로젝트의 모든 측면에 대해 많은 의견을 제시하고 있지만 그라우트의 혼합이나 상세한 주입방법에 대한 설계 지침은 거의 제시하지 않는다.

EN 12715는 2000년 유럽표준화위훤회에 의해 출판되었으며 5년 동안의 검증을 거친 후 2005년에 재 승인되었다.

15.4.2 제트 그라우팅

그림 15.11은 EN 12716[18]의 범위를 요약한 것으로 제트 그라우팅 공법을 다루고 있다. 제트 그라우팅의 시행목적은 흙 또는 약한 암석을 분쇄하여 시멘트와 혼합을 하기 때문에 그라우팅과는 별개로 고려된다. 일반적으로 제트 그라우팅은 그라우팅된 지반에 기둥 또는 판넬이 연직 또는 수평으로 설치된다.

제트 그라우팅에 의해 형성되는 주요 구조물에는 벽체, 슬래브, 차양(canopies) 및 블록 등이 있다. 이들 구조물은 다음과 같은 4가지 주요공정을 통해 시공할 수 있다. 단일 시스템(분쇄와 양생이 단일 용액에 의해 시행), 이중공조 시스템(압축공기에 의해 충진된 시멘트 그라우트에 의해 분쇄가 시행), 이중수압 시스템(흙과 함께 양생될 시멘트 그라우트를 고에너지의 워터젯을 이용하여 분쇄), 그리고 삼중 시스템(흙과 함께 양생될 시멘트 그라우트를 공기 제트로 충진된 고에너지 워터제트로 분쇄)이 있다.

제트 그라우팅은 기초말뚝, 언더피닝, 옹벽 및 투과성이 작은 벽체 등을 만드는 데 사용된다.

그라우팅 공법에 대한 실행표준과 마찬가지로(15.4.1 참조) EN 12716에서는 구체적인 설계방법을 제공하진 않지만 좋은 설계를 위해 무엇을 고려해야 하는지, 시공기간 중 무엇을 모니터링하고 기록해야 하는지에 대한 유용한 지침을 제공한다.

EN 12716는 2001년 유럽표준화위원회에 의해 출판되었으며 5년 동안 검토 후, 2006년에 재승인되었다.

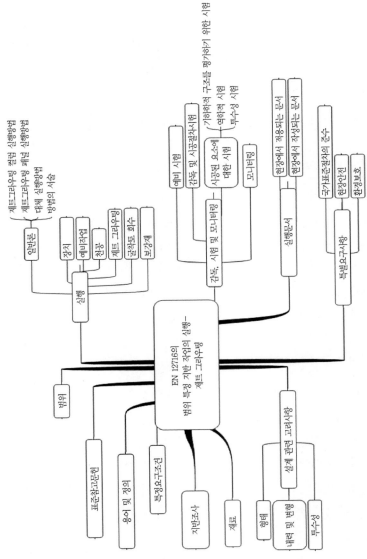

그림 15.11 EN 12716의 범위, 제트그라우팅의 시공

15.4.3 심층혼합공법

그림 15.12는 EN 14679[19]의 범위를 요약한 것으로 심층혼합공법의 실행을 다루고 있다.

심층혼합공법은 필요한 경우, 첨가제(additive)를 넣은 결합제(binder)를 이용하여 현장지반을 혼합하는 것이다. 최소 3m까지의 혼합은 기계적 장치들을 이용하여 시행된다. 심층혼합공법에서 형성된 기둥들은 보강이 필요한 곳에서 하중을 지탱하는 요소로써 사용될 수 있다.

표준서는 설계 시 고려해야 할 사항들이 무엇인지에 대한 지침의 범위를 제공한다. 지반의 변동성에 대한 정확한 정보, 특히 단단한 지층의 존재 유무에 대한 정보의 필요성이 강조되고 있다.

심층혼합공법에 의해 형성된 기둥은 자연 상태의 흙과 결합제(binding agent)와의 혼합으로 생성된 것으로 설계 시 단계적 접근방식을 채택하는 것이 중요하다. 이것은 요구되는 강도 및 기타 특성값을 얻기 위한 최적의 혼합비를 판단하기 위해 실험실에서 혼합되는 자연시료를 포함한다. 현장의 흙은 연직 및 수평방향으로 특성이 다르므로 개량된 흙의 현장특성을 실험실에서 사용하는 시료들과 성분을 유사하게 유지하는 것이 매우 중요하다. 일반적으로 실험실에서 만들어진 시료가 높은 강도를 보이므로 혼합물 설계 시 이점을 고려해야 한다.

EN 14679에서는 건식 및 습식혼합에 대한 주요과정을 제시하고 있다. 표준서의 주요항목들은 심층혼합으로 기둥의 시공과 설계 시 고려되어야 할 요소들에 대해 상세히 열거하고 있다. 부록 A에서는 건식과 습식혼합의 적용 및 원칙들에 대한 유용한 정보를 제공한다. 부록 B에서는 침하감소, 안정성 개선, 경사면 보강, 지지력 개선, 폐기물 밀폐처리, 밀폐구조물 및 진동감소 등을 위한 방법들에 대한 정보를 제공하고 있다.

EN 14679는 2005년 유럽표준화위원회에 의해 출판되었으며 2010년에 TC

288에 의해 체계적인 검토가 이루어질 예정이다. 정오표는 2006년에 발행
되었다.

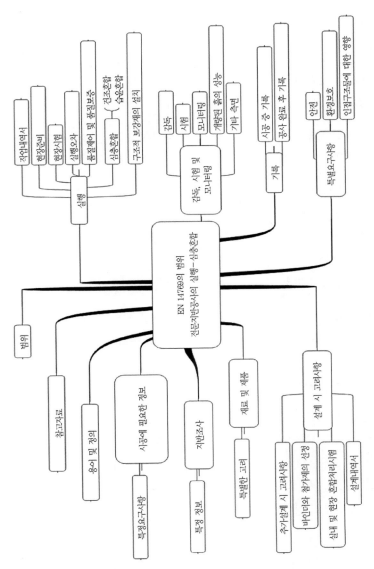

그림 15.12 EN 14679의 범위, 심층혼합공법의 실행

15.4.4 심층진동

그림 15.13은 EN 14731[20]의 범위를 요약한 것으로 진동장치를 이용한 느슨한 조립질 흙의 다짐과 상단건조재료, 하단습윤재료 및 하단건조재료를 이용하여 진동스톤컬럼을 형성하는 심층진동공법의 실행을 다루었다.

심층진동다짐과 적용성에 대한 설명은 부록 A에서 제시하였다. 부록 B에서는 진동스톤컬럼의 시공과정을 설명하고 적용성에 대한 권장사항을 제시하였다.

상세한 설계법은 제시하지 않았으나 설계의 원칙 및 심층진동컬럼을 선정하고 시공할 때 고려해야 할 사항들에 관한 유용한 지침을 제시하였다.

개량된 지반의 특성을 모니터링하기 위해 콘관입시험, 딜라토미터 시험, 동적 프로빙, 프레셔미터 시험 또는 표준관입시험을 이용한 현장시험이 강조되고 있다. 상기와 유사한 시험이 진동스톤컬럼에 대해 적용될 수 있지만 대형하중시험에 대한 검토도 이루어져야 한다. 개별 컬럼에 대해서도 평판재하시험이 실시되어야 한다.

EN 14731은 2005년 유럽표준화위원회에 의해 출판되었으며 2010년에 TC 288에 의해 체계적인 검토가 이루어질 예정이 있다.

15.4.5 연직배수

그림 15.14는 EN 15237[21]의 범위를 요약한 것으로 플라스틱 드레인과 샌드 드레인을 포함한 연직배수재의 실행을 다루고 있다. 표준서에서는 설계 시 요구사항, 배수재료 및 선행압밀과 시공 후 침하감소를 위한 연직배수재의 시공방법, 압밀도의 증가, 안정성 증가, 지하수위 저하, 액상화 가능성의 감소 등을 다루고 있다.

EN 15237에서는 웰포인트, 스톤컬럼 또는 보강재료(reinforcing elements)에 의한 지반개량공법은 다루지 않았다.

EN 15237에서는 밴드드레인, 원통형 드레인 및 샌드드레인과 같은 다양한 유형의 배수재에 대한 시험법에 대해 논의하였다. PBD와 원통형 드레인에서는 다음과 같은 내용을 다룬다. 즉 모양 및 구조 측정, 내구성, 인장강도와 신장률, 유출량, 필터의 인장강도와 간극크기, 그리고 속도지수 및 품질관리 등이다. 다양한 드레인 요소에 대한 시험을 다루는 EN ISO와 같은 참고문헌이 많이 있다. PBD를 선정할 때 여러 가지 표준기준들을 참고하는 것이 필요하다.

배수재가 예상대로 시공되었는지를 확인하기 위한 압밀과정의 모니터링은 필수적이다. 필요한 경우, 드레인의 배수간격과 심도를 확인하기 위한 현장시험이 시행되어야 한다.

EN 15237의 부록 A에는 연직배수재의 종류와 시공 시 가능한 문제들에 대한 유용한 정보를 포함하고 있다. 이것은 밴드드레인의 유출량과 모니터링에 대한 지침을 포함한다. 부록 B에서는 설계법을 제시하고 있다.

EN 15237은 2007년 유럽표준화위원회에서 출판되었으며 2012년에 TC 288에 의해 체계적인 검토가 이루어질 예정이다.

15.5 향후 발전방향

이 장의 소절에서 명시된 바와 같이 실행표준들은 5년마다(모든 유럽표준과 같이) 체계적인 검토를 받도록 되어 있다. 실행표준과 유로코드 7의 조항들 사이의 충돌로 인하여 야기되는 혼란들과 이와 관련된 지반시험표준(제4장)들은 비교적 짧은 시간 내에 수정하여 보다 일관성 있는 지반표준을 이끌어 낼 수 있다.

영국에서는 사실상의 표준서(예: SPERW[22] 및 각종 CIRIA 지침[23])가 지반공사의 실행을 다루고 있으며 이미 유로코드 7과 실행표준을 갱신하였거나 갱신을 계획하고 있다.

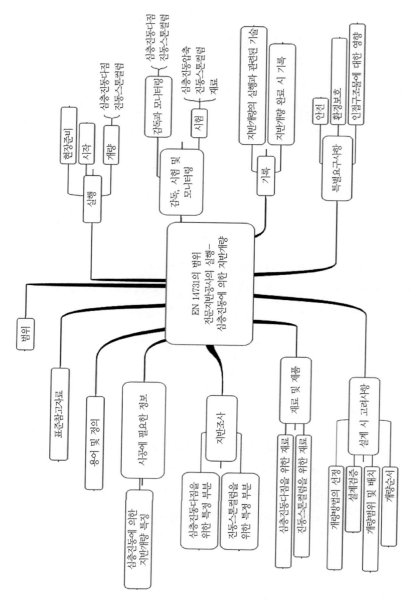

그림 15.13 EN 14731의 범위, 심층진동에 의한 지반개량 실행

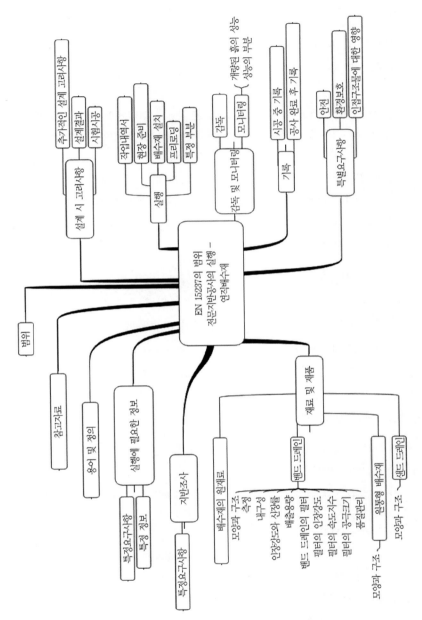

그림 15.14 EN 15237의 범위, 연직배수의 실행

15.6 핵심요약

실행표준은 다음과 같이 표준서들에 대한 서문에서 편집하여 발췌한 것으로 충분한 신뢰성을 가지고 있다.

> '이 [실행]표준은 [9–14]국가의 대의원으로 구성된 실무진과 [7–30]이상의 국내 및 국외의 기존 표준과 작업규약(code of practice)을 배경으로 하고 있다.'[24]

유럽의 일부 국가의 경우, 실행표준들이 과거에는 그들 나라의 국가표준에서 활용하지 않았던 정보와 지침들에 대한 귀중한 정보를 제공한다. 다른 일부 국가에서는 이미 국가표준으로 사용하고 있어 누구나 다 이해하고 있는 코드로 간주된다.

영국 말뚝전문가(FPS) 연맹은 말뚝 및 지하연속벽 실행표준에 대한 개선방법에 대해 관찰해 왔다. EN 1536과 1538이 도입된 이후, 관련된 시공 및 세부사항들에 대하여 계약자와 설계자들 사이에서 발생하는 분쟁을 감소시켰다. 이들 실행표준이 수 년 동안 사용되었음에도 불구하고 구조 기술자들에게 폭넓게 인정받지는 못하고 있으며 보강요구조건에 대해서는 더욱 더 그렇다.[25]

15.7 주석 및 참고문헌

1. From the foreword to EN 1537. The forewords to the other execution standards carry similar wording.

2. Five of the thirteen execution standards (all of 1999~2001 vintage) use the singular word 'work' instead of 'works' in their titles. Why the title of this suite includes the word 'special' is a mystery.

3. BS EN 1536: 2000, Execution of special geotechnical work-Bored piles, British Standards Institution.

4. BS EN 12699: 2001, Execution of special geotechnical work-Displacement piles, British Standards Institution.

5. BS EN 14199: 2005, Execution of special geotechnical works-Micropiles, British Standards Institution.

6. BS EN 12063: 1999, Execution of special geotechnical work-Sheet pile walls, British Standards Institution.

7. BS EN 1538: 2000, Execution of special geotechnical works-Diaphragm walls, British Standards Institution.

8. BS EN 1537: 2000, Execution of special geotechnical work-Ground anchors, British Standards Institution.

9. Derek Egan (2008, pers. comm.).

10. BS 8081: 1989, Code of practice for ground anchorages, British Standards Institution.

11. BS EN 14475: 2006, Execution of special geotechnical works-Reinforced fill, British Standards Institution.

12. Foreword to BS EN 14475, ibid.

13. BS 8006: 1995, Code of practice for strengthened/reinforced soils and other fills, British Standards Institution.

14. National foreword to BS EN 14475, ibid.

15. See NA.4 of the UK National Annex to BS EN 1997−1, ibid.

16. prEN 14490: 2002, Execution of special geotechnical works-Soil nailing, British Standards Institution.

17. BS EN 12715: 2000, Execution of special geotechnical work-Grouting, British Standards Institution.

18. BS EN 12716: 2001, Execution of special geotechnical works-Jet grouting, British Standards Institution.

19. BS EN 14679: 2005, Execution of special geotechnical works-Deep mixing, British Standards Institution.

20. BS EN 14731: 2005, Execution of special geotechnical works-Ground treatment by deep vibration, British Standards Institution.

21. BS EN 15237: 2007, Execution of special geotechnical works-Vertical drainage,

British Standards Institution.

22. Institution of Civil Engineers (2007) *ICE specification for piling and embedded retaining walls* (2nd edition), London: Thomas Telford Publishing.

23. For example, Phear, A., Dew, C., Ozsoy, B., Wharmby, N.J., Judge, J., and Barley, A.D. (2005) *Soil nailing-best practice guidance*, London: CIRIA C637.

24. Compiled from the forewords to ENs 1536, 1537, 1538,12699, 12715, 14199, and 15237.

25. Federation of Piling Specialists (2008, pers. comm.).

CHAPTER 16

지반조사 및 설계보고서

16 지반조사 및 설계보고서

"내 죽음에 관한 보도는 대단히 과장된 것이다."—마크 트웨인(1835–1910)[1]

16.1 서언

유로코드 7에서는 제6장과 제7장에서 논의된 STR, GEO, EQU, HYD 및 UPL 한계상태와 같이 세 글자로 된 약어를 도입하였다. 이 장에서는 세 글자로 된 약어를 2개 더 도입하였는데 이것은 지반조사보고서(GIR)와 지반설계보고서(GDR)이다.

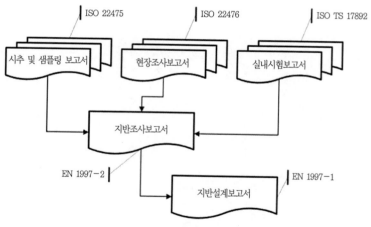

그림 16.1 유로코드 7의 지반보고서 요약

지반조사보고서는 16.3에서 지반설계보고서는 16.4에서 상세하게 다루고 있다. 16.2에서는 지반조사보고서와 관련된 보고서에 대하여 설명하였다.

마지막으로 16.5에서는 기존 보고서들 중 현재 사용되는 것들과 유로코드 7에 의해 새롭게 정의된 보고서들을 비교하였다. 이와 같은 보고서들 사이의 관계는 그림 16.1에서 설명하였다.

16.2 지반조사 및 시험보고서

16.2.1 시추 및 샘플링 보고서

샘플링 방법과 지하수위 측정은 EN ISO 22475에서 다루고 있으며 세부사항은 제4장에 제시되었다.

EN ISO 22475－1에서는 시추, 시료채취 및 지하수 측정 결과보고서에서 요구되는 사항을 열거하였다. 그림 16.2에서는 이들 보고서의 일반적인 특징을 요약하였다.

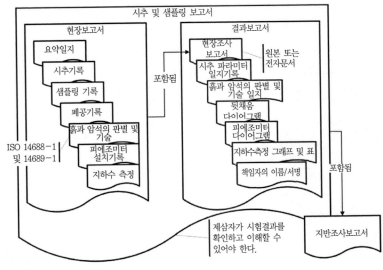

그림 16.2 시추 및 샘플링 보고서의 내용

이들 보고서는 BS 5930[2]의 7절에서 정의된 것과 유사하며 보오링 데이터에 대한 대표적인 예를 제시한다.

16.2.2 현장조사보고서

2008년 초 표준관입시험과 동적프로브 시험(EN ISO 22476−2 및 −3)에 대한 국제표준서(ISO)가 발행되었다. 추가적으로 전기콘과 피에조콘 시험, 메나드 자가굴착식 프레셔미터 시험, 딜라토미터 시험, 공내재하시험, 현장 베인 시험, 사운딩 시험, Lefranc 투수시험, 암반에서의 수압시험 및 양수시험에 대한 표준서를 개발 중이다.

제4장에 이들 표준에 대한 상세한 내용이 있다. EN ISO 22476−2 및 −3의 출판으로 2007년부터 BS 1377[3]에서 이에 상응하던 표준관입시험 및 동적 프로브 시험 부분의 사용이 중지되었다.

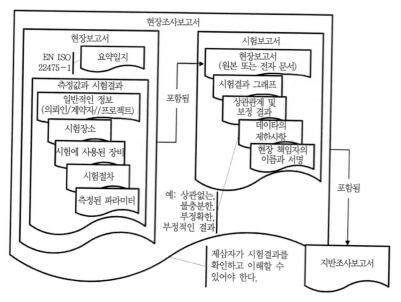

그림 16.3 현장조사보고서 내용

EN ISO 22476의 여러 부분에서는 현장시험이 진행되는 동안과 후에 보고서에 반드시 작성해야 하는 요구조건들을 규정하였다. 그림 16.3은 이들 보고서의 공통적인 특징을 요약한 것이다. 시험현장에서 준비되는 현장조사보고서는 지반조건에 대한 요약일지(summary log)를 제시해야 하며 제삼자가 보고서 결과를 이해하고 검토할 수 있도록 측정된 값과 시험결과를 기록해야 한다.

현장조사보고서에는 의뢰인 및 계약자의 이름; 프로젝트 명, 시험위치 및 번호; 시험자의 이름과 서명 등 일반적인 정보가 포함된다. 시험위치에 대한 정보에는 시추공 번호, 현장 스케치 및 시험위치의 좌표가 포함된다. 현장보고서에는 시추 방법 및 장비 제조업체, 장비모델 및 특성에 관한 내용과 함께 시험날짜, 시험이 조기에 종료된 원인, 시추공의 밀봉 등의 절차에 대한 세부내용이 포함되어야 한다. 마지막으로 실제 측정된 값은 검토에 적합한 형식으로 기록되어야 한다.

시험보고서에는 수정되지 않은 시험결과 또는 필요한 경우, 보정된 시험결과를 보여 주는 그래프와 함께 원본 또는 전자문서형식의 현장보고서가 포함된다. 적용된 보정방법과 데이터의 제한사항(관련이 없거나 불충분하거나 부정확 또는 반대되는 결과)에 대한 정보는 반드시 기록되어야 한다. 시험보고서에는 반드시 현장시험 책임자의 서명이 있어야 한다.

16.2.3 실내시험보고서

2003년에 흙의 실내시험에 대한 국제기술시방서(ISO TS 17892)가 출판되었으며 이후 3년 동안의 검증과정을 거쳐 그 내용이 갱신되었다. 이들 시방서에는 함수비, 세립토의 밀도, 비중계를 이용한 밀도, 입도분포, 투수계수 및 액성한계 시험을 포함한다. 추가적으로 정적 액성한계시험(fall cone test), 세립토의 일축압축시험, 비압밀 비배수 및 압밀배수 삼축압축시험, 직접전단시험이 있다. 이에 대한 상세한 내용은 제4장에 제시되었다.

ISO TS 17892에는 실내시험과 후에 보고서에 포함되어야 할 요구사항들이 제시되어 있다. 그림 16.4는 이들 보고서의 공통적인 특징을 요약하였다.

현재, BS 1377[4]에 기술적으로 우수한 시험표준을 가지고 있는 영국에서는 그동안 실내시험시방서가 환영받지는 못하였다. 반면에, ISO문서들은 실내 시험기준들을 기술시방서(TS)로 유지하고 있지만 CEN 회원국에서는 채택 하지 않고 있으며 영국표준협회에서도 기술시방서들의 지위에 대한 최종결 정이 있을 때까지 출판하지 않기로 하였다.

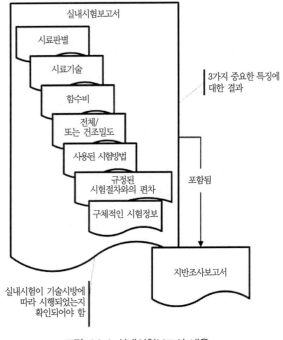

그림 16.4 실내시험보고서 내용

16.3 지반조사보고서

지반조사보고서(GIR)에 대한 요구조건은 EN 1997 − 2에 제시되어 있다.

지반조사결과는 지반설계보고서의 한 부분이 될 지반조사보고서에 수록될 것이다.

[EN 1997-2 § 6.1(1)P]

지반조사보고서에 들어갈 내용들은 EN 1997 − 1의 적용규칙과 EN 1997 − 2 의 원칙에 명시되어 있다.

지반조사보고서는 지질학적 특징 및 관련된 자료가 포함된 사용가능한 모든 지반 정보의 제출, 정보의 지반공학적 평가, 시험결과 해석 시 사용된 가정으로 [일반적 인 경우, 구성되거나] / [적절한 경우, 구성될 수][†] 있다.[1)]

[EN 1997-1 § 3.4.1(3)] 및 [EN 1997-2 § 6.1(2)P]

간단한 용어로 나타내면

지반조사보고서＝지반정보의 제출＋평가

지반조사보고서의 내용은 그림 16.5에 설명되어 있으며 다음의 소절에서 다루고 있다. 지반조사보고서는 조사의 규모 및 성격에 따라 단권 또는 여러 권으로 작성될 수 있다.

16.3.1 지반정보의 제출

지반정보의 제출은 EN 1997 − 2의 6.2에 따라 3개의 원칙과 한개의 적용규칙으로 제시된다.

지반조사보고서에서는 이들 조사에 사용된 EN과/또는 ISO 표준에 따라 현장 및 실내조사의 모든 기록을 제공해야 한다. 보고서에는 시험에 사용된 방법들과 절차 그리고 실내조사, 샘플링, 현장시험, 지하수측정 및 실내시험에서 얻은 결과들을 기록해야 한다.

현장과 지형, 특히 지하수의 흔적, 불안정한 지역, 굴착 난이도, 조사지역의

---

† 첫째 표현은 EN 1997-1, 둘째 표현은 EN 1997-1에서 발췌하였다.

경험에 대한 정확한 설명이 수반되어야 하며 추가적으로 8개의 점검항목이
있다. [EN 1997-2 § 6.2(2)]

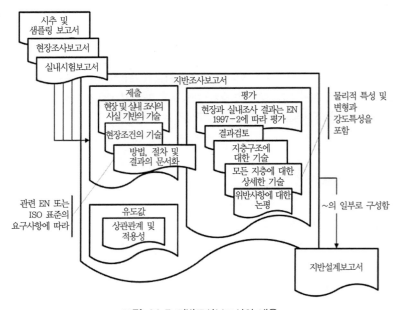

그림 16.5 지반조사보고서의 내용

EN 1997-2의 6절에 제시된 세부사항의 수준은 BS 5930의 7절에 비해 상세
하지 못하다. 유로코드 7의 요구조건을 만족하는 보고서를 준비할 때 BS
5930에서 명시된 지침을 따르는 것이 중요하다. EN 1997-2와 충돌되는 정
보들이 삭제되도록 BS 5930은 갱신될 가능성이 있다.

현장 및 실내조사의 결과는 조사를 시행하기 위해 사용된 적절한 EN 또는
ISO표준에 명시된 형식으로 지반조사보고서에 포함되어야 한다. 유로코드
7과 분리되어 있지만 유로코드 7에 의존하는 이들 표준에 대한 요구조건은
16.2에 기술되어 있다.

16.3.2 지반정보의 평가

지반정보의 평가는 EN 1997－2의 6.3에 있는 2가지 원칙과 6가지 적용규칙으로 구성된다.

첫째, 지반조사보고서는 기하학적 구조, 물리적 특성, 강도 및 변형 특성, 지하공동 및 불연속면들과 같은 지질 이상대에 대한 설명이 포함된 모든 지층에 대한 상세설명 등 현장 및 실내시험의 검토와 평가결과를 제시할 것을 요구한다.

둘째, 현장 및 실내시험결과들은 지하수, 지반의 종류, 샘플링, 취급, 운반 및 시료준비와 같은 다양한 요소들을 설명할 수 있도록 해석이 되어야 한다. 또한 시험결과를 고려한 지반 모델의 재검토가 필요하다.

6개의 적용규칙은 자료의 제출, 지반 파라미터들의 유도, 이상 지점에 대한 검토, 유사한 지층의 분류 및 조사지역의 다양한 지질 경계면에 대한 지침을 제시한다.

중요한 점은 EN 1997－2에서는 지반조사보고서에 제시된 시험결과의 한계가 무엇인지 명시할 것을 요구한다는 점이다.   [EN 1997-2 § 6.1(5)P]

기술자들은 계약이행이 완전히 충족되지 않거나 조사능력이 의문시되는 경우, 데이터에 특별한 제한을 두는 것을 꺼리는 경향이 있다. 그러나 향후에 데이터를 신뢰성 있게 분석할 수 있도록 모든 장애요소들을 정확히 기록하는 것은 필수적이다. 예를 들면, 표준관입시험이 지하수위 아래에서 시행될 때 시추공 내 지하수위가 주변지반 상부에서 유지되는지 유무를 기록하는 것은 매우 중요하다. 만약 수압의 불균형으로 시추공의 바닥저면이 이완된다면 타격횟수가 적게 기록될 수 있다.

16.3.3 유도된 값들

지반 파라미터를 유도하기 위해 사용된 상관식은 지반조사보고서에 명시되어야 한다. 특히 표준관입시험의 타격회수와 탄성계수, 컨시스턴시 지수와 비배수전단강도 또는 소성한계와 지지력비(CBR) 사이의 관계와 같은 상관성들이 포함되어야 한다(제5장 참조).

16.4 지반설계보고서

지반설계보고서의 구성은 EN 1997−1에서 원칙으로 명시되었다.

> 가정, 데이터, 계산방법 및 안전율과 사용성에 대한 검증결과가 지반설계보고서에 기록되어야 한다. [EN 1997−1 § 2.8(1)P]

간단한 용어로 나타내면:

> 지반설계보고서 = 가정 + 데이터 + 방법 + 검증

지반설계보고서의 내용은 그림 16.6에 기술되어 있으며 지반설계보고서에 포함된 세부 기술수준은 설계의 종류에 따라 다르다. 지반범주 1의 구조물로 제한되는 단순설계의 경우에는 단일 보고서만을 필요로 할 수도 있다.

일반적으로 지반설계보고서에 포함되어야 하는 항목에는 필요한 경우(가정)과 함께 흙과 암석의 특성에 대한 설계정수, 현장과 현장주변의 기술, 지반상태, 하중(데이터)을 포함한 시공법, 적용된 코드와 표준화에 대한 설명(계산방법), 그리고 제안된 시공법과 허용 가능한 위험요소, 지반설계계산과 도면 및 기초설계를 위한 권장사항(검증결과)등 현장 적합성에 대한 설명이 포함된다. 지반설계보고서는 지반조사보고서를 적절히 참조해야 한다.

프로젝트에 대한 감독, 모니터링 및 유지관리 요구사항 등이 지반설계보고서에 포함되어야 하며 이러한 요구사항의 결과물이 프로젝트 발주자에게 제공되어야 한다. 이것은 우리가 믿을 만한 판매자로부터 차를 구매할 때 기대하는 것과 비슷하다. 즉 차량주문 시 차량에 필요한 관리방법과 주의사항이

기술된 매뉴얼을 제공하여 운전자가 만족스러운 성능을 제공받을 수 있도록
한다.　　　　　　　　　[EN 1997-1 § 2.8(1)P] 및 [EN 1997-1 § 2.8(6)P]

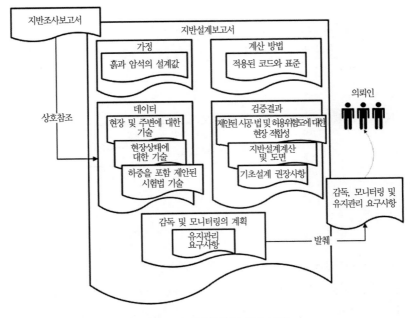

그림 16.6 지반설계보고서의 내용

16.5 기존 보고서와 비교

다음의 소절에서는 이들 주제에 대하여 지반조사 및 지반설계보고서를 기
존의 지반보고서와 비교하였다.

16.5.1 영국 표준 BS 5930

현재 영국에서 실무에 적용되는 지반보고서는 BS 5930[5]의 7절에 명시되어
있으며 그림 16.7에 이들 보고서를 정의하였다.

현장보고서는 현장에서 얻을 수 있는 필요한 모든 정보를 포함한다. 예를 들

어 현장시험(표준관입시험, 콘관입시험, 프레셔미터 등)에 대한 기록과 시추자의 기록물 등이 포함된다. 또한 자료의 기록에 필요한 일반적인 서식 작성에 관한 지침을 제공한다.

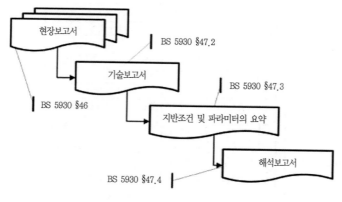

현장보고서

BS 5930 §47.2

기술보고서

BS 5930 §47.3

BS 5930 §46

지반조건 및 파라미터의 요약

해석보고서

BS 5930 §47.4

그림 16.7 BS 5930의해 정의된 보고서

기술보고서(Descriptive Report)는 현장에서 진행되는 모든 실제상황에 대한 설명을 제공한다. 그림 16.8과 같이 BS 5930에서는 일반적인 제목을 가지고 보고서를 작성할 것을 권장하고 있다. 기술보고서에서는 충격식 시추 및 회전식 시추의 보오링 로그 작성에 대한 좋은 예를 포함하여 각 부분의 적합한 내용에 대한 상세한 지침이 주어진다.

지반조건 및 파라미터의 요약은 기술보고서에 제시된 자료를 가지고 작성한다. 보통 요약내용은 기술보고서나 해석보고서에 포함된다(그 자체로서 효력을 갖는 별도 보고서 형태로 제시). 이것은 일반적으로 계약문서에 명시되어 있으며 누가 과업의 법적 책임을 지느냐에 달려 있다. BS 5930에 명시된 요약 내용은 그림 16.9와 같다.

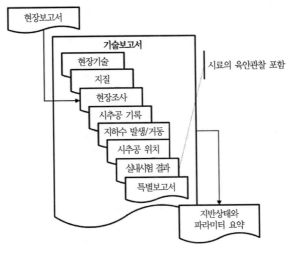

그림 16.8 BS 5930의 기술보고서

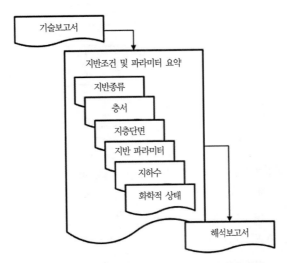

그림 16.9 BS 5930의 지반조건과 파라미터의 요약

공학적 해석에는 시공되는 구조물의 특성(크기와 하중 포함)과 사용되는 지
반 파라미터에 대한 명확한 서술이 포함되어야 한다. BS 5930에 대한 해석

보고서의 대표적인 내용은 그림 16.10과 같다.

일반적인 지반구조물의 설계와 시공에 대한 개략적인 정보가 제공되어야 한다. BS 5930에서는 필요한 경우 특별한 주의가 요구되는 다음 주제들에 대해 확인을 한다. 즉 확대기초, 말뚝, 옹벽, 지하층, 그라운드 앵커, 화학적 침식, 도로포장 설계, 비탈면안정, 광산침하, 터널 및 지하작업, 인접구조물의 안전, 변위 모니터링, 제방 및 배수와 같은 주제들이다.

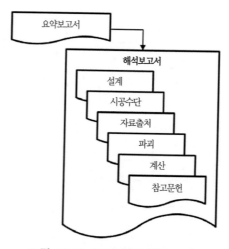

그림 16.10 BS 5930의 해석보고서

시공 시 발생할 수 있는 잠재적인 문제들, 즉 굴착공사, 지하 굴착, 지하수, 항타말뚝과 현장타설말뚝 및 그라운드 앵커, 그라우팅, 지반개량 및 오염과 같은 문제들도 다루어져야 한다. 또한 보고서에는 성토재료나 골재의 출처 및 이와 관련된 문제들에 대한 내용도 포함될 수 있다. 계산과정은 보고서의 부록에 포함되어야 한다.

16.5.2 지반보고서 준비를 위한 AGS 지침

지반 및 지반환경 전문가협회(AGS)에서는 지반보고서 준비에 대한 지침을 작성하였다.[6] 이들 지침에는 지반보고서와 함께 다음의 문서들이 포함되며 이에 대한 상세한 내용의 주요 출처는 BS 5930이다.

- 내업(desk study)
- 사실조사보고서(factual report)
- 해석보고서(interpretive report)
- 설계보고서(design report)
- 검증보고서(validation report)

지침서에서는 각 절에 대한 개요와 함께 각 보고서에 대한 절의 제목들을 제시한다.

일반적으로 영국에서 진행되는 프로젝트에서는 내업, 사실조사 보고서 및 BS 5930에 따라 준비된 해석보고서가 요구된다. 설계보고서에서는 가정, 설명, 설계정수, 계산결과, 감독 및 모니터링 계획, 유지관리 요구사항, 지반환경과 같은 고려사항, 그리고 설계정보와 함께 모든 사실 및 해석정보를 종합한다.

AGS는 프로젝트의 지반요소 등을 준공기록으로 제공하고 시공 모니터링, 지속적인 유지보수 요구사항, 구조의 해체 및 기초의 재사용 등을 논의하기 위해 작업이 종료되었을 때 검증보고서를 작성할 것을 권장한다.

16.5.3 지반기준보고서

미국토목학회는 미국에서 시공되는 지하구조물은 지반기준보고서(Geotechnical Baseline Reports)를 사용하도록 권장한다.[7]

지반기준보고서(GBR)는 적합한 경험과 자격이 있는 기술자에 의해 작성되어야 하며 지반의 다양성과 예측 불가능성을 확인해야 한다. 이들은 성공적으로 시공작업을 마무리 하는 데 영향을 주는 기준조건들을 규정하고 있다. 계약자들은 지반조건이 기준조건보다 좋은 경우에는 이득을 보며 기준조건보다 명백히 나쁜 경우에는 불리한 결과에 대해서 적절한 보상을 받는다.

기준에 관한 진술은 모호함을 줄이고 계약에 참여한 모든 당사자들이 겪을 수 있는 위험 수준에 관하여 명확하게 알 수 있도록 반드시 지반조건이 상세하게 작성되어야 한다. 지반기준보고서의 중요한 목적 중 하나는 조사계획이 빗나갈 때 비용을 보전하기 위해 계약자가 '예상치 못한 지반조건'이란 조항에 의존할 필요성을 줄이는 데 있다.

16.5.4 지반보고서 점검목록

전 세계의 여러 정부기관에서는 지반보고서에서 요구되는 정보에 대한 점검목록을 제공한다.[8] 예를 들어 미도로국(FHWA)에서는 다음과 같은 기본특성이 지반보고서에 포함되었는지를 확인하기 위한 지침과 점검목록[9]을 개발하였다.

- 현장조사정보
- 중앙선 절토와 제방
- 연약지반 위의 제방
- 산사태의 복구
- 옹벽구조물
- 구조물 기초 – 확대기초
- 구조물 기초 – 항타말뚝
- 구조물 기초 – 현장타설말뚝
- 지반개량공법
- 재료원 현장(material sites)

이들 점검목록의 목적은 미도로국을 대신하여 관련된 모든 정보가 지반보고서에서 제공되는지를 확인하기 위한 것이다.

16.6 누가 보고서를 작성하는가?

다음과 같은 많은 업체와 사람들이 지반보고서 작성에 관여한다.

- 의뢰인
- 설계 컨설턴트(구조 또는 지반)
- 지반조사업체
- 주 계약업체
- 전문지반조사업체
- 설계 및 시공업체

비록 이들 목록이 건설공사에 참여하는 모든 당사자를 포함하지는 않지만 유로코드 7에서 지반보고서 작성 시 가질 수 있는 변화를 설명하는 데 이들 목록이 사용될 것이다.

의뢰인(client)은 지반조사보고서 또는 지반설계보고서를 작성하는 데 참여하지 않을 수 있다. 그러나 의뢰인은 설계자와 협력하여(물론 사내 회사 일 수도 있음) 프로젝트를 위해 사용되어야하는 설계표준 및 실행코드를 규정할 것이다.

일반적으로 프로젝트에 대한 지반조사의 요구수준을 결정하는 사람은 설계 컨설턴트이다. 만약 설계자가 지반 전문가가 아닌 경우, 적절한 자격과 경험을 갖춘 지반기술자를 고용해야 한다. 특히 EN 1990에서는 다음과 같이 가정하였다(제2장 참조).

구조 시스템(structural system)의 선택과 구조물 설계는 적절한 자격과 경험을 갖춘 사람에 의해 이루어진다. [EN 1990 § 1.3(2)]

많은 중소 규모의 프로젝트에서는 설계자가 지반설계보고서를 작성하는 동안 현장조사업체에 의해 지반조사보고서가 작성된다. 만약 설계 컨설턴트가 지반전문가가 아닌 경우, 프로젝트의 성공은 현장과 실내시험 데이터의 평가 및 적절한 지반 파라미터를 선정하는 현장조사업체의 전문지식에 더 많이 의존하게 된다.

대형 프로젝트 및 설계 컨설턴트가 지반전문지식이 풍부한 경우, 지반조사
보고서는 현장조사자(조사 자료만 제공함)와 설계자(조사 자료를 평가하고
설계값을 결정함)사이의 협력을 통해 작성될 것이다.

지반설계보고서 작성에는 상세한 지식이 요구되기 때문에 현장조사자가 지
반설계보고서를 작성할 가능성은 매우 낮다. 더욱이 대부분의 프로젝트에
서 지반조사자업체가 고용되는 시점에서는 보통 설계 작업이 공개되지 않는
데 이는 지반설계보고서의 또 다른 필수적인 요소이다.

주계약자와 하도계약자는 설계-시공계약 시 상세설계가 그들의 책임으로
포함된 경우를 제외하고는 일반적으로 지반보고서 작성에 관여하지 않는다.

전문건설업체(예: 말뚝시공사)는 보통 그들의 작업에 대한 설계 책임을 가
지고 있다. 프로젝트의 전체 지반설계보고서 중 그들이 작성한 전문적인 업
무와 관련된 부분에 대해서는 책임을 져야 할 것이다.

마지막으로 의뢰인은 지반설계보고서의 모니터링 및 유지관리 요구사항이
무엇인지를 인지하여 이러한 요구사항이 준수되도록 적절한 조치를 취할 책
임이 있다.

16.7 핵심요약

그림 16.11과 같이 EN 1997-1에서 규정된 지반설계보고서와 EN 1997-2
에서 규정된 지반조사보고서는 현재 지반분야의 많은 부분에서 사용되고 있
는 보고서와 많은 공통점을 가지고 있다.

간단히 말하면 지반조사보고서는 AGS 사실조사보고서와 대등하다(BS
5930에 의해 규정된 기술 및 요약보고서). 지반설계보고서는 AGS 설계보고
서(추가적 내용이 더해진 BS 5930의 해석보고서)와 대등하지만 기준보고서
의 계약적 중요성을 갖지는 않는다.

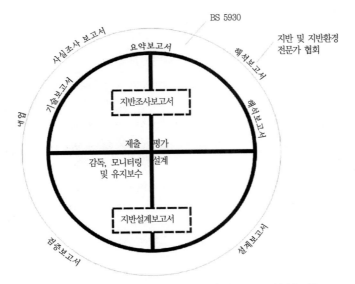

그림 16.11 기존의 보고서와 비교된 유로코드 7의 보고서

지반설계 및 지반조사보고서는 가장 최신의 방법을 적용해야 하며 관련된 지반문제에 대해 더 좋은 해결책을 제시할 수 있어야 한다.

지반조사보고서와 지반설계보고서의 주요 단점은 오염지반의 처리에 대한 요구조건을 명시하지 못했다는 것이다. 특히 오염과 관련된 문제는 개발의 경제성을 평가하는 데 중요한 요소이다.

16.8 주석 및 참고문헌

1. Mark Twain (June 2, 1897), *New York Journal.*

2. BS 5930: 1999, Code of practice for site investigations, British Standards Institution, London.

3. BS 1377: 1990, Methods of test for soils for civil engineering purposes, British Standards Institution, London. Clauses 2.2 and 2.3 of Part 9 were withdrawn in 2007.

4. BS 1377: 1990, ibid.

5. BS 5930, ibid.

6. Association of Geotechnical and Geoenvironmental Specialists (2003), *Guidance on the preparation of a Ground Report.*

7. Essex, R.J. (1997) *Geotechnical Baseline Reports for underground construction-guidelines and practices:* American Society of Civil Engineers.

8. For example, Ministry of Defence (1997) *Technical Bulletin* 97/39; British Columbia, Ministry of Transportation and Highways (1998) *Technical Bulletin GM9801.*

9. US Department of Transport, Federal Highway Administration (2003) *Checklist and guidelines for review of geotechnical reports and preliminary plans and specifications.*

맺음말

맺음말

'그러므로 누구든지 나의 이 말을 듣고 행하는 자는 그 집을 반석 위에 지은 지혜로운 사람 같으리니 비가 내리고 창수가 나고 바람이 불어 그 집에 부딪히되 무너지지 아니 하오니 이는 주초를 반석 위에 놓은 연고요. 나의 이 말을 듣고 행치 아니하는 자는 그 집을 모래 위에 지은 어리석은 사람 같으리니'

마태복음 7장 24~26절

유로코드의 목적은 암반 또는 모래 위에 시공되는 기초에서 예상치 못한 문제점들이 발생하는 것을 방지하기 위해 구조 및 지반구조물 설계의 통일된 접근법을 제공하는 데 있다. 그러나 유로코드가 제시하는 권고사항들은 올바르게 이해되고 적용될 때 효과적인 수단이 될 것이다.

유로코드에 대한 반응

불행하게도 유로코드 7에 대한 많은 기술자들의 처음 반응은 유로코드의 절규(The Eurocode Scream, 그림 17.1 참조)와 놀랄 때 머리를 모래 속으로 파묻는 타조의 타고난 본능 사이에서 교차하였다. 그러나 새로운 것에 대한 충격을 극복하고 나면 유로코드가 장점이 있다는 쪽으로 생각이 바뀌는 것은 명백한 사실이다.

많은 기술자들이 가지고 있는 이러한 생각은 유로코드에 대한 한정된 지식과 실무에서의 사용경험이 적기 때문인 것으로 판단된다. 그림 17.2는 토목설계에서 유로코드 구조물 설계기준의 충격에 관해 토목신문에 난 몇 가지 기사를 요약해 놓은 것이다.

그림 17.1 Jack Offord의 '유로코드의 절규'(Edvard Munch) — 유로코드 7의 복잡성에 대한 대표적인 반응

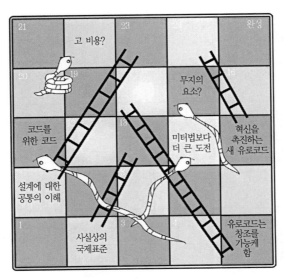

그림 17.2 유로코드의 장단점

유로코드에 대한 우리의 견해는 유로코드가 토목이나 구조설계 시 통일된 접근법을 제시하고 지반 및 철근이나 콘크리트 등과 같은 구조재료를 일관성 있게 다룰 수 있게 해준다는 것이다. 기술자들은 유로코드와 관련된 수많은 서류들과 친숙해짐에 따라 유로코드에 대해 가지고 있던 반감도 해소될 것이다.

이에 대한 증거로 6개월간 우리가 시행한 교육프로그램에 참석한 교육생 중약 400여 명을 대상으로 한 설문조사에서 '유로코드 7이 기초분야에 미치는 영향을 어떻게 생각합니까?'에 대한 질문을 하였을 때 교육생들의 답변은 대부분 긍정적이었다(다음 표 참조). 유로코드에 대한 회의적인 견해를 가지고 있던 몇몇 사람들도 유로코드들의 원칙들에 대한 설명을 듣고 유연성을 확인한 후에는 그들의 견해를 바꾸었다.

유로코드의 보급

유로코드가 받아들여지고 그 원칙들이 이해되고 올바르게 적용되기 위해서는 유로코드에 대한 지속적인 교육 및 훈련 프로그램이 필요하다. 현재 본 해설서와 같은 출판물의 형태로 공공 및 사내교육과정, 저녁강좌 및 세미나 등을 통해 교육이 이루어지고 있다. 기업체가 이와 같은 과정을 운영하기 위해서는 교육생이나 강사들에게 지급할 예산조성이 필요하다.

유로코드 7이 기초분야에 미치는 영향을 어떻게 생각합니까?		
매우 좋음	26	6%
좋음	227	55%
영향 없음	98	24%
나쁨	30	7%
아주 나쁨	2	<1%
불확실	30	7%
전체	413	100%

출처: Geocentrix 설문조사 2007-8

비록 유로코드의 도입이 대부분 공공기관에 의해 주도되고 있지만 이들 공공기관의 직원을 교육시키고 교육과정을 갱신할 수 있는 공적자금이 없다. 이들 공공기관들이 새로운 코드 개발을 촉진하고 필요한 정보를 얻는 데 부담이 매우 크다. 따라서 소규모 기관도 감당할 수 있을 만큼 파격적으로 비용이 감소해야 한다.

앞으로 몇 년 동안 발행될 출판물을 통해 유로코드의 적용방법에 대하여 설명할 수 있을 것이다. 이들 방법에는 책, 공개강의, 교재, 사례 연구 및 연구논문 등이 포함된다. 이들 각각의 자료들은 유로코드에 대한 새로운 수준의 시각을 제공하고 상호 간에 불일치하는 것들을 발견하는 데 도움을 줄 것이다. 하나의 출판물이나 일련의 교육훈련이 모든 요구사항을 만족시킬 수 는 없다.

지반과 관련된 소프트웨어도 EN 1997과 호환성을 갖도록 만들라는 압력이 있을 것이다. 이와 같은 작업은 수압이나 수동토압 등에 부분계수를 어떻게 적용할 것인가에 대한 지속적인 논쟁으로 더욱 더 어려워질 수 있다(본 해설서에서 논의된 바와 같음). 완전히 일관되고 신뢰성 있는 프로그램을 사용하는 것이 불가피하게 지연될 수도 있다.

향후 전망

EN 1997 문서의 오류와 모호성은 이미 발견되었으며 향후 교정을 위해 운영되고 있는 '유지관리위원회(Maintenance Group)'에서 검토되고 있다. 우선 유로코드 7의 핵심적인 변경내용에 대한 정오표를 발행하고 2010년 이후에는 좀 더 상세한 개정안이 출간될 것이다.

흙과 암석의 특성 및 지반－구조물 상호작용의 복잡한 문제에 대한 이해가 증가함에 따라 유로코드 7도 추가적인 발전이 필요하다. 부분계수도 필요 이상으로 보수적이지 않고 적절한 정도의 신뢰성이 유지될 수 있도록 개정이 필요하다. 극한한계상태 계산에 대한 의존은 구조물의 변위 및 다른 사용성 조건을 더 많이 고려하는 쪽으로 대체될 것이다.

GEO 및 STR 한계상태에 대하여 3가지 설계법을 적용하는 것이 이상적인 방법은 아니다.

기술자들이 3가지 설계법에 친숙해질수록 각 설계법의 강점과 약점은 보다 명백해 진다. 지반공학에서 한계상태 원칙에 대한 사용경험을 얻게 됨에 따라 전 유럽에서 통일된 설계법을 사용하게 될 것이다. 통일된 설계법이 완성될 때까지 기술자들은 현재까지 합의가 되어 있는 일반적인 원칙 및 적용규칙을 최대한 활용할 수 있도록 노력을 해야 한다.

결 론

Harold Wilson(영국총리 1964-70, 1974-76)의 말씀

"변화를 거부하는 사람은 부패한 건축가이다."

기술자는 부패한 건축가가 되는 것을 가장 원하지 않는다.

부 록

부록 **1** 비탈면안정 설계도표

부록에서는 설계법 1에 따라 무한장대 비탈면과 원호활동 비탈면의 설계를 위한 도표를 제시하였다.

무한장대 비탈면의 설계를 위한 도표(그림 A1.1~A1.3)는 설계법 1로부터 부분계수 γ_G, γ_c, γ_φ 및 γ_{Re} 와 제9장에서 개발된 특성안정수 N_k에 대한 식에 근거한다. r_u 값에 대한 도표에서 곡선 위에 나타난 숫자(1:1, 1:1.5 등)는 비탈면의 경사($\tan \beta$)를 나타낸다.

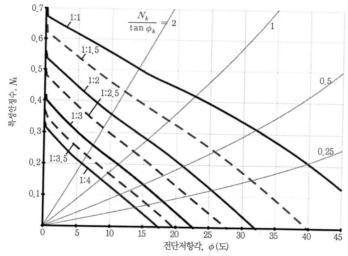

그림 **A1.1** 무한장대 비탈면에 대한 설계도표($r_u = 0$)

원호활동을 위한 도표(그림 A1.4~A1.6)는 절편법을 기본으로 한다. r_u 값에 대한 도표에서 곡선 위에 나타난 숫자는 비탈면의 경사($\tan \beta$)를 나타낸다. 실선은 $D/H = 4$에 대한 것이며 점선은 $D/H = 1$에 대한 것이다. 여기서 D는 단단한 층의 두께이고 H는 비탈면의 높이이다. 그림 A1.6은 비배수 조건에 대한 것이다.

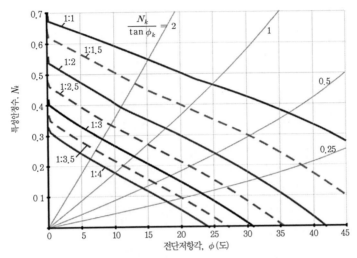

그림 A1.2 무한장대 비탈면에 대한 설계도표($r_u = 0.3$)

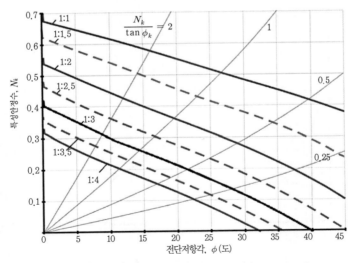

그림 A1.3 무한장대 비탈면에 대한 설계도표($r_u = 0.5$)

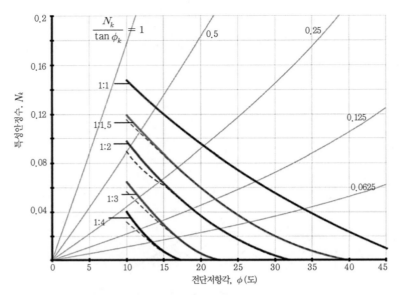

그림 A1.4 비탈면의 원호활동에 대한 설계도표($r_u = 0$)

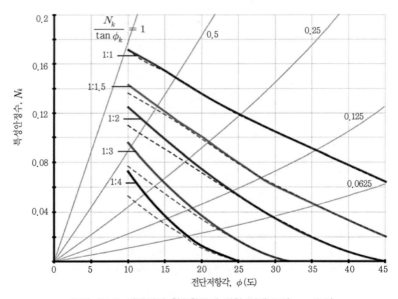

그림 A1.5 비탈면의 원호활동에 대한 설계도표($r_u = 0.3$)

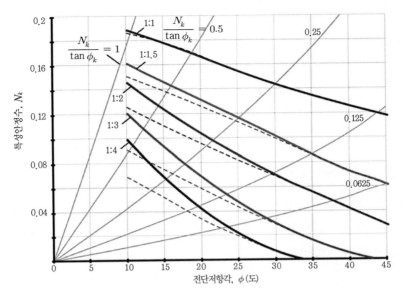

그림 **A1.6** 비탈면의 원호활동에 대한 설계도표($r_u = 0.5$)

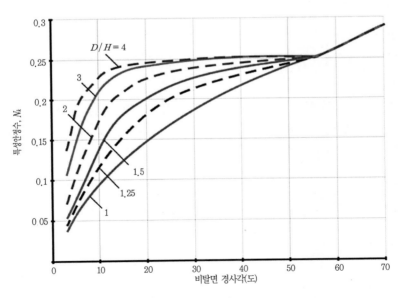

그림 **A1.7** 유로코드 7에서 부분계수 $\gamma_{cu} = 1.4$가 포함된 비배수비탈면에 대한
Taylor의 안정도표

Decoding Eurocode 7
Decoding Eurocode 7
Decoding Eurocode 7
Decoding Eurocode 7
Decoding Euro...code 7
Decoding Euro...code 7
Decoding Eur...code 7

부록 2 토압계수

EN 1997−1 부록 C에서는 제12장에서 설명한 옹벽설계에 사용할 주동 및 수동토압계수를 결정하기 위한 수치해석법을 제공한다.

이들 도표에서는 경계면 마찰각 $\delta(0°, 5°, 10°, 15°, 20°, 25°, 30°)$와 연직벽체($\theta = 0°$)에 대하여 전단저항각 ϕ에 따른 $K_{a\gamma}$ 및 $K_{p\gamma}$(이들 도표에서는 K_a 및 K_p 명기)의 변동값을 보여 준다. 각 그림은 비탈면경사 $\tan\beta$(평평한(flat), ±1:10, ±1:5, ±1:4, ±1:3, ±1:2.5, ±1:2, ±1:1.5)에 대한 곡선을 제시한다. $K_{a\gamma}$ 및 $K_{p\gamma}$계수는 벽면에 연직으로 작용하는 토압을 계산하는 데 사용한다(제12장의 상세설명 참조).

이들 도표를 기반으로 한 수학적 계산절차는 사용되는 경계면 마찰각 δ와 비탈면 기울기 β 값에 제한을 둔다. 특히 δ는 조건 $\delta \leq \varphi$를 만족해야 하며 조건 $\beta \geq m_w - m_t$를 만족해야 한다(제12장 용어에 대한 정의 참조). 이러한 이유로 도표에 제시된 몇 개의 선들은 절삭되며 다른 선들은 누락되었다. K_a 또는 K_p 값이 주어지지 않으면 이들 값을 구하기 위한 대안이 사용되어야 한다(제12장의 가능한 대안 참조).

이러한 제한조건으로 인하여 주동인 경우에 대하여 $\beta \leq \delta$, 수동인 경우에 대하여 $-\beta \leq \delta$일 때 계산절차가 유효하지 않게 된다.

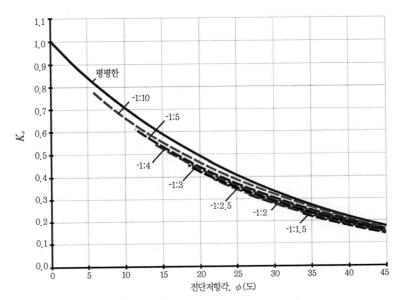

그림 A2.1 $\delta_a = 0°$에 대한 주동토압계수

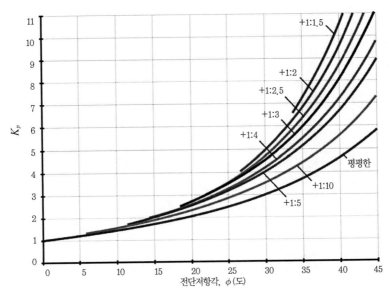

그림 A2.2 $\delta_p = 0°$에 대한 수동토압계수

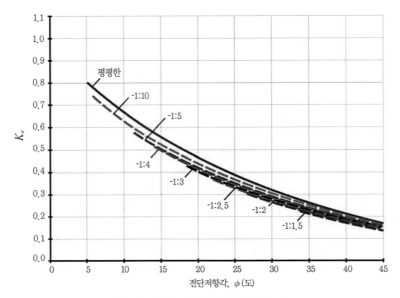

그림 A2.3 $\delta_a = 5°$에 대한 주동토압계수

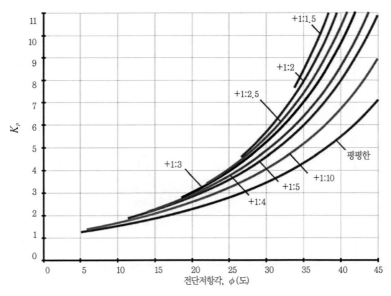

그림 A2.4 $\delta_p = 5°$에 대한 수동토압계수

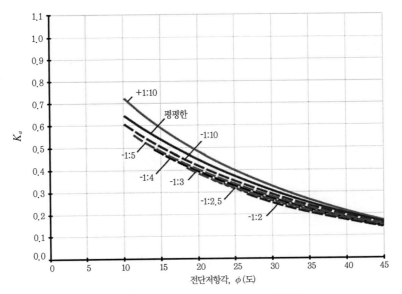

그림 A2.5 $\delta_a = 10°$에 대한 주동토압계수

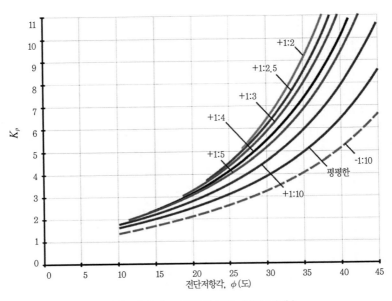

그림 A2.6 $\delta_p = 10°$에 대한 수동토압계수

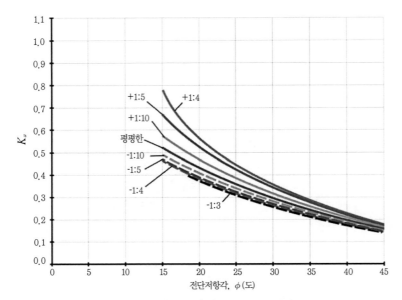

그림 A2.7 $\delta_a = 15°$에 대한 주동토압계수

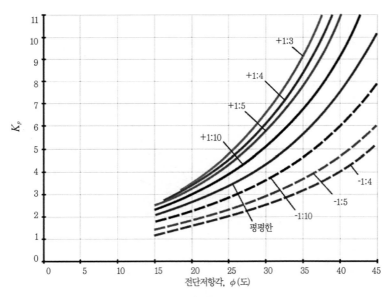

그림 A2.8 $\delta_p = 15°$에 대한 수동토압계수

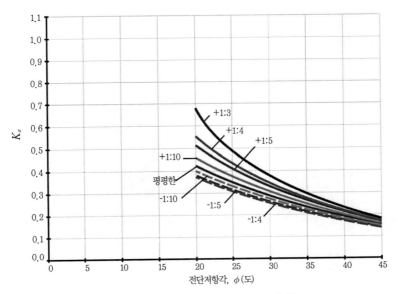

그림 A2.9 $\delta_a = 20°$에 대한 주동토압계수

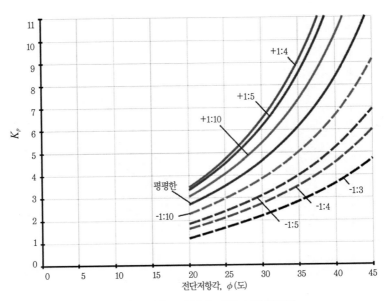

그림 A2.10 $\delta_p = 20°$에 대한 수동토압계수

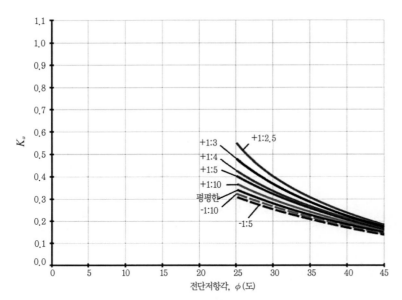

그림 A2.11 $\delta_a = 25°$에 대한 주동토압계수

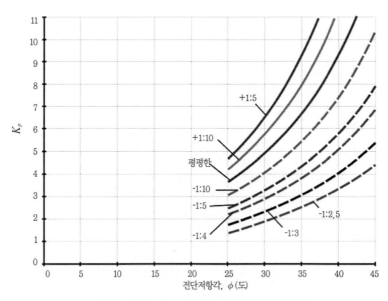

그림 A2.12 $\delta_p = 25°$에 대한 수동토압계수

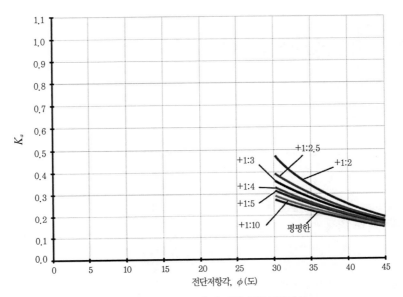

그림 A2.13 $\delta_a = 30°$에 대한 주동토압계수

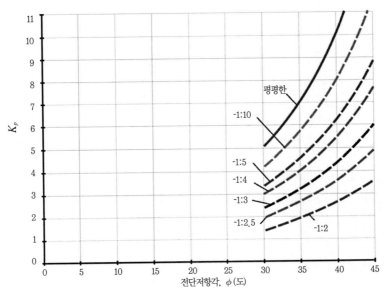

그림 A2.14 $\delta_p = 30°$에 대한 수동토압계수

실전 예제 문제는 Parametric Technology Corporation(PTC)에서 개발한 MathCad 버전 14.0을 사용하였다.

Mathcad는 변수들을 고유식별자(unique identifiers)로 정의해야 하므로 소프트웨어 내에서 광범위하게 첨자를 사용했다. 가능한 곳에서는 분명한 기호를 사용했지만 경우에 따라 이것도 어려울 때가 있었다.

강도의 검증(제6장 참조)은 설계법 1을 포함하는 데 소위 조합 1과 2라 불리는 두 개의 별도 계산이 시행된다. 차지하는 공간을 줄이기 위해 매트릭스 형식으로 병렬계산을 시행한다. 예를 들면

$$c_{ud} = \overrightarrow{\begin{pmatrix} c_{uk} \\ \gamma_{cu} \end{pmatrix}} = \begin{pmatrix} 42 \\ 30 \end{pmatrix} kPa$$

여기서 상부 라인은 조합 1에 대한 것이고 하부 라인은 조합 2에 대한 것이다. 계산에 적용된 부분계수는 다음과 같다.

$$\gamma_{cu} = \begin{pmatrix} 1.0 \\ 1.4 \end{pmatrix}$$

여기서 조합 1에 대한 γ_{cu} 값은 1.0이고 조합 2에 대한 γ_{cu} 값은 1.4이다.

방정식 상단을 통과하는 화살표(앞의 예 참조)는 매트릭스 크로스 곱에 대한 표준수학표기법이다. 따라서 이전의 방정식을 확대하면

$$c_{ud} = \begin{pmatrix} 42 \\ 30 \end{pmatrix} kPa, \ \gamma_{cu} = \begin{pmatrix} 1.0 \\ 1.4 \end{pmatrix}, \ c_{ud} = \overrightarrow{\begin{pmatrix} 42/1.0 \\ 42/1.4 \end{pmatrix}} = \begin{pmatrix} 42 \\ 30 \end{pmatrix} kPa$$

화살표가 없으면 Mathcad는 다음과 같이 행렬의 내적을 이용한다.

$$c_{ud} = \begin{pmatrix} c_{uk} \\ \gamma_{cu} \end{pmatrix} = \frac{42}{1.0} + \frac{42}{1.4} = 72 kPa$$

각 실전 예제는 제2장에서 논의한 이용률 Λ에 대한 계산으로 결론을 맺는다. 이용률은 설계하중영향 E_d에 대한 영향을 상쇄하기 위한 설계 저항력 R_d의 비로 나타낸다.

$$\Lambda = \frac{E_d}{R_d} \text{ 또는 } \Lambda = \frac{E_{d,dst}}{E_{d,stb}}$$

설계는 이용률 Λ 값이 100%를 초과하지 않는다는 전제하에 유로코드 7에서 제시하고 있는 요구조건을 만족해야 한다.

$$E_d \leq R_d \text{ 또는 } E_{d,dst} \leq E_{d,stb}$$

(제 2장에서 논의된 것과 같음)

실전 예제는 숫자 ❶, ❷, ❸ 등을 이용하여 주석을 달고 있다. 여기서 숫자는 각 예제에 동반된 주석을 가리킨다. 이들 주석은 계산에서 도출된 주요 결정 사항이나 유로코드 7에서 채택한 값들 및 표준기준을 적용하는 데 발생할 수 있는 불일치나 불확실성 등에 대한 설명을 한다.

Action	작용력(하중)
Action effect	작용력 영향(하중 영향)
Basis design	기본설계
British Standards Institution	영국표준협회
Description	설명, 기술
Design Code	설계기준
Design Life	설계수명
Design requirements	설계 요구사항
EU	유럽연합
European Committee for Standardization(CEN)	유럽표준화위원회
European Standard	유럽표준
Execution standard	실행표준
General rule	총칙
Geotechnical categories	지반범주
Geotechnical design	지반설계
Geotechnical Investigation	지반조사
Ground characterization	지반특성화
Interpretative report	해석보고서
ISO	국제표준화기구
Material properties	재료물성
Model factor	모델계수
Monitoring	모니터링
National Annex	국가 부속서
National Standards Body	국가표준제정기구
Parameter	파라미터
Principle	원칙
Specification	시방서
Standard	표준
Structural Design	구조설계

Supervision and monitoring	감독 및 모니터링
Technical specification	시방서
The Commission of the European Community	유럽공동체위원회
The structural eurocodes	유로코드 구조물 설계기준
Transformation into a mechanism	구조물의 변형
Uplift force	양압력(융기력)
Worked examples	실전 예제

Action	작용력(하중)은 구조물에 적용되며 직접하중(힘)과 간접하중(온도변위, 수축, 부등침하)을 포함한다. 작용력은 고정되거나 자유롭게 움직일 수 있으며 영구(예: 사하중), 변동(예: 부과하중) 또는 우발(예 : 충돌)하중이 있다.
Application rule	적용규칙(P로 표시되지 않는 조항)은 달성해야 하는 원칙(P로 표시된 조항)을 어떻게 만족시킬 수 있는지를 보여 준다.
Capacity	사용한계상태를 준수하는 능력을 판별하는 데 사용한다.
Directive	각국 정부가 시행을 위해 입법해야 하는 지침
EQU	강체로 간주되는 구조물 또는 지반의 평형손실, 극한한계상태에서 지반의 강도는 저항력을 제공하는 중요한 요소는 아니다.
Execution	수행 또는 작업 완료
GEO	흙 또는 암석이 저항력을 제공하는 중요한 요소로 작용하는 지반의 파괴 또는 과도한 변형
HYD	동수경사에 의한 지반의 수압융기
Single source	흙의 자중 또는 지하수압은 불리한 작용력이나 유리한 작용력으로 작용할 수 있다. 예를 들면, 사면의 안정성이나 옹벽에서 만약 흙의 자중 또는 지하수압에 의한 합력이 단일소스(single source)에서 발생하는 경우, 유리한 작용력이나 불리한 작용력에 동일한 부분계수를 적용한다.
STR	구조물 또는 구조부재의 내적파괴 또는 과도한 변형, 구조재료의 강도가 저항력을 제공하는 중요한 요소로 작용하는 기초, 옹벽 등의 구조물을 포함한다.
UPL	수압에 의한 융기로 인한 구조물 또는 지반의 평형손실
Shall	this is required(필수사항)
Should	this is recommended(권장사항)
May	this is permitted(허용됨)
Can	the possibility of using this is recognised(사용할 가능성이 인정됨)

A	accidental action	우발하중
A(A′)	area(effective area)	면적(유효면적)
$A_b(A'_b)$	area of base(effective area of base)	기초의 면적(유효면적)
A_n	contact area	접지면적
A_s	area of steel	철근의 면적
$A_s(A_{s,D})$	area of pile shaft(through consolidating layer)	말뚝 주면의 면적(압밀층 통과)
A_E	seismic action	지진하중
a	adhesion between ground and wall	지반과 벽체의 부착력
$a(a_{nom}, a_d)$	dimension(nominal, design)	치수(공칭, 설계)
$B(B')$	breadth(effective breadth)	폭(유효폭)
$b(b_B, b_F, b_g)$	breadth(of raft, of foundation, of pile group)	폭(부대기초, 기초, 군말뚝)
b_c, b_q, b_γ	base inclination factors	기초경사계수
C_d	limiting value of an effect of an action	하중영향의 한계값
C_u	uniformity coefficient	균등계수
C_c	coefficient of curvature and compression index	곡률계수 및 압축지수
$c'(c'_k, c'_d)$	effective cohesion(characteristic, design)	유효점착력(특성, 설계)
c'_R	residual effective cohesion	잔류유효점착력
$c_u(c_{uk}, c_{ud})$	undrained shear strength(characteristic, design)	비배수전단강도(특성, 설계)
c_v	coefficient of consolidation	압밀계수
D	diameter, depth of footing below ground level	직경,지표면 아래 기초의 깊이
$D_G(D_{Gk}, D_{Gd})$	downdrag(characteristic value, design value)	부마찰력(특성값, 설계값)
$d(d_o, d_w)$	depth,(of embedment, to water table)	깊이(근입, 지하수위)
d_n	particle size, where n% of the soil smaller than this size	입경크기, 이 크기보다 작은 입경이 n%

d_c, d_q, d_γ	depth factors	깊이계수
$E(E_k, E_d)$	effect of actions(characteristic, design)	하중의 영향(특성, 설계)
$E_{d,dst}/E_{d,stb}$	destabilizing/stabilizing design effect of actions	불안정/안정하중의 영향
$E(E_{oed}, E_{plt})$	Young's Modulus (oedometer, plate-loading)	영계수(압밀, 평판재하)
$e(e_{max}, e_{min})$	voids ratio(maximum, minimum)	간극비(최대, 최소)
$e_B(e_L)$	eccentricity in the direction of B(of L)	B(L)방향의 편심
$F(F_s, F_b, F_o)$	factor of safety(for sliding or shaft capacity, for base capacity, for overturning)	안전율(활동 또는 축지지력, 기초지지력, 전도)
$F(F_s, F_{rep}, F_d)$	force or action(characteristic, representative, design)	힘 또는 하중(특성, 대표, 설계)
f	settlement coefficient	침하계수
f_y	yield strength of steel	철근의 항복강도
f_c	compressive strength of concrete	콘크리트의 압축강도
G	shear modulus	전단계수
$G(G_k, G_{rep}, G_d)$	permanent action(characteristic, representative, design)	영구하중(특성, 대표, 설계)
$G(G'_k, G'_d)$	submerged weight of soil column(characteristic, design)	토체의 수중단위중량(특성, 설계)
g	acceleration due to gravity	중력가속도
g_c, g_q, g_γ	ground inclination factors	지반경사계수
$H(H_{nom}, H_d)$	retained height(nominal, design)	옹벽높이(공칭, 설계)
$H(H_k, H_{rep}, H_d)$	horizontal force or action(characteristic, representative, design)	수평력 또는 하중(특성, 대표, 설계)
$H_R(H_{Rk}, H_{Rd})$	sliding resistance(characteristic, design)	활동저항력(특성, 설계)
$h(h_w)$	height(of water)	지하수위
I_c, I_L, I_P	consistency index, liquidity index, plasticity index	컨시스턴시, 액성, 소성 지수
I_D	density index	밀도지수
I_q	influence factor	영향계수
$i(i_k, i_d)$	hydraulic gradient(characteristic, design)	동수경사(특성, 설계)
i_{crit}	critical hydraulic gradient	한계동수경사

i_c, i_q, i_γ	load inclination factors	하중경사계수
$K(K_a, K_o, K_p)$	earth pressure coefficient(active, at-rest, passive)	토압계수(주동, 정지, 수동)
$K_{a\gamma}, K_{aq}, K_{ac}$	components of active earth pressure coefficient	주동토압계수
$K_{p\gamma}, K_{pq}, K_{pc}$	components of passive earth pressure coefficient	수동토압계수
K_n	auxiliary coefficient	보조계수
k	permeability, coefficient of sub-grade reaction, factor used in deriving shape factors	투수계수, 지반반력계수, 형상계수
k_n	statistical coefficient dependent on sample size 'n'	시료 개수에 따른 통계계수
$L(L')$	length(effective length)	길이(유효길이)
M	bending moment	휨모멘트
$M(M_R, M_O)$	moment about a point(restoring, overturning)	모멘트(복원, 전도)
m_x	mean value of X, variance unknown	X의 평균값, 미지분산
$m_v(m_{vk})$	coefficient of compression/volume compressibility(characteristic)	압축계수/체적압축(특성)
N	size of the population	모집단의 크기
$N(N_{60}, (N_1)_{60})$	SPT blow count(corrected for 60% energy, corrected for energy and effective stress)	SPT 타격횟수(60% 보정에너지, 에너지 및 유효응력 보정)
$N(N_k, N_d)$	stability number(characteristic, design)	안정수(특성, 설계)
N_c, N_q, N_γ	bearing capacity factors	지지력 계수
N_c^*, N_q^*, N_γ^*	modified bearing capacity factors	수정지지력 계수
n	number of samples	시료의 수
P	pre-stress actions, applied load	프리스트레스 하중, 부과하중
$P_a(P'_a)$	active earth thrust(effective)	주동토압(유효)
$P_p(P'_p)$	passive earth thrust(effective)	수동토압(유효)
P_p	proof load of anchor	앵커의 검증하중
P_d	design anchor force	설계 앵커력
P_0	lock-off load in anchor	앵커의 잠금하중
$P_{t,k}$	tendon characteristic tensile load capacity	탠덤의 특성 인장하중

$P_{t0.1,k}$	characteristic tensile load at 0.1% strain	0.1% 변형에서의 특성 인장하중
$P(X,\lambda,\zeta)$	probability density function	확률밀도함수
p_{ult}	ultimate load from plate test	평판재하시험의 극한하중
$Q(Q_a, Q_{ult})$	load(allowable, ultimate)	하중(허용, 극한)
$Q_{ult}(Q_{s,ult}, Q_{b,ult})$	ultimate pile capacity(shaft, base)	극한 말뚝지지력(축, 선단)
$Q_i(Q_{ki}, Q_{di})$	surcharge on slice(characteristic, design)	절편의 상재하중(특성, 설계)
$Q(Q_k, Q_{rep}, Q_d)$	variable action(characteristic, representative, design)	변동하중(특성, 대표, 설계)
Q_{ult}	ultimate bearing resistance	극한지지력
q	surcharge	재하
$q(q')$	overburden pressure(effective)	상재하중(유효)
q_0	overburden pressure	상재하중
$q(q_a, q_{ult})$	bearing capacity(allowable, ultimate)	지지력(허용, 극한)
q_c	cone resistance	콘저항력
q_{Ek}	characteristic bearing pressure	특성 지지압
q_{Ed}	design bearing pressure	설계 지지압
q_{Rk}	characteristic bearing resistance	특성 지지저항력
q_{Rd}	design bearing resistance	설계 지지저항력
q_u	unconfined compressive strength	일축압축강도
q_{bk}	characteristic unit pile base resistance	단위말뚝의 특성 선단저항력
q_{sk}	characteristic unit pile shaft resistance	단위말뚝의 특성 축저항력
$R(R_k, R_d)$	resistance(characteristic, design)	저항력(특성, 설계)
$R_b(R_{bk}, R_{bd})$	base resistance(characteristic, design)	선단저항력(특성, 설계)
$R_s(R_{sk}, R_{sd})$	shaft resistance(characteristic, design)	축저항력(특성, 설계)
$R_c(R_{ck}, R_{cd})$	compressive resistance(characteristic, design)	압축저항력(특성, 설계)
$R_t(R_{tk}, R_{td})$	tensile resistance(characteristic, design)	인장저항력(특성, 설계)
R_m	measured resistance	측정저항력

R_{cal}	calculated resistance	계산저항력
$R_a(R_{a,k}, R_{a,d})$	anchorage pull-out resistance (characteristic, design)	앵커의 인장저항력(특성, 설계)
r	radius of circle	원의 반경
r_u	pore pressure parameter	간극수압 파라미터
S	shear resistance to sliding	활동의 전단저항력
$S_{d,dst}$	design seepage force	설계침투력
$s(s_0, s_1, s_2)$	settlement(immediate, consolidation, creep)	침하(즉시, 압밀, 크리프)
s_{Ed}	calculated settlement under the design actions	설계하중에 의한 계산침하량
s_{Cd}	maximum tolerable settlement	최대 허용 침하량
s_x	sample's standard deviation	시료의 표준편차
s_c, s_q, s_γ	shape factors	형상계수
T	measured torque in vane test	베인시험의 측정토크
$T(T_k, T_d)$	tensile vertical action(characteristic, design)	인장연직하중(특성, 설계)
t_∞	Student's t-value	Studen t 값
t	depth embedment of gravity retaining wall	중력식 옹벽의 근입 깊이
t_s	thickness of wall stem	벽체의 두께
t_b	thickness of wall base	벽체바닥의 두께
U_a	water pressure force on active side of wall	벽체의 주동측에 작용하는 수압
U_{ah}	horizontal component of water pressure force on active side of wall	벽체의 주동측에 작용하는 수평수압
U_{av}	vertical component of water pressure force on active side of wall	벽체의 주동측에 작용하는 연직수압
U_{ad}	design water pressure force on active side of wall	벽체의 주동측에 작용하는 설계수압
U_v	uplift vertical water pressure force	연직 양압력
U_h	horizontal water pressure force	수평수압
U_k	characteristic uplift water pressure force	특성 양압력
U_{Gk}	characteristic uplift water pressure force	특성 양압력

U_{Gd}	design uplift water pressure force	설계 양압력
u	pore pressure	간극수압
u_k	characteristic pore pressure	특성 간극수압
u_d	design pore pressure	설계 간극수압
$u_{k,dst}$	characteristic destabilizing pore pressure	특성 불안정 간극수압
$u_{d,dst}$	design destabilizing pore pressure	설계 안정 간극수압
V	vertical force	연직력
V_x	sample's coefficient of variation	시료의 변동계수
V_{rep}	representative total vertical action	대표 전체 연직하중
V_{Gk}	characteristic permanent vertical action	특성 영구 연직하중
V'_{Gk}	characteristic permanent effective vertical action	특성 영구 유효연직하중
V_{qk}	chacteristic variable vertical action	특성 변동 연직하중
V_d	design vertical action	설계 연직하중
V_{Gd}	design permanent vertical action	설계 영구 연직하중
V'_{Gd}	design permanent effective vertical action	설계 영구 유효연직하중
$V_{d,dst}$	total design destabilizing action	전체 설계불안전하중
$V_{d,stb}$	total design stabilizing action	전체 설계안정하중
v	velocity	속도
v_a	horizontal movement active	주동 수평변위
v_p	horizontal movement passive	수동 수평변위
W	self weight of foundation	기초의 자중
W'	submerged weight	수중 단위중량
W_d	design self-weight	설계 단위중량
W_i	self-weight of slice	절편의 자중
W_{ki}	characteristic self-weight of slice	절편의 특성자중
W_{di}	design self-weight of slice	절편의 설계자중
W_{Gk}	characteristic permanent self-weight	특성영구자중
w	water content	함수비
w_L	liquid limit	액성한계

w_P	plastic limit	소성한계
X	value of material property	재료의 물성값
$X_{k,j}$	characteristic material property	재료의 특성값
$X_{k,\infty}$	lower(inferior) characteristic value of material property	재료물성의 하한특성값
$X_{k,}$	upper(superior) characteristic value of material property	재료물성의 상한특성값
$X_{d,i}$	design material property	재료물성의 설계값
X_i	inter-slice horizontal force	절편의 수평력
x_i	lever arm of slice	절편의 중심거리
$Z_a\psi$	depth on investigation points	조사지점의 깊이
z	depth	깊이
α	angular strain, shaft adhesion factor for piles	각 변형, 말뚝의 축 점착계수
α_i	angle of base of slice	절편의 저면각도
β	K tan δ slope of back fill or other surface, relative rotation, angular distortion	뒷채움 또는 기타표면의 경사 $K\tan\delta$, 상대회전, 각변위
β_k	characteristic slope of back fill or other surface	뒷채움 또는 기타표면의 특성경사
β_d	design slope of back fill or other surface	뒷채움 또는 기타표면의 설계경사
$\gamma(\gamma_s,\gamma_w,\gamma')$	weight density(of soil, of water, submerged)	단위중량(흙, 물, 수중)
$\gamma_k(\gamma_{ck})$	characteristic weight density of soil(of concrete)	흙의 특성단위중량(콘크리트)
γ_i	load factor in AASHTO LRFD method	AASHTO LRFD의 하중계수
$\gamma_F/\gamma_{F,fav}$	partial factor on unfavourable/favourable action	불리한/유리한 하중 부분계수
$\gamma_{F,dst}/\gamma_{F,stb}$	partial factor on destabilizing/stabilizing action	불안정/안정하중 부분계수
$\gamma_G/\gamma_{G,fav}$	partial factor on unfavourable/favourable permanent action	불리한/유리한 영구하중에 대한 부분계수
γ_Q	partial factor on unfavourable variable actions	불리한 변동하중에 대한 부분계수
γ_A	partial factor on unfavourable accidental actions	불리한 우발하중에 대한 부분계수

γ_M	partial factor on material properties	재료물성에 대한 부분계수
γ_ϕ	partial factor on coefficient of shearing resistance	전단저항력의 계수에 대한 부분계수
$\gamma_{c'}$	partial factor on effective cohesion	유효점착력에 대한 부분계수
γ_{cu}	partial factor on undrained shear strength	비배수전단강도에 대한 부분계수
γ_{qu}	partial factor on unconfined compressive strength	일축압축강도에 대한 부분계수
γ_{Rd}	partial factor on resistance, model factor	저항력에 대한 부분계수, 모델계수
$\gamma_R(\gamma_{Rv}, \gamma_{Rh})$	partial factor on resistance(bearing, sliding)	저항력에 대한 부분계수(지지력, 활동)
γ_{Rsls}	partial factor on resistance for satisfying SLS conditions	SLS조건을 만족하기 위한 부분계수
γ_{Re}	partial factor on earth resistance	흙 저항력에 대한 부분계수
γ_a	partial factor on prestressed anchorage resistance	프리스트레스앵커저항력에 대한 부분계수
γ_b	partial factor on pile base resistance	말뚝선단저항력에 대한 부분계수
γ_s	partial factor on pile shaft resistance	축저항력에 대한 부분계수
γ_{st}	partial factor on pile tensile shaft resistance	말뚝인장축저항력에 대한 부분계수
γ_t	partial factor on total pile resistance	전말뚝저항력에 대한 부분계수
Δ	relative deflection	상대처짐
Δa	margin or tolerance on nominal dimension	공칭치수에 대한 허용값
ΔH	increase in retained height	옹벽높이의 증가
Δs	differential settlement	부등침하
Δu	excess pore pressure	과잉간극수압
$\Delta \sigma_v$	change in total vertical stress	전연직응력의 변화
$\delta(\delta_k, \delta_d)$	angle of interface friction(characteristic, design)	내부마찰각(특성, 설계)
δ	lateral deflection	수평처짐
δs	differential settlement	부등침하
δ_x	coefficient of variance of the population, variance known	모집단의 변동계수, 기지분산

ε	error at depth z	심도 z의 오차
ζ	standard deviation of ln(X)	ln(X)의 표준편차
η_i	load modifier in AASHTO LRFD method	AASHTO LRFD의 하중 수정자
θ	rotation, angle of back face of wall or virtual back	회전, 옹벽배면 또는 가상배면의 각
κ_N	statistical coefficient dependent on the size of the population variance known	기지 모집단의 크기에 의존하는 통계계수
$\Lambda(\Lambda_{EQU}, \Lambda_{GEQO}, \Lambda_{STR}, \Lambda_{HYD}, \Lambda_{UPL}, \Lambda_{SLS})$	degree of utilization(for limit state EQU, GEO, STR,HYD, UPL, SLS)	이용률(EQU, GEO, STR, HYD, UPL, SLS 한계상태)
λ	mean value of ln(X)	ln(X)의 평균값
μ_x	mean value of X, variance known	X의 평균값, 기지분산
ξ	reduction factor applied to unfavourable permanent actions, correlation factors applied to pile test results	불리한 영구하중에 대한 감소계수, 말뚝시험결과에 대한 상관계수
ξ_a	correlation factor applied to anchorage suitability tests	앵커적합성시험에 적용하는 상관계수
ρ	bulk density	부피밀도
ρ_c	density of concrete, consolidation settlement	콘크리트의 밀도, 압밀참하
σ_x	standard deviation of the population, variance known	모집단의 표준편차, 기지분산
σ_{x_2}	variance of the population	모집단의 분산
σ_v	vertical total stress	연직 전응력
σ_{vk}	characteristic vertical total stress	특성전응력
σ_{vd}	design vertical total stress	설계연직 전응력
$\sigma_{v,b}$	vertical total stress at pile base	말뚝선단에서의 연직 전응력
σ_h	horizontal total stress	수평 전응력
σ_n	normal total stress	공칭 전응력
σ_{nk}	characteristic normal total stress	특성 공칭 전응력
σ_{nd}	design normal total stress	설계 공칭 전응력
σ'_h	horizontal effective stress	수평 유효응력

σ'_{hk}	characteristic horizontal effective stress	특성 수평 유효응력
σ'_{hd}	design horizontal effective stress	설계 수평 유효응력
σ'_{v}	vertical effective stress	연직 유효응력
σ'_{vk}	characteristic vertical effective stress	특성 연직 유효응력
σ'_{vd}	design vertical effective stress	설계 연직 유효응력
σ'_{n}	normal effective stress	수직 유효응력
σ'_{nk}	characteristic normal effective stress	특성 수직 유효응력
σ'_{nd}	design normal effective stress	설계 수직 유효응력
$\sigma_a(\sigma'_a)$	total active stress(effective)	전 주동응력(유효)
σ_{ah}	horizontal component of active total stress	전 주동응력의 수평요소
σ_p	passive total stress	수동 전응력
σ'_p	passive effective stress	수동 유효응력
σ'_{ah}	horizontal component of active effective stress	주동 유효응력의 수평요소
$\sigma_{d,stb}$	design stabilizing total stress	설계안정 전응력
σ'_d	design effective stress	설계 유효응력
ϕ	resistance factor in AASHTO LRFD method	AASHTO LRFD의 저항계수
$\phi(\phi_k,\phi_d)$	effective angle of shearing resistance(characteristic, design)	유효 전단저항각(특성, 설계)
$\phi_{cv}(\phi_{cv,d})$	constant volume effective angle of shearing resistance(design)	일정체적 유효 전단저항각(설계)
ϕ_{pk}	characteristic peak effective angle of shearing resistance	특성첨두 유효 전단저항각
ϕ_R	residual effective angle of shearing resistance	잔류 유효 전단저항각
$\tau_E(\tau_{Ek},\tau_{Ed})$	shear stress/effect(characteristic, design)	전단응력/영향(특성, 설계)
$\tau_R(\tau_{Rk},\tau_{Rd})$	shear resistance(characteristic, design)	전단저항력(특성, 설계)
$\psi,\psi_0,\psi_1,\psi_2$	combination factors	조합계수
ω	tilt	기울기

A	accidental	우발
a	active	주동
a	allowable	허용
b	base	저면
c	compressive	압축
cv	at constant volume	일정체적
d	design	설계
dst	destabilizing	불안정
Ed	design effect	설계영향력
fav	favourable	유리한
G	permanent	영구
h	horizontal	수평
k	characteristic	특성
$\neq t\,(net)$	net value	순 값
nom	nominal	공칭
p	passive	수동
Q	variable	변동
Rd	design resistance	설계 저항력
rep	representative	대표
SLS	serviceability limit state	사용한계상태
s	shaft	축
stb	stabilizing	안정성
t	tensile	인장
t	total	전체
v	vertical	연직
ULS	ultimate limit state	극한한계상태
u	undrained	비배수
ult	ultimate	극한

역자 소개

이규환(李揆丸) khlee@konyang.ac.kr
- 건양대학교 재난안전소방학과 교수
- 홍콩시립대 건설공학과 선임연구원
- 캐나다 알버타 주립대 박사후 연구원
- 서울시립대학교 토목공학과 공학박사

김성욱(金成昱) suwokim@chol.com
- ㈜지아이 대표
- 부산대학교 지질학과 이학박사

윤길림(尹吉林) glyoon@kiost.ac
- 한국해양과학기술원 / 대학원 영년직연구
  원 / 교수
- 현대건설㈜ 기술연구소, 책임연구원
- 휴스턴대학교 토목공학과 공학박사
- 국제지반공학회(TC304) / Georisk,
  한계상태설계위원 / 편집위원

김태형(金泰亨) kth67399@hhu.ac.kr
- 한국해양대학교 건설공학과 교수
- 현대건설 연구소 과장
- Lehigh University 박사후연구원
- University of Colorado at Boulder
  공학박사

김홍연(金洪淵) hykim74@sambu.co.kr
- 삼부토건㈜ 기술연구실 선임연구원
- 한국해양과학기술원 연구원
- 인하대학교 토목공학과 공학박사
- 국제공인VE전문가

김범주(金範柱) bkim1@dongguk.edu
- 동국대학교 건설환경공학과 교수
- 한국수자원공사 댐기술연구소 선임연구원
- Purdue University 토목공학과 공학박사

신동훈(申東勳) uwshin@yahoo.com
- 한국수자원공사 K-water연구원 기반
  시설연구소장
- University of Washington 토목공
  학과 방문연구원
- 홍익대학교 토목공학과 공학박사
- 한국지반공학회 댐·제방기술위원장 역임

박종배(朴鍾培) jbpark@lh.or.kr
- 한국토지주택연구원 수석연구원
- 한양대학교 토목공학과 공학박사
- 한국지반공학회 기초기술위원회 위원
- 대한토목학회 홍보위원회 위원

지반설계를 위한 **유로코드 7 해설서**

초판발행 2013년 6월 19일
2 판 1 쇄 2018년 9월 20일

저 자 Andrew Bond, Andrew Harris
저 자 이규환·김성욱·윤길림·김태형·김홍연·김범주·신동훈·박종배
펴 낸 이 김성배
펴 낸 곳 도서출판 씨아이알

책임편집 박영지
디 자 인 김나리, 박영지
제작책임 김문갑

등록번호 제2-3285호
등 록 일 2001년 3월 19일
주   소 (04626) 서울특별시 중구 필동로8길 43(예장동 1-151)
전화번호 02-2275-8603(대표)
팩스번호 02-2265-9394
홈페이지 www.circom.co.kr

I S B N 979-11-5610-608-1 (93530)
정   가 35,000원